Whitefly of the world

Whitefly of the world

A systematic catalogue of the Aleyrodidae (Homoptera) with host plant and natural enemy data

L. A. Mound
&
S. H. Halsey

British Museum (Natural History) 1978
and
John Wiley and Sons
Chichester – New York – Brisbane – Toronto

© Trustees of the British Museum (Natural History) 1978

Publication No. 787
ISBN 0 471 99634 3

No part of this book may be reproduced
by any means nor translated nor transmitted
into a machine language without the
written permission of the publisher.

Typeset in Great Britain at the Benham Press by
William Clowes & Sons Limited, Colchester and
Beccles and printed and bound in Great Britain
by Richard Clay and Company Limited.

Contents

SYNOPSIS	
ACKNOWLEDGEMENTS	
INTRODUCTION	1
RELATIONSHIPS OF WHITEFLY	1
BIOLOGY OF WHITEFLY	1
ARRANGEMENT OF THE CATALOGUE	2
Original data	2
Depositories	3
Distribution	3
Natural Enemies	4
Host plant relationship	4
CATALOGUE OF WHITEFLY	7
ALEYRODINAE	7
ALEURODICINAE	228
UDAMOSELINAE	250
FOSSIL SPECIES	250
NOMINA NUDA	251
GENERA AND SPECIES EXCLUDED FROM THE ALEYRODIDAE	251
SUMMARY OF NOMENCLATURAL CHANGES ESTABLISHED IN THIS CATALOGUE	253
SYSTEMATIC LIST OF NATURAL ENEMIES OF ALEYRODIDAE	255
SYSTEMATIC LIST OF HOST PLANTS OF ALEYRODIDAE	261
INDEX TO GENERA OF ANGIOSPERMS IN SYSTEMATIC LIST OF HOST PLANTS	307
REFERENCES	315
INDEX TO GENERA AND SPECIES OF ALEYRODIDAE	329

Synopsis

The world Aleyrodidae comprises 1156 species in 126 genera. This book lists them together with their type-data and subsequent records of geographical distribution, host plants, parasites and predators.

In addition, the genera of host plants are presented by family in a Systematic List, each genus with its associated whitefly species. Similarly the natural enemies are presented in a Systematic List together with the whitefly species recorded as host insects.

Nomenclatural changes include 22 new specific synonyms, 8 new generic synonyms, 5 replacement names and 47 new combinations. Nomina nuda, fossil species, and species excluded from the Aleyrodidae are listed separately.

The British Museum (Natural History) collections of this group comprise 408 species in 79 genera, including type-material of 255 species. The type-material held in other institutes is indicated where this has been verified.

Acknowledgements

We are indebted to Victor Eastop and David Hollis for their encouragement during the preparation of this catalogue. Many other colleagues have assisted in various ways, among them Miss P. Gilbert who traced obscure references, Dr W. T. Stearn who made sense of the plant names used by some entomologists, together with Dr Z. Bouček and R. D. Pope who checked the majority of names in the natural enemy section. Dr Manya Stoetzel of the U.S. Department of Agriculture, Washington, and Dr Kadarsan of the Bogor Museum, Java, provided photocopies of papers not available in Britain. Professor F. Ossiannilsson kindly translated into English some passages on *Asterobemisia carpini* from his 1955 paper. We would also like to express gratitude to the curators of several collections who have provided lists of the type-material in their care (the abbreviations are given in full on p. 3): Dr J. C. Watt (Auckland DSIR); Dr U. Göllner-Scheiding (Berlin HU); Dr B. V. David (Calcutta ZSI); Dr Paul Arnaud (California AS); Dr Robert Schuster (California UCD); Dr Michitaka Chûjo (Hikosan BL); Dr G. Fabres (Noumea ORSTOM); Madame D. Matile-Ferrero (Paris MNHN); Dr N. Papavero (São Paulo MZU) and Dr Charles Chia-Chu Tao (Taiwan ARI).

Introduction

The species included in the hemipterous family Aleyrodidae were first catalogued by Kirkaldy in 1907 and a checklist of the species was also provided by Quaintance in 1908. Kirkaldy refers to 150 species in two genera, whilst Quaintance refers to 156 species in three genera. The basis for the present generic classification was laid by Quaintance & Baker (1913–14) who divided the group into three subfamilies containing one, four and 18 genera respectively. Since then large numbers of species and genera have been described, notably by Takahashi in the Oriental Region, Bondar in the Neotropical Region and Cohic in the Ethiopian Region. As a result the present catalogue lists 1156 species in 126 genera, although the collections of the British Museum (Natural History) and the United States National Museum of Natural History suggest that the group is still poorly known in tropical areas. Some indication of the lack of work on whitefly is given by the fact that more than half of the genera contain only one or two species, and only seven of the genera contain more than 50 species.

The generic classification of the Aleyrodidae is based on the structure of the fourth larval instar, the so-called pupal case, not on the structure of adults. This has the great advantage that since the pupal cases are sessile it is possible to collect and identify host plants with the insects. Unfortunately some polyphagous whitefly species vary in the appearance of their pupal cases depending on the form of the host plant cuticle on which they develop (Mound, 1963). This variation has caused a considerable amount of misidentification, and so deductions from host plant associations must always be approached with caution. Similar caution must also be applied to the records of natural enemies, in view of misassociations as well as misidentifications.

Relationships of whitefly

Morphologically the aleyrodids seem to be degenerate psyllids, although ecologically they are the tropical equivalent of aphids – opportunist insects with transient populations. The feeding apparatus is similar to that of the other Sternorrhyncha, but in contrast to psyllids the antennae have fewer segments and the forewings fewer veins. Moreover the immature stages are always sessile and the anus is situated dorsally in both adults and larvae.

Schlee (1970) has described two adult whitefly from Cretaceous Amber. These specimens have exceptionally long rostra but they do not give any further information on relationships within the Homoptera. There is only one record of a whitefly from a Gymnosperm, and the species which are associated with ferns are undoubtedly not primitive. It is likely that the Aleyrodidae did not evolve until after the radiation of the Angiosperms, but the present-day host plant relationships do not shed any light on this evolution.

The family Aleyrodidae is classified into three subfamilies, although one of these, the Udamoselinae, is based on a single specimen which has probably been destroyed. The subfamily Aleurodicinae, which is found mainly in South America, is usually regarded as being more primitive than the larger and more widespread subfamily Aleyrodinae. The main reason for this is that Aleurodicinae have a less reduced wing venation than Aleyrodinae. However, these South American species are very much larger than typical whitefly and it is possible that the additional wing vein is a functional necessity associated with large size. The pupal cases of the Aleurodicinae are usually more complex than those of the Aleyrodinae, bearing large compound wax-secreting pores on the dorsal surface. Schlee (1970) has concluded that the wing venation of aleyrodids gives no evidence for kinship relations within the family.

Biology of whitefly

Whitefly eggs have a short subterminal stalk which is inserted into the leaf tissue of the host plant by a female's ovipositor, usually on the lower surface of a leaf. In a few species of Aleurodicinae the stalk is longer than the egg, and most species of this subfamily deposit large quantities of wax around the eggs in the form of a loose spiral like a fingerprint. Some species of the Aleyrodinae lay their eggs in a partial or complete circle which is produced by the female rotating around her mouth parts which are kept inserted in the leaf.

First instar larvae are minute but have relatively long legs and antennae. They can crawl actively although they probably do not leave the leaf on which they have hatched. The legs and antennae of the second, third and fourth instar larvae are atrophied, and these instars are sessile. The adult develops within the fourth instar and this is then known as the pupal case. Many species produce large quantities of wax around the margins and on the dorsal surface of the larvae, and in a few species the cast skins of earlier instars may be found on the dorsal surface of a pupal case. In most species the adult emerges through a T-shaped split in the dorsal surface of the pupal case, but in a few species the apices of the T are joined by additional sutures thus forming a 'trap-door'. Pupal cases from which parasites have emerged can be recognized by an irregular circular hole which is chewed by the emerging parasite.

The white powdery wax which covers the body of most species in this family is secreted from abdominal glands after the adult has emerged from its pupal case. Some species have dark spots on the wings, although these may not develop until a few hours after emergence, and a few species are not white. The Citrus Blackfly, *Aleurocanthus woglumi*, has black wings and little wax, and several species of Aleurodicinae have patterned wings. An undescribed species of *Dialeurodes* on coffee in southern Nigeria has red wings, and *Bemisia giffardi* has very pale yellow wings.

Whitefly may be pests of crops and ornamental plants in two ways, through their debilitating effect in sucking plant sap and through the introduction of virus diseases. Under optimum conditions very large populations may develop within three weeks. These can reduce the yield of a plant by competing for available nutrients and causing premature leaf shedding. Moreover the value of a crop, be this citrus, tomatoes or cotton lint, may be seriously reduced by being soiled with honey dew and the sooty mould this induces. Mound (1973) has given an introduction to the literature on aleyrodids as virus vectors, and Martyn (1968) has given a list of the viruses associated with these insects. Trehan & Butani (1960) and Butani (1970) have produced an extensive but unclassified and incomplete bibliography of the Aleyrodidae, including many references to the economic literature on the group.

Arrangement of the catalogue

Whitefly species are listed alphabetically within each genus, but, as this is not intended to be a citation index, only those references with taxonomic or nomenclatural importance are given. The genera are also listed alphabetically but they are arranged within their two subfamilies, the Aleyrodinae and the Aleurodicinae. Nomina nuda, fossil species and species which have been removed from the Aleyrodidae are listed at the end of the text, together with the Udamoselinae which is treated as a nomen dubium. Subgenera are not used in the text, although the names are all listed, and varieties are placed in synonymy with the nominate form.

Each generic entry gives the author of the name, together with the reference, also the type-species and how it was designated. Each specific entry gives the author and reference, together with the original data including locality, host plant and the depository of the original material where this has been verified. This information is also given for all synonyms. Data on geographical distribution, host plants and natural enemies are summarized after each species, together with at least one reference to the source of each item. A considerable amount of unpublished information from the collections of the British Museum (Natural History) is included and is indicated by the abbreviation BMNH.

Original data

Few descriptions of aleyrodid species state the number of specimens studied or the number of samples seen. If more than one host plant or locality is given then it is unusual to be told their relative frequency. This raises problems when species are subsequently found to have been erected on mixed series, because few aleyrodid workers have designated holotypes. Moreover subsequent revisers have often not selected lectotypes when dividing mixed series. Compilation of this catalogue has been greatly complicated by this absence of basic data in the literature. Where a species has subsequently been demonstrated to have been described from a mixed series, only that part of the original data which has been verified by the reviser is listed in this catalogue.

Depositories

The original material of several authors, including Cockerell, Costa Lima, Gomez Menor, Goux, Peal, Signoret and Silvestri, has not been traced. The material described by Takahashi (1942–43) from Thailand has only been traced in part. The specimens from which Corbett (1935b) described numerous species from Malaya have probably all been destroyed, although material referred to in some of his other publications is in the British Museum (Natural History). It is probable that the Zahradnik collection is in Prague, and the Priesner & Hosny collection in the Department of Agriculture, Cairo, but no recent information is available to the authors. Similarly the numerous species described by Cohic are probably still in that author's collection, although Dr Cohic has deposited some of his material in the British Museum (Natural History). The following abbreviations are used in the text to indicate verified depositories of 'type-material'. In the cases of Bondar and Maskell this term has sometimes been used to include material from the original author's collections, in view of the lack of specific details accompanying the description of some species. A brief indication is given below of the material in each depository:

Auckland DSIR [Department of Scientific and Industrial Research, Entomology Division, Auckland, New Zealand]. Thirty-six species described by Maskell and Dumbleton.
Australia NSW [Department of Agriculture, Rydalmere, New South Wales, Australia]. Two species described by Maskell and Dumbleton.
Berlin HU [Humboldt-Universität Museum, DDR 104, Berlin]. Five species described by Newstead and one described by Cockerell.
BMNH [British Museum (Natural History), London, SW7 5BD]. This collection comprises 408 named species in 79 genera, together with much unworked material from various parts of the world. It includes type-material of 255 species described by many authors.
Budapest TM [Természettudomànyi Múzeum Allatára, 1088 Budapest]. Two species described by Visnya.
Calcutta ZSI [Zoological Survey of India, Calcutta]. According to B. V. David (in litt.) this collection includes twenty species described by Singh. The species described by David & Subramaniam.
California AS [California Academy of Sciences, Golden Gate Park, San Francisco, U.S.A.]. Four species described by Penny and one described by Sampson.
California UCD [University of California, Davis]. Twenty-nine species described by Sampson and Drews.
Eberswalde IP [Institut für Pflanzenschutzforschung, Eberswalde]. Four species described by Takahashi and one described by Visnya.
Hikosan BL [Hikosan Biological Laboratory, Kyushu University, Soeda-machi, Tagawa-gun, Fukuoka, Japan]. Ninety-two of the species described by Takahashi from Japan, Madagascar and the Mascarene Islands.
Honolulu DA [Department of Agriculture, Honolulu, Hawaii]. Three species described by Kotinsky.
Leningrad ZI [Zoological Institute, Academy of Sciences, Leningrad]. The species described by Danzig.
Noumea ORSTOM [Department of Entomology, O.R.S.T.O.M. Noumea, New Caledonia]. Twenty-five species described from New Caledonia by Dumbleton and Cohic.
Paris MNHN [Muséum National d'Histoire Naturelle, Paris]. Ninety-one of the species described by Takahashi from Madagascar and the Mascarene Islands.
São Paulo MZU [Museo de Zoologia de Universidade de São Paulo, Brazil]. About 100 of the species described by Bondar and Hempel.
Sudan GRF [Gezira Research Farm, Wad Medani, Sudan]. The type-specimens of five species described by O. Gameel are reputed to be in this collection.
Taiwan ARI [Taiwan Agricultural Research Institute, Taipei, Taiwan]. More than 200 species described mainly by Takahashi but including material from Kuwana and Quaintance & Baker.
Uppsala DPPE [Department of Plant Pathology and Entomology, Agricultural College of Sweden, Uppsala]. Two species described by Ossiannilsson.
USNM [United States National Museum of Natural History, Washington DC]. This collection includes many species taken in quarantine by the U.S. Department of Agriculture, as well as the original material of more than 300 species described by Quaintance & Baker, Bemis, Russell and Bondar.

Distribution

The names of countries and towns have been converted to modern usage wherever necessary, e.g. Tanzania instead of German East Africa. This has not been possible in all instances because of boundary changes and the difficulty in tracing minor localities. In these instances, which particularly involve records from India, the original country name has been retained. The distribution of widespread species is summarized into the following nine zoogeographical regions : Palaearctic, Ethiopian, Madagascan, Oriental, Austro-Oriental, Australasian, Pacific, Nearctic and Neotropical.

Three of the largest whitefly genera, *Aleuroplatus, Aleurotrachelus* and *Tetraleurodes*, are more or less artificial assemblages of species with black pupal cases reported from many parts of the world. Many of the other genera, however, have a more restricted distribution. The genera of the subfamily Aleurodicinae are almost entirely confined to the Neotropics, and this is also true of a few genera of the Aleyrodinae such as *Aleurocerus, Aleurothrixus, Bellitudo* and *Crenidorsum*. The genus *Trialeurodes* has most of its species in the New World as does *Aleuroparadoxus*. In contrast *Africaleurodes, Aleurolonga, Aleuropteridis, Corbettia* and *Dialeurolonga* are recorded only from Africa and Madagascar. *Acaudaleyrodes, Aleurocanthus, Aleurolobus, Aleurotuberculatus, Dialeuropora* and the largest genus, *Dialeurodes* are widely distributed in the Ethiopian and Oriental Regions. *Pealius, Odontaleyrodes* and *Rhachisphora* are particularly common in the Oriental and Austro-Oriental Regions, whereas *Orchamoplatus* is apparently most common in the Pacific.

Natural Enemies

Some of the natural enemies listed in the Systematic List of Natural Enemies may have been associated with aphids or coccids which were living together with whitefly on the same host. The Cecidomyiidae and the Encyrtidae for example would normally be expected to be associated with aphids rather than whitefly. Equally suspicious is the number of *Signiphora* species recorded from *Aleurothrixus*. The taxonomy of *Encarsia* and *Prospaltella*, as well as *Eretmocerus*, is probably also unreliable. These parasitic Hymenoptera need to be reared from known species of whitefly under controlled conditions in order to establish their identity and host range. In contrast the number of phytoseiid mites recorded as attacking whitefly pupal cases is almost certainly too low.

The Coleoptera and Hymenoptera listed below have been recorded from unidentified Aleyrodidae.

Coleoptera
  Coccinellidae : *Brumus suturalis* (Fabricius) (Schilder & Schilder, 1928 : 265. India).
    Menochilus sexmaculata (Fabricius) (Schilder & Schilder, 1928 : 251. India).
    Serangium giffardi Grandi (Schilder & Schilder, 1928 : 249. Nigeria, Cameroun). .
    Verania quadrimaculata Weise (Schilder & Schilder, 1928 : 252).
Hymenoptera
  Chalcidoidea
    Aphelinidae : *Coccophagus sophia* Girault & Dodd (Fulmek, 1943 : 7. Australia).
    ?*Encarsia partenopea* Masi (Fulmek, 1943 : 7, Italy).
    Eretmocerus aleyrodiphaga (Risbec) (Risbec, 1951 : 403. Senegal on *Ricinus* sp.).
    Eretmocerus corni Haldeman (Thompson, 1950 : 5. Argentina).
    Eretmocerus gunturiensis Hayat (Hayat, 1972 : 104. India).
    Eretmocerus illinoisensis Dozier (Thompson, 1950 : 5. U.S.A.).
    Eretmocerus mashhoodi Hayat (Hayat, 1972 : 102. India).
    Eretmocerus mundus Mercet (Hayat, 1972 : 104. India).
    Prospaltella sp. indet. (Thompson, 1950 : 5. Rhodesia).
    Prospaltella tristis (Zehntner) (Thompson, 1950 : 5. Philippines).
  Encyrtidae : *Clausenia* sp. (Thompson, 1950 : 5. China).
  Signiphoridae : *Thysanus ater* Haliday (Fulmek, 1943 : 7. U.S.A.).

Host plant relationships

Recorded host plants are listed alphabetically by family, with their most relevant reference, under each species of whitefly. In the Systematic List of Host Plants the whitefly recorded from each plant genus are given, under plant families, in the order in which they are set out in the text. The plant families are arranged alphabetically within four major groupings, the Pteridophyta, Gymnospermae, Liliatae (Monocotyledons) and Magnoliatae (Dicotyledons).

An index is provided to the genera of Angiosperms (Liliatae and Magnoliatae) referred to in the Systematic List of Host Plants. The family classification of Angiosperms used here is that of Cronquist (1968), as from our point of view, the numerous divisions of many families recognized by Willis (1973) obscure phyletic relationships between the hosts of certain whitefly species. The generic names of flowering plants are basically those recognized by Willis (1966). Misspellings of botanical names have been corrected whenever possible by the use of regional floras. Vernacular names have been converted to botanical names where this seems reasonable, by the use of Willis (1955) and Taylor (1970), as well as by consultation with botanists at the BMNH.

Although no attempt is made here to give a detailed analysis of the phyletic relationships between the host plants of whitefly, it is evident from the List of Host Plants that these insects are found mainly on Angiosperms. The only reference to a Gymnosperm involves *Trialeurodes vaporariorum*, one of the most polyphagous whitefly species. In contrast, the ten species of whitefly recorded from ferns have not been found on any flowering plants, even those under glass. These fern-living whitefly comprise one African genus and a number of unrelated species from various parts of the world. Since the majority of aleyrodid species are known only from flowering plants, it seems unlikely that this insect family evolved until after the radiation of the Angiosperms.

The majority of species of Aleyrodidae are found on dicotyledonous plants, although three families of monocotyledons, Gramineae, Palmae and Smilacaceae, bear a considerable number of whitefly. Within the Magnoliatae the majority of plant species are classified by Cronquist (1968) in the two subclasses Rosidae and Asteridae; however most whitefly species are recorded from plants classified by Cronquist as belonging to four smaller, less highly evolved subclasses, the Magnoliidae, Hamamelidae, Caryophyllidae and Dilleniidae. There are several possible reasons for these host plant relationships. As the Asteridae and Rosidae are the most advanced groups of higher plants, it may be that aleyrodids did not evolve at the same rate but retained a relationship with the more primitive groups of plants. Alternatively the relationship may be a reflection of the geographical distributions of the organisms, the Asteridae and Rosidae being most common in temperate regions, whereas the Aleyrodidae are mainly a tropical group. Although both factors may be involved, a more likely explanation is that the Aleyrodidae are predisposed to live on the leaves of woody plants whereas the Asteridae and Rosidae include the majority of herbaceous flowering plants. Most of the aleyrodid records from herbs are attributable to three polyphagous species, *Aleyrodes proletella*, *Bemisia tabaci* and *Trialeurodes vaporariorum*.

Host specificity in aleyrodids does not seem to be highly developed. Most species collected on several occasions have been found on two or more, often unrelated, host plants. The evolution of host plant relationships in Aleyrodidae is similar to that in Aphididae (Eastop, 1972) in having progressed through the 'capture' of unrelated host plants, hence colonizing the available flora, rather than along lines of botanical affinity.

Catalogue of whitefly
ALEYRODINAE
ACANTHALEYRODES Takahashi
Acanthaleyrodes Takahashi, 1931c : 220–221. Type-species : *Acanthaleyrodes callicarpae*, by monotypy.

Acanthaleyrodes sp. indet.
HOST PLANTS.
Host indet. : (BMNH : Malaya).

Acanthaleyrodes callicarpae Takahashi
Acanthaleyrodes callicarpae Takahashi, 1931c : 221. Syntypes on *Callicarpa formosana, Mallotus* sp., TAIWAN : Shinten, Taihoku (Taiwan ARI).

DISTRIBUTION. Taiwan (Takahashi, 1931c : 221) (BMNH); China (Young, 1944 : 129).
HOST PLANTS.
Euphorbiaceae	: *Mallotus* sp. (Takahashi, 1932 : 20).
Rosaceae	: *Rubus* sp. (Takahashi, 1933 : 4).
Verbenaceae	: *Callicarpa formosana* (Takahashi 1932 : 20).
Vitaceae	: *Vitis vinifera* (BMNH).

Acanthaleyrodes spiniferosa (Corbett) comb. n.
Dialeurodes spiniferosa Corbett, 1933 : 128. Syntypes on *Diospyros* sp., MALAYA : Kuala Lumpur, 15.ii.1928. (One syntype labelled paratype in BMNH.)

DISTRIBUTION. Malaya (Corbett, 1935b : 732) (BMNH).
HOST PLANTS.
Ebenaceae : *Diospyros* sp. (Corbett, 1935b : 732) (BMNH).

Acanthaleyrodes styraci Takahashi
Acanthaleyrodes styraci Takahashi, 1942b : 173–174. Holotype on *Styrax* sp., THAILAND : Mt. Sutep, 5.iv.1940. Described from a single specimen.

DISTRIBUTION. Thailand (Takahashi, 1942b : 174).
HOST PLANTS.
Styracaceae : *Styrax* sp. (Takahashi, 1942b : 174).

ACANTHOBEMISIA Takahashi
Acanthobemisia Takahashi, 1935a : 25. Type-species : *Acanthobemisia distylii*, by monotypy.

Acanthobemisia distylii Takahashi
Acanthobemisia distylii Takahashi, 1935a : 25–27. Syntypes on *Distylium racemosum*, JAPAN : Nagasaki, x.1934 (*M. Watanabe*) (Taiwan ARI) (USNM).

DISTRIBUTION. Japan (Takahashi, 1955c : 5) (BMNH).
HOST PLANTS.
Hamamelidaceae : *Distylium racemosum* (Takahashi, 1955c : 5) (BMNH).

ACAUDALEYRODES Takahashi
Acaudaleyrodes Takahashi, 1951a : 382. Type-species : *Acaudaleyrodes pauliani*, by monotypy.

Acaudaleyrodes spp. indet.
HOST PLANTS.
Combretaceae	: *Quisqualis* sp. (BMNH : Rhodesia).
Leguminosae	: *Hardwickia pinnata* (BMNH : India); *Inga dulce* (BMNH : India); *Tephrosia* sp. (BMNH : Sierra Leone).

Acaudaleyrodes africana (Dozier)
Aleurotrachelus africanus Dozier, 1934 : 190. Syntypes on *Desmodium* sp., ZAIRE : Barumbu, i.1926 (*J. Ghesquière*) (BMNH) (USNM).
Acaudaleyrodes africana (Dozier) Takahashi, 1951a : 382.

DISTRIBUTION. Central African Republic, Congo (Brazzaville), Ivory Coast (Cohic, 1969 : 4); Nigeria (BMNH); Zaire (Mound, 1965c : 119) (BMNH).
HOST PLANTS.
Leguminosae   :   *Bauhinia thonningii* (Cohic, 1966b : 14); *Desmodium gangeticum, Piliostigma thonninghii* (Cohic, 1969 : 4); *Desmodium* sp. (BMNH).

Acaudaleyrodes citri (Priesner & Hosny)

Aleurotrachelus citri Priesner & Hosny, 1934b : 7–8. Syntypes on *Citrus* spp., *Punica granatum, Zizyphus spinachristi, Lawsonia inermis, Psidium guajava, Dodonaea viscosa*, EGYPT : Behera, Minûfîya, Qaliûbîya, Sharkiya, Giza, Minya, Qena, Girga, Mallawi, Asyût, Edfu, Aswan, Dakhla Oasis, Gebel Elba. (Three syntypes from *Punica granatum* in BMNH.)

Aleurotrachelus alhagi Priesner & Hosny, 1934b : 9. Syntypes on *Alhagi maurorum, Acacia arabica* var. *nilotica, Prosopis stephaniana, Tephrosia apollinea*, EGYPT, Minya, Luxor-Karnak, Kom Ombo, Aswan, Kharga and Dakhla Oasis (USNM). (One syntype on *Alhagi* sp. in BMNH). [Synonymized by Mound, 1965c : 119.]

Acaudaleyrodes citri (Priesner & Hosny) Russell, 1962b : 64.
Acaudaleyrodes alhagi (Priesner & Hosny) Russell, 1962b : 64.

DISTRIBUTION. Palaearctic Region : Egypt (Priesner & Hosny, 1934b : 8) (BMNH); Cyprus, Iraq, Saudi Arabia (BMNH); Israel (Rosen, 1966 : 55).
Ethiopian Region : Cameroun, Chad, Niger, Sierra Leone (Cohic, 1969 : 4); Kenya, Nigeria, Sudan, Transvaal (BMNH).
Oriental Region : India, Pakistan (Cohic, 1969 : 4).
HOST PLANTS.
Anacardiaceae   :   *Rhus* sp. (Cohic, 1969 : 4–5).
Asclepiadaceae   :   *Leptadenia heterophylla* (BMNH).
Caprifoliaceae   :   *Sambucus nigra* (Habib & Farag, 1970 : 39).
Combretaceae   :   *Combretum paniculatum* (Cohic, 1969 : 4–5).
Leguminosae   :   *Acacia arabica* var. *nilotica* (Priesner & Hosny, 1934b : 9); *Acacia seyal* (BMNH); *Alhagi* sp. (BMNH); *Alhagi maurorum* (Priesner & Hosny, 1934b : 9); *Bauhinia* sp., *Cassia odorata* (BMNH); *Cassia siamea, Dalbergia sissoo* (Cohic, 1969 : 4–5); *Dolichos lab-lab* (BMNH); *Prosopis juliflora* (Cohic, 1969 : 5); *Prosopis stephaniana* (Priesner & Hosny, 1934b : 9); *Tamarindus indica* (Cohic, 1969 : 4); *Tephrosia apollinea* (Priesner & Hosny, 1934b : 9) (BMNH).
Lythraceae   :   *Lawsonia inermis* (Priesner & Hosny, 1934b : 8).
Moraceae   :   *Ficus* sp. (Cohic, 1969 : 4).
Myrtaceae   :   *Psidium guajava* (Priesner & Hosny, 1934b : 8) (BMNH).
Punicaceae   :   *Punica granatum* (Priesner & Hosny, 1934b : 8) (BMNH).
Rhamnaceae   :   *Ziziphus mauritiana* (Cohic, 1969 : 5); *Ziziphus spinachristi* (Priesner & Hosny, 1934b : 8) (BMNH).
Rutaceae   :   *Citrus* sp. (Priesner & Hosny, 1934b : 8) (BMNH); *Citrus sinensis* (Habib & Farag, 1970 : 37).
Sapindaceae   :   *Dodonaea viscosa* (Priesner & Hosny, 1934b : 8).
Tiliaceae   :   *Grewia similis* (BMNH); *Grewia tenax* (Cohic, 1969 : 4).
NATURAL ENEMIES.
Hymenoptera

:   *Encarsia lutea* (Masi) (Gameel, 1969 : 68. Sudan).
:   *Eretmocerus* sp. (Thompson, 1950 : 6. Egypt).
:   *Eretmocerus diversiciliatus* Silvestri (Rosen, 1966 : 55. Israel).

Acaudaleyrodes pauliani Takahashi

Acaudaleyrodes Pauliani Takahashi, 1951a : 382–384. Syntypes on 'Mpanjakabentany', MADAGASCAR : Maevatanana, 31.x.1949; 530 km Majunga Road, x.1949 (*R. Paulian*) (Paris MNHN).

DISTRIBUTION. Madagascar (Takahashi, 1951a : 384).
HOST PLANTS.
'Mpanjakabentany' :   (Takahashi, 1951a : 384).

Acaudaleyrodes rachipora (Singh)

Aleurotrachelus rachipora Singh, 1931 : 57–59. Syntypes on *Cassia fistula, Euphorbia pilulifera, Bauhinia* sp., *Dalbergia sissoo,* INDIA : Pusa and Dholi (Bihar), Navsari (Baroda), Miani (Punjab).
Acaudaleyrodes rachipora (Singh) Russell, 1962b : 64.

DISTRIBUTION. India (Russell, 1962b : 64) (BMNH); Pakistan (Russell, 1962b : 64).
HOST PLANTS.
Euphorbiaceae : *Euphorbia pilulifera* (Singh, 1931 : 57).
Leguminosae : *Bauhinia* sp., *Cassia fistula, Dalbergia sissoo* (Singh, 1931 : 57); *Prosopis* sp. (BMNH); *Tamarindus indicus* (Rao, 1958 : 333); *Cassia auriculata, Abrus precatorius, Delonix elata, Inga dulce, Prosopis juliflora* (David & Subramaniam, 1976 : 146).

ACUTALEYRODES Takahashi

Acutaleyrodes Takahashi, 1960b : 145. Type-species : *Acutaleyrodes palmae,* by monotypy.

Acutaleyrodes palmae Takahashi

Acutaleyrodes palmae Takahashi, 1960b : 146–147. Syntypes on *Acanthophoenix rubra,* RÉUNION ISLAND : Saint Philippe [xii.1955 (*Dr R. Paulian*)] (Paris MNHN) (Hikosan BL) (USNM).

DISTRIBUTION. Réunion Island (Takahashi, 1960b : 147).
HOST PLANTS.
Palmae : *Acanthophoenix rubra* (Takahashi, 1960b : 147).

AFRICALEURODES Dozier

Africaleurodes Dozier, 1934 : 187. Type-species : *Africaleurodes coffeacola,* by original designation.
Africaleurodes Dozier; Cohic, 1968b : 64–66.

Africaleurodes spp. indet.

HOST PLANTS.
Leguminosae : *Schotia* sp. (BMNH : Kenya).
Punicaceae : *Punica granatum* (BMNH : Saudi Arabia).
Rutaceae : *Clausena anisata* (BMNH : Kenya).
Tiliaceae : *Grewia similis* (BMNH : Kenya).
Host indet. : (BMNH : Nigeria).

Africaleurodes adami Cohic

Africaleurodes adami Cohic, 1968b : 66–69. Twenty six syntypes on *Dichapetalum brazzae,* CONGO (Brazzaville) : Centre O.R.S.T.O.M., 7.xi.1966.

DISTRIBUTION. Congo (Brazzaville) (Cohic, 1968b : 66).
HOST PLANTS.
Dichapetalaceae : *Dichapetalum brazzae* (Cohic, 1968b : 66).

Africaleurodes balachowskyi Cohic

Africaleurodes balachowskyi Cohic, 1968b : 69–72. Ten syntypes on *Chrysobalanus orbicularis,* CONGO (Brazzaville) : Point-Noire, 3.ix.1966.

DISTRIBUTION. Congo (Brazzaville) (Cohic, 1968b : 69).
HOST PLANTS.
Chrysobalanaceae : *Chrysobalanus orbicularis* (Cohic, 1968b : 69).

Africaleurodes capgrasi Cohic

Africaleurodes capgrasi Cohic, 1968b : 72–75. Syntypes on *Markhamia sessilis,* CONGO (Brazzaville) : Brazzaville, 19.ii.1966 (*P. Capgras*) and 8.ii.1967; on *Trichilia heudelotii,* Brazzaville, 15.x.1966; on *Hymenocardia ulmoides,* Brazzaville, 24.xi.1965.

DISTRIBUTION. Congo (Brazzaville) (Cohic, 1968b : 72–74).
HOST PLANTS.
Bignoniaceae : *Markhamia sessilis* (Cohic, 1968b : 72).
Dilleniaceae : *Tetracera alnifolia* (Cohic, 1969 : 5).

Euphorbiaceae : *Hymenocardia ulmoides* (Cohic, 1968b : 74).
Meliaceae : *Trichilia heudelotii* (Cohic, 1968b : 74).

Africaleurodes coffeacola Dozier

Africaleurodes coffeacola Dozier, 1934 : 187–188. Syntypes on *Coffea robusta*, ZAIRE : Lodja, iii.1928 (*J. Ghesquière*) (BMNH).

DISTRIBUTION. Aldabra Island, Cameroun, Nigeria, Sierra Leone, Sudan, Zaire (BMNH); Congo (Brazzaville) (Russell, 1962b : 64).

HOST PLANTS.
Combretaceae : *Combretum bracteatum* (BMNH).
Euphorbiaceae : *Maesobotrya barteri* (BMNH).
Rhamnaceae : *Zizyphus spinachristi* (BMNH).
Rubiaceae : *Chomelia* [*Tarenna*] *nigrescens* (BMNH); *Coffea arabica* (BMNH), *Coffea robusta* (BMNH) (Dozier, 1934 : 188); *Plectronia* [*Canthium*] sp. (BMNH).
Sapindaceae : *Allophylus africanus* (Mound, 1965c : 122).
Sterculiaceae : *Cola* sp. (BMNH).

Africaleurodes fulakariensis Cohic

Africaleurodes fulakariensis Cohic, 1966b : 17–20. Thirteen syntypes on *Neosloetiopsis kamarunensis*, CONGO (Brazzaville) : Fulakary, 28.iii.1965. (One syntype labelled paratype in BMNH.)

DISTRIBUTION. Congo (Brazzaville) (Cohic, 1966b : 17) (BMNH).
HOST PLANTS.
Moraceae : *Neosloetiopsis kamarunensis* (Cohic, 1966b : 17) (BMNH).

Africaleurodes lamottei Cohic

Africaleurodes lamottei Cohic, 1969 : 5–9. Holotype, ♀ pupal case; paratype, ♂ pupal case. On *Gardenia ternifolia*, IVORY COAST : Lamto, *Borassus* savannah, 24.xi.1968 and on *Combretum lamprocarpum*, Mont Ga 850 m, vicinity of Touba, 15.ii.1969. [It is not made clear in the original description which set of data refers to the holotype.]

DISTRIBUTION. Ivory Coast (Cohic, 1969 : 5).
HOST PLANTS.
Combretaceae : *Combretum lamprocarpum* (Cohic, 1969 : 7).
Rubiaceae : *Gardenia ternifolia* (Cohic, 1969 : 5).

Africaleurodes loganiaceae Dozier

Africaleurodes loganiaceae Dozier, 1934 : 189. Syntypes on Loganiaceae, ZAIRE : Sankuru, i.1928 (*J. Ghesquière*) (BMNH) (USNM).

DISTRIBUTION. Ivory Coast (Cohic, 1969 : 9); ? Nigeria (BMNH); Zaire (Cohic, 1969 : 9) (BMNH).
HOST PLANTS.
Flacourtiaceae : *Scottellia coriacea* (Cohic, 1969 : 9).
Icacinaceae : *Icacina mannii* (Cohic, 1969 : 9).
Loganiaceae : Genus indet. (Dozier, 1934 : 189) (BMNH).
Pandaceae : *Microdesmis pulchrula* (BMNH).
Rubiaceae : *Craterispermum caudatum* (Cohic, 1969 : 9).
Sterculiaceae : *Cola caricaefolia* (Cohic, 1969 : 9).

Africaleurodes martini Cohic

Africaleurodes martini Cohic, 1968b : 76–79. Thirteen syntypes on *Cogniauxia podolaena*, CONGO (Brazzaville) : Brazzaville, Centre O.R.S.T.O.M., 28.x.1966.

DISTRIBUTION. Congo (Brazzaville) (Cohic, 1968b : 76); Ivory Coast (Cohic, 1969 : 10).
HOST PLANTS.
Cucurbitaceae : *Cogniauxia podolaena* (Cohic, 1968b : 76).
Rubiaceae : *Morinda morindoides* (Cohic, 1969 : 10).

Africaleurodes ochnaceae Dozier

Africaleurodes ochnaceae Dozier, 1934 : 188–189. Syntypes on *Ochna* sp., ZAIRE : Kole, 8.i.1928 (*J. Ghesquière*) (BMNH) (USNM).

DISTRIBUTION. Nigeria (BMNH); Zaire (Dozier, 1934 : 189) (BMNH).
HOST PLANTS.
Ochnaceae : *Ochna* sp. (Dozier, 1934 : 189) (BMNH).
Sterculiaceae : *Cola nitida* (BMNH).

Africaleurodes pauliani Cohic

Africaleurodes pauliani Cohic, 1968a : 4–7. Six syntypes on *Markhamia sessilis*, CONGO (Brazzaville) : Brazzaville, Centre O.R.S.T.O.M., 9.xi.1966.

DISTRIBUTION. Congo (Brazzaville), Ivory Coast (Cohic, 1969 : 10).
HOST PLANTS.
Bignoniaceae : *Markhamia sessilis* (Cohic, 1968b : 79).
Ebenaceae : *Diospyros heudelotii* (Cohic, 1969 : 10).
Loganiaceae : *Strychnos pungens* (Cohic, 1968b : 79).

Africaleurodes souliei Ardaillon & Cohic

Africaleurodes souliei Ardaillon & Cohic, 1970 : 272–276. Holotype on *Drypetes aylmeri*, IVORY COAST : Banco Forest, 2.iv.1970. Paratypes on *Cola gabonensis*, Banco Forest, 9.xi.1969; on *Pleiocarpa mutica*, Banco Forest, 9.xi.1969; on *Microdesmis puberula*, Banco Forest, 28.xii.1969; on *Neuropeltis prevosteoides*, Banco Forest, 4.iii.1970; on *Drypetes chevalieri*, Banco Forest, 2.iv.1970; on *Cola caricaefolia*, Banco Forest, 22.iv.1970.

DISTRIBUTION. Ivory Coast (Ardaillon & Cohic, 1970 : 272).
HOST PLANTS.
Apocynaceae : *Pleiocarpa mutica* (Ardaillon & Cohic, 1970 : 272).
Convolvulaceae : *Neuropeltis prevosteoides* (Ardaillon & Cohic, 1970 : 272).
Euphorbiaceae : *Drypetes aylmeri, Drypetes chevalieri* (Ardaillon & Cohic, 1970 : 272).
Pandaceae : *Microdesmis puberula* (Ardaillon & Cohic, 1970 : 272).
Sterculiaceae : *Cola caricaefolia, Cola gabonensis* (Ardaillon & Cohic, 1970 : 272).

Africaleurodes tetracerae Cohic

Africaleurodes tetracerae Cohic, 1966b : 20–23. Three syntypes on *Tetracera alnifolia*, CONGO (Brazzaville) : Centre O.R.S.T.O.M., 6.vi.1964.

DISTRIBUTION. Congo (Brazzaville) (Cohic, 1966b : 20).
HOST PLANTS.
Dilleniaceae : *Tetracera alnifolia* (Cohic, 1966b : 20).

Africaleurodes uvariae Cohic

Africaleurodes uvariae Cohic, 1968a : 7–10. Five syntypes on *Uvaria scabrida*, CONGO (Brazzaville) : Centre O.R.S.T.O.M., 9.xii.1965.

DISTRIBUTION. Congo (Brazzaville) (Cohic, 1968a : 7).
HOST PLANTS.
Annonaceae : *Uvaria scabrida* (Cohic, 1968a : 7).

Africaleurodes vrijdaghii (Ghesquière)

Aleurolobus vrijdaghii Ghesquière in Mayné & Ghesquière, 1934 : 30. Syntypes on coffee [*Coffea* sp.], ZAIRE.
Africaleurodes vrijdaghii (Ghesquière) Russell, 1962b : 64.

DISTRIBUTION. Zaire (Mayné & Ghesquière, 1934 : 30).
HOST PLANTS.
Rubiaceae : *Coffea* sp. (Mayné & Ghesquière, 1934 : 30).

ALEUROCANTHUS Quaintance & Baker

Aleurocanthus Quaintance & Baker, 1914 : 102. Type-species : *Aleurodes spinifera*, by original designation.
Aleurocanthus Quaintance & Baker; Cohic, 1968b : 79–80.

Aleurocanthus spp. indet.

HOST PLANTS.
Annonaceae : *Annona squamosa* (BMNH : India).
Combretaceae : *Combretum bracteatum* (BMNH : Nigeria); *Combretum umbricola* (BMNH : Uganda).
Dipterocarpaceae : *Dipterocarpus tuberculatus* (BMNH : Thailand).
Euphorbiaceae : *Bridelia micrantha* (BMNH : Nigeria); *Drypetes gerrardi* (BMNH : Kenya); *Lepidoturus laxiflorus* (BMNH) : Nigeria); *Macaranga* sp. (BMNH : Malaya).
Lauraceae : *Persea gratissima* (BMNH : Malaya); *Persea* sp. (BMNH : New Guinea).
Leguminosae : *Lonchocarpus sericeus* (BMNH : Nigeria).
Melastomataceae : *Memecylon* sp. (BMNH : Sri Lanka).
Moraceae : *Ficus bengalensis* (BMNH : India).
Myrtaceae : *Eucalyptus* sp., *Leptospermum laevigatum* (BMNH : Australia).
Piperaceae : *Piper* sp. (BMNH : New Guinea).
Rubiaceae : *Morinda tinctoria* (BMNH : India).
Rutaceae : *Citrus* sp. (BMNH : Sarawak, Sumatra).
Sterculiaceae : *Cola acuminata, Cola nitida* (BMNH : Nigeria).
Tiliaceae : *Grewia similis* (BMNH : Kenya).
Host indet. : (BMNH : Sabah).

NATURAL ENEMIES.
Coleoptera
  Coccinellidae : *Scymnus pallidicollis* Mulsant (Thompson, 1964 : 52).
    : *Scymnus* sp. (Thompson, 1964 : 52. Malaya).
Hymenoptera
  Chalcidoidea
    Aphelinidae : *Eretmocerus serius* Silvestri (Fulmek, 1943 : 4. Sumatra).
      : *Prospaltella clypealis* Silvestri (Fulmek, 1943 : 4. Singapore).
      : *Prospaltella divergens* Silvestri (Fulmek, 1943 : 4. Sumatra).
      : *Prospaltella* sp. (Fulmek, 1943 : 4. Singapore, Sumatra).

Aleurocanthus aberrans Cohic

Aleurocanthus aberrans Cohic, 1968a : 10–14. Syntypes on *Gardenia jovis-tonantis*, CHAD : Goré, 5.iii.1966; on *Cassia siamea*, CHAD : Kim, 6.iii.1966. (One pupal case on 'Papillionaceae', CONGO (Brazzaville), 17.iv.1964, in BMNH, labelled paratype by F. Cohic.)

DISTRIBUTION. Chad (Cohic, 1968a : 10); Congo (Brazzaville) (Cohic, 1969 : 10) (BMNH); Ivory Coast (Cohic, 1969 : 10).

HOST PLANTS.
Combretaceae : *Combretum paniculatum* (Cohic, 1969 : 10).
Euphorbiaceae : *Alchornea cordifolia* (Cohic, 1968b : 80).
Flacourtiaceae : *Oncoba spinosa* (Cohic, 1969 : 10).
Leguminosae : *Cassia siamea* (Cohic, 1968b : 80); Genus indet. (BMNH).
Rubiaceae : *Gardenia jovis-tonantis* (Cohic, 1968b : 80).
Sapindaceae : *Paullinia pinnata* (Cohic, 1969 : 10).

Aleurocanthus alternans Cohic

Aleurocanthus alternans Cohic, 1966a : 19–21. Five syntypes on *Strychnos variabilis*, CONGO (Brazzaville) : Centre O.R.S.T.O.M., 10.v.1964.

DISTRIBUTION. Chad, Congo (Brazzaville), Ivory Coast (Cohic, 1969 : 10); Nigeria (BMNH).
HOST PLANTS.
Combretaceae : *Combretum bracteatum* (BMNH); *Combretum poggei* (Cohic, 1966b : 23).
Connaraceae : *Cnestis lescrauwaetii* (Cohic, 1968a : 14).
Euphorbiaceae : *Alchornea cordifolia* (BMNH); *Bridelia ferruginea* (Cohic, 1969 : 10); *Bridelia micrantha* (BMNH); *Hymenocardia ulmoides* (Cohic, 1968a : 14); *Sapium cornutum* (Cohic, 1966b : 23).

Flacourtiaceae : *Caloncoba dusenii* (Cohic, 1968b : 81).
Guttiferae : *Harungana madagascariensis* (Cohic, 1968b : 81).
Leguminosae : *Millettia laurentii* (Cohic, 1968a : 14).
Loganiaceae : *Strychnos variabilis* (Cohic, 1966a : 19).
Rubiaceae : *Gardenia jovis-tonantis* (Cohic, 1968a : 14); *Plectronia* [*Canthium*] *arnoldianum* (Cohic, 1968b : 81).
Verbenaceae : *Clerodendron polycephalum* (Cohic, 1969 : 11).

Aleurocanthus angolensis Cohic

Aleurocanthus angolensis Cohic, 1966a : 21–23. Holotype on an unidentified host, ANGOLA : Portugalia, v.1964 (*R. Paulian*). Described from a single specimen.

DISTRIBUTION. Angola (Cohic, 1966a : 21).
HOST PLANTS.
Host indet. (Cohic, 1966a : 21).

Aleurocanthus bambusae (Peal)

Aleurodes bambusae Peal, 1903b : 85–87. Syntypes on bamboo [?*Bambusa* sp.] INDIA : Calcutta.
Aleurocanthus bambusae (Peal) Quaintance & Baker, 1914 : 102.

DISTRIBUTION. India (Peal, 1903b : 85–87).
HOST PLANTS.
Gramineae : ?*Bambusa* sp. (Peal, 1903b : 85–87).
Palmae : *Phoenix dactylifera* (Singh, 1931 : 68).

Aleurocanthus banksiae (Maskell)

Aleurodes banksiae Maskell, 1895 : 423–424. Lectotype on *Banksia integrifolia* or *Callistemon linearis*, AUSTRALIA : VICTORIA, Melbourne (*C. French*) (Auckland DSIR), designated by Dumbleton, 1956b : 164.
Aleurocanthus banksiae (Maskell) Quaintance & Baker, 1914 : 102.

DISTRIBUTION. Australia (Victoria) (Maskell, 1895 : 423–424).
HOST PLANTS.
Myrtaceae : *Callistemon linearis* (Dumbleton, 1956b : 164).
Proteaceae : *Banksia integrifolia* (Dumbleton, 1956b : 164).

Aleurocanthus brevispinosus Dumbleton

Aleurocanthus brevispinosus Dumbleton, 1961a : 115–116. Holotype on an undetermined host, NEW CALEDONIA : ?Dothio (*F. Cohic*) (Noumea ORSTOM). (One mounted pupal case from NEW CALEDONIA : Mt des Sources, labelled paratype by Dumbleton, in BMNH.)

DISTRIBUTION. New Caledonia (Dumbleton, 1961a : 116) (BMNH).
HOST PLANTS.
Host indet. (Dumbleton, 1961a : 116).

Aleurocanthus calophylli (Kotinsky)

Aleyrodes calophylli Kotinsky, 1907 : 98–99. Syntypes on *Calophyllum inophyllum*, FIJI : Levuka, 30.x.1899 (*A. Koebele*) (USNM). (Several unmounted pupal cases with syntype data in dry collection of BMNH.)
Aleurocanthus calophylli (Kotinsky) Quaintance & Baker, 1914 : 102.

DISTRIBUTION. Fiji (Kotinsky, 1907 : 99) (BMNH).
HOST PLANTS.
Guttiferae : *Calophyllum inophyllum* (Kotinsky, 1907 : 99) (BMNH).

Aleurocanthus canangae Corbett

Aleurocanthus canangae Corbett, 1935b : 790–791. Syntypes on *Cananga odorata*, MALAYA : Kuala Lumpur. (Seven pupal cases in BMNH labelled MALAYA : Kuala Lumpur, Paraues, on *Kananga* [sic] *odorata*, 11.vi.1926 (*G. H. Corbett*).)

DISTRIBUTION. Malaya (Corbett, 1935b : 791) (BMNH).
HOST PLANTS.
Annonaceae : *Cananga odorata* (Corbett, 1935b : 791) (BMNH).

Aleurocanthus cheni Young

Aleurocanthus cheni Young, 1942 : 100–101. Syntypes on *Citrus* sp., CHINA : Szechwan Province, Kiangtsing, Pehpei.

DISTRIBUTION. China (Young, 1942 : 101).
HOST PLANTS.
Rutaceae : *Citrus* sp. (Young, 1942 : 101).

Aleurocanthus chiengmaiensis Takahashi

Aleurocanthus chiengmaiensis Takahashi, 1942f : 59–60. Syntypes on bamboo [?Bambusa sp.], THAILAND : Samkampeng near Chiengmai, 4.iv.1940 (Taiwan ARI).

DISTRIBUTION. Thailand (Takahashi, 1942f : 59).
HOST PLANTS.
Gramineae : ?*Bambusa* sp. (Takahashi, 1942f : 59).

Aleurocanthus cinnamomi Takahashi

[*Aleurodes spinosus* Kuwana; Shiraki, 1913 : 107. Misidentification.]
[*Aleurodes spinosus* Kuwana; Maki, 1915 : 31. Misidentification.] 'This species was described by Shiraki and Maki under the name of *Aleurodes spinosus* Kuwana but differs from that species in many characters and in the food plants' (Takahashi, 1931a : 207).
Aleurocanthus cinnamomi Takahashi, 1931a : 205–207. Syntypes on *Cinnamomum camphora*, *Machilus* spp., TAIWAN : Taihoku, Shinten, Urai, Hokuto, Sozan, Shikikun near Taihezan, Kussha, Tosei, Heto, Tamari near Taito. (Taiwan ARI) (USNM).

DISTRIBUTION. Taiwan (Takahashi, 1931a : 206); Japan (Takahashi, 1940a : 26).
HOST PLANTS.
Lauraceae : *Actinodaphne* sp. (Takahashi, 1940a : 26); *Cinnamomum camphora* (Takahashi, 1931a : 206); *Cinnamomum camphora* var. *nominale* (Takahashi, 1933 : 3); *Machilus* spp. (Takahashi, 1931a : 206).

Aleurocanthus citriperdus Quaintance & Baker

Aleurocanthus citriperdus Quaintance & Baker, 1916 : 459–463. Syntypes on orange, JAVA : Buitenzorg, i.1911 (*R. S. Woglum*); on *Citrus* sp., INDIA : Lahore, vii.1911 (*R. S. Woglum*); on *Citrus* sp., JAVA : Sandan Glaya, i.1911 (*R. S. Woglum*); on an unknown tree, SRI LANKA : Royal Botanic Gardens, x.1910 (*R. S. Woglum*) (USNM) (Taiwan ARI).
Aleurocanthus cameroni Corbett, 1935b : 799–800. Syntypes on *Citrus acida, Citrus aurantium, Citrus limonum, Citrus hystrix*, MALAYA : Batu Gajah, Tapah, Serdang, Kuala Lumpur, Kuala Pilah, Cameron Highlands. **Syn n**.
This synonymy is based on a study of the types of *citriperdus* in the USNM and of material in the collection of the British Museum (Natural History).

DISTRIBUTION. India (Quaintance & Baker, 1917 : 342) (BMNH); Sri Lanka (Quaintance & Baker, 1917 : 342); China (Takahashi, 1934a : 137); Hong Kong (BMNH); Vietnam (Silvestri, 1927 : 10); Malaya (Corbett, 1935b : 800) (BMNH); Singapore (Silvestri, 1927 : 10); Sumatra (BMNH); Java (Quaintance & Baker, 1917 : 342) (BMNH).
HOST PLANTS.
Rutaceae : *Citrus acida, Citrus aurantium, Citrus hystrix, Citrus limonum* (Corbett, 1935b : 800); *Citrus nobilis, Citrus aurantium* (BMNH).

NATURAL ENEMIES.
Hymenoptera
Chalcidoidea
Aphelinidae : *Ablerus macrochaeta* ssp. *inquirendus* Silvestri (Fulmek, 1943 : 4. Java, Sumatra).
: *Encarsia merceti* Silvestri (Fulmek, 1943 : 4. Sri Lanka, China, Indonesia, Malaya).
: *Eretmocerus serius* Silvestri (Fulmek, 1943 : 4. Sri Lanka, China, Indonesia, Malaya).
: *Prospaltella divergens* Silvestri (Fulmek, 1943 : 4. Sri Lanka, China, Indonesia, Malaya).

Proctotrupoidea	: *Prospaltella smithi* Silvestri (Fulmek, 1943 : 4. Sri Lanka, China, Indonesia, Malaya).
Platygasteridae	: *Amitus hesperidum* Silvestri (Fulmek, 1943 : 4. Sri Lanka, Malaya) (Thompson, 1950 : 3. China, Java, Singapore).
	: *Amitus hesperidum* var. *variipes* Silvestri (Fulmek, 1943 : 4. Sri Lanka, China, Java, Malaya).

Aleurocanthus cocois Corbett

Aleurocanthus cocois Corbett, 1927 : 24–25. Syntypes on coconut [*Cocos nucifera*] MALAYA : Batu Gajah, 16.viii.1925. (One mounted pupal case bearing syntype data in BMNH.)

DISTRIBUTION. Burma (Singh, 1932 : 87); Cambodia, India, Thailand (Takahashi, 1942f : 57); Malaya (Corbett, 1927 : 25) (BMNH).

HOST PLANTS.
Lauraceae   : *Machilus* sp. (Takahashi, 1942f : 57).
Myrtaceae   : *Eugenia jambos* (Singh, 1932 : 87).
Palmae   : *Cocos nucifera* (Corbett, 1935b : 790) (BMNH).

Aleurocanthus corbetti Takahashi

Aleurocanthus corbetti Takahashi, 1951c : 7–8. Syntypes on undetermined trees, MALAYA : Ula Gombak (Selangor), 11.v.1944 (*R. Takahashi*); Kuala Lumpur, 14.viii.1945 (*R. Takahashi*) (BMNH).

DISTRIBUTION. Malaya (Takahashi, 1951c : 7) (BMNH).
HOST PLANTS.
Host indet. (Takahashi, 1951c : 7).

Aleurocanthus davidi David & Subramaniam

Aleurocanthus davidi David & Subramaniam, 1976 : 147–149. Holotype and fourteen paratypes on *Ipomoea* sp., INDIA : Coimbatore, 3.v.1957 (*S. K. David*); nine paratypes from same host and locality as holotype, 12.vi.1957 (*S. K. David*) (Calcutta ZSI) (USNM). (Four paratypes in BMNH.)

DISTRIBUTION. India (David & Subramaniam, 1976 : 149) (BMNH).
HOST PLANTS.
Convolvulaceae   : *Ipomoea* sp. (David & Subramaniam, 1976 : 149) (BMNH).

Aleurocanthus delottoi Cohic

Aleurocanthus delottoi Cohic, 1969 : 11–15. Holotype and fifteen paratypes on *Citrus* sp., SOUTH AFRICA : Pretoria, 7.viii.1959 (*A. de Villiers*); twelve paratypes on *Chaetachme aristata*, KENYA : Nairobi, 27.iii.1958. (The depository of the type-material is not made clear in the original publication; however, there are eight pupal cases bearing the same data as the holotype and seven pupal cases bearing the same data as the paratypes from Kenya, in the BMNH.)

DISTRIBUTION. Kenya, South Africa (Cohic, 1969 : 11) (BMNH).
HOST PLANTS.
Rutaceae   : *Citrus* sp. (Cohic, 1969 : 11) (BMNH).
Ulmaceae   : *Chaetachme aristata* (Cohic, 1969 : 11) (BMNH).

Aleurocanthus descarpentriesi Cohic

Aleurocanthus descarpentriesi Cohic, 1968b : 81–84. Five syntypes on *Alchornea cordifolia*, CONGO (Brazzaville) : Centre O.R.S.T.O.M., 21.vi.1965 and 11.xii.1965.

DISTRIBUTION. Congo (Brazzaville) (Cohic, 1968b : 81); Ivory Coast (Cohic, 1969 : 16).
HOST PLANTS.
Combretaceae   : *Combretum dolichopetalum* (Cohic, 1969 : 16).
Euphorbiaceae   : *Alchornea cordifolia* (Cohic, 1968b : 81).
Verbenaceae   : *Clerodendron polycephalum* (Cohic, 1969 : 16).

Aleurocanthus dissimilis Quaintance & Baker

Aleurocanthus dissimilis Quaintance & Baker, 1917 : 342–343. Syntypes on an unknown vine, BURMA : Mirdon, xii.1910 (*R. S. Woglum*) (USNM).

DISTRIBUTION. Burma (Quaintance & Baker, 1917 : 343).
HOST PLANTS.
  Original host indet.   (Quaintance and Baker, 1917 : 343).
  Palmae   : *Cocos nucifera* (Singh, 1932 : 87).

Aleurocanthus esakii Takahashi

Aleurocanthus esakii Takahashi, 1936f : 111–112. Syntypes, PALAU ISLANDS : Koror, Arumizu-Arakasao, 19.ii.1936 (*Prof. T. Esaki*) (Taiwan ARI).

DISTRIBUTION. Caroline Islands (Palau Islands) (Takahashi, 1936f : 112).
HOST PLANTS.
  Rosaceae   : *Parinarium glaberrimum* (Takahashi, 1956 : 9).

Aleurocanthus eugeniae Takahashi

Aleurocanthus eugeniae Takahashi, 1933 : 20–21. Syntypes on *Eugenia* sp., TAIWAN : Garambi near Koshun, 26.v.1932 (*R. Takahashi*) (Taiwan ARI).

DISTRIBUTION. Taiwan (Takahashi, 1933 : 21).
HOST PLANTS.
  Myrtaceae   : *Eugenia* sp. (Takahashi, 1933 : 21).

Aleurocanthus gateri Corbett

Aleurocanthus gateri Corbett, 1927 : 24. Syntypes on coconut [*Cocos nucifera*], MALAYA : Selangor, v.1923 (*B. A. R. Gater*). (Four mounted pupal cases in BMNH labelled MALAYA : Kuala Lumpur, on coconut, v.1923 (*G. H. Corbett* and *B. A. R. Gater*).)

DISTRIBUTION. Malaya (Corbett, 1927 : 24) (BMNH); Thailand (Takahashi, 1942f : 58).
HOST PLANTS.
  Palmae   : *Cocos nucifera* (Corbett, 1935b : 789) (BMNH); *Elaeis guineensis* (Corbett, 1935b : 789).

Aleurocanthus gordoniae Takahashi

Aleurocanthus gordoniae Takahashi, 1941c : 392–393. Syntypes on *Gordonia* sp., HONG KONG, 8.iii.1940 (*R. Takahashi*) (Taiwan ARI).

DISTRIBUTION. Hong Kong (Takahashi, 1941c : 393).
HOST PLANTS.
  Theaceae   : *Gordonia* sp. (Takahashi, 1941c : 393).

Aleurocanthus hansfordi Corbett

Aleurocanthus hansfordi Corbett, 1935c : 240–242. Syntypes on *Paullinia pinnata*, UGANDA : Bukalasa, 14.x.1930 (*C. H. Hansford*) (BMNH).

DISTRIBUTION. Kenya (Gerling, 1970b : 329); South Africa (Cohic, 1969 : 16); Uganda (Corbett, 1935c : 242) (BMNH).
HOST PLANTS.
  Sapindaceae   : *Paullinia pinnata* (Corbett, 1935c : 242) (BMNH).
  Sapotaceae   : *Sideroxylon inerme* (Cohic, 1969 : 16).
NATURAL ENEMIES.
  Hymenoptera
    Chalcidoidea
      Aphelinidae   : *Eretmocerus nairobii* Gerling, 1970b : 329. Kenya).

Aleurocanthus hibisci Corbett

Aleurocanthus hibisci Corbett, 1935b : 798–799. Syntypes on *Hibiscus rosa-sinensis* and *Hibiscus tiliaceus*, MALAYA : Kuala Lumpur, Sepang.

DISTRIBUTION. Malaya (Corbett, 1935b : 799).
HOST PLANTS.
  Malvaceae   : *Hibiscus rosa-sinensis*, *Hibiscus tiliaceus* (Corbett, 1935b : 799).

Aleurocanthus hirsutus (Maskell)

Aleurodes hirsuta Maskell, 1895 : 434. Lectotype on *Acacia longifolia*, AUSTRALIA : N.S.W., Sydney (*W. W. Froggatt*) (Auckland DSIR) designated by Dumbleton, 1956b : 164.
Aleurocanthus hirsutus (Maskell) Quaintance & Baker, 1914 : 102.

DISTRIBUTION. Australia (New South Wales) (Maskell, 1895 : 434).
HOST PLANTS.
Leguminosae : *Acacia longifolia* (Maskell, 1895 : 434).

Aleurocanthus husaini Corbett

Aleurocanthus husaini Corbett, 1939 : 69–70. Syntypes on *Citrus* sp., INDIA : Kulu, Punjab.

DISTRIBUTION. India (Corbett, 1939 : 70).
HOST PLANTS.
Rutaceae : *Citrus* sp. (Corbett, 1939 : 70).

Aleurocanthus imperialis Cohic

Aleurocanthus imperialis Cohic, 1968a : 14–17. Eight syntypes on *Uvaria scabrida*, CONGO (Brazzaville) : Centre O.R.S.T.O.M., 22.xii.1965.

DISTRIBUTION. Congo (Brazzaville) (Cohic, 1968a : 14).
HOST PLANTS.
Annonaceae : *Uvaria scabrida* (Cohic, 1968a : 14).
Rubiaceae : *Pauridiantha hirtella* (Cohic, 1968b : 84).

Aleurocanthus inceratus Silvestri

Aleurocanthus inceratus Silvestri, 1927 : 6–10. Syntypes on *Citrus* sp., VIETNAM : Tonkin, Annam.

DISTRIBUTION. Vietnam (Silvestri, 1927 : 9); China (Takahashi, 1936e : 455).
HOST PLANTS.
Magnoliaceae : *Michelia champaca* (Takahashi, 1936e : 454).
Rutaceae : *Citrus* sp. (Silvestri, 1927 : 9).
NATURAL ENEMIES.
Hymenoptera
Chalcidoidea
Aphelinidae : *Ablerus macrochaeta* Silvestri (Silvestri, 1927 : 10. Vietnam).
: *Eretmocerus orientalis* Silvestri (Gerling, 1970a : 85).
: *Prospaltella clypealis* Silvestri (Silvestri, 1927 : 30. Vietnam).
: *Prospaltella opulenta* Silvestri (Silvestri, 1927 : 10. Vietnam).
: *Prospaltella opulenta* ssp. *inquirenda* Silvestri (Fulmek, 1943 : 4. Indochina).

Aleurocanthus leptadeniae Cohic

Aleurocanthus leptadeniae Cohic, 1968a : 17–21. Syntypes on *Leptadenia hastata*, CHAD : Laboratoire de Farcha, Fort-Lamy, 26.ii.1966.

DISTRIBUTION. Chad (Cohic, 1968a : 17); Sudan (BMNH).
HOST PLANTS.
Asclepiadaceae : *Leptadenia hastata* (Cohic, 1968a : 17); *Leptadenia heterophylla* (BMNH).
Capparaceae : *Boscia senegalensis* (Cohic, 1969 : 16).
Zygophyllaceae : *Balanites aegyptiacus* (BMNH).

Aleurocanthus longispinus Quaintance & Baker

Aleurocanthus longispinus Quaintance & Baker, 1917 : 344–345. Syntypes on bamboo [? *Bambusa* sp.] INDIA : Calcutta, x.1910 (*R. S. Woglum*); BURMA : Moulmein, xii.1910. (USNM) (Taiwan ARI). (One pupal case in BMNH labelled 'Ex Coll. Quaintance, Q. 6757 India'.)

DISTRIBUTION. Burma (Quaintance & Baker, 1917 : 344); Cambodia, Malaya, Thailand (Takahashi, 1942f : 58); India (Quaintance & Baker, 1917 : 344) (BMNH).
HOST PLANTS.
Gramineae : *Bambusa arundinacea* (Singh, 1931 : 66).

NATURAL ENEMIES.
   Hymenoptera
     Chalcidoidea
       Aphelinidae : *Eretmocerus serius* Silvestri (Fulmek, 1943 : 4. Malaya).
                  : *Prospaltella divergens* Silvestri (Fulmek, 1943 : 4. Malaya).

Aleurocanthus loyolae David & Subramaniam

Aleurocanthus loyolae David 0 Subramaniam, 1976 : 149–150. Holotype and twenty-seven paratypes on *Streblus* sp., INDIA : Burliar (Nilgiris), 13.viii.1971 (*B. V. David*); seventeen paratypes on an unidentified shrub, INDIA : Madras, Loyola College, 28.vii.1971 (*B. V. David*); eight paratypes on *Streblus asper*, Madras, 14.ii.1971 (Calcutta ZSI). (Five paratypes in BMNH.)

DISTRIBUTION. India (David & Subramaniam, 1976 : 150) (BMNH).
HOST PLANTS.
   Moraceae   : *Streblus asper, Streblus* sp. (David & Subramaniam, 1976 : 150).

Aleurocanthus lumpurensis Corbett

Aleurocanthus lumpurensis Corbett, 1935b : 794–795. Syntypes on *Bambusa* sp., MALAYA : Kuala Lumpur.

DISTRIBUTION. Malaya (Corbett, 1935b : 795).
HOST PLANTS.
   Gramineae   : *Bambusa* sp. (Corbett, 1935b : 795).

Aleurocanthus mackenziei Cohic

Aleurocanthus mackenziei Cohic, 1969 : 16–20. Holotype and twenty-one paratypes on *Chaetachme aristata*, KENYA : Nairobi, 20.viii.1958 (*G. de Lotto*). (Twenty-one paratypes in BMNH.)

DISTRIBUTION. Kenya (Cohic, 1969 : 16) (BMNH).
HOST PLANTS.
   Ulmaceae   : *Chaetachme aristata* (Cohic, 1969 : 16) (BMNH).

Aleurocanthus mangiferae Quaintance & Baker

Aleurocanthus mangiferae Quaintance & Baker, 1917 : 345–347. Syntypes on mango, [*Mangifera indica*] INDIA : Bombay, 1909 (*R. S. Woglum*) (USNM) (Taiwan ARI).

DISTRIBUTION. India (Quaintance & Baker, 1917 : 345) (BMNH); Pakistan (BMNH); Taiwan (Takahashi, 1934b : 68).
HOST PLANTS.
   Anacardiaceae   : *Mangifera indica* (Singh, 1931 : 69) (BMNH).
   Fagaceae   : *Lithocarpus uraiana* (Takahashi, 1934b : 68).

Aleurocanthus marudamalaiensis David & Subramaniam

Aleurocanthus marudamalaiensis David & Subramaniam, 1976 : 150–151. Holotype and seven paratypes on *Ficus bengalensis*, INDIA : Coimbatore, 22.x.1966 (*B. V. David*); two paratypes from same host and locality as holotype, 10.iv.1967 (*B. V. David*). (One paratype in BMNH.)

DISTRIBUTION. India (David & Subramaniam, 1976 : 15) (BMNH).
HOST PLANTS.
   Moraceae   : *Ficus bengalensis* (David & Subramaniam, 1976 : 151) (BMNH).

Aleurocanthus mayumbensis Cohic

Aleurocanthus mayumbensis Cohic, 1966a : 23–26. Seven syntypes on *Entandrophragma candollei*, CONGO (Brazzaville) : Fourastié, 2.ii.1964. (One pupal case with data 'CONGO (Brazzaville), *Tetracera alnifolia*, 16.i.1965' labelled paratype by F. Cohic in BMNH.)

DISTRIBUTION. Congo (Brazzaville) (Cohic, 1966a : 23) (BMNH); Ivory Coast (Cohic, 1969 : 20).
HOST PLANTS.
   Chrysobalanaceae : *Chrysobalanus orbicularis* (Cohic, 1968b : 84).
   Dilleniaceae   : *Tetracera alnifolia* (Cohic, 1966b : 23) (BMNH).
   Euphorbiaceae   : *Protomegabaria stapfiana* (Cohic, 1969 : 20).

Loganiaceae : *Strychnos pungens* (Cohic, 1966b : 23); *Strychnos variabilis* (Cohic, 1968b : 84).
Meliaceae : *Entandrophragma candollei* (Cohic, 1966a : 23); *Trichilia heudelotii* (Cohic, 1968b : 84).

Aleurocanthus multispinosus Dumbleton

Aleurocanthus multispinosus Dumbleton, 1961a : 116–118. Holotype and paratypes on *Hibbertia* sp., NEW CALEDONIA : Montagne des Sources, 3,000 ft (*L. J. Dumbleton*) (Noumea ORSTOM). (One paratype in BMNH.)

DISTRIBUTION. New Caledonia (Dumbleton, 1961a : 118) (BMNH).
HOST PLANTS.
Dilleniaceae : *Hibbertia* sp. (Dumbleton, 1961a : 118) (BMNH).

Aleurocanthus mvoutiensis Cohic

Aleurocanthus m'voutiensis Cohic, 1966a : 26–28. Six syntypes, CONGO (Brazzaville) : M'Vouti, 30.v.1964. (One pupal case labelled paratype by F. Cohic in BMNH).

DISTRIBUTION. Chad (BMNH); Congo (Brazzaville) (Cohic, 1966a : 26) (BMNH); Ivory Coast (Cohic, 1969 : 21).
HOST PLANTS.
Original host indet. (Cohic, 1966a : 26).
Euphorbiaceae : *Hymenocardia acida* (BMNH).

Aleurocanthus niger Corbett

Aleurocanthus niger Corbett, 1926 : 276. Syntypes on bamboo [? *Bambusa* sp.], SRI LANKA : Pundaluoya (*E. E. Green*). (Seven mounted pupal cases and unmounted dry material bearing syntype data in BMNH.)

DISTRIBUTION. Sri Lanka (Corbett, 1926 : 276) (BMNH).
HOST PLANTS.
Gramineae : ?*Bambusa* sp. (Corbett, 1926 : 276) (BMNH).

Aleurocanthus nigricans Corbett

Aleurocanthus nigricans Corbett, 1926 : 277. Syntypes on *Bambusa* sp., SRI LANKA : Pundaluoya (*E. E. Green*).

DISTRIBUTION. Sri Lanka (Corbett, 1926 : 277).
HOST PLANTS.
Gramineae : *Bambusa* sp. (Corbett, 1926 : 277).

Aleurocanthus nubilans (Buckton)

Aleurodes nubilans Buckton, 1900 : 36. Syntypes on betel leaves [*Piper betle*], INDIA : Backergunge, Court of Ward's Estates.
Aleurocanthus nubilans (Buckton) Quaintance & Baker, 1914 : 102.

DISTRIBUTION. India (Buckton, 1900 : 36).
HOST PLANTS.
Palmae : *Areca catechu* (Kirkaldy, 1907 : 63).
Piperaceae : *Piper betle* (Buckton, 1900 : 36).

Aleurocanthus nudus Dumbleton

Aleurocanthus nudus Dumbleton. 1961a : 118. Holotype and paratypes on upper surface of leaves of *Leucopogon* sp., NEW CALEDONIA : Tinip. 4.xi.1954 (*L. J. Dumbleton*) (Noumea ORSTOM). (One paratype in BMNH.)

DISTRIBUTION. New Caledonia (Dumbleton, 1961a : 118) (BMNH).
HOST PLANTS.
Epacridaceae : *Leucopogon* sp. (Dumbleton, 1961a : 118) (BMNH).

Aleurocanthus obovalis Corbett

Aleurocanthus obovalis Corbett, 1926 : 275–276. Syntypes on bamboo [? *Bambusa* sp.], SRI LANKA : Pundaluoya (*E. E. Green*). (Two pupal cases bearing syntype data in BMNH.)

DISTRIBUTION. Sri Lanka (Corbett, 1926 : 276) (BMNH).
HOST PLANTS.
Gramineae : ? *Bambusa* sp. (Corbett, 1926 : 276) (BMNH).

Aleurocanthus palauensis Kuwana

Aleurocanthus palauensis Kuwana in Kuwana & Muramatsu, 1931 : 659 [656]. Syntypes on an undetermined plant, PALAU ISLANDS (*G. Yoshino*) (Taiwan ARI).

DISTRIBUTION. Caroline Islands (Palau Islands) (Kuwana & Muramatsu, 1931 : 659 [656]).
HOST PLANTS.
Original host indet. (Kuwana & Muramatsu, 1931 : 659 [656]).
Palmae : *Cocos nucifera* (Takahashi, 1956 : 10).

Aleurocanthus pauliani Cohic

Aleurocanthus pauliani Cohic, 1968b : 84–87. Four syntypes on *Strychnos variabilis*, CONGO (Brazzaville) : Centre O.R.S.T.O.M., 27.ii.1967.

DISTRIBUTION. Congo (Brazzaville) (Cohic, 1968b : 84).
HOST PLANTS.
Loganiaceae : *Strychnos variabilis* (Cohic, 1968b : 84).

Aleurocanthus pendleburyi Corbett

Aleurocanthus pendleburyi Corbett, 1935b : 795–796. Syntypes on *Eugenia* sp., MALAYA : Pahang.

DISTRIBUTION. Malaya (Corbett, 1935b : 796).
HOST PLANTS.
Myrtaceae : *Eugenia* sp. (Corbett, 1935b : 796).

Aleurocanthus piperis (Maskell)

Aleurodes piperis Maskell, 1895 : 438–439. Syntypes on *Piper* (*nigrum*?), SRI LANKA : Pundaluoya (*E. E. Green*) (Auckland DSIR). (Seventeen mounted pupal cases and unmounted dry material in BMNH, labelled 'CEYLON : Pundaluoya (*E. E. Green*).')
Aleurocanthus piperis (Maskell) Quaintance & Baker, 1914 : 102.

DISTRIBUTION. Sri Lanka (Maskell, 1895 : 439) (BMNH).
HOST PLANTS.
Piperaceae : *Piper* sp. (Maskell, 1895 : 439).

Aleurocanthus platysepali Cohic

Aleurocanthus platysepali Cohic, 1966a : 23–26. Syntypes on *Aframomum stipulatum*, CONGO (Brazzaville) : Brazzaville, 17.vii.1964; on *Platysepalum vanderystii*, Brazzaville, 5.iii.1965. (One mounted pupal case labelled paratype by F. Cohic, on *Platysepalum vanderystii* dated 16.iv.1965, in BMNH).

DISTRIBUTION. Congo (Brazzaville) (Cohic, 1966b : 23) (BMNH).
HOST PLANTS.
Leguminosae : *Dalbergia kisantuensis, Dalbergia lactea, Millettia laurentii* (Cohic, 1968b : 87); *Platysepalum vanderystii* (Cohic, 1966b : 23) (BMNH).
Zingiberaceae : *Aframomum stipulatum* (Cohic, 1966b : 23).

Aleurocanthus recurvispinus Cohic

Aleurocanthus recurvispinus Cohic, 1966a : 17–19. Six syntypes on *Tetracera alnifolia*, CONGO (Brazzaville) : Brazzaville, Centre O.R.S.T.O.M., 21.iii.1964. (One syntype, labelled paratype by F. Cohic, in BMNH.)

DISTRIBUTION. Congo (Brazzaville) (Cohic, 1966a : 17) (BMNH); Ivory Coast, Nigeria (Cohic, 1969 : 21); Chad (BMNH).

HOST PLANTS.
Annonaceae : *Hexalobus monopetalum* (BMNH); *Uvaria brazzavillensis* (Cohic, 1968b : 88); *Uvaria scabrida* (Cohic, 1968a : 21).
Dilleniaceae : *Tetracera alnifolia* (Cohic, 1966a : 17) (BMNH).
Moraceae : *Antiaris africana, Ficus capensis* (Cohic, 1969 : 21).
Rubiaceae : *Morinda confusa* (Cohic, 1968a : 21); *Morinda morindoides* (Cohic, 1969 : 21).

Aleurocanthus regis Mound

Aleurocanthus regis Mound, 1965c : 124–125. Holotype and thirty-three paratypes on *Combretum* sp., NIGERIA : Ibadan, Moor Plantation, i.1961 (*L. A. Mound*) (BMNH) (USNM).

DISTRIBUTION. Nigeria (Mound, 1965c : 125) (BMNH).
HOST PLANTS.
Combretaceae : *Combretum* sp. (Mound, 1965c : 125) (BMNH).

Aleurocanthus rugosa Singh

Aleurocanthus rugosa Singh, 1931 : 71–73. Syntypes on *Eugenia jambolana, Piper betle, Psidium guajava, Michelia champaca*, INDIA : Pusa.

DISTRIBUTION. India (Singh, 1931 : 71) (BMNH); Malaya (Takahashi, 1952c : 27).
HOST PLANTS.
Annonaceae : *Annona* sp., *Polyalthia longifolia, Polyalthia pendula* (David & Subramaniam, 1976 : 151).
Magnoliaceae : *Michelia champaca* (Singh, 1931 : 71).
Myrtaceae : *Eugenia jambolana, Psidium guajava* (Singh, 1931 : 71).
Piperaceae : *Piper betle* (Singh, 1931 : 71) (BMNH).

Aleurocanthus serratus Quaintance & Baker

Aleurocanthus serratus Quaintance & Baker, 1917 : 349–351. Syntypes on an unidentified tree, JAVA : Buitenzorg, Botanical Gardens, i.1911 (*R. S. Woglum*) (USNM).

DISTRIBUTION. Java (Quaintance & Baker, 1917 : 349).
HOST PLANTS.
Host indet. (Quaintance & Baker, 1917 : 349).

Aleurocanthus seshadrii David & Subramaniam

Aleurocanthus seshadrii David & Subramaniam, 1976 : 152–153. Holotype and three paratypes on bamboo [? *Bambusa* sp.], INDIA : Mallisery Estate near Kongode (Kerala State), 27.ix.1968 (*B. V. David*). (Two paratypes in BMNH.)

DISTRIBUTION. India (David & Subramaniam, 1976 : 153) (BMNH).
HOST PLANTS.
Gramineae : ?*Bambusa* sp. (David & Subramaniam, 1976 : 153) (BMNH).

Aleurocanthus siamensis Takahashi

Aleurocanthus siamensis Takahashi, 1942f : 60–61. Syntypes on an undetermined tree, THAILAND : Ubon, 4.v.1940.

DISTRIBUTION. Thailand (Takahashi, 1942f : 61).
HOST PLANTS.
Host indet. (Takahashi, 1942f : 61).

Aleurocanthus simplex Singh

Aleurocanthus simplex Singh, 1931 : 69–70. Syntypes on *Ficus bengalensis*, INDIA : Pusa.
DISTRIBUTION. India (Singh, 1931 : 69).
HOST PLANTS.
Moraceae : *Ficus bengalensis* (Singh, 1931 : 69).

Aleurocanthus spiniferus (Quaintance)

Aleurodes spinifera Quaintance, 1903 : 63–64. Syntypes on *Citrus* sp. and *Rosa* sp., JAVA : Garolt, 7.xii.1901 (*C. L. Marlatt*) (USNM) (Taiwan ARI).

Aleurodes citricola Newstead, 1911 : 173. Syntypes on *Citrus* sp., TANZANIA : Dar es Salaam, iv.1902 (*Prof. A. Zimmerman*) (Berlin, HU). [Synonymized by Silvestri, 1927 : 2.]
Aleurocanthus citricolus (Newstead) Quaintance & Baker, 1914 : 102.
Aleurocanthus spiniferus (Quaintance) Quaintance & Baker, 1914 : 102.
Aleurocanthus spiniferus var. *intermedia* Silvestri, 1927 : 2. Syntypes on an undetermined plant, CHINA : Canton.
Aleurocanthus rosae Singh, 1931 : 70–71. Syntypes on *Rosa* sp., INDIA : Poona, Pondicherry. [Synonymized by Takahashi, 1932 : 47.]

DISTRIBUTION. Palaearctic Region : Japan (Takahashi, 1956 : 11).
Ethiopian Region : Kenya (Cohic, 1969 : 21) (BMNH); Tanzania (Newstead, 1911 : 173) (BMNH); Uganda (BMNH).
Madagascan Region : Mauritius (Takahashi, 1956 : 11).
Oriental Region : China (Silvestri, 1927 : 2); Hong Kong (BMNH); India (Singh, 1931 : 70); Sri Lanka (Takahashi, 1956 : 11) (BMNH); Taiwan, Thailand (Takahashi, 1956 : 11); Vietnam (Silvestri, 1927 : 3); Marianas Islands (Takahashi, 1956 : 11).
Austro-Oriental Region : Brunei (BMNH); Malaya (Takahashi, 1956 : 11) (BMNH); Philippines (Takahashi, 1956 : 11); Sumatra (Weems, 1974 : 1).
Pacific Region : Caroline Islands (Takahashi, 1956 : 11); Hawaii (Weems, 1974 : 1).
Neotropical Region : [Weems (1974 : 1) states that although this species has been recorded from Jamaica by several authors, these records were based on misidentifications according to L. M. Russell, USNM].

HOST PLANTS.
Annonaceae : *Annona reticulata, Annona squamosa* (Takahashi, 1941b : 357).
Convolvulaceae : *Erycibe acutifoliae* (Takahashi, 1933 : 4).
Ebenaceae : *Diospyros kaki* (Kuwana, 1928 : 46).
Elaeocarpaceae : *Sloanea dasycarpa* (Takahashi, 1956 : 11).
Euphorbiaceae : *Sapium sebiferus* (BMNH).
Flacourtiaceae : *Myroxylon japonicum* (Kuwana, 1928 : 46).
Hamamelidaceae : *Liquidambar formosana* (Takahashi, 1956 : 11).
Lardizabalaceae : *Akebia labata* (Kuwana, 1928 : 46).
Rosaceae : *Eriobotrya japonica* (Takahashi, 1934b : 68); *Pyrus serotina, Rosa indica* (Kuwana, 1928 : 46); *Rosa sinensis* (BMNH).
Rutaceae : *Citrus limon, Citrus sinensis* (BMNH); *Zanthoxylum [Fagara] nitida* (Takahashi, 1956 : 11).
Sabiaceae : *Meliosma rigida* (Takahashi, 1933 : 4).
Salicaceae : *Salix* sp. (Takahashi, 1956 : 11).
Vitaceae : *Vitis vinifera* (Kuwana, 1928 : 46).

NATURAL ENEMIES.
Coleoptera
 Coccinellidae : *Cryptognatha* sp. (Thompson, 1964 : 52. China, Japan).
  : *Delphastus* sp. (Thompson, 1964 : 52. Japan).
Hymenoptera
 Chalcidoidea
  Aphelinidae : *Ablerus macrochaeta* Silvestri (Fulmek, 1943 : 5. China).
   : *Encarsia merceti* Silvestri (Fulmek, 1943 : 5).
   : *Encarsia merceti* var. *modesta* Silvestri (Fulmek, 1943 : 5).
   : *Encarsia nipponica* Silvestri (Fulmek, 1943 : 5. Japan).
   : *Eretmocerus silvestri* Gerling (Gerling, 1970a : 86. China).
   : *Prospaltella divergens* Silvestri (Fulmek, 1943 : 5).
   : *Prospaltella ishii* Silvestri (Thompson, 1950 : 3. China, Japan).
   : *Prospaltella smithi* Silvestri (Fulmek, 1943 : 5. China, Japan).
 Proctotrupoidea
  Platygasteridae : *Amitus hesperidum* Silvestri (Fulmek, 1943 : 5. Japan).
   : *Amitus hesperidum* var. *variipes* Silvestri (Fulmek, 1943 : 5. Sumatra) (Silvestri, 1927 : 59. China).
   : *Amitus* sp. (Fulmek, 1943 : 5. Japan).

Aleurocanthus spinithorax Dumbleton

Aleurocanthus spinithorax Dumbleton, 1961a : 118–120. Holotype and paratypes on an undetermined climbing plant, NEW CALEDONIA : Dothio (*F. Cohic*) (Noumea ORSTOM). (One paratype in BMNH.)

DISTRIBUTION. New Caledonia (Dumbleton, 1961a : 120) (BMNH).
HOST PLANTS.
Host indet. (Dumbleton, 1961a : 120).

Aleurocanthus spinosus (Kuwana)

Aleyrodes spinosus Kuwana, 1911 : 626. Syntypes on an unidentified plant, TAIWAN, 1909 (*Kuwana*) (Taiwan ARI).
Aleurocanthus spinosus (Kuwana) Quaintance & Baker, 1914 : 102. 'An *Aleurocanthus* on *Cinnamomum* in Taiwan has been described under this name by Shiraki and Maki, but it is a species very different from *A. spinosus*.' (Takahashi, 1931a : 207). The species Takahashi is referring to is *Aleurocanthus cinnamomi*.

DISTRIBUTION. China (Takahashi, 1938a : 29); Philippines (Fulmek, 1943 : 5); Taiwan (Kuwana, 1911 : 626).
HOST PLANTS.
  Annonaceae   : *Annona* sp. (Capco, 1959 : 40).
  Flacourtiaceae   : *Scolopia oldhami* (Takahashi, 1933 : 4).
  Piperaceae   : *Piper futokadsura* (Takahashi, 1931a : 207).
  Rubiaceae   : *Gardenia florida* (Takahashi, 1931a : 207).
  Rutaceae   : *Citrus* sp. (Takahashi, 1938a : 29).
NATURAL ENEMIES.
  Hymenoptera
    Chalcidoidea
      Aphelinidae : *Prospaltella clypealis* Silvestri (Fulmek, 1943 : 5. Philippines).
                   : *Prospaltella* sp. (Fulmek, 1943 : 5. Philippines).

Aleurocanthus splendens David & Subramaniam

Aleurocanthus splendens David & Subramaniam, 1976 : 154. Holotype and nine paratypes on *Phoenix humilis*, INDIA : Perammur (Tiruchirapalli district, Tamil Nadu), 24.iv.1969 (*B. V. David*) (Calcutta ZSI). (One paratype in BMNH.)

DISTRIBUTION. India (David & Subramaniam, 1976 : 154) (BMNH).
HOST PLANTS.
  Palmae   : *Phoenix humilis* (David & Subramaniam, 1976 : 154) (BMNH).

Aleurocanthus strychnosicola Cohic

Aleurocanthus strychnosicola Cohic, 1966a : 15–17. Syntypes on *Strychnos pungens*, CONGO (Brazzaville) : 12.ii.1946; on *Strychnos spinosa*, CONGO (Brazzaville) : Champ du Tir, 18.v.1964. (One syntype, labelled paratype by F. Cohic, in BMNH.)

DISTRIBUTION. Congo (Brazzaville) (Cohic, 1966a : 15) (BMNH).
HOST PLANTS.
  Ochnaceae   : *Ochna gilletiana* (Cohic, 1968a : 22).
  Loganiaceae   : *Strychnos pungens* (Cohic, 1966a : 15) (BMNH); *Strychnos spinosa* (Cohic, 1966a : 15).

Aleurocanthus trispina Mound

Aleurocanthus trispina Mound, 1965c : 125–126. Holotype and five paratypes on *Combretum micranthum*, NIGERIA : Ibadan, Moor Plantation, 16.xi.1959 (*E. A. James*); six syntypes on an undetermined plant, Ibadan, 11.iii.1960 (*E. A. James*); four pupal cases on *Paullinia pinnata*, Ibadan, 13.xi.1959 (*E. A. James*) (BMNH) (USNM).

DISTRIBUTION. Ivory Coast (Cohic, 1969 : 22); Nigeria (Mound, 1965c : 125) (BMNH).
HOST PLANTS.
  Combretaceae   : *Combretum micranthum* (Mound, 1965c : 125) (BMNH).
  Meliaceae   : *Trichilia prieureana* (Cohic, 1969 : 22).
  Sapindaceae   : *Paullinia pinnata* (Mound, 1965c : 125) (BMNH).

Aleurocanthus T-signatus (Maskell)

Aleurodes T-signata Maskell, 1895 : 443–444. Lectotype on *Acacia longifolia*, AUSTRALIA : N.S.W., Botany near Sydney (*W. W. Froggatt*) (Auckland DSIR) designated by Dumbleton, 1956b : 167.
Aleurocanthus signatus [sic] (Maskell) Quaintance & Baker, 1914 : 102.
Aleurocanthus T-signatus (Maskell) Quaintance & Baker, 1917 : 353.

DISTRIBUTION. Australia (New South Wales) (Maskell, 1895 : 444).
HOST PLANTS.
Leguminosae   :   *Acacia longifolia* (Maskell, 1895 : 444).

Aleurocanthus uvariae Cohic

Aleurocanthus uvariae Cohic, 1968a : 22–24. Three syntypes on *Uvaria scabrida*, CONGO (Brazzaville) : Centre O.R.S.T.O.M., 9.xii.1965.

DISTRIBUTION. Congo (Brazzaville) (Cohic, 1968a : 22).
HOST PLANTS.
Annonaceae   :   *Uvaria scabrida* (Cohic, 1968a : 22).

Aleurocanthus valparaiensis David & Subramaniam

Aleurocanthus valparaiensis David & Subramaniam, 1976 : 154–156.. Holotype and thirty-eight paratypes on *Piper nigrum*, INDIA : Valparai, 6000 ft, 16.iv.1967 (*B. V. David*); nine paratypes on *Piper* sp., INDIA : Burliar, 13.viii.1971 (*B. V. David*) (Calcutta ZSI) (USNM).

DISTRIBUTION. India (David & Subramaniam, 1976 : 156).
HOST PLANTS.
Piperaceae   :   *Piper nigrum* (David & Subramaniam, 1976 : 156).

Aleurocanthus voeltzkowi (Newstead)

Aleurodes Voeltzkowi Newstead, 1908 : 12–13. Syntypes on an unidentified plant, MADAGASCAR : Sainte Marie, viii.1904 (Berlin HU). (Seven pupal cases bearing syntype data in BMNH.)
Aleurocanthus voeltzkowi (Newstead) Quaintance & Baker, 1914 : 102.

DISTRIBUTION. Madagascar (Newstead, 1908 : 12) (BMNH).
HOST PLANTS.
Original host indet. (Newstead, 1908 : 12).
Plumbaginaceae   :   *Plumbago* sp. (Takahashi, 1955a : 408).

Aleurocanthus woglumi Ashby

Aleurocanthus woglumi Ashby 1915 : 321–322. Syntypes on *Citrus* spp., WEST INDIES : JAMAICA (? USNM).
Aleurocanthus punjabensis Corbett, 1935a : 8–9. Syntypes on *Citrus* sp., PAKISTAN : Punjab, Lyallpur. [Synonymized by Husain & Khan, 1945 : 1–2.]
Aleurocanthus woglumi var. *formosana* Takahashi, 1935c : 281–283. Syntypes on *Pyracantha formosana, Gymnosporia diversifolia, Scolopia oldhami,* TAIWAN : Taito, 21.iii.1934 (*R. Takahashi*) (Taiwan ARI).

DISTRIBUTION. Palaearctic Region : Iran (Kiriukhin, 1947 : 9).
Ethiopian Region : Aden Protectorate, Kenya (Russell, 1962a : 37) (BMNH); South Africa (Russell, 1962a : 37); Tanzania, Trucial States (BMNH); Uganda (Cohic, 1969 : 26) (BMNH).
Madagascan Region : Seychelles (Russell, 1962a : 37) (BMNH).
Oriental Region : Nepal (BMNH); Pakistan (Corbett, 1935a : 9) (BMNH); Sri Lanka (Russell, 1962a : 37) (BMNH); China (Takahashi, 1934a : 137); Taiwan (Takahashi, 1935c : 282); Burma (Thompson, 1950 : 3); Thailand (Takahashi, 1942f : 58).
Austro-Oriental Region : Malaya, Singapore, Sumatra (Russell, 1962a : 37); Java (Thompson, 1950 : 3); Borneo (BMNH); Philippines (Russell, 1962a : 37).
Pacific Region : Hawaii (Thompson, 1950 : 3).
Nearctic Region : U.S.A. (Florida, Texas) (Russell, 1962a : 37).
Neotropical Region : Bahamas, Cayman Islands (BMNH); Bermuda, Cuba (Russell, 1962a : 37); Jamaica (Ashby, 1915 : 321) (BMNH); Haiti, Dominican Republic (Russell, 1962a : 37); Mexico, Nicaragua, Costa Rica, Panama, Colombia (Russell, 1962a : 37); Ecuador, Barbados (Russell, 1962a : 37) (BMNH).

HOST PLANTS.
Anacardiaceae	: *Anacardium occidentale, Mangifera indica* (Dietz & Zetek, 1920 : 16, 18).
Annonaceae	: *Annona cherimola, Annona muricata, Annona squamosa* (Dietz & Zetek, 1920 : 16).
Apocynaceae	: *Plumeria acutifolia* (Corbett, 1935b : 797); *Tabernaemontana coronaria* (Dietz & Zetek, 1920 : 18).
Begoniaceae	: *Begonia* sp. (Dietz & Zetek, 1920 : 16).
Bignoniaceae	: *Crescentia cujete* (Dietz & Zetek, 1920 : 17).
Boraginaceae	: *Cordia alba* (Dietz & Zetek, 1920 : 17).
Capparaceae	: *Capparis pedunculosus, Capparis roxburghi* (Corbett, 1926 : 275).
Caricaceae	: *Carica papaya* (Dietz & Zetek, 1920 : 16).
Celastraceae	: *Gymnosporia diversifolia* (Takahashi, 1935c : 282).
	: *Kurrimia zeylanica* (Corbett, 1926 : 275).
Euphorbiaceae	: *Croton* sp. (Dietz & Zetek, 1920 : 17).
Flacourtiaceae	: *Scolopia oldhami* (Takahashi, 1935c : 282).
Hippocrateaceae	: *Salacia reticulata* (Corbett, 1926 : 275).
Lauraceae	: *Laurus nobilis, Persea gratissima* (Dietz & Zetek, 1920 : 17–18).
Leguminosae	: *Adinobotrys atropurpureus* (Corbett, 1935b : 797).
Loranthaceae	: *Loranthus* sp. (Corbett, 1935b : 797).
Lythraceae	: *Lagerstroemia indica* (Dietz & Zetek, 1920 : 17).
Malpighiaceae	: *Malpighia glabra* (Dietz & Zetek, 1920 : 18).
Malvaceae	: *Hibiscus rosa-chinensis, Hibiscus schizopetalus* (Dietz & Zetek, 1920 : 17).
Meliaceae	: *Trichilia auranticola, Trichilia spondiodes* (Dietz & Zetek, 1920 : 18).
Moraceae	: *Morus* sp. (Quaintance & Baker, 1916 : 464).
Musaceae	: *Musa paradisiaca, Musa sapientum* (Dietz & Zetek, 1920 : 18).
Myrsinaceae	: *Wallenia laurifolia* (Dietz & Zetek, 1920 : 18).
Myrtaceae	: *Eugenia jambos, Eugenia malaccensis, Psidium guajava* (Dietz & Zetek, 1920 : 17–18).
Palmae	: *Elaeis melanococca* (Dietz & Zetek, 1920 : 17).
Passifloraceae	: *Passiflora edulis* (Dietz & Zetek, 1920 : 18).
Polygonaceae	: *Antigonon leptopus* (Dietz & Zetek, 1920 : 16).
Punicaceae	: *Punica granatum* (Dietz & Zetek, 1920 : 18).
Rosaceae	: *Pyracantha formosana* (Takahashi, 1935c : 282).
Rubiaceae	: *Coffea arabica* (Corbett, 1935b : 797) (BMNH); *Ixora thwaitesii* (Dietz & Zetek, 1920 : 17); *Morinda tinctoria* (David & Subramaniam, 1976 : 156).
Rutaceae	: *Citrus aurantifolia, Citrus sinensis* (Dietz & Zetek, 1920 : 17) (BMNH); *Citrus aurantium, Citrus limonum* (Corbett, 1935b : 797); *Citrus reticulata* (BMNH); *Citrus grandis, Citrus medica, Citrus nobilis deliciosa, Clausena lansium, Murraya* [*Chalcas*] *exotica* (Dietz & Zetek, 1920 : 17); *Murraya koenigii* (David & Subramaniam, 1976 : 156).
Sapindaceae	: *Cupania cubensis, Melicocca bijuga* (Dietz & Zetek, 1920 : 17).
Sapotaceae	: *Achras sapota, Bassia latifolia, Chrysophyllum cainito, Lucuma mammosa, Lucuma nervosa* (Dietz & Zetek, 1920 : 16–17).
Solanaceae	: *Cestrum diurnum* (Dietz & Zetek, 1920 : 17); *Cestrum nocturnum* (Quaintance & Baker, 1916 : 464).
Sterculiaceae	: *Guazuma tomentosa* (Dietz & Zetek, 1920 : 17).
Zygophyllaceae	: *Guaiacum officinale* (Quaintance & Baker, 1916 : 464).

NATURAL ENEMIES.
Coleoptera
    Coccinellidae : *Cryptognatha flaviceps* (Crotch) (Thompson, 1964 : 52. Panama).
: *Cryptognatha* sp. (Thompson 1964 : 52. Malaya, Sumatra).
: *Delphastus catalinae* Horn (Schilder & Schilder, 1928 : 248. Jamaica).
Delphastus diversipes (Champion) (Thompson, 1964 : 52. Jamaica).
: *Hyperaspis albicollis* Gorham (Thompson, 1964 : 52. Panama).

	:	*Hyperaspis calderana* Gorham (Thompson, 1964 : 52. Panama).
	:	*Mieroweisea castanea* Mulsant (Thompson, 1964 : 52. Panama).
	:	*Scymnillodes aeneus* Sicard (Thompson, 1964 : 52. Jamaica).
	:	*Scymnillodes cyanescens* Sicard (Thompson, 1964 : 52. Jamaica).
	:	*Scymnus coloratus* Gorham (Thompson, 1964 : 52. Panama).
	:	*Scymnus gorhami* Weise (Thompson, 1964 : 52. Panama).
	:	*Scymnus horni* Gorham (Thompson, 1964 : 52. Panama).
	:	*Scymnus thoracicus* (Fabricius) (Thompson, 1964 : 52. Panama).
Nitidulidae	:	*Cybocephalus* sp. (Thompson, 1964 : 52. Java).

Diptera
    Drosophilidae   : *Acletoxenus indica* Malloch (Thompson, 1964 : 52. Java).
                             : *Acletoxenus* sp. (Thompson, 1964 : 52. Sumatra).

Hymenoptera
  Chalcidoidea
    Aphelinidae : *Ablerus connectens* Silvestri (Silvestri, 1927 : 53–55. Sri Lanka).
                   : *Ablerus macrochaeta* ssp. *inquirendus* Silvestri (Silvestri, 1927 : 52–53. Singapore).
                   : *Cales noacki* Howard (Dozier, 1933 : 98).
                   : *Encarsia merceti* Silvestri (Thompson 1950 : 3. India, Indonesia, Malaya, Philippines, Singapore).
                   : *Eretmocerus serius* Silvestri (Thompson, 1950 : 3. Jamaica, Canal Zone, Cuba, Haiti, Hawaii, Indonesia, Sri Lanka, Burma, Malaya, Singapore, Thailand) (Fulmek, 1943 : 5. U.S.A.).
                   : *Prospaltella divergens* Silvestri (Thompson, 1950 : 3. India, Java, Malaya, Singapore, Sumatra).
                   : *Prospaltella ishii* Silvestri (Fulmek, 1943 : 5. China).
                   : *Prospaltella smithi* Silvestri (Thompson, 1950 : 3. China, Sri Lanka).
                   : *Prospaltella* sp. (Thompson, 1950 : 3. Sri Lanka, Sumatra).
    Encyrtidae   : *Pseudhomalopoda prima* Girault (Fulmek, 1943 : 5. Jamaica).
    Mymaridae : *Gonatocerus cubensis* Dozier (Fulmek, 1943 : 5. Haiti).

Lepidoptera
  Pyralididae   : *Cryptoblabes gnidiella* (Millière) (Thompson, 1964 : 52. India, Sumatra).

Neuroptera
  Chrysopidae   : *Chrysopa* sp. (Thompson, 1964 : 52. Jamaica, Malaya, Panama).

Aleurocanthus yusopei Corbett

Aleurocanthus yusopei Corbett, 1935b : 792. Syntypes on *Cocos nucifera*, MALAYA : Kuala Lumpur.

DISTRIBUTION. Malaya (Corbett, 1935b : 792).
HOST PLANTS.
  Palmae   : *Cocos nucifera* (Corbett, 1935b : 792).

Aleurocanthus zizyphi Priesner & Hosny

Aleurocanthus zizyphi Priesner & Hosny, 1934a : 2–4. Syntypes on *Ziziphus spina christi*, EGYPT : Dakhla Oasis, Rashda, 20.iii.1932. (Three syntypes in BMNH.)

DISTRIBUTION. Egypt (Priesner & Hosny, 1934a : 4) (BMNH); Palestine (Gerling, 1970 : 329); Sudan (BMNH).
HOST PLANTS.
  Euphorbiaceae : *Phyllanthus mullerianus* (BMNH).
  Myrtaceae   : *Psidium guajava* (Habib & Farag, 1970 : 28).
  Rhamnaceae   : *Zizyphus spina christi* (Priesner & Hosny, 1934a : 4) (BMNH).
NATURAL ENEMIES.
  Hymenoptera
    Chalcidoidea
      Aphelinidae : *Eretmocerus nairobii* Gerling (Gerling, 1970 : 329. Palestine).

ALEUROCERUS Bondar

Aleurocerus Bondar, 1923a : 156. Type-species : *Aleurocerus luxuriosus*, by original designation.
Uraleyrodes Sampson & Drews, 1941 : 180. Type-species : *Uraleyrodes ceriferus*, by monotypy. **Syn. n.**
 This new synonymy is based on a comparison of the original descriptions only. From these it would appear that Sampson & Drews were unaware of *Aleurocerus* Bondar. The abdominal horns overlaying the vasiform orifice are here regarded as typical of that genus.

Aleurocerus spp. indet.

HOST PLANTS.
Musaceae   :   *Musa* sp. (BMNH : Trinidad).
Palmae   :   *Cocos* sp. (BMNH : Trinidad).

Aleurocerus ceriferus (Sampson & Drews) **comb. n.**

Uraleyrodes ceriferus Sampson & Drews, 1941 : 180–181. Syntypes on an unidentified vine, MEXICO : State of Nayarit, xi.1925 (California UCD) (USNM).

DISTRIBUTION. Mexico (Sampson & Drews, 1941 : 180).
HOST PLANTS.
Host indet. (Sampson & Drews, 1941 : 180).

Aleurocerus flavomarginatus Bondar

Aleurocerus flavomarginatus Bondar, 1923a : 161. Syntypes on an unidentified plant, BRAZIL : Belmonte (*G. Bondar*) (São Paulo MZU) (USNM).

DISTRIBUTION. Brazil (Bondar, 1923a : 161).
HOST PLANTS.
Host indet. (Bondar, 1923a : 161).

Aleurocerus luxuriosus Bondar

Aleurocerus luxuriosus Bondar, 1923a : 157–159. Syntypes on Myrtaceae, BRAZIL : Bahia (*J. Bondar*)(São Paulo MZU) (USNM).

DISTRIBUTION. Brazil (Bondar, 1923a : 158).
HOST PLANTS.
Chrysobalanaceae :   *Licania tomentosa* (Bondar, 1923a : 158).
Myrtaceae   :   Genus indet. (Bondar, 1923a : 158).

Aleurocerus tumidosus Bondar

Aleurocerus tumidosus Bondar, 1923a : 159–161. Syntypes on 'cipo caboclo' [*Davilla rugosa*], BRAZIL : Bahia (*G. Bondar*).

DISTRIBUTION. Brazil (Bondar, 1923a : 160).
HOST PLANTS.
Dilleniaceae   :   *Davilla rugosa* (Bondar, 1923a : 160).

ALEUROCHITON Tullgren

Aleurochiton Tullgren, 1907 : 14–15. Type-species : *Chermes aceris ovatus* Geoffroy, 1762, a rejected trinomial and a synonym of *Coccus aceris* Modeer, 1778; by monotypy.
Aleurochiton (*Nealeurochiton*) Sampson, 1943 : 201. Type-species : *Aleurodes forbesii* Ashmead, by monotypy. **Syn. n.**
Nealeurochiton Sampson; Zahradnik, 1963a : 8, 12.

Nealeurochiton was erected by Sampson for the American species, *forbesii*, which has a cordate vasiform orifice, no caudal furrow and a well developed lingula with a pair of terminal setae of normal length. In contrast, *aceris* Modeer, the type-species of *Aleurochiton*, has an irregularly rectangular vasiform orifice, opening at the posterior end into a weakly developed caudal furrow. In *aceris*, the lingula and its terminal setae are both reduced. The form of the lingula and caudal furrow of *pseudoplatani* is intermediate between that of *forbesii* and *aceris*. The forewing of the latter two species has a forked main vein unlike most species of the Aleyrodirae. It is for these reasons that *Nealeurochiton* is here regarded as a synonym of *Aleurochiton*.

Aleurochiton spp. indet.

NATURAL ENEMIES.
Hymenoptera
Chalcidoidea
  Aphelinidae : *Prospaltella magniclavus* (Girault) (Fulmek, 1943 : 5. U.S.A.).
  Eulophidae : *Entedononecremnus unicus* Girault (Thompson, 1950 : 3. Guyana) (Fulmek, 1943 : 5. U.S.A.)

Aleurochiton acerinus Haupt

Aleurochiton acerina Haupt, 1934 : 137–139. Syntypes on *Acer campestre*, no other data.

DISTRIBUTION. Austria, Germany, Hungary, Poland, Yugoslavia (Zahradnik, 1963b : 234); Czechoslovakia (Zahradnik, 1963b : 234) (BMNH); U.S.S.R. (Danzig, 1964a : 642 [329]).
HOST PLANTS.
Aceraceae : *Acer campestre* (Haupt, 1934 : 138) (BMNH).

Aleurochiton aceris (Modeer)

Chermes aceris ovatus Geoffroy, 1762 : 509. Syntypes on 'l'érable', no other data. [Rejected trinomial.]
Coccus aceris Modeer, 1778 : 21. Syntypes on 'Lonn' [= *Acer platanoides*], SWEDEN.
Chermes aceris Geoffroy, 1785 : 230, a homonym of *Chermes aceris* Linnaeus, 1758 : 454 [= *Rhinocola aceris* (L.) Psyllidae, not *Periphyllus aceris* (L.) Aphididae as stated by Danzig, 1966 : 198].
Lecanium complanatum Baerensprung, 1849 : 169–170. Syntypes on *Acer platanoides*, GERMANY : Berlin, 'Thiergarten'. [Synonynized by Danzig, 1966 : 367 [198].]
Aleurodes aceris Baerensprung, 1849 : 176. Syntypes on *Acer platanoides*, no other data. [Synonymized with *complanatus* by Schumacher, 1918 : 404.]
Aleurodes aceris Bouché, 1851 : 109–110. Syntypes on *Acer platanoides*, GERMANY : ?Berlin. [Synonymized with *complanatus* by Zahradnik, 1955 : 44.]
Aleyrodes acerum Kirkaldy, 1907 : 44. [Replacement name for *Chermes aceris ovatus* Geoffroy.] [Synonymized with *complanatus* by Mound, 1966 : 407.]
Aleurochiton complanatus (Baerensprung) Schumacher, 1918 : 404.
Aleurochiton aceris (Modeer) Danzig, 1966 : 367 [198].
Aleurochiton complanatus (Baerensprung); Bährmann, 1973a : 107–169.

DISTRIBUTION. Czechoslovakia, France, Germany, Netherlands (Zahradnik, 1963a : 12) (BMNH); England (BMNH); Austria, Denmark, Hungary, Poland, Rumania (Zahradnik, 1963a : 12); Sweden (Ossiannilsson, 1955 : 196); U.S.S.R. (Danzig, 1964b : 488 [615]); Yugoslavia (Zahradnik, 1963b : 234).
HOST PLANTS.
Aceraceae : *Acer platanoides* (Baerensprung, 1849 : 170, 176) (BMNH).

NATURAL ENEMIES.
Hymenoptera
Chalcidoidea
  Aphelinidae : *Encarsia aleurochitonis* (Mercet) (Dobreanu & Manolache, 1969 : 100).
  : *Encarsia margaritiventris* (Mercet) (Ferrière, 1965 : 137).
Proctotrupoidea
  Platygasteridae: *Amitus aleurodinis* Haldeman (Fulmek, 1943 : 5).
  : *Amitus minervae* Silvestri (Dobreanu & Manolache, 1969 : 100).

Aleurochiton forbesii (Ashmead) comb. rev.

Aleurodes aceris Forbes, 1885 : 110. Syntypes on maple [*Acer* sp.], U.S.A. : ILLINOIS, Tamaroo.
Aleurodes forbesii Ashmead, 1893 : 294. [Replacement name for *Aleurodes aceris* Forbes nec *Aleurodes aceris* (Barensprung).]
Aleurochiton (Nealeurochiton) forbesii (Ashmead) Sampson, 1943 : 201.
Nealeurochiton forbesii (Ashmead) Zahradnik, 1963a : 12 [by inference].

DISTRIBUTION. U.S.A. 'ranging from Georgia to New York, north into Canada, and west to Wisconsin, Illinois and Missouri.' (Quaintance & Baker, 1913 : 89); U.S.A. (Delaware, Illinois, Virginia) (BMNH).

HOST PLANTS.
Aceraceae : *Acer dasycarpum, Acer saccharinum* (Quaintance & Baker, 1913 : 89) (BMNH); *Acer platanoides* (Britton, 1923 : 337); *Acer rubrum* (Quaintance & Baker, 1913 : 89).

NATURAL ENEMIES.
Hymenoptera
Proctotrupoidea
Platygasteridae: *Amitus aleurodinis* Haldeman (Dysart, 1966 : 30. U.S.A.).

Aleurochiton orientalis Danzig

Aleurochiton orientalis Danzig, 1966 : 367–369 [199]. Holotype on *Acer mono*, U.S.S.R. : Maritime Territory, Vladivostock, Okeanskaya, 31.viii.1961 (*E. M. Danzig*); paratypes on *Acer mono*, Vladivostock, Akademgorodok, 17.viii.1961 (*E. M. Danzig*) (Leningrad ZI).

DISTRIBUTION. U.S.S.R. (Danzig, 1966 : 369 [199]).
HOST PLANTS.
Aceraceae : *Acer mono* (Danzig, 1966 : 369 [199]).

Aleurochiton pseudoplatani Visnya

Aleurochiton pseudoplatani Visnya, 1936 : 116–117. Syntypes on *Acer pseudoplatanus*, HUNGARY: Köszeg (Budapest TM).
Nealeurochiton pseudoplatani (Visnya) Zahradnik, 1963a : 12.
Aleurochiton pseudoplatani Visnya; Danzig, 1966 : 366 [198].

DISTRIBUTION. Czechoslovakia (Zahradnik, 1963a : 12) (BMNH); Austria, Germany, Hungary (Visnya, 1936 : 116); Netherlands (BMNH); U.S.S.R. (Danzig, 1964a : 642 [329]).
HOST PLANTS.
Aceraceae : *Acer pseudoplatanus* (Visnya, 1936 : 116) (BMNH); *Acer turcomanica* (Danzig, 1969 : 869 [552]).

ALEUROCLAVA Singh

Aleuroclava Singh, 1931 : 90–91. Type-species : *Aleuroclava complex*, by monotypy.

Aleuroclava complex Singh

Aleuroclava complex Singh, 1931 : 91–92. Syntypes on *Ficus religiosa, Diospyros montana, Pongamia glabra*, INDIA : Pusa (Bihar), Lahore.

This species is known only from the original description. Judging from the illustrations given by Singh, *complex* may eventually be found to be congeneric with *Aleurotuberculatus gordoniae*.

DISTRIBUTION. India (Singh, 1931 : 91).
HOST PLANTS.
Ebenaceae : *Diospyros montana* (Singh, 1931 : 91).
Leguminosae : *Pongamia glabra* (Singh, 1931 : 91).
Moraceae : *Ficus religiosa* (Singh, 1931 : 91).
Rutaceae : *Aegle marmelos* (Rao, 1958 : 336).
Sapotaceae : *Bassia latifolia* (Rao, 1958 : 336).

Aleuroclava ellipticae Dumbleton

[*Aleurodes decipiens* Maskell; Maskell 1895 : 428–429. Partim. Misidentification.]
Aleuroclava ellipticae Dumbleton, 1956b : 167. Holotype on *Styphelia (Monotoca) elliptica*, AUSTRALIA : N.S.W., Botany near Sydney, (*W. W. Froggatt*) (Auckland DSIR).

The holotype of this species (referred to as the lectotype by Dumbleton 1956b : 167) was originally misidentified as a pupa of *Bemisia decipiens* (Maskell) q.v.

DISTRIBUTION. Australia (New South Wales) (Dumbleton, 1956b : 167).
HOST PLANTS.
Epacridaceae : *Monotoca elliptica* (Dumbleton, 1956b : 167).

Aleuroclava eucalypti Dumbleton

Aleuroclava eucalypti Dumbleton, 1957 : 159–160. Holotype and paratypes on *Eucalyptus globulus*, NEW ZEALAND : Waikakaho, Blenheim, 3.xi.1950 (*L. J. Dumbleton*) (Auckland DSIR). (One paratype and ten pupal cases from type host in BMNH.)

DISTRIBUTION. Australia (BMNH); New Zealand (Dumbleton, 1957 : 160) (BMNH).
HOST PLANTS.
Myrtaceae   :   *Eucalyptus globulus* (Dumbleton, 1957 : 160) (BMNH).

Aleuroclava trochodendri Takahashi

Aleuroclava trochodendri Takahashi, 1957 : 12–13. Two syntypes on *Trochodendron aralioides*, JAPAN : Odaiga-hara, Nara Prefecture, 15.viii.1956 (*R. Takahashi*) (Hikosan BL).

DISTRIBUTION. Japan (Takahashi, 1957 : 13).
HOST PLANTS.
Trochodendraceae :   *Trochodendron aralioides* (Takahashi, 1957 : 13).

ALEUROCYBOTUS Quaintance & Baker

Aleurocybotus Quaintance & Baker, 1914 : 101 Type-species : *Aleurodes graminicola*, by monotypy.

Aleurocybotus graminicolus (Quaintance)

Aleurodes graminicola Quaintance, 1899b : 89–90. Syntypes on an undetermined grass, U.S.A. : FLORIDA, Lake City, 24.vii.1898 (*Prof. P. H. Rolfs*) (USNM).
Aleurocybotus graminicolus (Quaintance) Quaintance & Baker, 1914 : 101.

DISTRIBUTION. U.S.A. (Florida) (Quaintance, 1899b : 90).
HOST PLANTS.
Gramineae   :   Genus indet. (Quaintance, 1899b : 90).

Aleurocybotus indicus David & Subramaniam

Aleurocybotus indicus David & Subramaniam, 1976 : 157–159. Holotype and five paratypes on *Chloris barbata*, INDIA : Coimbatore, 20.v.1966 (*B. V. David*); two paratypes same host and locality as holotype, 23.ii.1967 (*B. V. David*); three paratypes on *Dactyloctenium aegyptiacum*, INDIA : Madras, 18.ix.1971 (*B. V. David*) (USNM). (Three paratypes in BMNH.)

DISTRIBUTION. India (David & Subramaniam, 1976 : 159) (BMNH).
HOST PLANTS.
Gramineae   :   *Chloris barbata* (David & Subramaniam, 1976 : 159) (BMNH); *Dactyloctenium aegyptiacum* (David & Subramaniam, 1976 : 159).

Aleurocybotus occiduus Russell

Aleurocybotus occiduus Russell, 1964b : 101–102. Holotype and paratypes on *Cynodon dactylon*, U.S.A. : CALIFORNIA, Coachella Valley, 2.x.1951 (*L. D. Anderson*) (USNM). (Ten paratypes and unmounted paratype material on undetermined grass U.S.A. : CALIFORNIA, Coachella Valley, ix.-x.1951 (*L. D. Anderson*), in BMNH.)

DISTRIBUTION. U.S.A. (Arizona) (Russell, 1964b : 102); U.S.A. (California) (Russell, 1964b : 102) (BMNH).
HOST PLANTS.
Cyperaceae   :   *Cyperus rotundus* (Russell, 1964b : 102).
Gramineae   :   *Chloris* sp., *Cynodon dactylon*, *Echinochloa crusgalli* or *Paspalum dilatatum*, *Setaria italica*, *Sorghum halepense*, *Sorghum vulgare*, *Sorghum vulgare* var. *sudanense*, *Zea mays* (Russell, 1964b : 102).

Aleurocybotus setiferus Quaintance & Baker

Aleurocybotus setioferus Quaintance & Baker, 1917 : 357. Syntypes on *Imperata* sp., JAVA, 1907 (*E. Jacobson*); on a grass, SRI LANKA : Peradeniya, 8.ix.1913 (*A. Rutherford*) (USNM).

An Aleyrodid recorded under this name from Manila by Silvestri (1927 : 15) differs from the Formosan specimens in the shorter and stouter setae along the margin of the pupal case and may be a distinct species' (Takahashi, 1931a : 208).

DISTRIBUTION. Sri Lanka (Quaintance & Baker, 1917 : 357) (BMNH); Taiwan, Thailand, Philippines, Malaya (Takahashi, 1942b : 174); Java (Quaintance & Baker, 1917 : 357).
HOST PLANTS.
Gramineae : *Imperata arundinacea* (Corbett, 1926 : 274) (BMNH).
Pandanaceae : *Pandanus* sp. (Silvestri, 1927 : 15).
Rutaceae : *Citrus* spp. (Capco, 1959 : 48).
NATURAL ENEMIES.
Hymenoptera
Chalcidoidea
Aphelinidae : *Encarsia persequens* Silvestri (Fulmek, 1943 : 5. Philippines).

ALEURODES

Misspelling of *Aleyrodes* q.v.

ALEUROGLANDULUS Bondar

Aleuroglandulus Bondar, 1923a : 121. Type-species : *Aleuroglandulus subtilis*, by monotypy.

Aleuroglandulus emmae Russell

[*Aleuroglandulus striatus* Sampson & Drews, 1941 : 157–159. Partim. Misidentification.]
Aleuroglandulus emmae Russell, 1944a : 5. Holotype and paratypes on Flacourtiaceae, MEXICO : Guerrero, between La Union and Zihuantanejo, 3.ii.1926 (*G. F. Ferris*); paratypes on *Gardenia* sp., MEXICO : intercepted at El Paso, 3.xi.1939 (*C. H. Wallis*); on *Galactia acapulcensis*, MEXICO : Los Labrados to Marisma, Sinaloa, 11.viii.1905 (*Rose* and *Painter*); on ? *Galactia* sp., U.S.A. : FLORIDA, Sanibel Island, summer 1909 (*E. A. Back*) (USNM) (California UCD).

DISTRIBUTION. Mexico, U.S.A. (Florida) (Russell, 1944a : 5).
HOST PLANTS.
Flacourtiaceae : Genus indet. (Russell, 1944a : 5).
Leguminosae : *Galactia acapulcensis* (Russell, 1944a : 5).
Rubiaceae : *Gardenia* sp. (Russell, 1944a : 5).

Aleuroglandulus magnus Russell

Aleuroglandulus magnus Russell, 1944a : 4. Holotype and paratypes on *Synechanthus warscewiczianus*, PANAMA : North of Frijoles, 19.xii.1923 (*P. C. Stanley*); paratypes on *Chamaedorea wendlandiana*, Boca de Pauarando, Sambu River, Darien, ii.1912 (*H. Pittier*) (USNM).

DISTRIBUTION. Panama (Russell; 1944a : 4).
HOST PLANTS.
Palmae : *Chamaedorea wendlandiana, Synechanthus warscewiczianus.* (Russell, 1944a : 4).

Aleuroglandulus malangae Russell

Aleuroglandulus malangae Russell, 1944a : 5. Holotype and eight paratypes on *Xanthosoma* sp. (Malanga), CUBA, 3.xii.1939 (*S. D. Whitlock*) (USNM).

DISTRIBUTION. Cuba (Russell, 1944a : 5).
HOST PLANTS.
Araceae : *Xanthosoma* sp. (Russell, 1944a : 5).

Aleuroglandulus striatus Sampson & Drews

Aleuroglandulus striatus Sampson & Drews, 1941 : 157–159. Partim. Syntypes on an unidentified plant, MEXICO : Guerrero, between La Union and Zihuatanejo, ii.1926 (*G. F. Ferris*) (California UCD) (USNM).

DISTRIBUTION. Mexico (Sampson & Drews, 1941 : 159); Guatemala, Honduras (Russell, 1944a : 6).
HOST PLANTS.
Polygonaceae : *Coccoloba hondurensis, Coccoloba schiedeana* (Russell, 1944a : 6).

Aleuroglandulus subtilis Bondar

Aleuroglandulus subtilis Bondar, 1923a : 121–122. Syntypes on *Chomelia oligantha,* BRAZIL : Bahia (USNM).

DISTRIBUTION. Brazil (Bondar, 1923a : 122); Panama (Russell, 1944a : 4).
HOST PLANTS.
Palmae : *Chamaedorea wendlandiana, Synechanthus warscewiczianus* (Russell, 1944a : 4).
Rubiaceae : *Chomelia oligantha* (Bondar, 1923a : 122).

ALEUROLOBUS Quaintance & Baker

Aleurolobus Quaintance & Baker, 1914 : 108–109. Type-species : *Aleurodes marlatti,* by original designation.
Aleurolobus Quaintance & Baker; Cohic, 1969 : 59–61.

Aleurolobus spp. indet.

NATURAL ENEMIES.
Hymenoptera
Chalcidoidea
Aphelinidae : *Eretmocerus indicus* Hayat (Hayat, 1972 : 100. India).

Aleurolobus acanthi Takahashi

Aleurolobus acanthi Takahashi, 1936a : 52–53. Syntypes on *Acanthus* sp., S.W. AFRICA : Swakopmund, 28.x.1933 (*Dr G. Boss*) (Eberswalde IP) (Taiwan ARI).

DISTRIBUTION. S.W. Africa (Takahashi, 1936a : 53).
HOST PLANTS.
Acanthaceae : *Acanthus* sp. (Takahashi, 1936a : 53).

Aleurolobus barodensis (Maskell)

Aleurodes barodensis Maskell, 1895 : 424–425. Syntypes on *Saccharum officinarum,* INDIA : Baroda (*Cotes*) (Auckland DSIR).
Aleurodes longicornis Zehntner, 1897a : 381–382. [See also Zehntner, 1897b : 557–558.] Syntypes on sugarcane, [*Saccharum* sp.] JAVA. [Synonymized by Quaintance & Baker, 1917 : 359.]
Aleurolobus barodensis (Maskell) Quaintance & Baker, 1914 : 109.
Aleurolobus longicornis (Zehntner) Quaintance & Baker, 1914 : 109.

DISTRIBUTION. India (Maskell, 1895 : 425) (BMNH); Pakistan (BMNH); Taiwan (Takahashi, 1933 : 19); Philippines (Capco, 1959 : 14); Malaya (BMNH); Java (Quaintance, 1907 : 90) (BMNH).
HOST PLANTS.
Gramineae : *Erianthus aurundanaceum* (Rao, 1958 : 336); *Miscanthus* sp. (Takahashi, 1933 : 19); *Saccharum officinarum* (Maskell, 1895 : 425) (BMNH).
NATURAL ENEMIES.
Hymenoptera
Chalcidoidea
Aphelinidae : *Azotus delhiensis* Lal (Fulmek, 1943 : 7. India).
: *Azotus pulchriceps* Zehntner (Fulmek, 1943 : 7. Java).

Aleurolobus bidentatus Singh

Aleurolobus bidentatus Singh, 1940 : 455–456. Syntypes on *Jasminum* sp., INDIA : Simla, vi.1935 (*K. Singh*) (Calcutta ZSI).

DISTRIBUTION. India (Singh, 1940 : 455).
HOST PLANTS.
Oleaceae : *Jasminum* sp. (Singh, 1940 : 455).

Aleurolobus citri Takahashi

Aleurolobus citri Takahashi, 1932 : 34–35. Syntypes on *Citrus* sp., TAIWAN : Washoshu near Taihoku, 1.xii.1930 (Taiwan ARI).

DISTRIBUTION. Taiwan (Takahashi, 1932 : 35); Cambodia (Takahashi, 1942c : 208).
HOST PLANTS.
Malpighiaceae : *Hiptage madablota* (Takahashi, 1942c : 208).
Rutaceae : *Citrus* sp. (Takahashi, 1932 : 35).

Aleurolobus confusus David & Subramaniam

Aleurolobus confusus David & Subramaniam, 1976 : 160. Holotype and six paratypes on *Murraya koenigii*, INDIA : Madras, 25.vii.1971 (*B. V. David*) (Calcutta ZSI) (USNM). (Three paratypes in BMNH.)

DISTRIBUTION. India (David & Subramaniam, 1976 : 160) (BMNH).
HOST PLANTS.
Rutaceae : *Murraya koenigii* (David & Subramaniam, 1976 : 160) (BMNH).

Aleurolobus delamarei Cohic

Aleurolobus delamarei Cohic, 1969 : 26–31. Holotype and paratypes on *Balanites aegyptiaca*, CHAD : Fort Lamy, 26.ii.1966.

DISTRIBUTION. Chad (Cohic, 1969 : 26).
HOST PLANTS.
Zygophyllaceae : *Balanites aegyptiaca* (Cohic, 1969 : 26).

Aleurolobus flavus Quaintance & Baker

Aleurolobus flavus Quaintance & Baker, 1917 : 360–361. Syntypes on an unidentified tree, SRI LANKA : Royal Botanical Gardens, x.1910 (*R. S. Woglum*); on *Loranthus* sp., Peradeniya, 27.v.1913 (*A. Rutherford*) (USNM).

DISTRIBUTION. Sri Lanka (Quaintance & Baker, 1917 : 360).
HOST PLANTS.
Loranthaceae : *Loranthus* sp. (Quaintance & Baker, 1917 : 360).

Aleurolobus fouabii Cohic

Aleurolobus fouabii Cohic, 1969 : 32–36. Holotype and six paratypes on *Agelaea dewevrei*, CONGO (Brazzaville); Centre O.R.S.T.O.M., 20.iii.1964; five paratypes on *Colletoecema dewevrei*, Centre O.R.S.T.O.M., 15.i.1966 and 8.xii.1966.

DISTRIBUTION. Congo (Brazzaville) (Cohic, 1969 : 32).
HOST PLANTS.
Connaraceae : *Agelaea dewevrei* (Cohic, 1969 : 32).
Rubiaceae : *Colletoecema dewevrei* (Cohic, 1969 : 32).

Aleurolobus greeni Corbett

Aleurolobus greeni Corbett, 1926 : 280–281. Syntypes on an unidentified shrub, SRI LANKA : Peradeniya, xi.1905 (*E. E. Green*). (Eight syntypes and unmounted syntype material in BMNH.)

DISTRIBUTION. SRI LANKA (Corbett, 1926 : 281) (BMNH).
HOST PLANTS.
Host indet. (Corbett, 1926 : 281).

Aleurolobus gruveli Cohic

Aleurolobus gruveli Cohic, 1968b : 88–91. Twenty one syntypes on Gramineae, CAMEROUN : at the junction of the River Chari and the River Serbewel, 24.ii.1966.

DISTRIBUTION. Cameroun (Cohic, 1968b : 88).
HOST PLANTS.
Gramineae : Genus indet. (Cohic, 1968b : 88).

Aleurolobus hargreavesi Dozier

Aleurolobus hargreavesi Dozier, 1934 : 185. Syntypes on a grass (subsequently identified as *Hyparrhenia* sp.). UGANDA : Kampala, 16.ii.1928 (*H. Hargreaves*). (Twenty six syntypes and unmounted syntype material in BMNH.)

DISTRIBUTION. Congo (Brazzaville) (Cohic, 1968b : 91) ; Nigeria (Cohic, 1968b : 91) (BMNH); Uganda (Dozier, 1934 : 185) (BMNH).

HOST PLANTS.
Gramineae : *Andropogon* [*Hyparrhenia*] *diplandra, Saccharum officinarum* (Cohic, 1968b : 91) (BMNH).
NATURAL ENEMIES.
Hymenoptera
Chalcidoidea
Aphelinidae : *Encarsia* sp. (Dozier, 1934 : 185. Uganda).

Aleurolobus hederae Takahashi

Aleurolobus hederae Takahashi, 1935b : 63–64. Syntypes on both upper and lower surface of leaves of *Hedera formosana*, TAIWAN : Heiganzan (Tosei-Gun, Taichu Prefecture) 2000 m., 12.viii.1934 (*R. Takahashi*) (Taiwan ARI) (USNM).

DISTRIBUTION. Taiwan (Takahashi, 1935b : 64).
HOST PLANTS.
Araliaceae : *Hedera formosana* (Takahashi, 1935b : 64).

Aleurolobus iteae Takahashi

Aleurolobus iteae Takahashi, 1957 : 13–14. Syntypes on *Itea japonica*, JAPAN : Odaiga-hara 1000 m., Nara Prefecture, 15.viii.1956 (*R. Takahashi*) (Hikosan BL).

DISTRIBUTION. Japan (Takahashi, 1957 : 14).
HOST PLANTS.
Grossulariaceae : *Itea japonica* (Takahashi, 1957 : 14).

Aleurolobus japonicus Takahashi

Aleurolobus japonicus Takahashi, 1945a : 3–4. Syntypes on *Callicarpa japonica, Clematis* sp., *Pertya scandens, Rubus palmatus, Rubus* sp., JAPAN : Tokyo, Hikawa near Tachikawa, Mt Mitake near Tokyo (*R. Takahashi*) (USNM).

DISTRIBUTION. Japan (Takahashi, 1945a : 4).
HOST PLANTS.
Compositae : *Pertya scandens* (Pupal cases taken on *Pertya scandens* blackish brown, paler on the submarginal area. Takahashi, 1954a : 4).
Ranunculaceae : *Clematis* sp. (Takahashi, 1954a : 4).
Rosaceae : *Rubus palmatus* (Takahashi, 1954a : 4).
Verbenaceae : *Callicarpa japonica* (Takahashi, 1954a : 4).

Aleurolobus juillieni Cohic

Aleurolobus juillieni Cohic, 1968b : 92–94. Twelve syntypes on *Clerodendron thomsonae*, CONGO (Brazzaville) : Centre O.R.S.T.O.M., 18.i.1967, 25.x.1966.

DISTRIBUTION. Congo (Brazzaville) (Cohic, 1968b : 92).
HOST PLANTS.
Verbenaceae : *Clerodendron thomsonae* (Cohic, 1968b : 92).

Aleurolobus luci Cohic

Aleurolobus luci Cohic, 1969 : 36–41. Holotype and seven paratypes on *Gardenia ternifolia*, IVORY COAST : *Borassus* savannah around the Lamto ecological station, 23.vii.1968; fourteen paratypes from same host and locality as holotype, 24.xi.1968.

DISTRIBUTION. Ivory Coast (Cohic, 1969 : 36); Chad (BMNH).
HOST PLANTS.
Rubiaceae : *Gardenia ternifolia* (Cohic, 1969 : 36); *Gardenia tricantha* (BMNH).

Aleurolobus marlatti (Quaintance)

Aleurodes marlatti Quaintance, 1903 : 61–63. Syntypes on orange, [*Citrus* sp.], JAPAN : Hakato, 21.v.1901 (*C. L. Marlatt*); on orange, JAPAN : Kumomoto, 17.v.1901 (*C. L. Marlatt*) (USNM) (Taiwan ARI).
Aleurolobus marlatti (Quaintance) Quaintance & Baker, 1914 : 109.

DISTRIBUTION. Japan (Quaintance, 1903 : 63) (BMNH); India, Sri Lanka (Quaintance & Baker, 1916 : 466); China (Takahashi, 1934a : 137); Taiwan (Takahashi, 1932 : 34);

Philippines (Silvestri, 1927 : 12); Malaya (Takahashi, 1945a : 2); Java (Quaintance & Baker, 1916 : 466).

'*Aleurocanthus spiniferus* Quaintance was recorded from Formosa as *Aleyrodes marlatti* by Shiraki and Maki' (Takahashi, 1932 : 34).

HOST PLANTS.
Araceae : *Colocasia* sp. (Takahashi, 1954a : 2).
Daphniphyllaceae : *Daphniphyllum macropodum* (Takahashi, 1954a : 2) (BMNH).
Moraceae : *Ficus* sp. (Quaintance & Baker, 1916 : 466); *Morus alba* (Kuwana, 1928 : 54).
Rutaceae : *Citrus* sp. (Quaintance, 1907 : 91); *Murraya exotica* (Husain & Khan 1945 : 29); *Murraya koenigii* (David & Subramaniam, 1976 : 161).
Ulmaceae : *Aphananthe aspera* (Kuwana, 1928 : 54).

NATURAL ENEMIES.
Hymenoptera
 Chalcidoidea
  Aphelinidae : *Eretmocerus aleurolobi* Ishii (Ishii, 1938 : 32. Japan).

Aleurolobus mauritanicus Cohic

Aleurolobus mauritanicus Cohic, 1969 : 41–45. Holotype and eleven paratypes on *Boscia senegalensis*, MAURITANIA : 100 km. from Atar on road to Nouakchott, 2.ii.1967 (*A. Balachowsky*).

DISTRIBUTION. Mauritania (Cohic, 1969 : 41); Chad (BMNH).
HOST PLANTS.
Capparaceae : *Boscia senegalensis* (Cohic, 1969 : 41); *Ritchiea afzelii* (BMNH).

Aleurolobus monodi Cohic

Aleurolobus monodi Cohic, 1969 : 46–49. Holotype and twenty five paratypes on *Cymbopogon schoenanthus*, CHAD : Enneri Ouro, Ennedi, 12.i.1967 (*Prof. T. Monod*) (Paris MNHN).

DISTRIBUTION. Chad (Cohic, 1969 : 46).
HOST PLANTS.
Gramineae : *Cymbopogon schoenanthus* (Cohic, 1969 : 46).

Aleurolobus moundi David & Subramaniam

Aleurolobus moundi David & Subramaniam, 1976 : 161–162. Holotype and seven paratypes on *Bassia* sp., INDIA : Madras, 21.vii.1971 (*B. V. David*); paratypes on *Bassia latifolia*, INDIA : Coimbatore, 7.xi.1966 (*B. V. David*); on *Bassia latifolia*, INDIA : Kovilpatti, 31.i.1967 (*B. V. David*) (Calcutta ZSI). (Six paratypes in BMNH.)

DISTRIBUTION. India (David & Subramaniam, 1976 : 161) (BMNH).
HOST PLANTS.
Sapotaceae : *Bassia latifolia* (David & Subramaniam, 1976 : 161) (BMNH).

Aleurolobus niloticus Priesner & Hosny

Aleurolobus niloticus Priesner & Hosny, 1934b : 1–5. Syntypes on *Zizyphus spina christi*, EGYPT : Cairo, xi.1924 (*C. B. Williams*); Qara, Qena (*C. B. Williams*); Assiout, 2.iii.1932 (*H. Priesner*); Dakhla Oasis (Gedida), 20.xi.1932 (*H. Priesner* and *M. Hosny*); Kharga Oasis, iii.1934 (*H. Priesner*); on *Ficus sycamorus*, EGYPT : Helouan, 1.x.1931 (*M. Hosny*); Ibreem (El Derr), Abu Simbil, 7.iv.1931 (*H. Priesner*); on *Lawsonia inermis*, EGYPT : Kom Ombo, 18.ii.1924 (*W. J. Hall*); on *Balanites aegyptiaca*, EGYPT : Korosko, 11.iv.1931 (*H. Priesner*); Gebel Elba, Wadi Kanisisrob, ii.1933 (*H. Priesner*); on *Dodonaea viscosa*, EGYPT : Karam Elba, Wadi Dagalaib, 4.ii.1933 (*H. Priesner*); on *Salvadora* sp., EGYPT : Gebel Elba, Wadi Aidaeb, i.1933 (*Efflatoun Bey*) (USNM).

DISTRIBUTION. Palaearctic Region : Egypt (Priesner & Hosny, 1934b : 4–5) (BMNH); Iran (Kiriukhin, 1947 : 9); Saudi Arabia (BMNH).
Ethiopian Region : Cameroun, Chad (Cohic, 1969 : 50); Sudan (BMNH).
Oriental Region : India, Pakistan (BMNH).
HOST PLANTS.
Apocynaceae : *Nerium indicum* (BMNH).
Araliaceae : *Hedera nepalensis* (BMNH).

Asclepiadaceae	: *Leptadenia hastata* (Cohic, 1969 : 50).
Bignoniaceae	: *Stereospermum kunthianum* (Cohic, 1969 : 50).
Bombacaceae	: *Bombax* [= *Salmalia*] *malabaricum* (BMNH).
Boraginaceae	: *Ehretia aspersa* (BMNH).
Capparaceae	: *Boscia senegalensis, Capparis corymbosa* (Cohic, 1969 : 50).
Ebenaceae	: *Diospyros mespiliformis* (Cohic, 1969 : 50).
Euphorbiaceae	: *Mallotus philippinensis* (BMNH).
Leguminosae	: *Dalbergia sissoo* (Hayat, 1972 : 100).
Lythraceae	: *Lawsonia alba* (BMNH); *Lawsonia inermis* (Priesner & Hosny, 1934b : 4).
Moraceae	: *Ficus sycamorus* (Priesner & Hosny, 1934b : 4) (BMNH); *Morus alba* (BMNH).
Oleaceae	: *Olea cuspidata* (BMNH).
Rhamnaceae	: *Ziziphus hysudrica* (BMNH); *Ziziphus mauritiana* (Cohic, 1969 : 50); *Ziziphus spina christi* (Priesner & Hosny, 1934b : 40) (BMNH).
Rosaceae	: *Rosa indica* (BMNH).
Rutaceae	: *Citrus* sp. (BMNH); *Murraya exotica* (BMNH).
Salvadoraceae	: *Salvadora* sp. (Priesner & Hosny, 1934b : 5).
Saphindaceae	: *Dodonaea viscosa* (Priesner & Hosny, 1934b : 5) (BMNH).
Smilacaceae	: *Smilax* sp. (BMNH).
Verbenaceae	: *Duranta* sp. (BMNH).
Zygophyllaceae	: *Balanites aegyptiaca* (Priesner & Hosny, 1934b : 5) (BMNH).

NATURAL ENEMIES.
Hymenoptera
Chalcidoidea
Aphelinidae : *Encarsia elegans* Masi (Fulmek, 1943 : 7. Egypt).
: *Encarsia lutea* (Masi) (Gameel, 1969 : 68. Sudan).
: *Eretmocerus haldemani* Howard (Hayat, 1972 : 100. India).
: *Eretmocerus* sp. (Fulmek, 1943 : 7. Egypt).

Aleurolobus olivinus (Silvestri)

Aleurodes olivinus Silvestri, 1911 : 214–222. Syntypes on olive [*Olea* sp.], ITALY, 1909.
Aleurolobus olivinus (Silvestri) Quaintance & Baker, 1915a : xi.

DISTRIBUTION. Cyprus (Unmounted material in BMNH); France (Goux, 1942 : 145); Israel (BMNH); Italy (Silvestri, 1911 : 221); Spain (Gomez-Menor, 1943 : 199).

HOST PLANTS.
Oleaceae : *Olea europaea* (Gomez-Menor, 1945a : 291).

NATURAL ENEMIES.
Hymenoptera
Chalcidoidea
Aphelinidae : *Encarsia elegans* Masi (Fulmek, 1943 : 7. Egypt, Italy) (Gomez-Menor, 1945a : 292. Spain).
: *Encarsia olivina* (Masi) (Gomez-Menor, 1953 : 55. Italy).
Proctotrupoidea
Platygasteridae : *Amitus minervae* Silvestri (Fulmek, 1943 : 7. Italy).

Aleurolobus onitshae Mound

Aleurolobus onitshae Mound, 1965c : 128–130. Holotype and twenty one paratype pupal cases together with five adults dissected from them on *Phyllanthus floribundus*, NIGERIA : Onitsha, 14.i.1957 (*V. F. Eastop*); eleven paratypes on *Flueggea virosa*, NIGERIA : Ibadan, i.1961 (*L. A. Mound*) (BMNH) (USNM).

DISTRIBUTION. Nigeria (Mound, 1965c : 128) (BMNH); Ivory Coast (Cohic, 1969 : 50).

HOST PLANTS.
Euphorbiaceae : *Flueggea virosa, Phyllanthus floribundus* (Mound, 1965c : 128–130) (BMNH).

Aleurolobus oplismeni Takahashi

Aleurolobus oplismeni Takahashi, 1931b : 261–262. Syntypes on *Oplismenus compositus*, TAIWAN : Taihoku, 6.ix.1929 (*R. Takahashi*) (Taiwan ARI).

DISTRIBUTION. Taiwan (Takahashi, 1931b : 262).
HOST PLANTS.
Gramineae : *Oplismenus compositus* (Takahashi, 1931b : 262).

Aleurolobus osmanthi Young

Aleurolobus osmanthi Young, 1944 : 134–135. Syntypes on *Osmanthus fragrans*, CHINA : Szechwan province, North Hot Spring of Pehpei, 14.i.1942.

DISTRIBUTION. China (Young, 1944 : 135).
HOST PLANTS.
Oleaceae : *Osmanthus fragrans* (Young, 1944 : 135).

Aleurolobus paulianae Cohic

Aleurolobus paulianae Cohic, 1969 : 51–55. Holotype and nineteen paratypes on *Sorghastrum* sp., IVORY COAST : Lamto savannah, 24.xi.1968; thirty one paratypes on *Hyparrhenia diplandra*, Lamto savannah, 24.xi.1968; twenty seven paratypes on *Beckeropsis uniseta*, Lamto savannah, 24.xi.1968.

DISTRIBUTION. Ivory Coast (Cohic, 1969 : 51).
HOST PLANTS.
Gramineae : *Beckeropsis uniseta, Andropogon* [*Hyparrhenia*] *diplandra, Sorghastrum* sp. (Cohic, 1969 : 51).

Aleurolobus pauliani Cohic

Aleurolobus pauliani Cohic, 1969 : 55–59. Holotype and fourteen paratypes on *Combretum glutinosum*, CHAD : Anga, 1.iii.1966.

DISTRIBUTION. Chad (Cohic, 1969 : 55) (BMNH).
HOST PLANTS.
Combretaceae : *Combretum glutinosum* (Cohic, 1969 : 55); *Combretum hypopilinum* (BMNH).

Aleurolobus philippinensis Quaintance & Baker

Aleurolobus philippinensis Quaintance & Baker, 1917 : 369–372. Syntypes on an unidentified tree, PHILIPPINES : Manila 'received by Quaintance & Baker in May 1910 from G. Compere' (USNM) (Taiwan ARI) (Two pupal cases and dry material labelled "ex coll. Quaintance" in BMNH.)

DISTRIBUTION. Philippines (Quaintance & Baker, 1917 : 369) (BMNH); Taiwan (Takahashi, 1932 : 34).
HOST PLANTS.
Bombacaceae : *Bombax malabaricum* (Dry material in BMNH).
Myrsinaceae : *Ardisia* [= *Bladhia*] *sieboldii* (Takahashi, 1932 : 34).
Rubiaceae : *Gardenia florida* (Takahashi, 1932 : 34).
Salicaceae : *Salix* sp. (Takahashi, 1932 : 34).

Aleurolobus ravisei Cohic

Aleurolobus ravisei Cohic, 1968b : 95–98. Two syntypes on *Hymenocardia acida*, CONGO (Brazzaville) : Centre O.R.S.T.O.M., 16.i.1967.

DISTRIBUTION. Congo (Brazzaville) (Cohic, 1968b : 95)
HOST PLANTS.
Euphorbiaceae : *Hymenocardia acida* (Cohic, 1968b : 95).

Aleurolobus rhododendri Takahashi

Aleurolobus rhododendri Takahashi, 1934b : 62–63. Syntypes on *Rhododendron* sp., TAIWAN : Sozan near Taihoku, 3.vii.1933 and 23.ix.1933 (*R. Takahashi*) (Taiwan ARI).

DISTRIBUTION. Taiwan (Takahashi, 1934b : 63) (BMNH); Cambodia, Thailand (Takahashi, 1942c : 208).

HOST PLANTS.
Ericaceae : *Rhododendron* sp. (Takahashi, 1934b : 63) (BMNH).

Aleurolobus scolopiae Takahashi

Aleurolobus scolopiae Takahashi, 1933 : 19–20. Syntypes on *Scolopia oldhami*, TAIWAN : Garambi near Koshun, 26.v.1932 (*R. Takahashi*) (Taiwan ARI).

DISTRIBUTION. Taiwan (Takahashi, 1933 : 20).
HOST PLANTS.
Flacourtiaceae : *Scolopia oldhami* (Takahashi, 1933 : 20).

Aleurolobus selangorensis Corbett

Aleurolobus selangorensis Corbett, 1935b : 819–820. Syntypes on unidentified host, MALAYA : Kuala Lumpur.

DISTRIBUTION. Malaya (Corbett, 1935b : 820).
HOST PLANTS.
Host indet. (Corbett, 1935b : 820).

Aleurolobus setigerus Quaintance & Baker

Aleurolobus setigerus Quaintance & Baker, 1917 : 372–373. Syntypes on *Harpullia pendula*, SRI LANKA : Peradeniya, 7.vii.1913 (*A. Rutherford*); on *Harpullia* sp., Peradeniya, ix.1913 (*A. Rutherford*); on an unidentified host, Peradeniya, 25.vii.1913 (*A. Rutherford*) (USNM) (Taiwan ARI).

DISTRIBUTION. Sri Lanka (Quaintance & Baker, 1917 : 372); Hong Kong (Takahashi, 1941b : 355); China, Taiwan, Thailand (Takahashi, 1942c : 207).
HOST PLANTS.
Flacourtiaceae : *Scolopia oldhami* (Takahashi, 1935b : 41).
Myrtaceae : *Psidium guajava* (Takahashi, 1932 : 33); *Rhodomyrtus* sp. (Takahashi, 1942c : 207).
Rutaceae : *Citrus* sp. (Silvestri, 1927 : 13).
Sapindaceae : *Harpullia pendula* (Quaintance & Baker, 1917 : 372).

Aleurolobus shiiae Takahashi

Aleurolobus shiiae Takahashi, 1957 : 14–15. Syntypes on the upper surface of leaves of *Shiia cuspidata*, JAPAN : Amanosan, Osaka Prefecture, 3.v.1957 and 1.vi.1957 (*R. Takahashi* and *M. Sorin*) (Hikosan BL) (USNM).

DISTRIBUTION. Japan (Takahashi, 1957 : 15) (BMNH).
HOST PLANTS.
Fagaceae : *Castanopsis* [= *Shiia*] *cuspidata* (Takahashi, 1957 : 15); *Castanopsis* [= *Shiia*] sp. (BMNH).

Aleurolobus simula (Peal)

Aleurodes simula Peal, 1903b : 81–84. Syntypes on *Bombax malabaricum*, INDIA : Calcutta.
Aleurolobus simula (Peal) Quaintance & Baker, 1914 : 109.
This species is not a typical *Aleurolobus* and would seem, from a study of its original description, to be closely related to certain species placed in the genus *Africaleurodes*.

DISTRIBUTION. India (Peal, 1903b : 84).
HOST PLANTS.
Bombacaceae : *Bombax malabaricum* (Peal, 1903b : 84).

Aleurolobus solitarius Quaintance & Baker

Aleurolobus solitarius Quaintance & Baker, 1917 : 377. Syntypes on *Cercis canadensis*, U.S.A. : "ILLINOIS, Champaign, where they were supposedly collected," 17.x.1901 (USNM).

DISTRIBUTION. U.S.A. (Illinois) (Quaintance & Baker, 1917 : 377) (BMNH).
HOST PLANTS.
Leguminosae : *Cercis canadensis* (Quaintance & Baker, 1917 : 377) (BMNH).

Aleurolobus styraci Takahashi

Aleurolobus styraci Takahashi, 1954a : 4–6. Syntypes on *Styrax japonica*, JAPAN: Moji, ix.1949; Tokyo, ix.1949 (Hikosan BL) (USNM).

DISTRIBUTION. Japan (Takahashi, 1954a : 6) (BMNH).
HOST PLANTS.
Styracaceae : *Styrax japonica* (Takahashi, 1954a : 6); *Styrax* sp. (BMNH).

Aleurolobus subrotundus Silvestri

Aleurolobus subrotundus Silvestri, 1927 : 13–14. Syntypes on *Citrus* sp. and *Clausenia* sp., VIETNAM and CHINA (Foochow).

DISTRIBUTION. China, Vietnam (Silvestri, 1927 : 14).

HOST PLANTS.
Rutaceae : *Citrus* sp., *Clausenia* sp. (Silvestri, 1927 : 14); *Murraya* sp. (Takahashi, 1942c : 208).

NATURAL ENEMIES.
Hymenoptera
  Chalcidoidea
    Aphelinidae : *Prospaltella armata* Silvestri (Silvestri, 1927 : 39. Vietnam).

Aleurolobus szechwanensis Young

Aleurolobus szechwanensis Young, 1942 : 99–100. Syntypes on *Citrus* sp., CHINA : Szechwan province, Kiangtsing and Pehpei.

DISTRIBUTION. China (Young, 1942 : 100).
HOST PLANTS.
Rutaceae : *Citrus* sp. (Young, 1942 : 100).

Aleurolobus taonabae (Kuwana)

Aleyrodes taonabae Kuwana, 1911 : 623–625. Syntypes on *Taonabo japonica*, JAPAN : Okaya and Tokyo; on 'grape leaf' [*Vitis vinifera*], Okaya, summer 1910 (*Matsumoto*) (USNM) (Taiwan ARI).
Aleurolobus taonabae (Kuwana) Quaintance & Baker, 1914 : 109.
Aleurolobus chinensis Takahashi, 1936e : 453–454. Syntypes on *Cercis chinensis*, CHINA : Hwangyen, Chekiang, 26.iii.1936 (*F. G. Chen*) (Taiwan ARI). [Synonymized by Takahashi, 1954a : 2.]

DISTRIBUTION. Japan (Kuwana, 1911 : 625) (BMNH); China (Takahashi, 1936e : 454).
HOST PLANTS.
Euphorbiaceae : *Mallotus japonicus* (Takahashi, 1954a : 3).
Leguminosae : *Cercis chinensis* (Takahashi, 1936e : 454).
Pittosporaceae : *Pittosporum tobira* (Takahashi, 1938b : 74).
Theaceae : *Taonabo* [= *Ternstroemia*] *japonica* (Kuwana, 1911 : 625).
Vitaceae : *Vitis vinifera* (Kuwana, 1911 : 625).

Aleurolobus vitis Danzig

Aleurolobus vitis Danzig, 1966 : 380 [205–206]. Holotype on *Vitis amurensis*, U.S.S.R. : southern Maritime Territory, Suchan, 13.viii.1961 (*E. M. Danzig*); paratypes on *Vitis amurensis*, Tigrovyy, 15.viii.1961 (*E. M. Danzig*) (Leningrad ZI).

DISTRIBUTION. U.S.S.R. (Danzig, 1966 : 380 [206]).
HOST PLANTS.
Vitaceae : *Vitis amurensis* (Danzig, 1966 : 380 [206]).

Aleurolobus wunni (Ryberg) comb. n.

Aleurodes asari Wünn, 1926 : 28. Syntypes on *Asarum europaeum*, FRANCE: Schleithal, 18.ii.1912 and 14.iii.1912.
Aleurodes Wünni Ryberg, 1938 : 20. [Replacement name for *Aleurodes asari* Wünn nec '*Aleurodes*' *asari* Schrank, 1801.]
Aleurolobus asari (Wünn) Visnya, 1941b : 4.
Aleurolobus clematidis Goux, 1942 : 141–145. Paratypes on *Clematis vitalba*, FRANCE : Bessenay (*L. Goux*); Courzieu (Rhone), 1928 (*L. Goux*). [Synonymized by Zahradnik, 1963a : 10.]

Although a holotype was designated in the original description, Goux does not make clear from which locality it was taken.

Aleurolobus puripennis Ossiannilsson, 1944 : 188–196. Syntypes on *Symphoricarpus albus*, SWEDEN : Bergshamra, Solna, 18.x.1941 (*F. Ossiannilsson*) (Uppsala DPPE). [Synonymized by Zahradnik, 1963a : 10.]

Visnya (1941b :4) refers to "*Aleurolobus asari*" in a figure legend, without indicating the author of the species. Although Zahradnik (1963a : 10) gave *wunni* as a synonym of *Aleurolobus asari* Wunn, Ryberg's replacement name remains valid according to the Code of Zoological Nomenclature (Article 59c, 1961 : 57) as it was erected before 1960.

DISTRIBUTION. France (Wünn, 1926 : 28); Czechoslovakia, Germany, Hungary (Zahradnik, 1963a : 10); Poland (Ossiannilsson, 1955 : 196) (BMNH); Sweden (Ossiannilsson, 1944 : 195); U.S.S.R. (BMNH); Yugoslavia (Zahradnik, 1963b : 233).

HOST PLANTS.
Aristolochiaceae : *Asarum europaeum* (Wünn, 1926 : 28) (BMNH).
Caprifoliaceae : *Lonicera fragrantissima* (Dobreanu & Manolache, 1969 : 137); *Symphoricarpos albus* (Ossiannilsson, 1944 : 195); *Symphoricarpos racemosus* (Zahradnik, 1963b : 232).
Labiatae : *Phlomis* sp. (Danzig, 1966 : 380 [205]).
Ranunculaceae : *Cimicifuga* sp. (Danzig, 1966 : 380 [205]); *Clematis vitalba* (Goux, 1942 : 144).
Rosaceae : *Spiraea* sp. (Danzig, 1964b : 486 [612]).

NATURAL ENEMIES.
Hymenoptera
Chalcidoidea
Aphelinidae : *Encarsia* sp. (Dobreanu & Manolache, 1969 : 137).
: *Encarsia tricolor* Förster (Dobreanu & Manolache, 1969 : 137).

Aleurolobus zeylanicus Corbett

Aleurolobus zeylanicus Corbett, 1926 : 279–280. Syntypes on an unidentified plant, SRI LANKA Trincomali, v.1906 (*T. B. Fletcher*). (Twenty syntypes and dry material with syntype data in BMNH.)

DISTRIBUTION. Sri Lanka (Corbett, 1926 : 280) (BMNH).
HOST PLANTS.
Host indet. (Corbett, 1926 : 280).

ALEUROLONGA Mound

Aleurolonga Mound, 1965c : 130. Type-species : *Aleurolonga cassiae*, by monotypy.

Aleurolonga cassiae Mound

Aleurolonga cassiae Mound, 1965c : 130–131. Holotype and seventeen paratypes on *Cassia siamea*, NIGERIA : Ibadan, Moor Plantation, i.1960 (*L. A. Mound*) (BMNH) (USNM).

DISTRIBUTION. Angola (BMNH); Chad (Cohic, 1968a : 24) (BMNH); Nigeria (Mound, 1965c : 131) (BMNH).
HOST PLANTS.
Leguminosae : *Brachystegia* sp., *Burkea africana* (BMNH); *Cassia siamea* (Mound, 1965c : 131) (BMNH).

ALEUROMARGINATUS Corbett

Aleuromarginatus Corbett, 1935c : 246–247. Type-species : *Aleuromarginatus tephrosiae*, by monotypy.

Aleuromarginatus bauhiniae David

Aleuromarginatus bauhiniae David, 1976 : 85–86. Holotype and paratypes on *Bauhinia racemosa*, INDIA : Thirumurthi Hills, 7.vi.1975 (*B. V. David*) (BMNH) (USNM) (Calcutta ZSI).

DISTRIBUTION. India (David, 1976 : 85) (BMNH).
HOST PLANTS.
Leguminosae : *Bauhinia racemosa* (David, 1976 : 85) (BMNH).

Aleuromarginatus dalbergiae Cohic

Aleuromarginatus dalbergiae Cohic, 1969 : 62–65. Holotype and sixteen paratypes on *Dalbergia saxatilis*, IVORY COAST : Abidjan Cocody, 9.ii.1968.

DISTRIBUTION. Ivory Coast (Cohic, 1969 : 62); Chad (BMNH).
HOST PLANTS.
Leguminosae : *Dalbergia saxatilis* (Cohic, 1969 : 62); *Pterocarpus lucens* (BMNH).

Aleuromarginatus kallarensis David & Subramaniam

Aleuromarginatus kallarensis David & Subramaniam, 1976 : 162–163. Holotype and twelve paratypes on *Pterolobium indicum*, INDIA : Kallar (Nilgiris), 4.ix.1966 (*B. V. David*); sixteen paratypes on *Pongamia glabra*, INDIA : Coimbatore, 31.x.1966 (*B. V. David*); thirty paratypes on an unidentified Papilionaceous shrub, INDIA : Tambaram, 4.i.1970 (*B. V. David*) (Calcutta ZSI). (Thirteen paratypes in BMNH.)

DISTRIBUTION. India (David & Subramaniam, 1976 : 163) (BMNH).
HOST PLANTS.
Leguminosae : Genus indet., *Pongamia glabra* (David & Subramaniam, 1976 : 163) (BMNH); *Pterolobium indicum* (David & Subramaniam, 1976 : 163).

Aleuromarginatus millettiae Cohic

Aleuromarginatus millettiae Cohic, 1968a : 28–30. Syntypes on *Millettia eetveldeana*, CONGO (Brazzaville) : Centre O.R.S.T.O.M., 29.x.1969 on *Newtonia glandulifera*, CONGO (Brazzaville) : Rivière Djoumouna, Yaka Yaka, vicinity of Stanley Pool, 25.xi.1965; on *Acacia* sp., CHAD : Temki, 2.iii.1966.

DISTRIBUTION. Chad, Congo (Brazzaville) (Cohic, 1968a : 28); Ivory Coast (Cohic, 1969 : 61).
HOST PLANTS.
Leguminosae : *Acacia* sp., *Millettia eetveldeana, Newtonia glandulifera* (Cohic, 1968a : 28); *Cathormion altissimum* (Cohic, 1969 : 61).

Aleuromarginatus serdangensis Takahashi

Aleuromarginatus serdangensis Takahashi, 1955b : 223, 230–231. Two syntypes, on 'an undetermined wild tree', MALAYA : Serdang, 20.i.1945 (*R. Takahashi*) (BMNH).

DISTRIBUTION. Malaya (Takahashi, 1955b : 231) (BMNH).
HOST PLANTS.
Host indet. (Takahashi, 1955b : 231).

Aleuromarginatus tephrosiae Corbett

Aleuromarginatus tephrosiae Corbett, 1935c : 247–249. Syntypes on *Tephrosia candida*, SIERRA LEONE : Newton, 20.xi.1932 (*E. Hargreaves*). (Seven syntypes in BMNH.)

Aleuromarginatus indica Singh, 1940 : 454–455. Syntypes on *Tephrosia purpurea*, INDIA : Nagpur. (Calcutta ZSI). [Synonymized by David & Subramaniam, 1976 : 163.]

DISTRIBUTION. Chad (BMNH); Congo (Brazzaville), Ivory Coast, Nigeria, Zaire (Cohic, 1969 : 61); Sierra Leone (Corbett, 1935c : 249) (BMNH); India (Singh, 1940 : 454).
HOST PLANTS.
Leguminosae : *Cassia siamea* (Mound, 1965c : 131); *Tephrosia candida* (Corbett, 1935c : 249) (BMNH); *Tephrosia vogelii* (Cohic, 1969 : 61); *Tephrosia purpurea* (Singh, 1940 : 454); *Tephrosia linearis* (BMNH).

ALEUROPARADOXUS Quaintance & Baker

Aleuroparadoxus Quaintance & Baker, 1914 : 105. Type-species : *Aleyrodes iridescens*, by monotypy.
Aleuroparadoxus Quaintance & Baker; Russell, 1947 : 4–9.

Aleuroparadoxus arctostaphyli Russell

[*Aleyrodes iridescens* Bemis; Bemis, 1904 : 487–489. Misidentification in part.]

Aleuroparadoxus arctostaphyli Russell, 1947 : 15–18. Holotype on *Arctostaphylos* sp., U.S.A. : CALIFORNIA, Butte County, south of Forest Ranch, 22.ii.1928 (*A. A. Heller*); paratypes on *Arbutus menziesi*, Santa Ana, 2.i.1925 (*E. O. Essig*); Trabuco Canyon, Santa Ana Mountains, Orange Canyon,

8.xi.1933 (*C. B. Wolf*); on *Arctostaphylos manzanita*, Mount Tamalpais, Marin County, 7.iii.1902 (*Heller* and *Brown*); Alta, Placer County, 7.i.1906 (*A. K. Fisher*); Ukiah, Mendocino County, 13.vi.1913 (*A. Eastwood*); on *Arctostaphylos numullaria*, Boulder Creek, 13.x.1891 (*V. Bailey*); Ben Lomand, Santa Cruz County, vii.1903 (*A. D. E. Elmer*); Mount Tamalpais, Marin County, 22.iii.1925 (*F. C. Colville*); on *Arctostaphylos tomentosa*, Lake County, 1888 (*T. S. Brandegee*); on *Arctostaphylos virgata*, Mount Tamalpais, Marin County, 28.xii.1902 (*A. Eastwood*); *Arctostaphylos viscida* (*T. Bridges*); on *Arctostaphylos* sp., Yosemite Valley, vi–vii.1902 (labelled cotype of *iridescens*); Zaca Lake, 5.iv.1904 (*F. A. Walpole*); San Gabriel Mountains, 4.viii.1911 (*P. H. Timberlake*); on an unidentified host, Chico, i.1906 (*W. M. Scott*) (USNM).

DISTRIBUTION. U.S.A. (California) (Russell, 1947 : 16) (BMNH).
HOST PLANTS.
Ericaceae : *Arbutus menziesi, Arctostaphylos manzanita, A. numullaria, A. tomentosa, A. virgata, A. viscida* (Russell 1947 : 16–18); *Arctostaphylos* sp. (Russell, 1947 : 18) (BMNH).

Aleuroparadoxus chomeliae Russell

Aleuroparadoxus chomeliae Russell, 1947 : 22–24. Holotype and paratypes on *Chomelia spinosa*, PANAMA : Rio Pedro Miguel, near East Paraiso, 7.i.1924 (*P. C. Standley*) (USNM).

DISTRIBUTION. Panama (Russell, 1947 : 24).
HOST PLANTS.
Rubiaceae : *Chomelia spinosa* (Russell, 1947 : 24).

Aleuroparadoxus gardeniae Russell

Aleuroparadoxus gardeniae Russell, 1947 : 18–19. Holotype and sixty six paratypes on *Gardenia* sp., MEXICO; one paratype on *Gardenia* sp., CUBA; one paratype on ebony [? *Diospyros* sp.], MEXICO (USNM). 'Specimens intercepted by inspectors of the Bureau of Entomology and Plant Quarantine, between March 1936 and May 1945' (Russell, 1947 : 19).

DISTRIBUTION. Cuba, Mexico (Russell, 1947 : 19).
HOST PLANTS.
Ebenaceae : ? *Diospyros* sp. (Russell, 1947 : 19).
Rubiaceae : *Gardenia* sp (Russell, 1947 : 19).

Aleuroparadoxus ilicicola Russell

Aleuroparadoxus ilicicola Russell, 1947 : 19–20. Holotype and twelve paratypes on *Ilex* sp., U.S.A. : ALABAMA, Gulf Shores, 12.i.1944 and 10.ii.1944 (*L. A. Mayer*); one paratype on *Ilex vomitoria*, U.S.A. : LOUISIANA, New Iberia, 27.iii.1944 (*A. W. Blizzard*) (USNM).

DISTRIBUTION. U.S.A. (Alabama, Louisiana) (Russell, 1947 : 20).
HOST PLANTS.
Aquifoliaceae : *Ilex* sp., *Ilex vomitoria* (Russell, 1947 : 20).

Aleuroparadoxus iridescens (Bemis)

Aleyrodes iridescens Bemis, 1904 : 487–489. In part. Lectotype on *Photinia* (*Heteromeles*) *arbutifolia*, U.S.A. : CALIFORNIA, Stanford University Campus, 4.i.1901 (USNM) designated by Russell, 1947 : 14.
Aleuroparadoxus iridescens (Bemis) Quaintance & Baker, 1914 : 104.

DISTRIBUTION. U.S.A. (California) (Bemis, 1904 : 489) (BMNH).
HOST PLANTS.
Labiatae : *Salvia* sp. (Russell, 1947 : 14).
Rhamnaceae : *Rhamnus californica, Rhamnus crocea, Rhamnus ilicicola* (Russell, 1947 : 14); *Rhamnus crocea* var. *ilicifolia* (BMNH).
Rosaceae : *Photinia* (*Heteromeles*) *arbutifolia* (Russell, 1947 : 14) (USNM).

Aleuroparadoxus punctatus Quaintance & Baker

Aleuroparadoxus punctatus Quaintance & Baker, 1917 : 380–381. Lectotype on *Lithraea caustica*, CHILE : Santiago, 25.x.1905 (*M. J. Rivera*) (USNM), designated by Russell, 1947 : 35.

DISTRIBUTION. Chile (Russell, 1947 : 35) (BMNH).

HOST PLANTS.
Anacardiaceae : *Lithraea caustica, Schinus* [*Duvaua*] sp. (Russell, 1947 : 35).
Euphorbiaceae : *Colliguaja odorifera* (Russell, 1947 : 35).
Flacourtiaceae : *Azara* sp. (Russell, 1947 : 35).
Rosaceae : *Quillaja saponaria* (Russell, 1947 : 35).

Aleuroparadoxus rhodae Russell

Aleuroparadoxus rhodae Russell, 1947 : 20–22. Holotype on *Gardenia* sp., MEXICO, 6.iv.1936 (*A. K. Pettit*) (USNM). Described from a single specimen.

DISTRIBUTION. Mexico (Russell, 1947 : 22).
HOST PLANTS.
Rubiaceae : *Gardenia* sp. (Russell, 1947 : 22).

Aleuroparadoxus sapotae Russell

Aleuroparadoxus sapotae Russell, 1947 : 27–28. Holotype on *Achras sapota*, HONDURAS : Consejo, Yucatan Peninsula, x.1933 (*P. H. Gentle*) (USNM). Described from a single specimen.

DISTRIBUTION. Honduras (Russell, 1947 : 28).
HOST PLANTS.
Sapotaceae : *Achras sapota* (Russell, 1947 : 28).

Aleuroparadoxus trinidadensis Russell

Aleuroparadoxus trinidadensis Russell, 1947 : 28–30. Holotype and paratype on *Davilla aspera*, TRINIDAD : Caroni River, south of Dabadie, 18.iii.1920 (*Britton* and *Hazen*) (USNM).

DISTRIBUTION. Trinidad (Russell, 1947 : 30).
HOST PLANTS.
Dilleniaceae : *Davilla aspera* (Russell, 1947 : 29).

Aleuroparadoxus truncatus Russell

Aleuroparadoxus truncatus Russell, 1947 : 30–33. Holotype on *Davilla rugosa*, HONDURAS : Guarunta, Colon, iii.1938 (*C.* and *W. von Hagen*) Paratype on *Davilla matudai*, MEXICO : Javalinero, near Palenque, Chiapas, 1–9.vii.1939 (*E. Matuda*) (USNM).

DISTRIBUTION. Honduras, Mexico. (Russell, 1947 : 33).
HOST PLANTS.
Dilleniaceae : *Davilla matudai, Davilla rugosa* (Russell, 1947 : 33).

ALEUROPLATUS Quaintance & Baker

Aleuroplatus Quaintance & Baker, 1914 : 98. Type-species : *Aleurodes quercusaquaticae*, by original designation.
Aleuroplatus (*Massilieurodes*) Goux, 1939 : 80–81. Type-species : *Aleuroplatus* (*Massilieurodes*) *setiger*, by monotypy. The subgenus *Massilieurodes* has only ever included its type-species, which is treated alphabetically in *Aleuroplatus*.

Aleuroplatus spp. indet.

HOST PLANTS.
Acanthaceae : *Justicia* sp. (BMNH : Kenya).
Combretaceae : *Combretum bracteatum* (BMNH : Nigeria); *Combretum* sp. (BMNH : Sudan).
Euphorbiaceae : *Alchornea cordifolia, Bridelia micrantha, Euphorbia heterophylla, Lepidoturus lactifolus, Maesobotrya barteri* (BMNH : Nigeria).
Fagaceae : *Quercus* sp. (BMNH : Malaya).
Flacourtiaceae : *Rawsonia lucida* (BMNH : Kenya).
Guttiferae : *Mesua* sp. (BMNH : Malaya).
Leguminosae : *Lonchocarpus sericeus* (BMNH : Nigeria).
Malvaceae : *Hibiscus restellatus* (BMNH : Nigeria).
Myrtaceae : *Callistemon* sp. (BMNH : Australia); *Eugenia* sp. (BMNH : Malaya); *Psidium guajava* (BMNH : Nigeria).
Passifloraceae : *Barteria* sp. (BMNH : Kenya).
Rubiaceae : *Coffea* sp., *Morinda* sp. (BMNH : Nigeria); *Vangueria linearisepala* (BMNH : Kenya).

Smilacaceae : *Smilax* sp. (BMNH : Malaya).
Sterculiaceae : *Cola nitida, Theobroma* sp. (BMNH : Nigeria).
Tiliaceae : *Grewia similis* (BMNH : Kenya).
NATURAL ENEMIES.
Hymenoptera
Chalcidoidea
Aphelinidae : *Encarsia catherinae* (Dozier) (Fulmek, 1943 : 8. Haiti).
: *Encarsia portoricensis* Howard (Fulmek, 1943 : 8. Puerto Rico).
: *Eretmocerus* sp. (Fulmek, 1943 : 8. Singapore).
: *Prospaltella strenua* Silvestri (Fulmek, 1943 : 8. Singapore) (Thompson, 1950 : 5. Malaya).

Aleuroplatus affinis Takahashi

Aleuroplatus affinis Takahashi, 1961 : 332–333. Holotype on unidentified plant, MADAGASCAR : Nossi-Bé, viii.1955 (*R. Paulian*) (Paris MNHN). Described from a single specimen.

DISTRIBUTION. Madagascar (Takahashi, 1961 : 333).
HOST PLANTS.
Host indet. (Takahashi, 1961 : 333).

Aleuroplatus agauriae Takahashi

Aleuroplatus agauriae Takahashi, 1955a : 425–426. Syntypes on *Agauria* sp., MADAGASCAR : Mt. Tsaratanana, 2000 m, x.1949 (*R. Paulian*); on *Agauria* sp., Ankaratra, Manjakatompo, 2000 m, 24.v.1950 (*R. Mamet*) (Paris MNHN).

DISTRIBUTION. Madagascar (Takahashi, 1955a : 426).
HOST PLANTS.
Ericaceae : *Agauria* sp. (Takahashi, 1955a : 426).

Aleuroplatus akeassii Cohic

Aleuroplatus akeassii Cohic, 1969 : 66–69. Holotype and four paratypes on *Baphia nitida*, IVORY COAST : Banco forest, 29.xii.1967; two paratypes on *Baphia nitida*, Centre O.R.S.T.O.M., Adiopodoumé, 16.i.1969.

DISTRIBUTION. Ivory Coast (Cohic, 1969 : 66).
HOST PLANTS.
Leguminosae : *Baphia nitida* (Cohic, 1969 : 66).

Aleuroplatus alcocki (Peal)

Aleurodes alcocki Peal, 1903b : 74–78. Syntypes on *Ficus indica, Ficus religiosa*, INDIA : Calcutta (*H. W. Peal*).
Aleuroplatus alcocki (Peal) Quaintance & Baker, 1914 : 98.

DISTRIBUTION. India (Peal, 1903b : 77).
HOST PLANTS.
Annonaceae : *Polyalthia longifolia, Polyalthia pendula* (David & Subramaniam, 1976 : 166).
Moraceae : *Ficus indica, Ficus religiosa* (Peal, 1903b : 77).

Aleuroplatus alpinus Takahashi

Aleuroplatus alpinus Takahashi, 1955a : 426–428. Syntypes on an undetermined host, MADAGASCAR : Ankaratra, Manjakatompo, 2000 m., 24.v.1950 (*R. Mamet*) (Paris MNHN) (Hikosan BL).

DISTRIBUTION. Madagascar (Takahashi, 1955a : 428).
HOST PLANTS.
Host indet. (Takahashi, 1955a : 428).

Aleuroplatus anapatsae Takahashi

Aleuroplatus anapatsae Takahashi, 1951a : 376–377. Syntypes on 'Anapatsa-ala'. MADAGASCAR : Mt. Tsaratanana, 1.700 m, x.1949 (*R. Paulian*) (Paris MNHN) (Hikosan BL).

DISTRIBUTION. Madagascar (Takahashi, 1951a : 377).

HOST PLANTS.
'Anapatsa-ala' (Takahashi, 1951a : 377).

Aleuroplatus andropogoni Dozier

Aleuroplatus andropogoni Dozier, 1934 : 185. Syntypes on *Andropogon* sp., ZAIRE : Lodja, x.1929 (*J. Ghesquière*). (Two syntypes in BMNH.)

DISTRIBUTION. Congo (Brazzaville), Ivory Coast (Cohic, 1969 : 69); Nigeria (Cohic, 1969 : 69) (BMNH); Uganda (BMNH); Zaire (Dozier, 1934 : 185) (BMNH).

HOST PLANTS.
Annonaceae	: *Annona arenaria* (Cohic, 1968b : 98).
Connaraceae	: *Agelaea pseudobliqua* (Cohic, 1969 : 70).
Costaceae	: *Costus afer* (Cohic, 1969 : 69–70).
Euphorbiaceae	: *Hymenocardia acida* (Cohic, 1968b : 98).
Flacourtiaceae	: *Caloncoba dusenii* (Cohic, 1968b : 98).
Gramineae	: *Andropogon* sp. (Dozier, 1934 : 185) (BMNH).
Guttiferae	: *Pentadesma butyracea* (Cohic, 1969 : 70).
Leguminosae	: *Cassia javanica* (Cohic, 1968b : 98).
Linaceae	: *Ochthocosmus africanus* (Cohic, 1968b : 98).
Loranthaceae	: *Loranthus* sp. (Cohic, 1968b : 98) (BMNH).
Palmae	: *Cocos nucifera, Elaeis guineensis* (Cohic, 1968b : 98) (BMNH).
Rutaceae	: *Zanthoxylum* [*Fagara*] *macrophylla* (Cohic, 1968b : 98).

Aleuroplatus berbericolus Quaintance & Baker

Aleuroplatus berbericolus Quaintance & Baker, 1917 : 383–384. Syntypes on *Berberis aquifolium*, CANADA : BRITISH COLOMBIA, Kaslo, 27.i.1908 (*J. W. Cockle*) (USNM).

DISTRIBUTION. Canada (Quaintance & Baker, 1917 : 384); U.S.A. (Oregon) (BMNH); Mexico (Sampson & Drews, 1941 : 159).

HOST PLANTS.
Aquifoliaceae : *Ilex* sp. (Sampson & Drews, 1941 : 159).
Berberidaceae : *Berberis aquifolium* (Quaintance & Baker, 1917 : 383) (BMNH).

Aleuroplatus bignoniae Russell

Aleuroplatus bignoniae Russell, 1944b : 341. Holotype and paratypes on *Bignonia* sp., U.S.A. : FLORIDA, Brooksville, 11.ii.1922 (*H. L. Sanford*) (USNM).

DISTRIBUTION. U.S.A. (Florida) (Russell, 1944b : 341).

HOST PLANTS.
Bignoniaceae : *Bignonia* sp. (Russell, 1944b : 341).

Aleuroplatus bossi Takahashi

Aleuroplatus bossi Takahashi, 1936d : 87–88. Syntypes on *Maerua angustifolia, Polygala* sp., SOUTH WEST AFRICA : Witport and Jakubswater, Namib, (*Dr G. Boss*) (Eberswalde IP) (Taiwan ARI).

DISTRIBUTION. South West Africa (Takahashi, 1936d : 88); Kenya, Nigeria, South Africa, Sudan, Tanzania (BMNH).

HOST PLANTS.
Asclepiadaceae	: *Leptadenia heterophylla* (BMNH).
Canellaceae	: *Warburgia ugandensis* (BMNH).
Capparaceae	: *Maerua angolensis* (BMNH); *Maerua angustifolia* (Takahashi, 1936d : 88).
Meliaceae	: *Trichilia roka* (BMNH).
Polygalaceae	: *Polygala* sp. (Takahashi, 1936d : 88).
Smilacaceae	: *Smilax* sp. (BMNH).

Aleuroplatus cadabae Priesner & Hosny

Aleuroplatus cadabae Priesner & Hosny, 1934a : 5–6. Syntypes on both surfaces of leaves of *Cadaba rotundifolia*, EGYPT : Wadi Kansisrob, Gebel Elba mountains, 4.ii.1933 (*M. Drar*).

DISTRIBUTION. Egypt (Priesner & Hosny, 1934a : 6); Sudan (Gameel, 1969 : 68) (BMNH).

HOST PLANTS.
Asclepiadaceae : *Leptadenia heterophylla* (BMNH).
Capparaceae : *Cadaba rotundifolia* (Priesner & Hosny, 1934a : 6) (BMNH).
NATURAL ENEMIES.
Hymenoptera
Chalcidoidea
Aphelinidae : *Eretmocerus mundus* Mercet (Gameel, 1969 : 68. Sudan).

Aleuroplatus claricephalus Takahashi

Aleuroplatus claricephalus Takahashi, 1940b : 44–46. Syntypes on an undetermined indigenous plant, MAURITIUS : Le Pouce Mt., 2.xi.1938 (*R. Mamet*) (Taiwan ARI).

DISTRIBUTION. Mauritius (Takahashi, 1940b : 45).
HOST PLANTS.
Host indet. (Takahashi, 1940b : 45).

Aleuroplatus cockerelli (Ihering)

Aleurodes Cockerelli Ihering, 1897 : 393–394. Syntypes on *Baccharis paucifloscula*, BRAZIL : São Paulo (Several unmounted pupal cases with syntype data in BMNH.) (USNM).
Aleuroplatus cockerelli (Ihering) Quaintance & Baker, 1914 : 98.

DISTRIBUTION. Brazil (Ihering, 1897 : 394) (Dry material in BMNH).
HOST PLANTS.
Compositae : *Baccharis paucifloscula* (Ihering, 1897 : 394) (Dry material in BMNH).

Aleuroplatus cococolus Quaintance & Baker

Aleuroplatus cococolus Quaintance & Baker, 1917 : 385–386. Syntypes on coconut [*Cocos nucifera*], TRINIDAD, 27.iii.1912 (*F. W. Urich*) (USNM).

DISTRIBUTION. West Indies (Trinidad) (Quaintance & Baker, 1917 : 385); Brazil, Panama (Baker & Moles, 1923 : 630); Cuba (Baker & Moles, 1923 : 630) (Dry material in BMNH.)
HOST PLANTS.
Myrtaceae : *Eugenia michelii* (Quaintance & Baker, 1917 : 385).
: *Eugenia uniflora* (Costa Lima, 1936 : 151).
Palmae : *Cocos nucifera* (Quaintance & Baker, 1917 : 386).

Aleuroplatus coronata (Quaintance)

Aleurodes coronata Quaintance, 1900 : 22–23. Syntypes on *Quercus agrifolia*, U.S.A. : CALIFORNIA, Los Angeles, 5.xii.1887 and 31.iii.1888 (*D. W. Coquillett*); on *Quercus agrifolia*, Pomona, 14.ix.1896 (*S. A. Pease*); on 'live oak', Santa Rosa, 7.x.1880 (*Prof. J. H. Comstock*) (USNM).
Aleuroplatus coronata (Quaintance) Quaintance & Baker, 1914 : 98.

DISTRIBUTION. U.S.A. (California) (Quaintance, 1900 : 23).
HOST PLANTS.
Ericaceae : *Arbutus menziesii* (Bemis, 1904 : 498).
Fagaceae : *Quercus agrifolia* (Quaintance, 1900 : 23); *Quercus chrysolepis, Quercus densiflora* (Bemis, 1904 : 498).
Rhamnaceae : *Rhamnus californica* (Penny, 1922 : 22).
Rosaceae : *Heteromeles arbutifolia* (Bemis, 1904 : 498).
NATURAL ENEMIES.
Hymenoptera
Chalcidoidea
Aphelinidae : *Encarsia pergandiella* Howard (Dysart, 1966 : 29. U.S.A.).
: *Eretmocerus haldemani* Howard (Dysart, 1966 : 31. U.S.A.).
: *Prospaltella aurantii* (Howard) (Fulmek, 1943 : 8. U.S.A.).
: *Prospaltella citrella* Howard (Fulmek, 1943 : 8. U.S.A.).

Aleuroplatus crustatus Bondar

Aleuroplatus crustatus Bondar, 1928b : 25–27. Syntypes on *Eugenia* sp., BRAZIL : Abrantes, State of Bahia (*G. Bondar*) (São Paulo MZU).

DISTRIBUTION. Brazil (Bondar, 1928b : 27).
HOST PLANTS.
Myrtaceae : *Eugenia* sp. (Bondar, 1928b : 27).

Aleuroplatus culcasiae Cohic
Aleuroplatus culcasiae Cohic, 1969 : 70–73. Holotype and two paratypes on *Cercestis afzelii*, IVORY COAST : vicinity of Grabazouo, 9.xii.1967; four paraptypes on *Culcasia angolensis*, vicinity of Grabazouo, 9.xii.1967; four paratypes on *Culcasia angolensis*, vicinity of Jacqueville, 3.ii.1968.

DISTRIBUTION. Ivory Coast (Cohic, 1969 : 70).
HOST PLANTS.
Annonaceae : *Monodora myristica* (Ardaillon & Cohic, 1970 : 270).
Araceae : *Cercestis afzelii, Culcasia angolensis* (Cohic, 1969 : 70).
Connaraceae : *Agelaea* [= *Castanola*] *paradoxa* (Ardaillon & Cohic, 1970 : 269).
Sterculiaceae : *Cola gabonensis* (Ardaillon & Cohic, 1970 : 269).

Aleuroplatus daitoensis Takahashi
Aleuroplatus daitoensis Takahashi, 1940d : 328–329. Syntypes on *Ficus wightiana*, LOOCHOO ISLANDS : Kita Daito Jima (*M. Yanagihara*) (Taiwan ARI).

DISTRIBUTION. Loochoo Islands (Takahashi, 1940d : 329).
HOST PLANTS.
Moraceae : *Ficus wightiana* (Takahashi, 1940d : 329).

Aleuroplatus dentatus Sampson & Drews
Aleuroplatus dentatus Sampson & Drews, 1941 : 159–161. Syntypes on *Forchammeria* sp., MEXICO : Manzanillo, State of Colima, v.1926 (California UCD).

DISTRIBUTION. Mexico (Sampson & Drews, 1941 : 159).
HOST PLANTS.
Capparaceae : *Forchammeria* sp. (Sampson & Drews, 1941 : 159).

Aleuroplatus denticulatus Bondar
Aleuroplatus denticulatus Bondar, 1923a : 113–115. Syntypes on *Ficus* sp., BRAZIL : Bahia (*G. Bondar*) (São Paulo MZU) (USNM). (Four mounted pupal cases and dry material from type host and locality, presented by G. Bondar in 1923, in BMNH.)

DISTRIBUTION. Brazil (Bondar, 1923a : 114) (BMNH).
HOST PLANTS.
Moraceae : *Ficus* sp. (Bondar, 1923a : 114) (BMNH).

Aleuroplatus dubius Takahashi
Aleuroplatus dubius Takahashi, 1955a : 428–429. Syntypes on an undetermined host, MADAGASCAR : Arivonimamo, 3.vi.1950 (*R. Mamet*) (Paris MNHN) (Hikosan BL) (USNM).

DISTRIBUTION. Madagascar (Takahashi, 1955a : 429).
HOST PLANTS.
Host indet. (Takahashi, 1955a : 429).

Aleuroplatus elemarae nomen novum
[*Aleurodes plumosa* Quaintance; Quaintance, 1900 : 33–35. Misidentification in part.]
Aleuroplatus liquidambaris Russell, 1944b : 338–340 nec *Aleuroplatus liquidambaris* Takahashi, 1941c : 391–392. Holotype and paratypes on *Liquidambar styraciflua*, U.S.A. : LOUISIANA, New Orleans, 17.xi.1924 (*H. K. Plank*); paratypes on *Liquidambar styraciflua*, U.S.A. : MARYLAND, St. Leonard, 6.x.1940; on *Pyracantha coccinea*, MARYLAND, Silver Spring, 7.x.1941 (*L. M. Russell*) (USNM); on *Vaccinium* sp., U.S.A. : FLORIDA, (*A. L. Quaintance*) (USNM, labelled cotype of *plumosa*); on *Magnolia* sp., FLORIDA, (*A. L. Quaintance*) (USNM, labelled cotype of *plumosa*); on *Asimina* sp., FLORIDA, Lake City, 24.viii.1897 (*A. L. Quaintance*) (USNM).

DISTRIBUTION. U.S.A. (Florida, Louisiana, Maryland) (Russell, 1944b : 338).
HOST PLANTS.
Annonaceae : *Asimina* sp. (Russell, 1944b : 338).

Ericaceae : *Vaccinium* sp. (Russell, 1944b : 338).
Hamamelidaceae : *Liquidambar styraciflua* (Russell, 1944b : 338).
Magnoliaceae : *Magnolia* sp. (Russell, 1944b : 338).
Rosaceae : *Pyracantha coccinea* (Russell, 1944b : 338).

Aleuroplatus epigaeae Russell

Aleuroplatus epigaeae Russell, 1944b : 340–341. Holotype and paratypes on *Epigaea repens*, U.S.A. : MARYLAND, Sligo Park, Silver Spring, 6.xi.1943 (*L. M. Russell*); paratypes on cranberry, U.S.A. : WISCONSIN, Cranmoor, 7.x.1910 (*C. W. Hooker*); on *Epigaea repens*, U.S.A. : PENNSYLVANIA, Reading, 17.x.1917 (*J. G. Sanders*); on blueberry, U.S.A. : WASHINGTON D.C., 23.viii.1919 (*H. L. Sanford*); on *Epigaea repens*, U.S.A. : NEW YORK, Mattituck, 18.vii.1920 (*R. Latham*); on wintergreen, NEW YORK, Albany, 16.v.1922 (*E. P. Felt*); on laurel, WASHINGTON D.C., 26.vii.1927 (*W. B. Wood*) and 24.v.1928 (*R. G. Cogswell*); on *Epigaea repens*, CANADA : PRINCE EDWARD ISLAND, NEW BRUNSWICK, NOVA SCOTIA, intercepted at Boston, MASSACHUSETTS, between 23.v.1939 and 4.v.1943; on blueberry, U.S.A. : WASHINGTON D.C., 2.ix.1932 (USNM).

DISTRIBUTION. Canada (New Brunswick, Nova Scotia, Prince Edward Island), U.S.A. (Maryland, New York, Pennsylvania, Washington D.C., Wisconsin) (Russell, 1944b : 340–341).

HOST PLANTS.
Ericaceae : *Epigaea repens, Gaultheria* sp., *Vaccinium* spp (Russell, 1944b : 340–341).
Lauraceae : *Laurus* sp. (Russell, 1944b : 341).

Aleuroplatus evodiae Takahashi

Aleuroplatus evodiae Takahashi, 1960a : 141–142. Syntypes on *Evodia* sp., RÉUNION ISLAND : Plaine des Affouches, v.1957 (*J. Bosser*) (Paris MNHN) (Hikosan BL) (USNM). (Six mounted pupal cases and dry material bearing syntype data in BMNH.)

DISTRIBUTION. Réunion Island (Takahashi, 1960a : 142) (BMNH).
HOST PLANTS.
Rutaceae : *Evodia* sp. (Takahashi, 1960a : 142) (BMNH).

Aleuroplatus fici Takahashi

Aleuroplatus fici Takahashi, 1932 : 31–32. Syntypes on *Ficus retusa*, TAIWAN : Taihoku, Kanaron, Shoke, Heito, Mako (Taiwan ARI) (USNM).

DISTRIBUTION. Taiwan (Takahashi, 1932 : 31) (BMNH).
HOST PLANTS.
Moraceae : *Ficus retusa* (Takahashi, 1932 : 31); *Ficus* sp. (BMNH); *Ficus swinhoei* (Takahashi, 1935b : 40).

Aleuroplatus ficifolii Takahashi

Aleuroplatus ficifolii Takahashi, 1942b : 174–175. Syntypes on *Ficus* sp., THAILAND : Chiengmai, 7.iv.1940.
Aleuroplatus ficifolii var. *chiengsenensis* Takahashi, 1942b : 175. Syntypes on *Ficus retusa*, THAILAND : Chiengsen, 17.iv.1940.

DISTRIBUTION. Thailand (Takahashi, 1942b : 175).
HOST PLANTS.
Moraceae : *Ficus retusa, Ficus* sp. (Takahashi, 1942b : 175).

Aleuroplatus ficusgibbosae Corbett

Aleuroplatus ficus-gibbosae Corbett, 1926 : 271–272. Syntypes on *Ficus gibbosa*, SRI LANKA : Peradeniya, i.1905 (*E. E. Green*). (Four syntypes and dry material with syntype data in BMNH.)

DISTRIBUTION. Sri Lanka (Corbett, 1926 : 272) (BMNH); Pakistan (BMNH).
HOST PLANTS.
Moraceae : *Ficus gibbosa* (Corbett, 1926 : 272) (BMNH); *Morus alba* (BMNH).

Aleuroplatus ficusrugosae Quaintance & Baker

Aleuroplatus ficus-rugosae Quaintance & Baker, 1917 : 387–388. Syntypes on *Ficus rugosa*, INDIA : Calcutta, Royal Botanic Gardens, xii.1920 (*R. S. Woglum*) (USNM).

DISTRIBUTION. India (Quaintance & Baker, 1917 : 387).
HOST PLANTS.
Moraceae : *Ficus rugosa* (Quaintance & Baker, 1917 : 387).

Aleuroplatus gelatinosus (Cockerell)

Aleurodes gelatinosus Cockerell, 1898a : 264. Syntypes on oak 'probably *Quercus arizonica*', U.S.A. : NEW MEXICO, Organ Mts., Dripping Spring (USNM).
Aleuroplatus gelatinosus (Cockerell) Quaintance & Baker, 1914 : 98.

DISTRIBUTION. U.S.A. (California) (Bemis, 1904 : 504) (BMNH); U.S.A. (New Mexico) (Cockerell, 1898a : 264).

HOST PLANTS.
Fagaceae : *Quercus agrifolia* (Bemis, 1904 : 504) (BMNH); *Quercus arizonica* (Cockerell, 1898a : 264).
Rhamnaceae : *Rhamnus californica* (Penny, 1922 : 22).
NATURAL ENEMIES.
Hymenoptera
Chalcidoidea
Aphelinidae : *Prospaltella quercicola* Howard (Fulmek, 1943 : 8. U.S.A.).

Aleuroplatus graphicus Bondar

Aleuroplatus graphicus Bondar, 1923a : 117–118. Syntypes on Sapotaceae, BRAZIL : Bahia (*G. Bondar*) (São Paulo MZU).

DISTRIBUTION. Brazil (Bondar, 1923a : 118).
HOST PLANTS.
Sapotaceae : Genus indet. (Bondar, 1923a : 118).

Aleuroplatus hiezi Cohic

Aleuroplatus hiezi Cohic, 1968b : 103–105. Syntypes on *Gaertnera paniculata*, CONGO (Brazzaville) : Centre O.R.S.T.O.M., 28.ii.1967; on *Tetracera alnifolia*, CONGO (Brazzaville) : Centre O.R.S.T.O.M., 10.iii.1964, 22.xi.1965, 1.xii.1965 and 24.ii.1967.

DISTRIBUTION. Congo (Brazzaville) (Cohic, 1968b : 103); Ivory Coast (Cohic, 1969 : 73).
HOST PLANTS.
Apocynaceae : *Rauwolfia vomitoria, Tabernaemontana crassa* (Cohic, 1969 : 73–74).
Dilleniaceae : *Tetracera alnifolia* (Cohic, 1968b : 103).
Hippocrateaceae : *Salacia* sp. (Cohic, 1969 : 73).
Rubiaceae : *Gaertnera paniculata* (Cohic, 1968b : 103).

Aleuroplatus hoyae (Peal)

Aleurodes hoyae Peal, 1903b : 88–90. Syntypes on *Hoya* sp., INDIA : Calcutta. (*H. W. Peal*).
Aleuroplatus hoyae (Peal) Quaintance & Baker, 1914 : 98.

DISTRIBUTION. India (Peal, 1903b : 88).
HOST PLANTS.
Asclepiadaceae : *Hoya* sp. (Peal, 1903b : 88).

Aleuroplatus ilicis Russell

Aleuroplatus ilicis Russell, 1944b : 337–338. Holotype and paratypes on *Ilex opaca*, U.S.A. : MARYLAND, Silver Spring, 10.v.1942 and 7.vi.1942 (*L. M. Russell*); on holly, U.S.A. : ILLINOIS, Urbana, 23.xii.1915 (*C. O. Woodworth*); on holly, U.S.A. : MISSISSIPPI, Holly Springs, 1922 (*T. F. McGhee* from *R. W. Harned*); on holly, U.S.A. : VIRGINIA, Richmond, 4.v.1939 (*F. R. Freund*); on holly, U.S.A. : ALABAMA, Gordo 'collected in California', 22.xii.1942 (*D. D. Sharp* from *H. L. McKenzie*); on 'common and dahoon holly', U.S.A. : NORTH CAROLINA, Chapel Hill, 4.v.1943 (*F. J. LeClair* from *C. S. Brimley*); on *Ilex* sp., U.S.A. : FLORIDA, near Brooksville, 14.ii.1923 (*H. L. Sanford*); on *Ilex* sp., U.S.A. : GEORGIA, Richmond Hill, 6.xii.1943 (*M. Kisliuk*); on *Kalmia* sp., U.S.A. : TENNESSEE, Lea Springs, 4.x.1909; on laurel, U.S.A. : WEST VIRGINIA, Cass, viii.1922 (*F. W. Gray*); on laurel, NORTH CAROLINA, Black Mountain, 7.ix.1922 (*C. Zeimet*) (USNM).

DISTRIBUTION. U.S.A. (Alabama, Florida, Georgia, Illinois, Maryland, Mississippi, North Carolina, Tennessee, Virginia, West Virginia) (Russell, 1944b : 338); U.S.A. (Texas) (BMNH).
HOST PLANTS.
Aquifoliaceae : *Ilex opaca* (Russell, 1944b : 338); *Ilex* sp. (Russell, 1944b : 338) (BMNH).
Ericaceae : *Kalmia* sp. (Russell, 1944b : 338).
Lauraceae : *Laurus* sp. (Russell, 1944b : 338).

Aleuroplatus incisus Quaintance & Baker

Aleuroplatus incisus Quaintance & Baker, 1917 : 388–389. Syntypes on *Ostodes zeylanica*, SRI LANKA : Peradeniya, Royal Botanical Gardens, x.1910 (*R. S. Woglum*) (USNM).

DISTRIBUTION. Sri Lanka (Quaintance & Baker, 1917 : 388) (Dry material in BMNH).
HOST PLANTS.
Euphorbiaceae : *Ostodes zeylanica* (Quaintance & Baker, 1917 : 388) (Dry material in BMNH).
Guttiferae : *Garcinia specta* (Corbett, 1926 : 271) (Dry material in BMNH).

Aleuroplatus incurvatus Takahashi

Aleuroplatus incurvatus Takahashi, 1961 : 333–334. Three syntypes on unidentified plant, MADAGASCAR : Mont Tsaratanana, 1700 m, iii.1951 (*R. Paulian*) (Paris MNHN).

DISTRIBUTION. Madagascar (Takahashi, 1961 : 334).
HOST PLANTS.
Host indet. (Takahashi, 1961 : 334).

Aleuroplatus insularis Takahashi

Aleuroplatus insularis Takahashi, 1941b : 355–356. Syntypes on *Olea* sp., MAURITIUS : Macabe, 2.iii.1940 (*R. Mamet*).

DISTRIBUTION. Mauritius (Takahashi, 1941b : 356).
HOST PLANTS.
Oleaceae : *Olea* sp. (Takahashi, 1941b : 356).

Aleuroplatus integellus Bondar

Aleuroplatus integellus Bondar, 1923a : 115–117. Syntypes on *Chomelia oligantha*, BRAZIL : Bahia (*G. Bondar*) (São Paulo MZU).

DISTRIBUTION. Brazil (Bondar, 1923a : 117).
HOST PLANTS.
Rubiaceae : *Chomelia oligantha* (Bondar, 1923a : 116).

Aleuroplatus joholensis Corbett

Aleuroplatus joholensis Corbett, 1935b : 782–783. Syntypes on *Dillenia* sp., MALAYA : Johol.

DISTRIBUTION. Malaya (Corbett, 1935b : 783).
HOST PLANTS.
Dilleniaceae : *Dillenia* sp. (Corbett, 1935b : 783).

Aleuroplatus lateralis Bondar

Aleuroplatus lateralis Bondar, 1923a : 117. Syntypes on *Eugenia* sp., BRAZIL : Bahia (*G. Bondar*) (São Paulo MZU).

DISTRIBUTION. Brazil (Bondar, 1923a : 117).
HOST PLANTS.
Myrtaceae : *Eugenia* sp. (Bondar, 1923a : 117).

Aleuroplatus latus Takahashi

Aleuroplatus latus Takahashi, 1939c : 2–3. Syntypes on 'an undetermined indigenous tree', MAURITIUS : Les Mares, 15.i.1938 and 7.v.1938 (*R. Mamet*) (Taiwan ARI).

DISTRIBUTION. Mauritius (Takahashi, 1939c : 3).
HOST PLANTS.
   Host indet. (Takahashi, 1939 : 3).

Aleuroplatus liquidambaris Takahashi
Aleuroplatus liquidambaris Takahashi, 1941c : 391–392. Syntypes on *Liquidambar* sp., HONG KONG, 8.iii.1940 (*R. Takahashi*).

DISTRIBUTION. Hong Kong (Takahashi, 1941c : 392).
HOST PLANTS.
   Hamamelidaceae   :   *Liquidambar* sp. (Takahashi, 1941c : 392).

Aleuroplatus magnoliae Russell
[*Aleurodes plumosa* Quaintance, 1900 : 33–35. Misidentification in part.]
Aleuroplatus magnoliae Russell, 1944b : 337. Syntypes on *Magnolia virginiana* [= *Magnolia glauca*], U.S.A. : FLORIDA, Lake City (*A. L. Quaintance*) (USNM).

DISTRIBUTION. U.S.A. (Florida) (Russell, 1944b : 337).
HOST PLANTS.
   Magnoliaceae   :   *Magnolia virginiana* [= *Magnolia glauca*] (Russell, 1944b : 337).

Aleuroplatus malayanus Takahashi
Aleuroplatus malayanus Takahashi, 1955b : 234–235. Syntypes 'attacking the stalk' of *Pueraria javanica*, MALAYA : Malacca, Serembang and Ulu Yam, Selangor, vii.1940 and 1941 (*Dr D. V. FitzGerald*). (Twenty eight syntypes without recorded host plant in BMNH.)

DISTRIBUTION. Malaya (Takahashi, 1955b : 234) (BMNH).
HOST PLANTS.
   Leguminosae   :   *Pueraria javanica* (Takahashi, 1955b : 234) (BMNH); *Pueraria phaseoloides* (BMNH).

Aleuroplatus mameti Takahashi
Aleuroplatus mameti Takahashi, 1937a : 44–45. Syntypes on an undetermined tree, MAURITIUS : Forest Side, iii.1935 (*R. Mamet*) (Paris MNHN) (Taiwan ARI).

DISTRIBUTION. Mauritius (Takahashi, 1937a : 45).
HOST PLANTS.
   Host indet. (Takahashi, 1937a : 45).

Aleuroplatus manjakaensis Takahashi
Aleuroplatus manjakaensis Takahashi, 1955a : 429–432. Holotype, MADAGASCAR : Ankaratra, Manjakatompo, 24.v.1950 (*R. Mamet*) (Paris MNHN). Described from a single specimen.

DISTRIBUTION. Madagascar (Takahashi, 1955a : 431).
HOST PLANTS.
   Host indet. (Takahashi, 1955a : 431).

Aleuroplatus monnioti Cohic
Aleuroplatus monnioti Cohic, 1968b : 106–109. Eleven syntypes on *Heisteria parvifolia*, CONGO (Brazzaville) : Brazzaville, vicinity of Fulakary, 12.ii.1964.

DISTRIBUTION. Congo (Brazzaville) (Cohic, 1968b : 106).
HOST PLANTS.
   Olacaceae   :   *Heisteria parvifolia* (Cohic, 1968b : 106).

Aleuroplatus multipori Takahashi
Aleuroplatus multipori Takahashi, 1940b : 46–47. Syntypes on an undetermined plant, MAURITIUS : Corps de Garde Mt, 2350 ft., 30.i.1938 (*R. Mamet*) (Taiwan ARI).

DISTRIBUTION. Mauritius (Takahashi, 1940b : 47).
HOST PLANTS.
   Host indet. (Takahashi, 1940b : 47).

Aleuroplatus myricae Quaintance & Baker

Aleuroplatus myricae Quaintance & Baker, 1917 : 389–390. Lectotype on *Myrica pennsylvanica*, U.S.A. : GEORGIA, Griffin, 25.iv.1899 (*A. L. Quaintance*) (USNM) designated by Russell, 1944b : 337.
[*Aleuroplatus plumosus* (Quaintance); Quaintance & Baker, 1917 : 394–395. Misidentification in part.]

DISTRIBUTION. U.S.A. (Georgia, Maryland, New Jersey) (Russell, 1944b : 337).
HOST PLANTS.
Ericaceae : *Kalmia* sp., *Rhododendron nudiflorum*, *Vaccinium* sp. (Russell, 1944b : 337).
Myricaceae : *Myrica pennsylvanica* (Russell, 1944b : 337).

Aleuroplatus mysorensis David & Subramaniam

Aleuroplatus mysorensis David & Subramaniam, 1976 : 166. Holotype and ten paratypes on an unidentified tree, INDIA : Babboor village (Karnataka State), 15.ix.1969 (*B. V. David*) (Calcutta ZSI). (Three paratypes in BMNH.)

DISTRIBUTION. India (David & Subramaniam, 1976 : 166) (BMNH).
HOST PLANTS.
Host indet. (David & Subramaniam, 1976 : 166).

Aleuroplatus neovatus Takahashi

Aleuroplatus neovatus Takahashi, 1961 : 334–335. Syntypes on 'liane', MADAGASCAR : Périnet, iv.1951 (*A. Robinson*) (Paris MNHN).

DISTRIBUTION. Madagascar (Takahashi, 1961 : 335).
HOST PLANTS.
'Liane' (Takahashi, 1961 : 335).

Aleuroplatus oculiminutus Quaintance & Baker

Aleuroplatus oculiminutus Quaintance & Baker, 1917 : 390–371. Syntypes on *Ficus* sp., TRINIDAD, iv.1913 (*F. W. Urich*) (USNM).

DISTRIBUTION. Trinidad (Quaintance & Baker, 1917 : 390).
HOST PLANTS.
Moraceae : *Ficus* sp. (Quaintance & Baker, 1917 : 390).

Aleuroplatus oculireniformis Quaintance & Baker

Aleuroplatus oculireniformis Quaintance & Baker, 1917 : 391–392. Syntypes on *Passiflora* sp., BRAZIL : Ceara, i.1906 (*F. Rocha*) (USNM).

DISTRIBUTION. Brazil (Quaintance & Baker, 1917 : 391).
HOST PLANTS.
Passifloraceae : *Passiflora sp.* (Quaintance & Baker, 1917 : 391).

Aleuroplatus ovatus Quaintance & Baker

Aleuroplatus ovatus Quaintance & Baker, 1917 : 392–393. Syntypes on *Berberis trifoliata*, U.S.A. : TEXAS, College Station, iii.1912 (*W. Newell*) (USNM).

DISTRIBUTION. U.S.A. (Texas) (Quaintance & Baker, 1917 : 392); U.S.A. (Arizona) (BMNH).
HOST PLANTS.
Berberidaceae : *Berberis haemotocarpa* (BMNH); *Berberis trifoliata* (Quaintance & Baker, 1917 : 392).

Aleuroplatus panamensis Sampson & Drews

Aleuroplatus panamensis Sampson & Drews, 1941 : 161. Syntypes on *Gaultheria* sp., PANAMA : Potrero Mulato, Volcan de Chiriqui, about 11,000 ft., viii.1938 (California UCD).

DISTRIBUTION. Panama (Sampson & Drews, 1941 : 161).
HOST PLANTS.
Ericaceae : *Gaultheria* sp. (Sampson & Drews, 1941 : 161).

Aleuroplatus pauliani Takahashi

Aleuroplatus Pauliani Takahashi, 1955a : 432–433. Syntypes on an undetermined host, MADAGASCAR :

Ankaratra, Manjakatompo, 2000 m, 24.v.1950 (*Dr R. Paulian* and *R. Mamet*) (Paris MNHN) (Hikosan BL).

DISTRIBUTION. Madagascar (Takahashi, 1955a : 433).
HOST PLANTS.
Host indet. (Takahashi, 1955a : 433).

Aleuroplatus pectenserratus Singh

Aleuroplatus pectenserratus Singh, 1945 : 76–77. Syntypes on *Terminalia* sp., INDIA : Chanda, xii.1937 (*K. Singh*).

DISTRIBUTION. India (Singh, 1945 : 77).
HOST PLANTS.
Combretaceae : *Terminalia* sp. (Singh, 1945 : 77).

Aleuroplatus pectiniferus Quaintance & Baker

Aleuroplatus pectiniferus Quaintance & Baker, 1917 : 393–394. Syntypes on Euphorbiaceous tree, INDIA : Lahore, vii.1911 (*R. S. Woglum*) (USNM) (Taiwan ARI).

DISTRIBUTION. India (Quaintance & Baker, 1917 : 393); China, Taiwan (Takahashi, 1936e : 455).
HOST PLANTS.
Betulaceae : *Alnus formosana* (Takahashi, 1932 : 30).
Euphorbiaceae : *Bischofia javanica* (Takahashi, 1932 : 30); Genus indet. (Quaintance & Baker, 1917 : 393).
Malvaceae : *Urena lobata* (Takahashi, 1934b : 68, 70).
Moraceae : *Ficus vasculosa* (Takahashi, 1932 : 30); *Morus* sp. (Quaintance & Baker, 1917 : 393).
Myrtaceae : *Decaspermum fruticosum* (Takahashi, 1934b : 68, 70); *Eugenia jambos* (Takahashi, 1933 : 3).
Rutaceae : *Evodia roxburgiana* (Takahashi, 1933 : 3).
Salicaceae : *Salix* sp. (Takahashi, 1932 : 30).
Theaceae : *Gordonia anomala* (Takahashi, 1932 : 30).

Aleuroplatus periplocae (Dozier)

Aleyrodes periplocae Dozier, 1934 : 191–192. Syntypes on *Periploca nigrescens*, ZAIRE : Barumbu Plantation, viii.1925 (*J. Ghesquière*). (Ten syntypes and dry material with syntype data in BMNH.) (USNM.)
Aleuroplatus periplocae (Dozier) Mound, 1965c : 134.

DISTRIBUTION. Zaire (Dozier, 1934 : 192) (BMNH).
HOST PLANTS.
Apocynaceae : *Rauwolfia obscura* (Cohic, 1969 : 74).
Asclepiadaceae : *Periploca nigrescens* (Dozier, 1934 : 192) (BMNH).
NATURAL ENEMIES.
Hymenoptera
Chalcidoidea
Aphelinidae : *Eretmocerus* sp. (Dozier, 1934 : 192).

Aleuroplatus pileae Takahashi

Aleuroplatus pileae Takahashi, 1939c : 3–5. Syntypes on *Pilea balfouri*, MAURITIUS : Mt Cocotte, 26.xi.1938 (*R. Mamet*) (Taiwan ARI).

DISTRIBUTION. Mauritius (Takahashi, 1939c : 5).
HOST PLANTS.
Urticaceae : *Pilea balfouri* (Takahashi, 1939c : 5).

Aleuroplatus plumosus (Quaintance)

Aleurodes plumosa Quaintance, 1900 : 33–35. In part. Lectotype on *Quercus* sp., U.S.A. : FLORIDA, 1.ix.1898 (*A. L. Quaintance*) (USNM), designated by Russell, 1944b : 336.
Tetraleurodes plumosa (Quaintance) Quaintance & Baker, 1914 : 108. In part.
Aleuroplatus plumosus (Quaintance) Quaintance & Baker, 1917 : 394–395. In part.

The original material of *Aleurodes plumosa* Quaintance was a mixed series. Russell (1944b) designated a lectotype for *plumosa* and identified the remaining material as *Aleuroplatus myricae* Quaintance & Baker, and three new species, *Aleuroplatus liquidambaris* Russell (here renamed *elemarae*), *Aleuroplatus magnoliae* Russell and *Aleuroplatus vaccinii* Russell.

DISTRIBUTION. U.S.A. (Florida, Maryland, New Jersey, Washington D.C., Wisconsin) (Russell, 1944b : 336).

HOST PLANTS.
Aquifoliaceae : *Ilex opaca* (Quaintance, 1900 : 35).
Caprifoliaceae : *Viburnum nudum* (Quaintance, 1900 : 35).
Ericaceae : *Gaultheria procumbens* (Britton, 1923 : 339); *Kalmia* sp., *Vaccinium corymbosum, Vaccinium* spp. (Russell, 1944b : 336).
Fagaceae : *Quercus* sp. (Russell, 1944b : 336).
Lauraceae : *Persea borbonia* (Russell, 1944b : 336); *Persea carolinensis* (Quaintance, 1900 : 35).
Magnoliaceae : *Magnolia glauca, Magnolia grandiflora* (Quaintance, 1900 : 35).
Myricaceae : *Myrica* sp. (Russell, 1944b : 336).

NATURAL ENEMIES.
Hymenoptera
  Proctotrupoidea
    Platygasteridae : *Amitus aleurodinis* Haldeman (Thompson, 1950 : 5. U.S.A.).

Aleuroplatus polystachyae Takahashi

Aleuroplatus polystachyae Takahashi, 1955a : 433–434. Syntypes on *Polystachya* sp., MADAGASCAR : La Mandraka, 23.xii.1947 (Paris MNHN) (Hikosan BL).

DISTRIBUTION. Madagascar (Takahashi, 1955a : 434).
HOST PLANTS.
Orchidaceae : *Polystachya* sp. (Takahashi, 1955a : 434).

Aleuroplatus premnae Corbett

Aleuroplatus (Orchamus) premnae Corbett, 1926 : 272–273. Syntypes on *Premna cordifolia*, SRI LANKA : Peradeniya (*E. E. Green*). (Five syntypes in BMNH.)
Aleuroplatus premnae Corbett; Russell, 1958 : 409.

DISTRIBUTION. Sri Lanka (Corbett, 1926 : 273) (BMNH).
HOST PLANTS.
Verbenaceae : *Premna cordifolia* (Corbett, 1926 : 273) (BMNH).

Aleuroplatus quaintancei (Peal)

Aleurodes quaintancei Peal, 1903b : 78–81. Syntypes on *Ficus religiosa*, INDIA : Calcutta (*H. W. Peal*).
Aleuroplatus quaintancei (Peal) Quaintance & Baker, 1914 : 98.

DISTRIBUTION. India (Peal, 1903b : 81) (BMNH).
HOST PLANTS.
Moraceae : *Ficus religiosa* (Peal, 1903b : 81).

Aleuroplatus quercusaquaticae (Quaintance)

Aleurodes quercus-aquaticae Quaintance, 1900 : 35–36. Syntypes on *Quercus aquatica*, U.S.A. : FLORIDA, Lake City, on the campus of the Florida Agricultural College (USNM).
Aleuroplatus quercus-aquaticae (Quaintance) Quaintance & Baker, 1914 : 98.

DISTRIBUTION. U.S.A. (Florida) (Quaintance, 1900 : 36); U.S.A. (Virginia) (BMNH).
HOST PLANTS.
Fagaceae : *Quercus aquatica* (Quaintance, 1900 : 36).

Aleuroplatus robinsoni Takahashi

Aleuroplatus Robinsoni Takahashi, 1955a : 434–436. Syntypes on 'Vahimboronandriana', *Anthocleista* sp., MADAGASCAR : Périnet, 26 and 27.v.1950 (*A. Robinson*); 27.v.1950 (*R. Mamet* and *A. Robinson*) (Paris MNHN) (Hikosan BL).

DISTRIBUTION. Madagascar (Takahashi, 1955a : 436).
HOST PLANTS.
Loganiaceae : *Anthocleista* sp. (Takahashi, 1955a : 436).

Aleuroplatus sculpturatus Quaintance & Baker

Aleuroplatus sculpturatus Quaintance & Baker, 1917 : 396–397. Syntypes on *Heliconia* sp., PANAMA, 5.iv.1911 (*A. Busck*) (USNM).

DISTRIBUTION. Panama (Quaintance & Baker, 1917 : 396).
HOST PLANTS.
Musaceae : *Heliconia* sp. (Quaintance & Baker, 1917 : 396).

Aleuroplatus semiplumosus Russell

Aleuroplatus semiplumosus Russell, 1944b : 336–337. Holotype and paratypes on *Persea borbonia*, U.S.A. : VIRGINIA, Norfolk, 10 and 30.viii.1943 (*L. D. Anderson*); paratypes on *Persea pubescens*, U.S.A. : GEORGIA, Richmond Hill, 2.xii.1943 (*L. A. Mayer*); 13.xii.1943 (*M. Kisliuk*); on *Persea* sp., U.S.A. : LOUISIANA, New Orleans, 20.i.1923 (*H. L. Dozier*); on *Ilex opaca*, VIRGINIA, Vienna, 2.iii.1912 (*A. C. Baker*); on *Ilex* sp., U.S.A. : MARYLAND, Glendale, 27.ix.1923 (*R. G. Cogswell*); on holly, U.S.A. : ILLINOIS, Urbana, 28.xii.1915 (*C. O. Woodworth*); on holly, U.S.A. : MISSISSIPPI, Holly Springs, 1922 (*T. F. McGehee* from *R. W. Harned*); on 'American holly', MARYLAND, Silver Spring, 2.iv.1922 (*C. Zeimet*); on *Ilex* sp. and *Kalmia* sp., MARYLAND, Silver SPring, 29.iv.1943 (*L. M. Russell*); on *Kalmia latifolia*, VIRGINIA, Sperryville, 4.vi.1940 (*H. H. Keifer*); on *Kalmia latifolia*, VIRGINIA, Fort Myer, 27.v.1924 (*H. L. Sanford*); on Lauraceae, GEORGIA, Bamboo Garden near Savannah, 28.ii.1922 (*H. L. Sanford*); on laurel, MARYLAND, Bethesda, 26.iv.1922 (*R. D. Kennedy*); on laurel, U.S.A. : WEST VIRGINIA, Cass. viii.1922 (*F. W. Gray*); on *Sassafras albidum*, U.S.A. : WASHINGTON D.C., Rock Creek Park, 6.viii.1922 (*J. E. Walter*); on laurel and *Nyssa sylvatica*, U.S.A. : NORTH CAROLINA, Black Mountain, 7.ix.1922 (*C. Zeimet*); on *Rhododendron* sp., MARYLAND, Baltimore. 9.v.1924 (*C. E. Prince*): on *Rhododendron* sp., U.S.A. : PENNSYLVANIA, Kenneth Square, 10.viii.1932 (*W. B. Wood*); 25.vi.1935 (*W. W. Chapman* and *W. J. Ehinger*) (USNM).

DISTRIBUTION. U.S.A. (Georgia, Illinois, Louisiana, Maryland, Mississippi, North Carolina, Pennsylvania, Virginia, Washington D.C., West Virginia) (Russell, 1944b : 336–337).
HOST PLANTS.
Aquifoliaceae : *Ilex opaca, Ilex* spp. (Russell, 1944b : 336).
Ericaceae : *Kalmia latifolia, Rhododendron* sp. (Russell, 1944b : 336).
Lauraceae : *Laurus* spp., *Persea borbonia, Persea pubescens, Sassafras albidum* (Russell, 1944b : 336).
Nyssaceae : *Nyssa sylvatica* (Russell, 1944b : 336).

Aleuroplatus serratus Takahashi

Aleuroplatus serratus Takahashi, 1955a : 437. Syntypes on 'Tambitsy', MADAGASCAR : Périnet, 26.v.1950 (*A. Robinson*) (Paris MNHN).

DISTRIBUTION. Madagascar (Takahashi, 1955a : 437).
HOST PLANTS.
'Tambitsy' (Takahashi, 1955a : 437).

Aleuroplatus setiger Goux

Aleuroplatus (*Massilieurodes*) *setiger* Goux, 1939 : 81–82. Syntypes on *Viburnum tinus*, FRANCE : 'various localities around Marseille, in particular Lycée Périer, also at Condom (Gers)'.

DISTRIBUTION. France (Goux, 1939 : 82).
HOST PLANTS.
Caprifoliaceae : *Viburnum tinus* (Goux, 1939 : 82).

Aleuroplatus silvaticus Cohic

Aleuroplatus silvaticus Cohic, 1969 : 74–77. Holotype and two paratypes on *Culcasia angolensis*, IVORY COAST : vicinity of Grabazouo, 9.xii.1967.

DISTRIBUTION. Ivory Coast (Cohic, 1969 : 74).
HOST PLANTS.
Araceae : *Culcasia angolensis* (Cohic, 1969 : 74).

Aleuroplatus sinepecten Singh

Aleuroplatus sinepecten Singh, 1945 : 75. Syntypes on 'an undetermined herb', BURMA : Kalaw, xii. 1929 (*K. Singh*).

DISTRIBUTION. Burma (Singh, 1945 : 75).
HOST PLANTS.
Host indet. (Singh, 1945 : 75).

Aleuroplatus spinus (Singh)

Dialeurodes spina Singh, 1931 : 27–28. Syntypes on *Ficus religiosa*, INDIA : Mirpur Khas, Daulatpur, viii.1907 (*Misra*).
Aleuroplatus spinus (Singh) Takahashi, 1952c : 23.

DISTRIBUTION. India (Singh, 1931 : 27) (BMNH); Malaya, Singapore (Takahashi, 1952c : 192).
HOST PLANTS.
Moraceae : *Ficus religiosa* (Singh, 1931 : 27); *Ficus bengalensis* (BMNH).

Aleuroplatus spinus should be compared with *A. fici* from Taiwan and *A. denticulatus* from Brazil, both of which were collected from *Ficus* spp. Takahashi (1952c : 23) compared it with *ficifolii* and *daitoensis*. David & Subramaniam (1976 : 209–210) referred to this species under the genus *Pealius*.

Aleuroplatus subrotundus Takahashi

Aleuroplatus subrotundus Takahashi, 1938d : 261–262. Syntypes on an undetermined indigenous tree, MAURITIUS : Mt. Le Pouce, 2650 ft, xii.1937 (*R. Mamet*) (Paris MNHN) (Taiwan ARI).

DISTRIBUTION. Mauritius (Takahashi, 1938d : 262); Reunion Island (Takahashi, 1960a : 143).
HOST PLANTS.
Myrtaceae : *Eugenia jambos* (Takahashi, 1960a : 143).

Aleuroplatus translucidus Quaintance & Baker

Aleuroplatus translucidus Quaintance & Baker, 1917 : 397–398. Syntypes on orange [*Citrus* sp.], INDIA : Waszirabad, xi.1910, and Lahore (USNM).

DISTRIBUTION. India (Quaintance & Baker, 1917 : 397).
HOST PLANTS.
Rutaceae : *Citrus* sp. (Quaintance & Baker, 1917 : 397).

Aleuroplatus triclisiae Cohic

Aleuroplatus triclisiae Cohic, 1966b : 26–29. Syntypes on *Triclisia gilletii*, CONGO (Brazzaville) : Centre O.R.S.T.O.M., 7.ix.1964 (*R. Paulian*); on an unidentified tree., ANGOLA : Portugalia, iv.1964 (*R. Paulian*). (One syntype labelled paratype by F. Cohic in BMNH.)

DISTRIBUTION. Angola (Cohic, 1966b : 26); Congo (Brazzaville) (Cohic, 1966b : 26) (BMNH); Chad (BMNH).
HOST PLANTS.
Annonaceae   : Genus indet. (BMNH); *Uvaria scabrida* (Cohic, 1968a : 34).
Bignoniaceae   : *Markhamia sessilis* (Cohic, 1968a : 34).
Connaraceae   : *Cnestis lescrauwaeti* (Cohic, 1968b : 109); *Manotes pruinosa* (Cohic, 1968a : 34).
Dilleniaceae   : *Tetracera alnifolia* (Cohic, 1968a : 34).
Euphorbiaceae   : *Manniophyton africanum* (Cohic, 1968b : 109).
Flacourtiaceae : *Caloncoba welwitschii* (Cohic, 1968a : 34).
Leguminosae   : *Millettia laurentii* (Cohic, 1968a : 34).
Meliaceae   : *Trichilia heudelotii* (Cohic, 1968a : 34).
Menispermaceae : *Triclisia gilletii* (Cohic, 1966b : 26). (BMNH).

Rubiaceae : *Pauridiantha hirtella* (Cohic, 1968a : 34).
Verbenaceae : *Clerodendron speciosissimum* (Cohic, 1968a : 34).

Aleuroplatus tsibabenae Takahashi

Aleuroplatus tsibabenae Takahashi, 1955a : 437–440. Syntypes on 'Tsibabena', MADAGASCAR : Ambilobe, Ankatoto, iv.1951 (*Dr R. Paulian*) (Paris MNHN).

DISTRIBUTION. Madagascar (Takahashi, 1955a : 440).
HOST PLANTS.
'Tsibabena' (Takahashi, 1955a : 439).

Aleuroplatus tsimananensis Takahashi

Aleuroplatus tsimananensis Takahashi, 1955a : 440–441. Syntypes on an unidentified host, MADAGASCAR : Lake Tsimanampetsotsa (*Dr R. Paulian*) (Paris MNHN).

DISTRIBUTION. Madagascar (Takahashi, 1955a : 441).
HOST PLANTS.
Host indet. (Takahashi, 1955a : 441).

Aleuroplatus tuberculatus Takahashi

Aleuroplatus tuberculatus Takahashi, 1951a : 375–376. Syntypes on an unidentified host, MADAGASCAR : 10 km. south of Ankavandra, vii.1949 (*Dr R. Paulian*) (Paris MNHN) (USNM) (Hikosan BL). (Six mounted pupal cases and dry material with syntype data in BMNH.)

DISTRIBUTION. Madagascar (Takahashi, 1951a : 376) (BMNH).
HOST PLANTS.
Host indet. (Takahashi, 1951a : 376).

Aleuroplatus vaccinii Russell

[*Aleuroplatus plumosus* (Quaintance); Quaintance & Baker, 1917 : 395. Misidentification in part.]
Aleuroplatus vaccinii Russell, 1944b : 340. Holotype and paratypes on *Vaccinium corymbosum*, U.S.A. : NEW JERSEY, Pemberton, 30.viii.1943 and 27.ix.1943 (*C. S. Beckwith*); paratypes on *Vaccinium vacillans*, U.S.A. : MARYLAND, Sligo Park, Silver Spring, 6.xi.1943 (*L. M. Russell*); on cranberry, NEW JERSEY, New Egypt, 21.v.1914 (*H. B. Scammell*); on wintergreen, NEW JERSEY, Pemberton, 23.ii.1915 (*H. B. Scammell*); on inkberry, NEW JERSEY, Whitesbog, 13.iii.1916 (*H. B. Scammell*); on *Chimaphila umbellata*, U.S.A. : NEW YORK, Barton, Southold, x.1919 (*E. P. Felt*); on *Chimaphila umbellata*, U.S.A. : INDIANA, Barton, Greensboro, 27.iv.1937 (*W. B. Wood*); on *Chimaphila umbellata*, MARYLAND, Barton, 6.xi.1943 (*L. M. Russell*); on *Gaylussacia frondosa*, MARYLAND, Takoma Park, 6.viii.1922 (*C. Zeimet*); on *Gaylussacia baccata* and *Nyssa silvatica*, U.S.A. : NORTH CAROLINA, Black Mountain, 7.ix.1922 (*C. Zeimet*); on *Gelsemium sempervirens*, 'GEORGIA, Savannah, collected at WASHINGTON D.C.', 11.viii.1922 (*W. T. Owrey*); on *Ilex* sp., MARYLAND, Glendale, xii.1923 (*R. G. Cogswell*); on *Kalmia latifolia*, U.S.A. : WASHINGTON D.C., 24.v.1924 (*R. G. Cogswell*); on laurel, WASHINGTON D.C., 8.vi.1931 (*W. B. Wood*); on host indet., U.S.A. : MAINE, Pipsissewa, Orono, 6.v.1899; on host indet., WASHINGTON D.C., 26.vii.1927 (*W. B. Wood*); on *Pyrola* sp., CANADA 'intercepted at Boston, MASSACHUSETTS', 16.v.1940 (*J. T. Beauchamp*) (USNM).

DISTRIBUTION. U.S.A. (Georgia, Indiana, Maine, Maryland, New Jersey, New York, North Carolina, Washington D.C.), Canada (Russell, 1944b : 340).
HOST PLANTS.
Aquifoliaceae : *Ilex* sp. (Russell, 1944b : 340).
Ericaceae : *Gaultheria* sp., *Gaylussacia baccata, Gaylussacia frondosa, Kalmia latifolia, Vaccinium corymbosum, Vaccinium vacillans* (Russell, 1944b : 340).
Lauraceae : *Laurus* sp. (Russell, 1944b : 340).
Loganiaceae : *Gelsemium sempervirens* (Russell, 1944b : 340).
Nyssaceae : *Nyssa silvatica* (Russell, 1944b : 340).
Pyrolaceae : *Chimaphila umbellata, Pyrola* sp. (Russell, 1944b : 340).
Rubiaceae : *Randia aculeata* (Russell, 1944b : 340).

Aleuroplatus validus Quaintance & Baker

Aleuroplatus validus Quaintance & Baker, 1917 : 398. Syntypes, JAMAICA : Kingston 'received from Prof. S. F. Ashby on 30.iv.1914' (USNM).

DISTRIBUTION. Jamaica (Quaintance & Baker, 1917 : 398).
HOST PLANTS.
   Host indet. (Quaintance & Baker, 1917 : 398).

Aleuroplatus variegatus Quaintance & Baker

Aleuroplatus variegatus Quaintance & Baker, 1917 : 399. Syntypes on *Psidium* sp., COSTA RICA : San José, gardens of the National Museum, 3.iv.1914 (*A. Tonduz*) (USNM).

DISTRIBUTION. Costa Rica (Quaintance & Baker, 1917 : 399).
HOST PLANTS.
   Myrtaceae   : *Psidium* sp. (Quaintance & Baker, 1917 : 399).

Aleuroplatus villiersi Cohic

Aleuroplatus villiersi Cohic, 1968b : 109–113. Twenty six syntypes on *Loranthus* sp., CONGO (Brazzaville) : Brazzaville, Centre O.R.S.T.O.M., 3.xii.1966.

In his original description Cohic states that this species is frequently associated with colonies of *Aleuroplatus andropogoni*.

DISTRIBUTION. Congo (Brazzaville) (Cohic, 1968b : 109).
HOST PLANTS.
   Loranthaceae   : *Loranthus* sp. (Cohic, 1968b : 109).

Aleuroplatus vinsonioides (Cockerell)

Aleurodes vinsonioides Cockerell, 1898b : 225–226. Syntypes 'on leaves of a tree having small white flowers', MEXICO : Frontera, Tabasco (*Prof. C. H. T. Townsend*) (USNM).
Aleuroplatus vinsonioides (Cockerell) Quaintance & Baker, 1914 : 98.

DISTRIBUTION. Cuba (Quaintance & Baker, 1917 : 400) (Dry material in BMNH); Mexico (Cockerell, 1898b : 226).
HOST PLANTS.
   Lauraceae   : *Nectandra* sp. (Quaintance & Baker, 1917 : 400).

Aleuroplatus vuattouxi Cohic

Aleuroplatus vuattouxi Cohic, 1969 : 77–82. Holotype on *Saba senegalensis* var. *glabriflora*, IVORY COAST : Korhogo, 14.iv.1968. Described from a single specimen.

DISTRIBUTION. Ivory Coast (Cohic, 1969 : 77).
HOST PLANTS.
   Apocynaceae   : *Saba senegalensis* var. *glabriflora* (Cohic, 1969 : 77).

Aleuroplatus weinmanniae Takahashi

Aleuroplatus Weinmanniae Takahashi, 1951a : 373–375. Syntypes on *Weinmannia* sp., MADAGASCAR : Mt. Tsaratanana, 2000 m, x.1949 (*Dr R. Paulian*); Ampotaka nursery, 15 km. east of Mandoto, vii.1949 (*Dr. R. Paulian*) (Paris MNHN) (Hikosan BL).

DISTRIBUTION. Madagascar (Takahashi, 1951a : 375).
HOST PLANTS.
   Cunoniaceae   : *Weinmannia* sp. (Takahashi, 1951a : 375).

ALEUROPLEUROCELUS Drews & Sampson

Aleuropleurocelus Drews & Sampson, 1956 : 282. Type-species : *Aleuropleurocelus laingi*, by original designation.

Aleuropleurocelus acaudatus Drews & Sampson

Aleuropleurocelus acaudatus Drews & Sampson, 1958 : 125. Syntypes on *Arctostaphylos* sp., U.S.A. : CALIFORNIA, Mill Creek Canyon Road, 4000 ft., San Bernardino County, 21.xii.1953 (*E. A. Drews*).

DISTRIBUTION. U.S.A. (California) (Drews & Sampson, 1958 : 125).
HOST PLANTS.
   Ericaceae   : *Arctostaphylos* sp. (Drews & Sampson, 1958 : 125).

Aleuropleurocelus ceanothi (Sampson)

Tetralicia ceanothi Sampson, 1945 : 59–60. Syntypes on *Ceanothus cunicatus*, U.S.A. : CALIFORNIA, Bishop, 29.iii.1940 (*N. Stahler* and *T. Kelly*) (California UCD).
Aleuropleurocelus ceanothi (Sampson) Drews & Sampson, 1956 : 281.

DISTRIBUTION. U.S.A. (California) (Sampson, 1945 : 60).
HOST PLANTS.
Rhamnaceae : *Ceanothus cunicatus* (Sampson, 1945 : 60).

Aleuropleurocelus coachellensis Drews & Sampson

Aleuropleurocelus coachellensis Drews & Sampson, 1958 : 120–121. Syntypes on *Pluchea sericea*, U.S.A. : CALIFORNIA, Coachella 'south of the town on Avenue 52 about one mile from State Highway 111', 20.xi.1953 (*E. A. Drews*).

DISTRIBUTION. U.S.A. (California) (Drews & Sampson, 1958 : 121).
HOST PLANTS.
Compositae : *Pluchea sericea* (Drews & Sampson, 1958 : 121).

Aleuropleurocelus granulata (Sampson & Drews) **comb. n.**

Tetralecia [sic] *granulata* Sampson & Drews, 1941 : 169, 171–172. Syntypes on an undetermined plant, MEXICO : Mazatlan, State of Sinaloa, iv.1926 (California UCD).
The original description of this species agrees with the definition of *Aleuropleurocelus* rather than with that of *Tetralicia*.

DISTRIBUTION. Mexico (Sampson & Drews, 1941 : 171).
HOST PLANTS.
Host indet. (Sampson & Drews, 1941 : 171).

Aleuropleurocelus laingi Drews & Sampson

Aleuropleurocelus laingi Drews & Sampson, 1956 : 282–283. Syntypes on *Arctostaphylos* sp. and *Salvia apiana* var. *compacta*, U.S.A. : CALIFORNIA, Trabuco Canyon, Orange County, 30.x.1953 (*E. A. Drews*).
DISTRIBUTION. U.S.A. (California) (Drews & Sampson, 1956 : 283).
HOST PLANTS.
Ericaceae : *Arctostaphylos* sp. (Drews & Sampson, 1956 : 283).
Labiatae : *Salvia apiana* (Drews & Sampson, 1956 : 283).

Aleuropleurocelus nigrans (Bemis)

Aleyrodes nigrans Bemis, 1904 : 522–524. Syntypes on *Clematis ligusticifolia, Rhamnus californica, Arbutus menziesii, Arctostaphylos manzanita, Umbellularia californica, Heteromeles arbutifolia, Eriodictyon californicum, Ceanothus californicus, Symphoricarpos racemosus, Prunus ilicifolia, Lonicera involucrata*, U.S.A. : CALIFORNIA, in the San Ramon Valley at the base of Mount Diablo, in the Santa Clara Valley, on Black and on King's Mountains, and on the slopes of the Santa Cruz Range near Los Gatos, Pacific Congress Springs, and along Stevens Creek, and on the slopes of the Sierra Morena Range (USNM).
Tetraleurodes nigrans (Bemis) Quaintance & Baker, 1914 : 108.
Tetralicia nigrans (Bemis) J. M. Baker, 1937 : 618.
Aleuropleurocelus nigrans (Bemis) Drews & Sampson, 1956 : 281.

DISTRIBUTION. U.S.A. (California) (Bemis, 1904 : 523); Mexico (Sampson & Drews, 1941 : 172).
HOST PLANTS.
Caprifoliaceae : *Lonicera involucrata, Symphoricarpos racemosus* (Bemis 1904 : 523).
Ericaceae : *Arbutus menziesii, Arctostaphylos* sp. (Bemis, 1904 : 523).
Fagaceae : *Quercus densiflora* (Kirkaldy, 1907 : 63).
Hydrophyllaceae : *Eriodictyon californicum* (Bemis, 1904 : 523).
Labiatae : *Salvia* sp. (Penny, 1922 : 34).
Lauraceae : *Umbellularia californica* (Bemis, 1904 : 523).
Ranunculaceae : *Clematis ligusticifolia* (Bemis, 1904 : 523).
Rhamnaceae : *Ceanothus californicus, Rhamnus californica* (Bemis, 1904 : 523).
Rosaceae : *Heteromeles arbutifolia, Prunus ilicifolia* (Bemis, 1904 : 523).

Aleuropleurocelus oblanceolatus Drews & Sampson

Aleuropleurocelus oblanceolatus Drews & Sampson, 1958 : 124–125. Syntypes on *Rhamnus crocea* var. *ilicifolia*, U.S.A. : CALIFORNIA, 'upper end of the canyon road', Silverado Canyon, Orange County, 19.xii.1953 (*E. A. Drews*).

DISTRIBUTION. U.S.A. (California) (Drews & Sampson, 1958 : 125).
HOST PLANTS.
Rhamnaceae   :   *Rhamnus crocea* var. *ilicifolia* (Drews & Sampson, 1958 : 125).

Aleuropleurocelus ornatus Drews & Sampson

Aleuropleurocelus ornatus Drews & Sampson, 1958 : 121–122. Syntypes on *Eriodictyon trichocalyx*, U.S.A. : CALIFORNIA, three miles east of Mentone, San Bernardino County, 3.x.1953 (*E. A. Drews*).

DISTRIBUTION. U.S.A. (California) (Drews & Sampson, 1958 : 122).
HOST PLANTS.
Hydrophyllaceae   :   *Eriodictyon trichocalyx* (Drews & Sampson, 1958 : 122).

Aleuropleurocelus sierrae (Sampson)

Tetralicia sierrae Sampson, 1945 : 60. Syntypes on an undetermined low spreading shrub, U.S.A. : CALIFORNIA, Truckee, 25.vi.1940 (*W. W. Sampson*) (California UCD).
Aleuropleurocelus sierrae (Sampson) Drews & Sampson, 1956 : 281.

DISTRIBUTION. U.S.A. (California) (Sampson, 1945 : 60).
HOST PLANTS.
Host indet. (Sampson, 1945 : 60).

ALEUROPOROSUS Corbett

Aleuroporosus Corbett, 1935b : 844. Type-species : *Aleuroporosus lumpurensis*, by monotypy.

Aleuroporosus lumpurensis Corbett

Aleuroporosus lumpurensis Corbett, 1935b : 845. Syntypes on an unidentified host, MALAYA : Kuala Lumpur.

DISTRIBUTION. Malaya (Corbett, 1935b : 845).
HOST PLANTS.
Host indet. (Corbett, 1935b : 845).

ALEUROPTERIDIS Mound

Aleuropteridis Mound, 1961b : 127–128. Type-species : *Aleuropteridis douglasi*, by original designation, subsequently synonymized with *A. filicicola*.

Aleuropteridis eastopi Mound

Aleuropteridis eastopi Mound, 1961b : 129–131. Holotype and eight paratypes on fern, GHANA : Tafo, 12.v.1957 (*V. F. Eastop*) (BMNH).

DISTRIBUTION. Ghana (Mound, 1961b : 131) (BMNH); Ivory Coast (Cohic, 1969 : 82).
HOST PLANTS.
Oleandraceae   :   *Nephrolepis biserrata* (Cohic, 1969 : 82).
Pteridaceae   :   Sensu lato (Mound, 1961b : 131).

Aleuropteridis filicicola (Newstead)

Aleyrodes filicicola Newstead, 1911 : 174. Syntypes on fern, TANZANIA : Sigithal near Amani, 4.viii.1902 (*Prof. A. Zimmermann*) (Berlin HU). (Three syntypes in BMNH.)
Aleuropteridis douglasi Mound, 1961b : 128–129, Syntypes on *Pteris togoensis* and *Cyclosorus dentatus*, ENGLAND : Kew Gardens, ?1890 (*J. W. Douglas*) (BMNH) (USNM). [Synonymized by Mound, 1965c : 135.]
Aleuropteridis filicicola (Newstead) Mound, 1965c : 135.

DISTRIBUTION. England (in glasshouse) (Mound, 1961b : 129); Ivory Coast (Cohic, 1969 : 85); Tanzania (Newstead, 1911 : 174) (BMNH).

HOST PLANTS.
Oleandraceae : *Oleandra articulata* (Douglas, 1891a : 44).
Pteridaceae : Sensu lato (Newstead, 1911 : 174); *Pteris togoensis* (Mound, 1965c : 135) (BMNH).
Thelypteridaceae : *Cyclosorus dentatus* (Mound, 1965c : 135) (BMNH).

Aleuropteridis hargreavesi Mound
Aleuropteridis hargreavesi Mound, 1961b : 131. Syntypes on 'bush fern', SIERRA LEONE : Freetown, 9.ix.1924 (*E. Hargreaves*) (BMNH).

DISTRIBUTION. Sierra Leone (Mound, 1961b : 131) (BMNH).
HOST PLANTS.
Pteridaceae : Sensu lato (Mound, 1961b : 132) (BMNH).

Aleuropteridis jamesi Mound
Aleuropteridis jamesi Mound, 1961b : 129. Syntypes on *Pteris togoensis*, NIGERIA : Ibadan, Moor plantation, 2.x.1959 and 29.xii.1960 (*E. A. James*) (USNM). (Nineteen syntypes and dry material with syntype date in BMNH.)

DISTRIBUTION. Nigeria (Mound, 1961b : 129) (BMNH).
HOST PLANTS.
Pteridaceae : *Pteris togoensis* (Mound, 1961b : 129) (BMNH).

ALEUROPUTEUS Corbett
Aleuroputeus Corbett, 1935b : 846. Type-species : *Aleuroputeus perseae*, by original designation.

Aleuroputeus baccaureae Corbett
Aleuroputeus baccaureae Corbett, 1935b : 847–848. Holotype on *Baccaurea motleyana*, MALAYA : Kuala Pilah. Described from a single specimen.

DISTRIBUTION. Malaya (Corbett, 1935b : 848).
HOST PLANTS.
Euphorbiaceae : *Baccaurea motleyana* (Corbett, 1935b : 848).

Aleuroputeus chinensis Takahashi
Aleuroputeus chinensis Takahashi, 1941b : 353–354. Holotype on an undetermined host, HONG KONG, 9.iii.1940 (*R. Takahashi*). Described from a single specimen.

DISTRIBUTION. Hong Kong (Takahashi, 1941b : 354).
HOST PLANTS.
Host indet. (Takahashi, 1941b : 354).

Aleuroputeus perseae Corbett
Aleuroputeus perseae Corbett, 1935b : 846–847. Syntypes on *Persea gratissima*, MALAYA : Kuala Lumpur.

DISTRIBUTION. Malaya (Corbett, 1935b : 847).
HOST PLANTS.
Lauraceae : *Persea gratissima* (Corbett, 1935b : 847).

ALEUROTHRIXUS Quaintance & Baker
Aleurothrixus Quaintance & Baker, 1914 : 103–104. Type-species : *Aleyrodes howardi*, by original designation, subsequently synonymized with *A. floccosus*.
Aleurothrixus (*Philodamus*) Quaintance & Baker, 1917 : 404. Type-species : *Aleyrodes interrogationis*, by monotypy.
The sub-genus *Philodamus* has only ever included its type-species, which is treated alphabetically in *Aleurothrixus*.

Aleurothrixus spp. indet.

NATURAL ENEMIES.
  Hymenoptera
    Chalcidoidea
      Aphelinidae   : *Prospaltella brasiliensis* Hempel (Fulmek, 1943 : 8. Haiti).
      Signiphoridae : *Signiphora caridei* Brèthes (Thompson, 1950 : 5. Argentina).

Aleurothrixus aepim (Göldi)

Aleurodes aëpim Göldi, 1886 : 250. Syntypes on Aëpim 'Mandioca doce' (subsequently named as *Manihot palmata* by Bemis, 1904 : 794), BRAZIL : Rio de Janeiro.
Aleurothrixus aëpim (Göldi) Quaintance & Baker, 1914 : 103.
Aleurothrixus graneli Blanchard, 1918 : 344–347. Syntypes on *Ipomoea* sp., ARGENTINA : San Martin (*A. Digier*). [Synonymized by Costa Lima, 1942c : 421.]

DISTRIBUTION. Argentina (Blanchard, 1918 : 347), Brazil (Göldi, 1886 : 250) (BMNH).
HOST PLANTS.
  Compositae   : *Baccharis oxyodenta* (Costa Lima, 1968 : 113); *Mikania scandens* (Biezanko & Freitas, 1939 : 6).
  Convolvulaceae : *Ipomoea* sp. (Blanchard, 1918 : 347).
  Euphorbiaceae   : *Manihot palmata* (Bemis, 1904 : 494); *Manihot utilissima* (Baker & Moles, 1923 : 632) (BMNH).
  Rubiaceae   : *Coffea* sp. (Bondar, 1928a : 83).
  Rutaceae   : *Citrus* sp. (Hempel, 1923 : 1188).

Aleurothrixus aguiari Costa Lima

Aleurothrixus Aguiari Costa Lima, 1942c : 425. Syntypes on *Guarea trichiliodes*, [? BRAZIL].

DISTRIBUTION. [? Brazil].
HOST PLANTS.
  Meliaceae   : *Guarea trichilioides* (Costa Lima, 1942c : 425).
  Sapotaceae : *Lucuma caimito* (Costa Lima, 1968 : 113).

Aleurothrixus antidesmae Takahashi

Aleurothrixus antidesmae Takahashi, 1933 : 13–15. Syntypes on *Antidesma* sp., TAIWAN : Kuraru near Koshun, 26.v.1932 (*R. Takahashi*) (Taiwan ARI) (USNM).

DISTRIBUTION. Taiwan (Takahashi, 1933 : 14).
HOST PLANTS.
  Euphorbiaceae   : *Antidesma* sp. (Takahashi, 1933 : 14).

Aleurothrixus bondari Costa Lima

Aleurothrixus Bondari Costa Lima, 1942c : 421–422. Syntypes on an unidentified plant, BRAZIL : Rio de Janeiro, 1940.

DISTRIBUTION. Brazil (Costa Lima, 1942c : 422).
HOST PLANTS.
  Original host indet. (Costa Lima, 1942 c : 422).
  Tiliaceae   : *Triumfetta semitriloba* (Costa Lima, 1968 : 113).

Aleurothrixus floccosus (Maskell)

Aleurodes floccosa Maskell, 1895 : 432–433. Syntypes on Lignum vitae [*Guaiacum officinale*], JAMAICA (*T. D. A. Cockerell*) (Auckland DSIR).
Aleyrodes horridus Hempel, 1899 : 394. Syntypes on *Psidium guajava*, BRAZIL : São Paulo. [Synonymized by Quaintance & Baker, 1917 : 403.]
Aleyrodes howardi Quaintance, 1907 : 91–94. Syntypes on orange [*Citrus* sp.], CUBA : Artamisa, 5.ii.1905 (*C. L. Marlatt*); Habana, 19.ii.1903 (*E. A. Schmarz*) (USNM). [Synonymized by Costa Lima, 1945c : 425.]
Aleurothrixus floccosus (Maskell) Quaintance & Baker, 1914 : 103.
Aleurothrixus horridus (Hempel) Quaintance & Baker, 1914 : 103.
Aleurothrixus howardi (Quaintance) Quaintance & Baker, 1914 : 103.

DISTRIBUTION. Palaearctic Region : Canary Islands, Madeira, Spain (BMNH).
Ethiopian Region : Angola (BMNH); Congo (Brazzaville) (Cohic, 1968a : 34).
Madagascan Region : Réunion I. (BMNH).
Nearctic Region : U.S.A. (Florida) (Back, 1909 : 448) (BMNH).
Neotropical Region : Mexico (Bondar, 1923a : 165); Bahamas, Leeward Islands (Dominica, Guadeloupe, Nevis, St. Kitts), Barbados, Trinidad (BMNH); Cuba (Quaintance, 1907 : 91) (BMNH); Jamaica (Maskell, 1895 : 433) (BMNH); Haiti (Fulmek, 1943 : 8); Puerto Rico (Dozier, 1927b : 272) (BMNH); Panama (Baker & Moles, 1923 : 632); Argentina (Bondar, 1923a : 165); Brazil (Hempel, 1899 : 394) (BMNH); Chile, Guyana (Bondar, 1923a : 165) (BMNH); Paraguay (Bondar, 1923a : 165); Surinam (BMNH).

An information leaflet issued by The Spanish Department of Agriculture (Anon, 1971 : 6 [Ministry of Agriculture] Madrid) states that this species is also to be found in Egypt and the Middle East, but no other records of specimens from the eastern Mediterranean have been seen. The leaflet further states that *Aleurothrixus floccosus* first appeared in the Canary Islands in 1966, but material from Madeira and the Canary Islands in the British Museum collection is dated 1920 and 1937, respectively.

HOST PLANTS.
Anacardiaceae : *Anacardium* sp., *Mangifera indica* (Costa Lima, 1968 : 113); *Spondias lutea* (Bondar, 1923a : 166).
Annonaceae : *Annona reticulata* (Costa Lima, 1936 : 153).
Apocynaceae : *Plumeria* sp. (BMNH).
Asclepiadaceae : *Parquetina nigrescens* (Cohic, 1968 : 34).
Chrysobalanaceae : *Licania tomentosa* (Costa Lima, 1968 : 113).
Compositae : *Baccharis genistelloides* (Bondar, 1923a : 165) (BMNH).
Ebenaceae : *Diospyros kaki* (Biezanko & Freitas, 1939 : 6).
Liliaceae : *Gloriosa superba* (Cohic, 1968a : 34).
Loranthaceae : *Phoradendron* sp. (Costa Lima, 1968 : 113).
Malvaceae : *Sida rhobifolia* (Biezanko & Freitas, 1939 : 6).
Myrtaceae : *Psidium guajava* (Hempel, 1899 : 394) (BMNH).
Nyctaginaceae : *Bougainvillea* sp. (Costa Lima, 1968 : 113).
Polygonaceae : *Coccoloba uvifera* (Bondar, 1923a : 165); *Triplaris surinamensis* (BMNH).
Rubiaceae : *Coffea arabica* (Bondar, 1929a : 253) (BMNH).
Rutaceae : *Citrus aurantium, Citrus decumana, Citrus nobilis* (Cohic, 1968a : 34); *Citrus sinensis* (BMNH); *Citrus* sp. (Quaintance, 1907 : 91).
Sapotaceae : *Lucuma caimito* (Costa Lima, 1968 : 113).
Solanaceae : *Solanum melongenum* (BMNH).
Zygophyllaceae : *Guaiacum officinale* (Maskell, 1895 : 433) (BMNH).

NATURAL ENEMIES.
Hymenoptera
  Chalcidoidea
    Aphelinidae : *Cales noacki* Howard (Dozier, 1933 : 98).
      : *Encarsia basicincta* Gahan (Thompson, 1950 : 5. U.S.A.) (Fulmek, 1943 : 8. Puerto Rico).
      : *Encarsia cubensis* Gahan (Fulmek, 1943 : 8. Cuba).
      : *Encarsia haitiensis* Dozier (Fulmek, 1943 : 8. Haiti).
      : *Encarsia portoricensis* Howard (Thompson, 1950 : 5).
      : *Eretmocerus californicus* Howard (Dozier, 1936 : 146).
      : *Eretmocerus haldemani* Howard (Fulmek, 1943 : 8. U.S.A., Cuba).
      : *Eretmocerus paulistus* Hempel (Fulmek, 1943 : 8. Haiti, Brazil).
      : *Eretmocerus portoricensis* Dozier (Fulmek, 1943 : 8. Puerto Rico).
      : *Prospaltella bella* Gahan (Fulmek, 1943 : 8. U.S.A.).
      : *Prospaltella brasiliensis* Hempel (Fulmek, 1943 : 8. Haiti, Brazil).
    Encyrtidae : *Plagiomerus cyaneus* (Ashmead) (Fulmek, 1943 : 8. Puerto Rico).
    Eulophidae : *Euderomphale aleurothrixi* Dozier (Fulmek, 1943 : 8. Haiti, Puerto Rico).

Signiphoridae : *Signiphora flava* Girault (Fulmek, 1943 : 8. Puerto Rico).
: *Signiphora townsendi* Ashmead (Costa Lima, 1936 : 153).
: *Signiphora xanthographa* Blanchard (Fulmek, 1943 : 8 Argentina).
Proctotrupoidea
Platygasteridae : *Amitus spinifer* (Brèthes) (Fulmek, 1943 : 8. Argentina).
Thysanoptera
Phlaeothripidae : *Haplothrips merrilli* Watson (Fulmek, 1943 : 8. Puerto Rico).

Aleurothrixus guareae Costa Lima

Aleurothrixus guareae Costa Lima, 1942c : 422–425. Holotype on *Lucuma caimito*, BRAZIL : Rio de Janeiro, vii.1942 (*J. de Aguiar Guimarães*). Paratypes on *Guarea trichilioides*, Rio de Janeiro, Quinta da Boa Vista (*A. da Costa Lima*).

DISTRIBUTION. Brazil (Costa Lima, 1942c : 424).
HOST PLANTS.
Meliaceae   : *Guarea trichilioides* (Costa Lima, 1942c : 424).
Myrtaceae   : *Eugenia tomentosa* (Costa Lima, 1942c : 424).
Sapotaceae   : *Achras sapota, Lucuma caimito* (Costa Lima, 1942c : 424).

Aleurothrixus guimaraesi Costa Lima

Aleurothrixus Guimaraesi Costa Lima, 1942c : 422. Holotype and paratype on *Achras sapota*, BRAZIL : Rio de Janeiro (*J. de Aguiar Guimarães*).

DISTRIBUTION. Brazil (Costa Lima, 1942c : 422).
HOST PLANTS.
Sapotaceae   : *Achras sapota* (Costa Lima, 1942c : 422).

Aleurothrixus interrogationis (Bemis)

Aleyrodes interrogationis Bemis, 1904 : 510–512. Syntypes on *Ceanothus californicus*, U.S.A. : CALIFORNIA, Pacific Congress Springs, Santa Clara County, 16.iv.1901 (*F. E. Bemis*); King's mountain and Black mountain, vi.1901 (*F. E. Bemis*) (USNM).
Aleurothrixus interrogationis (Bemis) Quaintance & Baker, 1914 : 104.
Aleurothrixus (*Philodamus*) *interrogationis* (Bemis); Quaintance & Baker, 1917 : 404.

DISTRIBUTION. U.S.A. (California) (Bemis, 1904 : 512) (BMNH).
HOST PLANTS.
Rhamnaceae   : *Ceanothus californicus* (Bemis, 1904 : 512); *Ceanothus* sp. (BMNH).

Aleurothrixus lucumai Costa Lima

Aleurothrixus lucumai Costa Lima, 1942c : 425–426. Syntypes on *Achras sapota* and *Lucuma caimito*, BRAZIL : Rio de Janeiro (*J. de Aguiar Guimarães*).

DISTRIBUTION. Brazil (Costa Lima, 1942c : 426).
HOST PLANTS.
Sapotaceae   : *Achras sapota, Lucuma caimito* (Costa Lima, 1942c : 426).

Aleurothrixus miconiae Hempel

Aleurothrixus miconiae Hempel, 1923 : 1189–1190. Syntypes on *Miconia chartacea*, BRAZIL : Ypiranga, in the botanical gardens of the museum, State of São Paulo, vii. 1918. (*H. Luederwaldt*); ix.1919 (*A. Hempel*) (São Paulo MZU).

DISTRIBUTION. Brazil (Hempel, 1923 : 1190).
HOST PLANTS.
Melastomataceae : *Miconia chartacea* (Hempel, 1923 : 1190).

Aleurothrixus myrtacei Bondar

Aleurothrixus myrtacei Bondar, 1923a : 176. Syntypes on Myrtaceae, BRAZIL, Bahia (*G. Bondar*). (São Paulo MZU) (USNM). (Three mounted pupal cases from type host and locality presented by G. Bondar in 1923, in BMNH.)

DISTRIBUTION. Brazil (Bondar, 1923a : 176) (BMNH); Guadeloupe, Barbados (BMNH).
HOST PLANTS.
Myrtaceae : Genus indet (Bondar, 1923a : 176); *Psidium* sp. (BMNH).

Aleurothrixus ondinae Bondar

Aleurothrixus ondinae Bondar, 1923a : 174–175. Syntypes on 'Ondina', BRAZIL : Bahia (*G. Bondar*) (São Paulo MZU).

DISTRIBUTION. Brazil (Bondar, 1923a : 175).
HOST PLANTS.
Host indet. (Bondar, 1923a : 175).

Aleurothrixus porteri Quaintance & Baker

Aleurothrixus porteri Quaintance & Baker, 1916 : 466–468. Syntypes on Solanaceae, CHILE : Villa del Mar, 1.iv.1899 (*D. G. Fairchild*) (USNM).

DISTRIBUTION. Argentina (Costa Lima, 1968 : 114); Brazil (Baker & Moles, 1923 : 634); Chile (Quaintance & Baker, 1916 : 468).
HOST PLANTS.
Anacardiaceae : *Lithraea caustica, Lithraea molle, Schinus molle* (Baker & Moles, 1923 : 634); *Schinus dependens* (Quaintance & Baker, 1916 : 468).
Lauraceae : *Persea americana* (Baker & Moles, 1923 : 634).
Myrtaceae : *Myrciaria cauliflora* [Jaboticaba] (Quaintance & Baker, 1916 : 468); *Myrtus* sp. (Baker & Moles, 1923 : 634).
Rutaceae : *Citrus* sp. (Baker & Moles, 1923 : 634).
Sapotaceae : *Achras sapota* (Costa Lima, 1968 : 114).
Solanaceae : Genus indet. (Quaintance & Baker, 1916 : 468); *Cestrum parqui* (Baker & Moles, 1923 : 634).
Verbenaceae : *Lippia citriodora* (Baker & Moles, 1923 : 634).
NATURAL ENEMIES
Hymenoptera
Chalcidoidea
Aphelinidae : *Cales noacki* Howard (Fulmek, 1943 : 8. Chile).
: *Prospaltella citrella* ssp. *porteri* Mercet (Costa Lima, 1968 : 114. Argentina).

Aleurothrixus proximans Bondar

Aleurothrixus proximans Bondar, 1923a : 170–173. Syntypes on Lauraceae, BRAZIL : Camamú, Bahia State (*G. Bondar*) (São Paulo MZU) (USNM).

DISTRIBUTION. Brazil (Bondar, 1923a : 173).
HOST PLANTS.
Lauraceae : Genus indet. (Bondar, 1923a : 173); *Laurus nobilis, Persea americana* (Costa Lima, 1968 : 115).

Aleurothrixus silvestri Corbett

Aleurothrixus silvestri Corbett, 1935b : 811–812. Syntypes on an unidentified host, MALAYA : Kuala Lumpur.

DISTRIBUTION. Malaya (Corbett, 1935b : 812).
HOST PLANTS.
Host indet. (Corbett, 1935b : 812).

Aleurothrixus similis Sampson & Drews

Aleurothrixus similis Sampson & Drews, 1941 : 161, 163. Syntypes on 'mistletoe from *Acacia*,' MEXICO : Chivela, Oaxaca, iv.1926 (California UCD).

DISTRIBUTION. Mexico (Sampson & Drews, 1941 : 163).
HOST PLANTS.
Loranthaceae : Genus indet. (Sampson & Drews, 1941 : 163).

Aleurothrixus smilaceti Takahashi

Aleurothrixus smilaceti Takahashi, 1934b : 63–64. Syntypes on *Smilax* sp., TAIWAN : Hichiseisan near Taihoku, 23.ix.1933 (*R. Takahashi*) (Taiwan ARI).

DISTRIBUTION. Taiwan (Takahashi, 1934b : 64).
HOST PLANTS.
Smilacaceae : *Smilax* sp. (Takahashi, 1934b : 64).

Aleurothrixus solani Bondar

Aleurothrixus solani Bondar, 1923a : 173–174. Syntypes on Solanaceae, BRAZIL : Camamú, Bahia State (*G. Bondar*) (São Paulo MZU) (USNM).

DISTRIBUTION. Brazil (Bondar, 1923a : 173).
HOST PLANTS.
Solanaceae : Genus indet. (Bondar, 1923a : 173).

ALEUROTITHIUS Quaintance & Baker

Aleurotithius Quaintance & Baker, 1914 : 106. Type-species : *Aleurotithius timberlakei*, by monotypy.

Aleurotithius mexicanus Russell

Aleurotithius mexicanus Russell, 1947 : 42–44. Holotype and paratypes on an undetermined host, MEXICO : no other data (USNM).

DISTRIBUTION. Mexico (Russell, 1947 : 43).
HOST PLANTS.
Host indet. (Russell, 1947 : 43).

Aleurotithius timberlakei Quaintance & Baker

Aleurotithius timberlakei Quaintance & Baker, 1914 : 106–107. Lectotype on *Eriodictyon crassifolium*, U.S.A. : CALIFORNIA, Santa Ana, 17.v.1913 (*R. K. Bishop*) designated by Russell, 1947 : 41. Original material on *Eriodictyon tomentosum*, CALIFORNIA, in the upper Sonoran Zone, San Jacinto Mountains, 14.vii.1912 (*P. H. Timberlake*); Santa Ana (*R. K. Bishop*); Santa Ana, 13.v.1913 (*R. K. Bishop*) (USNM).

DISTRIBUTION. U.S.A. (California) (Quaintance & Baker, 1914 : 106) (BMNH).
HOST PLANTS.
Hydrophyllaceae : *Eriodictyon crassifolium* (Russell, 1947 : 41) (BMNH); *Eriodictyon tomentosum* (Quaintance & Baker, 1914 : 106).

ALEUROTRACHELUS Quaintance & Baker

Aleurotrachelus Quaintance & Baker, 1914 : 103. Type-species : *Aleurodes tracheifer*, by original designation.
Aleyrodes (*Frauenfeldiella*) Gomez-Menor, 1943 : 188, nec *Frauenfeldiella* Ruebsaamen (Diptera), 1905 : 122. Type-species : *Aleurodes jelineki*, by monotypy. [Synonymized by Fowler, 1954 : 406, by implication.]
Frauenfeldiella Gomez-Menor; Sampson & Drews, 1956 : 694.
The name *Frauenfeldiella* is not available in the Aleyrodidae as it is preoccupied in the Cecidomyidae by the South American species *Frauenfeldiella coussapoae* Ruebsaamen, 1905 : 122.

Aleurotrachelus spp. indet.

HOST PLANTS.
Cunoniaceae : *Ceratopetalum* sp. (BMNH : Australia).
Euphorbiaceae : *Erythrococca bongensis* (BMNH : Kenya); *Lepidoturus laxifolia* (BMNH : Nigeria).
Fagaceae : *Quercus* sp. (BMNH : Malaya).
Lauraceae : *Nectandra antillana* (BMNH : Jamaica).
Leguminosae : *Inga vera* (BMNH : Jamaica).
Myrtaceae : *Eucalyptus* sp., *Leptospermum laevigatum* (BMNH : Australia).
Palmae : *Cocos nucifera* (BMNH : Solomon Islands).
Polygonaceae : *Coccoloba uvifera* (BMNH : Jamaica).
Rubiaceae : *Psychotria* sp. (BMNH : Jamaica); *Vangueria linearisepala* (BMNH : Kenya).

Rutaceae : *Citrus* sp. (Young, 1942 : 101. China).
Sterculiaceae : *Cola* sp. (BMNH : Nigeria).
Verbenaceae : *Petrea arborea* (BMNH : Trinidad); *Tectona grandis* (BMNH : Jamaica).
Host indet. : (BMNH : Guyana, India).

Aleurotrachelus alpinus Takahashi

Aleurotrachelus alpinus Takahashi, 1940a : 29–30. Syntypes on *Rubus* sp., TAIWAN : Shin Taiheizan, Taihoku Prefecture, ix.1938 (*R. Takahashi*) (Taiwan ARI).

DISTRIBUTION. Taiwan (Takahashi, 1940a : 29).
HOST PLANTS.
Rosaceae : *Rubus* sp. (Takahashi, 1940a : 29).

Aleurotrachelus ambrensis Takahashi & Mamet

Aleurotrachelus ambrensis Takahashi & Mamet, 1952b : 128–129. Syntypes on an undetermined tree, MADAGASCAR : Mt. d'Ambre, 1.150 m, 30.v.1950 (*R. Mamet*) (Paris MNHN) (Hikosan BL).

DISTRIBUTION. Madagascar (Takahashi & Mamet, 1952b : 129).
HOST PLANTS.
Host indet. (Takahashi & Mamet, 1952b : 129).

Aleurotrachelus anonae Corbett

Aleurotrachelus anonae Corbett, 1935b : 802–803. Syntypes on *Annona squamosa, Morus indica, Zingiber* sp., MALAYA : Kuala Lumpur, Sepang.

DISTRIBUTION. Malaya (Corbett, 1935b : 803).
HOST PLANTS.
Annonaceae : *Annona squamosa* (Corbett, 1935b : 803).
Moraceae : *Morus indica* (Corbett, 1935b : 803).
Zingiberaceae : *Zingiber* sp. (Corbett, 1935b : 803).

Aleurotrachelus atratus Hempel

Aleurothrachelus [sic] *atratus* Hempel, 1922 : 3–4. Syntypes on coconut [*Cocos nucifera*], BRAZIL : Bahia (*G. Bondar*) (São Paulo MZU) (USNM).

DISTRIBUTION. Brazil (Hempel, 1922 : 3–4) (BMNH).
HOST PLANTS.
Palmae : *Cocos nucifera* (Hempel, 1922 : 3–4) (BMNH).

Aleurotrachelus brazzavillense Cohic

Aleurotrachelus brazzavillense Cohic, 1968a : 35–37. Fifteen syntypes on *Colletoecema dewevrei*, CONGO (Brazzaville) : Centre O.R.S.T.O.M., 19.xi.1965.

DISTRIBUTION. Congo (Brazzaville) (Cohic, 1968a : 35).
HOST PLANTS.
Connaraceae : *Agelaea dewevrei* (Cohic, 1968b : 113).
Rubiaceae : *Colletoecema dewevrei* (Cohic, 1968a : 35).

Aleurotrachelus cacaorum Bondar

Aleurotrachelus cacaorum Bondar, 1923a : 154–155. Syntypes on cacao [*Theobroma cacao*], BRAZIL : Belmonte (*G. Bondar*) (São Paulo MZU) (USNM).

DISTRIBUTION. Brazil (Bondar, 1923a : 155).
HOST PLANTS.
Sterculiaceae : *Theobroma cacao* (Bondar, 1923a : 155).

Aleurotrachelus caerulescens Singh

Aleurotrachelus caerulescens Singh, 1931 : 59–60. Syntypes on *Artocarpus integrifolia*, INDIA : Pusa.

DISTRIBUTION. India (Singh, 1931 : 59); Taiwan (Takahashi, 1932 : 44).

HOST PLANTS.
Euphorbiaceae : *Bischofia javanica* (Takahashi, 1935b : 39).
Flacourtiaceae : *Scolopia oldhami* (Takahashi, 1933 : 4).
Lythraceae : *Lagerstroemia indica* (Takahashi, 1932 : 44).
Moraceae : *Artocarpus integrifolia* (Singh, 1931 : 59).
Myricaceae : *Myrica rubra* (Takahashi, 1932 : 44).
Rosaceae : *Rosa* sp. (Rao, 1958 : 333).
Rubiaceae : *Gardenia florida* (Takahashi, 1932 : 44).
Salicaceae : *Salix* sp. (Takahashi, 1932 : 44).
Ulmaceae : *Celtis sinensis* (Takahashi, 1932 : 44).

Aleurotrachelus camamuensis Bondar

Aleurotrachelus camamuensis Bondar, 1923a : 153–154. Syntypes on unidentified host, BRAZIL : Camamú (*G. Bondar*) (São Paulo MZU) (USNM).

DISTRIBUTION. Brazil (Bondar, 1923a : 153).
HOST PLANTS.
Host indet. (Bondar, 1923a : 153).

Aleurotrachelus camelliae (Kuwana)

Aleyrodes camelliae Kuwana, 1911 : 625–626. Syntypes on *Thea japonica*, JAPAN : Tokyo, Nishigahara, winter 1908 (*S. I. Kuwana*) (USNM).
Aleurotrachelus camelliae (Kuwana) Quaintance & Baker, 1914 : 103.

DISTRIBUTION. Japan (Kuwana, 1911 : 626) (BMNH); Hong Kong (BMNH).
HOST PLANTS.
Theaceae : *Camellia japonica* (Takahashi, 1951b : 21) (BMNH); *Camellia sinensis* (BMNH); *Thea japonica* (Kuwana, 1911 : 626).

Aleurotrachelus cecropiae Bondar

Aleurotrachelus cecropiae Bondar, 1923a : 143–145. Syntypes on *Cecropia adenops*, BRAZIL : Bahia (*G. Bondar*) (São Paulo MZU) (USNM). (Three mounted pupal cases from type-host and locality, presented by G. Bondar in 1923, in BMNH.)

DISTRIBUTION. Brazil (Bondar, 1923a : 145) (BMNH).
HOST PLANTS.
Urticaceae : *Cecropia adenops* (Bondar, 1923a : 145) (BMNH); *Cecropia* sp. (BMNH).

Aleurotrachelus chikungensis nomen novum

Aleurotrachelus parvus Young, 1944 : 136–137, nec *Aleurotrachelus parvus* (Hempel). Syntypes on an unidentified host, CHINA : Szechwan province, Pehpei, Mt. Chi Kung.

DISTRIBUTION. China (Young, 1944 : 137)
HOST PLANTS.
Host indet. (Young, 1944 : 137).

Aleurotrachelus coimbatorensis David & Subramaniam

Aleurotrachelus coimbatorensis David & Subramaniam, 1976 : 168–170. Holotype and seventeen paratypes on *Jasminum auriculatum*, INDIA : Coimbatore, 21.iii.1957 (*S. K. David*) (Calcutta ZSI). (Three paratypes in BMNH.)

DISTRIBUTION. India (David & Subramaniam, 1976 : 169) (BMNH).
HOST PLANTS.
Oleaceae : *Jasminum auriculatum* (David & Subramaniam, 1976 : 169) (BMNH).

Aleurotrachelus corbetti Takahashi

Aleurotrachelus corbetti Takahashi, 1941c : 392. [Replacement name for *Aleurotrachelus tuberculatus* Corbett, 1935b : 804–805, nec *Aleurotrachelus tuberculatus* Singh, 1933 : 343.] Syntypes on an unidentified host, MALAYA : Kuala Lumpur.

DISTRIBUTION. Malaya (Corbett, 1935b : 805).
HOST PLANTS.
   Host indet. (Corbett, 1935b : 805).

Aleurotrachelus debregeasiae Young

Aleurotrachelus debregeasiae Young, 1944 : 138–139. Syntypes on *Debregeasia edulis*, CHINA : Szechwan province, North Hot Springs of Pehpei, 7.i.1942; Kao-Keng-Yen, 13.i.1942.

DISTRIBUTION. China (Young, 1944 : 139).
HOST PLANTS.
   Urticaceae   :   *Debregeasia edulis* (Young, 1944 : 139).

Aleurotrachelus distinctus Hempel

Aleurotrachelus distinctus Hempel, 1923 : 1182–1183. Syntypes on a forest shrub, BRAZIL : Blumenau, Santa Catharina, vi.1919 (*H. Luederwaldt*) (São Paulo MZU).

DISTRIBUTION. Brazil (Hempel, 1923 : 1183).
HOST PLANTS.
   Original host indet. (Hempel, 1923 : 1183).
   Solanaceae   :   *Solanum* sp. (Hempel, 1923 : 1183).

Aleurotrachelus dryandrae Solomon

Aleurotrachelus dryandrae Solomon, 1935 : 83–86, 90–91. Syntypes on *Dryandra floribunda*, AUSTRALIA : WESTERN AUSTRALIA, district of Perth, Crawley. (Three mounted pupal cases bearing syntype data in BMNH.)

DISTRIBUTION. Australia (Western Australia) (Solomon, 1935 : 86) (BMNH).
HOST PLANTS.
   Proteaceae   :   *Banksia attenuata, Banksia grandis, Dryandra nivea, Grevillea bipinnatifida, Hakea prostrata, Hakea varia* (Solomon, 1935 : 86); *Dryandra floribunda* (Solomon, 1935 : 86) (BMNH); *Dryandra sessilis* (BMNH).

Aleurotrachelus elatostemae Takahashi

Aleurotrachelus elatostemae Takahashi, 1932 : 42–43. Syntypes on *Elatostema lineolatum*, TAIWAN : Taihezan, 20.v.1931 (Taiwan ARI).

DISTRIBUTION. Taiwan (Takahashi, 1932 : 43).
HOST PLANTS.
   Solanaceae   :   *Solanum* sp. (Takahashi, 1935b : 41).
   Urticaceae   :   *Elatostema lineolatum* (Takahashi, 1932 : 43); *Oreocnide pedinculata* (Takahashi, 1935b : 41).

Aleurotrachelus erythrinae Corbett

Aleurotrachelus erythrinae Corbett, 1935b : 805–806. Syntypes on *Erythrina stricta, Derris elliptica, Centrosema plumieri*, MALAYA : Kuala Lumpur, Kuala Pilah.

DISTRIBUTION. Malaya (Corbett, 1935b : 806).
HOST PLANTS.
   Leguminosae   :   *Centrosema plumieri, Derris elliptica, Erythrina stricta* (Corbett, 1935b : 806).

Aleurotrachelus espunae Gomez-Menor

Aleurotrachelus Espuñae Gomez-Menor, 1945a : 298-302. Syntypes on *Berberis* sp., SPAIN : Sierra de Espuña.

DISTRIBUTION. Spain (Gomez-Menor, 1945a : 302).
HOST PLANTS.
   Berberidaceae   :   *Berberis* sp. (Gomez-Menor, 1945a : 302).
   Fagaceae   :   *Quercus* sp. (Gomez-Menor, 1953 : 44).

Aleurotrachelus euphorifoliae Young

Aleurotrachelus euphorifoliae Young, 1944 : 139. Syntypes on *Euphoria longana*, CHINA : Szechwan province, Pehpei, 26.iii.1941.

DISTRIBUTION. China (Young, 1944 : 139).
HOST PLANTS.
Sapindaceae : *Euphoria longana* (Young, 1944 : 139).

Aleurotrachelus fenestellae Hempel

Aleurotrachelus fenestellae Hempel, 1923 : 1183–1184. Syntypes on *Baccharis genistelloides*, BRAZIL : Christina, Minas, viii.1912 (*H. Luederwaldt*) (São Paulo MZU).

DISTRIBUTION. Brazil (Hempel, 1923 : 1184).
HOST PLANTS.
Compositae : *Baccharis genistelloides* (Hempel, 1923 : 1184).

Aleurotrachelus filamentosus Takahashi

Aleurotrachelus filamentosus Takahashi, 1938a : 27–28. Syntypes on an undetermined tree, MAURITIUS : Plaine des Roches, x.1936 (*J. Vinson*) (Paris MNHN) (Taiwan ARI).

DISTRIBUTION. Mauritius (Takahashi, 1938a : 28).
HOST PLANTS.
Original host indet. (Takahashi, 1938a : 28).
Sapotaceae : *Labourdonnaisia calophylloides* ('larvae only') (Takahashi, 1939c : 2).

Aleurotrachelus fissistigmae Takahashi

Aleurotrachelus fissistigmae Takahashi, 1931b : 264–265. Syntypes on *Fissistigma oldhami*, TAIWAN : Shinten, 14.vi.1931 (*R. Takahashi*) (Taiwan ARI).

DISTRIBUTION. Taiwan (Takahashi, 1931b : 265).
HOST PLANTS.
Annonaceae : *Fissistigma oldhami* (Takahashi, 1931b : 265).

Aleurotrachelus fumipennis (Hempel) **comb. rev.**

Aleurodes fumipennis Hempel, 1899 : 394–395. Syntypes 'on the underside of leaves of grass going on swampy ground,' BRAZIL : São Paulo (São Paulo MZU).
Aleurotrachelus fumipennis (Hempel) Quaintance & Baker, 1914 : 103.
Aleurocanthus fumipennis (Hempel) Baker & Moles, 1923 : 628.

DISTRIBUTION. Brazil (Hempel, 1899 : 395) (BMNH).
HOST PLANTS.
Gramineae : Genus indet. (Hempel, 1899 : 395) (BMNH); *Andropogon bicorne* (Bondar, 1923a : 139).

Aleurotrachelus globulariae Goux

Aleurotrachelus globulariae Goux, 1942 : 145–148. Syntypes on *Globularia alypum*, FRANCE : Marseilles, 1932 (*L. Goux*).

DISTRIBUTION. France (Goux, 1942 : 148).
HOST PLANTS.
Globulariaceae : *Globularia alypum* (Goux, 1942 : 148).

Aleurotrachelus granosus Bondar

Aleurotrachelus granosus Bondar, 1923a : 155–156. Syntypes on cacaoeiro [*Theobroma cacao*], BRAZIL : Belmonte (São Paulo) (USNM).

DISTRIBUTION. Brazil (Bondar, 1923a : 156).
HOST PLANTS.
Musaceae : *Musa* sp. (Costa Lima, 1968 : 116).
Sterculiaceae : *Theobroma cacao* (Bondar, 1923a : 156).

Aleurotrachelus gratiosus Bondar

Aleurotrachelus gratiosus Bondar, 1923a : 146–148. Syntypes on Lauraceae, BRAZIL : Camamú, Bahia State (*G. Bondar*) (USNM).

DISTRIBUTION. Brazil (Bondar, 1923a : 147).
HOST PLANTS.
Lauraceae : Genus indet. (Bondar, 1923a : 147); *Laurus nobilis* (Costa Lima, 1968 : 116).

Aleurotrachelus grewiae Takahashi

Aleurotrachelus grewiae Takahashi, 1952c : 25–26. Syntypes on *Grewia tomentosa*, MALAYA : Kuala Lumpur, 13.iii.1943 (*R. Takahashi*) (BMNH).

DISTRIBUTION. Malaya (Takahashi, 1952c : 26) (BMNH).
HOST PLANTS.
Tiliaceae : *Grewia tomentosa* (Takahashi, 1952c : 26) (BMNH).

Aleurotrachelus hazomiavonae Takahashi

Aleurotrachelus hazomiavonae Takahashi, 1955a : 408–409. Syntypes on 'Hazomiavona', a parasitic Loranthaceae, MADAGASCAR : Ankaratra, Haute Antezina, 2000 m, v.1950 (*Dr R. Paulian*) (Paris MNHN) (Hikosan BL).

DISTRIBUTION. Madagascar (Takahashi, 1955a : 409).
HOST PLANTS.
Loranthaceae : *Loranthus* sp. (Takahashi, 1955a : 409).

Aleurotrachelus ingafolii Bondar

Aleurotrachelus ingafolii Bondar, 1923a : 148–149. Syntypes on *Inga* sp., BRAZIL : Bahia (*G. Bondar*) (São Paulo MZU). (Two mounted pupal cases and dry material, from type host and locality, presented by G. Bondar in 1923, in BMNH.)

DISTRIBUTION. Brazil (Bondar, 1923a : 149) (BMNH).
HOST PLANTS.
Leguminosae : *Inga* sp. (Bondar, 1923a : 149) (BMNH).

Aleurotrachelus ishigakiensis (Takahashi)

Trialeurodes ishigakiensis Takahashi, 1933 : 21–23. Syntypes on *Morus alba*, JAPAN : Ryukyu Islands, Ishigaki, Loochow, vii.1932 (*S. Minowa*) (Taiwan ARI).
Aleurotrachelus ishigakiensis (Takahashi) Takahashi, 1951b : 22–23.

DISTRIBUTION. Japan (Takahashi, 1933 : 23) (BMNH).
HOST PLANTS.
Araliaceae : *Aralia elata, Gilibertia trifida, Hedera rhombea* (Takahashi, 1951b : 23).
Cornaceae : *Cornus* sp. (Takahashi, 1951b : 23).
Daphniphyllaceae : *Daphniphyllum macropodum* (Takahashi, 1951b : 23).
Euphorbiaceae : *Sapium japonicum* (Takahashi, 1951b : 23).
Lauraceae : *Lindera obtusiloba* (Takahashi, 1951b : 23).
Leguminosae : *Pueraria hirsuta* (Takahashi, 1951b : 23).
Moraceae : *Ficus erecta* (Takahashi, 1951b : 23); *Morus alba* (Takahashi, 1933 : 23).
Pittosporaceae : *Pittosporum tobira* (Takahashi, 1951b : 23).
Theaceae : *Eurya japonica* (Takahashi, 1951b : 23); *Eurya* sp. (BMNH).
Umbelliferae : *Heracleum lanatum* (Takahashi, 1951b : 23).

Aleurotrachelus jelinekii (Frauenfeld) comb. rev.

Aleurodes jelinekii Frauenfeld, 1867 : 799–800. Syntypes on *Viburnum tinus* and *Arbutus unedo*, ITALY : Trieste, Miramar (*Jelinek*).
Aleyrodes (*Frauenfeldiella*) *jelinekii* Frauenfeld; Gomez-Menor, 1943 : 188.
Aleyrodes (*Frauenfeldiella*) *jelinekii* form *alba* Gomez-Menor, 1954 : 373.
Aleurotrachelus jelinekii (Frauenfeld) Fowler, 1954 : 406.
Frauenfeldiella jelinekii (Frauenfeld) Sampson & Drews, 1956 : 694.

Aleurotrachelus jelinekii (Frauenfeld); Mound, 1962a : 196–197.
Frauenfeldiella jelinekii (Frauenfeld); Gomez-Menor, 1968 : 41.
The name *Frauenfeldiella* is not available in the Aleyrodidae as it is preoccupied in the Cecidomyidae by the South American species *Frauenfeldiella coussapoae* Ruebsaamen, 1905 : 122.

DISTRIBUTION. England, France, Spain, Turkey, Yugoslavia (Mound, 1962a : 196); Germany (Zahradnik, 1962b : 40); Italy (Frauenfeld, 1867 : 799); Greece, U.S.S.R., U.S.A. (California) (BMNH).
HOST PLANTS.
Caprifoliaceae   : *Viburnum rotundifolia* (Zahradnik, 1962b : 40); *Viburnum tinus* (Frauenfeld, 1867 : 799) (BMNH).
Ericaceae   : *Arbutus unedo* (Frauenfeld, 1867 : 799) (BMNH).
Myrtaceae   : *Myrtus communis* (Zahradnik, 1962b : 40).
NATURAL ENEMIES.
Diptera
  Drosophilidae   : *Acletoxenus syrphoides*, a synonym of *Acletoxenus formosus* Loew, was recorded in its original description (Frauenfeld, 1868 : 150–153) as having emerged from its pupal cases in the presence of immature stages of *Aleurotrachelus jelinekii* (Frauenfeld) and *Siphoninus phillyreae* (Haliday). As this Drosophilid has subsequently been found to be predatory on *phillyreae*, it is probable that it also attacks *jelinekii*.

Aleurotrachelus joholensis Corbett

Aleurotrachelus joholensis Corbett, 1935b : 809–810. Syntypes on an unidentified host, MALAYA : Johol

DISTRIBUTION. Malaya (Corbett, 1935b : 810).
HOST PLANTS.
Host indet. (Corbett, 1935b : 810).

Aleurotrachelus juiyunensis Young

Aleurotrachelus juiyunensis Young, 1944 : 135. Syntypes on two undetermined plants, CHINA : Szechwan province, Pehpei, Mt. Jui Yun, 4.iv.1941.

DISTRIBUTION. China (Young, 1944 : 135).
HOST PLANTS.
Host indet. (Young, 1944 : 135).

Aleurotrachelus limbatus (Maskell)

Aleurodes limbata Maskell, 1895 : 436. Lectotype on *Acacia longifolia*, AUSTRALIA : N.S.W., Sydney (*W. W. Froggatt*) (Auckland DSIR) designated by Dumbleton, 1956b : 170. Original material on *Acacia longifolia*, AUSTRALIA : N.S.W., Sydney (*W. W. Froggatt*); on *Leucopogon juniperinus*, AUSTRALIA : WESTERN AUSTRALIA, Kurrajong Heights (*C. Musson*).
Aleurotrachelus limbatus (Maskell) Quaintance & Baker, 1914 : 103.

DISTRIBUTION. Australia (New South Wales) (Maskell, 1895 : 436) (BMNH); Australia (Victoria) (BMNH); Australia (Western Australia) (Maskell, 1895 : 436).
HOST PLANTS.
Epacridaceae   : *Leucopogon juniperinus* (Maskell, 1895 : 436); *Styphelia adscendens* (BMNH).
Leguminosae   : *Acacia longifolia* (Maskell, 1895 : 436).

Aleurotrachelus longispinus Corbett

Aleurotrachelus longispinus Corbett, 1926 : 277–278. Syntypes on unidentified host, SRI LANKA : Telloola, xi.1905 (*E. E. Green*) (BMNH).

DISTRIBUTION. Sri Lanka (Corbett, 1926 : 278) (BMNH); India (Singh, 1931 : 56) (BMNH).
HOST PLANTS.
Original host indet. (Corbett, 1926 : 278).
Rubiaceae   : *Ixora coccinea* (Singh, 1931 : 56).

Aleurotrachelus lumpurensis Corbett

Aleurotrachelus lumpurensis Corbett, 1935b : 807–808. Syntypes on *Nephelium lappaceum*, MALAYA : Kuala Lumpur.

DISTRIBUTION. Malaya (Corbett, 1935b : 808).
HOST PLANTS.
Sapindaceae : *Nephelium lappaceum* (Corbett, 1935b : 808).

Aleurotrachelus machili Takahashi

Aleurotrachelus machili Takahashi, 1942b : 168–169. Syntypes on *Machilus* sp., THAILAND : Mt. Sutep, 9.iv.1940 (Taiwan ARI).

DISTRIBUTION. Thailand (Takahashi, 1942b : 169).
HOST PLANTS.
Lauraceae : *Machilus* sp. (Takahashi, 1942b : 169).

Aleurotrachelus madagascariensis Takahashi

Aleurotrachelus madagascariensis Takahashi, 1955a : 409–412. Syntypes on unidentified host, MADAGASCAR : Mt. Tsaratanana, 1500 m., x.1949 (*Dr R. Paulian*) (Paris MNHN) (Hikosan BL). (Five mounted pupal cases with syntype data in BMNH.)

DISTRIBUTION. Madagascar (Takahashi, 1955a : 411) (BMNH).
HOST PLANTS.
Host indet. (Takahashi, 1955a : 411).

Aleurotrachelus maesae Takahashi

Aleurotrachelus maesae Takahashi, 1935b : 57–58. Holotype on *Maesa formosana*, TAIWAN : Miharashi, 22.iii.1934 (*R. Takahashi*) (Taiwan ARI). Described from a single specimen.

DISTRIBUTION. China (Young, 1944 : 135); Hong Kong (Takahashi, 1941c : 392); Taiwan (Takahashi, 1935b : 58).
HOST PLANTS.
Myrsinaceae : *Maesa formosana* (Takahashi, 1935b : 58).

Aleurotrachelus mauritiensis Takahashi

Aleurotrachelus mauritiensis Takahashi, 1940b : 43–44. Syntypes on an undetermined tree, MAURITIUS : Grand Bassin, 6.v.1939 (*R. Mamet*) (Taiwan ARI).

DISTRIBUTION. Mauritius (Takahashi, 1940b : 44).
HOST PLANTS.
Host indet. (Takahashi, 1940b : 44).

Aleurotrachelus mesuae Corbett

Aleurotrachelus mesuae Corbett, 1935b : 803–804. Syntypes on *Mesua ferrea* and *Adinobotrys atropurpureus*, MALAYA : Kuala Lumpur.

DISTRIBUTION. Malaya (Corbett, 1935b : 804).
HOST PLANTS.
Guttiferae : *Mesua ferrea* (Corbett, 1935b : 804).
Leguminosae : *Adinobotrys atropurpureus* (Corbett, 1935b : 804).

Aleurotrachelus micheliae Takahashi

Aleurotrachelus micheliae Takahashi, 1932 : 43–44. Syntypes on *Michelia* sp., TAIWAN : Heito, 16.xi.1930 (Taiwan ARI).

DISTRIBUTION. China (Young, 1944 : 136); Taiwan (Takahashi, 1932 : 44).
HOST PLANTS.
Magnoliaceae : *Michelia* sp. (Takahashi, 1932 : 44).

Aleurotrachelus minimus Young

Aleurotrachelus minimus Young, 1944 : 137. Syntypes on an undetermined host, CHINA : Szechwan province, Pehpei, 9.ix.1941.

DISTRIBUTION. China (Young, 1944 : 137).
HOST PLANTS.
  Host indet. (Young, 1944 : 137).

Aleurotrachelus minutus Takahashi
Aleurotrachelus minutus Takahashi, 1952c : 25. Syntypes on *Ficus* sp., MALAYA : Kuala Lumpur, 21.xi.1943 (*R. Takahashi*) (BMNH).

DISTRIBUTION. Malaya (Takahashi, 1952c : 25) (BMNH).
HOST PLANTS.
  Moraceae   : *Ficus* sp. (Takahashi, 1952c : 25) (BMNH).

Aleurotrachelus multipapillus Singh
Aleurotrachelus multipapillus Singh, 1932 : 86–87. Syntypes on *Bambusa nana*, BURMA : Syriam, x.1929 (*K. Singh*) (Calcutta ZSI).

DISTRIBUTION. Burma (Singh, 1932 : 86); Thailand (Takahashi, 1942b : 169); India (David & Subramaniam, 1976 : 170).
HOST PLANTS.
  Gramineae   : *Bambusa nana* (Singh, 1932 : 86).

Aleurotrachelus myrtifolii Bondar
Aleurotrachelus myrtifolii Bondar, 1923a : 139–142. Syntypes on *Eugenia* sp., BRAZIL : Bahia (*G. Bondar*) (São Paulo MZU) (USNM). (Three mounted pupal cases and dry material from type-host and locality, presented by G. Bondar in 1923, in BMNH.)

DISTRIBUTION. Brazil (Bondar, 1923a : 142) (BMNH).
HOST PLANTS.
  Myrtaceae   : *Eugenia* sp. (Bondar, 1923a : 142) (BMNH); *Psidium guajava* (Costa Lima, 1968 : 117); Genus indet. (BMNH).

Aleurotrachelus nivetae Cohic
Aleurotrachelus nivetae Cohic, 1969 : 89–94. Holotype and twenty four paratypes on *Sansevieria trifasciata* var. *laurentii*, IVORY COAST : Abidjan, University Institute of Tropical Entomology, 14.x.1968.

DISTRIBUTION. Ivory Coast (Cohic, 1969 : 89).
HOST PLANTS.
  Liliaceae   : *Sansevieria trifasciata* var. *laurentii* (Cohic, 1969 : 89).

Aleurotrachelus orchidicola Takahashi
Aleurotrachelus orchidicola Takahashi, 1939c : 1–2. Syntypes on an orchid, MAURITIUS : Les Mares, 7.v.1938 (*R. Mamet*).

DISTRIBUTION. Mauritius (Takahashi, 1939c : 2).
HOST PLANTS.
  Orchidaceae   : Genus indet. (Takahashi, 1939c : 2).

Aleurotrachelus pandani Takahashi
Aleurotrachelus pandani Takahashi, 1951a : 380–382. Syntypes on *Pandanus* sp., MAURITIUS : Baie du Cap, xi.1949 (*R. Mamet*). (Eight mounted pupal cases and dry material with syntype data in BMNH.) (Paris MNHN) (Hikosan BL) (USNM).

DISTRIBUTION. Mauritius (Takahashi, 1951a : 382) (BMNH).
HOST PLANTS.
  Pandanaceae   : *Pandanus* sp. (Takahashi, 1951a : 382) (BMNH).

Aleurotrachelus parvus (Hempel)
Aleurodes parvus Hempel, 1899 : 395. Syntypes on *Maytenus* sp., BRAZIL : São Paulo, 15.v.1896.
Aleurotrachelus parvus (Hempel) Quaintance & Baker, 1914 : 103.

DISTRIBUTION. Brazil (Hempel, 1899 : 395).

HOST PLANTS.
    Celastraceae   :   *Maytenus* sp. (Hempel, 1899 : 395).

Aleurotrachelus pauliani Takahashi

Aleurotrachelus Pauliani Takahashi, 1960b : 151-153. Syntypes on unidentified host, RÉUNION ISLAND : Cilaos, xii.1955 (*Dr R. Paulian*) (Paris MNHN).

DISTRIBUTION. Réunion Island (Takahashi, 1960b : 153).
HOST PLANTS.
    Host indet. (Takahashi, 1960b : 153).

Aleurotrachelus pauliani Takahashi

Aleurotrachelus pauliani Takahashi, 1961 : 336-338. Syntypes on an unidentified host, MADAGASCAR : Mont Andohahelo, 1700 m., i.1954 (*Dr R. Paulian*) (Paris MNHN) (Hikosan BL).

DISTRIBUTION. Madagascar (Takahashi, 1961 : 338).
HOST PLANTS.
    Host indet. (Takahashi, 1961 : 337).

In view of the homonymy with *Aleurotrachelus pauliani* Takahashi, 1960b : 151-153, Dr A. Orian of Mauritius has renamed this species in a manuscript which is awaiting publication.

Aleurotrachelus plectroniae Takahashi

Aleurotrachelus plectroniae Takahashi, 1955 a : 412-413. Syntypes on *Plectronia thouarsi*, MADAGASCAR : Ankaratra, Haute Antezina, 2000 m., v.1950 (*Dr R. Paulian*) (Paris MNHN) (? Hikosan BL).

DISTRIBUTION. Madagascar (Takahashi, 1955a : 413).
HOST PLANTS.
    Rubiaceae   :   *Plectronia thouarsi* (Takahashi, 1955a : 412).

Aleurotrachelus primitus Young

Aleurotrachelus primitus Young, 1944 : 135-136. Syntypes on an undetermined plant, CHINA : Szechwan, Pehpei, Mt. Jui Yun, 4.iv.1941.

DISTRIBUTION. China (Young, 1944 : 136).
HOST PLANTS.
    Host indet. (Young, 1944 : 136).

Aleurotrachelus pyracanthae Takahashi

Aleurotrachelus pyracanthae Takahashi, 1935b : 58-59. Syntypes on *Pyracantha koidzumi*, TAIWAN : Taito, 21.iii.1934 (*R. Takahashi*) (Taiwan ARI).

DISTRIBUTION. Taiwan (Takahashi, 1935b : 59).
HOST PLANTS.
    Rosaceae   :   *Pyracantha koidzumi* (Takahashi, 1935b : 59).

Aleurotrachelus reunionensis Takahashi

Aleurotrachelus reunionensis Takahashi, 1960b : 149-151. Syntypes on an undetermined plant, RÉUNION ISLAND : Cilaos, xii.1955 (*Dr R. Paulian*) (Paris MNHN) (Hikosan BL).

DISTRIBUTION. Réunion Island (Takahashi, 1960b : 151).
HOST PLANTS.
    Host indet. (Takahashi, 1960b : 151).

Aleurotrachelus rosarius Bondar

Aleurotrachelus rosarius Bondar, 1923a : 150-153. Syntypes on *Psidium guajava*, BRAZIL : Bahia (*G. Bondar*) (São Paulo MZU) (USNM).

DISTRIBUTION. Brazil (Bondar, 1923a : 153).
HOST PLANTS.
    Myrtaceae   :   *Psidium guajava* (Bondar, 1923a : 153).

Aleurotrachelus rotundus Corbett

Aleurotrachelus rotundus Corbett, 1935b : 808–809. Syntypes on *Adinobotrys atropurpureus*, MALAYA : Kuala Lumpur.

DISTRIBUTION. Malaya (Corbett, 1935b : 809).
HOST PLANTS.
Leguminosae : *Adinobotrys atropurpureus* (Corbett, 1935b : 809).

Aleurotrachelus rubi Takahashi

Aleurotrachelus rubi Takahashi, 1933 : 16–17. Syntypes on *Rubus* sp., TAIWAN : Shinten near Taihoku, 16.x.1932 (Taiwan ARI) (USNM).

DISTRIBUTION. Taiwan (Takahashi, 1933 : 16); Japan (Takahashi, 1951b : 22).
HOST PLANTS.
Rosaceae : *Rubus* sp. (Takahashi, 1933 : 16).

Aleurotrachelus rubromaculatus Bondar

Aleurotrachelus rubromaculatus Bondar, 1923a : 150. Syntypes on Compositae, BRAZIL : Bahia (*G. Bondar*) (São Paulo MZU).

DISTRIBUTION. Brazil (Bondar, 1923a : 150).
HOST PLANTS.
Compositae : Genus indet. (Bondar, 1923a : 150).

Aleurotrachelus selangorensis Corbett

Aleurotrachelus selangorensis Corbett, 1935b : 801–802. Syntypes on *Diospyros* sp. and on an unidentified plant, MALAYA : Kuala Lumpur.

DISTRIBUTION. Malaya (Corbett, 1935b : 802).
HOST PLANTS.
Ebenaceae : *Diospyros* sp. (Corbett, 1935b : 802).

Aleurotrachelus serratus Takahashi

Aleurotrachelus serratus Takahashi, 1949 : 52–53. Syntypes on a wild palm, RIOUW (RIAU) ISLANDS (south of Singapore) : Rempang, i.1946 (*R. Takahashi*) (Hikosan BL).

DISTRIBUTION. Riouw (Riau) Islands (Takahashi, 1949 : 47).
HOST PLANTS.
Palmae : Genus indet. (Takahashi, 1949 : 53).

Aleurotrachelus socialis Bondar

Aleurotrachelus socialis Bondar, 1923a : 145–146. Syntypes on *Cecropia* sp., BRAZIL : Belmonte, Bahia State (*G. Bondar*) (São Paulo MZU) (USNM).

DISTRIBUTION. Brazil (Bondar, 1923a : 146).
HOST PLANTS.
Urticaceae : *Cecropia* sp. (Bondar, 1923a : 146).

Aleurotrachelus souliei Cohic

Aleurotrachelus souliei Cohic, 1969 : 94–99. Holotype and eight paratypes on *Tabernaemontana crassa*, IVORY COAST : Abidjan, zone 4, 28.xi.1967; one paratype on *Morinda morindoides*, IVORY COAST : Abidjan Cocody, 7.v.1968; one paratype on *Napoleona leonensis*, IVORY COAST : Banco Forest, 14.vii.1968; two paratypes on an unidentified plant, NIGERIA : Lagos, ix.1964 (*Dr R. Paulian*).

DISTRIBUTION. Ivory Coast, Nigeria (Cohic, 1969 : 95).
HOST PLANTS.
Apocynaceae : *Pleiocarpa mutica* (Ardaillon & Cohic, 1970 : 270); *Tabernaemontana crassa* (Cohic, 1969 : 94).
Lecythidaceae : *Napoleona leonensis* (Cohic, 1969 : 96).
Rubiaceae : *Morinda morindoides* (Cohic, 1969 : 96).

Aleurotrachelus stellatus Hempel

Aleurotrachelus stellatus Hempel, 1922 : 4. Syntypes on coconut [*Cocos nucifera*], BRAZIL : Bahia (*G. Bondar*) (São Paulo MZU).

DISTRIBUTION. Brazil (Hempel, 1922 : 4) (BMNH).
HOST PLANTS.
Palmae : *Cocos nucifera* (Hempel, 1922 : 4) (BMNH).
Rubiaceae : *Chomelia oligantha* (Bondar, 1923a : 136).

Aleurotrachelus taiwanus Takahashi

Aleurotrachelus taiwanus Takahashi, 1932 : 45–46. Syntypes on *Pachyrrhizus erosus*, TAIWAN : Kusshaku near Shinten, 22.xi.1931.

DISTRIBUTION. Taiwan (Takahashi, 1932 : 46).
HOST PLANTS.
Leguminosae : *Pachyrrhizus erosus* (Takahashi, 1932 : 46).

Aleurotrachelus theobromae Bondar

Aleurotrachelus theobromae Bondar, 1923a : 142–143. Syntypes on cocoa trees [*Theobroma cacao*] and cashew trees [*Anacardium occidentale*], BRAZIL : Belmont, Bahia State (*G. Bondar*) (São Paulo MZU) (USNM). (Two mounted pupal cases and dry material from type-host and locality, presented by G. Bondar in 1923, in BMNH.)

DISTRIBUTION. Brazil (Bondar, 1923a : 142) (BMNH); Guyana (BMNH).
HOST PLANTS.
Anacardiaceae : *Anacardium occidentale* (Bondar, 1923a : 142).
Sterculiaceae : *Theobroma cacao* (Bondar, 1923a : 142) (BMNH).

Aleurotrachelus tracheifer (Quaintance)

Aleurodes tracheifer Quaintance, 1900 : 38–39. Syntypes on 'Escabillo', MEXICO : Tobasco, Las Minas, 2.vi.1897 (*C. H. T. Townsend*) (USNM).
Aleurotrachelus tracheifer (Quaintance) Quaintance & Baker, 1914 : 103.

DISTRIBUTION. Mexico (Quaintance, 1900 : 39).
HOST PLANTS.
'Escabillo' (Quaintance, 1900 : 39).

Aleurotrachelus trachoides (Back)

Aleyrodes trachoides Back, 1912 : 151–153. Syntypes on *Solanum seaphorthianum*, CUBA : Santiago de las Vegas (*Prof. P. Cardin*) (USNM).
Aleurotrachelus trachoides (Back) Quaintance & Baker, 1914 : 103.
Aleurotulus bodkini Quaintance & Baker, in Baker & Moles, 1923 : 635–636. Syntypes on ornamental plant, GUYANA : Berlice, vii.1913 (*G. E. Bodkin*) (USNM) **Syn. n.**

Aleurotulus bodkini Quaintance & Baker is here synonymized with *Aleurotrachelus trachoides* (Back) following a study of the type-material of both species in the USNM.

DISTRIBUTION. Madagascan Region : Réunion Island (Orian, 1972 : 1).
Pacific Region : Tahiti (Dumbleton, 1961b : 771) (BMNH).
Neotropical Region : Cuba (Back, 1912 : 152); Jamaica (BMNH); Puerto Rico (Dozier, 1936 : 146); Antigua, Barbados, Trinidad (BMNH); Guyana (Baker & Moles, 1923 : 635).
HOST PLANTS.
Bignoniaceae : *Tabebuia pallida* (BMNH).
Casuarinaceae : *Casuarina* sp. (Orian, 1972 : 1).
Convolvulaceae : *Ipomoea batata* (Costa Lima, 1968 : 117).
Compositae : *Bidens pilosa* (Dumbleton, 1961b : 771); *Mikania cordiafolia* (BMNH).
Dioscoreaceae : *Dioscorea* sp. (Dumbleton, 1961b : 771).
Melastomataceae : *Miconia magnifolia* (BMNH).
Rubiaceae : *Morinda citrifolia* (BMNH).
Solanaceae : *Capsicum frutescens* (= *C. annuum*), *Datura* sp. (Dumbleton, 1961b : 771); *Nicotiana* sp., *Solanum lycopersicum*, *Solanum melongena*,

	Solanum nigrum, Solanum torvum (Dozier, 1936 : 146); *Solanum seaphorthianum* (Back, 1912 : 152).
Verbenaceae	: *Citharexylum* sp., *Tectona grandis* (BMNH).

Aleurotrachelus tuberculatus Singh

Aleurotrachelus tuberculata Singh, 1933 : 343. Syntypes on *Ficus* sp., BURMA : Horticultural gardens, Rangoon, Insein, x.1929 (*K. Singh*) (Calcutta ZSI).

DISTRIBUTION. Burma (Singh, 1933 : 343); Cambodia, Hong Kong, Taiwan (Takahashi, 1942b : 169); India, Thailand (Takahashi, 1942b : 169) (BMNH).
HOST PLANTS.

Lauraceae	: *Lindera oldhami* (Takahashi, 1935b : 40).
Leguminosae	: *Centrosema pubescens* (BMNH); *Dalbergia* sp. (Takahashi, 1942b : 169).
Moraceae	: *Ficus* sp. (Singh, 1933 : 343).

Aleurotrachelus turpiniae Takahashi

Aleurotrachelus turpiniae Takahashi, 1932 : 45. Syntypes on *Turpinia formosana*, TAIWAN : Urai, 6.ix.1931 (Taiwan ARI).

DISTRIBUTION. Taiwan (Takahashi, 1932 : 45).
HOST PLANTS.

Ebenaceae	: *Diospyros kaki* (Takahashi, 1935b : 40).
Staphyleaceae	: *Turpinia formosana* (Takahashi, 1932 : 45).

Aleurotrachelus urticicola Young

Aleurotrachelus urticicola Young, 1944 : 138. Syntypes on Urticaceae, CHINA : Szechwan province, Pehpei, Mt. Jui Yun and Kao-Keng-Yen, 13.i.1942.

DISTRIBUTION. China (Young, 1944 : 138).
HOST PLANTS.

Urticaceae	: Genus indet. (Young, 1944 : 138).

Aleurotrachelus vitis Corbett

Aleurotrachelus vitis Corbett, 1935b : 806–807. Syntypes on *Vitex* sp., MALAYA : Kuala Lumpur.

DISTRIBUTION. Malaya (Corbett, 1935b : 807).
HOST PLANTS.

Verbenaceae	: *Vitex* sp. (Corbett, 1935b : 807).

Aleurotrachelus zonatus Takahashi

Aleurotrachelus zonatus Takahashi, 1952c : 24–25. Holotype on an undetermined host, MALAYA : Kuala Lumpur, 8.viii.1945 (*R. Takahashi*) (BMNH). Described from a single specimen.

DISTRIBUTION. Malaya (Takahashi, 1952c : 25) (BMNH).
HOST PLANTS.
Host indet. (Takahashi, 1952c : 25).

ALEUROTUBERCULATUS Takahashi

Aleuromigda Singh, 1931 : 8–9. Nomen nudum. [Synonymized by Husain & Khan, 1945 : 32, by implication.]
Aleurotuberculatus Takahashi, 1932 : 20. Type-species : *Aleurotuberculatus gordoniae*, by original designation.
Japaneyrodes Zahradnik, 1962a : 13–14. Type-species : *Aleurotuberculatus trachelospermi*, by original designation. **Syn. n.**

Aleuromigda is an unavailable name according to the *Code of Zoological Nomenclature* (1964, Article 13b), which states that 'a genus-group name published after 1930 must be accompanied by the definite fixation of a type-species'. *Aleuromigda deghai,* the only species subsequently attributed to this genus, was named but not described by Dozier & Baker according to Husain & Khan (1945 : 32), who first published it in synonymy under *Aleurotuberculatus murrayae* (Singh).

Japaneyrodes was distinguished from *Aleurotuberculatus* by the absence of a submarginal suture and of cephalic tubercles. However, in the genus *Aleurotuberculatus* both these characters are variable. It is possible that *Aleuroclava* is the oldest available name for this group, but the type-species of that genus is known only from the inadequate original description.

Aleurotuberculatus spp. indet.
HOST PLANTS.
Boraginaceae	: *Cordia myxa* (BMNH : India).
Combretaceae	: *Combretum bracteatum* (BMNH : Nigeria).
Moraceae	: *Morus alba* (BMNH : Pakistan).
Rhamnaceae	: *Ziziphus* sp. (BMNH : Sudan).
Rutaceae	: *Citrus* sp. (Young, 1942 : 101 . China).
Host indet.	: (BMNH : Cameroun, Malawi).

Aleurotuberculatus ankorensis Takahashi
Aleurotuberculatus ankorensis Takahashi, 1942h : 331–332. Syntypes on an undetermined host, CAMBODIA : Ankor, 24.iv.1940.

DISTRIBUTION. Cambodia (Takahashi, 1942h : 331).
HOST PLANTS.
   Host indet. (Takahashi, 1942h : 331).

Aleurotuberculatus artocarpi Corbett
Aleurotuberculatus artocarpi Corbett, 1935b : 834. Syntypes on *Artocarpus* sp., MALAYA : Kuala Lumpur.

DISTRIBUTION. Malaya (Corbett, 1935b : 834).
HOST PLANTS.
   Moraceae   : *Artocarpus* sp. (Corbett, 1935b : 834).

Aleurotuberculatus aucubae (Kuwana)
Aleyrodes aucubae Kuwana, 1911 : 625. Syntypes on *Aucuba japonica*, JAPAN : Tokyo, Asukayama, v.1908 (*S. I. Kuwana*) (USNM).
Tetraleurodes aucubae (Kuwana) Quaintance & Baker, 1914 : 108.
Aleurotuberculatus aucubae (Kuwana) Takahashi, 1932 : 20.

DISTRIBUTION. Japan (Kuwana, 1911 : 625) (BMNH).
HOST PLANTS.
Aquifoliaceae	: *Ilex crenata* (Kuwana, 1928 : 58).
Araliaceae	: *Hedera japonica* (Takahashi, 1952a : 19).
Caprifoliaceae	: *Lonicera gracillipes* (Takahashi, 1952a : 19).
Cornaceae	: *Aucuba japonica* (Kuwana, 1911 : 625).
Flacourtiaceae	: *Myroxylon japonicum* (Kuwana, 1928 : 58).
Juglandaceae	: *Juglans sieboldiana* (Takahashi, 1952a : 19).
Lauraceae	: *Litsea glauca* (Takahashi, 1952a : 19).
Moraceae	: *Ficus erecta, Morus alba* (Takahashi, 1952a : 19).
Oleaceae	: *Ligustrum japonica* (Kuwana, 1928 : 58).
Pittosporaceae	: *Pittosporum tobira* (Takahashi, 1952a : 19).
Rosaceae	: *Kerria japonica, Neillia uekii, Rhaphiolepis umbellata* (Takahashi, 1952a : 19); *Prunus mume* (Kuwana, 1928 : 58).
Rubiaceae	: *Paedeira* sp. (BMNH).
Rutaceae	: *Citrus* sp., *Phellodendron lavallei, Zanthoxylum piperitum* (Takahashi, 1952a : 19).
Theaceae	: *Eurya japonica* (Kuwana, 1928 : 58).
Ulmaceae	: *Aphananthe aspera* (Takahashi, 1952a : 19).

NATURAL ENEMIES.
Hymenoptera
   Chalcidoidea
      Aphelinidae   : *Prospaltella* sp. (Kuwana, 1928 : 61 Japan).

Aleurotuberculatus bauhiniae Corbett

Aleurotuberculatus bauhiniae Corbett, 1935b : 835. Syntypes on *Bauhinia bidentata*, MALAYA : Johol.

DISTRIBUTION. Malaya (Corbett, 1935b : 835).
HOST PLANTS.
Leguminosae : *Bauhinia bidentata* (Corbett, 1935b : 835).

Aleurotuberculatus bifurcata (Corbett) comb. n.

Dialeurodes bifurcata Corbett, 1933 : 126–127. Syntypes on *Nephelium lappaceum*, MALAYA : Kuala Lumpur, various dates; Kepong 6.v.1927; on *Nephelium mutabile*, Puda, 4.vii.1928. (One mounted pupal case labelled paratype in BMNH.)

This new combination is based on a study of the original illustrated description and of the syntype in the BMNH.

DISTRIBUTION. Malaya (Corbett, 1935b : 733) (BMNH).
HOST PLANTS.
Sapindaceae : *Nephelium lappaceum* (Corbett, 1935b : 733) (BMNH); *Nephelium mutabile* (Corbett, 1935b : 733).

Aleurotuberculatus burmanicus Singh

Aleurotuberculatus burmanicus Singh, 1938 : 189–190. Syntypes on *Cassia* sp., BURMA : Rangoon, Insein, x.1929 (*K. Singh*) (Calcutta ZSI).

DISTRIBUTION. Burma (Singh, 1938 : 189); Malaya (Takahashi, 1952c : 21).
HOST PLANTS.
Lauraceae   : *Cinnamomum* sp. (Takahashi, 1952c : 21).
Leguminosae : *Cassia* sp. (Singh, 1938 : 189).
Smilacaceae : *Smilax* sp. (Takahashi, 1952c : 21).

Aleurotuberculatus caloncobae Cohic

Aleurotuberculatus caloncobae Cohic, 1966a : 28–30. Syntypes on *Caloncoba welwitschii*, CONGO (Brazzaville) : Centre O.R.S.T.O.M., 17.iv.1964; on an undetermined plant, ANGOLA : Portugalia, iv.1964 (*Dr R. Paulian*); on *Strychnos variabilis*, CONGO (Brazzaville) : Brazzaville, 12.iii.1964. (One syntype labelled paratype by F. Cohic, in BMNH.)

DISTRIBUTION. Angola (Cohic, 1966a : 28); Congo (Brazzaville) (Cohic, 1966a : 28) (BMNH); Chad, Ivory Coast (Cohic, 1969 : 99).
HOST PLANTS.
Bignoniaceae   : *Markhamia sessilis* (Cohic, 1968a : 38); *Stereospermum kunthianum* (Cohic, 1969 : 99).
Euphorbiaceae : *Alchornea cordifolia* (Cohic, 1968b : 113); *Hymenocardia acida* (Cohic, 1968b : 113).
Flacourtiaceae : *Caloncoba welwitshii* (Cohic, 1966a : 28).
Leguminosae   : *Millettia laurentii* (Cohic, 1968a : 38).
Loganiaceae   : *Nuxia congesta* (Cohic, 1969 : 99); *Strychnos spinosa* (Cohic, 1968a : 37); *Strychnos variabilis* (Cohic, 1966a : 28).
Moraceae   : *Bosqueiopsis gillietii* (Cohic, 1966b : 29); *Ficus* sp. (Cohic, 1968b : 113).
Rubiaceae   : *Crossopteryx febrifuga* (Cohic, 1969 : 99); *Gardenia jovis-tonantis* (Cohic, 1968a : 38); *Sarcocephalus diderrichii* (Cohic, 1968b : 113).
Sterculiaceae : *Sterculia bequaerti* (Cohic, 1968b : 113).
Ulmaceae   : *Celtis milbraedii* (Cohic, 1969 : 99).

Aleurotuberculatus canangae Corbett

Aleurotuberculatus canangae Corbett, 1935b : 827–828. Syntypes on *Cananga odorata* and *Psidium guajava*, MALAYA : Kuala Lumpur.

DISTRIBUTION. Malaya (Corbett, 1935b : 828).
HOST PLANTS.
Annonaceae : *Cananga odorata* (Corbett, 1935b : 828).
Myrtaceae : *Psidium guajava* (Corbett, 1935b : 828).

Aleurotuberculatus cardamomi David & Subramaniam

Aleurotuberculatus cardamomi David & Subramaniam, 1976 : 171–172. Holotype and two paratypes on cardamom, *Elettaria cardamomum*, INDIA : Valparai, 6000 ft, 16.iv.1967 (*B. V. David*) (Calcutta ZSI). (One paratype in BMNH.)

DISTRIBUTION. India (David & Subramaniam, 1976 : 171) (BMNH).
HOST PLANTS.
Zingiberaceae   :   *Elettaria cardamomum* (David & Subramaniam, 1976 : 171) (BMNH).

Aleurotuberculatus cherasensis Corbett

Aleurotuberculatus cherasensis Corbett, 1935b : 824–825. Syntypes on *Psidium guajava*, MALAYA : Cheras and Kuala Lumpur.

DISTRIBUTION. Malaya (Corbett, 1935b : 825).
HOST PLANTS.
Myrtaceae   :   *Psidium guajava* (Corbett, 1935b : 825).

Aleurotuberculatus citrifolii (Corbett) comb. n.

Aleurolobus citrifolii Corbett, 1935b : 9. Syntypes on *Citrus* sp., PAKISTAN : Lyallpur. (One syntype in BMNH.)

DISTRIBUTION. Pakistan (Corbett, 1935b : 9) (BMNH).
HOST PLANTS.
Rutaceae   :   *Citrus* sp. (Corbett, 1935b : 9) (BMNH); *Murraya exotica* (Husain & Khan, 1945 : 18) (BMNH).

This dark brown species is related to *Aleurotuberculatus psidii* (Singh) and to three Malayan species, *phyllanthi, pulcherrimus* and *sandorici*. The latter three were described by Corbett in the genus *Aleurolobus* and are here transferred to *Aleurotuberculatus*.

Aleurotuberculatus elatostemae Takahashi

Aleurotuberculatus elatostemae Takahashi, 1932 : 23. Holotype on *Elatostema* sp., TAIWAN : Sozan, 20.viii.1931 (Taiwan ARI). Described from one 'rather incomplete' specimen.

DISTRIBUTION. Taiwan (Takahashi, 1932 : 23).
HOST PLANTS.
Urticaceae   :   *Elatostema* sp. (Takahashi, 1932 : 23).

Aleurotuberculatus erythrinae Corbett

Aleurotuberculatus erythrinae Corbett, 1935b : 836–837. Syntypes on *Erythrina* sp., MALAYA : Kuala Lumpur.

DISTRIBUTION. Malaya (Corbett, 1935b : 837).
HOST PLANTS.
Leguminosae   :   *Erythrina* sp. (Corbett, 1935b : 837).

Aleurotuberculatus eugeniae Corbett

Aleurotuberculatus eugeniae Corbett, 1935b : 826–827. Syntypes on *Eugenia aquea* and *Eugenia jambos*, MALAYA : Kuala Lumpur.

DISTRIBUTION. Malaya (Corbett, 1935b : 827).
HOST PLANTS.
Myrtaceae   :   *Eugenia aquea, Eugenia jambos* (Corbett, 1935b : 827).

Aleurotuberculatus euphoriae Takahashi

Aleurotuberculatus euphoriae Takahashi, 1942h : 333–334. Syntypes on *Euphoria longana*, THAILAND : Bangkok, 25.iii.1940; Chiengmai, 2.iv.1940 (Taiwan ARI).

DISTRIBUTION. Thailand (Takahashi, 1942h : 334).
HOST PLANTS.
Sapindaceae   :   *Euphoria longana* (Takahashi, 1942h : 334).

Aleurotuberculatus euryae (Kuwana)

Aleyrodes euryae Kuwana, 1911 : 625. Syntypes on *Eurya ochnacea*, JAPAN : Tokyo, Nishigahara, v.1907 (*S. I. Kuwana*) (USNM) (Taiwan ARI).
Aleuroplatus euryae (Kuwana) Quaintance & Baker, 1914 : 98.
Aleurotuberculatus euryae (Kuwana) Takahashi, 1938b : 71.

DISTRIBUTION. Japan (Kuwana, 1911 : 625) (BMNH).
HOST PLANTS.

Aquifoliaceae	: *Ilex crenata* (Takahashi, 1952a : 18); *Ilex pedunculosa* (Takahashi, 1938b : 71).
Ericaceae	: *Pieris japonicum* (Takahashi, 1952a : 18).
Lauraceae	: *Litsea glauca* (Takahashi, 1952a : 18).
Magnoliaceae	: *Michelia compressa* (Takahashi, 1952a : 18).
Theaceae	: *Eurya japonica* (Takahashi, 1952a : 18); *Eurya ochnacea* (Kuwana, 1911 : 625).
Trochodendraceae	: *Trochodendron* sp. (BMNH).

Aleurotuberculatus ficicola Takahashi

Aleurotuberculatus ficicola Takahashi, 1932 : 24–25. Syntypes on *Ficus* sp., TAIWAN : Shikikun near Taihezan, 21.v.1931 (Taiwan ARI).

DISTRIBUTION. Taiwan (Takahashi, 1932 : 25).
HOST PLANTS.

Moraceae	: *Ficus* sp. (Takahashi, 1932 : 25); *Ficus rigida, Morus alba* (Takahashi, 1935b : 40).

Aleurotuberculatus filamentosa (Corbett) **comb. n.**

Dialeurodes filamentosa Corbett, 1933 : 126. Syntypes on *Baccaurea motleyana*, MALAYA : Johol, Negri Sembilan, 29.iii.1927; Kampong Bahru, Kuala Lumpur, 6.v.1929; Kuala Pilah, ii.1929; on *Phyllanthus frondosus*, Kuala Lumpur, 29.ix.1928; on *Morinda* sp., Kuala Lumpur, 13.x.1928. (One mounted pupal case labelled paratype in BMNH.)

This new combination is based on a study of the original illustrated description and of the syntype in the BMNH.

DISTRIBUTION. Malaya (Corbett, 1933 : 126) (BMNH).
HOST PLANTS.

Euphorbiaceae	: *Baccaurea motleyana* (Corbett, 1933 : 126) (BMNH); *Phyllanthus frondosus* (Corbett, 1933 : 126).
Rubiaceae	: *Morinda* sp. (Corbett, 1933 : 126).

Aleurotuberculatus flabellus Takahashi

Aleurotuberculatus flabellus Takahashi, 1949 : 49–50. Syntypes on undetermined tree, RIOUW (RIAU) ISLANDS (south of Singapore) : Rempang, i.1946 (*R. Takahashi*) (Hikosan BL).

DISTRIBUTION. Riouw (Riau) Islands (Takahashi, 1949 : 47).
HOST PLANTS.
Host indet. (Takahashi, 1949 : 50).

Aleurotuberculatus gordoniae Takahashi

Aleurotuberculatus gordoniae Takahashi, 1932 : 21–22. Syntypes on *Pourthiaea benthamiana, Gordonia anomala, Cinnamomum camphora, Cinnamomum japonicum, Agalma lutchuense, Ficus retusa*, TAIWAN : Urai, Shinten, Taihoku, Sozan (Taiwan ARI).

DISTRIBUTION. Taiwan (Takahashi, 1932 : 22) (BMNH); Hong Kong (Takahashi, 1941b : 354).
HOST PLANTS.

Araliaceae	: *Schefflera* [*Agalma*] *lutchuense* (Takahashi, 1932 : 22).
Aquifoliaceae	: *Ilex pubescens* (Takahashi, 1933 : 4).
Lauraceae	: *Cinnamomum camphora* (Takahashi, 1932 : 22) (BMNH); *Cinnamomum japonicum* (Takahashi, 1932 : 22); *Machilus* sp. (Takahashi, 1933 : 4).

Moraceae	: *Ficus retusa* (Takahashi, 1932 : 22).
Myrtaceae	: *Decaspermum fruticosum* (Takahashi, 1934b : 68).
Rosaceae	: *Pourthiaea benthamiana* (Takahashi, 1932 : 22).
Symplocaceae	: *Symplocos* [= *Bobua*] *glauca* (Takahashi, 1933 : 2).
Theaceae	: *Eurya* sp. (Takahashi, 1933 : 3); *Gordonia anomala* (Takahashi, 1932 : 22).

Aleurotuberculatus guyavae Takahashi

Aleurotuberculatus guyavae Takahashi, 1932 : 22–23. Syntypes on *Psidium gujava*, TAIWAN : Taihoku (Taiwan ARI).

DISTRIBUTION. Taiwan (Takahashi, 1932 : 23); Hong Kong (Takahashi, 1941b : 355).
HOST PLANTS.
Lauraceae	: *Cinnamomum* sp. (Takahashi, 1941b : 354).
Myrtaceae	: *Psidium guajava* (Takahashi, 1932 : 23).

Aleurotuberculatus hikosanensis Takahashi **comb. rev.**

Aleurotuberculatus hikosanensis Takahashi, 1938b : 71–72. Syntypes on *Cinnamomum* sp., JAPAN : Hikosan, Fukuoka Prefecture, 11.v.1937 (*R. Takahashi*) (Taiwan ARI).
Japaneyrodes hikkosanensis [sic] (Takahashi) Zahradnik, 1962a : 14.

DISTRIBUTION. Japan (Takahashi, 1938b : 72) (BMNH).
HOST PLANTS.
Aquifoliaceae	: *Ilex crenata, Ilex pedunculosa* (Takahashi, 1952a : 19).
Buxaceae	: *Buxus microphylla* var. *japonica, Buxus microphylla* var. *rotundifolii* (Takahashi, 1952a : 19); *Buxus* sp. (BMNH).
Lauraceae	: *Cinnamomum* sp. (Takahashi, 1938b : 72).
Pittosporaceae	: *Pittosporum tobira* (Takahashi, 1952a : 19).
Theaceae	: *Eurya* sp. (Takahashi, 1952a : 19).

Aleurotuberculatus jasmini Takahashi

Aleurotuberculatus jasmini Takahashi, 1932 : 26–27. Syntypes on *Jasminum* sp., TAIWAN : Taihoku (Taiwan ARI).

DISTRIBUTION. India (BMNH); China (Takahashi, 1942h : 332); Hong Kong (Takahashi, 1955b : 230); Taiwan (Takahashi, 1932 : 27) (BMNH); Thailand, Malaya (Takahashi, 1955b : 230).
HOST PLANTS.
Combretaceae	: *Quisqualis indica* (Corbett, 1935b : 831).
Euphorbiaceae	: *Bischofia javanica* (BMNH).
Myrsinaceae	: *Ardisia* [*Bladhia*] sp., *Maesa* sp. (Takahashi, 1938a : 29).
Oleaceae	: *Jasminum* sp. (Takahashi, 1932 : 27); *Jasminum sambac, Osmanthus asiaticus* (BMNH).
Rubiaceae	: *Gardenia florida* (Corbett, 1935b : 831).
Rutaceae	: *Citrus* sp. (Corbett, 1935b : 831); *Murraya exotica* (Takahashi, 1933 : 4); *Murraya paniculata* (BMNH).

Aleurotuberculatus kusheriki Mound

Aleurotuberculatus kusheriki Mound, 1965c : 138. Holotype and seven paratypes on an undetermined plant, NIGERIA : Kusheriki, ix.1960 (*L. A. Mound*) (BMNH) (USNM).

DISTRIBUTION. Kenya (BMNH); Nigeria (Mound, 1965c : 138) (BMNH).
HOST PLANTS.
Original host indet. (Mound, 1965c : 138).
Hippocrateaceae	: *Hippocratea obtusifolia* (BMNH).
Moraceae	: *Ficus* sp. (BMNH).
Rutaceae	: *Clausena anisata* (BMNH).

Aleurotuberculatus kuwanai Takahashi

Aleurotuberculatus kuwanai Takahashi, 1934b : 54–55. Holotype on *Murraya* sp., TAIWAN : Suisha, 11.vi.1933 (*R. Takahashi*) (Taiwan ARI). Described from a single specimen.

DISTRIBUTION. Taiwan (Takahashi, 1934b : 54).
HOST PLANTS.
Rutaceae : *Murraya* sp. (Takahashi, 1934b : 54).

Aleurotuberculatus lagerstroemiae Takahashi

Aleurotuberculatus lagerstroemiae Takahashi, 1934b : 57–58. Syntypes on *Lagerstroemia indica*, TAIWAN : Shinten near Taihoku, 25.xii.1932 (*R. Takahashi*) (Taiwan ARI).

DISTRIBUTION. Taiwan (Takahashi, 1934b : 58).
HOST PLANTS.
Lythraceae : *Lagerstroemia indica* (Takahashi, 1934b : 58).

Aleurotuberculatus latus Takahashi

Aleurotuberculatus latus Takahashi, 1934b : 47–48. Syntypes on *Neolitsea acuminatissima* and *Cinnamomum randaiense*, TAIWAN : Suisha, 11.vi.1933 (*R. Takahashi*) (Taiwan ARI).

DISTRIBUTION. Taiwan (Takahashi, 1934b : 48); Thailand (Takahashi, 1942h : 330).
HOST PLANTS.
Lauraceae : *Cinnamomum randaiense, Neolitsea acuminatissima* (Takahashi, 1934b : 48).

Aleurotuberculatus lithocarpi Takahashi

Aleurotuberculatus lithocarpi Takahashi, 1934b : 50–51. Syntypes on *Lithocarpus uraiana*, TAIWAN : Suisha, Rirei in Tosei-Gun, vi.1933 (*R. Takahashi*) (Taiwan ARI).

DISTRIBUTION. Taiwan (Takahashi, 1934b : 51).
HOST PLANTS.
Fagaceae : *Lithocarpus uraiana* (Takahashi, 1934b : 51).

Aleurotuberculatus longispinus Takahashi

Aleurotuberculatus longispinus Takahashi, 1934b : 51–52. Holotype on an undetermined shrub, TAIWAN : Ikenohata in Rato-Gun, 1.viii.1933 (*R. Takahashi*) (Taiwan ARI). Described from a single specimen.

DISTRIBUTION. Taiwan (Takahashi, 1934b : 52).
HOST PLANTS.
Host indet. (Takahashi, 1934b : 52).

Aleurotuberculatus macarangae Corbett

Aleurotuberculatus macarangae Corbett, 1935b : 828–829. Syntypes on *Macaranga* sp., MALAYA : Kuala Lumpur and Rawang.

DISTRIBUTION. Malaya (Corbett, 1935b : 829).
HOST PLANTS.
Euphorbiaceae : *Macaranga* sp. (Corbett, 1935b : 829).

Aleurotuberculatus magnoliae Takahashi

Aleurotuberculatus magnoliae Takahashi, 1952a : 19–20. Syntypes on *Acer palmata, Acer carpinifolium, Actinidia arguta, Aesculus turbinata, Alnus* sp., *Amelanchier asiatica, Clethra barbinervis, Cornus brachypoda, Cornus controversa, Corylopsis pauciflora, Desmodium fallax* var. *mandsuricum, Fraxinus* sp., *Hydrangea* sp., *Lespedeza buergeri, Lindera glauca, Lindera obtusiloba, Lindera* [*Parabenzoin*] *praecox, Lindera thunbergii, Lindera* [*Benzoin*] *umbellatum, Magnolia kobus, Magnolia liliflora, Magnolia obovata, Pieris ovalifolia, Pourthiaea villosa, Prunus serrulata, Rhododendron* sp., *Rubus microphyllus*, JAPAN : '(Tokyo, Asakawa, Ome, Mt Takao and Mt Mitake, 1000 m, near Tokyo, Hakone, Gifu, Kyoto, Wakayama; Tosu, Saga-ken)' (Hikosan BL).

DISTRIBUTION. Japan (Takahashi, 1952a : 20) (BMNH).
HOST PLANTS.
Aceraceae : *Acer carpinifolium, Acer palmata* (Takahashi, 1952a : 20).
Actinidiaceae : *Actinidia arguta* (Takahashi, 1952a : 20).
Betulaceae : *Alnus* sp. (Takahashi, 1952a : 20).
Clethraceae : *Clethra barbinervis* (Takahashi, 1952a : 20).
Cornaceae : *Cornus brachypoda, Cornus controversa* (Takahashi, 1952a : 20).

Ericaceae	: *Pieris ovalifolia, Rhododendron* sp. (Takahashi, 1952a : 20).
Hamamelidaceae	: *Corylopsis pauciflora* (Takahashi, 1952a : 20).
Hippocastanaceae	: *Aesculus turbinata* (Takahashi, 1952a : 20).
Lauraceae	: *Lindera glauca, Lindera obtusiloba, Lindera* [*Parabenzoin*] *praecox,*
	: *Lindera thunbergii, Lindera* [*Benzoin*] *umbellatum* (Takahashi, 1952a : 20).
Leguminosae	: *Desmodium fallax* var. *mandsuricum, Lespedeza buergeri* (Takahashi, 1952a : 20).
Magnoliaceae	: *Magnolia kobus, Magnolia liliflora, Magnolia obovata* (Takahashi, 1952a : 20).
Oleaceae	: *Fraxinus* sp. (Takahashi, 1952a : 20).
Rosaceae	: *Amelanchier asiatica, Pourthiaea villosa, Prunus serrulata, Rubus microphyllus* (Takahashi, 1952a : 20).
Saxifragaceae	: *Hydrangea* sp. (Takahashi, 1952a : 20).

Aleurotuberculatus malloti Takahashi

Aleurotuberculatus malloti Takahashi, 1932 : 25–26. Syntypes on *Mallotus* sp., TAIWAN : Shinten, Kusshaku (Taiwan ARI).

DISTRIBUTION. Taiwan (Takahashi, 1932 : 26).
HOST PLANTS.
Euphorbiaceae : *Mallotus* sp. (Takahashi, 1932 : 26).

Aleurotuberculatus melastomae Takahashi

Aleurotuberculatus melastomae Takahashi, 1934b : 52–53. Syntypes on *Melastoma candidum*, TAIWAN : Sozan near Taihoku, 29.vi.1933 (*R. Takahashi*) (Taiwan ARI).

DISTRIBUTION. Taiwan (Takahashi, 1934b : 53).
HOST PLANTS.
Melastomataceae : *Melastoma candidum* (Takahashi, 1934b : 53).

Aleurotuberculatus minutus (Singh)

Dialeurodes minuta Singh, 1931 : 42–43. Syntypes on *Ixora coccinea*, INDIA : Pusa.
Aleurotuberculatus minutus (Singh) Takahashi, 1934b : 50.

DISTRIBUTION. India (Singh, 1931 : 42) (BMNH); Malaya (Corbett, 1935b : 824).
HOST PLANTS.
Rubiaceae : *Gardenia florida* (Corbett, 1935b : 824); *Ixora coccinea* (Singh, 1931 : 42) (BMNH).

Aleurotuberculatus multipori Takahashi

Aleurotuberculatus multipori Takahashi, 1935b : 53–55. Syntypes on *Oreocnide pedunculata*, TAIWAN : Habon near Musha (Taichu Prefecture) and Ekiju near Piyanan (Taihoku Prefecture) (Taiwan ARI).
Aleurotuberculatus multipori var. *thaiensis* Takahashi, 1942h : 334. Syntypes on Fagaceae, THAILAND : Mt Sutep, 12.iv.1940; on an undetermined host, CAMBODIA : Ankor, 24.iv.1940.

DISTRIBUTION. Taiwan (Takahashi, 1935b : 54); Thailand, Cambodia (Takahashi, 1942h : 334).
HOST PLANTS.
Fagaceae : Genus indet. (Takahashi, 1942h : 334).
Urticaceae : *Oreocnide pedunculata* (Takahashi, 1935b : 54).

Aleurotuberculatus murrayae (Singh)

Aleurotrachelus murrayae Singh, 1931 : 62–63. Syntypes on *Murraya exotica*, INDIA : Pusa.
Aleuromigda deghai Dozier & Baker; Husain & Khan, 1945 : 32. Nomen nudum. [Synonymized by Husain & Khan, 1945 : 32.]
Aleurotuberculatus murrayae (Singh) Takahashi, 1932 : 20.

DISTRIBUTION. India (Singh, 1931 : 62); Pakistan (BMNH); Taiwan (Takahashi, 1934b : 55); Cambodia (Takahashi, 1942h : 331).

HOST PLANTS.
Lauraceae   : *Cinnamomum* sp. (Takahashi, 1942h : 331).
Proteaceae   : *Helicia formosana* (Takahashi, 1934b : 55).
Rutaceae   : *Murraya exotica* (Singh, 1931 : 62) (BMNH).

Aleurotuberculatus nachiensis Takahashi

Aleurotuberculatus nachiensis Takahashi, 1963 : 50–51. Holotype on 'a tree of Lauraceae', JAPAN : Mt Nachi, Wakayama Prefecture, 27.x.1958 (*R. Takahashi*) (Hikosan BL). Described from a single specimen.

DISTRIBUTION. Japan (Takahashi, 1963 : 51).
HOST PLANTS.
Lauraceae   : Genus indet. (Takahashi, 1963 : 51).

Aleurotuberculatus neolitseae Takahashi

Aleurotuberculatus neolitseae Takahashi, 1934b : 55–56. Syntypes on *Neolitsea acuminatissima*, TAIWAN : Suisha, 11.vi.1933 (*R. Takahashi*) (Taiwan ARI).

DISTRIBUTION. Taiwan (Takahashi, 1934b : 56); Malaya, Riouw (Riau) Islands (Takahashi, 1949 : 51).
HOST PLANTS.
Lauraceae   : *Neolitsea acuminatissima* (Takahashi, 1934b : 56).
Moraceae   : *Artocarpus* sp. (Corbett, 1935b : 831).

Aleurotuberculatus nephelii Corbett

Aleurotuberculatus nephelii Corbett, 1935b : 831–832. Syntypes on *Nephelium lappaceum*, *Conocephalus subtrinervius*, *Artocarpus* sp., MALAYA : Kuala Lumpur.

DISTRIBUTION. Malaya (Corbett, 1935b : 832); Thailand (Takahashi, 1942h : 333).
HOST PLANTS.
Moraceae   : *Artocarpus* sp., *Conocephalus subtrinervius* (Corbett, 1935b : 832).
Sapindaceae   : *Nephelium lappaceum* (Corbett, 1935b : 832).
Ulmaceae   : *Celtis* sp. (Takahashi, 1942h : 333).

Aleurotuberculatus nigeriae Mound

Aleurotuberculatus nigeriae Mound, 1965c : 136–138. Holotype and twenty-six paratypes on *Psidium guajava*, NIGERIA : Moor Plantation, Ibadan, xii.1960 (*M. O. Ezeigwe*); six paratypes on *Ficus asperifolia*, Ibadan, i.1960 (*M. O. Ezeigwe*); seven paratypes on *Diospyros monbuttensis*, Ibadan, x.1959 (*E. A. James*) (BMNH) (USNM).

DISTRIBUTION. Cameroun, Chad, Ivory Coast (Cohic, 1969 : 99–100); Ghana (Cohic, 1969 : 100) (BMNH); Nigeria (Mound, 1965c : 136) (BMNH).
HOST PLANTS.
Anacardiaceae   : *Anacardium occidentale* (Cohic, 1969 : 100).
Bignoniaceae   : *Tecoma* sp. (Mound, 1965c : 138) (BMNH).
Combretaceae   : *Combretum dolichopetalum*, *Combretum paniculatum* (Cohic, 1969 : 100).
Ebenaceae   : *Diospyros monbuttensis* (Mound, 1965c : 138) (BMNH).
Flacourtiaceae   : *Oncoba spinosa* (Cohic, 1969 : 99).
Loganiaceae   : *Strychnos usambarensis* (Cohic, 1969 : 100).
Moraceae   : *Ficus asperifolia* (Mound, 1965c : 138) (BMNH); *Ficus capensis* (Cohic, 1969 : 100).
Myrtaceae   : *Psidium guajava* (Mound, 1965c : 136) (BMNH).
Rubiaceae   : *Morelia senegalensis* (Cohic, 1969 : 100).
Sapindaceae   : *Paullinia pinnata* (Cohic, 1969 : 99).
Sapotaceae   : *Malacantha heudelotiana* (Cohic, 1969 : 100).
Simaroubaceae   : *Harrisonia abyssinica* (Cohic, 1969 : 100).
Ulmaceae   : *Celtis milbraedii* (Cohic, 1969 : 100).
Verbenaceae   : *Vitex doniana* (Cohic, 1969 : 100).

Aleurotuberculatus parvus Singh

Aleurotuberculatus parvus Singh, 1938 : 189. Syntypes on *Bombax malabaricum*, BURMA : Royal Lakes, Rangoon, x.1929 (*K. Singh*) (Calcutta ZSI).

DISTRIBUTION. Burma (Singh, 1938 : 189).
HOST PLANTS.
Bombacaceae   : *Bombax malabaricum* (Singh, 1938 : 189).

Aleurotuberculatus phyllanthi (Corbett) comb. n.

Aleurolobus phyllanthi Corbett, 1935b : 818–819. Syntypes on *Phyllanthus frondosus*, MALAYA : Kuala Lumpur.

This species is transferred from *Aleurolobus* after a study of the original description. It is related to the Indian species, *Aleurotuberculatus citrifolii* (Corbett).

DISTRIBUTION. Malaya (Corbett, 1935b : 819).
HOST PLANTS.
Euphorbiaceae   : *Phyllanthus frondosus* (Corbett, 1935b : 819).

Aleurotuberculatus piperis Takahashi

Aleurotuberculatus piperis Takahashi, 1935b : 52–53. Syntypes on *Piper* sp., TAIWAN : Ekiju near Piyanan (Taihoku Prefecture), 14.viii.1934 (*R. Takahashi*) (Taiwan ARI).

DISTRIBUTION. Taiwan (Takahashi, 1935b : 53); Japan (Takahashi, 1952a : 21) (BMNH).
HOST PLANTS.
Piperaceae   : *Piper futokadsura* (Takahashi, 1952a : 21); *Piper* sp. (Takahashi, 1935b : 53) (BMNH).

Aleurotuberculatus porosus (Priesner & Hosny) comb. n.

Trialeurodes porosus Priesner & Hosny, 1937 : 45–46. Syntypes on *Zizyphus spina-christi*, EGYPT : Assiout, 2.iii.1932 (*H. Priesner* and *M. Hosny*); Shoubra near Cairo, 15.vi.1932 (*M. Kasim*).

This new combination is based on a study of the syntypes from Egypt and specimens taken on the type-host in the Sudan. At this second locality a species of *Aleurotuberculatus*, smaller than *porosus*, was found to be more common on *Zizyphus*.

DISTRIBUTION. Egypt (Priesner & Hosny, 1937 : 46); Sudan (BMNH).
HOST PLANTS.
Rhamnaceae   : *Zizyphus spina-christi* (Priesner & Hosny, 1937 : 46) (BMNH).

Aleurotuberculatus psidii (Singh)

Aleurotrachelus psidii Singh, 1931 : 61–62. Syntypes on *Psidium gujava*, INDIA : Pusa.
Aleurotuberculatus psidii (Singh) Takahashi, 1932 : 20.

DISTRIBUTION. India (Singh, 1931 : 61); China, Thailand (Takahashi, 1942h : 330); Hong Kong (Takahashi, 1941b : 355); Taiwan (Takahashi, 1942h : 330) (BMNH); Malaya (Takahashi, 1942h : 330).
HOST PLANTS.
Caprifoliaceae   : *Sambucus formosana* (BMNH).
Euphorbiaceae   : *Bridelia ovata* (Takahashi, 1932 : 24).
Lauraceae   : *Cinnamomum camphora* (Takahashi, 1932 : 24); *Cinnamomum camphora* var. *nominale* (Takahashi, 1933 : 3).
Moraceae   : *Morus alba* (Takahashi, 1935b : 40).
Myrsinaceae   : *Maesa* sp. (Takahashi, 1932 : 24).
Myrtaceae   : *Eugenia jambos* (Takahashi, 1933 : 3); *Psidium guajava* (Takahashi, 1932 : 24) (BMNH).
Rosaceae   : *Prunus salicinia* (BMNH).
Salicaceae   : *Salix* sp. (Takahashi, 1932 : 24).
Sapindaceae   : *Euphoria longana* (Takahashi, 1932 : 24) (BMNH); *Litchi chinensis* (BMNH).
Ulmaceae   : *Celtis sinensis* (Takahashi, 1933 : 2).

Aleurotuberculatus pulcherrimus (Corbett) comb. n.

Aleurolobus pulcherrimus Corbett, 1935b : 822–823. Syntypes on *Erythrina stricta*, MALAYA : Kuala Pilah.

This species is transferred from *Aleurolobus* after a study of the original description. It is related to the Indian species, *Aleurotuberculatus citrifolii* (Corbett).

DISTRIBUTION. Malaya (Corbett, 1935b : 823).
HOST PLANTS.
Leguminosae : *Erythrina stricta* (Corbett, 1935b : 823).

Aleurotuberculatus pyracanthae Takahashi

Aleurotuberculatus pyracanthae Takahashi, 1933 : 12–13. Syntypes on *Pyracantha koidzumii*, TAIWAN : Taito, i.1932 (Taiwan ARI).

DISTRIBUTION. Taiwan (Takahashi, 1933 : 13); Japan (BMNH).
HOST PLANTS.
Rosaceae : *Pyracantha koidzumii* (Takahashi, 1933 : 13); *Pyracantha* sp. (BMNH).

Aleurotuberculatus rhododendri Takahashi

Aleurotuberculatus rhododendri Takahashi, 1935b : 51–52. Syntypes on *Rhododendron* sp., TAIWAN : Mizuho (Karenko Province), 21.v.1934 (*R. Takahashi*) (Taiwan ARI).

DISTRIBUTION. Taiwan (Takahashi, 1935b : 52).
HOST PLANTS.
Ericaceae : *Rhododendron* sp. (Takahashi, 1935b : 52).

Aleurotuberculatus russellae David & Subramaniam

Aleurotuberculatus russellae David & Subramaniam, 1976 : 172–174. Holotype and eight paratypes on an unidentified tree, INDIA : Valparai, 6000 ft, 16.iv.1967 (*B. V. David*) (Calcutta ZSI) (USNM). (Four paratypes in BMNH.)

DISTRIBUTION. India (David & Subramaniam, 1976 : 174) (BMNH).
HOST PLANTS.
Host indet. (David & Subramaniam, 1976 : 174).

Aleurotuberculatus sandorici (Corbett) comb. n.

Aleurolobus sandorici Corbett, 1935b : 817–818. Syntypes on *Sandoricum indicum*, MALAYA : Kuala Lumpur.

This species is transferred from *Aleurolobus* after a study of the original description. It is related to the Indian species, *Aleurotuberculatus citrifolii* (Corbett).

DISTRIBUTION. Malaya (Corbett, 1935b : 818).
HOST PLANTS.
Meliaceae : *Sandoricum indicum* (Corbett, 1935b : 818).

Aleurotuberculatus siamensis Takahashi

Aleurotuberculatus siamensis Takahashi, 1942h : 335. Syntypes on an unidentified host, THAILAND : Chiengsen, 17.iv.1940 (Taiwan ARI).

DISTRIBUTION. Thailand (Takahashi, 1942h : 335).
HOST PLANTS.
Host indet. (Takahashi, 1942h : 335).

Aleurotuberculatus similis Takahashi comb. rev.

Aleurotuberculatus similis Takahashi, 1938b : 73–74. Syntypes on *Ilex crenata, Ilex pedunculosa* and *Pieris japonicum*, JAPAN : Asakawa near Tokyo, 3.vi.1937 (*R. Takahashi*) (Taiwan ARI)
[*Aleurochiton vaccinii* (Künow) Ryberg, 1938 : 16, 22. Misidentification. Partim.]
Japaneyrodes similis (Takahashi) Zahradnik, 1962a : 14.

DISTRIBUTION. Japan (Takahashi, 1952a : 20) (BMNH); Czechoslovakia (Zahradnik, 1956 : 45); Austria, Germany (Zahradnik, 1963a : 11); Netherlands (BMNH); Norway

(Ossiannilsson, 1955 : 196); Poland (Szelegiewicz, 1972 : 28); Sweden (Ossiannilsson, 1955 : 196); U.S.S.R. (Danzig, 1966 : 384 [208]); U.S.A. (Ossiannilsson, 1955 : 196).
HOST PLANTS.
Aquifoliaceae : *Ilex crenata, Ilex pedunculosa* (Takahashi, 1938b : 74).
Ericaceae : *Leucothoë* sp. (Ossiannilsson, 1955 : 196); *Pieris japonicum* (Takahashi, 1938b : 74) (BMNH); *Rhododendron* [*Azalea*] sp. (Zahradnik, 1956 : 45); *Vaccinium vitis idaea* (Danzig, 1966 : 384 [208]) (BMNH).
Theaceae : *Eurya japonica* (Zahradnik, 1962a : 14).

Aleurotuberculatus similis has two subspecies, *similis europaeus* (Zahradnik) and *similis suborientalis* (Danzig).

Aleurotuberculatus similis europaeus (Zahradnik) comb. n.

Japaneyrodes similis europaeus Zahradnik, 1962a : 15–18. Holotype and paratypes on *Vaccinium vitis idaea*, CZECHOSLOVAKIA : Beloves, near Náchod, 16.ix.1959; paratypes on *Vaccinium vitis idaea*, CZECHOSLOVAKIA : Libštát, viii.1954 and 6.xi.1955; Prestřice, 4.ix.1954 (*J. Winkler*); Prachovksé skály, Ervinuv hrad, 14.i.1956; Rotštejn, 22.iii.1957; Čertova Stěna, 25.iv.1961; Holubov, 17.iv.1962; Loušovice, 18.iv.1962; Berlin-Friedrichshagen, 28.x.1959; Naska, Erstavik, 14.ix.1947; Säter, Ränna, 29.v.1949; Värmdö, Vik, 4.vi.1952; Ängelholm, 5.vii.1953; Petergof, 12.v.1960. (Paratypes in USNM.)

DISTRIBUTION. Austria, Germany, Sweden (Zahradnik, 1963a : 11); Czechoslovakia (Zahradnik, 1962a : 15–18); Netherlands (BMNH); Poland (Szelegiewicz, 1972 : 28); U.S.S.R. (Danzig, 1964b : 488 [615]) (BMNH).
HOST PLANTS.
Ericaceae : *Vaccinium vitis idaea* (Zahradnik, 1963a : 11) (BMNH).

Aleurotuberculatus similis suborientalis (Danzig) comb. n.

Japaneyrodes similis suborientalis Danzig, 1966 : 383–384 [208]. Holotype on *Vaccinium vitis idaea*, U.S.S.R. : southern Maritime Territory, Pidan Range, Khualaza peak, 1300m., 3.vii.1963 (*E. M. Danzig*); paratypes on *Vaccinium vitis idaea*, southern Maritime Territory, Pidan Range, Temnyy klyuch, 8.vii.1963 (*E. M. Danzig*) (Leningrad ZI).

DISTRIBUTION. U.S.S.R. (Danzig, 1966 : 384 [208]).
HOST PLANTS.
Ericaceae : *Vaccinium vitis idaea* (Danzig, 1966 : 384 [208]).

Aleurotuberculatus simplex Takahashi

Aleurotuberculatus simplex Takahashi, 1949 : 50–51. Holotype on an unidentified plant, RIOUW (RIAU) ISLANDS (south of Singapore) : Rempang, i.1946 (*R. Takahashi*) (Hikosan BL). Described from a single specimen.

DISTRIBUTION. Riouw (Riau) Islands (Takahashi, 1949 : 47).
HOST PLANTS.
Host indet. (Takahashi, 1949 : 51).

Aleurotuberculatus stereospermi Corbett

Aleurotuberculatus stereospermi Corbett, 1935b : 832–833. Syntypes on *Stereospermum chelonoides*, MALAYA : Johol and Kuala Lumpur.

DISTRIBUTION. Malaya (Corbett, 1935b : 833).
HOST PLANTS.
Bignoniaceae : *Stereospermum chelonoides* (Corbett, 1935b : 833).

Aleurotuberculatus suishanus Takahashi

Aleurotuberculatus suishanus Takahashi, 1934b : 48–50. Syntypes on Lauraceae, TAIWAN : Suisha, 11.vi.1933 (*R. Takahashi*) (Taiwan ARI).

DISTRIBUTION. Taiwan (Takahashi, 1934b : 49).
HOST PLANTS.
Lauraceae : Genus indet. (Takahashi, 1934b : 49)
Myrsinaceae : *Ardisia* [*Bladhia*] sp. (Takahashi, 1935b : 39).

Aleurotuberculatus takahashii David & Subramaniam

Aleurotuberculatus takahashii David & Subramaniam, 1976 : 174–175. Holotype and eight paratypes on *Cordia myxa*, INDIA : Madras, 19.vii.1971 (*B. V. David*) (Calcutta ZSI). (Three paratypes in BMNH.)

DISTRIBUTION. India (David & Subramaniam, 1976 : 175) (BMNH).
HOST PLANTS.
Boraginaceae : *Cordia myxa* (David & Subramaniam, 1976 : 175) (BMNH).

Aleurotuberculatus tentactuliformis Corbett

Aleurotuberculatus tentactuliformis Corbett, 1935b : 825–826. Syntypes on *Conocephalus subtrinervius* and unidentified plants, MALAYA : Kuala Lumpur, Cameron Highlands, Rembau.

DISTRIBUTION. Malaya (Corbett, 1935b : 826).
HOST PLANTS.
Moraceae : *Conocephalus subtrinervius* (Corbett, 1935b : 826).

Aleurotuberculatus thysanospermi Takahashi

Aleurotuberculatus thysanospermi Takahashi, 1934b : 56–57. Holotype on *Thysanospermum diffisum*, TAIWAN : Ikenohata in Rato-Gun, 1.viii.1933 (*R. Takahashi*) (Taiwan ARI). Described from a single specimen.

DISTRIBUTION. Taiwan (Takahashi, 1934b : 57).
HOST PLANTS.
Rubiaceae : *Thysanospermum diffisum* (Takahashi, 1934b : 57).

Aleurotuberculatus trachelospermi Takahashi **comb. rev.**

Aleurotuberculatus trachelospermi Takahashi, 1938b : 72–73. Syntypes on *Trachelospermum asiaticum* var. *intermedium*, JAPAN : Asakawa near Tokyo, 3.vi.1937 (Taiwan ARI).
Japaneyrodes trachelospermi (Takahashi) Zahradnik, 1962a : 13.

DISTRIBUTION. Japan (Takahashi, 1938b : 73) (BMNH).
HOST PLANTS.
Apocynaceae : *Trachelospermum asiaticum* var. *intermedium* (Takahashi, 1938b : 73).
Aquifoliaceae : *Ilex rugosa* (BMNH).

Aleurotuberculatus ubonensis Takahashi

Aleurotuberculatus ubonensis Takahashi, 1942h : 332. Syntypes on an undetermined tree, THAILAND : Ubon, 4.v.1940.

DISTRIBUTION. Thailand (Takahashi, 1942h : 332).
HOST PLANTS.
Host indet. (Takahashi, 1942h : 332).

Aleurotuberculatus uraianus Takahashi

Aleurotuberculatus uraianus Takahashi, 1932 : 27. Syntypes on *Clerodendron* sp., TAIWAN : Urai, 29.xii.1930 (Taiwan ARI).

DISTRIBUTION. Taiwan (Takahashi, 1932 : 27).
HOST PLANTS.
Myrsinaceae : *Maesa* sp. (Takahashi, 1935b : 40).
Piperaceae : *Piper* sp. (Takahashi, 1935b : 41).
Verbenaceae : *Clerodendron* sp. (Takahashi, 1932 : 27).

Aleurotuberculatus yambiae Gameel

Aleurotuberculatus yambiae Gameel, 1971 : 169–171. Holotype on *Vitex cuneata*, SUDAN : Yambio, 9.xi.1961 (*O. I. Gameel*). Twelve paratypes on *Vitex cuneata*, Yambio 15.xi.1961 (*O. I. Gameel*) (Sudan GRF).

DISTRIBUTION. Sudan (Gameel, 1971 : 171).
HOST PLANTS.
Verbenaceae : *Vitex cuneata* (Gameel, 1971 : 171).

ALEUROTULUS Quaintance & Baker

Aleurotulus Quaintance & Baker, 1914 : 101–102. Type-species : *Aleurodes nephrolepidis*, by original designation.

Aleurotulus arundinacea Singh

Aleurotulus arundinacea Singh, 1931 : 88–89. Syntypes on *Bambusa arundinacea*, INDIA : Pusa.

DISTRIBUTION. India (Singh, 1931 : 88).
HOST PLANTS.
Gramineae : *Bambusa arundinacea* (Singh, 1931 : 88).

Aleurotulus maculata Singh

Aleurotulus maculata Singh, 1931 : 89–90. Syntypes on *Ficus religiosa*, INDIA : Pusa.

DISTRIBUTION. India (Singh, 1931 : 89).
HOST PLANTS.
Moraceae : *Ficus religiosa* (Singh, 1931 : 89).

Aleurotulus mundururu Bondar

Aleurotulus mundururu Bondar, 1923a : 131–132. Syntypes on 'mundururu' [*Miconia* sp.], BRAZIL : Bahia (*G. Bondar*) (Sao Paulo MZU).

DISTRIBUTION. Brazil (Bondar, 1923a : 132).
HOST PLANTS.
Melastomataceae : *Miconia* sp. (Bondar, 1923a : 132).

Aleurotulus nephrolepidis (Quaintance)

[*Aleurodes filicium* Goeldi; Douglas, 1891 : 44. Misidentification.]
Aleurodes nephrolepidis Quaintance, 1900 : 29–30. Syntypes on *Nephrolepis* sp., U.S.A. : PENNSYLVANIA, Pennsylvania State College conservatory, 19.xi.1898 (*G. C. Butz*) (USNM).
Aleyrodes extraniens Bemis, 1904 : 526–530. Syntypes on *Acrostichum capense*, U.S.A. : CALIFORNIA, Golden Gate Park, San Francisco (USNM). [Synonymized by Quaintance & Baker, 1914 : 102.]
Aleurotulus nephrolepidis (Quaintance) Quaintance & Baker, 1914 : 102.
Aleuroplatus kewensis Trehan, 1938 : 183–186. LECTOTYPE on *Nephrodium confluens*, ENGLAND : Surrey, Kew, Royal Botanic Gardens, 8.x.1937 (*K. N. Trehan*) (BMNH). Other material [formally syntypic] on *Anemia* sp., *Diplazium proliferum*, *Dryopteris flaccida*, *Nephrodium confluens*, *Oleandra africana*. 'The type specimen which emerged on 27th January, 1938, from a pupa on *Nephrodium confluens* F. Mueller, and also a pupa from *Anemia* sp. collected from Royal Botanic Gardens, Kew, Surrey, 17th September, 1937, will be deposited in the British Museum (Natural History)' Trehan, 1938 : 186. [Synonymized by Mound, 1966 : 40.]

As the taxonomy of the Aleyrodidae is restricted almost entirely to the study of the exuvia of the fourth larval stage (the 'pupal cases') and because in the original description the type data of *kewensis* was open to misinterpretation, a pupal case on *Nephrodium* is here designated as the lectotype.

DISTRIBUTION. Palaearctic Region : England (glasshouse) (Trehan, 1938 : 186) (BMNH); Hungary (glasshouse) (Visnya, 1941b : 15); Scotland (glasshouse) (BMNH); Spain (glasshouse) (Gomez-Menor, 1945a : 306); Canary Islands (Gomez-Menor, 1954 : 375).
Madagascan Region : Madagascar (Mound, 1966 : 411) (BMNH).
Nearctic Region : U.S.A. (California) (glasshouse) (Bemis, 1904 : 529); U.S.A. (Pennsylvania) (glasshouse) (Quaintance, 1900 : 30).
Neotropical Region : Brazil (Bondar, 1923a : 131).
HOST PLANTS.

Aspidiaceae	: *Dryopteris flaccida*, *Nephrodium confluens* (Trehan, 1938 : 186); *Nephrodium* sp. (BMNH); *Polystichum falcatum*, *Stenosema aurita* (Visnya, 1941b : 15); *Tectaria* [*Aspidium*] *molle* (Gomez-Menor, 1945a : 306).
Aspleniaceae	: *Asplenium cuneatum* (Bondar, 1923a : 131).
Athyriaceae	: *Diplazium proliferum* (Trehan, 1938 : 186).
Blechnaceae	: *Blechnum brasiliensis* (Gomez-Menor, 1945a : 306); *Blechnum occidentale* (Visnya, 1941b : 15).

Oleandraceae : *Nephrolepis* sp. (Quaintance, 1900 : 30); *Oleandra africana* (Trehan, 1938 : 186); *Oleandra articulata* (Mound, 1966 : 411) (BMNH).
Pteridaceae : *Acrostichum capense* (Bemis, 1904 : 529); *Pteris biaurita* (Visnya, 1941b : 15); *Pteris quadriolata* (Quaintance, 1907 : 94); *Pteris togoensis* (BMNH).
Schizaeaceae : *Anemia* sp. (Trehan, 1938 : 186).
Thelypteridaceae : *Cyclosorus dentatus* (BMNH); *Nephrodium confluens* (Trehan, 1938 : 186); *Nephrodium* sp. (BMNH).

ALEYRODES Latreille

Aleyrodes Latreille, 1796 : 93. Type-species : *Phalaenia* (*Tinea*) *prolettella* by subsequent designation and monotypy, Latreille, 1801–2 : 264.
Aleurodes [sic] Latreille; Burmeister, 1835 : 82.

'This, the first whitefly genus to be named, was defined by Latreille and placed as the sole genus in a new, but unnamed, family in 1796 (p. 93). No species were included at this date but the publication is valid, as in 1801–2 (p. 264) Latreille redefined the genus and added "Exemples, *Tinea proletella* Lin. (Et quelques pucerons)". It should be noted that he had first indicated the hemipterous nature of *proletella* in 1795 (p. 304)'. (Mound, 1966 : 403).

Aleyrodes spp. indet.

HOST PLANTS.
Acanthaceae : *Dicliptera roxburghiana* (BMNH : Pakistan).
Cucurbitaceae : *Cucurbita* sp. (BMNH : Bermuda).
Euphorbiaceae : *Ricinus* sp. (Newstead, 1911 : 174, Tanzania).
Gramineae : *Panicum* sp. (Newstead, 1894 : 31. India).
Leguminosae : *Tamarindus indica* (Newstead, 1911 : 174. Tanzania).
Rosaceae : *Rubus spectabilis* (BMNH : Canada).
NATURAL ENEMIES.
Diptera
  Cecidomyidae : *Lestodiplosis* sp. (Barnes, 1930 : 327. U.S.A.).
  Muscidae : *Coenosia solita* Walker (Fulmek, 1943 : 6. U.S.A.).
Hemiptera
  Reduviidae : *Rhinocoris iracundus* (Poda) (Kirkaldy, 1907 : 81).
Hymenoptera
  Chalcidoidea
    Aphelinidae : *Dirphys mexicana* Howard (Fulmek, 1943 : 6. Mexico).
: *Encarsia angelica* Howard (Fulmek, 1943 : 6. U.S.A.).
: *Encarsia coquilletti* Howard (Fulmek, 1943 : 6. U.S.A.).
: *Encarsia luteola* Howard (Fulmek, 1943 : 6. U.S.A.).
: *Encarsia pergandiella* Howard (Fulmek, 1943 : 6. U.S.A., Hawaii).
: *Encarsia portoricensis* Howard (Fulmek, 1943 : 6. U.S.A.).
: *Encarsia quaintancei* Howard (Fulmek, 1943 : 6. U.S.A.).
: *Encarsia townsendi* Howard (Fulmek, 1943 : 6. Mexico).
: *Encarsia* sp. (Fulmek, 1943 : 6. Hawaii).
: *Eretmocerus aleyrodesii* (Cameron) (Fulmek, 1943 : 7. Australia).
: *Eretmocerus californicus* Howard (Fulmek, 1943 : 6. U.S.A.).
: *Eretmocerus clauseni* Compere (Fulmek, 1943 : 6. South Africa).
: *Eretmocerus corni* Haldeman (Fulmek, 1943 : 6. Italy.).
: *Eretmocerus haldemani* Howard (Fulmek, 1943 : 6. U.S.A.).
: *Eretmocerus longipes* Compere (Fulmek, 1943 : 7. Hawaii).
: *Eretmocerus mundus* Mercet (Fulmek, 1943 : 7. Italy, Spain).
: *Eretmocerus serius* Silvestri (Fulmek, 1943 : 7).
: *Eretmocerus* sp. (Fulmek, 1943 : 7).
: *Mesidia* sp. (Fulmek, 1943 : 7).
: *Prospaltella brunnea* Howard (Fulmek, 1943 : 7. Puerto Rico).
: *Prospaltella tristis* (Zehntner) (Thompson, 1950 : 4).
: *Pteroptrix australis* Brèthes (Thompson, 1950 : 4. Chile).

Elasmidae	: *Euryischia aleurodis* Dodd (Thompson, 1950 : 4. Australia).
Eulophidae	: *Euderomphale flavimedia* (Howard) (Fulmek, 1943 : 7. U.S.A.).
Mymaridae	: *Camptoptera pulla* Girault (Thompson, 1950 : 4. U.S.A.).
Signiphoridae	: *Signiphora aleyrodis* Ashmead (Ashmead, 1900 : 412. Trinidad).
	: *Signiphora coquilletti* Ashmead (Ashmead, 1900 : 412).
	: *Signiphora flavopalliata* Ashmead (Ashmead, 1900 : 411. U.S.A.).
	: *Signiphora townsendi* Ashmead (Ashmead, 1900 : 412. Mexico).
	: *Thysanus ater* Haliday (Kirkaldy, 1907 : 82).
Tricho-grammatidae	: *Trichogramma minutum* Riley (Fulmek, 1943 : 7. U.S.A.).
Proctotrupoidea	
Platygasteridae	: *Amitus aleurodinis* Haldeman (Fulmek, 1943 : 7. U.S.A.).
	: *Amitus longicornis* (Förster) (Fulmek, 1943 : 7. Germany).

Aleyrodes albescens Hempel

Aleyrodes albescens Hempel, 1923 : 1177–1178. Syntypes on coffee [*Coffea arabica*], BRAZIL : Monte Alto, Jaboticabal, State of São Paulo, viii.1914 (*R. von Ihering*) (São Paulo MZU).

DISTRIBUTION. Brazil (Hempel, 1923 : 1178).
HOST PLANTS.
Rubiaceae   : *Coffea arabica* (Hempel, 1923 : 1178).

Aleyrodes amnicola Bemis

Aleyrodes amnicola Bemis, 1904 : 514–515. Syntypes on *Salix laevigata*, U.S.A. : CALIFORNIA, Stevens Creek, Santa Clara Valley, 4.xi.1901 (USNM).

DISTRIBUTION. U.S.A. (California) (Bemis, 1904 : 515) (BMNH).
HOST PLANTS.
Salicaceae   : *Salix laevigata* (Bemis, 1904 : 515); *Salix* sp. (BMNH).

Aleyrodes asari (Schrank)

Coccus asari Schrank, 1801 : 145. Syntypes on "Haselwurz" [*Asarum europaeum*], GERMANY (BAVARIA) : Mitterfels.
Aleurodes asari (Schrank) Lindinger, 1932 : 223.

DISTRIBUTION. Albania (BMNH); Austria, Czechoslovakia, Hungary (Zahradnik, 1963a : 14); Germany (Schrank, 1801 : 145); Poland (Zahradnik, 1963a : 14) (BMNH).
HOST PLANTS.
Aristolochiaceae : *Asarum europaeum* (Schrank, 1801 : 145) (BMNH).

Aleyrodes asarumis Shimer

Aleyrodes asarumis Shimer, 1867 : 281. Syntypes on *Asarum canadense* and *Actara* [sic] *alba*, U.S.A. : ILLINOIS.
Aleurodicus asarumis (Shimer) Riley & Howard, 1893 : 219.
Aleyrodes acteae [sic] Britton, 1905 : 65–67. Syntypes on *Actaea* sp., U.S.A. : CONNECTICUT, Mount Carmel, 24.ix.1904 (*Mrs. W. E. Britton*) (USNM). [Synonymized by Quaintance & Baker, 1913 : 45.]
Aleyrodes asarumis Shimer; Quaintance & Baker, 1913 : 45.

DISTRIBUTION. Canada (Dry material in BMNH); U.S.A. (Connecticut) (Britton, 1905 : 66); U.S.A. (Illinois) (Shimer, 1867 : 281).
HOST PLANTS.
Aristolochiaceae : *Asarum canadense* (Shimer, 1867 : 281).
Ranunculaceae   : *Actaea alba* (Shimer, 1867 : 281).

Aleyrodes atriplex Froggatt

Aleurodes atriplex Froggatt, 1911b : 757–758. Lectotype on *Atriplex* sp., AUSTRALIA : N.S.W., Broken Hill (Australia NSW) designated by Dumbleton, 1956b : 171–172.

DISTRIBUTION. Australia (New South Wales) (Dumbleton, 1956b : 172).
HOST PLANTS.
Chenopodiaceae   : *Atriplex* sp. (Dumbleton, 1956b : 172).

Aleyrodes aureocincta Cockerell

Aleurodes aureocincta Cockerell, 1897a : 42. Syntypes on *Aquilegia* sp., U.S.A. : NEW MEXICO, Organ Mts. (*E. O. Wooton*) (USNM).

DISTRIBUTION. U.S.A. (New Mexico) (Cockerell, 1897a : 42).
HOST PLANTS.
Ranunculaceae : *Aquilegia* sp. (Cockerell, 1897a : 42).
NATURAL ENEMIES.
Hymenoptera
Chalcidoidea
Eulophidae : *Euderomphale flavimedia* (Howard) (Cockerell, 1897a : 42).

Aleyrodes baja Sampson

Aleyrodes baja Sampson, 1943 : 215–216; 1944 : 440–441. Syntypes on an unidentified tree, U.S.A. : CALIFORNIA, Baja, 3 miles south of Catavina, 25.viii.1941 (*G. E. Bondar* and *Dr E. S. Ross*) (California AS).

DISTRIBUTION. U.S.A. (California) (Sampson, 1943 : 215; 1944 : 441).
HOST PLANTS.
Host indet. (Sampson, 1943 : 215; 1944 : 441).

Aleyrodes borchsenii Danzig

Aleyrodes borchsenii Danzig, 1966 : 371 [201]. Holotype on *Urtica* sp., U.S.S.R. : southern Maritime Territory, Khasan District, Kedrovaya pad' reservation, 1.viii.1961 (*E. M. Danzig*); paratypes on *Chelidonium majus*, U.S.S.R. : southern Maritime Territory, Shkotovo District, Peyshula, foothill of Mount Zmeinka, 14.vii.1963 (*E. M. Danzig*) (Leningrad ZI).

DISTRIBUTION. U.S.S.R. (Danzig, 1966 : 371 [201]).
HOST PLANTS.
Papaveraceae : *Chelidonium majus* (Danzig, 1966 : 371 [201]).
Urticaceae : *Urtica* sp. (Danzig, 1966 : 371 [201]).

Aleyrodes campanulae Saalas

Aleurodes campanulae Saalas, 1942a : 127–134. Syntypes on *Campanula grandis*, FINLAND : Karjalohja, Honkasyrjä, 4.vi.1940.

DISTRIBUTION. Finland (Saalas, 1942a : 127).
HOST PLANTS.
Campanulaceae : *Campanula grandis* (Saalas, 1942a : 127).

Aleyrodes capreae Signoret

Aleurodes capreae Signoret, 1868 : 384. Syntypes on *Salix caprea*, FRANCE (no other data).

DISTRIBUTION. France (Signoret, 1868 : 384).
HOST PLANTS.
Salicaceae : *Salix caprea* (Signoret, 1868 : 384).

Aleyrodes ciliata Takahashi

Aleyrodes ciliata Takahashi, 1955a : 399–400. Syntypes on 'Randrompody', MADAGASCAR : Antsily, near Sandrakely (Ifanadiana), 600 m, ii.1950 (*Dr R. Paulian*) (Paris MNHN).

DISTRIBUTION. Madagascar (Takahashi, 1955a : 400).
HOST PLANTS.
'Randrompody' (Takahashi, 1955a : 400).

Aleyrodes crataegi Kiriukhin

Aleurodes crataegi Kiriukhin, 1947 : 9–10. Syntypes on *Crataegus monogyna* and *Cydonia vulgaris*, IRAN : Tehran.

DISTRIBUTION Iran (Kiriukhin, 1947 : 10).
HOST PLANTS.
Rosaceae : *Crataegus monogyna, Cydonia vulgaris* (Kiriukhin, 1947 : 10).

Aleyrodes diasemus Bemis

Aleyrodes diasemus Bemis, 1904 : 516–517. Syntypes on *Symphoricarpos racemosus*, U.S.A. : CALIFORNIA, Leland Stanford Junior University campus, along San Francisquito Creek, 18.ix.1901 and various other dates; on *Ribes glutinosum*, Menlo Park, ix.1901; Alameda, vi.1901; King's Mountain, viii.1901 (USNM).
Asterochiton diasemus (Bemis) Quaintance & Baker, 1914 : 105.
Trialeurodes diasemus (Bemis) Quaintance & Baker, 1915a : xi.
Asterochiton diasemus (Bemis); Penny, 1922 : 28.
Aleyrodes diasemus Bemis; Russell, 1948 : 78.

DISTRIBUTION. U.S.A. (California) (Bemis, 1904 : 517).
HOST PLANTS.
Caprifoliaceae : *Symphoricarpos racemosus* (Bemis, 1904 : 517).
Grossulariaceae : *Ribes glutinosum* (Bemis, 1904 : 517).

Aleyrodes elevatus Silvestri

Aleyrodes elevatus Silvestri, 1934 : 394–396. Syntypes on *Mercurialis annua*, ITALY (no other data).

DISTRIBUTION. Italy (Silvestri, 1934 : 395); Spain (Gomez-Menor, 1945a : 283).
HOST PLANTS.
Euphorbiaceae : *Mercurialis annua* (Silvestri, 1934 : 395).
Moraceae : *Ficus carica* (Gomez-Menor, 1945a : 283).

Aleyrodes essigi Penny

Aleyrodes essigi Penny, 1922 : 23–25. Syntypes on *Ulmus* sp., U.S.A. : CALIFORNIA, Mission San Jose, ix.1916 (*Prof. E. O. Essig*) (California AS) (USNM).

DISTRIBUTION. U.S.A. (California) (Penny, 1922 : 25).
HOST PLANTS.
Ulmaceae : *Ulmus* sp. (Penny, 1922 : 25).

Aleyrodes euphorbiae Löw

Aleurodes euphorbiae Löw, 1867 : 746–747. Syntypes on *Euphorbia peplus*, AUSTRIA : Vienna, 5 x. 1850.

DISTRIBUTION. Austria (Löw, 1867 : 746).
HOST PLANTS.
Euphorbiaceae : *Euphorbia peplus* (Löw, 1867 : 746).

Aleyrodes filicium Göldi

Aleurodes filicium Göldi, 1886 : 247–248. Syntypes on *Asplenium cuneatum* and other unidentified Brazilian ferns, BRAZIL : Rio de Janeiro.
Aleurotulus filicium (Göldi) Quaintance & Baker, 1914 : 102.
Aleyrodes filicium Göldi; Mound, 1966 : 410.

The original description of this species includes the statement, there are five pairs of very long setae on the ventral surface (Bauchseite) for attachment to the substrate (zum Anhaften auf der Unterlage). The arrangement of setae described by Goeldi is so remarkable that one is tempted to conclude that he had made an extraordinary mistake. (Mound, 1966 : 410). *A. filicium* is regarded here as a nomen dubium.

DISTRIBUTION. Brazil (Göldi, 1886 : 248).
HOST PLANTS.
Aspleniaceae : *Asplenium cuneatum* (Göldi, 1886 : 248).

Aleyrodes fodiens Maskell

Aleurodes fodiens Maskell, 1895 : 433–434. Lectotype on *Drimys axillaris*, NEW ZEALAND : Reefton (*R. Raithby*) (Auckland DSIR) designated by Dumbleton, 1957 : 156.
Dialeurodes fodiens (Maskell) Quaintance & Baker, 1914 : 97.
Aleyrodes fodiens Maskell; Dumbleton, 1957 : 155–157.

DISTRIBUTION. New Zealand (Dumbleton, 1957 : 156).
HOST PLANTS.
Winteraceae : *Drimys axillaris* (Dumbleton, 1957 : 156).

Aleyrodes fraxini Signoret

Aleurodes fraxini Signoret, 1868 : 386–387. Syntypes on ash [*Fraxinus* sp.], FRANCE (no other data).

DISTRIBUTION. France (Signoret, 1868 : 387).
HOST PLANTS.
Oleaceae   : *Fraxinus* sp. (Signoret, 1868 : 387).

Aleyrodes gossypii (Fitch)

Aspidiotus gossypii Fitch, 1857 : 332 [Coccidae]. Syntypes on *Gossypium religiosum*, CHINA : Ningpo (*M. S. Culbertson*).
Aleyrodes gossypii (Fitch) Ashmead, 1895 : 323 [Aleyrodidae].

DISTRIBUTION. China (Fitch, 1857 : 332).
HOST PLANTS.
Malvaceae   : *Gossypium religiosum* (Fitch, 1857 : 332).
NATURAL ENEMIES.
  Thysanoptera
    Thripidae   : *Sericothrips trifasciatus* (Ashmead) (Ashmead, 1894 : 27).

Aleyrodes hyperici Corbett

Aleyrodes hyperici Corbett, 1926 : 274. Syntypes on *Hypericum* sp., SRI LANKA : Nuwara Eliya (*E.E. Green*). (Two mounted pupal cases and dry material bearing syntype data in BMNH.)

DISTRIBUTION. Sri Lanka (Corbett, 1926 : 274) (BMNH).
HOST PLANTS.
Guttiferae   : *Hypericum* sp. (Corbett, 1926 : 274) (BMNH).

Aleyrodes insignis Bondar

Aleyrodes insignis Bondar, 1923a : 127–128. Syntypes on *Persea gratissima*, BRAZIL : Bahia (*G. Bondar*) (São Paulo MZU).

DISTRIBUTION. Brazil (Bondar, 1923a : 128).
HOST PLANTS.
Lauraceae   : *Persea gratissima* (Bondar, 1923a : 128).

Aleyrodes japonica Takahashi

Aleyrodes japonica Takahashi, 1963 : 54–55. Syntypes on ?*Viola* sp., JAPAN : Oto-mura, Nara Prefecture, 23. viii. 1957 (*M. Sorin*) (Hikosan BL).

DISTRIBUTION. Japan (Takahashi, 1963 : 55).
HOST PLANTS.
Violaceae   : ?*Viola* sp. (Takahashi, 1963 : 55).

Aleyrodes lactea Zehntner

Aleurodes lactea Zehntner, 1897b : 558–559 [See also Zehntner, 1899 : 459–465]. Syntypes on sugarcane [*Saccharum officinarum*], JAVA (no other data).

DISTRIBUTION. Java (Zehntner, 1897b : 558); Philippines (Capco, 1959 : 14).
HOST PLANTS.
Gramineae   : *Saccharum officinarum* (Zehntner, 1897b : 558).
NATURAL ENEMIES.
  Hymenoptera
    Chalcidoidea
      Aphelinidae : *Encarsia* sp. (Fulmek, 1943 : 6. Java).

Aleyrodes latus Hempel

Aleyrodes latus Hempel, 1923 : 1178–1179. Syntypes on *Baccharis genistelloides*, BRAZIL : Ypiranga, São Paulo, xii. 1921 (*A. Hempel*) (São Paulo MZU).

DISTRIBUTION. Brazil (Hempel, 1923 : 1179).
HOST PLANTS.
Compositae   : *Baccharis genistelloides* (Hempel, 1923 : 1179).

Aleyrodes leguminicola (Takahashi)

Bemisia leguminicola Takahashi, 1942b : 169–171. Syntypes on Leguminosae, THAILAND : Bangkok, 31. iii. 1940; Chiengmai, 2. iv. 1940 (Taiwan ARI) (USNM).
Aleyrodes leguminicola (Takahashi) Takahashi, 1952a : 21.

DISTRIBUTION. Thailand (Takahashi, 1942b : 170).
HOST PLANTS.
Leguminosae : Genus indet. (Takahashi, 1942b : 170).

Aleyrodes lonicerae Walker

Aleyrodes fragariae Walker, 1852 : 1092. Syntypes on strawberry [*Fragaria* sp.], ENGLAND. [Synonymized by Ossiannilsson, 1955 : 193.]
Aleyrodes lonicerae Walker, 1852 : 1092. Syntypes on *Lonicera periclymenum*, ENGLAND.
Aleurodes lonicerae Koch, 1857 : 327. Syntypes on *Lonicera xylosteum*, no other data given in original description. [Synonymized by Walker, 1858 : 307.]
Aleurodes rubi Signoret, 1868 : 382–383. Syntypes on *Rubus fruticosus*, FRANCE. [Synonymized by Trehan, 1939 : 266. See also Trehan, 1940 : 608.]
Aleurodes xylostei Westhoff, 1887 : 61. Syntypes on *Lonicera xylosteum*, GERMANY (WEST) : Münster, x.1885 (*Fr. Westhoff*). [Synonymized by Karsh, 1888 : 31.]
Aleurodes spiraeae Douglas, 1894b : 73–74. LECTOTYPE pupal case on 'Meadow sweet' [*Spiraea ulmaria*], ENGLAND : Dorset, xi.1893 (*C. W. Dale*) (BMNH), here designated. [Synonymized with *fragariae* by Mound, 1966 : 406.]
Aleurodes menthae Haupt, 1934 : 139–141. Syntypes on *Mentha piperita*, GERMANY (WEST) : Halle (*R. Lassmann*). [Synonymized by Ossiannilsson, 1955 : 193.]

DISTRIBUTION. Austria (Kirkaldy, 1907 : 60) (BMNH); England (Walker, 1852 : 1092) (BMNH); France (Signoret, 1868 : 383) (BMNH); Germany (West) (Westhoff, 1887 : 61); Hungary (Danzig, 1962 : 17); Italy, Palestine, Wales (BMNH); Poland (Szelegiewicz, 1972 : 29); Sweden (Danzig, 1962 : 17); U.S.S.R. (Danzig, 1964b : 489 [616]); Yugoslavia (Zahradnik, 1963b : 235).
HOST PLANTS.

Balsaminaceae	: *Impatiens noli-tangere* (Zahradnik, 1963a : 14).
Campanulaceae	: *Campanula lactiflora* (BMNH); *Campanula trachelium* (Mound, 1966 : 407); *Codonopsis* sp., *Phyteuma japonica* (Danzig, 1966 : 369 [200]).
Caprifoliaceae	: *Lonicera periclymenum* (Walker, 1852 : 1092) (BMNH); *Lonicera tartarica* (Danzig, 1969 : 879 [558]); *Lonicera xylosteum* (Koch, 1857, 327); *Symphoricarpos racemosus* (Mound, 1966 : 407) (BMNH).
Compositae	: *Cicerbita pontica* (Danzig, 1964a : 645 [330]).
Cruciferae	: *Cardamine amara* (Mound, 1966 : 407).
Euphorbiaceae	: *Euphorbia lamprocarpa* (Danzig, 1969 : 880 [558]); *Mercurialis* sp. (Zahradnik, 1963a : 14).
Grossulariaceae	: *Ribes alpinum* (Danzig, 1962 : 17); *Ribes meyeri* (Danzig, 1969 : 879 [558]).
Guttiferae	: *Hypericum andraesemum* (Mound, 1966 : 407); *Hypericum* sp. (BMNH).
Labiatae	: *Elsholtzia patrini* (Danzig, 1964a : 645 [330]); *Glechoma hederacea* (BMNH); *Lycopus europaeus* (Danzig, 1964a : 645 [330]) (BMNH); *Mentha arvensis* (Ossiannilsson, 1955 : 193); *Mentha piperita* (Haupt, 1934 : 141); *Nepeta glechoma* (Mound, 1966 : 407) (BMNH); *Origanum vulgare* (Danzig, 1969 : 880 [558]); *Salvia glutinosa* (Kirkaldy, 1907 : 60); *Teucrium scorodonium* (Mound, 1966 : 407) (BMNH).
Onagraceae	: *Chamaenerion angustifolium* (Mound, 1966 : 407) (BMNH).
Oxalidaceae	: *Oxalis acetosella* (Zahradnik, 1963a : 14).
Papaveraceae	: *Chelidonium majus, Corydalis ochotensis* (Danzig, 1966 : 369 [200]).
Ranunculaceae	: *Aquilegia* sp. (BMNH); *Cimicifuga dahurica* (Danzig, 1966 : 369 [200]); *Thalictrum babingtonii* (Mound, 1966 : 407) (BMNH).
Rosaceae	: *Filipendula palmata* (Danzig, 1966 : 369 [200]) : *Fragaria* sp. (Walker, 1852 : 1092) : *Fragaria vesca, Geum arvense* (Mound, 1966 :

	407) (BMNH); *Geum rivale* (Danzig, 1962 : 17); *Geum urbanum*. (Danzig, 1969 : 880 [558]) (BMNH); *Rosa* sp. (Danzig, 1969 : 880 [558]); *Rubus articus* (Ossiannilsson, 1955 : 193); *Rubus caesius* (Visnya, 1941b : 10); *Rubus crataegiformis* (Danzig, 1966 : 369[200]); *Rubus fruticosus* (Signoret, 1868 : 383) (BMNH); *Rubus saxilis* (Danzig, 1962 : 17); *Spiraea ulmaria* (Douglas, 1894b : 74) (BMNH).
Scrophulariaceae	: *Melampyrum pratense* (Mound, 1966 : 407) (BMNH); *Veronica* sp. (Danzig, 1966 : 369 [200]).
Umbelliferae	: *Aegopodium podograria* (Ryberg, 1938 : 22) (BMNH); *Anthriscus silvestris* (Danzig, 1962 : 17).
Urticaceae	: *Urtica dioica* (Visnya, 1941b : 9).
Violaceae	: *Viola alba* (Ossiannilsson, 1955 : 193).

NATURAL ENEMIES.
Hymenoptera
 Chalcidoidea
  Aphelinidae : *Encarsia lutea* (Masi) (Nikolskaja & Jasnosh, 1968 : 35. U.S.S.R.).
  : *Encarsia tricolor* Förster (Nikolskaja & Jasnosh, 1968 : 35. U.S.S.R.).
  Eulophidae : *Euderomphale* sp. (Trehan, 1940 : 611).

Aleyrodes millettiae Cohic

Aleyrodes millettiae Cohic, 1968b : 113–116. Syntypes on *Millettia laurentii* and *Vitex madiensis*, CONGO (Brazzaville) : Centre O.R.S.T.O.M., 16.xi.1966.

DISTRIBUTION. Congo (Brazzaville) (Cohic, 1968b : 113).
HOST PLANTS.
 Leguminosae : *Millettia laurentii* (Cohic, 1968b : 113).
 Verbenaceae : *Vitex madiensis* (Cohic, 1968b : 113).

Aleyrodes osmaroniae Sampson

Aleyrodes osmaroniae Sampson, 1945 : 58–59. Syntypes on *Osmaronia cerasiformia*; U.S.A. : CALIFORNIA, Strawberry Creek Canyon, on the University of California campus, 14.vi.1941 (*W. W. Sampson*) (California UCD).

DISTRIBUTION. U.S.A. (California) (Sampson, 1945 : 59).
HOST PLANTS.
 Rosaceae : *Osmaronia cerasiformia* (Sampson, 1945 : 59).

Aleyrodes philadelphi Danzig

Aleyrodes philadelphi Danzig, 1966 : 369–370 [200]. Holotype on *Philadelphus tenuifolius*, U.S.S.R. : Vladivostock, Okeanskaya, 18.vii.1961 (*E. M. Danzig*); paratypes on *Philadelphus tenuifolius*, Tigrovyy, 16.viii.1961 (*E. M. Danzig*); on *Bergenia pacifica*, Pidan Range, Temnyy klyuch, near the village of Luk yanovka, 8.vii.1963 (*E. M. Danzig*) (Leningrad ZI).

DISTRIBUTION. U.S.S.R. (Danzig, 1966 : 370 [200]).
HOST PLANTS.
 Grossulariaceae : *Ribes* sp. (Danzig, 1966 : 370 [200]).
 Hydrangeaceae : *Philadelphus tenuifolius* (Danzig, 1966 : 370 [200]).
 Saxifragaceae : *Bergenia pacifica* (Danzig, 1966 : 370 [200]).

Aleyrodes prenanthis (Schrank)

Coccus prenanthis Schrank, 1801 : 147 [Coccidae]. Syntypes on Haasenkohle [?*Malva* sp.], GERMANY.
Aleyrodes prenanthis (Schrank) Cockerell, 1902a : 281 [Aleyrodidae].

DISTRIBUTION. Germany (Schrank, 1801 : 147); Switzerland (Harrison, 1931 : 85).
HOST PLANTS.
 Compositae : *Prenanthes purpurea* (Harrison, 1931 : 85); *Sonchus oleraceus* (Kirkaldy, 1907 : 66).
 Malvaceae : ? *Malva* sp. (Schrank, 1801 : 147).

Aleyrodes proletella (Linnaeus)

Phalaena (*Tinea*) *proletella* Linnaeus, 1758 : 537–538. [In Lepidoptera] Syntype data 'Habitat in *Brassica, Chelidonio*; an etiam in *Quercu* ?'.
Phalaena culiciformis Geoffroy, 1785 : 306. [In Lepidoptera] Syntypes on *Chelidonium majus*, no other data given. [Synonymized with *Aleyrodes chelidonii* by Latreille, 1807 : 174].
Aleyrodes proletella (Linnaeus) Latreille, 1801–2 : 264. [Aleyrodidae].
Aleyrodes chelidonii Latreille, 1807 : 174. [Replacement name for *proletella* Linnaeus]. [Synonymized by Walker, 1852 : 1092.]
Aleyrodes brassicae Walker, 1852 : 1092. Syntypes on cabbage [*Brassica* sp.], ENGLAND. [Synonymized by Haupt, 1935 : 256.]
Aleyrodes chelidonii Burmeister; Koch, 1857 : 324–325. [Synonymized by Walker, 1858 : 307.]
Aleurodes brassicae Koch, 1857 : 326. No type data given. [Synonymized by Walker, 1858 : 307.]
Aleurodes youngi Hempel, 1901 : 385–386. Syntypes on cabbage, BRAZIL : Iguape and Campinas, State of São Paulo. [Synonymized by Bondar, 1923a : 125.]

'Linnaeus first published the name *proletella* under *Phalaena* (*Tinea*) in 1758, *Systema Naturae*, ed. **10** : 537, no. 261, but his description "alis albidis punctis duobus fuscis, lingua inflexa" was followed by a 'dagger mark' †. This mark is interpreted by Stearn (1957 : 162) as indicating either that Linnaeus had not seen the species or that there was some doubt about it. In the Twelfth Edition, the same entry is given, but under number 379. However in the revision by Gmelin (1790 : 2594), the Thirteenth Edition, the entry is followed by the works "an hujus familiae ?". It seems likely that Linnaeus never observed the species himself, particularly as neither first nor second edition of *Fauna Suecica* (1746 and 1761) contain any reference to it.

The identity of the insect species referred to by Linnaeus under the name *proletella* is clarified from a study of the rest of the entry which follows his description quoted above, "Vallisn. nat. I. p. 372. t. 379; Reaum. ins. 2. t. 25; Habitat in *Brassica, Chelidonio*; an etiam in *Quercu*? Parit quotannis ad 200000 soboles; dum 12 progenies ponant 12 ova singulae." Réaumur (1736 : 302–317, plate 25) gives a good account of the life history of the insect on "L'éclaire" (Greater Celandine, *Chelidonium major*) and also gives reasons for considering this as the same species as that found on cabbage. Seventeen figures are included and the structure of the rostrum is contrasted with the coiled mouth-part of other "phalènes". The author goes so far as to suggest that this insect might be placed in a new class of moths on account of this character as well as the waxy nature of the powder covering the wings. The reference to Vallisneri (1733 : 372–378), which is also given the Réaumur, is to a long letter from Cestoni giving an account of the behaviour of the cabbage whitefly. The emergence of the winged adult from the sessile larva is described, and this article goes on to state that the insect is not only found on cabbage, but also on oak, various grasses, and other plants both "comestibili e non comestibili". From this it is almost certain that Cestoni was concerned with more than one species. However, as Linnaeus gives only *Brassica* and *Chelidonium* as definite hosts for his species, this is an indication that *proletella* refers to the common European Cabbage Whitefly, as discussed and figured by Réaumur from *Chelidonium*.' (Mound, 1966 : 403–404).

DISTRIBUTION. Palaearctic Region : England (Walker, 1852 : 1092); Sweden, France, Spain (Danzig, 1962 : 16); Czechoslovakia, Germany (Danzig, 1962 : 16) (BMNH); Switzerland (Kirkaldy, 1907 : 67); Austria (Kirkaldy, 1907 : 67) (BMNH); Italy (BMNH); Yugoslavia (Zahradnik, 1963b : 235); Poland (Szelegiewicz, 1972 : 29); Hungary (Danzig, 1962 : 16); Finland (Saalas, 1942b : 181–182); U.S.S.R. (Danzig, 1962 : 16); Canary Islands (Gomez-Menor, 1954 : 363) (BMNH); Egypt (Cohic, 1969 : 101) (BMNH); Morocco (Cohic, 1969 : 100).
Ethiopian Region : Kenya (Cohic, 1969 : 100) (BMNH); Angola, Mozambique (BMNH).
Neotropical Region : Brazil (Hempel, 1901 : 386) (BMNH).
Pacific Region : New Zealand (BMNH).
HOST PLANTS.
Balsaminaceae	:	*Impatiens parviflora* (Danzig, 1969 : 880 [558]).
Berberidaceae	:	*Bongardia chrysogonum* (Danzig, 1969 : 880 [558]).
Campanulaceae	:	*Codonopsis clematidea, Ostrowskia magnifica* (Danzig, 1969 : 880 [558]).

Compositae	: *Acanthocephalus benthamianus, Cephalorrhynchus* sp., *Inula* sp. *Steptorhamphus crambifolium* (Danzig, 1969 : 880 [558]); *Cichorium* sp. (Cohic, 1969 : 101); *Lactuca muralis* (Tullgren, 1907 : 10); *Lactuca triangulata* (Danzig, 1966 : 369 [200]); *Lapsana communis* (Danzig, 1964a : 644 [330]); *Mutisia* [*Haplophyllum*] *acutifolium* (Danzig, 1969 : 880 [558]); *Prenanthes purpurea, Sonchus arvensis, Sonchus oleraceus* (Saalas, 1942b : 181); *Sonchus* sp. (BMNH); *Taraxacum officinale* (Dobreanu & Manolache, 1969 : 77).
Cruciferae	: *Brassica balearica, Brassica cretica, Brassica incana, Brassica macrocarpa, Brassica robertiana, Brassica tinei* (Gomez-Menor, 1953 : 42); *Brassica oleracea* (Walker, 1852 : 1092) (BMNH); *Cheiranthus* sp. (Dobreanu & Manolache, 1969 : 77); *Lepidium latiolum* (Danzig, 1969 : 880 [558]).
Euphorbiaceae	: *Euphorbia peplus* (Gomez-Menor, 1953 : 42).
Fagaceae	: *Quercus robur* (Saalas, 1942b : 181).
Leguminosae	: *Vicia faba* (Mound, 1966 : 406) (BMNH).
Papaveraceae	: *Chelidonium majus* (Geoffroy, 1785 : 306) (BMNH).
Ranunculaceae	: *Aquilegia montana* (Gomez-Menor, 1953 : 42); *Aquilegia lactiflora, Thalictrum minus* (Danzig, 1969 : 880 [558]).
Scrophulariaceae	: *Linaria* sp. (Danzig, 1964a : 644 [330]).
Umbelliferae	: *Laser trilobus* (Danzig, 1964a : 644 [330]); *Petroselinum* sp. (Dobreanu & Manolache, 1969 : 77).

NATURAL ENEMIES.
Coleoptera
    Coccinellidae : *Clitostethus arcuatus* (Rossi) (Silvestri, 1934 : 394).
Diptera
    Drosophilidae : *Acletoxenus formosus* Loew (Silvestri, 1934 : 394).
Hymenoptera
  Chalcidoidea
    Aphelinidae : *Encarsia aleyrodis* (Mercet) (Ferrière, 1965 : 135).
                  : *Encarsia inaron* (Walker) (Graham, 1976 : 143).
                    : *Encarsia lutea* (Masi) (Nikolskaja & Jasnosh, 1968 : 35. U.S.S.R.)
                    : *Encarsia partenopea* Masi (Thompson, 1950 : 4. England) (Fulmek, 1943 : 5. Italy) (Nikolskaja & Jasnosh, 1968 : 35. U.S.S.R.).
                    : *Encarsia tricolor* Förster (Thompson, 1950 : 4. England) (Fulmek, 1943 : 5. Italy) (Gomez-Menor, 1943 : 188. Spain) (Nikolskaja & Jasnosh, 1968 : 35 U.S.S.R.).
    Eulophidae : *Euderomphale cerris* (Enderlein) (Dobreanu & Manolache, 1969 : 77).
                    : *Euderomphale chelidonii* Erdös (Fulmek, 1943 : 6).
    Eupelmidae : *Eupelmus urozonus* Dalman (Fulmek, 1943 : 6. Italy).
                    : *Macroneura vesicularis* (Retzius) (Fulmek, 1943 : 6. Europe).
    Mymaridae : *Alaptus minimus* Walker (Fulmek, 1943 : 6. Europe).

Aleyrodes pruinosus Bemis

Aleyrodes pruinosus Bemis, 1904 : 491–493. Syntypes on *Heteromeles arbutifolia*, U.S.A. : CALIFORNIA, Avalon, Catalina Islands (*E. Ehrhorn*); Lealand Stanford Junior University campus, 1902 (*F. E. Bemis*) (USNM).

Aleyrodes pruinosus euphorbiarum Cockerell, 1911 : 462–463. Syntypes on *Euphorbia robusta*, U.S.A. : COLORADO, Glenwood Springs (*E. Bethel*) (USNM) (Berlin HU). (Twelve mounted pupal cases with syntype data in BMNH.)

DISTRIBUTION. U.S.A. (California) (Bemis, 1904 : 493) (BMNH); U.S.A. (Colorado) (Cockerell, 1911 : 462) (BMNH).

HOST PLANTS.
Euphorbiaceae	: *Euphorbia robusta* (Cockerell, 1911 : 462).
Rosaceae	: *Heteromeles arbutifolia* (Bemis, 1904 : 493) (BMNH).
Rhamnaceae	: *Ceanothus arbutifolia* (BMNH).

NATURAL ENEMIES.
  Hymenoptera
    Chalcidoidea
      Aphelinidae   :   *Prospaltella peltata* (Cockerell) (Thompson, 1950 : 4).

Aleyrodes pyrolae Gillette & Baker

Aleyrodes pyrolae Gillette & Baker, 1895 : 125. Syntypes on *Pyrola rotundifolia*, U.S.A. : COLORADO, Four-mile Hill, 8 mls south of Steamboat Springs, 19.viii.(? 1894) (*C. F. Baker*).

DISTRIBUTION. U.S.A. (Colorado) (Gillette & Baker, 1895 : 125).
HOST PLANTS.
  Pyrolaceae   :   *Pyrola rotundifolia* (Gillette & Baker, 1895 : 125).

Aleyrodes rhamnicola Goux

Aleyrodes rhamnicola Goux, 1940 : 47–48. Syntypes on *Rhamnus alaternus*, FRANCE : Marseille, v.1934 (*L. Goux*).

DISTRIBUTION. France (Goux, 1940 : 48); Spain (Gomez-Menor, 1954 : 369).
HOST PLANTS.
  Rhamnaceae   :   *Rhamnus alaternus* (Goux, 1940 : 47).

Aleyrodes rosae Korobitsin

Aleyrodes rosae Korobitsin, 1967 : 510–511. Holotype on *Rosa canina*, U.S.S.R. : Southern Crimea, Yalta, Pionerskiy Park, 30.viii.1963 (*V. Tkachuk*). Paratypes on *Rosa* sp., *Rosa canina* and *Rubus caesius*, Southern Crimea, Yalta, Pionerskiy Park, 16 and 27.vii.1964 (*Ye. Vasil'-yeva*); on *Rubus caesius*, Southern Crimea, Yalta, Nikitskiy Botanical Gardens, Simferpol, 7 and 10.viii.1964 (*V. Tkachuk*); on *Rosa* sp., Alushta, 17.viii.1964 (*Ye. Vasil'-yeva*); on *Clematis vitalba* and *Rubus caesius*, Crimean hunting reservation, 1 and 6.ix.1964 (*Ye. Vasil'-yeva*).

DISTRIBUTION. U.S.S.R. (Korobitsin, 1967 : 511).
HOST PLANTS.
  Ranunculaceae   :   *Clematis vitalba* (Korobitsin, 1967 : 511).
  Rosaceae   :   *Rosa canina, Rosa* sp., *Rubus caesius* (Korobitsin, 1967 : 511).

Aleyrodes shizuokensis Kuwana

Aleyrodes shizuokensis Kuwana, 1911 : 620-622. Syntypes on *Oxalis corniculata*, JAPAN : Shizuoka, 1908 (*Masuda*) (USNM) (Taiwan ARI).

DISTRIBUTION. Japan (Kuwana, 1911 : 622) (BMNH); Hawaii, India, Taiwan (Takahashi, 1951b : 20).
HOST PLANTS.
  Compositae   :   *Sonchus oleracea* (Takahashi, 1935c : 281).
  Euphorbiaceae   :   *Phyllanthus distinctus* (Rao, 1958 : 335).
  Oxalidaceae   :   *Oxalis corniculata* (Kuwana, 1911 : 622); *Oxalis* sp. (Takahashi, 1958 : 64) (BMNH).

Aleyrodes singularis Danzig

Aleyrodes singularis Danzig, 1964a : 645 [330]. Holotype and paratypes on *Euphorbia* sp., U.S.S.R. : Georgia, formerly Marneul' District, 1962 (*Chavchanidze*) (Leningrad ZI). (Six paratypes in BMNH.)

DISTRIBUTION. U.S.S.R. (Danzig, 1964a : 645 [330]) (BMNH).
HOST PLANTS.
  Euphorbiaceae   :   *Euphorbia* sp. (Danzig, 1964a : 645 [330]) (BMNH).

Aleyrodes sorini Takahashi

Aleyrodes sorini Takahashi, 1958 : 63–64. Syntypes on ?*Sonchus* sp. JAPAN : Mt Kongo near Osaka, 25.xi.1955 (*M. Sorin*) (Hikosan BL). (Five mounted pupal cases and dry material with syntype data in BMNH.)

DISTRIBUTION. Japan (Takahashi, 1958 : 64) (BMNH).
HOST PLANTS.
  Compositae   :   ?*Sonchus* sp. (Takahashi, 1958 : 64) (BMNH).

Aleyrodes spiraeoides Quaintance

Aleurodes spiraeoides Quaintance, 1900 : 36–38. Syntypes on *Fuchsia* sp., U.S.A. : CALIFORNIA, Los Angeles, 23.x.1880 (*A. Craw*); on *Sonchus* sp., Los Angeles, 21.x.1887 (*D. W. Coquillett*); on *Convolvulus occidentalis*, Alameda, xi.1887 (*A. Koebele*); on *Malva rotundifolia*, Alameda, 5.xi.1885 (*A. Koebele*); on *Iris* sp., locality unknown, 20.x.1880 (*Prof. J. H. Comstock*) (USNM).

DISTRIBUTION. U.S.A. (California) (Quaintance, 1900 : 38) (BMNH).
HOST PLANTS.
Asclepiadaceae : *Asclepias* sp. (Penny, 1922 : 25).
Caprifoliaceae : *Lonicera involucrata* (Penny, 1922 : 25).
Compositae : *Sonchus oleraceus, Troximon* sp. (Penny, 1922 : 25).
Convolvulaceae : *Convolvulus occidentalis* (Quaintance, 1900 : 38); *Convolvulus sepium* (Penny, 1922 : 25).
Guttiferae : *Hypericum androsamum* (Penny, 1922 : 25).
Hippocastanaceae : *Aesculus californica* (Penny, 1922 : 25).
Iridaceae : *Iris* sp. (Quaintance, 1900 : 38).
Malvaceae : *Malva rotundifolia* (Quaintance, 1900 : 38).
Myrtaceae : *Melaleuca hypericifolia* (Penny, 1922 : 25).
Onagraceae : *Fuchsia* sp. (Quaintance, 1900 : 38).
Plantaginaceae : *Plantago major* (Penny, 1922 : 25).
Rhamnaceae : *Ceanothus* sp. (Penny, 1922 : 25).
Rosaceae : *Opulaster capitatus* (Penny, 1922 : 25).
Saururaceae : *Anemopsis californica* (BMNH).
Solanaceae : *Nicotiana glauca, Solanum douglasii* (Penny, 1922 : 25).

Aleyrodes taiheisanus Takahashi

Aleyrodes taiheisanus Takahashi, 1939a : 77–78. Syntypes on *Yushunia randaiensis*, TAIWAN : Taiheizan, 6000 ft, 14.x.1937 (*R. Takahashi*) (Taiwan ARI).

DISTRIBUTION. Taiwan (Takahashi, 1939a : 78).
HOST PLANTS.
Lauraceae : *Sassafras* [*Yushunia*] *randaiensis* (Takahashi, 1939a : 78).

Aleyrodes takahashii Ossiannilsson

Aleyrodes campanulae Takahashi, 1963 : 53–54. Syntypes on *Campanula punctata*, JAPAN : Mt Yahiko near Niigata, 27.viii.1960 (*R. Takahashi*).
Aleyrodes takahashii Ossiannilsson, 1966 : 155. [Replacement name for *Aleyrodes campanulae* Takahashi nec Saalas.]

DISTRIBUTION. Japan (Takahashi, 1963 : 54).
HOST PLANTS.
Campanulaceae : *Campanula punctata* (Takahashi, 1963 : 53).

Aleyrodes tinaeoides Blanchard

Aleurodes tinaeoides Blanchard, 1852 : 320. Syntypes on an unidentified host, CHILE : Santiago.
DISTRIBUTION. Chile (Blanchard, 1852 : 320).
HOST PLANTS.
Original host indet. (Blanchard, 1852 : 320).
Solanaceae : *Cestrum parqui* (Kirkaldy, 1907 : 72).

Aleyrodes winterae Takahashi

Aleyrodes winterae Takahashi, 1937d : 251–253. Syntypes on *Wintera colorata*, NEW ZEALAND : Palmerston North, vi.1935 (*W. Cottier*) (Taiwan ARI). (Thirteen syntypes in BMNH.)

DISTRIBUTION. New Zealand (Takahashi, 1937d : 253) (BMNH).
HOST PLANTS.
Winteraceae : *Drimys* [*Wintera*] *colorata* (Takahashi, 1937d : 252) (BMNH).

Aleyrodes zygia Danzig

Aleyrodes zygia Danzig, 1966 : 370–371 [200–201]. Holotype and paratypes on *Euphorbia* sp., U.S.S.R. : southern Maritime Territory, upper reaches of the Chapigou, 1.vii.1962 (*E. M. Danzig*) (Leningrad ZI).

DISTRIBUTION. U.S.S.R. (Danzig, 1966 : 371 [201]).
HOST PLANTS.
Euphorbiaceae : *Euphorbia* sp. (Danzig, 1966 : 371 [201]).

ALEYRODIELLA Danzig
Aleyrodiella Danzig, 1966 : 380–381 [206]. Type-species : *Aleyrodiella lamellifera*, by monotypy.

Aleyrodiella lamellifera Danzig
Aleyrodiella lamellifera Danzig, 1966 : 381–381 [206–207]. Holotype and paratypes on *Ulmus laciniata*, U.S.S.R. : Vladivostock, Okeanskaya, 31.viii.1961 (*E. M. Danzig*) (Leningrad ZI).

DISTRIBUTION. U.S.S.R. (Danzig, 1966 : 382 [207]).
HOST PLANTS.
Ulmaceae : *Ulmus laciniata* (Danzig, 1966 : 382 [207]).

ANOMALEYRODES Takahashi & Mamet
Anomaleyrodes Takahashi & Mamet, 1952b : 129–130. Type-species : *Anomaleyrodes palmae*, by monotypy.

Anomaleyrodes palmae Takahashi & Mamet
Anomaleyrodes palmae Takahashi & Mamet, 1952b : 130–133. Syntypes on a palm, MADAGASCAR : Périnet, 800 m, 28.v.1950 (*R. Mamet* and *A. Robinson*) (Paris MNHN) (Hikosan BL).

DISTRIBUTION. Madagascar (Takahashi & Mamet, 1952b : 132).
HOST PLANTS.
Palmae : Genus indet. (Takahashi & Mamet, 1952b : 132).

APOBEMISIA Takahashi
Apobemisia Takahashi, 1954b : 52–53. Type-species : *Bemisia kuwanai*, by original designation.

Apobemisia celti (Takahashi)
Pealius celti Takahashi, 1932 : 40–41. Syntypes on *Celtis sinensis*, TAIWAN : Taihoku, 7.viii.1931 (*R. Takahashi*) (Taiwan ARI).
Apobemisia celti (Takahashi) Takahashi, 1954b : 53.

DISTRIBUTION. Taiwan (Takahashi, 1932 : 41).
HOST PLANTS.
Ulmaceae : *Celtis sinensis* (Takahashi, 1932 : 41).

Apobemisia kuwanai (Takahashi)
Bemisia kuwanai Takahashi, 1934b : 60–62. Holotype on *Ficus* sp., TAIWAN : Rirei near Kurasu in Tosei-Gun, 5.vi.1933 (*R. Takahashi*) (Taiwan ARI). Described from a single specimen.

DISTRIBUTION. Japan (Takahashi, 1954b : 53) (BMNH); Taiwan (Takahashi, 1934b : 62).
HOST PLANTS.
Moraceae : *Ficus pumila* (BMNH); *Ficus* sp. (Takahashi, 1934b : 62).

ASIALEYRODES Corbett
Asialeyrodes Corbett, 1935b : 841. Type-species : *Asialeyrodes lumpurensis*, by original designation.

Asialeyrodes corbetti Takahashi
Asialeyrodes corbetti Takahashi, 1949 : 51–52. Syntypes on an unidentified tree, RIOUW (RIAU) ISLANDS (South of Singapore) : Rempang, i.1946 (*R. Takahashi*) (Hikosan BL).

DISTRIBUTION. Riouw (Riau) Islands (Takahashi, 1949 : 47).
HOST PLANTS.
Host indet. (Takahashi, 1949 : 52).

Asialeyrodes euphoriae Takahashi
Asialeyrodes euphoriae Takahashi, 1942c : 204–206. Syntypes on *Euphoria longana*, THAILAND : Chiengmai, 6.iv.1940 (*R. Takahashi*).

DISTRIBUTION. Thailand (Takahashi, 1942c : 205).
HOST PLANTS.
Sapindaceae : *Euphoria longana* (Takahashi, 1942c : 205).

Asialeyrodes lumpurensis Corbett
Asialeyrodes lumpurensis Corbett, 1935b : 841–842. Syntypes on an unidentified host, MALAYA : Kuala Lumpur.

DISTRIBUTION. Malaya (Corbett, 1935b : 842).
HOST PLANTS.
Host indet. (Corbett, 1935b : 842).

Asialeyrodes maesae (Takahashi)
Pseudaleurolobus maesae Takahashi, 1934b : 46–47. Syntypes on *Maesa formosana*, TAIWAN : Taihoku, 30.i.1933 (*R. Takahashi*) (Taiwan ARI).
Asialeyrodes maesae (Takahashi) Takahashi, 1942c : 207.

DISTRIBUTION. China (Young, 1944 : 132); Taiwan (Takahashi, 1934b : 47).
HOST PLANTS.
Myrsinaceae : *Maesa formosana* (Takahashi, 1934b : 47).

Asialeyrodes multipori Takahashi
Asialeyrodes multipori Takahashi, 1942c : 206–207. Holotype on an unidentified host, THAILAND : Mt Sutep, 8.iv.1940 (*R. Takahashi*). Described from a single specimen.

DISTRIBUTION. Thailand (Takahashi, 1942c : 207).
HOST PLANTS.
Host indet. (Takahashi, 1942c : 207).

Asialeyrodes selangorensis Corbett
Asialeyrodes selangorensis Corbett, 1935b : 842–843. Syntypes on an unidentified host, MALAYA : Kuala Lumpur.

DISTRIBUTION. Malaya (Corbett, 1935b : 843) (BMNH).
HOST PLANTS.
Host indet. (Corbett, 1935b : 843).

ASTEROBEMISIA Trehan
Asterobemisia Trehan, 1940 : 591–593. [An earlier reference to this genus (Trehan, 1939a : 266) is invalid according to the *International Code of Zoological Nomenclature*, as the author failed to designate a type-species.] Type-species : *Aleyrodes* [sic] *carpini* Koch, by monotypy.
Bemisia (*Neobemisia*) Visnya, 1941b : 8. Type-species : *Bemisia yanagicola*, by original designation. **Syn n.**
Neobemisia Visnya; Zahradnik, 1961b : 61.

Two pupal cases, identified by Takahashi as *yanagicola*, have been studied. In both of these the vasiform orifice is essentially similar to that of *carpini*; the lines of sculpture are almost continuous around the posterior margin of the vasiform orifice, and the caudal furrow is not developed. Therefore *Neobemisia* is here regarded as a synonym of *Asterobemisia*.

The relationship between *Asterobemisia* and *Bemisia* is more complex. Both *Asterobemisia obenbergeri* and *Asterobemisia paveli* have a narrow caudal furrow, similar to the species in *Bemisia*. *Asterobemisia* species have the transverse moulting suture curving forwards and meeting anteriorly in the midline, thus forming a trap-door through which the adult emerges. *Bemisia* species generally do not have this suture curving forwards, but *Bemisia silvatica* and *Bemisia salicaria* are intermediate in the form of the suture. It is possible that only one genus is required for this whole group of Old World species.

Asterobemisia atraphaxius (Danzig) **comb. n.**
Neobemisia atraphaxius Danzig, 1969 : 874–875 [555]. Holotype on *Atraphaxis frutescens*, U.S.S.R. : Kazakhastan, Amolinsk Province, Kokshetau Mountains, vii.1957 (*T. Buschik*). Paratypes on *Atraphaxis spinosa*, Aktyubinsk Province, Chelkar, 16.vi.1968 (*G. Matesova*); on *Atraphaxis spinosa*, Vakhsh Valley, 40 km south of Kzyl-Kala, in low foothills, 28.v.1964 (*E. M. Danzig*); on *Atraphaxis* sp., East Georgia, Karsani, x.1965 (*I. Khodzhevanishvili*); on *Atraphaxis* sp., Dzhambul Province,

spurs on the Chu-Ili Mountains, 15.ix.1957 (*E. Sugonyayev*); on *Atraphaxis* sp., Iliysk, 24.ix.1968 (*E. M. Danzig*); on *Atraphaxis* sp., Frunze, Botanical Gardens, ix.1957 (*E. Sugonyayev*); on *Atraphaxis* sp., Kyzylkumy, Kul' dzhuktau, 25 km north of Ayzkguzhumdy, 21.v.1965 (*E. M. Danzig*) (Leningrad ZI).

DISTRIBUTION. U.S.S.R. (Danzig, 1969 : 874 [555]).
HOST PLANTS.
Polygonaceae : *Atraphaxis frutescens, Atraphaxis spinosa* (Danzig, 1969 : 874 [555]).

Asterobemisia carpini (Koch)

Aleurodes carpini Koch, 1857 : 327. Syntypes on *Carpinus betulus*, GERMANY (WEST) : ? Regensburg.
Aleurodes avellanae Signoret, 1868 : 385–386. Lectotype pupal case on *Corylus avellana*, FRANCE : Paris, x.1868 (*V. Signoret*) (Vienna MNH) designated by Zahradnik, 1961a : 437. **Syn. n.**
Aleyrodes vaccinii Künow, 1880 : 46. Syntypes on *Vaccinium uliginosum*, [Könisberg Pr.] ?Kaliningrad. **Syn. n.**
Aleurodes ribium Douglas, 1888 : 265. Lectotype from unknown host and locality, 23.x.1887 (BMNH) designated by Mound, 1966 : 413. [Synonymized by Mound, 1966 : 413.]
Aleurodes rubicola Douglas, 1891b : 200 [See also Douglas, 1891c : 322.] Lectotype on bramble leaves [*Rubus* sp.], ENGLAND : Blackheath Pits, 15.vi.1891 (BMNH) designated by Mound, 1966 : 413. [Synonymized by Trehan, 1939 : 266. See also Trehan, 1940 : 608.]
Aleurochiton avellanae (Signoret) Harrison, 1920a : 59.
Asterochiton avellanae (Signoret) Harrison, 1920b : 256.
Asterochiton carpini (Koch) Harrison, 1920b : 256.
Aleurochiton vaccinii (Künow) Ryberg, 1938 : 16, 22. In part.
Asterobemisia carpini (Koch) Trehan, 1940 : 593.
Bemisia (Neobemisia) avellanae (Signoret) Visnya, 1941b : 8.
Bemisia (Neobemisia) ribium (Douglas) Visnya, 1941b : 9.
Asterobemisia avellanae (Signoret) Zahradnik, 1956 : 44.

The species *avellanae* Signoret can be recognized from the lectotype pupal case designated by Zahradnik in 1956, whereas the species *carpini* Koch is known only from its original inadequate description. This has resulted in several authors using *avellanae* as the type-species of *Asterobemisia*, since it was evident from Trehan's illustrations that this was the sense in which he was erecting his new genus.

Although instances of misidentified type-species should be submitted to the International Commission for Zoological Nomenclature for consideration, it would seem an unnecessary complication in this case. *A. carpini* Koch was described from one of the most common host plants of *avellanae* and the name *carpini* cannot be applied with certainty to any other known species. Therefore it seems more logical to synonymize *avellanae* with *carpini*, as is done here.

Asterobemisia carpini (Koch), which is widespread in northern Europe on a variety of host plants, was first recorded from *Vaccinium* by Ossiannilsson in 1955. The two species on which he found it, *V. myrtillus* and *V. uliginosum*, were of special significance as he himself realized. Ryberg has recorded *V. myrtillus* and *V. vitis idaea* as hosts of a species he referred to as *Aleurochiton vaccinii* (Künow). This species had an inadequate original description and had hence been classed as a nomen dubium, however it was described from *Vaccinium uliginosum*. It is therefore assumed that Ryberg was studying two species, *Asterobemisia carpini* (Koch) on *V. uliginosum* and *V. myrtillus*, and *Aleurotuberculatus similis* Takahashi on *V. vitis idaea*. *Aleurotuberculatus similis* and its subspecies, *europaeus* and *suborientalis*, have all been described or recorded from northern Europe on *Vaccinium vitis idaea*.

Harrison (1920b : 256) refers to a '*Tetralicia vaccinii* Konow' from northern England, on *Vaccinium myrtillus* and *Vaccinium oxycoccus*, however no specimens of the species he examined were preserved and there is no subsequent record of an aleyrodid from *Vaccinium* in Britain.

Aleurodes vaccinii Künow is here synonymized with *Asterobemisia carpini* (Koch).

DISTRIBUTION. Austria, Czechoslovakia, Denmark, Germany, Hungary, Poland, Rumania (Zahradnik, 1963a : 10); England (Douglas, 1891b : 200) (BMNH); Finland (Ryberg, 1938 : 16); France (Signoret, 1868 : 385); Italy, U.S.S.R. (Zahradnik, 1962b : 38); Spain (Gomez-Menor, 1953 : 43); Sweden (Ossiannilsson, 1955 : 195); Yugoslavia (Zahradnik, 1963b : 233).
HOST PLANTS.
Aceraceae : *Acer campestre, Acer pseudoplatanus* (Zahradnik, 1963b : 233); *Acer saccharum* (Danzig, 1964a : 635 [326]).

Anacardiaceae	: *Cotinus coggygria* (Dobreanu & Manolache, 1969 : 123).
Betulaceae	: *Betula* sp. (Zahradnik, 1963a : 10); *Carpinus betulus* (Mound, 1966 : 413) (BMNH); *Carpinus orientalis* (Dobreanu & Manolache, 1969 : 123); *Corylus avellana* (Mound, 1966 : 413).
Cannabaceae	: *Humulus lupulus* (Danzig, 1964a : 635 [326]).
Caprifoliaceae	: *Lonicera fragrantissima* (Dobreanu & Manolache, 1969 : 123); *Lonicera nigra* (Ossiannilsson, 1955 : 195).
Ericaceae	: *Vaccinium myrtillus* (Ossiannilsson, 1955 : 195); *Vaccinium uliginosum* (Künow, 1880 : 46).
Fagaceae	: *Castanea sativa, Quercus sessiliflora* (Visnya, 1941b : 9); *Quercus robus* (Westhoff, 1887 : 62).
Grossulariaceae	: *Ribes nigrum, Ribes rubrum* (Kirkaldy, 1907 : 68).
Leguminosae	: *Robinia pseudoacacia* (Visnya, 1941b : 11).
Ranunculaceae	: *Clematis vitalba* (Visnya, 1941b : 10).
Rosaceae	: *Crataegus* sp., *Rosa* sp., *Spiraea* sp. (Zahradnik, 1963b : 233); *Rubus caesius, Rubus fruticosus* (Visnya, 1941b : 10–11); *Rubus* sp. (BMNH).
Salicaceae	: *Salix* sp. (Zahradnik, 1963b : 233).
Saxifragaceae	: *Bergenia pacifica* (Danzig, 1966 : 375 [203]).
Tiliaceae	: *Tilia* sp. (Zahradnik, 1963b : 233); *Tilia ulmifolia* (Westhoff, 1887 : 62).
Ulmaceae	: *Ulmus foliacea* (Visnya, 1941b : 9).

NATURAL ENEMIES.
Hymenoptera
  Chalcidoidea
    Aphelinidae : *Eretmocerus* sp. (Trehan, 1940 : 611).
    Eulophidae : *Euderomphale* sp. (Trehan, 1940 : 611).
  Proctotrupoidea
    Platygasteridae : *Isostasius* sp. (Trehan, 1940 : 611).

Asterobemisia dentata Danzig

Asterobemisia dentata Danzig, 1969 : 873–874 [554–555]. Holotype and paratypes on *Morus* sp., U.S.S.R. : Tadzikistan, Kulyab, bank of the Yakhsu River, 30.x.1961 (*E. Shuvakhina*) (Leningrad ZI).

DISTRIBUTION. U.S.S.R. (Danzig, 1969 : 873 [555]).

HOST PLANTS.
Moraceae : *Morus* sp. (Danzig, 1969 : 873 [555]).

Asterobemisia lata Danzig

Asterobemisia lata Danzig, 1966 : 376 [203–204]. Holotype on *Carpinus cordata*, U.S.S.R. : Vladivostock, Akademgorodok, 3.ix.1961 (*E. M. Danzig*). Paratypes on *Tilia* sp., Vladivostock, Sedanko, 7.ix.1961 (*E. M. Danzig*); on *Malus* sp., Okeanskaya, 31.viii.1961 (*E. M. Danzig*) (Leningrad ZI).

DISTRIBUTION. U.S.S.R. (Danzig, 1966 : 376 [204]).

HOST PLANTS.
Betulaceae	: *Carpinus cordata* (Danzig, 1966 : 376 [203]).
Fagaceae	: *Quercus* sp. (Danzig, 1966 : 376 [204]).
Rosaceae	: *Malus* sp. (Danzig, 1966 : 376 [203]).
Tiliaceae	: *Tilia* sp. (Danzig, 1966 : 376 [203]).

Asterobemisia obenbergeri (Zahradnik) comb. n.

Neobemisia obenbergeri Zahradnik, 1961b : 68–75. Holotype on *Thymus* sp., CZECHOSLOVAKIA : Mohelno, 17.ix.1955. Paratypes on *Thymus* sp. from localities in Czechoslovakia, Yugoslavia and Albania, on various dates (USNM). (Two paratypes on *Thymus* sp. from Czechoslovakia in BMNH.)

DISTRIBUTION. Albania, Yugoslavia (Zahradnik, 1961b : 68); Czechoslovakia (Zahradnik, 1961b : 68) (BMNH).

HOST PLANTS.
Labiatae : *Thymus* sp. (Zahradnik, 1961b : 72) (BMNH).

Asterobemisia paveli (Zahradnik) comb. n.

Neobemisia paveli Zahradnik, 1961b : 75–78. Holotype and paratypes on *Euphorbia* sp., CZECHOSLOVAKIA : Mohelno, 4.ix.1957; paratypes on *Euphorbia* sp., Mohelno, 28.viii.1957. (USNM). (Two paratypes in BMNH.)

DISTRIBUTION. Czechoslovakia (Zahradnik, 1961b : 75) (BMNH); Germany (Bährmann, 1973b : 507); Palestine (BMNH).

HOST PLANTS.
Euphorbiaceae : *Euphorbia* sp. (Zahradnik, 1961b : 78) (BMNH); *Euphorbia stepposa* (Dobreanu & Manolache, 1969 : 132).

NATURAL ENEMIES.
Hymenoptera
 Chalcidoidea
  Aphelinidae : *Encarsia partenopea* Masi (Dobreanu & Manolache, 1969 : 132).
: - *Eretmocerus mundus* Mercet (Dobreanu & Manolache, 1969 : 132).

Asterobemisia takahashii Danzig

Asterobemisia takahashii Danzig, 1966 : 376–377 [204]. Holotype and paratypes on *Quercus mongolica*, U.S.S.R. : southern Maritime Territory, Khasan District, Kedrovaya pad' reservation, 29.v.1969 (*E. M. Danzig*) (Leningrad ZI).

DISTRIBUTION. U.S.S.R. (Danzig, 1966 : 376 [204]).
HOST PLANTS.
Fagaceae : *Quercus mongolica* (Danzig, 1966 : 376 [204]).

Asterobemisia trifolii (Danzig) comb. n.

Neobemisia trifolii Danzig, 1966 : 374 [203]. Holotype and paratypes on *Trifolium lupinaster*, U.S.S.R. : southern Maritime Territory, Chernyatino, Suyfuno valley, 20.vii.1963 (*E. M. Danzig*) (Leningrad ZI).

DISTRIBUTION. U.S.S.R. (Danzig, 1966 : 374 [203]).
HOST PLANTS.
Leguminosae : *Trifolium lupinaster* (Danzig, 1966 : 374 [203]).

Asterobemisia yanagicola (Takahashi) comb. n.

Bemisia yanagicola Kuwana; Takahashi, 1933 : 17. Nomen nudum.
Bemisia yanagicola Takahashi, 1934a : 137–139. Syntypes on 'yanagi' [*Salix* sp.], CHINA : Foochow, x.1929 (*Prof. C. R. Kellogg*); on *Salix* sp., TAIWAN : Taikoku (Taiwan ARI).
Bemisia (*Neobemisia*) *yanagicola* Takahashi; Visnya, 1941b : 8.
Neobemisia yanagicola (Takahashi) Zahradnik, 1961b : 61 [by inference].

DISTRIBUTION. China, Taiwan (Takahashi, 1934a : 139); Japan (Takahashi, 1955c : 4) (BMNH).
HOST PLANTS.
Salicaceae : *Salix glandulosa* var. *warburgi* (Takahashi, 1933 : 17); *Salix* sp. (Takahashi, 1934a : 139) (BMNH).

ASTEROCHITON Maskell

Asterochiton Maskell, 1879 : 214–215 [Coccidae; Maskell, 1880 : 301 in Aleyrodidae]. Type-species : *Asterochiton aureus*, by subsequent designation (Cockerell, 1902a : 282).
[*Asterochiton* Maskell of Quaintance & Baker, 1914 : 104–105. Misinterpretation using *Aleyrodes vaporariorum* Westwood as invalid type-species.]
Aleyrodes (*Asterochiton*) Maskell; Cockerell, 1902a : 282.
Dialeurodoides Quaintance & Baker, 1914 : 98–99. Type-species : *Asterochiton aureus*, by original designation. [Synonymized by Quaintance & Baker, 1915a : xi.]
Asterochiton Maskell; Quaintance & Baker, 1915a : xi.

The designation of a type-species for *Asterochiton* by Quaintance & Baker is invalid as it is preceded by that of Cockerell. Apparently Quaintance & Baker were unaware that Cockerell had designated *aureus* as the type of *Asterochiton* because they used this species as the type of their genus *Dialeurodoides*, and designated *Aleyrodes vaporariorum* as the type-species of *Asterochiton*.

Asterochiton spp. indet.
HOST PLANTS.
Ulmaceae : *Ulmus campestris* (Harrison, 1920b : 256–257. England).
There is no other record of an aleyrodid living on *Ulmus* in Britain.

Asterochiton aureus Maskell
Asterochiton aureus Maskell, 1879 : 216 [Coccidae]. Lectotype on *Melicytus ramiflorus*, NEW ZEALAND : Auckland (labelled '*melicyti*' in Auckland DSIR) designated by Dumbleton, 1957 : 149.
Asterochiton aureus Maskell, 1880 : 301 [Aleyrodidae].
Aleurodes melicyti Maskell, 1890b : 174–175. Syntypes on *Melicytus ramiflorus*, NEW ZEALAND (Auckland DSIR). [Synonymized by Cockerell, 1902a : 281.]
Aleyrodes (Asterochiton) aurea [sic] (Maskell) Quaintance & Baker, 1914 : 98.
Asterochiton aureus Maskell; Quaintance & Baker, 1915a : xi.

Maskell (1890b : 174) erroneously listed *aureus* as a synonym of his new species *melicyti*. Cockerell (1902a : 281) corrected this by reviving the older name, *aureus* and designating it as the type-species of *Asterochiton* Maskell.

DISTRIBUTION. New Zealand (Dumbleton, 1957 : 149).
HOST PLANTS.
Violaceae : *Melicytus ramiflorus* (Dumbleton, 1957 : 149).

Asterochiton auricolor (Bondar)
Dialeurodoiodes [sic] *auricolor* Bondar, 1923a : 119–120. Syntypes on Rubiaceae, BRAZIL : Camamú (*G. Bondar*) (São Paulo MZU) (USNM).
Asterochiton auricolor (Bondar) (Costa Lima, 1968 : 117).

DISTRIBUTION. Brazil (Bondar, 1923a : 120).
HOST PLANTS.
Rubiaceae : Genus indet. (Bondar, 1923a : 120).

Asterochiton bagnalli Harrison
Asterochiton Bagnalli Harrison, 1920b : 256. Syntypes on beech [*Fagus* sp.], ENGLAND : Northumberland, Ovingham.

This species is best regarded as a nomen dubium. Even if the specimens studied by Harrison had been preserved they would probably have been of little more use than the inadequate original description. This merely states that the adults ovipositing on the leaves were 'Very like *A. avellanae*, but a little larger and duller in colour.'

DISTRIBUTION. England (Harrison, 1920b : 256).
HOST PLANTS.
Fagaceae : *Fagus* sp. (Harrison, 1920b : 256).

Asterochiton cerata (Maskell)
Aleurodes cerata Maskell, 1895 : 425–426. Lectotype on *Nothofagus menziesii*, NEW ZEALAND : Reefton (*R. Raithby*) (mounted pupal case labelled 'larva' in Auckland DSIR) designated by Dumbleton, 1957 : 150. Paralectotype in USNM.
Asterochiton cerata (Maskell) Dumbleton, 1957 : 149.

DISTRIBUTION. New Zealand (Dumbleton, 1957 : 150).
HOST PLANTS.
Fagaceae : *Nothofagus menziesii* (Dumbleton, 1957 : 149).

Asterochiton cordiae David & Subramaniam
Asterochiton cordiae David & Subramaniam, 1976 : 177–178. Holotype and paratypes on *Cordia myxa*, INDIA : Madras, 19.vii.1971 (*B. V. David*) (USNM). (One paratype in BMNH.)

DISTRIBUTION. India (David & Subramaniam, 1976 : 178) (BMNH).
HOST PLANTS.
Boraginaceae : *Cordia myxa* (David & Subramaniam, 1976 : 178) (BMNH).

Asterochiton fagi (Maskell)

Aleurodes fagi Maskell, 1890b : 175. Lectotype on *Nothofagus menziesii*, NEW ZEALAND : Inangahua (*R. Raithby*) (Auckland DSIR) designated by Dumbleton, 1957 : 150–151.
Dialeurodoides fagi (Maskell) Quaintance & Baker, 1914 : 99.
Asterochiton fagi (Maskell) Quaintance & Baker, 1915a : xi.

DISTRIBUTION. New Zealand (Dumbleton, 1957 : 151).
HOST PLANTS.
Fagaceae   : *Nothofagus menziesii* (Dumbleton, 1957 : 151).

Asterochiton pittospori Dumbleton

Asterochiton pittospori Dumbleton, 1957 : 151–152. Holotype on *Pittosporum eugenioides*, NEW ZEALAND : Pelorus Bridge, 20.x.1951 (*L. J. Dumbleton*) (Auckland DSIR).

DISTRIBUTION. New Zealand (Dumbleton, 1957 : 152).
HOST PLANTS.
Pittosporaceae   : *Pittosporum eugenioides* (Dumbleton, 1957 : 152).

Asterochiton simplex (Maskell)

Aleurodes simplex Maskell, 1890b : 175. Lectotype on unspecified host, NEW ZEALAND : Christchurch (Auckland DSIR) designated by Dumbleton, 1957 : 154. Original material from NEW ZEALAND on *Pittosporum eugenioides*, *Coprosma lucida* and several other trees.
Dialeurodoides simplex (Maskell) Quaintance & Baker, 1914 : 99.
Asterochiton simplex (Maskell) Quaintance & Baker, 1915a : xi.

DISTRIBUTION. New Zealand (Dumbleton, 1957 : 154).
HOST PLANTS.
Pittosporaceae   : *Pittosporum eugenioides* (Dumbleton, 1957 : 154).
Rubiaceae   : *Coprosma lucida* (Dumbleton, 1957 : 154).

Maskell (1890b : 176) states that '*Asterochiton lecanioides* appears to have been made up of both *Aleurodes papillifer* and *Asterochiton simplex*'.

AXACALIA Danzig

Axacalia Danzig, 1969 : 876 [556]. Type-species : *Axacalia spiraeanthi*, by monotypy.

Axacalia spiraeanthi Danzig

Axacalia spiraeanthi Danzig, 1969 : 877 [556]. Holotype on *Spiraeanthus schrenkianus*, U.S.S.R. : Betpakdala, Kogashik landmark, near the Betpakdala Meteorological Station, 14.vi.1961 (*A. Yemel' yanov*) (Leningrad ZI).

As only the holotype is mentioned in the original description, it would appear that this species was described from a single specimen.

DISTRIBUTION. U.S.S.R. (Danzig, 1969 : 877 [556]).
HOST PLANTS.
Rosaceae   : *Spiraeanthus schrenkianus* (Danzig, 1969 : 877 [556]).

BELLITUDO Russell

Bellitudo Russell, 1943 : 132–135. Type-species : *Bellitudo jamaicae*, by original designation.

Bellitudo campae Russell

Bellitudo campae Russell, 1943 : 136. Holotype and ten paratypes on *Coccoloba uvifera*, JAMAICA : Coastal region east of Montego Bay, 28.iii.1920 (*W. R. Maxon* and *E. P. Killip*) (USNM).

DISTRIBUTION. West Indies (Jamaica) (Russell, 1943 : 136).
HOST PLANTS.
Polygonaceae   : *Coccoloba uvifera* (Russell, 1943 : 136).

Bellitudo cubae Russell

Bellitudo cubae Russell, 1943 : 137–138. Holotype on *Coccoloba retusa*, CUBA : Rio Seboruco to Falls of Rio Mayari, Oriente, 26.i.1910 (*J. A. Shafer*) (USNM). Described from a single specimen.

DISTRIBUTION. Cuba (Russell, 1943 : 138).
HOST PLANTS.
Polygonaceae   :   *Coccoloba retusa* (Russell, 1943 : 138).

Bellitudo hispaniolae Russell

Bellitudo hispaniolae Russell, 1943 : 136-137. Holotype and paratype on *Coccoloba laurifolia*, HAITI : West of La Coup River, 24.xii.1928 (*E. C.* and *G. M. Leonard*). Paratypes on *Coccoloba diversifolia*, DOMINICAN REPUBLIC : Santo Domingo, i-iii.1871 (*Wright, Parry* and *Brummel*); on *Coccoloba laurifolia*, HAITI : Baille, 26.xi.1925 (*E. C. Leonard*) (USNM).

DISTRIBUTION. Dominican Republic, Haiti (Russell, 1943 : 137).
HOST PLANTS.
Polygonaceae   :   *Coccoloba diversifolia, Coccoloba laurifolia* (Russell, 1943 : 137).

Bellitudo jamaicae Russell

Bellitudo jamaicae Russell, 1943 : 135-136. Holotype and paratypes on *Coccoloba longiflora*, JAMAICA : Parish of Saint Thomas, 15-19.ix.1908 (*N. L. Britton*). Paratypes on *Coccoloba longiflora*, Holly Mount, 25-27.v.1904 (*W. R. Maxon*); on *Coccoloba longiflora*, Union Hill, 6-7.iv.1908 (*Britton* and *Hollick*); on *Coccoloba longiflora* and *Coccoloba venosa*, John Crow Mountains, 2.iii.1909 (*Harris* and *Britton*); on *Coccoloba uvifera*, Buff Bay, 21.vii.1926 (*W. R. Maxon*) (USNM).

DISTRIBUTION. Jamaica (Russell, 1943 : 136) (BMNH).
HOST PLANTS.
Polygonaceae   :   *Coccoloba longiflora, Coccoloba venosa* (Russell, 1943 : 136; *Coccoloba uvifera* (Russell, 1943 : 136) (BMNH).

BEMISALEYRODES Cohic

Bemisaleyrodes Cohic, 1969 : 101-102. Type-species : *Bemisia grjebinei*, by original designation.

Bemisaleyrodes balachowskyi Cohic

Bemisaleyrodes balachowskyi Cohic, 1969 : 103-107. Holotype and thirty-two paratypes on Combretaceae, SÃO TOMÉ : Savannah, 13.viii.1967 (*A. Balachowsky*).

DISTRIBUTION. São Tomé (Cohic, 1969 : 103).
HOST PLANTS.
Combretaceae   :   Genus indet. (Cohic, 1969 : 103).

Bemisaleyrodes grjebinei (Cohic)

Bemisia grjebinei Cohic, 1968b : 117-120. Syntypes on *Alchornea cordifolia*, CONGO (Brazzaville) : Centre O.R.S.T.O.M., 18.ii.1967; on *Allophylus africanus*, Centre O.R.S.T.O.M., 20.i.1967; on *Caloncoba dusenii*, Centre O.R.S.T.O.M., 27.xii.1966; on *Loranthus* sp., Centre O.R.S.T.O.M., 17.ii.1966; on *Calvoa* sp., ANNOBON ISLAND : Pic Santiago, 380 m, 27.ii.1964; on *Calvoa* sp., ANNOBON ISLAND : Pic du Centre, 500 m, 27.ii.1964.
Bemisaleyrodes grjebinei (Cohic) Cohic, 1969 : 102-103.

DISTRIBUTION. Annobon Island, Congo (Brazzaville) (Cohic, 1968b : 117); Ivory Coast (Cohic, 1969 : 102); Nigeria (Cohic, 1969 : 103) (BMNH).
HOST PLANTS.
Euphorbiaceae   :   *Alchornea cordifolia* (Cohic, 1968b : 117); *Bridelia* sp. (Cohic, 1969 : 103) (BMNH).
Flacourtiaceae   :   *Caloncoba dusenii* (Cohic, 1968b : 117).
Loranthaceae   :   *Loranthus* sp. (Cohic, 1968b : 117).
Melastomataceae   :   *Calvoa* sp. (Cohic, 1968b : 117).
Meliaceae   :   *Entandrophragma utile* (Cohic, 1969 : 102).
Rubiaceae   :   *Crossopteryx febrifuga* (Cohic, 1969 : 102).
Sapindaceae   :   *Allophylus africanus* (Cohic, 1968b : 117); *Paullinia pinnata, Placodiscus pseudostipularis* (Cohic, 1969 : 102).

Bemisaleyrodes pauliani Cohic

Bemisaleyrodes pauliani Cohic, 1969 : 107-112. Holotype and paratypes on *Ficus leprieuri*, IVORY COAST : Abidjan, botanical garden, 8.v.1968; on *Ficus* sp., NIGERIA : Ibadan, 29.x.1960 (*F. A. Squire*); on *Ficus* sp., CAMEROUN : Bamenda, 2.xi.1957 (*V. F. Eastop*); on *Chaetacme aristata*, KENYA : Nairobi, viii.1958 (*G. de Lotto*). (Paratypes in BMNH.)

DISTRIBUTION. Cameroun, Nigeria (Cohic, 1969 : 107) (BMNH); Ivory Coast, Kenya (Cohic, 1969 : 107); Sudan (BMNH).
HOST PLANTS.
Moraceae : *Ficus leprieuri* (Cohic, 1969 : 107); *Ficus* sp. (Cohic, 1969 : 107) (BMNH).
Ulmaceae : *Chaetacme aristata* (Cohic, 1969 : 107).

BEMISIA Quaintance & Baker

Bemisia Quaintance & Baker, 1914 : 99–100. Type-species : *Aleurodes inconspicua*, a synonym of *Bemisia tabaci*, by original designation.
Roucasia Goux, 1940 : 45. Type-species : *Roucasia ovata*, by monotypy. [Synonymized by Danzig, 1964a : 326–327.]
Bemisia (*Roucasia*) Goux; Gomez-Menor, 1954 : 369.

Bemisia spp. indet.

HOST PLANTS.
Euphorbiaceae : *Alchornea cordifolia*, *Bridelia* sp. (BMNH : Nigeria).
Leguminosae : *Bowdichia virgiliodes* (BMNH : Venezuela).
Host indet. : (BMNH : Chile, Gambier Islands).
NATURAL ENEMIES.
Hymenoptera.
Chalcidoidea
Aphelinidae : *Encarsia nigricephala* Dozier (Fulmek, 1943 : 19. Puerto Rico).
: *Prospaltella sublutea* Silvestri (Fulmek, 1943 : 19. Somali Republic).

Bemisia afer (Priesner & Hosny)

Dialeurodoides afer Priesner & Hosny, 1934b : 6. Syntypes on *Lawsonia alba*, EGYPT : Kom Ombo 4.vii.1931; on *Ficus sycamorus*, Ibreem, south of Assouan, 7.iv.1931 (USNM). (One syntype in BMNH.)
Bemisia (*Neobemisia*) *afra* [sic] (Priesner & Hosny) Visnya, 1941b : 8.
Bemisia afer (Priesner & Hosny) Habib & Farag, 1970 : 8–10.

DISTRIBUTION. Egypt (Priesner & Hosny, 1934b : 6) (BMNH).
HOST PLANTS.
Lythraceae : *Lawsonia alba* (Priesner & Hosny, 1934b : 6).
Moraceae : *Ficus sycamorus* (Priesner & Hosny, 1934b : 6) (BMNH).
Rutaceae : *Citrus limonia* (Habib & Farag, 1970 : 10).
NATURAL ENEMIES.
Hymenoptera
Chalcidoidea
Aphelinidae : *Eretmocerus* sp. (Priesner & Hosny, 1934b : 6. Egypt.).

Bemisia alni Takahashi

Bemisia alni Takahashi, 1957 : 17–19. Three syntypes on *Alnus* sp., JAPAN : Taishi, Osaka Prefecture, 3.xi.1956 (*R. Takahashi* and *M. Sorin*) (Hikosan BL).

DISTRIBUTION. Japan (Takahashi, 1957 : 18).
HOST PLANTS.
Betulaceae : *Alnus* sp. (Takahashi, 1957 : 18).

Bemisia antennata Gameel

Bemisia antennata Gameel, 1968 : 149–151. Holotype and eight paratypes on *Ficus sycamorus*, SUDAN : Wad Medani, 26.x.1961 (*O. Gameel*); sixteen paratypes on *Pithecolobium dulce*, SUDAN : Wad Medani, 30.x.1961 (*O. Gameel*) (Sudan GRF).

DISTRIBUTION. Sudan (Gameel, 1968 : 151) (BMNH); Chad (BMNH).
HOST PLANTS.
Boraginaceae : *Cordia africana* (BMNH).

Leguminosae   : *Pithecolobium dulce* (Gameel, 1968 : 151).
Moraceae   : *Ficus sycamorus* (Gameel, 1968 : 151) (BMNH).

Bemisia bambusae Takahashi

Bemisia bambusae Takahashi, 1942b : 172–173. Syntypes on bamboo [?*Bambusa* sp.], THAILAND : Chiengmai, 3.iv.1940 (Taiwan ARI).

DISTRIBUTION. Thailand (Takahashi, 1942b : 173).
HOST PLANTS.
Gramineae   : ?*Bambusa* sp. (Takahashi, 1942b : 173).

Bemisia berbericola (Cockerell)

Aleurodes berbericola Cockerell, 1896b : 207. Syntypes on *Berberis* sp., U.S.A. : NEW MEXICO, Mescalero Reservation, Tularosa Creek, 2.x.1896 (*T. P. A. Cockerell*) (USNM).
Bemisia berbericola (Cockerell) Quaintance & Baker, 1914 : 100.

DISTRIBUTION. Chile (Baker & Moles, 1923 : 638); U.S.A. (California) (BMNH); U.S.A. (New Mexico) (Quaintance, 1900 : 21).

In its original description, *Bemisia shinanoensis* was compared to *Bemisia berbericola* by Kuwana, however Frappa (1939 : 254) erroneously stated that Kuwana had recorded *berbericola* from Japan.

HOST PLANTS.
Berberidaceae   : *Berberis* sp. (Quaintance, 1900 : 21).
Euphorbiaceae   : *Colliguaja* sp. (Baker & Moles, 1923 : 638).
Moraceae   : *Morus* sp. (Frappa, 1939 : 254).
Rhamnaceae   : *Ceanothus* sp. (BMNH).
Rosaceae   : *Photinia arbutifolia* (BMNH).

Bemisia caudasculptura Quaintance & Baker

Bemesia [sic] *cauda-sculptura* Quaintance & Baker in J. M. Baker, 1937 : 614. Syntypes on ash [*Fraxinus* sp.], MEXICO : Cholula, xii.1910; Puebla (USNM).

DISTRIBUTION. Mexico (J. M. Baker, 1937 : 614).
HOST PLANTS.
Oleaceae   : *Fraxinus* sp. (J. M. Baker, 1937 : 614).

Bemisia confusa Danzig

Bemisia confusa Danzig, 1964a : 637–638 [327]. Holotype and paratypes on *Psoralea bituminosa*, U.S.S.R., : Caucasian Black Sea coast, Lazarevskaya, 12.viii.1960 (*E. M. Danzig*); on *Psoralea bituminosa*, Novyy Afon, valley of the Psyrtskhi, 20.ix.1960 (*E. M. Danzig*) (Leningrad ZI).

DISTRIBUTION. U.S.S.R. (Danzig, 1964a : 638 [327]).
HOST PLANTS.
Leguminosae   : *Psoralea bituminosa* (Danzig, 1964a : 638 [327]).

Bemisia cordylinidis Dumbleton

Bemisia cordylinidis Dumbleton, 1961a : 120–121. Holotype and paratypes on *Cordyline* sp., NEW CALEDONIA : Montagne des Sources (*L. J. Dumbleton*) (Noumea ORSTOM). (One paratype in BMNH.)

DISTRIBUTION. New Caledonia (Dumbleton, 1961a : 121) (BMNH).
HOST PLANTS.
Liliaceae   : *Cordyline* sp. (Dumbleton, 1961a : 121) (BMNH).

Bemisia decipiens (Maskell)

Aleurodes decipiens Maskell, 1895 : 428–429. Lectotype on *Styphelia* (*Monotoca*) *elliptica*, AUSTRALIA : NEW SOUTH WALES, Botany near Sydney (*W. W. Froggatt*) (Auckland DSIR) designated by Dumbleton, 1956b : 167.
Bemisia decipiens (Maskell) Quaintance & Baker, 1914 : 100.

Dumbleton (1956b : 173) points out that the 'larva' referred to in Maskell's original description is in fact a pupa and must stand as the type of *decipiens* as it has page precedence. The pupa described originally as that of *decipiens* has been redescribed by Dumbleton as *Aleuroclava ellipticae*.

DISTRIBUTION. Australia (New South Wales) (Dumbleton, 1956b : 173).
HOST PLANTS.
Epacridaceae   :   *Monotoca elliptica* (Dumbleton, 1956b : 173).

Bemisia elliptica Takahashi

Bemisia elliptica Takahashi, 1960b : 147–149. Syntypes on an unidentified host, RÉUNION ISLAND : Cilaos, xii.1955 (*R. Paulian*) (Hikosan BL) (Paris MNHN).

DISTRIBUTION. Réunion Island (Takahashi, 1960b : 149).
HOST PLANTS.
Host indet. (Takahashi, 1960b : 149).

Bemisia eoa Danzig

Bemisia eoa Danzig, 1966 : 374 [202]. Holotype on *Ulmus propinqua*, U.S.S.R. : southern Maritime Territory, Khasan District, Kedrovaya pad' reservation, 31.vii.1961 (*E. M. Danzig*). Paratypes on *Lonicera* sp., *Sorbaria sorbifolia* from same locality as holotype, 26.vii.1961 (*E. M. Danzig*) (Leningrad ZI).

DISTRIBUTION. U.S.S.R. (Danzig, 1966 : 374 [202]).
HOST PLANTS.
Caprifoliaceae   :   *Lonicera* sp. (Danzig, 1966 : 374 [202]).
Rosaceae   :   *Sorbaria sorbifolia* (Danzig, 1966 : 374 [202]).
Ulmaceae   :   *Ulmus propinqua* (Danzig, 1966 : 374 [202]).

Bemisia formosana Takahashi

Bemisia formosana Takahashi, 1933 : 18–19. Holotype on Gramineae, TAIWAN : Kuraru near Koshun, 25.v.1932 (*R. Takahashi*) (Taiwan ARI) (?USNM). Described from a single specimen.

DISTRIBUTION. Taiwan (Takahashi, 1933 : 19).
HOST PLANTS.
Gramineae   :   Genus indet. (Takahashi, 1933 : 19).

Bemisia giffardi (Kotinsky)

Aleyrodes giffardi Kotinsky, 1907 : 94–95. Syntypes on *Citrus* spp., HAWAII : Honolulu (Honolulu DA) (USNM).
Bemisia giffardi (Kotinsky) Quaintance & Baker, 1914 : 100.
Bemisia giffardi bispina Young, 1942 : 98–99. Syntypes on *Citrus* sp., CHINA : Szechwan, Kiangtsing and Pehpei. **Syn. n.**
Asterobemisia helyi Dumbleton, 1956b : 172–173. Holotype and paratypes on *Citrus* sp., AUSTRALIA : NEW SOUTH WALES, Sydney Botanical Gardens, 14.iv.1955 (*P. C. Hely*) (Australia NSW). (One paratype in BMNH.) **Syn. n.**
Bemisia jasminum David & Subramaniam, 1976 : 181–182. Holotype and paratypes on *Jasminum* sp., INDIA : Neyveli (Tamil Nadu), 22.i.1967 (*B. V. David*) (USNM). (Four paratypes in BMNH.) **Syn. n.**

This species has a pair of well-developed caudal setae and up to five pairs of dorsal setae. When present the dorsal setae are situated on the cephalothorax, the mesothorax, the metathorax and on the first and fourth abdominal segments. Variation in the development of these setae is common in the genus *Bemisia*, therefore *Bemisia giffardi bispina* Young and *Asterobemisia helyi* Dumbleton are here treated as synonyms of *Bemisia giffardi* (Kotinsky). The paratypes of *Bemisia jasminum* in the BMNH cannot be distinguished from the description of *bispina* Young, and so *jasminum* David & Subramaniam is here regarded as a synonym of *Bemisia giffardi* (Kotinsky).

DISTRIBUTION. Palaearctic Region : Japan (Takahashi, 1942b : 173).
Oriental Region : India (Takahashi, 1942b : 173) (BMNH); Nepal (BMNH); China, Taiwan, Thailand (Takahashi, 1942b : 173); Vietnam (Silvestri, 1927 : 15).
Austro-Oriental Region : Malaya, Java (Takahashi, 1942b : 173); Sumatra (Fulmek, 1943 : 19).
Australasian Region : Australia (New South Wales) (Dumbleton, 1956b : 173) (BMNH); Australia (South Australia, Queensland) (BMNH).

Pacific Region : Hawaii (Takahashi, 1942b : 173); New Caledonia (Cohic, 1959b : 242).
HOST PLANTS.
Boraginaceae : *Cordia cordata, Cordia myxa* (BMNH).
Oleaceae : *Jasminum sambac* (Singh, 1931 : 80); *Jasminum* sp. (David & Subramaniam, 1976 : 181) (BMNH).
Rutaceae : *Citrus grandis* (Cohic, 1959b : 242); *Citrus* sp. (Dumbleton, 1956b : 173) (BMNH).
NATURAL ENEMIES.
Hymenoptera
Chalcidoidea
Aphelinidae : *Prospaltella strenua* Silvestri (Fulmek, 1943 : 19. China, Malaya, Java, Sumatra).

Bemisia grossa Singh

Bemisia grossa Singh, 1931 : 82. Syntypes on *Eugenia operculata*, INDIA : Dhanbad (Bihar).

DISTRIBUTION. India (Singh, 1931 : 82).
HOST PLANTS.
Myrtaceae : *Eugenia operculata* (Singh, 1931 : 82); *Eugenia* sp. (Takahashi, 1934a : 139).

Bemisia hancocki Corbett

Bemisia hancocki Corbett, 1936 : 20. Syntypes on cotton [*Gossypium* sp.], UGANDA, 1934 (*G. L. R. Hancock*). (One syntype in BMNH.)
Bemisia (*Neobemisia*) *hancocki* Corbett; Visnya 1941b : 8.
Bemisia citricola Gomez-Menor, 1945a : 293-298. Syntypes on *Citrus limonium, Citrus aurantium, Eucalyptus* sp., *Morus* sp., *Cynanchum acutum, Laurus nobilis*, SPAIN : Orihuela (Alicante), Beniaján and Murcia. **Syn. n.**

DISTRIBUTION. Palaearctic Region : Israel, Sicily (BMNH); Italy (Mineo & Viggiani, 1975 : 3); Spain (Gomez-Menor, 1945a : 298).
Ethiopian Region : Cameroun, Kenya, Malawi, Nigeria, Sierra Leone, Sudan (Cohic, 1969 : 112-113) (BMNH); Chad, Congo (Brazzaville), Ivory Coast, Niger, Zaire (Cohic, 1969 : 112-113); Rhodesia (BMNH); South Africa (Cohic, 1969 : 113) (BMNH); Uganda (Corbett, 1936 : 20) (BMNH).
Madagascan Region : Madagascar (Cohic, 1969 : 112) (BMNH).
Oriental Region : India, Pakistan (BMNH).
HOST PLANTS.
Asclepiadaceae : *Cynanchum acutum* (Gomez-Menor, 1945a : 298).
Bignoniaceae : *Markhamia sessilis* (Cohic, 1968b : 116).
Capparaceae : *Crateva adansonii* (BMNH).
Combretaceae : *Combretum paniculatum* (Cohic, 1969 : 113); *Quisqualis* sp. (BMNH).
Euphorbiaceae : *Bridelia* sp., *Manihot utilissima* (Mound, 1965c : 141-142) (BMNH); *Securinega virosa* (Cohic, 1969 : 112).
Flacourtiaceae : *Rawsonia lucida* (BMNH).
Lauraceae : *Laurus nobilis* (Gomez-Menor, 1945a : 298).
Leguminosae : *Acacia aegyptiaca* (Cohic, 1969 : 113); *Arachis hypogea* (Mound, 1965c : 141) (BMNH); *Cassia floribunda, Cassia siamea* (Cohic, 1969 : 112-113) (BMNH); *Cassia petersiana* (Mound, 1965c : 141) (BMNH); *Cassia javanica* (Cohic, 1968b : 116); *Cassia sophora* (BMNH); *Dalbergia saxatilis, Dalbergia sissoo* (Cohic, 1969 : 112-113) (BMNH); *Erythrina variegata* (BMNH); *Lonchocarpus sericeus* (Mound, 1965c : 142) (BMNH); *Mucuna* sp. (BMNH); *Parkinsonia aculeata* (Cohic, 1969 : 113); *Piliostigma thonninghii* (Cohic, 1969 : 112); *Pongamia glabra* (BMNH); *Tamarindus indicus* (Cohic, 1969 : 112); *Vigna catjang* (Mound, 1965c : 141) (BMNH); *Tephrosia purpurea* (David & Subramaniam, 1976 : 179).
Liliaceae : *Asparagus suaveolens* (Cohic, 1969 : 113).
Malvaceae : *Gossypium* sp. (Corbett, 1936 : 20) (BMNH); *Urena lobata* (Mound, 1965c : 142).

Moraceae	: *Ficus* sp. (Cohic, 1969 : 113); *Morus* sp. (Gomez-Menor, 1945a : 298); *Morus alba* (BMNH).
Myrtaceae	: *Eucalyptus* sp. (Gomez-Menor, 1945a : 298); *Psidium guajava* (BMNH).
Rhamnaceae	: *Zizyphus mauritiana* (Cohic, 1969 : 113); *Zizyphus spina-christi* (Mound, 1965c : 141) (BMNH).
Rubiaceae	: *Gardenia jovis-tonantis* (Cohic, 1968b : 116); *Vangueria linearisepala* (BMNH).
Rutaceae	: *Clausena anisata, Citrus* sp. (BMNH); *Citrus aurantium, Citrus limonium* (Gomez-Menor, 1945a : 298).
Smilacaceae	: *Smilax aspersa* (BMNH).
Tiliaceae	: *Grewia similis* (BMNH).
Ulmaceae	: *Chaetacme aristata* (Mound, 1965c : 142) (BMNH).
Verbenaceae	: *Vitex doniana* (Cohic, 1969 : 112).

Bemisia iole Danzig

Bemisia iole Danzig, 1966 : 374 [202]. Holotype on *Ulmus propinqua*, U.S.S.R. : southern Maritime Territory, Ussuriysk, Gornotayezhnaya Station, 26.vii.1963 (*E. M. Danzig*). Paratypes on *Corylus heterophylla*, same locality, 26.vii.1963 (*E. M. Danzig*) (Leningrad ZI).

DISTRIBUTION. U.S.S.R. (Danzig, 1966 : 374 [202]).
HOST PLANTS.
Betulaceae	: *Corylus heterophylla* (Danzig, 1966 : 374 [202]).
Ulmaceae	: *Ulmus propinqua* (Danzig, 1966 : 374 [202]).

Bemisia lampangensis Takahashi

Bemisia lampangensis Takahashi, 1942b : 171–172. Holotype on a legume, THAILAND : Lampang, 1.iv.1940. Described from a single specimen.

DISTRIBUTION. Thailand (Takahashi, 1942b : 172).
HOST PLANTS.
Leguminosae	: Genus indet. (Takahashi, 1942b : 172).

Bemisia leakii (Peal)

Aleurodes leakii Peal, 1903b : 87–88. Syntypes on *Indigofera arrecta* and *Indigofera tinctoria*, INDIA : Dalsing Serai, Behar, v.1902 (*H. W. Peal*).
Bemisia leakii (Peal) Quaintance & Baker, 1914 : 100.

DISTRIBUTION. India (Peal, 1903b : 87); Fiji (Takahashi, 1934a : 140); Tahiti (Dumbleton, 1961b : 771).
HOST PLANTS.
Araceae	: *Colocasia esculenta* (Dumbleton, 1961b : 771).
Leguminosae	: *Dalbergia* sp. (Takahashi, 1934a : 140); *Erythrina* sp. (Dumbleton, 1961b : 771); *Indigofera arrecta, Indigofera tinctoria* (Quaintance, 1907 : 94).

Bemisia medinae Gomez-Menor

Bemisia (*Roucasia*) *medinae* Gomez-Menor, 1954 : 369–373. Syntypes on an unknown plant growing amongst trees of *Laurus canariensis*, CANARY ISLANDS : Tenerife, Monte de las Mercedes.

DISTRIBUTION. Canary Islands (Gomez-Menor, 1954 : 372).
HOST PLANTS.
Host indet. (Gomez-Menor, 1954 : 372).

Bemisia mesasiatica Danzig

Bemisia mesasiatica Danzig, 1969 : 871 [553–554]. Holotype on *Spiraea baldshuanica*, U.S.S.R. : Tadzhikistan, southern slope of the Hissar Range, Varzob Gorge, near Kondara, 6.vi.1964 (*E. M. Danzig*). Paratypes on *Lonicera korolkovii*, same locality as holotype, 8.vi.1964 (*E. M. Danzig*); on *Lonicera korolkovii* and *Exochorda alberti*, Ramit, 15.vi.1964 (*E. M. Danzig*); on *Armeniaca* sp.,

Kirgizia, Chatkal Range, Nanay, 22.vii.1960 (*Sugonyayev*); on *Prunus domestica*, Tashkent, 2.viii.1963 (Leningrad ZI).

DISTRIBUTION. U.S.S.R. (Danzig, 1969 : 871 [553–554]).
HOST PLANTS.
Caprifoliaceae : *Lonicera korolkovii* (Danzig, 1969 : 871 [553–554]).
Rosaceae : *Armeniaca* sp., *Exochorda alberti*, *Prunus domestica*, *Spiraea baldshuanica* (Danzig, 1969 : 871 [553–554]).

Bemisia moringae (David & Subramaniam) comb. n.

Asterobemisia moringae David & Subramaniam, 1976 : 176–177. Holotype and two paratypes on *Moringa oleifera*, INDIA : Coimbatore, 17.iv.1967 (*B. V. David*). (Paratypes in BMNH.)

DISTRIBUTION. India (David & Subramaniam, 1976 : 177) (BMNH).
HOST PLANTS.
Moringaceae : *Moringa oleifera* (David & Subramaniam, 1976 : 177) (BMNH).

Bemisia ovata (Goux)

Roucasia ovata Goux, 1940 : 45–47. Syntypes on *Hedera helix*, FRANCE : Marseille and Bouc-Bel-Air (Bouches-du-Rhône), 1934 (*L. Goux*); on *Hedera helix*, FRANCE : Condom (Gers), 1936 (*L. Goux*); on *Laurus nobilis*, FRANCE : Marseille (Lycée Périer) (*L. Goux*).
Bemisia ovata (Goux) Danzig, 1964a : 326–327.

DISTRIBUTION. France (Goux, 1940 : 47); U.S.S.R. (Danzig, 1964a : 637 [327]) (BMNH).
HOST PLANTS.
Araliaceae : *Hedera helix* (Goux, 1940 : 47).
Ericaceae : *Rhododendron ponticum* (Danzig, 1964a : 637 [327]).
Lauraceae : *Laurus nobilis* (Goux, 1940 : 47).
Moraceae : *Morus* sp. (Danzig, 1964a : 637 [327]).
Ranunculaceae : *Clematis vitalba* (Danzig, 1964a : 637 [327]).
Rutaceae : *Citrus* sp. (Danzig, 1964a : 637 [327]).
Smilacaceae : *Smilax excelsa* (Danzig, 1964a : 637 [327]); *Smilax* sp. (BMNH).
Vitaceae : *Vitis* sp. (Danzig, 1964a : 637 [327]).
NATURAL ENEMIES.
Hymenoptera
Chalcidoidea
Aphelinidae : *Eretmocerus mundus* Mercet (Nikolskaja & Jasnosh, 1968 : 35. U.S.S.R.).

Bemisia poinsettiae Hempel

Bemisia poinsettiae Hempel, 1923 : 1175–1176. Syntypes on *Poinsettia heterophylla*, BRAZIL : Bello Horizonte, Minas (*Prof. P. H. Rolfs*) (São Paulo MZU).

DISTRIBUTION. Brazil (Hempel, 1923 : 1176); Argentina (Frappa, 1939 : 254).
HOST PLANTS.
Euphorbiaceae : *Euphorbia* [*Poinsettia*] *heterophylla* (Hempel, 1923 : 1176).

Bemisia pongamiae Takahashi

Bemisia pongamiae Takahashi, 1931c : 223. Syntypes on *Pongamia pinnata*, TAIWAN : Taihoku, 17.v.1931 (*R. Takahashi*) (Taiwan ARI).

DISTRIBUTION. Taiwan (Takahashi, 1934a : 139).
HOST PLANTS.
Leguminosae : *Pongamia pinnata* (Takahashi, 1933 : 32).

Bemisia porteri Corbett

Bemisia porteri Corbett, 1935b : 786–787. Syntypes on *Quisqualis indica*, MALAYA : Kuala Lumpur.

DISTRIBUTION. Malaya (Corbett, 1935b : 787); Madagascar (Takahashi, 1955a : 406).
HOST PLANTS.
Combretaceae : *Quisqualis indica* (Corbett, 1935b : 787).

Bemisia psiadiae Takahashi

Bemisia psiadiae Takahashi, 1955a : 404–405. Syntypes on *Psiadia* sp., MADAGASCAR : Manakambahiny-Est, vi.1951 (*A. Robinson*) (Paris MNHN) (Hikosan BL).

DISTRIBUTION. Madagascar (Takahashi, 1955a : 405).
HOST PLANTS.
Compositae : *Psiadia* sp. (Takahashi, 1955a : 405).

Bemisia puerariae Takahashi

Bemisia puerariae Takahashi, 1955c : 3. Syntypes on *Pueraria hirsuta*, JAPAN : Tokyo, 16.ix.1949 (*R. Takahashi*) (Hikosan BL).

DISTRIBUTION. Japan (Takahashi, 1955c : 3).
HOST PLANTS.
Leguminosae : *Desmodium* sp., *Pueraria hirsuta* (Takahashi, 1955c : 3).

Bemisia religiosa (Peal)

Aleurodes religiosa Peal, 1903b : 67–70. Syntypes on banyan [*Ficus bengalensis*] and pipul plants [*Ficus religiosa*], INDIA : Calcutta (*H. W. Peal*).
Bemisia religiosa (Peal) Quaintance & Baker, 1914 : 100.

DISTRIBUTION. India (Peal, 1903b : 68).
HOST PLANTS.
Moraceae : *Ficus bengalensis* (Peal, 1903b : 68); *Ficus religiosa* (Kirkaldy, 1907 : 68).

Bemisia rosae Danzig

Bemisia rosae Danzig, 1969 : 870 [553]. Holotype and paratypes on *Rosa exae*, U.S.S.R. : Hissar Range, Ramit, 15.vi.1964 (*E. M. Danzig*). Paratypes on *Rosa maracandica*, Varzobskoye Gorge, near Kondara, 5.vi.1964 (*E. M. Danzig*); on *Rosa* sp., Kazakhstan, Iliysk, Tugay, 24.ix.1968 (*E. M. Danzig*) (Leningrad ZI).

DISTRIBUTION. U.S.S.R. (Danzig, 1969 : 870 [553]).
HOST PLANTS.
Rosaceae : *Rosa exae, Rosa maracandica, Rosa* sp. (Danzig, 1969 : 870 [553]).

Bemisia salicaria Danzig

Bemisia salicaria Danzig, 1969 : 871–873 [554]. Holotype and paratypes on *Salix* sp., U.S.S.R. : Tadzhikistan, Nizhniy Pyandzh, near pond, 6.vi.1964 (*Sugonyayev*) (Leningrad ZI).

DISTRIBUTION. U.S.S.R. (Danzig, 1969 : 873 [554]).
HOST PLANTS.
Salicaceae : *Salix* sp. (Danzig, 1969 : 873 [554]).

Bemisia shinanoensis Kuwana

Bemisia shinanoensis Kuwana, 1922 [for pagination see bibliography]. Syntypes on cultivated mulberry [*Morus* sp.], JAPAN : Nagono-ken (Shinano), x.1920 (*J. Murata*).

DISTRIBUTION. Japan (Takahashi, 1955c : 4) (BMNH).
HOST PLANTS.
Berberidaceae : *Berberis thunbergii* (Takahashi, 1955c : 4).
Compositae : *Pertya scandens* (Takahashi, 1955c : 4).
Ericaceae : *Rhododendron* sp. (Takahashi, 1955c : 4).
Lauraceae : *Lindera* [*Benzoin*] *umbellatum* (Takahashi, 1955c : 4).
Leguminosae : *Desmodium fallax* var. *mandsuricum, Pueraria hirsuta* (Takahashi, 1955c : 4).
Moraceae : *Morus alba* (Takahashi, 1955c : 4).
Rosaceae : *Rosa* sp. (BMNH); *Rubus palmatus* (Takahashi, 1955c : 4).
Ulmaceae : *Aphananthe aspera* (Takahashi, 1955c : 4).
Verbenaceae : *Callicarpa japonica* (Takahashi, 1955c : 4).

Bemisia silvatica Danzig

Bemisia silvatica Danzig, 1964a : 638 [327]. Holotype and paratypes on *Carpinus* sp., U.S.S.R. : Caucasian Black Sea coast, Alekseyevka, 11.viii.1960 (*E.* *M. Danzig*). Paratypes on *Rhododendron flavum*, Alekseyevka, Lazarevskaya District, 11.viii.1960 (*E. M. Danzig*); on *Carpinus* sp., Sochi, 13.viii.1960 (*E. M. Danzig*); on *Cotinus coggygria*, Novyy Afon, 20.ix.1960 (*E. M. Danzig*); on *Crataegus* sp. and *Quercus* sp., Sukhumi, Kelasuri, 14.ix.1960 (*E. M. Danzig*); on *Acacia* sp., Chakva, 7.ix.1960 (*E. M. Danzig*); on *Fragula alnus*, Zelenyy Mys, 28.vii.1960 (*E. M. Danzig*) (Leningrad ZI). (One paratype in BMNH.)

DISTRIBUTION. U.S.S.R. (Danzig, 1964a : 638 [327]) (BMNH).

HOST PLANTS.
Anacardiaceae : *Cotinus coggygria* (Danzig, 1964a : 638 [327]).
Betulaceae : *Carpinus* sp. (Danzig, 1964a : 638 [327]).
Ericaceae : *Rhododendron flavum* (Danzig, 1964a : 638 [327]) (BMNH).
Fagaceae : *Quercus* sp. (Danzig, 1964a : 638 [327]).
Leguminosae : *Acacia* sp. (Danzig, 1964a : 638 [327]).
Rhamnaceae : *Fragula alnus* (Danzig, 1964a : 638 [327]).
Rosaceae : *Crataegus* sp. (Danzig, 1964a : 638 [327]).

Bemisia spiraeae Young

Bemisia spiraeae Young, 1944 : 133. Syntypes on *Spiraea cantoniensis*, CHINA : Szechwan province, Kiangtsing, 17.iii.1942.

DISTRIBUTION. China (Young, 1944 : 133).
HOST PLANTS.
Rosaceae : *Spiraea cantoniensis* (Young, 1944 : 133).

Bemisia spiraeoides nomen novum

Bemisia spireae [sic] Gomez-Menor, 1954 : 373–375. Syntypes on *Spiraea hipericifolia* and *Rosa* sp., SPAIN : Madrid and Toledo.

Although based on the name of its host plant, *Spiraea*, the original specific epithet was misspelt as *spireae*. According to the *International Code of Zoological Nomenclature* [Article 32a (i)] this name should be corrected to *spiraeae*, but it then becomes a junior homonym of *Bemisia spiraeae* Young. Therefore the replacement name *spiraeoides* is proposed here for the species described by Gomez-Menor.

DISTRIBUTION. Spain (Gomez-Menor, 1954 : 374).
HOST PLANTS.
Rosaceae : *Rosa* sp., *Spiraea hipericifolia* (Gomez-Menor, 1954 : 374).

Bemisia sugonjaevi Danzig

Bemisia sugonjaevi Danzig, 1969 : 870–871 [553]. Holotype and paratypes on *Trachomitum scabrum*, U.S.S.R. : Tadzhikistan, Vakhsh Valley, Tigrovaya Ravine Reservation, Tugay, 12.vii.1964 (*Ye. Sugonyayev*) (Leningrad ZI).

DISTRIBUTION. U.S.S.R. (Danzig, 1969 : 871 [553]).
HOST PLANTS.
Apocynaceae : *Trachomitum scabrum* (Danzig, 1969 : 871 [553]).

Bemisia tabaci (Gennadius)

Aleurodes tabaci Gennadius, 1889 : 1–3. Syntypes on tobacco [*Nicotiana* sp.], GREECE : Trikonia Plain, Agrinion (USNM).
Aleurodes inconspicua Quaintance, 1900 : 28–29. Syntypes on *Physalis* sp., U.S.A. : FLORIDA, Barlow vii.1897 (*A. L. Quaintance*); on cultivated okra [*Hibiscus esculentus*], FLORIDA, Barlow, viii.1898 (*A. L. Quaintance*); on sweet potato [*Ipomoea* sp.], FLORIDA, Pomona (*E. L. Eames*). Adults were bred from pupal cases on okra (USNM). [Synonymized by Russell, 1957 : 122.]
Bemisia emiliae Corbett, 1926 : 273. Syntypes on *Emilia sonchifolia*, SRI LANKA : Hakgala, v.1912 (*E. E. Green*) (USNM). (Fourteen syntypes in BMNH.) **Syn. n.**
Bemisia inconspicua (Quaintance) Quaintance & Baker, 1914 : 100.
Bemisia costa-limai Bondar, 1928b : 27–29. Syntypes on *Euphorbia hirtella*, BRAZIL : Bahia (*G. Bondar*) (São Paulo MZU) (USNM). [Synonymized by Russell, 1957 : 122.]

Bemisia signata Bondar, 1928b : 29–30. Syntypes on *Nicotiana glauca*, BRAZIL : Joazeiro, Carnahyba Station (*G. Bondar*) (São Paulo MZU) (USNM). [Synonymized by Russell, 1957 : 122.]
Bemisia bahiana Bondar, 1928b : 30–31. Syntypes on *Nicotiana tabacum*, BRAZIL : Bahia (*G. Bondar*) (São Paulo MZU) (USNM). [Synonymized by Russell, 1957 : 122.]
Bemisia gossypiperda Misra & Lamba, 1929 : 1–7. Syntypes on *Achyranthes aspera, Brassica campestris, Brassica campestris* var. *rapa, Brassica oleracea, Brassica oleracea caulo-rapa, Citrullus colocynthis, Cleome viscosa, Clerodendron infortunatum, Corchorus trilocularis, Cucumis melo, Euphorbia pilulifera, Gossypium* sp., *Hibiscus esculentus, Lannea asplenifolia, Lippia geminata, Nyctanthes arbortristis, Physalis peruviana, Solanum melongena, Solanum tuberosum, Solanum xanthocarpum, Trewia nudiflora, Trichosanthes dioica*, INDIA : Pusa; PAKISTAN : Lyallpur and Khanewal. [Synonymized by Takahashi, 1936f : 110; recognized as a valid species by Takahashi, 1955c : 2; resynonymized by Russell, 1957 : 2.]
Bemisia achyranthes Singh, 1931 : 82–83. Syntypes on *Achyranthes aspera*, INDIA : Pusa. [Synonymized with *gossypiperda* by Corbett, 1935b : 783.]
Bemisia hibisci Takahashi, 1933 : 17–18. Syntypes on *Hibiscus rosa-sinensis*, TAIWAN : Taihoku, 22.ix.1931 (*R. Takahashi*) (Taiwan ARI) (USNM). [Synonymized by Takahashi, 1936f : 110.]
Bemisia longispina Priesner & Hosny, 1934a : 6. Syntypes on *Psidium guajava*, EGYPT : Kous (Kena), 9–20. xi.1932 (USNM). [Synonymized by Russell, 1957 : 122.]
Bemisia gossypiperda var. *mosaicivectura* Ghesquiere *in* Mayne & Ghesquiere, 1934 : 30. Syntypes on *Jatropha multifida* and *Manihot* sp., ZAIRE : Stanleyville, Leopoldville and Lusambo; on *Physalis* sp., *Solanum* sp., *Vigna sinensis, Gossypium* sp., *Nicotiana* sp., *Ipomoea involucrata, Theobroma* sp., *Arachis hypogaea. Manihot* spp., no locality given, (USNM). [Synonymized by Russell, 1957 : 122.]
Bemisia goldingi Corbett, 1935c : 249–250. Syntypes on cotton [*Gossypium* sp.], NIGERIA : Ibadan, iv.1932 (*F. D. Golding*). (Two syntypes in BMNH.) [Synonymized by Russell, 1957 : 122.]
Bemisia nigeriensis Corbett, 1935c : 250–252. Syntypes on cassava [*Manihot* sp.,], NIGERIA : Ibadan, vi.1932 (*F. D. Golding*). (One syntype in BMNH.) [Synonymized by Russell, 1957 : 123.]
Bemisia rhodesiaensis Corbett, 1936 : 22. Syntypes on tobacco [*Nicotiana* sp.], RHODESIA : Mtepamtepa, i.1932 (*M. C. Mossop*). (Four syntypes in BMNH.) [Synonymized by Russell, 1957 : 123.]
Bemisia tabaci (Gennadius) Takahashi, 1936f : 110.
Bemisia manihotis Frappa, 1938a : 30–32. Syntypes on *Manihot* sp., MADAGASCAR : Tananarive, Tuléar, Ambovombe, Lake Alaotra and Analavora. [Synonymized by Takahashi & Mamet, 1952b : 125.]
Bemisia vayssierei Frappa, 1939 : 255–258. Syntypes on tobacco [*Nicotiana* sp.], MADAGASCAR : Miandrivazo, valley of the River Mahajilo, viii.1938. [Synonymized by Takahashi & Mamet, 1952b : 125.]
Bemisia (Neobemisia) hibisci Takahashi; Visnya, 1941b : 8.
Bemisia (Neobemisia) rhodesiaensis Corbett; Visnya, 1941b : 8.
Bemisia lonicerae Takahashi, 1957 : 16–17. Syntypes on *Lonicera japonica*, JAPAN : Hirao near Kuroyama, Osaka Prefecture, 10.iv.1956 (*M. Sorin*) (Hikosan BL). (Four pupal cases with syntype data in BMNH.) **Syn. n.**
Bemisia minima Danzig, 1964a : 638, 640 [327–328]. Holotype and paratypes on *Elsholtzia patrini*, U.S.S.R. : Caucasian Black Sea coast, Natanebi, Makharadze District, 12.ix.1960 (*E. M. Danzig*). Paratypes on *Psoralea bituminosa*, Lazarevskaya, 12.viii.1960 (*E. M. Danzig*); on *Eupatorium cannabinum* and *Serratula quinquefolia*, Lazarevskaya, 15.viii.1960 (*E. M. Danzig*); on *Helianthus cultus*, Staraya Gagra, 26.ix.1960 (*E. M. Danzig*); on *Centaurea* sp., Sukhumi, 21.ix.1960 (*E. M. Danzig*) (Leningrad ZI) (USNM). (Five syntypes in BMNH.) [Synonymized by Danzig, 1966 : 372 [201].]
Bemisia miniscula Danzig, 1964a : 640 [328]. Holotype and paratypes on *Lamium purpureum*, U.S.S.R. : Adzharia, Keda, 3.ix.1960 (*E. M. Danzig*). Paratypes on *Cistus salvifolius*, U.S.S.R. : Keda, 3.ix.1960 (*E. M. Danzig*) (Leningrad ZI). (Two syntypes in BMNH.) [Synonymized by Danzig, 1966 : 327 [201].]

This species is well known as a vector of virus diseases on several crops in various parts of the tropics (Mound, 1973). The large number of names by which it has been known results from the fact that the structure of the pupal case is dependent upon the form of the host plant leaf. Pupal cases on glabrous leaves have no elongate setae on the dorsum, whereas those on hairy leaves may have up to seven pairs (Mound, 1963).

DISTRIBUTION. Palaearctic Region : England (Mound, 1966 : 413) (BMNH); Spain (Gomez-Menor, 1943 : 203); Morocco (Cohic, 1969 : 113) (BMNH); Libya (BMNH); Greece (Gennadius, 1889 : 1) (Quaintance, 1907 : 89); Egypt (Priesner & Hosny, 1934a : 6); Cyprus (BMNH); Israel (Danzig, 1966 : 373 [202]) (BMNH); Jordan, Saudi Arabia, Iraq (BMNH); Iran (Kiriukhin, 1947 : 8); U.S.S.R. (Danzig, 1964a : 640 [328]) (BMNH); Japan (Takahashi, 1957 : 17) (BMNH).

Ethiopian Region : Gambia, Sierra Leone, Ivory Coast (Cohic, 1969 : 113); Ghana (BMNH); Nigeria (Corbett, 1935c : 250) (BMNH); Cameroun, Annobon Island (Cohic, 1969 : 114); Central African Republic (Cohic, 1966b : 29); Chad, Sudan (Cohic, 1969 : 13–

14); Ethiopia, Aden (BMNH); Congo (Brazzaville) (Cohic, 1969 : 113); Zaire (Mayné & Ghesquière, 1934 : 30); Uganda (BMNH); Kenya (Cohic, 1969 : 113); Somali Republic, Tanzania, Angola (BMNH); Rhodesia (Corbett, 1936 : 22) (BMNH); Malawi, Mozambique (BMNH).
Madagascan Region : Madagascar (Frappa, 1938a : 32) (Cohic, 1969 : 113); Mauritius (Takahashi, 1955c : 2) (BMNH).
Oriental Region : Pakistan (Misra & Lamba, 1929 : 1) (BMNH); India (Singh, 1931 : 82) (BMNH); Sri Lanka (Corbett, 1926 : 273) (BMNH); Thailand (BMNH); China (Young, 1944 : 134); Taiwan (Takahashi, 1933 : 18) (BMNH); Marianas Islands (Takahashi, 1956 : 7).
Austro-Oriental Region : Malaya (Takahashi, 1955c : 2) (BMNH); Sumatra (Takahashi, 1955c : 2); Philippines (Capco, 1959 : 23); New Guinea (BMNH); Caroline Islands (Takahashi, 1956 : 7).
Australasian Region : Australia (BMNH).
Pacific Region : Fiji (BMNH).
Nearctic Region : U.S.A. (California) (Bemis, 1904 : 507); U.S.A. (Florida) (Quaintance, 1900 : 29).
Neotropical Region : Jamaica (BMNH); Puerto Rico (Dozier, 1936 : 145); Barbados (BMNH); Brazil (Bondar, 1928b : 29); Argentina (BMNH).

HOST PLANTS.
Acanthaceae : *Adhatoda vasica* (BMNH); *Asystasia gangetica* (Cohic, 1969 : 114); *Ruellia patula* (El Khidir, 1965 : 10); *Ruellia prostrata* (Azab & al, 1970 : 320).
Aceraceae : *Acer macrophyllum* (Penny, 1922 : 23).
Amaranthaceae : *Achyranthes aspera* (Singh, 1931 : 82); *Amaranthus gengetitis, Amaranthus viridis, Celosia cristata, Celosia spinosus* (Azab & al, 1970 : 320); *Celosia pleumosia* (BMNH); *Digera alternifolia* (El Khidir, 1965 : 10).
Anacardiaceae : *Lannea asplenifolia* (Misra & Lamba, 1929 : 3).
Annonaceae : *Annona muricata, Annona reticulata* (Cohic, 1966a : 31); *Annona squamosa* (Cohic, 1966a : 31) (BMNH); *Fissistigma oldhami* (BMNH).
Araceae : *Colocasia antiquorum* (BMNH).
Aristolochiaceae : *Aristolochia bracteolata* (El Khidir, 1965 : 10); *Aristolochia labiosa* (BMNH).
Asclepiadaceae : *Leptadenia heterophylla* (El Khidir, 1965 : 10); *Pergularia extensa* (BMNH); *Periploca graeca* (Gomez-Menor, 1968 : 88).
Bignoniaceae : *Spathodea nilotica* (El Khidir, 1965 : 10).
Bixaceae : *Cochlospermum planchoni* (Cohic, 1969 : 114).
Bombacaceae : *Bombacopsis glabra* (Cohic, 1966b : 29); *Ceiba* sp. (Cohic, 1966a : 31).
Cannabaceae : *Cannabis sativa* (Azab & al, 1970 : 322).
Capparaceae : *Boscia senegalensis* (Cohic, 1969 : 114); *Capparis* sp. (Azab & al, 1970 : 323); *Cadaba rotundifolia* (BMNH); *Cleome chelidonii* (Azab & al, 1970 : 320); *Cleome [Gynandropsis] gynandra* (El Khidir, 1965 : 10); *Cleome viscosa* (Misra & Lamba, 1929 : 3).
Caprifoliaceae : *Lonicera japonica* (Takahashi, 1957 : 17) (BMNH).
Chenopodiaceae : *Chenopodium album* (Azab & al, 1970 : 320).
Chrysobalanaceae : *Chrysobalanus orbicularis* (Cohic, 1968b : 120).
Cistaceae : *Cistus salvifolius* (Danzig, 1964a : 640 [328]).
Commelinaceae : *Commelina benghalensis* (Azab & al, 1970 : 320).
Compositae : *Ageratum conyzoides* (Takahashi, 1940b : 43); *Aspilia africana, Emilia coccinea* (Cohic, 1969 : 114); *Aspilia* sp., *Conyza aegyptiaca, Coreopsis tinctoria, Helianthus tuberosus, Pseudelephantopus spicatus, Sonchus* sp. (BMNH); *Aster tartaricus* (Danzig, 1966 : 373 [202]); *Calendula officinalis, Carthamus oxyacantha, Carthamus tinctorius, Cosmos bipinnatus, Eclipta erecta, Inula vestita, Sonchus arvensis,*

	Sonchus cornutus, Sonchus oleraceus, Vernonia anthelmentica, Vernonia cinerea, Xanthium strumarium (Azab & al, 1970 : 320); *Centaurea africana* (Mimeur, 1944a : 88); *Centaurea* sp. (Danzig, 1964a : 640 [328]); *Chrysanthemum sinense* (Corbett, 1935b : 784); *Eclipta alba, Helianthus debilis* (El Khidir, 1965 : 9); *Emilia sonchifolia* (Corbett, 1926 : 273) (BMNH); *Eupatorium cannabinum, Serratula quinquefolia* (Danzig, 1964b : 640 [328]); *Helianthus annuus* (Young, 1944 : 134) (BMNH); *Vernonia* sp. (Mound, 1963 : 178) (BMNH); *Zinnia elegans* (Azab & al, 1970 : 320) (BMNH).
Convolvulaceae	*Convolvulus arvensis, Ipomoea aquatica, Ipomoea cardiosepala, Ipomoea cordofana, Ipomoea hederacea, Ipomoea reptens*, (Azab & al, 1970 : 320); *Ipomoea batatas* (Quaintance, 1900 : 29) (BMNH); *Ipomoea involucrata* (Mayné & Ghesquière, 1934 : 30); *Ipomoea palmata, Ipomoea purpurea* (BMNH); *Ipomoea purga* (Azab & al, 1970 : 323); *Ipomoea sagittata* (Mimeur, 1944a : 88); *Ipomoea cairica* (David & Subramaniam, 1976 : 182).
Cruciferae	*Brassica campestris, Brassica campestris* var. *rapa, Brassica caulorapa* (Misra & Lamba, 1929 : 3); *Brassica oleracea* (Misra & Lamba, 1929 : 3) (BMNH); *Brassica juncea, Brassica napus, Brassica oleracea botrytis, Raphanus sativus* (Azab & al, 1970 : 320); *Brassica oleracea capitata, Zilla myagroides* (Azab & al, 1970 : 323); *Eruca sativa* (El Khidir, 1965 : 9).
Cucurbitaceae	*Citrullus colocynthis, Cucumis melo, Trichosanthes dioica* (Misra & Lamba, 1929 : 3); *Citrullus vulgaris, Coccinia indica, Cucumis melo pubescens, Lagenaria vulgaris* (Azab & al, 1970 : 320); *Cucumis dudaim aegyptiacus, Cucurbita pepo ovifera* (Azab & al, 1970 : 323); *Cucumis sativa* (El Khidir, 1965 : 8) (BMNH); *Cucurbita pepo, Trichosanthes anguina* (Corbett, 1935b : 784); *Luffa acutangula* (Azab & al, 1970 : 321) (BMNH); *Luffa aegyptiaca, Momordica charantia* (Azab & al, 1970 : 321).
Ericaceae	*Arbutus menziesii* (Bemis, 1904 : 507).
Euphorbiaceae	*Acalypha hispida, Euphorbia convolvuloides, Macaranga tanarius, Phyllanthus amarus* (BMNH); *Bridelia ferruginea* (Cohic, 1969 : 113); *Euphorbia aegyptiaca, Phyllanthus niruri, Ricinus communis* (El Khidir, 1965 : 10); *Euphorbia heterophylla, Euphorbia hirta* (Azab & al, 1970 : 321) (BMNH); *Euphorbia hirtella* (Bondar, 1928b : 29) (BMNH); *Euphorbia hypericifolia, Euphorbia pibedifera, Euphorbia prostrata* (Azab & al, 1970 : 321); *Euphorbia pilulifera, Trewia nudiflora* (Mayné & Ghesquière, 1929 : 3); *Euphorbia pulcherrima* (Azab & al, 1970 : 323) (BMNH); *Jatropha curcas* (Cohic, 1966a : 31); *Jatropha multifida* (Mayné & Ghesquière, 1934 : 30); *Manihot esculenta* (Mound, 1963 : 172); *Manihot glaziovii* (Cohic, 1966a : 30) (BMNH); *Manihot* sp. (Corbett, 1935c : 252) (BMNH); *Manihot utilissima* (Cohic, 1969 : 114) (BMNH); *Acalypha indica* (David & Subramaniam, 1976 : 182).
Fagaceae	*Quercus agrifolia, Quercus densiflora* (Bemis, 1904 : 507).
Flacourtiaceae	*Rawsonia lucida* (BMNH).
Geraniaceae	*Pelargonium odoratissimum* (Azab & al, 1970 : 323).
Gramineae	*Coix lacryma-jobi* (Cohic, 1969 : 114); *Cynodon dactylon* (Azab & al, 1970 : 323); *Oplismenus burmanni* (Azab & al, 1970 : 321); *Saccharum officinarum, Oryza sativa* (David & Subramaniam, 1976 : 182).
Grossulariaceae	*Ribes cynosbati, Ribes gracile, Ribes grossularia* (Gomez-Menor, 1968 : 88).
Guttiferae	*Psorospermum corymbiferum* (Cohic, 1969 : 114).
Labiatae	*Elsholtzia patrini, Lamium purpureum* (Danzig, 1964a : 640 [328]) (BMNH); *Epimeredi [Anisomeles] ovata, Nepeta ruderalis, Ocimum basilicum, Ocimum sanctum* (Azab & al, 1970 : 321); *Mentha sativa*

	(Azab & al, 1970 : 323); *Ocimum gracile* (El Khidir, 1965 : 10); *Origanum* sp. (Habib & Farag, 1970 : 3).
Lauraceae	*Persea gratissima* (Cohic, 1968b : 120); *Umbellularia californica* (Bemis, 1904 : 507).
Leguminosae	*Acacia* sp., *Butea frondosa, Dalbergia sissoo* (Rao, 1958 : 335); *Arachis hypogaea, Caesalpinia pulcherrima* (Cohic, 1969 : 114) (BMNH); *Bauhinia purpurea, Bauhinia racemosa, Calopogonium* sp., *Cassia* sp., *Desmodium triquetrum, Dolichos biflorus, Mucuna* sp., *Pueraria* sp. (BMNH); *Bauhinia tomentosa* (Cohic, 1968b : 120); *Bauhinia variegata, Crotalaria saltiana, Tephrosia apollinea* (El Khidir, 1965 : 9–10); *Cajanus cajan, Clitoria ternatea, Crotalaria juncea, Cyamopsis psoralioides* (Azab & al, 1970 : 321) (BMNH); *Cajanus indicus, Cicer arietinum, Glycine max, Medicago hispida, Medicago sativa, Melitotus parviflora, Phaseolus calcaratus, Phaseolus mediatus, Phaseolus mungo, Pisum sativum, Pisum sativum arvense, Rhynochosia memnenia, Trifolium alexandrinum, Vicia* [*Ervum*] *lens* (Azab & al, 1970 : 321); *Canavalia ensiformis* (Takahashi, 1941b : 357); *Cassia javanica, Desmodium lasiocarpum, Millettia drastica, Piliostigma* [*Bauhinia*] *thonningii, Platysepalum vanderystii* (Cohic, 1966b : 29–30); *Centrosema pubescens* (Mound, 1963 : 172); *Crotalaria* sp. (Mound, 1963 : 178) (BMNH); *Dolichos lablab* (Mound, 1963 : 172) (BMNH); *Erythrina indica* (Cohic, 1966a : 31); *Glycine* sp. (Takahashi, 1956 : 7); *Indigofera* sp. (Mound, 1963 : 178); *Lathyrus articulatus, Lotus arabicus, Parkinsonia aculeata, Vicia faba* (Azab & al, 1970 : 323); *Phaseolus vulgaris* (Gomez-Menor, 1953 : 46) (BMNH); *Psoralea bituminosa* (Danzig, 1964a : 640 [328]); *Pterocarpus erinaceus* (Cohic, 1969 : 14); *Vigna sinensis* (Mayné & Ghesquière, 1934 : 30); *Mucuna cochinchinensis* (David & Subramaniam, 1976 : 182).
Linaceae	*Linum usitatissimum* (Azab & al, 1970 : 321); *Reinwardtia trigyna* (BMNH).
Loganiaceae	Genus indet. (Cohic, 1966b : 30).
Lythraceae	*Lawsonia alba* (BMNH).
Malvaceae	*Abelmoschus esculentus, Abutilon* sp., *Malvaviscus arboreus, Sida asperifolia, Urena lobata* (BMNH); *Abutilon figarianum, Abutilon glaucum, Abutilon zenbaricum* (Azab & al, 1970 : 321); *Althaea cannabina, Malva sylvestris* (Azab & al, 1970 : 323); *Althaea rosea* (Azab & al, 1970 : 321) (BMNH); *Gossypium barbadense* (Mound, 1963 : 172) (BMNH); *Gossypium herbaceum* (Corbett, 1935b : 787) (BMNH); *Gossypium hirsutum* (Mound, 1963 : 178) (BMNH); *Gossypium* sp. (Corbett, 1935c : 250) (BMNH); *Hibiscus cannabinus* (Mound, 1963 : 172); *Hibiscus esculentus* (Quaintance, 1900 : 29) (BMNH); *Hibiscus rosa-sinensis* (Takahashi, 1933 : 3) (BMNH); *Hibiscus sabdariffa, Hibiscus sinensis, Hibiscus ternifolius* (Azab & al, 1970 : 322); *Sida alba* (El Khidir, 1965 : 8); *Sida cordifolia, Sida rhombifolia* (Azab & al, 1970 : 321); *Gossypium arboreum* (David & Subramaniam, 1976 : 182).
Menispermaceae	*Stephania japonica* (Takahashi, 1955c : 2).
Moraceae	*Ficus sycamorus* (Habib & Farag, 1970 : 3); *Ficus* sp., *Morus australis* (BMNH).
Moringaceae	*Moringa pterigosperma* (Rao, 1958 : 335).
Musaceae	*Musa* sp. (Habib & Farag, 1970 : 3).
Myrtaceae	*Eugenia* sp. (Rao, 1958 : 335); *Psidium guajava* (Priesner & Hosny, 1934 : 6) (BMNH).
Nyctaginaceae	*Boerhaavia diffusa* (Azab & al, 1970 : 322); *Boerhaavia repens* (El Khidir, 1965 : 10).
Oleaceae	*Jasminum* sp. (BMNH); *Olea europea* (Mimeur, 1944a : 88).
Oxalidaceae	*Oxalis corniculata* (Azab & al, 1970 : 322).

Passifloraceae	: *Barteria bagshawi* (BMNH).
Pedaliaceae	: *Sesamum indicum* (Azab & al, 1970 : 322); *Sesamum* sp. (BMNH).
Punicaceae	: *Punica granatum* (Mimeur, 1944a : 88).
Ranunculaceae	: *Clematis ligusticifolia* (Bemis, 1904 : 507).
Rhamnaceae	: *Rhamnus californica, Rhamnus crocea* (Bemis, 1904 : 507); *Zizyphus spina-christi* (BMNH).
Rosaceae	: *Heteromeles arbutifolia* (Bemis, 1904 : 507); *Pyrus calleryana, Rosa centifolia* (Azab & al, 1970 : 322); *Pyrus communis, Pyrus mamorensis* (Mimeur, 1944a : 88); *Rosa* sp. (Cohic, 1969 : 114).
Rubiaceae	: *Morinda tinctoria* (David & Subramaniam, 1976 : 182).
Rutaceae	: *Citrus* sp. (Frappa, 1939 : 254); *Ruta* sp. (Habib & Farag, 1970 : 3).
Scrophulariaceae	: *Capraria biflora* (Gomez-Menor, 1968 : 88); *Scoparia dulcis* (Azab & al, 1970 : 322); *Veronica* sp. (BMNH).
Solanaceae	: *Capsicum frutescens* (= *C. annuum*) (Cohic, 1966a : 31) (BMNH); *Cestrum nocturnum, Physalis minima* (BMNH); *Datura alba, Datura stramonium* (Azab & al, 1970 : 322); *Datura gardeneri* (Azab & al, 1970 : 323); *Datura metel* (El Khidir, 1965 : 9); *Datura* sp. (Gomez-Menor, 1968 : 88); *Lycopersicum esculentum* (El Khidir, 1965 : 8) (BMNH); *Lycopersicum pimpinellifolium, Nicotiana glutinosa, Nicotiana plumbaginifolia, Nicotiana rustica, Petunia angulata, Petunia peruviana, Solanum dubium, Solanum nigrum, Solanum verbascifolium, Withania somnifera* (Azab & al, 1970 : 322); *Nicandra physalodes* (Azab & al, 1970 : 322) (BMNH); *Nicotiana glauca* (Bondar, 1928b : 30); *Nicotiana tabacum* (Gennadius, 1889 : 1) (Cohic, 1969 : 114) (BMNH); *Physalis peruviana, Solanum tuberosum* (Misra & Lamba, 1929 : 3) (BMNH); *Solanum melongena* (Takahashi, 1956 : 7) (BMNH); *Solanum xanthocarpum* (Misra & Lamba, 1929 : 3); *Datura fastuosa* (David & Subramaniam, 1976 : 182).
Sterculiaceae	: *Glossostemon bruguieri* (Azab & al, 1970 : 323); *Guazuma tomentosa* (David & Subramaniam, 1976 : 182).
Thymelaeaceae	: *Daphne gnidium* (Gomez-Menor, 1954 : 364).
Tiliaceae	: *Corchorus acutangulus, Corchorus capsularis* (Azab & al, 1970 : 322); *Corchorus olitorius* (BMNH); *Corchorus trilocularis* (Misra & Lamba, 1929 : 3).
Ulmaceae	: *Trema guineensis* (Cohic, 1969 : 114).
Umbelliferae	: *Coriandrum sativum* (Azab & al, 1970 : 322).
Urticaceae	: *Boehmeria frutescens* (Takahashi, 1934b : 68).
Verbenaceae	: *Callicarpa* sp. (Takahashi, 1955c : 2); *Clerodendron infortunatum, Lippia geminata, Nyctanthes arbortristis* (Misra & Lamba, 1929 : 3); *Clerodendron splendens, Holmskioldia sanguinea* (BMNH); *Clerodendron villosum* (Corbett, 1935b : 784); *Duranta repens, Vitex agnus-castus* (Azab & al, 1970 : 322); *Lantana camara* (El Khidir, 1965 : 9) (BMNH); *Vitex keniensis* (Mound, 1963 : 178) (BMNH).
Zygophyllaceae	: *Tribulus terrestris* (El Khidir, 1965 : 10).

NATURAL ENEMIES.
Acarina
    Phytoseiidae : *Amblyseius aleyrodis* El Badry (El Badry, 1967 : 109. Sudan).
                   : *Typhlodromus medanicus* El Badry (El Badry, 1967 : 108. Sudan).
                   : *Typhlodromus sudanicus* El Badry (El Badry, 1967 : 106. Sudan).
Coleoptera
    Coccinellidae : *Brumus* sp. (Thompson, 1964 : 70. India).
                  : *Serangium cinctum* Weise (BMNH : Nigeria).
Diptera
    Empidae : *Drapetis ghesquierei* Collart (Mayné & Ghesquière, 1934 : 31. Zaire).

Hymenoptera
 Chalcidoidea
  Aphelinidae : *Encarsia lutea* (Masi) (Gameel, 1969 : 66. Sudan).
 : *Encarsia partenopea* Masi (Priesner & Hosny, 1940 : 70. Egypt).
 : *Encarsia* sp. (Fulmek, 1943 : 19. Sudan).
 : *Eretmocerus corni* Haldeman (Priesner & Hosny, 1940 : 70. Egypt).
 : *Eretmocerus diversiciliatus* Silvestri (Fulmek, 1943 : 19. Sudan).
 : *Eretmocerus masii* Silvestri (Hayat, 1972 : 99).
 : *Eretmocerus mundus* Mercet (Nikolskaja & Jasnosh, 1968 : 35. U.S.S.R.).
 : *Prospaltella* sp. (Fulmek, 1943 : 19. Sudan).
 Proctotrupoidea
  Ceraphronidae : *Aphanogmus fumipennis* Thomson (Ghesquière, 1935 : 61. Zaire).
Neuroptera
  Chrysopidae : *Chrysopa flava* (Scopoli) (Mimeur, 1944a : 88. Morocco).
 : *Chrysopa scelestes* Banks (Nasir, 1947 : 188. India).
 : *Chrysopa* sp. (Thompson, 1964 : 70. India).

Bemisia tuberculata Bondar

Bemisia tuberculata Bondar, 1923a : 123–124. Syntypes on 'Mandioca' [*Manihot aipi*], BRAZIL : Bahia (*G. Bondar*) (São Paulo MZU) (USNM).
Bemisia (*Neobemisia*) *tuberculata* Bondar; Visnya, 1941b : 8.

DISTRIBUTION. Brazil (Bondar, 1923a : 124).
HOST PLANTS.
  Euphorbiaceae : *Manihot aipi* (Bondar, 1923a : 124).

BEMISIELLA Danzig

Bemisiella Danzig, 1966 : 377–378 [204]. Type-species : *Bemisiella artemisiae*, by original designation.

Bemisiella artemisiae Danzig

Bemisiella artemisiae Danzig, 1966 : 378 [205]. Holotype and paratypes on *Artemisia* sp., U.S.S.R. : southern Maritime Territory, Khasan District, Kedrovaya pad' reservation, 27.vii.1961 (*E. M. Danzig*) (Leningrad ZI).

DISTRIBUTION. U.S.S.R. (Danzig, 1966 : 378 [205]).
HOST PLANTS.
  Compositae : *Artemisia* sp. (Danzig, 1966 : 378 [205]); *Chrysanthemum morifolium* (Korobitsin, 1967 : 512).

Bemisiella lespedezae Danzig

Bemisiella lespedezae Danzig, 1966 : 378–379 [205]. Holotype and paratypes on *Lespedeza bicolor*, U.S.S.R. : southern Maritime Territory, Khasan District, Kedrovaya pad' reservation, 27.vii.1961 (*E. M. Danzig*) (Leningrad ZI).

DISTRIBUTION. U.S.S.R. (Danzig, 1966 : 379 [205]).
HOST PLANTS.
  Leguminosae : *Lespedeza bicolor* (Danzig, 1966 : 379 [205]).

BRAZZALEYRODES Cohic

Brazzaleyrodes Cohic, 1966a : 35. Type-species : *Brazzaleyrodes eriococciformis*, by monotypy.

Brazzaleyrodes eriococciformis Cohic

Brazzaleyrodes eriococciformis Cohic, 1966a : 35–37. Syntypes on *Cassia javanica*, CONGO (Brazzaville) : Brazzaville, 22.v.1964.

DISTRIBUTION. Congo (Brazzaville) (Cohic, 1966a : 35); Ivory Coast, Nigeria (Cohic, 1969 : 115).

HOST PLANTS.
Leguminosae : *Albizia lebbeck* (Cohic, 1966b : 30); *Cassia javanica* (Cohic, 1966a : 35); *Cassia siamea* (Cohic, 1968a : 38); *Cassia spectabilis* (Cohic, 1969 : 115); *Newtonia glandulifera* (Cohic, 1968a : 38); *Peltophorum pterocarpum, Pentaclethra eetveldeana* (Cohic, 1968b : 121)

BULGARIALEURODES Corbett
Bulgarialeurodes Corbett, 1936 : 18. Type-species : *Bulgarialeurodes rosae*, a synonym of *Aleurodes cotesii* Maskell, by monotypy.

Bulgarialeurodes cotesii (Maskell)
Aleurodes cotesii Maskell, 1895 : 427–428. Syntypes on *Rosa* sp., PAKISTAN : Baluchistan region, Quetta (*Cotes*) (Auckland DSIR).
Bulgarialeurodes rosae Corbett, 1936 : 18. Syntypes on *Rosa damascena*, BULGARIA, 30.vii.1930 (*Dr P. Tchorbadjiev*). (Three syntypes in BMNH.) [Synonymized by Russell, 1960a : 30.]
Aleurodes rosae Kiriukhin, 1947 : 10. Syntypes on *Rosa* spp., IRAN : Tehran, Mazandaran and Guilan. [Synonymized by Russell, 1960a : 30.]
Trialeurodes cotesi [sic] (Maskell) Rao, 1958 : 334. [In error.]
Bulgarialeurodes cotesii (Maskell) Russell, 1960a : 30–32.

DISTRIBUTION. Bulgaria (Corbett, 1936 : 18) (BMNH); Afganistan, Rumania, U.S.S.R., Yugoslavia (Russell, 1960a : 32); Iran (Kiriukhin, 1947 : 10); Pakistan (Maskell, 1895 : 427).
HOST PLANTS.
Rosaceae : *Rosa damascena* (Corbett, 1936 : 18) (BMNH); *Rosa* sp. (Kiriukhin, 1947 : 10).

CALLUNEYRODES Zahradnik
Calluneyrodes Zahradnik, 1961b : 65–66. Type-species : *Bemisia callunae*, by monotypy.

Calluneyrodes callunae (Ossiannilsson)
Bemisia callunae Ossiannilsson, 1947 : 1–3. Syntypes on *Calluna* sp., SWEDEN : Solna, Råsunda (Upland), 21.x.1945 (*F. Ossiannilsson*); on *Calluna* sp., SWEDEN : Erstavik, 27.x.1946 (*F. Ossiannilsson*) (Uppsala DPPE) (USNM).
Calluneyrodes callunae (Ossiannilsson) Zahradnik, 1961b : 65.

DISTRIBUTION. Sweden (Ossiannilsson, 1947 : 3); Czechoslovakia (Zahradnik, 1963a : 11).
HOST PLANTS.
Ericaceae : *Calluna* sp. (Ossiannilsson, 1947 : 3); *Calluna vulgaris* (Zahradnik, 1963a : 11).

COMBESALEYRODES Cohic
Combesaleyrodes Cohic, 1966b : 35–36. Type-species : *Combesaleyrodes bouqueti*, by original designation.

Combesaleyrodes bouqueti Cohic
Combesaleyrodes bouqueti Cohic, 1966b : 36–38. Syntypes on *Colletoecema dewevrei*, CONGO (Brazzaville) : Centre O.R.S.T.O.M., 25.ii.1965. (One syntype labelled paratype by F. Cohic in BMNH.)

DISTRIBUTION. Congo (Brazzaville) (Cohic, 1966b : 36) (BMNH).
HOST PLANTS.
Rubiaceae : *Colletoecema dewevrei* (Cohic, 1966b : 36) (BMNH).

Combesaleyrodes tauffliebi Cohic
Combesaleyrodes tauffliebi Cohic, 1966b : 38–41. Syntypes on *Tetracera alnifolia*, CONGO (Brazzaville) : Brazzaville, 12.v.1964; on *Urophyllum hirtellum*, Brazzaville, 25.ii.1965. (One syntype labelled paratype by F. Cohic in BMNH.)

DISTRIBUTION. Congo (Brazzaville) (Cohic, 1966b : 38) (BMNH).
HOST PLANTS.
Dilleniaceae : *Tetracera alnifolia* (Cohic, 1966b : 38).
Rubiaceae : *Urophyllum hirtellum* (Cohic, 1966b : 38) (BMNH).

CORBETTIA Dozier

Corbettia Dozier, 1934 : 190–191. Type-species : *Corbettia millettiacola*, by monotypy.

Corbettia baphiae Russell

Corbettia baphiae Russell, 1960b : 129–131. Holotype and paratypes on *Baphia* sp., ZAIRE : Eala, vii.1936 (*J. Ghesquière*); paratypes on *Baphia* sp., ZAIRE : Eala, 18.v.1935 (*J. Ghesquière*); on ?Leguminosae, ZAIRE, iv.1936 (*J. Ghesquière*) (USNM).

DISTRIBUTION. Ivory Coast (Cohic, 1969 : 115); Tanzania (Cohic, 1969 : 115) (BMNH); Zaire (Russell, 1960b : 130).
HOST PLANTS.
Leguminosae : *Baphia* sp. (Russell, 1960b : 130); *Cassia auriculata* (Mound, 1965c : 143) (BMNH); *Millettia lane-poolei* (Cohic, 1969 : 115).

Corbettia bauhiniae Cohic

Corbettia bauhiniae Cohic, 1968a : 38–42. Syntypes on *Piliostigma reticulata* and *Bauhinia rufescens*, CHAD : Fort Lamy, Forêt de Farcha, 23.ii.1966.

DISTRIBUTION. Chad (Cohic, 1968a : 38).
HOST PLANTS.
Leguminosae : *Bauhinia rufescens, Piliostigma reticulata* (Cohic, 1968a : 38); *Piliostigma thonninghii* (Cohic, 1969 : 115).

Corbettia graminis Mound

Corbettia graminis Mound, 1965c : 144. Holotype and ten paratypes on grass [Gramineae], NIGERIA : Onitsha, 13.i.1957 (*V. F. Eastop*) (BMNH) (USNM).

DISTRIBUTION. Nigeria (Mound, 1965c : 144) (BMNH).
HOST PLANTS.
Gramineae : Genus indet. (Mound, 1965c : 144) (BMNH).

Corbettia grandis Russell

Corbettia grandis Russell, 1960b : 134–137. Holotype on *Millettia* sp., ZAIRE : Eala, 7.ix.1936 (*J. Ghesquière*) (Tervuren MRCB); paratypes on *Millettia* sp., Eala, ix.1936 (*J. Ghesquière*) (USNM).

DISTRIBUTION. Zaire (Russell, 1960b : 137).
HOST PLANTS.
Leguminosae : *Millettia* sp. (Russell, 1960b : 137).

Corbettia indentata Russell

Corbettia indentata Russell, 1960b : 131–134. Holotype on *Tephrosia toxicaria*, ZAIRE : Eala, vii.1937 (*J. Ghesquière*) (Tervuren MRCB); paratypes on *Millettia versicolor*, ZAIRE : Kole, Sankuru, 22.i.1928 (*J. Ghesquière*); on *Millettia* sp., ZAIRE : Elizabethville, x.1935 (*J. Ghesquière*); on *Tephrosia toxicaria*, ZAIRE : Eala, vii.1938 (*J. Ghesquière*) (USNM).

DISTRIBUTION. Congo (Brazzaville) (Cohic, 1966b : 41); Zaire (Russell, 1960b : 134).
HOST PLANTS.
Leguminosae : *Cassia spectabilis* (Cohic, 1966a : 34); *Dalbergia kisantuensis* (Cohic, 1968b : 122); *Millettia* sp., *Millettia versicolor, Tephrosia toxicaria* (Russell, 1960b : 134); *Platysepalum vanderystii* (Cohic, 1966b : 41).

Corbettia lamottei Cohic

Corbettia lamottei Cohic, 1969 : 116–120. Holotype on *Piliostigma thonninghii*, IVORY COAST : Bouaké, 15.iv.1968; paratypes on *Piliostigma thonninghii*, IVORY COAST : Lamto Ecological Station, *Borassus* savannah, 5-6.xii.1967; on *Piliostigma thonninghii*, IVORY COAST : Katiola, 14.iv.1968.

DISTRIBUTION. Ivory Coast (Cohic, 1969 : 116); Chad (BMNH).
HOST PLANTS.
Leguminosae : *Piliostigma thonninghii* (Cohic, 1969 : 116); *Piliostigma reticulatum* (BMNH).

Corbettia millettiacola Dozier

Corbettia millettiacola Dozier, 1934 : 190–191. Lectotype on *Millettia versicolor*, ZAIRE : Kole, Sankuru,

22.i.1928 (*J. Ghesquière*) (BMNH) designated by Russell, 1960b : 129. Paralectotypes with same data as lectotype in BMNH.

DISTRIBUTION. Chad (BMNH); Congo (Brazzaville) (Cohic, 1966a : 34); Nigeria (Mound, 1965c : 143) (BMNH); Zaire (Russell, 1960b : 129) (BMNH).

HOST PLANTS.
Asclepiadaceae : *Parquetina* [*Omphalogonus*] *nigritanus* (BMNH).
Leguminosae : *Cassia javanica, Cassia siamea, Cassia spectabilis, Millettia eetveldeana* (Cohic, 1966b : 34); *Desmodium lasiocarpus, Lonchocarpus sericeus, Mucuna* sp. (Mound, 1965c : 143) (BMNH); *Millettia versicolor* (Russell, 1960b : 129) (BMNH); *Swartzia madagaskariensis* (BMNH).

Corbettia pauliani Cohic

Corbettia pauliani Cohic, 1966a : 31–34. Holotype on Leguminosae, ANGOLA : Portugalia, iv.1964 (*R. Paulian*). Described from a single specimen.

DISTRIBUTION. Angola (Cohic, 1966a : 31).
HOST PLANTS.
Leguminosae : Genus indet. (Cohic, 1966a : 31).

Corbettia tamarindi Takahashi

Corbettia tamarindi Takahashi, 1951a : 365–366. Two syntypes on *Tamarindus indica*, MADAGASCAR : Ankavandra, iii.1949 (*R. Paulian*) (Paris MNHN).

DISTRIBUTION. Madagascar (Takahashi, 1951a : 366); Chad (Cohic, 1969 : 120) (BMNH).
HOST PLANTS.
Leguminosae : *Tamarindus indicus* (Takahashi, 1951a : 366) (BMNH).

CRENIDORSUM Russell

Crenidorsum Russell, 1945 : 55–57. Type-species : *Crenidorsum tuberculatum*, by original designation.

Crenidorsum armatae Russell

Crenidorsum armatae Russell, 1945 : 60. Holotype on *Coccoloba armata*, CUBA : La Carbonera, Oriente, 23.ix.1914 (*E. L. Ekman*); paratype on *Coccoloba armata*, CUBA : Calicito, Loma de Ciego, Cienfuegos, Santa Clara, 26.viii.1895 (USNM).

DISTRIBUTION. Cuba (Russell, 1945 : 60).
HOST PLANTS.
Polygonaceae : *Coccoloba armata* (Russell, 1945 : 60).

Crenidorsum commune Russell

Crenidorsum commune Russell, 1945 : 60–62. Holotype on *Coccoloba laurifolia*, HAITI : Navassa Island, 23.x.1928 (*E. L. Ekman*); paratypes on *Coccoloba bergesiana ovato lanceolata*, HAITI : near Port de Paix, 26.iii.1925 (*E. L. Ekman*); on *Coccoloba bergesiana ovato lanceolata*, HAITI : near Port de Paix, 1.v.1929 (*E. C.* and *G. M. Leonard*); on *Coccoloba laurifolia*, HAITI : Navassa Island, 23.x.1928 (*E. L. Ekman*); on *Coccoloba laurifolia*, HAITI : Navassa Island, 6.i.1930 (*H. A. Rehder*); on *Coccoloba laurifolia*, HAITI : Baille La Lomas, near St. Michel de l'Atalaye, Department du Nord, 26.xi.1925 (*E. C. Leonard*); on *Coccoloba uvifera*, U.S.A. : FLORIDA, Miami, 9.xii.1917 (*J. F. Collins*); on *Coccoloba diversifolia*, BAHAMAS : Rose Island, 27–28, i.1905 (*Britton* and *Millspaugh*); on *Coccoloba diversifolia*, BAHAMAS : Inagua, 11.x.1904 (*Nash* and *Taylor*); on *Coccoloba diversifolia*, BAHAMAS : Little Inagua, West End, 21.xii.1907 (*P. Wilson*); on *Coccoloba krugii*, BAHAMAS : Fortune Island, 2.ii.1888 ; on *Coccoloba krugii*, BAHAMAS : Long Cay, road to South Side, 7–17.xii.1905 (*L. J. K. Brace*); on *Coccoloba laurifolia*, BAHAMAS : Andros Island, Nicolls Town, 11.iv.1890 (*J.* and *A. Northrop*); on *Coccoloba laurifolia*, BAHAMAS : Hog Island, edge of mangrove swamp, 29.viii.1904 (*Britton* and *Brace*); on *Coccoloba laurifolia*, BAHAMAS : Harbour Island, 18.ii.–4.iii.1907 (*E. G. Britton*); on *Coccoloba northropiae*, BAHAMAS : Andros Island, Mangrove Cay, near Lisbon Creek, 16–19.i.1910 (*Small* and *Carter*) (USNM).

DISTRIBUTION. U.S.A. (Florida), Bahamas, Haiti (Russell, 1945 : 60).
HOST PLANTS.
Polygonaceae : *Coccoloba bergesiana ovato lanceolata, Coccoloba diversifolia, Coccoloba krugii, Coccoloba laurifolia, Coccoloba uvifera* (Russell, 1945 : 60); *Coccoloba northropiae* (Russell, 1945 : 62).

Crenidorsum debordae Russell

Crenidorsum debordae Russell, 1945 : 64. Holotype and paratypes on *Coccoloba rotundifolia*, HAITI : Petite Gonave Island, 9–10.vii.1920 (*E. C. Leonard*); paratypes on *Coccoloba rotundifolia*, west of Cabaret, 12.i.1929 (*E. C.* and *G. M. Leonard*); on *Coccoloba rotundifolia*, vicinity of Bassin Bleu, 17.iv.1929 (*E. C.* and *G. M. Leonard*) (USNM).

DISTRIBUTION. Haiti (Russell, 1945 : 64).
HOST PLANTS.
Polygonaceae   :   *Coccoloba rotundifolia* (Russell, 1945 : 64).

Crenidorsum diaphanum Russell

Crenidorsum diaphanum Russell, 1945 : 65. Holotype and two paratypes on *Coccoloba rotundifolia*, HAITI : west of Cabaret, 12.i.1929 (*E. C.* and *G. M. Leonard*) (USNM).

DISTRIBUTION. Haiti (Russell, 1945 : 65).
HOST PLANTS.
Polygonaceae   :   *Coccoloba rotundifolia* (Russell, 1945 : 65).

Crenidorsum differens Russell

Crenidorsum differens Russell, 1945 : 63. Holotype and paratypes on *Coccoloba grandifolia*, LEEWARD ISLANDS : Montserrat, Cudjoe Head, 8.ii.1907 (*J. A. Shafer*); paratypes on *Coccoloba grandifolia*, LEEWARD ISLANDS : Guadeloupe, Deshaies, 14.vii.1937 (USNM).

DISTRIBUTION. Leeward Islands (Russell, 1945 : 63).
HOST PLANTS.
Polygonaceae   :   *Coccoloba grandifolia* (Russell, 1945 : 63).

Crenidorsum leve Russell

Crenidorsum leve Russell, 1945 : 62–63. Holotype and paratypes on *Coccoloba obtusifolia*, PUERTO RICO : Seven miles west of Ponce, 26.xi.1902 (*A. A. Heller*); paratypes on *Coccoloba obtusifolia*, PUERTO RICO : between Guayanilla and Tallaboa, 13.iii.1913 (*J. A. Shafer*); on *Coccoloba krugii*, VIRGIN ISLANDS : St Thomas, Little St James Island, 27.ii.1913 (*Britton* and *Rose*) (USNM).

DISTRIBUTION. Puerto Rico, Virgin Islands (Russell, 1945 : 63).
HOST PLANTS.
Polygonaceae   :   *Coccoloba krugii, Coccoloba obtusifolia* (Russell, 1945 : 63).

Crenidorsum magnisetae Russell

Crenidorsum magnisetae Russell, 1945 : 63–64. Holotype and paratypes on *Coccoloba diversifolia*, HAITI : Grande Cayemite, viii.1927 (*W. J. Eyerdam*); paratypes on *Coccoloba diversifolia*, JAMAICA : below Hardware Gap, vicinity of Newcastle, 1.iii.1908 (*Britton* and *Hollick*); on *Coccoloba retusa*, HAITI : Port Margot, Massif du Nord, 11.xii.1924 (*E. L. Ekman*); on *Coccoloba revoluta*, HAITI : vicinity of St Michel de l'Atalaye, Department du Nord, 20.xi.1925 (*E. C. Leonard*) (USNM).

DISTRIBUTION. Haiti, Jamaica (Russell, 1945 : 64).
HOST PLANTS.
Polygonaceae   :   *Coccoloba diversifolia, Coccoloba retusa, Coccoloba revoluta* (Russell, 1945 : 64).

Crenidorsum malpighiae Russell

Crenidorsum malpighiae Russell, 1945 : 60. Holotype and paratypes on *Malpighia glabra*, CUBA : Vedado, Habana, 23.ii.1921 (*C. H. Ballou*); paratypes on *Malpighia glabra*, Vedado, Habana, 4.ii.1919 (USNM).

DISTRIBUTION. Cuba (Russell, 1945 : 60).
HOST PLANTS.
Malpighiaceae   :   *Malpighia glabra* (Russell, 1945 : 60).

Crenidorsum marginale Russell

Crenidorsum marginale Russell, 1945 : 63. Holotype and two paratypes on *Coccoloba pubescens*, DOMINICAN REPUBLIC : near Barahona, 11.ix.1926 (*E. L. Ekman*) (USNM).

DISTRIBUTION. Dominican Republic (Russell, 1945 : 63).
HOST PLANTS.
Polygonaceae   :   *Coccoloba pubescens* (Russell, 1945 : 63).

Crenidorsum ornatum Russell

Crenidorsum ornatum Russell, 1945 : 62. Holotype on *Coccoloba longifolia*, JAMAICA : Parish of St Thomas, 15-19.ix.1908 (*N. L. Britton*); paratypes on *Coccoloba longifolia*, Holly Mount, Mount Diablo, 25-27.v.1904 (*W. R. Maxon*); on *Coccoloba longifolia*, Grier Field, near Monteague, Parish of St Ann, 3.v.1908 (*N. L. Britton*); on *Coccoloba longifolia*, Leicesterfield, Upper Clarendon, 28.ii.1910 (*W. Harris*) (USNM).

DISTRIBUTION. Jamaica (Russell, 1945 : 62).
HOST PLANTS.
Polygonaceae : *Coccoloba longifolia* (Russell, 1945 : 62).

Crenidorsum stigmaphylli Russell

Crenidorsum stigmaphylli Russell, 1945 : 64–65. Holotype and paratypes on *Stigmaphyllon* sp., PUERTO RICO : Ponce, 20.v.1937 (*Martorell* and *Walcott*); paratypes on *Stigmaphyllon sagraeanum*, CUBA : Hanabanilla Falls, near Cumanayagua, Santa Clara, 7.iv.1925 (*H. G. Myers*) (USNM).

DISTRIBUTION. Cuba, Puerto Rico (Russell, 1945 : 65).
HOST PLANTS.
Malpighiaceae : *Stigmaphyllon sagraeanum* (Russell, 1945 : 65).

Crenidorsum tuberculatum Russell

Crenidorsum tuberculatum Russell, 1945 : 57–60. Holotype and paratypes on *Coccoloba obtusifolia*, PUERTO RICO : between Guayanilla and Tallaboa, 29.vii.1886; paratypes on *Coccoloba obtusifolia*, between Guayanilla and Tallaboa, 13.iii.1913 (*J. A. Shafer*); on *Coccoloba obtusifolia*, Guayanilla, 10.iii.1913 (*Britton* and *Shafer*); on *Coccoloba obtusifolia*, west of Ponce, 26.xi.1902 (*A. A. Heller*) (USNM).

DISTRIBUTION. Puerto Rico (Russell, 1945 : 60).
HOST PLANTS.
Polygonaceae : *Coccoloba obtusifolia* (Russell, 1945 : 60).

DIALEURODES Cockerell

Aleyrodes (*Dialeurodes*) Cockerell, 1902a : 283. Type-species : *Aleyrodes citri* Riley & Howard, by original designation, a synonym of *Aleyrodes citri* Ashmead.
Dialeurodes Cockerell; as full genus Quaintance & Baker, 1914 : 97.

Dialeurolonga Dozier, *Dialeuropora* Quaintance & Baker, *Rhachisphora* Quaintance & Baker, *Rusostigma* Quaintance & Baker and *Singhius* Takahashi, were erected as sub-genera of *Dialeurodes* but are here treated as full genera. The names listed below are still available as sub-genera to include the species indicated in square brackets. These species, however, are treated alphabetically under *Dialeurodes*.

Dialeurodes (*Dialeuronomada*) Quaintance & Baker, 1917 : 424. Type-species : *Dialeurodes* (*Dialeuronomada*) *dissimilis*, by monotypy [*dissimilis* Quaintance & Baker].
Dialeurodes (*Dialeuroplata*) Quaintance & Baker, 1917 : 435. Type-species : *Dialeurodes* (*Dialeuroplata*) *townsendi*, by monotypy [*bladhiae* Takahashi, *townsendi* Quaintance & Baker].
Dialeurodes (*Gigaleurodes*) Quaintance & Baker, 1917 : 426–427. Type-species : *Dialeurodes* (*Gigaleurodes*) *maxima*, by original designation [*buscki* Quaintance & Baker, *cerifera* Quaintance & Baker, *cinnamomi* Takahashi, *citricola* Young, *elbaensis* Priesner & Hosny, *formosensis* Takahashi, *lithocarpi* Takahashi, *maxima* Quaintance & Baker, *multipori* Takahashi, *nigeriae* Cohic, *pauliani* Cohic, *philippinensis* Takahashi, *simmondsi* Corbett, *struthanthi* Hempel].
Dialeurodes (*Rabdostigma*) Quaintance & Baker, 1917 : 425. Type-species : *Dialeurodes* (*Rabdostigma*) *radiilinealis*, by monotypy [*loranthi* Corbett, *radiilinealis* Quaintance & Baker, *shintenensis* Takahashi].

Dialeurodes spp. indet.

HOST PLANTS.
Annonaceae : *Annona reticulata* (BMNH : India).
Bombacaceae : *Durio* sp. (BMNH : Malaya).
Boraginaceae : *Cordia myxa* (BMNH : India).
Cannaceae : *Canna* sp. (BMNH : Jamaica).
Celastraceae : *Cassine* sp. (BMNH : Kenya); *Gymnosporia arbutifolia* (BMNH : Ethiopia).
Euphorbiaceae : *Bischofia javanica* (BMNH : Taiwan); *Phyllanthus emblica* (BMNH : India).

Lauraceae	: *Cinnamomum* sp. (BMNH : Malaya).
Leguminosae	: *Acacia* sp. (BMNH : Curaçao); *Schotia* sp. (BMNH : Kenya).
Loganiaceae	: *Strychnos pungens* (BMNH : South Africa).
Meliaceae	: *Azadirachta indica* (BMNH : India).
Moraceae	: *Ficus* sp. (BMNH : Malaya).
Myrtaceae	: *Eugenia* sp. (BMNH : Jamaica).
Oleaceae	: *Jasminum sambac* (BMNH : India).
Rutaceae	: *Citrus maxima* (BMNH : Taiwan); *Citrus* sp. (BMNH : Jamaica).
Sapotaceae	: *Bassia latifolia, Bassia longifolia* (BMNH : India).

Dialeurodes adinandrae Corbett

Dialeurodes adinandrae Corbett, 1935b : 733–734. Syntypes on *Adinandra dumosa* and *Ficus* sp., MALAYA : Port Dickson (Negri Sembilan).

DISTRIBUTION. Malaya (Corbett, 1935b : 734).
HOST PLANTS.
Moraceae	: *Ficus* sp. (Corbett, 1935b : 734).
Theaceae	: *Adinandra dumosa* (Corbett, 1935b : 734).

Dialeurodes adinobotris Corbett

Dialeurodes adinobotris Corbett, 1935b : 766–767. Syntypes on *Adinobotrys atropurpureus*, MALAYA : Kuala Lumpur.

DISTRIBUTION. Malaya (Corbett, 1935b : 767).
HOST PLANTS.
Leguminosae   : *Adinobotrys atropurpureus* (Corbett, 1935b : 767).

Dialeurodes agalmae Takahashi

Dialeurodes agalmae Takahashi, 1935b : 44. Syntypes on *Agalma taiwanianum*, TAIWAN : Kyanrawa near Muroruafu (Suo-Gun, Taihoku Prefecture), 15.viii.1934 (*R. Takahashi*) (Taiwan ARI) (USNM).

DISTRIBUTION. Taiwan (Takahashi, 1935b : 44).
HOST PLANTS.
Araliaceae   : *Schefflera* [*Agalma*] *taiwanianum* (Takahashi, 1935b : 44).

Dialeurodes angulata Corbett

Dialeurodes angulata Corbett, 1935b : 773–774. Holotype on unidentified host, MALAYA : Kuala Lumpur. Described from a single specimen.

DISTRIBUTION. Malaya (Corbett, 1935b : 774).
HOST PLANTS.
Host indet. (Corbett, 1935b : 774).

Dialeurodes ara Corbett

Dialeurodes ara Corbett, 1935b : 755–756. Syntypes on *Ficus* sp., MALAYA : Port Dickson (Negri Sembilan).

DISTRIBUTION. Malaya (Corbett, 1935b : 756).
HOST PLANTS.
Moraceae   : *Ficus* sp. (Corbett, 1935b : 756).

Dialeurodes ardisiae Takahashi

Dialeurodes ardisiae Takahashi, 1935b : 50–51. Syntypes on *Bladhia* sp., TAIWAN : Mutosan (Heito-Gun, Takao Prefecture), 23.iii.1934 (*R. Takahashi*) (Taiwan ARI).

DISTRIBUTION. Taiwan (Takahashi, 1935b : 51).
HOST PLANTS.
Myrsinaceae   : *Ardisia* [*Bladhia*] sp. (Takahashi, 1935b : 51).

Dialeurodes armatus David & Subramaniam

Dialeurodes armatus David & Subramaniam, 1976 : 184–185. Holotype and seven paratypes on *Azadirachta indica*, INDIA : Coimbatore, 5.xi.1966 (*B. V. David*); paratypes from same host and locality as holotype, 28.x.1966 and 4.xii.1966 (*B. V. David*) (Calcutta ZSI). (Two paratypes in BMNH.)

DISTRIBUTION. India (David & Subramaniam, 1976 : 185) (BMNH).
HOST PLANTS.
Meliaceae : *Azadirachta indica* (David & Subramaniam, 1976 : 185) (BMNH).

Dialeurodes bancoensis Ardaillon & Cohic

Dialeurodes bancoensis Ardaillon & Cohic, 1970 : 277. Holotype and eleven paratypes on *Carpolobia lutea*, IVORY COAST : Banco Forest, 23.i.1970.

DISTRIBUTION. Ivory Coast (Ardaillon & Cohic, 1970 : 277).
HOST PLANTS.
Polygalaceae : *Carpolobia lutea* (Ardaillon & Cohic, 1970 : 277).

Dialeurodes bangkokana Takahashi

Dialeurodes bangkokana Takahashi, 1942h : 327-328. Two syntypes on an unidentified host, THAILAND : Bangkok, 30.iii.1940.

DISTRIBUTION. Malaya, Thailand (Takahashi, 1952c : 22).
HOST PLANTS.
Host indet. (Takahashi, 1952c : 22).

Dialeurodes bassiae David & Subramaniam

Dialeurodes bassiae David & Subramaniam, 1976 : 185-187. Holotype and sixteen paratypes on *Bassia longifolia*, INDIA : Madras, 31.vii.1971 (*B. V. David*); paratypes on *Bassia latifolia*, INDIA : Coimbatore, 7.xi.1966 (*B. V. David*); paratypes on *Bassia longifolia*, INDIA : Kovilpatti, 31.i.1967 (*B. V. David*) (Calcutta ZSI).

DISTRIBUTION. India (David & Subramaniam, 1976 : 187).
HOST PLANTS.
Sapotaceae : *Bassia longifolia, Bassia latifolia* (David & Subramaniam, 1976 : 187).

Dialeurodes bladhiae Takahashi

Dialeurodes (*Dialeuroplata*) *bladhiae* Takahashi, 1931c : 219-220. Syntypes on *Bladhia sieboldii*, TAIWAN : Sozan, 21.vi.1931 (*R. Takahashi*) (Taiwan ARI).

DISTRIBUTION. Taiwan (Takahashi, 1931c : 220); Hong Kong, Thailand (Takahashi, 1942g : 306).
HOST PLANTS.
Caprifoliaceae : *Viburnum awabucki* (Takahashi, 1935b : 41).
Fagaceae : *Lithocarpus* sp. (Takahashi, 1941b : 353).
Myrsinaceae : [*Ardisia*] *Bladhia sieboldii* (Takahashi, 1931c : 220).
Myrtaceae : *Eugenia* sp. (Takahashi, 1941b : 353).
Theaceae : *Camellia* sp. (Takahashi, 1941b : 353); *Eurya acuminata* (Takahashi, 1934b : 68).

Dialeurodes buscki Quaintance & Baker

Dialeurodes (*Gigaleurodes*) *buscki* Quaintance & Baker, 1917 : 428-429. Syntypes on 'a climbing vine', PUERTO RICO : Bayamon, 15.i.1899 (*A. Busck*) (USNM).

DISTRIBUTION. Puerto Rico (Quaintance & Baker, 1917 : 428).
HOST PLANTS.
Host indet. (Quaintance & Baker, 1917 : 428).

Dialeurodes cambodiensis Takahashi

Dialeurodes cambodiensis Takahashi, 1942g : 305-306. Syntype on an unidentified host, THAILAND : Mt Sutep, 8.iv.1940; syntype on an unidentified host, CAMBODIA : Ankor, 23.iv.1940.

DISTRIBUTION. Cambodia, Thailand (Takahashi, 1942g : 306).
HOST PLANTS.
Host indet. (Takahashi, 1942g : 306).

Dialeurodes cardamomi David & Subramaniam

Dialeurodes cardamomi David & Subramaniam, 1976 : 187–188. Holotype on cardamom, *Elettaria cardamomum*, INDIA : Valparai, 16.iv.1967 (*B. V. David*). Described from a single specimen.

DISTRIBUTION. India (David & Subramaniam, 1976 : 188).
HOST PLANTS.
Zingiberaceae : *Elettaria cardamomum* (David & Subramaniam, 1976 : 188).

Dialeurodes celti Takahashi

Dialeurodes celti Takahashi, 1942g : 307–308. Two syntypes on *Celtis* sp., THAILAND : Chiengsen, 17.vi.1940 (Taiwan ARI).

DISTRIBUTION. Thailand (Takahashi, 1942g : 308).
HOST PLANTS.
Ulmaceae : *Celtis* sp. (Takahashi, 1942g : 308).

Dialeurodes cephalidistinctus Singh

Dialeurodes cephalidistinctus Singh, 1932 : 83. Syntypes on *Eugenia jambos*, BURMA : Maubin, xii.1929 (*K. Singh*) (Calcutta ZSI).

DISTRIBUTION. Burma (Singh, 1932 : 83); Cambodia (Takahashi, 1942h : 327).
HOST PLANTS.
Myrtaceae : *Eugenia jambos* (Singh, 1932 : 83).

Dialeurodes cerifera Quaintance & Baker

Dialeurodes (*Gigaleurodes*) *cerifera* Quaintance & Baker, 1917 : 427–428. Syntypes on *Celastrus buxifolius*, SOUTH AFRICA : Cape Town, 'received by the Bureau of Entomology, 10.iv.1901, from (*C. W. Mally*)' (USNM) (Eight mounted pupal cases with incomplete data, thought to be syntypes, in BMNH.)

DISTRIBUTION. South Africa (Quaintance & Baker, 1917 : 427) (BMNH).
HOST PLANTS.
Celastraceae : *Celastrus buxifolius* (Quaintance & Baker, 1917 : 427).

Dialeurodes chiengsenana Takahashi

Dialeurodes chiengsenana Takahashi, 1942e : 276–278. Syntypes on an unidentified host, THAILAND : Chiengsen, 17.iv.1940 (Taiwan ARI).

DISTRIBUTION. Thailand (Takahashi, 1942e : 278).
HOST PLANTS.
Host indet. (Takahashi, 1942e : 278).

Dialeurodes chitinosa Takahashi

Dialeurodes chitinosa Takahashi, 1937b : 21–22. Two syntypes on *Cinnamomum* sp., CHINA : Hangchow, Chekiang, 7.iv.1936 (*Y. Ouchi*); one syntype on *Cinnamomum* sp., TAIWAN : Masuhowaru, Kizangun, 4.vii.1936 (*R. Takahashi*) (Taiwan ARI).

DISTRIBUTION. China, Taiwan (Takahashi, 1937b : 22).
HOST PLANTS.
Lauraceae : *Cinnamomum* sp. (Takahashi, 1937b : 22).

Dialeurodes chittendeni Laing

Dialeurodes chittendeni Laing, 1928 : 228–230. LECTOTYPE on *Rhododendron* sp., ENGLAND : Ascot 23.v.1928 (*G. Fox-Wilson*) (BMNH), here designated. Paralectotypes on *Rhododendron* sp., ENGLAND : Ascot, vi.1928 (*G. Fox-Wilson*) (BMNH).
Aleuroclava chittendeni (Laing) Takahashi, 1938b : 70.
Dialeurodes chittendeni Laing; Mound, 1966 : 414.

DISTRIBUTION. Belgium, Finland, Sweden (Zahradnik, 1961b : 65); Czechoslovakia, Denmark, Germany, Netherlands (Zahradnik, 1963a : 13); England (Laing, 1928 : 229) (BMNH).
HOST PLANTS.
Ericaceae : *Rhododendron jacksoni*, *Rhododendron ponticum* (Laing, 1928 : 229); *Rhododendron* sp. (BMNH).

NATURAL ENEMIES.
Hymenoptera
Chalcidoidea
Aphelinidae : *Encarsia formosa* Gahan (Fulmek, 1943 : 30. U.K.).

Dialeurodes cinnamomi Takahashi

Dialeurodes (*Gigaleurodes*) *cinnamomi* Takahashi, 1932 : 13–14. Syntypes on *Cinnamomum japonicum*, TAIWAN : Urai (Taiwan ARI).

DISTRIBUTION. Taiwan (Takahashi, 1932 : 14).
HOST PLANTS.
Lauraceae : *Cinnamomum japonicum* (Takahashi, 1932 : 13); *Cryptocarya chinensis* (Takahashi, 1933 : 3).

Dialeurodes cinnamomicola Takahashi

Dialeurodes cinnamomicola Takahashi, 1937b : 23–24. Holotype on *Cinnamomum* sp., CHINA : Hangchow, Chekiang, 7.iv.1936 (*Y. Ouchi*). Described from a single specimen.

DISTRIBUTION. China (Takahashi, 1937b : 24).
HOST PLANTS.
Lauraceae : *Cinnamomum* sp. (Takahashi, 1937b : 24).

Dialeurodes citri (Ashmead)

Aleyrodes citri Ashmead, 1885 : 704. [The authors have seen a reproduction of the original reference in a paper by Essig (1932 : 1207–1208).] Syntypes on orange trees [*Citrus* sp.], U.S.A. : FLORIDA, Jacksonville (*W. H. Ashmead*).
Aleurodes citrifolii Foster; Riley & Howard, 1892 : 274. Nomen nudum. [Synonymized by Kirkaldy, 1907 : 49.]
Aleyrodes citri Riley & Howard, 1893 : 219–222. Syntypes on *Citrus* sp., U.S.A. : FLORIDA, LOUISIANA, MISSISSIPPI, NORTH CAROLINA and WASHINGTON. [Synonymized by Quaintance & Baker, 1917 : 408.]
Aleurodes eugeniae var. *aurantii* Maskell, 1895 : 431–432. Syntypes on *Citrus aurantium*, INDIA : 'Northwest Himalayas', (*Cotes*) (Auckland DSIR). [Synonymized by Quaintance & Baker, 1914 : 97.]
Aleyrodes (*Dialeurodes*) *citri* Riley & Howard; Cockerell, 1902a : 283.
Aleyrodes (*Dialeurodes*) *aurantii* Maskell; Cockerell, 1902a : 283.
Aleyrodes aurantii Maskell; Cockerell, 1903b : 665.
Aleyrodes kushinasii Sasaki, 1908 : 55–56. Adult syntypes on *Gardenia* sp., JAPAN : Tokyo (? Taiwan ARI). [Type data translated into English from the original Japanese by Takahashi, 1932 : 36.] [Synonymized by Takahashi, 1951b : 19.]
Dialeurodes tuberculatus Takahashi, 1932 : 9. Syntypes on *Meliosma rhoifolia*, TAIWAN : Urai, 6.ix.1931 (*R. Takahashi*) (Taiwan ARI) [Synonymized by Takahashi, 1958 : 66.]
Dialeurodes citri (Ashmead) Quaintance & Baker, 1916 : 469.
Dialeurodes citri (Riley & Howard) Quaintance & Baker 1914 : 97.
Dialeurodes citri (Ashmead) var. *kinyana* Takahashi, 1935b : 43–44. Syntypes on unidentified host, TAIWAN : Kinyan (Suo-Gun, Taihoku Prefecture) 16.viii.1934 (*R. Takahashi*). Described from a single specimen.
Dialeurodes citri (Ashmead) var. *hederae* Takahashi, 1936b : 219. Syntypes on *Hedera formosana*, TAIWAN : Izumo, 16.v.1935 (*R. Takahashi*) (Taiwan ARI).

DISTRIBUTION. Palaearctic Region : Italy, Turkey (BMNH); U.S.S.R. (Danzig, 1964b : 488 [615]) (BMNH); Japan (Kuwana, 1928 : 66).
Oriental Region : India (Quaintance & Baker, 1916 : 469) (BMNH); Pakistan (BMNH); Sri Lanka, China (Singh, 1931 : 41); Taiwan (Takahashi, 1931a : 203) (BMNH); Thailand (Singh, 1931 : 41).
Nearctic Region : U.S.A. (California, Colorado, Illinois, Washington, (Quaintance & Baker, 1916 : 469); U.S.A. (Florida) (Essig, 1932 : 1207) (BMNH); U.S.A. (Louisiana) (Quaintance, 1900 : 22).
Neotropical Region : Mexico (Singh, 1931 : 41); Brazil, Chile (Baker & Moles, 1923 : 641).
HOST PLANTS.
Apocynaceae : *Allemanda neriifolia* (Penny, 1922 : 21); *Nerium oleander* (Berger, 1910 : 25).
Araliaceae : *Aralia* sp. (Takahashi, 1942e : 273); *Hedera formosana* (Takahashi, 1934b : 68); *Hedera helix* (Penny, 1922 : 21); *Hedera japonica*

	(Kuwana, 1928 : 67); *Hedera nepalensis* (BMNH); *Hedera rhombea* (Takahashi, 1958 : 66); *Schefflera [Agalma] lutchuense* (Takahashi, 1933 : 2).
Bignoniaceae	: *Tecoma radicans* (Penny, 1922 :22).
Boraginaceae	: *Ehretia* sp. (Takahashi, 1933 : 3).
Caprifoliaceae	: *Lonicera japonica halliana* (Berger, 1910 : 25); *Viburnum erosum* (Takahashi, 1958 : 66); *Viburnum nudum* (Quaintance, 1900 : 22); *Viburnum tinus* (Penny, 1922 : 22).
Ebenaceae	: *Diospyros kaki* (Takahashi, 1935b : 40); *Diospyros virginiana* (Quaintance & Baker, 1916 : 469).
Euphorbiaceae	: *Bischofia javanica, Glochidion* sp. (Takahashi, 1932 : 9); *Ricinus communis* (Misra, 1924 : 129).
Fagaceae	: *Lithocarpus* sp. (Takahashi, 1934b : 69); *Quercus aquatica* (Quaintance, 1900 : 22); *Quercus nigra* (Berger, 1910 : 25).
Hamamelidaceae	: *Distylium racemosum* (Kuwana, 1928 : 67).
Lauraceae	: *Machilus* sp. (Takahashi, 1932 : 8).
Lythraceae	: *Lagerstroemia india* (Kuwana, 1928 : 67).
Magnoliaceae	: *Magnolia coco* (BMNH); *Michelia fuscata* [= *Magnolia fuscata* (Penny, 1922 : 21)] (Berger, 1910 : 25).
Malpighiaceae	: *Hiptage madablota* (Takahashi, 1932 : 8).
Meliaceae	: *Melia azedarach* (Quaintance & Baker, 1916 : 469); *Melia azedarach* var. *umbraculifera* (Berger, 1910 : 24); *Melia azedarach* var. *umbraculiformis* (Penny, 1922 : 21).
Moraceae	: *Ficus altissima* (Berger, 1910 : 25); *Ficus macrophylla* (Penny, 1922 : 21); *Ficus nitida* (Quaintance & Baker, 1916 : 469); *Maclura aurantiaca* (Penny, 1922 : 21).
Myrsinaceae	: *Ardisia humilis* (Singh, 1931 : 41); *Ardisia [Bladhia] sieboldii* (Takahashi, 1932 : 8).
Myrtaceae	: *Eugenia jambos* (Singh, 1931 : 41); *Myrtus communis, Myrtus lagerstroemia* (Penny, 1922 : 21).
Oleaceae	: *Fraxinus lanceolata* (Penny, 1922 : 21); *Jasminum arborescens, Jasminum sambac* (Misra, 1924 : 129); *Jasminum fruticans, Jasminum odoratissimum, Ligustrum amurense* (Penny, 1922 : 21); *Ligustrum ibota, Ligustrum japonica* (Kuwana, 1928 : 67); *Osmanthus americanus, Syringa vulgaris* (Penny, 1922 : 22).
Palmae	: *Sabal megacarpa* (Berger, 1910 : 25).
Proteaceae	: *Helicia* sp. (Takahashi, 1936b : 219).
Punicaceae	: *Punica granatum* (Penny, 1922 : 22).
Rosaceae	: *Cerasus* sp. (Penny, 1922 : 21); *Laurocerasus caroliniana* (Berger, 1910 : 24); *Prunus caroliniana, Prunus laurocerasus, Pyrus* sp. (Penny, 1922 : 22); *Pyracantha koidzumii* (Takahashi, 1933 : 4); *Rubus* sp. (Berger, 1910 : 25).
Rubiaceae	: *Cephalanthus occidentalis* (Berger, 1910 : 25); *Coffea arabica* (Quaintance & Baker, 1916 : 469); *Gardenia florida* (Takahashi, 1932 : 8); *Gardenia jasminoides* (Takahashi, 1958 : 66); *Wendlandia glabrata* (Takahashi, 1932 : 9).
Rutaceae	: *Choisya ternata* (Penny, 1922 : 21); *Citrus aurantium* var. *formosanus* (Takahashi, 1935b : 40); *Citrus* sp. (Riley & Howard, 1893 : 220) (BMNH); *Zanthoxylum clavaherculis* (Penny, 1922 : 22).
Sabiaceae	: *Meliosma rigida* (Takahashi, 1933 : 4).
Simaroubaceae	: *Ailanthus glandulosa* (Penny, 1922 : 21).
Smilacaceae	: *Smilax* sp. (Penny, 1922 : 22).
Staphyleaceae	: *Turpinia formosana* (Takahashi, 1932 : 9).
Theaceae	: *Camellia japonica* (Berger, 1910 : 25).
Vitaceae	: *Ampelopsis tricuspidata* (Penny, 1922 : 21).

Takahashi (1938b : 70) recorded *Schizophragma hydrangeroides* as a host of *Dialeurodes citri* (Ashmead) var. *hederae* Takahashi, an error which he subsequently corrected (1958 : 66).

NATURAL ENEMIES.
Coleoptera
    Coccinellidae : *Chilocorus stigma* (Say) (Morrill & Back, 1912 : 9).
                      : *Cryptognatha flaviceps* (Crotch) (Silvestri, 1927 : 17. India).
                        : *Cycloneda sanguinea* (Linnaeus) (Morrill & Back, 1912 : 9).
                        : *Delphastus catalinae* Horn (Thompson, 1964 : 81. U.S.A.).
                        : *Scymnus punctatus* Melsheimer (Morrill & Back, 1912 : 9).
                        : *Serangium* sp. (Silvestri, 1927 : 17).
                        : *Verania cardoni* Weise (Howard, 1911 : 131).
Hymenoptera
  Chalcidoidea
    Aphelinidae : *Aphytis proclia* (Walker) (Fulmek, 1943 : 30. India).
                     : *Encarsia formosa* Gahan (Ferrière, 1965 : 138).
                     : *Encarsia tricolor* Förster (Ferrière, 1965 : 131).
                     : *Prospaltella citri* Ishii (Ishii, 1938 : 29–30. Japan).
                     : *Prospaltella citrofila* Silvestri (Fulmek, 1943 : 30. Japan, China, Indochina, India).
                     : *Prospaltella lahorensis* Howard (Fulmek, 1943 : 30. Japan, China, India).
                     : *Prospaltella* sp. (Fulmek, 1943 : 30. India).
Thysanoptera   : *Aleurodothrips fasciapennis* (Franklin) (Morrill & Back, 1912 : 9.
  Phlaeothripidae U.S.A.).

Dialeurodes citricola Young

Dialeurodes (*Gigaleurodes*) *citricola* Young, 1942 : 96–97. Syntypes on *Citrus tangerina* and *Citrus sinensis*, CHINA : Szechwan Province, Kiangtsing.

DISTRIBUTION. China (Young, 1942 : 97).

HOST PLANTS.
Rutaceae   : *Citrus sinensis*, *Citrus tangerina* (Young, 1942 : 97).

Dialeurodes citrifolii (Morgan)

Aleyrodes citrifolii Morgan, 1893 : 70–74. Syntypes on *Citrus* sp., U.S.A. : LOUISIANA.
Aleyrodes nubifera Berger, 1909 : 68–70. Syntypes on *Citrus* sp., U.S.A. : FLORIDA, Bartow, Bayview, Clearwater, Geneva, Largo, Maitland, Mims, Orlando, Ozona, Riverview, Sutherland, Titusville and Winter Park. [Synonymized by Quaintance & Baker, 1914 : 97, see also Quaintance & Baker, 1917 : 412–413.]
Dialeurodes citrifolii (Morgan) Quaintance & Baker, 1914 : 97.

DISTRIBUTION. Palaearctic Region : Japan (Penny, 1922 : 22).
Oriental Region : India (Penny, 1922 : 22) (BMNH); China (Penny, 1922 : 22); Vietnam (Silvestri, 1927 : 19).
Nearctic Region : U.S.A. (California, Florida, Mississippi, North Carolina) (Quaintance & Baker, 1917 : 413); U.S.A. (Louisiana) (Morgan, 1893 : 70); Bermuda (BMNH).
Neotropical Region : Mexico, Cuba (Quaintance & Baker, 1917 : 413); Jamaica (BMNH); Puerto Rico (Dozier, 1926 : 121); Barbados (Tucker, 1952 : 337) (BMNH); Trinidad, Venezuela (BMNH); Brazil (Peracchi, 1971 : 151).

HOST PLANTS.
Moraceae   : *Ficus nitida* (Quaintance & Baker, 1916 : 470).
Rubiaceae   : *Gardenia* sp. (Quaintance, 1909 : 173).
Rutaceae   : *Citrus aurantifolia* (Dozier, 1936 : 145); *Citrus aurantium, Citrus reticulata* (Quaintance, 1909 : 173); *Citrus* spp (Sampson, 1944 : 442) (BMNH).

NATURAL ENEMIES.
Coleoptera
    Coccinellidae : *Delphastus catalinae* Horn (Thompson, 1964 : 81. U.S.A.).
Hymenoptera
  Chalcidoidea
    Aphelinidae : *Prospaltella perstrenua* Silvestri (Silvestri, 1927 : 19. Vietnam).
                     : *Prospaltella strenua* Silvestri (Fulmek, 1943 : 30. Indochina).

Dialeurodes conocephali Corbett

Dialeurodes conocephali Corbett, 1935b : 742–743. Syntypes on *Conocephalus subtrinervius*, MALAYA : Kuala Lumpur.

DISTRIBUTION. Malaya (Corbett, 1935b : 743).
HOST PLANTS.
Moraceae : *Conocephalus subtrinervius* (Corbett, 1935b : 743).

Dialeurodes crescentata Corbett

Dialeurodes crescentata Corbett, 1935b : 778–779. Syntypes on *Cinnamomum* sp., MALAYA : Kuala Lumpur.

DISTRIBUTION. Malaya (Corbett, 1935b : 779).
HOST PLANTS.
Lauraceae : *Cinnamomum* sp. (Corbett, 1935b : 779).

Dialeurodes curcumae Corbett

Dialeurodes curcumae Corbett, 1935b : 738–739. Syntypes on *Curcuma* sp., MALAYA : Sepang.
DISTRIBUTION. Malaya (Corbett, 1935b : 739).
HOST PLANTS.
Zingiberaceae : *Curcuma* sp. (Corbett, 1935b : 739).

Dialeurodes cyathispinifera Corbett

Dialeurodes cyathispinifera Corbett, 1933 : 121. Syntypes on an unidentified plant, MALAYA : Kuala Lumpur, 11.iii.1930. (One mounted pupal case with syntype data, labelled paratype , in BMNH.)

DISTRIBUTION. Malaya (Corbett, 1933 : 121) (BMNH).
HOST PLANTS.
Host indet. (Corbett, 1933 : 121).

Dialeurodes daphniphylli Takahashi

Dialeurodes daphniphylli Takahashi, 1932 : 10–11. Syntypes on *Daphniphyllum glaucescens*, TAIWAN : Sozan, Chikushiko, 21.vi.1931 (Taiwan ARI).

DISTRIBUTION. Taiwan (Takahashi, 1932 : 11).
HOST PLANTS.
Daphniphyllaceae : *Daphniphyllum glaucescens* (Takahashi, 1932 : 11); *Daphniphyllum membranaceum* (Takahashi, 1935b : 40).

Dialeurodes davidi nomen novum

Dialeurodes distinctus David & Subramaniam, 1976 : 188–189 nec *Dialeurodes distincta* Corbett, 1933 : 127. Holotype and ten paratypes on *Elaeodendron glaucum*, INDIA : Coimbatore, 7.iv.1969 (*B. V. David*). (Seven paratypes in BMNH.)

DISTRIBUTION. India (David & Subramaniam, 1976 : 189) (BMNH).
HOST PLANTS.
Celastraceae : *Elaeodendron glaucum* (David & Subramaniam, 1976 : 189) (BMNH).

Dialeurodes delamarei Cohic

Dialeurodes delamarei Cohic, 1968a : 43–45. Fourteen syntypes on *Uvaria scabrida*, CONGO (Brazzaville) : Brazzaville, Centre O.R.S.T.O.M., 7.xii.1965.

DISTRIBUTION. Congo (Brazzaville) (Cohic, 1968a : 43).
HOST PLANTS.
Annonaceae : *Uvaria scabrida* (Cohic, 1968a : 43).

Dialeurodes dicksoni Corbett

Dialeurodes dicksoni Corbett, 1935b : 763–764. Syntypes on *Vitex* sp. and an unidentified plant, MALAYA : Kuala Lumpur and Port Dickson. (Four mounted pupal cases thought to be syntypes in BMNH, from Port Dickson on an unidentified tree, dated 10.xii.1925, collected by *G. H. Corbett*.)

DISTRIBUTION. Malaya (Corbett, 1935b : 764) (BMNH).
HOST PLANTS.
Verbenaceae : *Vitex* sp. (Corbett, 1935b : 764).

Dialeurodes didymocarpi Corbett

Dialeurodes didymocarpi Corbett, 1935b : 771–772. Syntypes on *Didymocarpus crinita*, MALAYA : Serdang.

DISTRIBUTION. Malaya (Corbett, 1935b : 772).
HOST PLANTS.
Gesneriaceae : *Didymocarpus crinita* (Corbett, 1935b : 772).

Dialeurodes dioscoreae Takahashi

Dialeurodes dioscoreae Takahashi, 1934b : 43. Syntypes on *Dioscorea rhipogonioides*, TAIWAN : Taihoku, x.1933 (*R. Takahashi*) (Taiwan ARI).

DISTRIBUTION. Taiwan (Takahashi, 1934b : 43).
HOST PLANTS.
Dioscoreaceae : *Dioscorea rhipogonioides* (Takahashi, 1934b : 43).
Vitaceae : ? *Vitis* sp. (Takahashi, 1940a : 28).

Dialeurodes dipterocarpi Takahashi

Dialeurodes dipterocapi [sic] Takahashi, 1942g : 304–305. Syntypes on *Dipterocarpus* sp., THAILAND : Mt Sutep, 8.iv.1940.

The original spelling of the specific epithet is corrected here in accordance with the *International Code of Zoological Nomenclature*, Article 32a (ii), as it is considered to be a lapsus calami.

DISTRIBUTION. Thailand (Takahashi, 1942g : 304).
HOST PLANTS.
Dipterocarpaceae : *Dipterocarpus* sp. (Takahashi, 1942g : 304).

Dialeurodes dissimilis Quaintance & Baker

Dialeurodes (*Dialeuronomada*) *dissimilis* Quaintance & Baker, 1917 : 424–425. Syntypes on *Phyllanthus myrtifolium*, INDIA : Saharanpur, xi.1910 (*R. S. Woglum*) (USNM).

DISTRIBUTION. India (Quaintance & Baker, 1917 : 424).
HOST PLANTS.
Euphorbiaceae : *Phyllanthus myrtifolium* (Quaintance & Baker, 1917 : 424).
Rubiaceae : *Ixora* sp. (Singh, 1931 : 41); *Pavetta* sp. (David & Subramaniam, 1976 : 188).

Dialeurodes distincta Corbett

Dialeurodes distincta Corbett, 1933 : 127. Syntypes on an unidentified host, MALAYA : Kuala Lumpur, iv.1929. (One mounted pupal case with syntype data, labelled paratype, in BMNH.)

DISTRIBUTION. Malaya (Corbett, 1933 : 127) (BMNH).
HOST PLANTS.
Host indet. (Corbett, 1933 : 127).

Dialeurodes doveri Corbett

Dialeurodes doveri Corbett, 1935b : 774–775. Syntypes on *Musa sapientum*, MALAYA : Dusun Tua and Kuala Lumpur, 27.x.1927 (*C. Dover*).

DISTRIBUTION. Malaya (Corbett, 1935b : 775).
HOST PLANTS.
Musaceae : *Musa sapientum* (Corbett, 1935b : 775).

Dialeurodes dryandrae Takahashi

Dialeurodes dryandrae Takahashi, 1950 : 85–86. Syntypes on *Dryandra floribunda*, AUSTRALIA : WESTERN AUSTRALIA, Nedlands, 20.v.1940 (*K. R. Norris*) (BMNH).

DISTRIBUTION. Australia (Western Australia) (Takahashi, 1950 : 86) (BMNH).

HOST PLANTS.
Proteaceae : *Dryandra floribunda* (Takahashi, 1950 : 86) (BMNH).

Dialeurodes dubia Corbett

Dialeurodes dubia Corbett, 1935b : 780. Syntypes on an unidentified host, MALAYA : Kuala Lumpur.

DISTRIBUTION. Malaya (Corbett, 1935b : 780).
HOST PLANTS.
Host indet. (Corbett, 1935b : 780).

Dialeurodes dumbeaensis Dumbleton

Dialeurodes dumbeaensis Dumbleton, 1961a : 122–123. Holotype and paratypes on ? *Homalium* sp., NEW CALEDONIA : Dumbea, 9.vi.1952 (*L. J. Dumbleton*) (Noumea ORSTOM). (One paratype in BMNH.)

DISTRIBUTION. New Caledonia (Dumbleton, 1961a : 123) (BMNH).
HOST PLANTS.
Flacourtiaceae : ? *Homalium* sp. (Dumbleton, 1961a : 123) (BMNH).

Dialeurodes egregissima Sampson & Drews

Dialeurodes egregissima Sampson & Drews, 1941 : 164–165. Syntypes on 'Higuera' [*Ficus involuta*], MEXICO : San Blas, State of Nayarit, xi.1925 (California UCD).

DISTRIBUTION. Mexico (Sampson & Drews, 1941 : 165).
HOST PLANTS.
Moraceae : *Ficus involuta* (Sampson & Drews, 1941 : 165).

Dialeurodes elaeagni Takahashi

Dialeurodes elaeagni Takahashi, 1935b : 45–46. Syntypes on *Elaeagnus formosana*, TAIWAN : Chippon near Taito, Keiko (Karenko) 29.iii and 21.v.1934 (*R. Takahashi*) (Taiwan ARI).

DISTRIBUTION. Taiwan (Takahashi, 1935b : 46).
HOST PLANTS.
Elaeagnaceae : *Elaeagnus formosana* (Takahashi, 1935b : 46).

Dialeurodes elbaensis Priesner & Hosny

Dialeurodes (*Gigaleurodes*) *elbäensis* Priesner & Hosny, 1934b : 10–11. Syntypes on *Ficus salicifolia*, EGYPT : Wadi Aidaeb, Gebel Elba, 31.i.1933 (*M. Drar*).

DISTRIBUTION. Cameroun, Chad, Congo (Brazzaville), Ivory Coast, Niger (Cohic, 1969 : 121); Egypt (Priesner & Hosny, 1934b : 10); Sudan (Cohic, 1969 : 122) (BMNH).
HOST PLANTS.
Anacardiaceae   : *Trichoscypha arborea* (Ardaillon & Cohic, 1970 : 270).
Annonaceae   : *Monodora crispata* (Ardaillon & Cohic, 1970 : 270).
Araceae   : *Cyrtosperma senegalense* (Cohic, 1969 : 121).
Chrysobalanaceae : *Chrysobalanus orbicularis* (Cohic, 1969 : 121).
Connaraceae   : *Manotes pruinosa* (Cohic, 1969 : 121).
Dilleniaceae   : *Tetracera alnifolia* (Cohic, 1969 : 121).
Euphorbiaceae   : *Sapium cornutum* (Cohic, 1969 : 121).
Guttiferae   : *Harungana madagascariensis* (Cohic, 1969 : 121).
Moraceae   : *Ficus salicifolia* (Priesner & Hosny, 1934b : 10); *Ficus sycomorus* (Cohic, 1969 : 122) (BMNH).
Rubiaceae   : *Morelia senegalensis* (Cohic, 1969 : 121); *Morinda morindoides* (Cohic, 1969 : 122).
Smilacaceae   : *Smilax kraussiana* (Cohic, 1969 : 121).

Dialeurodes endospermi Corbett

Dialeurodes endospermi Corbett, 1935b : 745–746. Syntypes on *Endospermum malaccense*, MALAYA : Kuala Lumpur.

DISTRIBUTION. Malaya (Corbett, 1935b : 746).
HOST PLANTS.
Euphorbiaceae : *Endospermum malaccense* (Corbett, 1935b : 746).

Dialeurodes erythrinae Corbett

Dialeurodes erythrinae Corbett, 1935b : 747–748. Syntypes on *Erythrina lithosperma* and *Erythrina stricta*, MALAYA : Kuala Pilah (Negri Sembilan) and Malacca.

DISTRIBUTION. Malaya (Corbett, 1935b : 748).
HOST PLANTS.
Leguminosae : *Erythrina lithosperma, Erythrina stricta* (Corbett, 1935b : 748).

Dialeurodes euryae Takahashi

Dialeurodes euryae Takahashi, 1940a : 27–28. Syntypes on *Eurya glaberrima*, TAIWAN : Noko, Taichu Prefecture, 6.viii.1939 (*R. Takahashi*).

DISTRIBUTION. Taiwan (Takahashi, 1940a : 28).
HOST PLANTS.
Theaceae : *Eurya glaberrima* (Takahashi, 1940a : 28).

Dialeurodes evodiae Corbett

Dialeurodes evodiae Corbett, 1935b : 757–758. Syntypes on *Evodia* sp., MALAYA : Port Dickson (Negri Sembilan).

DISTRIBUTION. Malaya (Corbett, 1935b : 758).
HOST PLANTS.
Rutaceae : *Evodia* sp. (Corbett, 1935b : 758).

Dialeurodes ficicola Takahashi

Dialeurodes ficicola Takahashi, 1935b : 47–48. Holotype on *Ficus rigida,* TAIWAN : Mizuho (Karenko Province), 21.v.1934 (*R. Takahashi*) (Taiwan ARI). Described from a single incomplete specimen.

DISTRIBUTION. Taiwan (Takahashi, 1935b : 48).
HOST PLANTS.
Moraceae : *Ficus rigida* (Takahashi, 1935b : 48).

Dialeurodes ficifolii Takahashi

Dialeurodes ficifolii Takahashi, 1942g : 300–301. Syntypes on *Ficus* sp., THAILAND : Chiengmai, 7.iv.1940 (Taiwan ARI).

DISTRIBUTION. Thailand (Takahashi, 1942g : 301).
HOST PLANTS.
Moraceae : *Ficus* sp. (Takahashi, 1942g : 301).

Dialeurodes formosensis Takahashi

Dialeurodes (*Gigaleurodes*) *formosensis* Takahashi, 1933 : 9–10. Syntypes on an unidentified host, TAIWAN : Kuraru near Koshun, 25.v.1932 (*R. Takahashi*) (Taiwan ARI).

DISTRIBUTION. Taiwan (Takahashi, 1933 : 10); Japan, Thailand, Hong Kong (Takahashi, 1958 : 67).
HOST PLANTS.
Original host indet.: (Takahashi, 1933 : 10).
Aquifoliaceae : *Ilex crenata* (Takahashi, 1958 : 66).
Araliaceae : *Schefflera* [*Heptapleurum*] sp. (Takahashi, 1938b : 71).
Caprifoliaceae : *Viburnum* sp. (Takahashi, 1938b : 71).
Ericaceae : *Pieris japonicum* (Takahashi, 1958 : 66).
Magnoliaceae : *Magnolia kobus, Michelia compressa* (Takahashi, 1958 : 66).
Myrsinaceae : *Maesa* sp. (Takahashi, 1941b : 352).
Oleaceae : *Fraxinus* sp. (Takahashi, 1958 : 66).
Rutaceae : *Phellodendron amurense* (Takahashi, 1958 : 66).
Styracaceae : *Styrax japonica, Styrax obassia* (Takahashi, 1958 : 66).
Symplocaceae : *Symplocos chinensis* var. *pilosa* (Takahashi, 1958 : 66).
Urticaceae : *Boehmeria densiflora* (Takahashi, 1938b : 71).

Dialeurodes gardeniae Corbett

Dialeurodes gardeniae Corbett, 1935b : 743–744. Syntypes on *Gardenia florida*, MALAYA : Kuala Lumpur.

DISTRIBUTION. Malaya (Corbett, 1935b : 744).
HOST PLANTS.
Rubiaceae : *Gardenia florida* (Corbett, 1935b : 744).

Dialeurodes gemurohensis Corbett

Dialeurodes gemurohensis Corbett, 1935b : 761–762. Syntypes on *Ficus* sp. and *Nephelium lappaceum*, MALAYA : Kepong, Kuala Lumpur (Selangor); Gemuroh, Kuala Pilah (Negri Sembilan).

DISTRIBUTION. Malaya (Corbett, 1935b : 762).
HOST PLANTS.
Moraceae : *Ficus* sp. (Corbett, 1935b : 762).
Sapindaceae : *Nephelium lappaceum* (Corbett, 1935b : 762).

Dialeurodes glomerata Singh

Dialeurodes glomerata Singh, 1931 : 39–40. Syntypes on *Ficus glomerata*, INDIA : Pusa.

DISTRIBUTION. India (Singh, 1931 : 39).
HOST PLANTS.
Moraceae : *Ficus glomerata* (Singh, 1931 : 39).

Dialeurodes glutae Corbett

Dialeurodes glutae Corbett, 1935b : 759–760. Syntypes on *Gluta* sp., MALAYA : Puchong (Selangor).

DISTRIBUTION. Malaya (Corbett, 1935b : 760).
HOST PLANTS.
Anacardiaceae : *Gluta* sp. (Corbett, 1935b : 760).

Dialeurodes greenwoodi Corbett

Dialeurodes greenwoodi Corbett, 1936 : 20. Syntypes on *Ficus* sp., FIJI : vii.1932 (*W. Greenwood*). (Thirteen syntypes from FIJI : Lautoka dated vii.1922 in BMNH.)

DISTRIBUTION. Fiji (Corbett, 1936 : 20) (BMNH).
HOST PLANTS.
Moraceae : *Ficus* sp. (Corbett, 1936 : 20) (BMNH).

Dialeurodes heterocera Bondar

Dialeurodes heterocera Bondar, 1923a : 108–109. Syntypes on *Eugenia* sp., BRAZIL : Bahia (São Paulo MZU) (USNM). (Four mounted pupal cases and dry material on Myrtaceae from type locality, presented by G. Bondar in 1923, in BMNH.)

DISTRIBUTION. Brazil (Bondar, 1923a : 109) (BMNH).
HOST PLANTS.
Moraceae : *Ficus* sp. (BMNH).
Myrtaceae : *Eugenia* sp. (Bondar, 1923a : 109); Genus indet. (BMNH).

Dialeurodes hexpuncta Singh

Dialeurodes hexpuncta Singh, 1932 : 81–82. Syntypes on both upper and lower surfaces of the leaves of an undetermined shrub, BURMA : Kalaw (5000 ft), xii.1929 (*K. Singh*) (Calcutta ZSI).

DISTRIBUTION. Burma (Singh, 1932 : 81).
HOST PLANTS.
Host indet. (Singh, 1932 : 81).

Dialeurodes hongkongensis Takahashi

Dialeurodes hongkongensis Takahashi, 1941b : 351–352. Syntypes on an unidentified host, HONG KONG, 8.iii.1940 (*R. Takahashi*) (Taiwan ARI).

DISTRIBUTION. Hong Kong (Takahashi, 1941b : 352); China (Takahashi, 1955b : 229).
HOST PLANTS.
Original host indet.: (Takahashi, 1941b : 352).
Smilacaceae : *Smilax* sp. (Takahashi, 1955b : 229).

Dialeurodes imperalis Bondar

Dialeurodes imperalis Bondar, 1923a : 109–111. Two syntypes on unidentified host, BRAZIL : Camamú, Bahia State (*G. Bondar*) (São Paulo MZU).

DISTRIBUTION. Brazil (Bondar, 1923a : 111).
HOST PLANTS.
Host indet. (Bondar, 1923a : 111).

Dialeurodes indicus David & Subramaniam

Dialeurodes indicus David & Subramaniam, 1976 : 191. Holotype and paratypes on *Syzygium jambolanum*, INDIA : Coimbatore, 8.x.1967 (*B. V. David*) (Calcutta ZSI) (USNM). (One paratype in BMNH.)

DISTRIBUTION. India (David & Subramaniam, 1976 : 191) (BMNH).
HOST PLANTS.
Myrtaceae : *Eugenia* [*Syzygium*] *jambolanum* (David & Subramaniam, 1976 : 191) (BMNH).

Dialeurodes ixorae Singh

Dialeurodes ixorae Singh, 1931 : 38. Syntypes on *Ixora coccinea*, INDIA : Chepauk (Madras) (*Y. Ram Chandra Rao*). (Six mounted pupal cases bearing syntype data in BMNH.)

DISTRIBUTION. India (Singh, 1931 : 38) (BMNH).
HOST PLANTS.
Rubiaceae : *Ixora coccinea* (Singh, 1931 : 38) (BMNH).
Sapotaceae : *Mimusops hexandra* (David & Subramaniam, 1976 : 192).

Dialeurodes joholensis Corbett

Dialeurodes joholensis Corbett, 1935b : 777. Syntypes on an unidentified host, MALAYA : Johol (Negri Sembilan); Kuala Lumpur (Selangor).

DISTRIBUTION. Malaya (Corbett, 1935b : 777).
HOST PLANTS.
Host indet. (Corbett, 1935b : 777).

Dialeurodes kamardini Corbett

Dialeurodes kamardini Corbett, 1935b : 735–736. Syntypes on an unidentified host, MALAYA : Kuala Lumpur (*Che Kamardin*).

DISTRIBUTION. Malaya (Corbett, 1935b : 736).
HOST PLANTS.
Host indet. (Corbett, 1935b : 736).

Dialeurodes kepongensis Corbett

Dialeurodes kepongensis Corbett, 1935b : 756–757. Syntypes on *Eugenia* sp., MALAYA : Kepong (Selangor).

DISTRIBUTION. Malaya (Corbett, 1935b : 757).
HOST PLANTS.
Myrtaceae : *Eugenia* sp. (Corbett, 1935b : 757).

Dialeurodes kirishimensis Takahashi

Dialeurodes kirishimensis Takahashi, 1963 : 49–50. Syntypes on *Cleyera japonica*, JAPAN : Mt Kirishima, Kyushu, 24.viii.1957 (*R. Takahashi*).

DISTRIBUTION. Japan (Takahashi, 1963 : 49).
HOST PLANTS.
Theaceae : *Cleyera japonica* (Takahashi, 1963 : 49).

Dialeurodes kirkaldyi (Kotinsky)

Aleyrodes kirkaldyi Kotinsky, 1907 : 95–96. Syntypes on an unidentified trailing shrub, *Beaumontia grandifolia, Morinda citrifolia* and Catalonian Jessamine [*Jasminum grandiflorum*], HAWAIIAN ISLANDS :

HAWAII, Honolulu (*J. Kotinsky*) (*F. W. Terry*); on *Jasminum* sp., imported from ?JAPAN into HAWAIIAN ISLANDS : KAUAI, Lihue (*J. Kotinsky*) (Honolulu DA) (USNM).
Dialeurodes kirkaldyi (Kotinsky) Quaintance & Baker, 1914 : 98.

DISTRIBUTION. Palaearctic Region : Japan, Azores, Lebanon, Syria (Russell, 1964a : 3); Egypt (Russell, 1964a : 3) (BMNH).
Ethiopian Region : Ghana (Russell, 1964a : 3) (BMNH); Ivory Coast (Cohic, 1969 : 120).
Oriental Region : Pakistan, India (Russell, 1964a : 3) (BMNH); Sri Lanka, Burma, China, Marianas Islands (Russell, 1964a : 3); Taiwan (Russell, 1964a : 3) (BMNH).
Austro-Oriental Region : Philippines, Malaya (Russell, 1964a : 3).
Australasian Region : Australia (Russell, 1964a : 3).
Pacific Region : Caroline Islands, Society Island, Tuamotu Islands (Russell, 1964a : 3); New Caledonia (Cohic, 1959b : 242); Hawaiian Islands (Kotinsky, 1907 : 96) (BMNH).
Nearctic Region : U.S.A. (Florida) (Russell, 1964a : 3).
Neotropical Region : Cuba, Jamaica, Trinidad, Guyana (Russell, 1964a : 3).
HOST PLANTS.

Apocynaceae	: *Allemanda nerifolia* (Russell, 1964a : 1) (BMNH); *Beaumontia grandiflora* (Kotinsky, 1907 : 96); *Plumeria acuminata, Plumeria acutifolia, Tabernaemontana* sp., *Trachelospermum jasminoides* (Russell, 1964a : 3).
Combretaceae	: *Terminalia* sp. (Russell, 1964a : 3).
Loganiaceae	: *Fagraea fragrans* (Russell, 1964a : 1).
Lythraceae	: *Lagerstroemia indica* (Russell, 1964a : 3).
Malpighiaceae	: *Hiptage mandablota* (Russell, 1964a : 1).
Malvaceae	: *Malva sylvestris* (Russell, 1964a : 3).
Oleaceae	: *Jasminum amplexicaule, Jasminum arabicum, Jasminum multiflorum, Jasminum nitidum* (Russell, 1964a : 3); *Jasminum bifasium* (BMNH); *Jasminum auriculatum* (David & Subramaniam, 1976 : 193); *Jasminum grandiflora* (Kotinsky, 1907 : 96); *Jasminum sambac* (Russell, 1964a : 3) (BMNH); ?*Syringa* sp. (Russell, 1964a : 3).
Rubiaceae	: *Coffea* sp., *Gardenia tahitiensis* (Russell, 1964a : 1); *Morinda citrifolia* (Kotinsky, 1907 : 96).
Rutaceae	: *Citrus sinensis* (Russell, 1964a : 1).
Verbenaceae	: *Premna integrifolia* (Russell, 1964a : 3).

Dialeurodes lanceolata Takahashi

Dialeurodes lanceolata Takahashi, 1949 : 47–48. Holotype on an undetermined tree. RIOUW (RIAU) ISLANDS (south of Singapore) : Rempang, i.1946 (*R. Takahashi*) (Hikosan BL). Described from a single specimen.

DISTRIBUTION. Riouw (Riau) Islands (Takahashi, 1949 : 47).
HOST PLANTS.
Host indet. (Takahashi, 1949 : 48).

Dialeurodes laos Takahashi

Dialeurodes laos Takahashi, 1942h : 329–330. Several syntypes on ?*Homonoia* sp., THAILAND : Chiengsen, 17.iv.1940; one syntype on unidentified host, Chiengmai, 9.iv.1940.

DISTRIBUTION. Thailand (Takahashi, 1942h : 330).
HOST PLANTS.
Euphorbiaceae : ? *Homonoia* sp. (Takahashi, 1942h : 330).

Dialeurodes lithocarpi Takahashi

Dialeurodes (*Gigaleurodes*) *lithocarpi* Takahashi, 1931c : 218–219. Syntypes on *Lithocarpus ternaticupula*, TAIWAN : Suisha, ix.1928 (*R. Takahashi*) (Taiwan ARI).

DISTRIBUTION. Taiwan (Takahashi, 1931c : 219).
HOST PLANTS.
Fagaceae : *Lithocarpus ternaticupula* (Takahashi, 1931c : 219).

Dialeurodes loranthi Corbett

Dialeurodes (*Rabdostigma*) *loranthi* Corbett, 1926 : 268–269. Syntypes on *Loranthus* sp., SRI LANKA : Hewaheta, viii.1910 (*E. E. Green*). (Nine mounted syntypes and dry material bearing syntype data in BMNH.)

DISTRIBUTION. Sri Lanka (Corbett, 1926 : 269) (BMNH).
HOST PLANTS.
Loranthaceae : *Loranthus* sp. (Corbett, 1926 : 269) (BMNH).

Dialeurodes lumpurensis Corbett

Dialeurodes lumpurensis Corbett, 1935b : 739–740. Syntypes on an unidentified host, MALAYA : Kuala Lumpur (Selangor).

DISTRIBUTION. Malaya (Corbett, 1935b : 740); Thailand (Takahashi, 1942g : 306).
HOST PLANTS.
Host indet. (Corbett, 1935b : 740).

Dialeurodes machilicola Takahashi

Dialeurodes machilicola Takahashi, 1942g : 308–309. Holotype on *Machilus* sp., THAILAND : Mt Sutep, 5.iv.1940. Described from a single broken specimen.

DISTRIBUTION. Thailand (Takahashi, 1942g : 309).
HOST PLANTS.
Lauraceae : *Machilus* sp. (Takahashi, 1942g : 309).

Dialeurodes maculatus Bondar

Dialeurodes maculatus Bondar, 1928b : 23–24. Syntypes on Loranthaceae, BRAZIL : Santa Ignez, Bahia State (*G. Bondar*) (São Paulo MZU).

DISTRIBUTION. Brazil (Bondar, 1928b : 24).
HOST PLANTS.
Loranthaceae : Genus indet. (Bondar, 1928b : 24).

Dialeurodes maculipennis Bondar

Dialeurodes maculipennis Bondar, 1923a : 104–106. Syntypes on *Ficus* sp., BRAZIL : Bahia (*G. Bondar*) (São Paulo MZU).

DISTRIBUTION. Brazil (Bondar, 1923a : 106).
HOST PLANTS.
Moraceae : *Ficus* sp. (Bondar, 1923a : 106).

Dialeurodes maxima Quaintance & Baker

Dialeurodes (*Gigaleurodes*) *maxima* Quaintance & Baker, 1917 : 429–430. Syntypes on *Ficus* sp., PHILIPPINES : Manila, 1910 (*G. Compere*) (USNM).

DISTRIBUTION. Philippines (Quaintance & Baker, 1917 : 429).
HOST PLANTS.
Moraceae : *Ficus* sp. (Quaintance & Baker, 1917 : 429).

Dialeurodes mekonensis Takahashi

Dialeurodes mekonensis Takahashi, 1942g : 301–302. Syntypes on an undetermined plant, THAILAND : Chiengsen, on the bank of the River Mekon, 17.iv.1940 (Taiwan ARI).

DISTRIBUTION. Thailand (Takahashi, 1942g : 302).
HOST PLANTS.
Host indet. (Takahashi, 1942g : 302).

Dialeurodes michoacanensis Sampson & Drews

Dialeurodes michoacanensis Sampson & Drews, 1941 : 165. Syntypes on *Ficus* sp., MEXICO : Michoacan, south of Aquililla, 1926 (California UCD).

DISTRIBUTION. Mexico (Sampson & Drews, 1941 : 165).
HOST PLANTS.
Moraceae : *Ficus* sp. (Sampson & Drews, 1941 : 165).

Dialeurodes mirabilis Takahashi

Dialeurodes mirabilis Takahashi, 1942g : 309–311. Syntypes on an unidentified host, THAILAND : Mt Sutep, 8.iv. 1940.

DISTRIBUTION. Thailand (Takahashi, 1942g : 311).
HOST PLANTS.
Host indet. (Takahashi, 1942g : 311).

Dialeurodes monticola Takahashi

Dialeurodes monticola Takahashi, 1934b : 42–43. Syntypes on *Daphniphyllum* sp., TAIWAN : Rarasan near Urai, 31.vii.1933 (*R. Takahashi*) (Taiwan ARI).

DISTRIBUTION. Taiwan (Takahashi, 1934b : 43).
HOST PLANTS.
Daphniphyllaceae : *Daphniphyllum* sp. (Takahashi, 1934b : 43).

Dialeurodes multipori Takahashi

Dialeurodes (*Gigaleurodes*) *multipori* Takahashi, 1932 : 11–12. Syntypes on *Daphniphyllum glaucescens*, TAIWAN : Sozan, 21.vi.1931 (Taiwan ARI).

DISTRIBUTION. Taiwan (Takahashi, 1932 : 11).
HOST PLANTS.
Daphniphyllaceae : *Daphniphyllum glaucescens* (Takahashi, 1932 : 11).

Dialeurodes musae Corbett

Dialeurodes musae Corbett, 1935b : 775–776. Syntypes on *Musa sapientum*, MALAYA : Dusan Tua (Selangor).

DISTRIBUTION. Malaya (Corbett, 1935b : 776).
HOST PLANTS.
Musaceae : *Musa sapientum* (Corbett, 1935b : 776).

Dialeurodes natickis Baker & Moles

Dialeurodes natickis Baker & Moles, 1923 : 641. Syntypes on *Eugenia luma*, CHILE (*Prof. M. R. Espinosa B.*) (USNM).

DISTRIBUTION. Chile (Baker & Moles, 1923 : 641).
HOST PLANTS.
Myrtaceae : *Eugenia luma* (Baker & Moles, 1923 : 641).

Dialeurodes navarroi Bondar

Dialeurodes navarroi Bondar, 1928b : 24–25. Syntypes on Loranthaceae, BRAZIL : Rio Claro, São Paulo State, vii.1927 (*G. Bondar*) (São Paulo MZU) (USNM).

DISTRIBUTION. Brazil (Bondar, 1928b : 25).
HOST PLANTS.
Loranthaceae : Genus indet. (Bondar, 1928b : 25).

Dialeurodes nigeriae Cohic

Dialeurodes (*Gigaleurodes*) *nigeriae* Cohic, 1966b : 45–47. Six syntypes on an unidentified host, NIGERIA : Lagos, ix.1964 (*R. Paulian*). (One syntype, labelled paratype by F. Cohic, in BMNH.)

DISTRIBUTION. Nigeria (Cohic, 1966b : 45) (BMNH); Ivory Coast (Cohic, 1969 : 122).
HOST PLANTS.
Original host indet.: (Cohic, 1966b : 45).
Hippocrateaceae : *Salacia nitida* (Cohic, 1969 : 122); *Salacia pyriformis* (BMNH);

Moraceae : *Salacia senegalensis* (Cohic, 1969 : 122) (BMNH).
: *Ficus* sp. (BMNH).

Dialeurodes octoplicata Corbett

Dialeurodes octoplicata Corbett, 1935b : 746–747. Syntypes on *Cinnamomum* sp., MALAYA : Kuala Lumpur (Selangor).

DISTRIBUTION. Malaya (Corbett, 1935b : 747).
HOST PLANTS.
Lauraceae : *Cinnamomum* sp. (Corbett, 1935b : 747).

Dialeurodes ouchii Takahashi

Dialeurodes ouchii Takahashi, 1937b : 22–23. Holotype on an unidentified host, CHINA : Shanghai, 14.i.1935 (*Y. Ouchi*). Described from a single specimen.

DISTRIBUTION. China (Takahashi, 1937b : 23).
HOST PLANTS.
Host indet. (Takahashi, 1937b : 23).

Dialeurodes oweni Singh

Dialeurodes oweni Singh, 1932 : 82–83. Two syntypes on *Eugenia jambos*, BURMA : Maubin, xii.1929 (*K. Singh*) (Calcutta ZSI).

DISTRIBUTION. Burma (Singh, 1932 : 82).
HOST PLANTS.
Myrtaceae : *Eugenia jambos* (Singh, 1932 : 82).

Dialeurodes pallida Singh

Dialeurodes pallida Singh, 1931 : 30–32. Syntypes on *Piper betle*, INDIA : Pusa (Bihar).

DISTRIBUTION. India (Singh, 1931 : 30) (BMNH).
HOST PLANTS.
Piperaceae : *Piper betle* (Singh, 1931 : 30) (BMNH).

Dialeurodes panacis Corbett

Dialeurodes panacis Corbett, 1935b : 741–742. Syntypes on upper and lower surfaces of leaves of *Panax fruticosum*, MALAYA : Sepang and Kuala Lumpur (Selangor).

DISTRIBUTION. Malaya (Corbett, 1935b : 742).
HOST PLANTS.
Araliaceae : *Panax fruticosum* (Corbett, 1935b : 742).

Dialeurodes papulae Singh

Dialeurodes papulae Singh, 1932 : 83–84. Syntypes on an unidentified tree, BURMA : Royal lakes, Rangoon, xii.1929 (*K. Singh*) (Calcutta ZSI).

DISTRIBUTION. Burma (Singh, 1932 : 83).
HOST PLANTS.
Host indet. (Singh, 1932 : 83).

Dialeurodes pauliani Cohic

Dialeurodes (*Gigaleurodes*) *pauliani* Cohic, 1966b : 41–45. Fourteen syntypes on an undetermined host, NIGERIA : Lagos, ix.1964 (*R. Paulian*) (One syntype, labelled paratype by F. Cohic, in BMNH.)

DISTRIBUTION. Nigeria (Cohic, 1966b : 41) (BMNH).
HOST PLANTS.
Host indet. (Cohic, 1966b : 41) (BMNH).

Dialeurodes philippinensis Takahashi

Dialeurodes (*Gigaleurodes*) *philippinensis* Takahashi, 1936b : 217–218. Syntypes on an unidentified tree imported from PHILIPPINES : Manila, 6.vi.1932, to TAIWAN : Takao, plant quarantine station (Taiwan ARI).

DISTRIBUTION. Philippines (Takahashi, 1936b : 218).
HOST PLANTS.
Host indet. (Takahashi, 1936b : 218).

Dialeurodes pilahensis Corbett

Dialeurodes pilahensis Corbett, 1935b : 777–778. Holotype on *Eugenia aquea*, MALAYA : Kuala Pilah (Negri Sembilan). Described from a single specimen.

DISTRIBUTION. Malaya (Corbett, 1935b : 778).
HOST PLANTS.
Myrtaceae : *Eugenia aquea* (Corbett, 1935b : 778).

Dialeurodes piperis Takahashi

Dialeurodes piperis Takahashi, 1934b : 44–45. Syntypes on *Piper* sp. TAIWAN : Rarasan near Urai, 31.vii.1933 (*R. Takahashi*) (Taiwan ARI).

DISTRIBUTION. Taiwan (Takahashi, 1934b : 45).
HOST PLANTS.
Piperaceae : *Piper* sp. (Takahashi, 1934b : 45).

Dialeurodes platicus Bondar

Dialeurodes platicus Bondar, 1923a : 106–108. Syntypes on *Psidium* sp., BRAZIL : Bahia (*G. Bondar*) (São Paulo MZU). (Three mounted pupal cases and dry material on Myrtaceae from type locality, presented by G. Bondar in 1923, in BMNH.)

DISTRIBUTION. Brazil (Bondar, 1923a : 108) (BMNH).
HOST PLANTS.
Myrtaceae : *Psidium* sp. (Bondar, 1923a : 108); Genus indet. (BMNH).

Dialeurodes pseudocitri Takahashi

Dialeurodes pseudocitri Takahashi, 1942e : 274–275. Four syntypes on an undetermined tree, CAMBODIA : Ankor, 24.iv.1940.

DISTRIBUTION. Cambodia (Takahashi, 1942e : 274).
HOST PLANTS.
Host indet. (Takahashi, 1942e : 274).

Dialeurodes psidii Corbett

Dialeurodes psidii Corbett, 1935b : 734–735. Syntypes on *Psidium guajava, Conocephalus subtrinervius, Artocarpus* sp. and *Michelia champaca*, MALAYA : Kuala Lumpur (Selangor).

DISTRIBUTION. Malaya (Corbett, 1935b : 735).
HOST PLANTS.
Magnoliaceae : *Michelia champaca* (Corbett, 1935b : 735).
Moraceae : *Artocarpus* sp., *Conocephalus subtrinervius* (Corbett, 1935b : 735).
Myrtaceae : *Psidium guajava* (Corbett, 1935b : 735).

Dialeurodes psychotriae Dumbleton

Dialeurodes psychotriae Dumbleton, 1961a : 123–124. Holotype and paratypes on *Psychotria deplanchei*, NEW CALEDONIA : Plum (*L. J. Dumbleton*) (Noumea ORSTOM). (Two paratypes in BMNH.)

DISTRIBUTION. New Caledonia (Dumbleton, 1961a : 124) (BMNH).
HOST PLANTS.
Rubiaceae : *Psychotria deplanchei* (Dumbleton, 1961a : 124) (BMNH).

Dialeurodes punctata Corbett

Dialeurodes punctata Corbett, 1933 : 124–125. Syntypes on an unidentified plant, MALAYA : Kuala Lumpur (Selangor), 14.ix.1929. (One syntype, labelled paratype, in BMNH.)

DISTRIBUTION. Malaya (Corbett, 1933 : 125) (BMNH).
HOST PLANTS.
Host indet. (Corbett, 1933 : 125) (BMNH).

Dialeurodes radiilinealis Quaintance & Baker

Dialeurodes (*Rabdostigma*) *radiilinealis* Quaintance & Baker, 1917 : 425–426. Holotype on mistletoe [Loranthaceae], SRI LANKA : New Ava Eliya, 26.i.1902 (*C. L. Marlatt*) (USNM). Described from a single specimen.

DISTRIBUTION. Sri Lanka (Quaintance & Baker, 1917 : 425) (BMNH).
HOST PLANTS.
Loranthaceae : Genus indet. (Quaintance & Baker, 1917 : 425); *Loranthus* sp. (BMNH).

Dialeurodes radiipuncta Quaintance & Baker

Dialeurodes radiipuncta Quaintance & Baker, 1917 : 418–419. Syntypes on *Memecylon* sp., SRI LANKA : Peradeniya, 10.xi.1913 (*A. Rutherford*) (USNM).

DISTRIBUTION. Sri Lanka (Quaintance & Baker, 1917 : 418).
HOST PLANTS.
Melastomataceae : *Memecylon* sp. (Quaintance & Baker, 1917 : 418).

Dialeurodes rangooni Singh

Dialeurodes rangooni Singh, 1932 : 85. Syntypes on *Eugenia jambos*, BURMA : Horticultural Gardens, Rangoon, x.1929 (*K. Singh*) (Calcutta ZSI).

DISTRIBUTION. Burma (Singh, 1932 : 85).
HOST PLANTS.
Myrtaceae : *Eugenia jambos* (Singh, 1932 : 85).

Dialeurodes rarasana Takahashi

Dialeurodes rarasana Takahashi, 1934b : 41–42. Syntypes on ? *Lithocarpus* sp., TAIWAN : Rarasan near Urai, 31.vii.1933 (*R. Takahashi*) (Taiwan ARI).

DISTRIBUTION. Japan (Takahashi, 1963 : 50); Taiwan (Takahashi, 1934b : 42).
HOST PLANTS.
Fagaceae : ? *Lithocarpus* sp. (Takahashi, 1934b : 42).
Symplocaceae : *Symplocos* sp. (Takahashi, 1963 : 50).

Dialeurodes razalyi Corbett

Dialeurodes razalyi Corbett, 1935b : 769–770. Syntypes on an unidentified host, MALAYA : Kuala Lumpur (Selangor).

DISTRIBUTION. Malaya (Corbett, 1935b : 770).
HOST PLANTS.
Host indet. (Corbett, 1935b : 770).

Dialeurodes rempangensis Takahashi

Dialeurodes rempangensis Takahashi, 1949 : 49. Syntypes on an unidentified tree, RIOUW (RIAU) ISLANDS (south of Singapore) : Rempang, i.1946 (*R. Takahashi*) (Hikosan BL).

DISTRIBUTION. Riouw (Riau) Islands (Takahashi, 1949 : 47).
HOST PLANTS.
Host indet. (Takahashi, 1949 : 49).

Dialeurodes rengas Corbett

Dialeurodes rengas Corbett, 1935b : 765–766. Syntypes on *Gluta* sp., MALAYA : Puchong (Selangor).

DISTRIBUTION. Malaya (Corbett, 1935b : 766).
HOST PLANTS.
Anacardiaceae : *Gluta* sp. (Corbett, 1935b : 766).

Dialeurodes reticulosa Corbett

Dialeurodes reticulosa Corbett, 1935b : 740–741. Syntypes on *Alyxia forbesii*, MALAYA : Johol (Negri Sembilan).

DISTRIBUTION. Malaya (Corbett, 1935b : 741).

HOST PLANTS.
Apocynaceae : *Alyxia forbesii* (Corbett, 1935b : 741).

Dialeurodes rhodamniae Corbett

Dialeurodes rhodamniae Corbett, 1935b : 736–737. Syntypes on *Rhodamnia cinerea, Ficus* sp., *Gluta* sp., *Eugenia aquea, Sterculia laevis, Eugenia malaccensis* and *Michelia champaca*, MALAYA : Kuala Lumpur and Sepang (Selangor).

DISTRIBUTION. Malaya (Corbett, 1935b : 737).
HOST PLANTS.
Anacardiaceae : *Gluta* sp. (Corbett, 1935b : 737).
Magnoliaceae : *Michelia champaca* (Corbett, 1935b : 737).
Moraceae : *Ficus* sp. (Corbett, 1935b : 737).
Myrtaceae : *Eugenia aquea, Eugenia malaccensis, Rhodamnia cinerea* (Corbett, 1935b : 737).
Sterculiaceae : *Sterculia laevis* (Corbett, 1935b : 737).

Dialeurodes rotunda Singh

Dialeurodes rotunda Singh, 1931 : 26–27. Syntypes on *Eugenia operculata*, INDIA : Rangpur (Bengal) 20.xi.1905 (*Lefroy*).

DISTRIBUTION. India (Singh, 1931 : 26).
HOST PLANTS.
Myrtaceae : *Eugenia operculata* (Singh, 1931 : 26).

Dialeurodes sakaki Takahashi

Dialeurodes sakaki Takahashi, 1958 : 67–68. Syntypes on *Sakakia* (*Cleyera*) *ochnacea*, JAPAN : Tokyo, vi., ix. and xi.1950, viii.1954 (*R. Takahashi*) (Hikosan BL).

DISTRIBUTION. Japan (Takahashi, 1958 : 68).
HOST PLANTS.
Theaceae : *Cleyera japonica* [= *Eurya* (*Sakakia*) *ochnacea*] (Takahashi, 1958 : 68).

Dialeurodes sandorici Corbett

Dialeurodes sandorici Corbett, 1935b : 770–771. Syntypes on *Sandoricum indicum*, MALAYA : Kuala Lumpur (Selangor).

DISTRIBUTION. Malaya (Corbett, 1935b : 771).
HOST PLANTS.
Meliaceae : *Sandoricum indicum* (Corbett, 1935b : 771).

Dialeurodes sembilanensis Corbett

Dialeurodes sembilanensis Corbett, 1935b : 737–738. Syntypes on *Ficus* sp., MALAYA : Port Dickson and Johol (Negri Sembilan).

DISTRIBUTION. Malaya (Corbett, 1935b : 738).
HOST PLANTS.
Moraceae : *Ficus* sp. (Corbett, 1935b : 738).

Dialeurodes sepangensis Corbett

Dialeurodes sepangensis Corbett, 1935b : 758–759. Syntypes on *Eugenia aquea*, MALAYA : Sepang (Selangor).

DISTRIBUTION. Malaya (Corbett, 1935b : 759).
HOST PLANTS.
Myrtaceae : *Eugenia aquea* (Corbett, 1935b : 759).

Dialeurodes serdangensis Corbett

Dialeurodes serdangensis Corbett, 1935b : 754. Syntypes on *Hibiscus esculentus*, MALAYA : Serdang (Selangor).

DISTRIBUTION. Malaya (Corbett, 1935b : 754).

HOST PLANTS.
Malvaceae : *Hibiscus esculentus* (Corbett, 1935b : 754).

Dialeurodes shintenensis Takahashi

Dialeurodes (Rhabdostigma) shintenensis Takahashi, 1933 : 11–12. Syntypes on *Machilus* sp., TAIWAN : Shinten near Taihoku, x.1932 (Taiwan ARI).

DISTRIBUTION. Taiwan (Takahashi, 1933 : 12).
HOST PLANTS.
Lauraceae : *Machilus* sp. (Takahashi, 1933 : 12).

Dialeurodes shoreae Corbett

Dialeurodes shoreae Corbett, 1933 : 124. Syntypes on *Shorea glauca*, MALAYA : Juru Hill, Province Wellesley, 29.vi.1928. (One syntype labelled paratype in BMNH.)

DISTRIBUTION. Malaya (Corbett, 1933 : 124) (BMNH).
HOST PLANTS.
Dipterocarpaceae : *Shorea glauca* (Corbett, 1933 : 124) (BMNH).

Dialeurodes siemriepensis Takahashi

Dialeurodes siemriepensis Takahashi, 1942e : 278–279. Two syntypes on a tree of the Lauraceae, CAMBODIA : Angkor, 24.iv.1940.

DISTRIBUTION. Cambodia (Takahashi, 1942e : 279).
HOST PLANTS.
Lauraceae : Genus indet. (Takahashi, 1942e : 279).

Dialeurodes simmondsi Corbett

Dialeurodes (Gigaleurodes) simmondsi Corbett, 1927 : 25. Syntypes on *Cocos nucifera*, MALAYA : Batu Gajah (Perak), 16.viii.1925 (*G. H. Corbett*). (Three mounted syntypes and dry material with syntype data in BMNH.)
Dialeurodes simmondsi Corbett; Corbett, 1935b : 767.

DISTRIBUTION. Malaya (Corbett, 1927 : 25) (BMNH).
HOST PLANTS.
Palmae : *Cocos nucifera* (Corbett, 1927 : 25) (BMNH).

Dialeurodes striata Corbett

Dialeurodes striata Corbett, 1935b : 760–761. Syntypes on *Adinobotrys atropurpureus*, MALAYA : Kuala Lumpur (Selangor).

DISTRIBUTION. Malaya (Corbett, 1935b : 761).
HOST PLANTS.
Leguminosae : *Adinobotrys atropurpureus* (Corbett, 1935b : 761).

Dialeurodes struthanthi Hempel

Aleurodes struthanthi Hempel, 1901 : 387. Syntypes on *Struthanthus flexicaulis* growing on orange [*Citrus aurantium*], *Michelia flava* and an unidentified forest tree, BRAZIL : Paruahyba and São Paulo.
Dialeurodes struthanthi (Hempel) Quaintance & Baker, 1914 : 98.
Dialeurodes (Gigaleurodes) struthanthi (Hempel); Quaintance & Baker, 1917 : 430.

DISTRIBUTION. Brazil (Hempel, 1901 : 387) (BMNH).
HOST PLANTS.
Loranthaceae : *Steirotis* [*Struthanthus*] *flexicaulis* (Hempel, 1901 : 387).

Dialeurodes subrotunda Takahashi

Dialeurodes subrotunda Takahashi, 1935b : 41–43. Syntypes on *Actinodaphne* sp. and *Machilus* sp., TAIWAN : Mutosan (Heito-Gun, Takao Prefecture) and Chipponsan (Taito Province) 1600m, 22–23.iii.1934 (*R. Takahashi*) (Taiwan ARI).

DISTRIBUTION. Taiwan (Takahashi, 1935b : 43).
HOST PLANTS.
Lauraceae : *Actinodaphne* sp., *Machilus* sp. (Takahashi, 1935b : 43).

Dialeurodes sutepensis Takahashi

Dialeurodes sutepensis Takahashi, 1942e : 275–276. Syntypes on an unidentified host, THAILAND : Mt Sutep, 11.v.1940; one syntype on an unidentified host, CAMBODIA : Angkor, 24.iv.1940.

DISTRIBUTION. Cambodia, Thailand (Takahashi, 1942e : 276).
HOST PLANTS.
Host indet. (Takahashi, 1942e : 276).

Dialeurodes tanakai Takahashi

Dialeurodes tanakai Takahashi, 1942g : 302–303. Holotype on an unidentified host, THAILAND : Mt Sutep, 5.iv.1940. Described from a single specimen.

DISTRIBUTION. Thailand (Takahashi, 1942g : 303).
HOST PLANTS.
Host indet. (Takahashi, 1942g : 303).

Dialeurodes tetrastigmae Takahashi

Dialeurodes tetrastigmae Takahashi, 1934b : 39–41. Syntypes on *Tetrastigma umbellata*, TAIWAN : Rirei in Tosei-Gun, 6.vi.1933 (*R. Takahashi*) (Taiwan ARI).

DISTRIBUTION. Taiwan (Takahashi, 1934b : 40).
HOST PLANTS.
Vitaceae   :   *Tetrastigma umbellata* (Takahashi, 1934b : 40).

Dialeurodes townsendi Quaintance & Baker

Dialeurodes (*Dialeuroplata*) *townsendi* Quaintance & Baker, 1917 : 436. Syntypes on a "fern", PHILIPPINES : Tayabas, Lucerna, 24.iv.1904 (*C. H. T. Townsend*) (USNM).

DISTRIBUTION. Philippines (Quaintance & Baker, 1917 : 436).
HOST PLANTS.
Pteridaceae   :   Sensu lato (Quaintance & Baker, 1917 : 436).

Dialeurodes tricolor Quaintance & Baker

Dialeurodes tricolor Quaintance & Baker, 1917 : 419–420. Five syntypes on Myrtaceae, BRAZIL : Eubato, received by the Bureau of Entomology. vii.1898 (*Dr. F. Noack*) (USNM).

DISTRIBUTION. Brazil (Quaintance & Baker, 1917 : 419).
HOST PLANTS.
Myrtaceae   :   Genus indet. (Quaintance & Baker, 1917 : 419).

Dialeurodes tuberculosa Corbett

Dialeurodes tuberculosa Corbett, 1935b : 768–769. Syntypes on *Cinnamomum* sp., MALAYA : Kuala Lumpur (Selangor).

DISTRIBUTION. Malaya (Corbett, 1935b : 769).
HOST PLANTS.
Lauraceae   :   *Cinnamomum* sp. (Corbett, 1935b : 769).

Dialeurodes vanieriae Takahashi

Dialeurodes vanieriae Takahashi, 1935b : 46–47. Syntypes on *Vanieria cochinchinensis*, TAIWAN : Botan (Koshun-Gun, Takao Prefecture), 25.v.1934 (*R. Takahashi*) (Taiwan ARI).

DISTRIBUTION. Taiwan (Takahashi, 1935b : 47).
HOST PLANTS.
Moraceae   :   *Cudrania* [*Vanieria*] *cochinchinensis* (Takahashi, 1935b : 47).

Dialeurodes vitis Corbett

Dialeurodes vitis Corbett, 1935b : 764–765. Syntypes on *Vitex* sp., MALAYA : Kuala Lumpur (Selangor).

DISTRIBUTION. Malaya (Corbett, 1935b : 765).
HOST PLANTS.
Verbenaceae   :   *Vitex* sp. (Corbett, 1935b : 765).

Dialeurodes vulgaris Singh

Dialeurodes vulgaris Singh, 1931 : 33–34. Syntypes on *Eugenia jambos* and *Jasminum sambac*, INDIA : Pusa (Bihar).

DISTRIBUTION. India (Singh, 1931 : 33) (BMNH).
HOST PLANTS.
Compositae : *Bidens pilosa* (Venkataramaiah, 1971 : 13).
Leguminosae : *Erythrina lithosperma* (Venkataramaiah, 1971 : 13).
Myrtaceae : *Eugenia jambolana* (Venkataramaiah, 1971 : 13); *Eugenia jambos* (Singh, 1931 : 33).
Oleaceae : *Jasminum sambac* (Singh, 1931 : 33) (BMNH).
Rubiaceae : *Coffea arabica, Coffea excelsa, Coffea robusta* (Venkataramaiah, 1971 : 13); *Coffea* sp. (BMNH).

DIALEUROLOBUS Danzig

Dialeurolobus Danzig, 1964a : 634–635 [326]. Type-species : *Dialeurolobus pulcher*, by monotypy.

Dialeurolobus pulcher Danzig

Dialeurolobus pulcher Danzig, 1964a : 635 [326]. Holotype and paratypes on *Crataegus* sp., U.S.S.R. : Moldavia, Dubossary, dry ravine slope, 6.ix.1959 (*Ye. Sugonyayev*). Paratypes on *Pyracantha coccinea* Caucasian Black Sea Coast, Pitsunda, pine grove, 24.ix.1960 (*E. M. Danzig*) (Leningrad ZI).

DISTRIBUTION. U.S.S.R. (Danzig, 1964a : 635 [326]).
HOST PLANTS.
Rosaceae : *Crataegus* sp., *Pyracantha coccinea* (Danzig, 1964a : 635 [326]).

DIALEUROLONGA Dozier

Dialeurodes (Dialeurolonga) Dozier, 1928 : 1001. Type-species : *Dialeurodes (Dialeurolonga) elongata*, by monotypy.
Dialeurolonga Dozier; as full genus, Takahashi, 1951a : 354.

Dialeurolonga spp. indet.

HOST PLANTS.
Burseraceae : *Commiphora zimmermanni* (BMNH : Kenya).
Celastraceae : *Elaeodendron* sp. (BMNH : Kenya).
Euphorbiaceae : *Alchornea cordifolia* (BMNH : Nigeria).
Flacourtiaceae : *Rawsonia lucida* (BMNH : Kenya).
Hippocrateaceae : *Hippocratea obtusifolia* (BMNH : Kenya).
Lythraceae : *Lawsonia alba* (BMNH : Sudan).
Moraceae : *Ficus* sp. (BMNH : Nigeria).
Rubiaceae : *Coffea* sp. (BMNH : Nigeria); *Vangueria linearisepala* (BMNH : Kenya).
Rutaceae : *Citrus* sp. (BMNH : Mauritius, South Africa, Sudan); *Clausena anisata* (BMNH : Kenya).
Sterculiaceae : *Cola nitida* (BMNH : Nigeria); *Cola* sp. (BMNH : Cameroun); *Theobroma* sp. (BMNH : Nigeria).
Tiliaceae : *Grewia similis* (BMNH : Kenya).

Dialeurolonga africana (Newstead)

Aleurodes africanus Newstead, 1921 : 528–529. Syntypes on *Salacia* sp., NIGERIA : Ibadan, Moor Plantation, v.1917 (*C. O. Farquharson*). (Nine syntypes labelled paratypes in BMNH.)
Dialeurolonga africana (Newstead) Takahashi, 1955a : 393.

DISTRIBUTION. Nigeria (Newstead, 1921 : 528) (BMNH).
HOST PLANTS.
Hippocrateaceae : *Salacia* sp. (Newstead, 1921 : 528) (BMNH).

NATURAL ENEMIES.
Lepidoptera
Noctuidae : *Coccidophaga scitula* (Rambur) (Mound, 1965 : 146. Nigeria).

Dialeurolonga agauriae Takahashi

Dialeurolonga agauriae Takahashi, 1951a : 354–356. Syntypes on *Agauria* sp., MADAGASCAR : Mt Tsaratanana, 2200m, x.1949 (*Dr. R. Paulian*) (Paris MNHN) (Hikosan BL). (Three syntypes in BMNH).

DISTRIBUTION. Madagascar (Takahashi, 1951a : 356) (BMNH).
HOST PLANTS.
Ericaceae : *Agauria* sp. (Takahashi, 1951a : 356) (BMNH).

Dialeurolonga akureensis Mound

Dialeurolonga akureensis Mound, 1965c : 148–149. Holotype and eight paratypes on an unidentified tree, NIGERIA : Akure, i.1957 (*V. F. Eastop*) (BMNH) (USNM).

DISTRIBUTION. Nigeria (Mound, 1965c : 149) (BMNH).
HOST PLANTS.
Host indet. (Mound, 1965c : 149).

Dialeurolonga ambilaensis Takahashi

Dialeurolonga ambilaensis Takahashi, 1955a : 375–377. Syntypes on 'Raisonjo', MADAGASCAR : Ambila-Lemaitso, iii.1951 (*A. Robinson*) (Hikosan BL) (Paris MNHN).

DISTRIBUTION. Madagascar (Takahashi, 1955a : 376).
HOST PLANTS.
'Raisonjo' (Takahashi, 1955a : 376).

Dialeurolonga angustata Takahashi

Dialeurolonga angustata Takahashi, 1961 : 323–324. Holotype on 'Fotsy-avadika', MADAGASCAR : Ambilobe, Ankatoto, iv.1951 (*Dr. R. Paulian*) (Paris MNHN). Described from a single specimen.

DISTRIBUTION. Madagascar (Takahashi, 1961 : 324).
HOST PLANTS.
'Fotsy-avadika' (Takahashi, 1961 : 324).

Dialeurolonga aphloiae Takahashi

Dialeurolonga aphloiae Takahashi, 1955a : 377–378. Syntypes on *Aphloia theaeformis*, MADAGASCAR : Ankaratra, Manjakatompo, 2000m, 24.v.1950 (*Dr. R. Paulian* and *R. Mamet*) (Paris MNHN) (Hikosan BL).

DISTRIBUTION. Madagascar (Takahashi, 1955a : 378).
HOST PLANTS.
Flacourtiaceae : *Aphloia theaeformis* (Takahashi, 1955a : 378).

Dialeurolonga bambusae Takahashi

Dialeurolonga bambusae Takahashi, 1961 : 325–326. Syntypes on bamboo [?*Bambusa* sp.], MADAGASCAR : Nossi-Bé, viii.1955 (*Dr. R. Paulian*) (Paris MNHN).

DISTRIBUTION. Madagascar (Takahashi, 1961 : 326).
HOST PLANTS.
Gramineae : ?*Bambusa* sp. (Takahashi, 1961 : 326).

Dialeurolonga bambusicola (Takahashi)

Trialeurodes bambusicola Takahashi, 1951a : 367–368. Syntypes on bamboo [?*Bambusa* sp.], MADAGASCAR : Mt Tsaratanana, 2000m, x.1949 (*Dr. R. Paulian*) (Paris MNHN) (Hikosan BL).
Dialeurolonga bambusicola (Takahashi) Takahashi & Mamet, 1952b : 118. [See also Takahashi, 1961 : 326.]

DISTRIBUTION. Madagascar (Takahashi, 1951a : 368).
HOST PLANTS.
Gramineae : ?*Bambusa* sp. (Takahashi, 1951a : 368).

Dialeurolonga brevispina Takahashi

Dialeurolonga brevispina Takahashi, 1951a : 356–358. Syntypes on 'Maimbovitsika', MADAGASCAR : Mt Tsaratanana, 1700m, x.1949 (*Dr. R. Paulian*) (Paris MNHN). (One syntype in BMNH.)

DISTRIBUTION. Madagascar (Takahashi, 1951a : 358) (BMNH).
HOST PLANTS.
'Maimbovitsika' (Takahashi, 1951a : 358) (BMNH).

Dialeurolonga elliptica Takahashi

Dialeurolonga elliptica Takahashi, 1955a : 378–379. Holotype on an unidentified host, MADAGASCAR : Lake Tsimanampetsotsa, v.1951 (*Dr. R. Paulian*) (Paris MNHN). Described from a single specimen.

DISTRIBUTION. Madagascar (Takahashi, 1955a : 379) (BMNH).
HOST PLANTS.
Original host indet.: (Takahashi, 1955a : 379).
Apocynaceae   : *Plumeria* sp. (BMNH).

Dialeurolonga elongata Dozier

Dialeurodes (*Dialeurolonga*) *elongata* Dozier, 1928 : 1001–1002. Syntypes on *Citrus* sp., PAKISTAN : Lyallpur, 29.iii.1926 (*M. Afzal Husain*) (USNM). (Twenty-two mounted syntypes and dry material with syntype data in BMNH.)
Dialeurolonga elongata (Dozier) Takahashi, 1951a : 354 [By inference].

DISTRIBUTION. India (Singh, 1931 : 36) (BMNH); Pakistan (Dozier, 1928 : 1002) (BMNH)
HOST PLANTS.
Rubiaceae   : *Ixora coccinea, Ixora parviflora* (Singh, 1931 : 36).
Rutaceae   : *Citrus sinensis* (BMNH); *Citrus* sp. (Dozier, 1928 : 1002) (BMNH); *Murraya exotica* (David & Subramaniam, 1976 : 194).
Sapindaceae   : *Litchi chinensis* (Singh, 1931 : 36).

Dialeurolonga emarginata Mound

Dialeurolonga emarginata Mound, 1965c : 149. Holotype and five paratypes on *Cola cordifolia*, NIGERIA : Olokomeji near Ibadan, iii.1961 (*E. A. James*); nine paratypes on *Anthocleista vogelii*, Olokomeji near Ibadan, iii.1961 (*E. A. James*) (BMNH) (USNM).

DISTRIBUTION. Nigeria (Mound, 1965c : 149) (BMNH).
HOST PLANTS.
Loganiaceae   : *Anthocleista vogelii* (Mound, 1965c : 149) (BMNH).
Sterculiaceae   : *Cola cordifolia* (Mound, 1965c : 149) (BMNH).

Dialeurolonga erythroxylonis Takahashi

Dialeurolonga erythroxylonis Takahashi, 1955a : 379–382. Three syntypes, attacked by a fungus or parasite, on *Erythroxylon ampullaceum*, MADAGASCAR : Périnet, 26.v.1950 (*A. Robinson*) (Hikosan BL) (Paris MNHN).

DISTRIBUTION. Madagascar (Takahashi, 1955a : 381).
HOST PLANTS.
Erythroxylaceae : *Erythroxylon ampullaceum* (Takahashi, 1955a : 381).

Dialeurolonga eugeniae Takahashi

Dialeurolonga eugeniae Takahashi, 1951a : 362–364. Holotype on *Eugenia* sp., MADAGASCAR : Mt. Tsaratanana, 2000 m., x.1949 (*Dr. R. Paulian*) (Hikosan BL). Described from a single specimen, broken at the centre of the cephalothorax.

DISTRIBUTION. Madagascar (Takahashi, 1951a : 364).
HOST PLANTS.
Myrtaceae   : *Eugenia* sp. (Takahashi, 1951a : 364).

Dialeurolonga fici David & Subramaniam

Dialeurolonga fici David & Subramaniam, 1976 : 194–195. Holotype and twenty-four paratypes on *Ficus religiosa*, INDIA : Madras, 3.viii.1971 (*B. V. David*) (Calcutta ZSI). (Five paratypes in BMNH.)

DISTRIBUTION. India (David & Subramaniam, 1976 : 195) (BMNH).
HOST PLANTS.
Moraceae   : *Ficus religiosa* (David & Subramaniam, 1976 : 195) (BMNH).

Dialeurolonga graminis (Takahashi)

Trialeurodes graminis Takahashi, 1951a : 368–370. Four syntypes on Gramineae, MADAGASCAR : Mt. Tsaratanana, 1500 m., x.1949 (*Dr. R. Paulian*) (Hikosan BL) (Paris MNHN).
Dialeurolonga graminis (Takahashi) Takahashi & Mamet, 1952b : 118.

DISTRIBUTION. Madagascar (Takahashi, 1951a : 370).
HOST PLANTS.
Gramineae   : Genus indet. (Takahashi, 1951a : 370).

Dialeurolonga hoyti Mound

Dialeurolonga hoyti Mound, 1965c : 146–148. Holotype and eight paratypes on coffee [*Coffea* sp.], NIGERIA : Agege near Lagos, xi.1959 (*C. P. Hoyt*) (BMNH) (USNM).

DISTRIBUTION. Nigeria (Mound, 1965c : 148) (BMNH).
HOST PLANTS.
Rubiaceae   : *Coffea* sp. (Mound, 1965c : 148) (BMNH).

Dialeurolonga lamtoensis Cohic

Dialeurolonga lamtoensis Cohic, 1969 : 123–127. Holotype and seven paratypes on *Antiaris africana*, IVORY COAST : Lamto Ecological Station, *Borassus* savannah, 5.xii.1967; one paratype on *Alchornea cordifolia*, NIGERIA : Lagos, ix.1964 (*R. Paulian*).

DISTRIBUTION. Ivory Coast, Nigeria (Cohic, 1969 : 123).
HOST PLANTS.
Euphorbiaceae   : *Alchornea cordifolia* (Cohic, 1969 : 123).
Moraceae   : *Antiaris africana* (Cohic, 1969 : 123).

Dialeurolonga lata Takahashi

Dialeurolonga lata Takahashi, 1955a : 382–383. Syntypes on an unidentified host, MADAGASCAR : Ankaratra, Manjakatompo, 2000 m., 24.v.1950 (*R. Mamet*) (Hikosan BL) (Paris MNHN).

DISTRIBUTION. Madagascar (Takahashi, 1955a : 383) (BMNH); Mauritius (BMNH).
HOST PLANTS.
Host indet. (Takahashi, 1955a : 383).

Dialeurolonga maculata Takahashi

Dialeurolonga maculata Takahashi, 1951a : 358–360. Four syntypes, broken or attacked by a fungus, on *Weinmannia* sp., MADAGASCAR : Mt. Tsaratanana, x.1949 (*Dr. R. Paulian*) (Hikosan BL) (Paris MNHN).

DISTRIBUTION. Madagascar (Takahashi, 1951a : 360).
HOST PLANTS.
Cunoniaceae   : *Weinmannia* sp. (Takahashi, 1951a : 360).

Dialeurolonga mameti Takahashi

Dialeurolonga mameti Takahashi, 1955a : 383–384. Holotype on an unidentified host, MADAGASCAR : Ankaratra, Manjakatompo, 24.v.1950 (*R. Mamet*) (Paris MNHN). Described from one pupal case and several larval instars.

DISTRIBUTION. Madagascar (Takahashi, 1955a : 384) (BMNH).
HOST PLANTS.
Host indet. (Takahashi, 1955a : 384).

Dialeurolonga mauritiensis (Takahashi)

Dialeurodes mauritiensis Takahashi, 1938d : 260–261. Syntypes on an unidentified host, MAURITIUS : Bassin Blanc, Les Mares, 1935 (*R. Mamet*) (Paris MNHN) (Taiwan ARI).
Dialeurolonga mauritiensis (Takahashi) Takahashi, 1951a : 354.

DISTRIBUTION. Mauritius (Takahashi, 1938d : 261).
HOST PLANTS.
Host indet. (Takahashi, 1938d : 261).

Dialeurolonga milloti Takahashi
Dialeurolonga Milloti Takahashi, 1951a : 364–365. Four syntypes, attacked by a fungus, on clove, MADAGASCAR : Fénérive, vi.1949 (*Prof. J. Millot*) (Hikosan BL) (Paris MNHN).

DISTRIBUTION. Madagascar (Takahashi, 1951a : 365).
HOST PLANTS.
Host indet. (Takahashi, 1951a : 365).

Dialeurolonga multipapilla Takahashi
Dialeurolonga multipapilla Takahashi, 1955a : 385–387. Three syntypes on an unidentified host, MADAGASCAR : Ankaratra, Manjakatompo, 24.v.1950 (*R. Mamet*) (Paris MNHN) (Hikosan BL).

DISTRIBUTION. Madagascar (Takahashi, 1955a : 387).
HOST PLANTS.
Host indet. (Takahashi, 1955a : 387).

Dialeurolonga nigra Takahashi & Mamet
Dialeurolonga nigra Takahashi & Mamet, 1952b : 111–113. Syntypes on 'Mahogo-ala', MADAGASCAR : Mt. Tsaratanana, 1700 m., x.1949 (*R. Paulian*) (Hikosan BL) (Paris MNHN).

DISTRIBUTION. Madagascar (Takahashi, 1952b : 112).
HOST PLANTS.
'Mahogo-ala' (Takahashi, 1952b : 112).

Dialeurolonga paradoxa Takahashi
Dialeurolonga paradoxa Takahashi, 1955a : 387–389. Holotype on 'Vahimboronandria', MADAGASCAR : Périnet, 27.v.1950 (*A. Robinson*) (Paris MNHN). Described from a single specimen.

DISTRIBUTION. Madagascar (Takahashi, 1955a : 389).
HOST PLANTS.
'Vahimboronandria' (Takahashi, 1955a : 389).

Dialeurolonga paucipapillata Cohic
Dialeurolonga paucipapillata Cohic, 1969 : 128–131. Holotype on *Drypetes floribunda*, IVORY COAST : Lamto Ecological Station, 5.xii.1967. Described from a single specimen.

DISTRIBUTION. Ivory Coast (Cohic, 1969 : 128).
HOST PLANTS.
   Euphorbiaceae   :   *Drypetes floribunda* (Cohic, 1969 : 128).

Dialeurolonga pauliani Takahashi
Dialeurolonga Pauliani Takahashi, 1951a : 360–362. Three syntypes on a forest climbing plant 'Sandrahidraky', MADAGASCAR : Mt. Tsaratanana 1700 m., x.1949 (*Dr. R. Paulian*); one syntype on 'Sandrahidraky', Besanatrihely, Haut Sambirano, 1000 m., x.1949 (*Dr. R. Paulian*) (Paris MNHN) (Hikosan BL).

DISTRIBUTION. Madagascar (Takahashi, 1951a : 362) (BMNH).
HOST PLANTS.
   'Sandrahidraky'   :   (Takahashi, 1951a : 362).
   Compositae   :   *Psiadia* sp. (Takahashi, 1961 : 326) (BMNH).

Dialeurolonga perinetensis Takahashi & Mamet
Dialeurolonga perinetensis Takahashi & Mamet, 1952b : 114–116. Holotype on 'Kijy', MADAGASCAR : Périnet, 800 m, 27.v.1950 (*R. Mamet* and *A. Robinson*) (Paris MNHN). Described from a single specimen.

DISTRIBUTION. Madagascar (Takahashi & Mamet, 1952b : 116).
HOST PLANTS.
'Kijy' (Takahashi & Mamet, 1952b : 116).

Dialeurolonga phyllarthronis Takahashi

Dialeurolonga phyllarthronis Takahashi, 1955a : 389–391. Syntypes on *Phyllarthron bojerianum*, MADAGASCAR : Mantasoa and Ambatomanga, iv.1950 (*Dr. R. Paulian*); one syntype on *Phyllarthron bojerianum*, Tsinjoarivo, 25.v.1950 (*R. Mamet*) (Paris MNHN) (Hikosan BL).

DISTRIBUTION. Madagascar (Takahashi, 1955a : 391) (BMNH).
HOST PLANTS.
Bignoniaceae : *Phyllarthron bojerianum* (Takahashi, 1955a : 391)
Family indet. : 'Cerisier du Brésil' (BMNH) (Paris MNHN).

Dialeurolonga ravensarae Takahashi & Mamet

Dialeurolonga ravensarae Takahashi & Mamet, 1952b : 113–114. Syntypes on *Ravensara* sp., MADAGASCAR : Besanatrihely, Haut Sambirano, 1000 m, x.1949 (*Dr R. Paulian*) (Paris MNHN) (Three syntypes in BMNH.)

DISTRIBUTION. Madagascar (Takahashi & Mamet, 1952b : 114) (BMNH).
HOST PLANTS.
Lauraceae : *Ravensara* sp. (Takahashi & Mamet, 1952b : 114) (BMNH).

Dialeurolonga rhamni Takahashi

Dialeurolonga rhamni Takahashi, 1961 : 326–328. Syntypes on Rhamnaceae, MADAGASCAR : Ankozobe, Manankazo, 130 km road to Majunga (Paris MNHN) (Hikosan BL) (USNM). (Nine mounted syntypes and dry material with syntype data in BMNH.)

DISTRIBUTION. Madagascar (Takahashi, 1961 : 328) (BMNH).
HOST PLANTS.
Rhamnaceae : Genus indet. (Takahashi, 1961 : 327) (BMNH).

Dialeurolonga robinsoni Takahashi & Mamet

Dialeurolonga Robinsoni Takahashi & Mamet, 1952b : 118–119. Syntypes on 'Vahinakany', MADAGASCAR : Périnet, 800 m, 27.v.1950 (*R. Mamet* and *A. Robinson*) (Paris MNHN). (Two syntypes in BMNH.)

DISTRIBUTION. Madagascar (Takahashi & Mamet, 1952b : 119) (BMNH).
HOST PLANTS.
'Vahinakany' (Takahashi & Mamet, 1952b : 119) (BMNH).

Dialeurolonga rotunda Takahashi

Dialeurolonga rotunda Takahashi, 1961 : 328–329. Two syntypes on 'Fotsy-avadika', MADAGASCAR : Ambilobe, Ankatoto, iv.1951 (*Dr R. Paulian*) (Paris MNHN) (Hikosan BL).

DISTRIBUTION. Madagascar (Takahashi, 1961 : 329).
HOST PLANTS.
'Fotsy-avadika' (Takahashi, 1961 : 329).

Dialeurolonga sarcocephali Cohic

Dialeurolonga sarcocephali Cohic, 1966b : 47–50. Six syntypes on *Sarcocephalus esculentus*, CONGO (Brazzaville) : Brazzaville, Centre O.R.S.T.O.M., 28.i.1965; one syntype on an unidentified host, ANGOLA : Portugalia, iv.1964 (*R. Paulian*). (One mounted pupal case on *Sarcocephalus esculentus* from CONGO (Brazzaville) dated 10.iv.1965, labelled paratype by F. Cohic, in BMNH.)

DISTRIBUTION. Angola (Cohic, 1966b : 49); Congo (Brazzaville) (Cohic, 1966b : 47) (BMNH); Ivory Coast (Cohic, 1969 : 131).
HOST PLANTS.
Euphorbiaceae : *Hymenocardia acida* (Cohic, 1968b : 122).
Meliaceae : *Entandrophragma cylindrium*, *Entandrophragma utile* (Cohic, 1969 : 132).
Rubiaceae : *Coffea stenophylla*, *Psychotria psychotrichoides* (Cohic, 1969 : 131); *Morinda morindoides* (Cohic, 1969 : 132); *Sarcocephalus esculentus* (Cohic, 1966b : 47) (BMNH).

Dialeurolonga similis Takahashi

Dialeurolonga similis Takahashi, 1955a : 391–393. Syntypes on an unidentified host, MADAGASCAR : Mt d'Ambre, 30.v.1950 (*R. Mamet*) (Paris MNHN).

DISTRIBUTION. Madagascar (Takahashi, 1955a : 393).
HOST PLANTS.
Host indet. (Takahashi, 1955a : 393).

Dialeurolonga simplex Takahashi

Dialeurolonga simplex Takahashi, 1955a : 393–395. Syntypes on *Aphloia theaeformis*, MADAGASCAR : Manjakatompo, 2000 m, 24.v.1950 (*R. Paulian* and *R. Mamet*); on 'Voafotsy', Tsimbazaza, 8.iii.1950 (*A. Robinson*); on Loranthaceae, Ankaratra, Haute Antezina, 2000 m, v.1950 (*R. Paulian*) (Hikosan BL) (Paris MNHN) (USNM). (Three syntypes in BMNH.)

DISTRIBUTION. Madagascar (Takahashi, 1955a : 395) (BMNH).
HOST PLANTS.
Flacourtiaceae : *Aphloia theaeformis* (Takahashi, 1955a : 395).
Loranthaceae : 'Hazomiarona' (Hikosan BL); Genus indet. (Takahashi, 1955a : 395).

Dialeurolonga strychnosicola Cohic

Dialeurolonga strychnosicola Cohic, 1966a : 38–40. Syntypes on *Strychnos variabilis*, CONGO : (Brazzaville) : Brazzaville, 5.vi.1964; on *Tetracera alnifolia* : Brazzaville, 8.iii.1964; on *Ochthocosmus africanus*, Brazzaville, 6.vi.1964. (One syntype on *Tetracera alnifolia*, labelled paratype by F. Cohic, in BMNH.)

DISTRIBUTION. Congo (Brazzaville) (Cohic, 1966a : 38) (BMNH); Chad (BMNH).
HOST PLANTS.
Annonaceae : Genus indet. (BMNH); *Uvaria brazzavillensis* (Cohic, 1966b : 47).
Chrysobalanaceae : *Chrysobalanus orbicularis* (Cohic, 1968b : 122).
Dichapetalaceae : *Dichapetalum brazzae* (Cohic, 1968b : 45).
Dilleniaceae : *Tetracera alnifolia* (Cohic, 1966a : 38) (BMNH).
Leguminosae : *Leptoderris nobilis* (Cohic, 1966b : 47); *Pentaclethra eetveldeana* (Cohic, 1968b : 122).
Linaceae : *Ochthocosmus africanus* (Cohic, 1966a : 38).
Loganiaceae : *Strychnos variabilis* (Cohic, 1966a : 38).
Menispermaceae : *Triclisia gilletii* (Cohic, 1966b : 47).

Dialeurolonga subrotunda Takahashi

Dialeurolonga subrotunda Takahashi, 1955a : 395–397. Syntypes on an unidentified host, MADAGASCAR : Tsinjoarivo, 25.v.1950 (*R. Mamet*) (Paris MNHN) (Hikosan BL).

DISTRIBUTION. Madagascar (Takahashi, 1955a : 396).
HOST PLANTS.
Host indet. (Takahashi, 1955a : 396).

Dialeurolonga tambourissae Takahashi

Dialeurolonga tamburissae [sic] Takahashi, 1955a : 397–399. Syntypes on *Tambourissa* sp., MADAGASCAR : Mt Tsaratanana, 2000 m, x.1949 (*Dr R. Paulian*) (Paris MNHN).

The original spelling of the specific epithet is corrected here in accordance with the *International Code of Zoological Nomenclature*, Article 32a (ii), as it is considered to be a lapsus calami.

DISTRIBUTION. Madagascar (Takahashi, 1955a : 399).
HOST PLANTS.
Monimiaceae : *Tambourissa* sp. (Takahashi, 1955a : 399).

Dialeurolonga tenella Takahashi

Dialeurolonga tenella Takahashi, 1961 : 329–330. Syntypes on 'Barabanja', MADAGASCAR : Ambilobe, iv.1951 (*Dr R. Paulian*) (Paris MNHN) (Hikosan BL). (Six syntypes and dry material with syntype data in BMNH.)

DISTRIBUTION. Madagascar (Takahashi, 1961 : 330) (BMNH).
HOST PLANTS.
 'Barabanja' (Takahashi, 1961 : 330) (BMNH).

Dialeurolonga trialeuroides Takahashi & Mamet

Dialeurolonga trialeuroides Takahashi & Mamet, 1952b : 116–118. Syntypes on unidentified host, MADAGASCAR : Antsohihy, x.1949 (*Dr R. Paulian*) (Paris MNHN). (Four syntypes in BMNH.)

DISTRIBUTION. Madagascar (Takahashi & Mamet, 1952b : 118) (BMNH).
HOST PLANTS.
 Host indet. (Takahashi & Mamet, 1952b : 118).

Dialeurolonga vendranae Takahashi

Dialeurolonga vendranae Takahashi, 1961 : 330–332. Syntypes on 'Vendrana', a species of bamboo, MADAGASCAR : Périnet, iv.1951 (*Dr R. Paulian*) (Paris MNHN) (Hikosan BL).

DISTRIBUTION. Madagascar (Takahashi, 1961 : 332).
HOST PLANTS.
 Gramineae   : 'Vendrana' (Takahashi, 1961 : 332).

DIALEUROPORA Quaintance & Baker

Dialeurodes (*Dialeuropora*) Quaintance & Baker, 1917 : 434. Type-species : *Dialeurodes* (*Dialeuropora*) *decempuncta*, by monotypy.
Dialeuropora Quaintance & Baker; as full genus, Takahashi, 1934b : 46.

Dialeuropora bipunctata (Corbett)

Dialeurodes bipunctata Corbett, 1933 : 128–129. Holotype on *Gluta* sp., MALAYA : Puchong, 12.vii.1927 (*G. H. Corbett*) (BMNH). Described from a single specimen.
Dialeuropora bipunctata (Corbett) Russell, 1962b : 65.

DISTRIBUTION. Malaya (Corbett, 1933 : 129) (BMNH).
HOST PLANTS.
 Anacardiaceae   : *Gluta* sp. (Corbett, 1933 : 129) (BMNH).

Dialeuropora brideliae (Takahashi)

Dialeurodes (*Dialeuropora*) *brideliae* Takahashi, 1932 : 15–16. Syntypes on *Bridelia ovata* and *Machilus* sp., TAIWAN : Taihoku, Shinten, Urai, Sankyaku near Taihoku (Taiwan ARI).
Dialeuropora brideliae (Takahashi) Takahashi, 1934b : 46.

DISTRIBUTION. Taiwan (Takahashi, 1932 : 16).
HOST PLANTS.
 Euphorbiaceae   : *Bridelia ovata* (Takahashi, 1932 : 16).
 Lardizabalaceae   : *Stauntonia* sp. (Takahashi, 1934b : 70).
 Lauraceae   : *Machilus* sp. (Takahashi, 1932 : 16).

Dialeuropora centrosemae (Corbett)

Dialeurodes centrosemae Corbett, 1935b : 750. Syntypes on *Centrosema plumieri*, MALAYA : Kuala Lumpur.
Dialeuropora centrosemae (Corbett) Russell, 1959 : 185.

DISTRIBUTION. Malaya (Corbett, 1935b : 750).
HOST PLANTS.
 Leguminosae   : *Centrosema plumieri* (Corbett, 1935b : 750).

Dialeuropora cogniauxiae Cohic

Dialeuropora cogniauxiae Cohic, 1966a : 45–47. Six syntypes on *Cogniauxia podalaena*, CONGO (Brazzaville) : Brazzaville, 7.ii.1964.

DISTRIBUTION. Angola, Ivory Coast, Nigeria (Cohic, 1969 : 132); Congo (Brazzaville) (Cohic, 1966a : 45).

HOST PLANTS.
Annonaceae : *Uvaria brazzavillensis* (Cohic, 1966b : 50); *Uvaria scabrida* (Cohic, 1968a : 46).
Apocynaceae : *Carpodinus lanceolata* (Cohic, 1966b : 50).
Araceae : *Cyrtosperma senegalense* (Cohic, 1966b : 50).
Bignoniaceae : *Markhamia sessilis* (Cohic, 1968a : 46).
Chrysobalanaceae : *Chrysobalanus orbicularis* (Cohic, 1968b : 123).
Connaraceae : *Byrsocarpus viridis, Manotes pruinosa* (Cohic, 1966b : 50).
Cucurbitaceae : *Cogniauxia podalaena* (Cohic, 1966a : 45).
Dilleniaceae : *Tetracera alnifolia* (Cohic, 1968b : 123).
Euphorbiaceae : *Antidesma laciniatum* (Ardaillon & Cohic, 1970 : 271); *Bridelia ferruginea, Sapium cornutum* (Cohic, 1966b : 51); *Hymenocardia ulmoides* (Cohic, 1968b : 123).
Lauraceae : *Persea americana* (Cohic, 1966b : 51); *Persea gratissima* (Cohic, 1969 : 132).
Lecythidaceae : *Napoleona leonensis* (Ardaillon & Cohic, 1970 : 271).
Leguminosae : *Cassia javanica* (Cohic, 1966a : 43).
Loganiaceae : *Anthocleista inermis, Strychnos pungens* (Cohic, 1968b : 122–123); *Strychnos spinosa, Strychnos variabilis* (Cohic, 1966b : 51).
Myrtaceae : *Psidium guajava* (Cohic, 1968b : 123); *Syzygium brazzavillense* (Cohic, 1966b : 52).
Ochnaceae : *Ochna gilletiana* (Cohic, 1968b : 123); *Rhabdophyllum welwitschii* (Cohic, 1966b : 52).
Passifloraceae : *Barteria fistulosa* (Cohic, 1966b : 52).
Rubiaceae : *Gaertnera paniculata* (Cohic, 1968b : 122); *Sarcocephalus esculentus, Urophyllum hirtellum* (Cohic, 1966b : 52).
Smilacaceae : *Smilax kraussiana* (Cohic, 1966b : 51).
Zingiberaceae : *Aframomum stipulatum* (Cohic, 1966b : 52).

Dialeuropora congoensis Cohic

Dialeuropora congoensis Cohic, 1966b : 52–55. Syntypes on *Neosloetiopsis kamerunensis*, CONGO (Brazzaville) : vicinity of Fulakary, 28.iii.1965 (*R. Paulian*).

DISTRIBUTION. Congo (Brazzaville) (Cohic, 1966b : 52).
HOST PLANTS.
Moraceae : *Neosloetiopsis kamerunensis* (Cohic, 1966b : 52).

Dialeuropora decempuncta (Quaintance & Baker)

Dialeurodes (*Dialeuropora*) *decempuncta* Quaintance & Baker, 1917 : 434–435. Syntypes on *Cinnamomum* sp., SRI LANKA : Royal Botanic Gardens, x.1910 (*R. S. Woglum*); on mulberry [*Morus* sp.], PAKISTAN : Lahore (USNM).
[*Dialeurodes decempuncta*, Quaintance & Baker; Singh, 1931 : 34. Misidentification.]
Dialeurodes (*Dialeuropora*) *setigerus* Takahashi, 1932 : 14–15. Syntypes on *Machilus* sp., TAIWAN : Shinten, 14.vi.1931 (Taiwan ARI). **Syn. n.**
Dialeuropora decempuncta (Quaintance & Baker) Takahashi, 1934b : 46.
Dialeuropora setigera (Takahashi) Takahashi, 1934b : 46.
Dialeurodes dothioensis Dumbleton, 1961a : 121–122. Holotype and paratypes on an unidentified host, NEW CALEDONIA : Dothio River Bridge, 17.vi.1953 (*F. Cohic*) (Noumea ORSTOM). (One paratype in BMNH.) **Syn. n.**
Dialeuropora dothioensis (Dumbleton) Russell, 1962b : 65.

DISTRIBUTION. Cambodia (Takahashi, 1942e : 273); India (Singh, 1931 : 34) (BMNH); Pakistan (Quaintance & Baker, 1917 : 434) (BMNH); Sri Lanka (Quaintance & Baker, 1917 : 434); Taiwan (Takahashi, 1932 : 15) (BMNH); Thailand (Takahashi, 1942e : 273) (BMNH); Malaya (Corbett, 1935b : 749); New Caledonia (Dumbleton, 1961a : 122) (BMNH); Tonga (BMNH).
HOST PLANTS.
Annonaceae : *Annona cherimoya* (Rao, 1958 : 333); *Annona squamosa* (Singh, 1931 : 34); *Fissistigma oldhami* (BMNH); *Annona reticulata, Polyalthia longifolia, Polyalthia pendula* (David & Subramaniam, 1976 : 197).

Araceae	: *Colocasia* sp. (Corbett, 1935b : 749).
Boraginaceae	: *Cordia myxa* (Rao, 1958 : 333).
Dipterocarpaceae	: *Dipterocarpus tuberculatus* (BMNH).
Euphorbiaceae	: *Euphorbia pilulifera* (Rao, 1958 : 333).
Lauraceae	: *Cinnamomum* sp. (Quaintance & Baker, 1917 : 434); *Machilus* sp. (Takahashi, 1932 : 15); *Persea gratissima* (Corbett, 1935b : 749).
Leguminosae	: *Cassia alata, Pueraria thunbergiana* (Corbett, 1935b : 749); *Dalbergia sissoo* (Singh, 1931 : 34).
Meliaceae	: *Lansium domesticum* (Corbett, 1935b : 749).
Moraceae	: *Artocarpus attilis* (BMNH); *Artocarpus* sp. (Corbett, 1935b : 749); *Ficus religiosa* (Singh, 1931 : 34); *Ficus* sp. (Takahashi, 1942e : 273); *Morus alba* (Takahashi, 1935b : 40) (BMNH); *Morus* sp. (Quaintance & Baker, 1917 : 434); *Streblus asper* (Singh, 1931 : 34).
Rosaceae	: *Prunus* sp. (Singh, 1931 : 34); *Rosa* sp. (Rao, 1958 : 333); *Rubus* sp. (Takahashi, 1935b : 41).
Salicaceae	: *Salix* sp. (Takahashi, 1942e : 273).
Verbenaceae	: *Peronema canescens* (Corbett, 1935b : 749).

From a recent study of syntypes of *decempuncta* in the USNM, the shape of the pupal case and the position of the tracheal folds shown in the original illustration are regarded as being inaccurate. Moreover the present authors consider the shape and size of the submarginal spines and their position relative to the margin of the pupal case to be variable. Although type material of *setigera* has not been studied, there is material of *decempuncta* from Taiwan, the type locality of *setigera*, in the BMNH, as well as a paratype of *dothioensis*.

Dialeuropora hassensanensis Takahashi

Dialeuropora hassensanensis Takahashi, 1934b : 45–46. Holotype on a plant of the Lauraceae, TAIWAN : Kahodai (Hassenzan), 6.vi.1933 (*R. Takahashi*) (Taiwan ARI). Described from a single specimen.

DISTRIBUTION. Taiwan (Takahashi, 1934b : 46).
HOST PLANTS.
    Lauraceae   : Genus indet. (Takahashi, 1934b : 46).

Dialeuropora holboelliae Young

Dialeuropore [sic] *holboelliae* Young, 1944 : 132. Syntypes on *Holboellia* sp., CHINA : Szechwan province, Pehpei, Mt Jui Yun, 14.i.1942.

DISTRIBUTION. China (Young, 1944 : 132).
HOST PLANTS.
    Lardizabalaceae   : *Holboellia* sp. (Young, 1944 : 132).

Dialeuropora indochinensis Takahashi

Dialeuropora indochinensis Takahashi, 1942e : 272–273. Holotype on an unidentified host, CAMBODIA : Ankor, 23.iv.1940. Described from a single specimen.

DISTRIBUTION. Cambodia (Takahashi, 1942e : 273).
HOST PLANTS.
    Host indet. (Takahashi, 1942e : 273).

Dialeuropora jendera (Corbett)

Dialeurodes jenderus Corbett, 1935b : 750–751. Syntypes on *Adinobotrys atropurpureus* ['Jenderus'], MALAYA : Kuala Lumpur.
Dialeuropora jendera (Corbett) Russell, 1959 : 185.

DISTRIBUTION. Malaya (Corbett, 1935b : 751).
HOST PLANTS.
    Leguminosae   : *Adinobotrys atropurpureus* (Corbett, 1935b : 751).

Dialeuropora langsat (Corbett)

Dialeurodes langsat Corbett, 1935b : 752–753. Syntypes on *Lansium domesticum* ['Langsat'], MALAYA : Kuala Lumpur.

Dialeuropora langsat (Corbett) Russell, 1959 : 185.

DISTRIBUTION. Malaya (Corbett, 1935b : 753).
HOST PLANTS.
Meliaceae : *Lansium domesticum* (Corbett, 1935b : 753).

Dialeuropora malayensis (Corbett)

Trialeurodes malayensis Corbett, 1935b : 812–813. Syntypes on an unidentified host, MALAYA : Rembau (Negri Sembilan).
Dialeuropora malayensis (Corbett) Russell, 1962b : 65.

DISTRIBUTION. Malaya (Corbett, 1935b : 813).
HOST PLANTS.
Host indet. (Corbett, 1935b : 813).

Dialeuropora mangiferae (Corbett)

Dialeurodes mangiferae Corbett, 1935b : 751–752. Syntypes on *Mangifera indica*, MALAYA : Kuala Lumpur.
Dialeuropora mangiferae (Corbett) Russell, 1959 : 186.

DISTRIBUTION. Malaya (Corbett, 1935b : 752).
HOST PLANTS.
Anacardiaceae : *Mangifera indica* (Corbett, 1935b : 752).

Dialeuropora murrayae (Takahashi)

Dialeurodes (*Dialeuropora*) *murrayae* Takahashi, 1931b : 262–264. Syntypes on *Murraya* spp., TAIWAN : Taihoku, 14.xii.1930 (*R. Takahashi*) (Taiwan ARI).
Dialeuropora murrayae (Takahashi) Russell, 1959 : 186.

DISTRIBUTION. Taiwan (Takahashi, 1931b : 263).
HOST PLANTS.
Rutaceae : *Murraya* spp. (Takahashi, 1931b : 263).

Dialeuropora ndiria Gameel

Dialeuropora ndiria Gameel, 1971 : 171–173. Holotype and eight paratypes on *Bridelia micrantha* ['Ndiri'], SUDAN : Anzara, 9.xi.1961 (*O. I. Gameel*); paratypes on *Bridelia micrantha*, Yambio and Meridi, 15.xi.1961 (*O. I. Gameel*) (Sudan GRF).

DISTRIBUTION. Sudan (Gameel, 1971 : 173).
HOST PLANTS.
Euphorbiaceae : *Bridelia micrantha* (Gameel, 1971 : 173).

Dialeuropora papillata Cohic

Dialeuropora papillata Cohic, 1966a : 40–43. Three syntypes on *Ochthocosmus africanus*, CONGO (Brazzaville) : Brazzaville, 12.ix.1964.

DISTRIBUTION. Chad (BMNH); Congo (Brazzaville) (Cohic, 1966a : 40); Nigeria (Cohic, 1968a : 46) (BMNH).
HOST PLANTS.
Annonaceae : *Uvaria scabrida* (Cohic, 1968a : 46).
Euphorbiaceae : *Sapium cornutum* (Cohic, 1968a : 46).
Leguminosae : *Cassia* sp. (Cohic, 1968a : 46); *Dialium guineense, Lonchocarpus sericeus* (BMNH).
Linaceae : *Ochthocosmus africanus* (Cohic, 1966a : 40).
Palmae : *Elaeis guineensis* (Cohic, 1968a : 46).
Sterculiaceae : *Cola nitida, Theobroma* sp. (BMNH).

Dialeuropora perseae (Corbett)

Dialeurodes perseae Corbett, 1935b : 749–750. Syntypes on *Persea gratissima, Cyamopsis psoralioides, Conocephalus subtrinervius* and *Musa sapientum*, MALAYA : Sepang and Kuala Lumpur (Selangor).
Dialeuropora perseae (Corbett) Young, 1944 : 131.

DISTRIBUTION. Malaya (Corbett, 1935b : 750).

HOST PLANTS.
Lauraceae : *Persea gratissima* (Corbett, 1935b : 750).
Leguminosae : *Cyamopsis psoralioides* (Corbett, 1935b : 750).
Moraceae : *Conocephalus subtrinervius* (Corbett, 1935b : 750).
Musaceae : *Musa sapientum* (Corbett, 1935b : 750).

Dialeuropora platysepali Cohic

Dialeuropora platysepali Cohic, 1966b : 55–57. Syntypes on *Platysepalum vanderystii*, CONGO (Brazzaville) : Brazzaville, 5.iii.1965. (One syntype, labelled paratype by F. Cohic, in BMNH.)

DISTRIBUTION. Congo (Brazzaville) (Cohic, 1966b : 55) (BMNH).
HOST PLANTS.
Leguminosae : *Dalbergia kisantuensis* (Cohic, 1968b : 123); *Platysepalum vanderystii* (Cohic, 1966b : 55) (BMNH).

Dialeuropora portugaliae Cohic

Dialeuropora portugaliae Cohic, 1966a : 43–45. Holotype on an unidentified plant, ANGOLA : Portugalià, iv.1964 (*R. Paulian*). Described from a single specimen.

DISTRIBUTION. Angola (Cohic, 1966a : 43); Congo (Brazzaville), Ivory Coast (Cohic, 1969 : 132).
HOST PLANTS.
Original host indet.: (Cohic, 1966a : 43).
Euphorbiaceae : *Hymenocardia acida* (Cohic, 1968b : 123).
Flacourtiaceae : *Caloncoba dusenii* (Cohic, 1968b : 123).
Icacinaceae : *Icacina mannii* (Cohic, 1969 : 132).
Loganiaceae : *Strychnos variabilis* (Cohic, 1968b : 123).
Meliaceae : *Trichilia heudelotii* (Cohic, 1968b : 123).
Myrtaceae : *Eugenia leonensis* (Cohic, 1969 : 132).
Sapotaceae : *Afrosersalisia cerasifera* (Cohic, 1969 : 132).
Zingiberaceae : *Aframomum daniellii* (Cohic, 1969 : 132).

Dialeuropora pterolobiae David & Subramaniam

Dialeuropora pterolobiae David & Subramaniam, 1976 : 197–198. Holotype and four paratypes on *Pterolobium indicum*, INDIA : Kallar, 4.ix.1966 (*B. V. David*); paratypes on *Pterolobium indicum*, INDIA : Marudamalai (Coimbatore), 22.x.1966 (*B. V. David*) (Calcutta ZSI) (USNM). (One paratype in BMNH.)

DISTRIBUTION. India (David & Subramaniam, 1976 : 198) (BMNH).
HOST PLANTS.
Leguminosae : *Pterolobium indicum* (David & Subramaniam, 1976 : 197) (BMNH).

Dialeuropora silvarum (Corbett)

Trialeurodes silvarum Corbett, 1935b : 813–814. Syntypes on an unidentified host, MALAYA : Kuala Lumpur (Selangor).
Dialeuropora silvarum (Corbett) Russell, 1962b : 65.

DISTRIBUTION. Malaya (Corbett, 1935b : 814).
HOST PLANTS.
Host indet. (Corbett, 1935b : 814).

Dialeuropora urticata Young

Dialeuropora urticata Young, 1944 : 131. Syntypes on *Urtica* sp., CHINA : Szechwan province, Pehpei, Mt Jui Yun, 14.i.1942.

DISTRIBUTION. China (Young, 1944 : 131).
HOST PLANTS.
Urticaceae : *Urtica* sp. (Young, 1944 : 131).

Dialeuropora viburni (Takahashi)

Dialeurodes (*Dialeuropora*) *viburni* Takahashi, 1933 : 8–9. Syntypes on *Viburnum awabucki*, TAIWAN :

Garambi near Koshun, 26.v.1932 (Taiwan ARI) (USNM).
Dialeuropora viburni (Takahashi) Russell, 1959 : 186.

DISTRIBUTION. Taiwan (Takahashi, 1933 : 9).
HOST PLANTS.
Caprifoliaceae : *Viburnum awabucki* (Takahashi, 1933 : 9).

DIALEUROTRACHELUS Takahashi

Dialeurotrachelus Takahashi, 1942d : 102. Type-species : *Dialeurotrachelus cambodiensis*, by monotypy.

Dialeurotrachelus cambodiensis Takahashi

Dialeurotrachelus cambodiensis, Takahashi, 1942d : 102-103. Three syntypes on an unidentified tree, CAMBODIA : Ankor, 23.iv.1940.

DISTRIBUTION. Cambodia (Takahashi, 1942d : 103).
HOST PLANTS.
Host indet. (Takahashi, 1942d : 103).

DOTHIOIA Dumbleton

Dothioia Dumbleton, 1961a : 124. Type-species : *Dothioia bidentatus*, by monotypy.

Dothioia bidentatus Dumbleton

Dothioia bidentatus Dumbleton, 1961a : 124-126. Holotype and paratypes on an unidentified host, NEW CALEDONIA : Dothio River, 9.v.1953 (*L. J. Dumbleton*) (Noumea ORSTOM). (One paratype in BMNH.)

DISTRIBUTION. New Caledonia (Dumbleton, 1961a : 126) (BMNH).
HOST PLANTS.
Host indet. (Dumbleton, 1961a : 126).

FILICALEYRODES Takahashi

Filicaleyrodes Takahashi, 1962 : 100-101. Type-species : *Filicaleyrodes bosseri*, by monotypy.

Filicaleyrodes spp. indet.

HOST PLANTS.
Pteridaceae : *Pteris usumbarensis* (BMNH : Tanzania).

Filicaleyrodes bosseri Takahashi

Filicaleyrodes bosseri Takahashi, 1962 : 101-102. Syntypes on an undetermined fern, MADAGASCAR : Tsimbazaza, Tananarive, viii.1956 (*J. Bosser*) (Hikosan BL). (Eight syntypes in BMNH.)

DISTRIBUTION. Madagascar (Takahashi, 1962 : 102) (BMNH).
HOST PLANTS.
Pteridaceae : Sensu lato (Takahashi, 1962 : 102) (BMNH).

Filicaleyrodes williamsi (Trehan)

Trialeurodes williamsi Trehan, 1938 : 186-189. LECTOTYPE on *Oleandra africana*, ENGLAND : Surrey, Kew Gardens, 17.ix.1937 (BMNH), here designated.
Filicaleyrodes williamsi (Trehan) Mound, 1966 : 416.

The original description refers to 'the type specimen' emerging from a pupa on *Anemia*, however in the BMNH collection there are two specimens, a male and a female, bearing the original data and labelled 'type' by Trehan. In view of this confusion the pupal case on *Oleandra africana* from Trehan's original material is here designated as the lectotype.

DISTRIBUTION. England (glasshouse) (Trehan, 1938 : 189) (BMNH); Hungary (glasshouse) (Visnya, 1941b : 15).
HOST PLANTS.
Aspidiaceae : *Dryopteris flaccida, Nephrodium confluens* (Trehan, 1938 : 189); *Polystichum falcatum, Stenosemia aurita* (Visnya, 1941b : 15).
Athyriaceae : *Diplazium proliferum* (Trehan, 1938 : 189).

Blechnaceae	: *Blechnum brasilianum, Blechnum gibbum* (Visnya, 1941b : 15).
Oleandraceae	: *Oleandra africana* (Trehan, 1938 : 189) (BMNH).
Schizaeaceae	: *Anemia* sp. (Trehan, 1938 : 189) (BMNH).
Thelypteridaceae	: *Nephrodium confluens* (Trehan, 1938 : 189).

NATURAL ENEMIES.
Hymenoptera
  Chalcidoidea
    Aphelinidae : ? *Prospaltella* sp. (Trehan, 1940 : 611. England).

GOMENELLA Dumbleton

Gomenella Dumbleton, 1961a : 126. Type-species : *Gomenella multipora*, by original designation.

Gomenella multipora Dumbleton

Gomenella multipora Dumbleton, 1961a : 126–127. Holotype and paratypes on an unidentified host, NEW CALEDONIA : Tinip, 4.xi.1954 (*L. J. Dumbleton*) (Noumea ORSTOM). (One paratype in BMNH.)

DISTRIBUTION. New Caledonia (Dumbleton, 1961a : 127) (BMNH).
HOST PLANTS.
  Host indet. (Dumbleton, 1961a : 127).

Gomenella reflexa Dumbleton

Gomenella reflexa Dumbleton, 1961a : 127–129. Holotype and paratypes on *Maxwellia* sp., NEW CALEDONIA : Rivière des Pirogues, 31.vii.1954 (*L. J. Dumbleton*) (Noumea ORSTOM).

DISTRIBUTION. New Caledonia (Dumbleton, 1961a : 129).
HOST PLANTS.
  Bombacaceae : *Maxwellia* sp. (Dumbleton, 1961a : 129).

HEMPELIA Sampson & Drews

Hempelia Sampson & Drews, 1941 : 166. Type-species : *Hempelia chivelensis*, by monotypy.

Hempelia chivelensis Sampson & Drews

Hempelia chivelensis Sampson & Drews, 1941 : 166. Syntypes on an undetermined tree, MEXICO : Chivela, Oaxaca, iv.1926 (California UCD) (USNM).

DISTRIBUTION. Mexico (Sampson & Drews, 1941 : 166).
HOST PLANTS.
  Host indet. (Sampson & Drews, 1941 : 166).

HESPERALEYRODES Sampson

Hesperaleyrodes Sampson, 1943 : 213. Type-species : *Hesperaleyrodes michoacanensis*, by monotypy.

Hesperaleyrodes michoacanensis Sampson

Hesperaleyrodes michoacanensis Sampson, 1943 : 213. [For illustrations see Sampson, 1944 : 441.] Holotype and paratypes on *Quercus* sp., MEXICO : Michoacan, on the mountains south of Aquililla, 1926 (*Prof. G. F. Ferris*). (One paratype California UCD.)

DISTRIBUTION. Mexico (Sampson, 1943 : 213).
HOST PLANTS.
  Fagaceae : *Quercus* sp. (Sampson, 1943 : 213).

HETERALEYRODES Takahashi

Heteraleyrodes Takahashi, 1942d : 103–104. Type-species : *Heteraleyrodes bambusae*, by monotypy.

Heteraleyrodes bambusae Takahashi

Heteraleyrodes bambusae Takahashi, 1942d : 104–105. Syntypes on bamboo [? *Bambusa* sp.], THAILAND : Bangkok, 26 and 19.iii.1940 (*R. Takahashi*); on bamboo, THAILAND : Chiengmai, v.1940. (Taiwan ARI).

DISTRIBUTION. Thailand (Takahashi, 1942d : 105).

HOST PLANTS.
Gramineae : ? *Bambusa* sp. (Takahashi, 1942d : 105).

Heteraleyrodes bambusicola Takahashi

Heteraleyrodes bambusicola Takahashi, 1951c : 4–5. Holotype on bamboo [? *Bambusa* sp.], MALAYA : Kuala Lumpur, 13.iii.1944 (*R. Takahashi*) (BMNH). Described from a single specimen.

DISTRIBUTION. Malaya (Takahashi, 1951c : 5) (BMNH).
HOST PLANTS.
Gramineae : ? *Bambusa* sp. (Takahashi, 1951c : 5) (BMNH).

HETEROBEMISIA Takahashi

Heterobemisia Takahashi, 1957 : 19. Type-species : *Heterobemisia alba*, by monotypy.

Heterobemisia alba Takahashi

Heterobemisia alba, Takahashi, 1957 : 19–20. Syntypes 'some damaged by a parasite' on *Itea japonica*, JAPAN : Odaiga-hara 1000 m, Nara Prefecture, 15.viii.1956 (*R. Takahashi*) (Hikosan BL) (USNM).

DISTRIBUTION. Japan (Takahashi, 1957 : 20).
HOST PLANTS.
Grossulariaceae : *Itea japonica* (Takahashi, 1957 : 20).

INDOALEYRODES David & Subramaniam

Indoaleyrodes David & Subramaniam in Krishnamurthy, Raman & David, 1973 : 75. Type-species : *Indoaleyrodes pustulatus*, by monotypy.

Indoaleyrodes pustulatus David & Subramaniam

Indoaleyrodes pustulatus David & Subramaniam in Krishnamurthy, Raman & David, 1973 : 75–78. Original data : Causing pit-galls on the leaves of *Morinda tinctoria* in INDIA. (Three syntypes, labelled paratypes by David, on *Morinda tinctoria*, INDIA : Coimbatore, 25.iii.1967 (*B. V. David*) in BMNH.)

DISTRIBUTION. India (Krishnamurthy, Raman & David, 1973 : 76) (BMNH).
HOST PLANTS.
Rubiaceae : *Morinda tinctoria* (Krishnamurthy, Raman & David, 1973 : 75) (BMNH).

This name was made available through the publication of a description of the leaf galls caused by the aleyrodid.

JEANNELALEYRODES Cohic

Jeannelaleyrodes Cohic, 1966a : 47. Type-species : *Jeannelaleyrodes bertilloni*, by monotypy.

Jeannelaleyrodes bertilloni Cohic

Jeannelaleyrodes bertilloni Cohic, 1966a : 47–49. Syntypes on *Tetracera alnifolia* CONGO (Brazzaville) : Brazzaville, 21.iii.1964; on *Strychnos variabilis*, CONGO (Brazzaville) : Brazzaville, 6.vi.1954. (One syntype labelled paratype by F. Cohic in BMNH.)

DISTRIBUTION. Congo (Brazzaville) (Cohic, 1966a : 47) (BMNH); Ivory Coast (Cohic, 1969 : 133).
HOST PLANTS.
Bignoniaceae	: *Markhamia sessilis* (Cohic, 1968a : 46).
Dilleniaceae	: *Tetracera alnifolia* (Cohic, 1966a : 47) (BMNH).
Euphorbiaceae	: *Antidesma laciniatum* (Ardaillon & Cohic, 1970 : 271).
Loganiaceae	: *Strychnos variabilis* (Cohic, 1966a : 47).
Meliaceae	: *Entandrophragma utile* (Cohic, 1969 : 133); *Trichilia heudelotii* (Cohic, 1968a : 46).
Menispermaceae	: *Triclisia gilletii* (Cohic, 1966b : 58).
Ochnaceae	: *Ochna gilletiana* (Cohic, 1968b : 123).
Rubiaceae	: *Colletoecema dewevrei* (Cohic, 1968a : 46); *Psychotria psychotrichoides* (Cohic, 1969 : 133).

Jeannelaleyrodes graberi Cohic

Jeannelaleyrodes graberi Cohic, 1968a : 46–49. Two syntypes on *Gardenia jovis-tonantis*, CHAD : Goré, 5.iii.1966.

DISTRIBUTION. Ivory Coast (Cohic, 1969 : 133); Chad (Cohic, 1968a : 46); Sudan (Cohic, 1969 : 133) (BMNH).
HOST PLANTS.
Bignoniaceae   : *Stereospermum kunthianum* (Cohic, 1969 : 133).
Lythraceae   : *Lawsonia inermis* (Cohic, 1969 : 133) (BMNH).
Rhamnaceae   : *Zizyphus spina-christi* (Cohic, 1969 : 133) (BMNH).
Rubiaceae   : *Gardenia erubescens* (Cohic, 1969 : 133); *Gardenia jovis-tonantis* (Cohic, 1968a : 46).

JUGLASALEYRODES Cohic

Juglasaleyrodes Cohic, 1966b : 58. Type-species : *Juglasaleyrodes orstomensis*, by monotypy.

Juglasaleyrodes orstomensis Cohic

Juglasaleyrodes orstomensis Cohic, 1966b : 59–61. Syntypes on *Triclisia gilletii*, CONGO (Brazzaville) : Brazzaville, 23.iv.1965.

DISTRIBUTION. Congo (Brazzaville) (Cohic, 1966b : 59).
HOST PLANTS.
Menispermaceae   : *Triclisia gilletii* (Cohic, 1966b : 59).

LAINGIELLA Corbett

Laingiella Corbett, 1926 : 283. Type-species : *Laingiella bambusae*, by monotypy.

Laingiella bambusae Corbett

Laingiella bambusae Corbett, 1926 : 283–284. Syntypes on bamboo [?*Bambusa* sp.], SRI LANKA : Ratnapuru, 5.x.1909 (*E. E. Green*) (USNM). (Four syntypes in BMNH.)

DISTRIBUTION. Sri Lanka (Corbett, 1926 : 284) (BMNH).
HOST PLANTS.
Gramineae   : ?*Bambusa* sp. (Corbett, 1926 : 284) (BMNH).

LEUCOPOGONELLA Dumbleton

Leucopogonella Dumbleton, 1961a : 129. Type-species : *Leucopogonella sinuata*, by original designation.

Leucopogonella apectenata Dumbleton

Leucopogonella apectenata Dumbleton, 1961a : 129–130. Holotype and paratypes on *Leucopogon* sp., NEW CALEDONIA : Tontouta River, 27.iv.1953 (*L. J. Dumbleton*) (Noumea ORSTOM). (Three paratypes in BMNH.)

DISTRIBUTION. New Caledonia (Dumbleton, 1961a : 130) (BMNH).
HOST PLANTS.
Epacridaceae   : *Leucopogon* sp. (Dumbleton, 1961a : 130) (BMNH).

Leucopogonella pallida Dumbleton

Leucopogonella pallida Dumbleton, 1961a : 130–131. Holotype and paratypes on *Leucopogon* sp., NEW CALEDONIA : Plum (*L. J. Dumbleton*) (Noumea ORSTOM). (Three paratypes in BMNH.)

DISTRIBUTION. New Caledonia (Dumbleton, 1961a : 131) (BMNH).
HOST PLANTS.
Epacridaceae   : *Leucopogon* sp. (Dumbleton, 1961a : 131) (BMNH).

Leucopogonella simila Dumbleton

Leucopogonella simila Dumbleton, 1961a : 131–132. Holotype and paratypes on *Leucopogon* sp., NEW CALEDONIA : Plum (*L. J. Dumbleton*) (Noumea ORSTOM). (Two paratypes in BMNH.)

DISTRIBUTION. New Caledonia (Dumbleton, 1961a : 131) (BMNH).
HOST PLANTS.
Epacridaceae   : *Leucopogon* sp. (Dumbleton, 1961a : 132) (BMNH).

Leucopogonella sinuata Dumbleton

Leucopogonella sinuata Dumbleton, 1961a : 132. Holotype on *Leucopogon* sp., NEW CALEDONIA : Plum (*L. J. Dumbleton*); paratypes on *Leucopogon* sp., NEW CALEDONIA : Plum, Yate, Montagne des Sources and Mt Mou (*L. J. Dumbleton*) (Noumea ORSTOM). (Three paratypes from Montagne des Sources in BMNH.)

DISTRIBUTION. New Caledonia (Dumbleton, 1961a : 132) (BMNH).
HOST PLANTS.
Epacridaceae   : *Leucopogon* sp. (Dumbleton, 1961a : 132) (BMNH).

LIPALEYRODES Takahashi

Lipaleyrodes Takahashi, 1962 : 100. Type-species : *Lipaleyrodes phyllanthi*, by monotypy.

Lipaleyrodes spp. indet.

HOST PLANTS.
Compositae   : *Aspilia* sp. (BMNH : Nigeria).
Euphorbiaceae   : *Phyllanthus acidus* (BMNH : India).
Sapotaceae   : *Achras* [*Sapota*] sp. (BMNH : India).

Lipaleyrodes breyniae (Singh) **comb. n.**

Trialeurodes breyniae Singh, 1931 : 49–50. Syntypes on *Breynia rhamnoides*, INDIA : Pusa (Bihar).

Although type-specimens of this species have not been seen, Mound (1965c : 158) compared the type-material of *Lipaleyrodes phyllanthi* Takahashi with the original description and figures of *breyniae* and has subsequently concluded that the latter species belongs in the same genus.

DISTRIBUTION. India (Singh, 1931 : 49).
HOST PLANTS.
Euphorbiaceae   : *Breynia rhamnoides* (Singh, 1931 : 49).

Lipaleyrodes crossandrae David & Subramaniam

Lipaleyrodes crossandrae David & Subramaniam, 1976 : 201–202. Holotype and thirteen paratypes on *Crossandra undulaefolia*, INDIA : Coimbatore, 15.xi.1966 (*B. V. David*); nineteen paratypes on *Achyranthes aspersa*, INDIA : Coimbatore, 18.xi.1966 (*B. V. David*) (USNM). (Numerous paratypes in BMNH.)

DISTRIBUTION. India (David & Subramaniam, 1976 : 201) (BMNH).
HOST PLANTS.
Acanthaceae   : *Crossandra undulaefolia* (David & Subramaniam, 1976 : 201)
Amaranthaceae   : *Achyranthes aspersa* (David & Subramaniam, 1976 : 201) (BMNH).

Lipaleyrodes euphorbiae David & Subramaniam

Lipaleyrodes euphorbiae David & Subramaniam, 1976 : 202–203. Holotype and seventeen paratypes on *Euphorbia prostrata*, INDIA : Madurai, 28.i.1967 (*B. V. David*) (USNM). (Six paratypes in BMNH.)

DISTRIBUTION. India (David & Subramaniam, 1976 : 202) (BMNH).
HOST PLANTS.
Euphorbiaceae   : *Euphorbia prostrata* (David & Subramaniam, 1976 : 202) (BMNH).

Lipaleyrodes hargreavesi (Corbett)

Trialeurodes hargreavesi Corbett, 1935c : 243. Syntypes on *Lindernia diffusa*, SIERRA LEONE : Njala, 19.xii.1932 (*E. Hargreaves*). (Two syntypes, labelled paratypes by Corbett, in BMNH.)
Lipaleyrodes hargreavesi (Corbett) Mound, 1965c : 158.

DISTRIBUTION. Sierra Leone (Corbett, 1935c : 243) (BMNH).
HOST PLANTS.
Scrophulariaceae : *Lindernia diffusa* (Corbett, 1935c : 243) (BMNH).

Lipaleyrodes phyllanthi Takahashi

Lipaleyrodes phyllanthi Takahashi, 1962 : 100. Syntypes on *Phyllanthus* sp., MADAGASCAR : Massif de l'Tremo, 1700m, (*J. Bosser*) (Hikosan BL). (Eight syntypes in BMNH.)

DISTRIBUTION. Madagascar (Takahashi, 1962 : 100) (BMNH).
HOST PLANTS.
    Euphorbiaceae   :   *Phyllanthus* sp. (Takahashi, 1962 : 100) (BMNH).

LUEDERWALDTIANA Hempel
Luederwaldtiana Hempel, 1923 : 1185–1186. Type-species : *Luederwaldtiana eriosemae*, by monotypy.

Luederwaldtiana eriosemae Hempel
Luederwaldtiana eriosemae Hempel, 1923 : 1186–1187. Syntypes on *Eriosema heterophyllum*, BRAZIL : Ypiranga, São Paulo State, v.1912 (*H. Luederwaldt*) (São Paulo MZU).

DISTRIBUTION. Brazil (Hempel, 1923 : 1187).
HOST PLANTS.
    Leguminosae   :   *Eriosema heterophyllum* (Hempel, 1923 : 1187).

MALAYALEYRODES Corbett
Malayaleyrodes Corbett, 1935b : 843. Type-species : *Malayaleyrodes lumpurensis*, by monotypy.

Malayaleyrodes lumpurensis Corbett
Malayaleyrodes lumpurensis Corbett, 1935b : 843–844. Syntypes on *Ficus* sp., MALAYA : Kuala Lumpur (Selangor).

DISTRIBUTION. Malaya (Corbett, 1935b : 844); Cambodia (Takahashi, 1942c : 204).
HOST PLANTS.
    Moraceae   :   *Ficus* sp. (Corbett, 1935b : 844).

MARGINALEYRODES Takahashi
Marginaleyrodes Takahashi, 1961 : 338. Type-species : *Marginaleyrodes ixorae*, by monotypy.

Marginaleyrodes angolensis Cohic
Marginaleyrodes angolensis Cohic, 1966a : 49–51. Holotype on an unidentified host, ANGOLA : Portugalia, iv.1964 (*R. Paulian*). Described from a single specimen.

DISTRIBUTION. Angola (Cohic, 1966a : 50); Congo (Brazzaville), Ivory Coast (Cohic, 1969 : 134).
HOST PLANTS.
    Original host indet.: (Cohic, 1966a : 50).
    Icacinaceae   :   *Icacina mannii* (Cohic, 1969 : 134).
    Marantaceae   :   *Tachyphrynium violaceum* (Cohic, 1969 : 134).
    Ochnaceae   :   *Rhabdophyllum welwitschii* (Cohic, 1966b : 61).

Marginaleyrodes fanalae (Takahashi)
Aleurotrachelus fanalae Takahashi, 1951a : 379–380. Two syntypes, one of which is broken, on 'Fanala', MADAGASCAR : Antsingy from Bekopaka, vii.1949 (*Dr R. Paulian*) (Hikosan BL).
Marginaleyrodes fanalae (Takahashi) Takahashi, 1961 : 338.

DISTRIBUTION. Madagascar (Takahashi, 1951a : 380).
HOST PLANTS.
    'Fanala' (Takahashi, 1951a : 380).

Marginaleyrodes fenestrata (Takahashi)
Tetraleurodes fenestrata Takahashi, 1955a : 416–418. Syntypes on an unidentified host, MADAGASCAR : Arivonimamo, 3.vi.1950; syntypes on an unidentified host, Mt des Français, 31.v.1950; syntypes on an unidentified host, Sakaramy, 29.v.1950 (*R. Mamet*) (Paris MNHN) (Hikosan BL).
Marginaleyrodes fenestrata (Takahashi) Takahashi, 1961 : 338.

DISTRIBUTION. Madagascar (Takahashi, 1955a : 418).
HOST PLANTS.
    Host indet. (Takahashi, 1955a : 418).

Marginaleyrodes ixorae Takahashi

Marginaleyrodes ixorae Takahashi, 1961 : 338–339. Syntypes on *Ixora* sp., MADAGASCAR : Between Mahattsinjo and Andriba, date and collector unknown (Paris MNHN) (Hikosan BL) (USNM). (Eight mounted syntypes and dry material with syntype data in BMNH.)

DISTRIBUTION. Madagascar (Takahashi, 1961 : 339) (BMNH).
HOST PLANTS.
Rubiaceae : *Ixora* sp. (Takahashi, 1961 : 339) (BMNH).

Marginaleyrodes madagascariensis (Takahashi)

Aleuroplatus madagascariensis Takahashi, 1951a : 378–379. Syntypes on 'Banaraka', MADAGASCAR : Mt Tsaratanana, 1800m, x.1949 (*Dr R. Paulian*) (Paris MNHN) (Hikosan BL).
Marginaleyrodes madagascariensis (Takahashi) Takahashi, 1961 : 338.

DISTRIBUTION. Madagascar (Takahashi, 1951a : 379).
HOST PLANTS.
'Banaraka' (Takahashi, 1951a : 379).

Marginaleyrodes tetracerae Cohic

Marginaleyrodes tetracerae Cohic, 1966b : 61–64. Syntypes on *Tetracera alnifolia*, CONGO (Brazzaville): Brazzaville, Centre O.R.S.T.O.M., 22.i.1964 and 18.iii.1964. (One syntype, labelled paratype by F. Cohic, in BMNH.)

DISTRIBUTION. Congo (Brazzaville) (Cohic, 1966b : 61) (BMNH); Ivory Coast (Cohic, 1969 : 134).
HOST PLANTS.
Dichapetalaceae : *Dichapetalum brazzae* (Cohic, 1966b : 61).
Dilleniaceae : *Tetracera alnifolia* (Cohic, 1966b : 61) (BMNH).
Linaceae : *Ochthocosmus africanus* (Cohic, 1968b : 123).
Loganiaceae : *Strychnos usambarensis* (Cohic, 1969 : 134).
Meliaceae : *Trichilia heudelotii* (Cohic, 1968a : 49).
Myrtaceae : *Syzygium brazzavillense* (Cohic, 1968a : 49).
Ochnaceae : *Ochna gilletiana* (Cohic, 1968a : 49).

Marginaleyrodes tsinjoarivona (Takahashi)

Tetraleurodes tsinjoarivona Takahashi, 1955a : 424–425. Syntypes on an unidentified host, MADAGASCAR : Tsinjoarivo, 25.v.1950 (*R. Mamet*) (Paris MNHN).
Marginaleyrodes tsinjoarivona (Takahashi) Takahashi, 1961 : 338.

DISTRIBUTION. Madagascar (Takahashi, 1955a : 424).
HOST PLANTS.
Host indet. (Takahashi, 1955a : 424).

METABEMISIA Takahashi

Metabemisia Takahashi, 1963 : 52. Type-species : *Metabemisia distylii*, by monotypy.

Metabemisia distylii Takahashi

Metabemisia distylii Takahashi, 1963 : 52–53. Holotype on *Distylium racemosum*, JAPAN : Kyushu, Mt Kirishima, 24.viii.1957 (*R. Takahashi*) (Hikosan BL). Described from a single specimen.

DISTRIBUTION. Japan (Takahashi, 1963 : 53).
HOST PLANTS.
Hamamelidaceae : *Distylium racemosum* (Takahashi, 1963 : 53).

Metabemisia filicis Mound

Metabemisia filicis Mound, 1967 : 32. Holotype and nine paratypes on *Dryopteris* sp., SCOTLAND : Edinburgh, glasshouse in Royal Botanic Gardens, 27.v.1966 (*L. A. Mound* and *B. R. Pitkin*); paratypes on unidentified ferns, Edinburgh, glasshouse in Royal Botanic Gardens, 31.i.1966 (*E. C. Pelham-Clinton*); paratypes on unidentified ferns, Edinburgh, glasshouse in Royal Botanic Gardens, 17.ix.1965 (*L. A. Mound*); two paratypes on *Pteris togoensis* or *Cyclosorus dentatus*, ENGLAND : Kew, glasshouse in Royal Botanic Gardens, ?1890 (*J. W. Douglas*) (BMNH) (USNM).

DISTRIBUTION. England (glasshouse), Scotland (glasshouse) (Mound, 1967 : 32) (BMNH).
HOST PLANTS.
Aspidiaceae : *Dryopteris* sp. (Mound, 1967 : 32) (BMNH).
Davalliaceae : *Davallia* sp. (Mound, 1967 : 32) (BMNH).
Oleandraceae : *Nephrolepis* sp. (Mound, 1967 : 32) (BMNH).
Pteridaceae : ?*Pteris togoensis* (Mound, 1967 : 32) (BMNH).
Thelypteridaceae : ?*Cyclosorus dentatus* (Mound, 1967 : 32) (BMNH).

METALEYRODES Sampson
Metaleyrodes Sampson, 1943 : 210. Type-species : *Aleyrodes oceanica*, by monotypy

Metaleyrodes oceanica (Takahashi)
Aleyrodes oceanica Takahashi, 1939b : 235–236. Syntypes on an unidentified host, CAROLINE ISLANDS : Ponape, Ninoani, 13.i.1938 (*Prof. T. Esaki*) (Taiwan ARI).
Metaleyrodes oceanica (Takahashi) Sampson, 1943 : 210.

DISTRIBUTION. Caroline Islands (Takahashi, 1939b : 236).
HOST PLANTS.
Host indet. (Takahashi, 1939b : 236).

MEXICALEYRODES Sampson & Drews
Mexicaleyrodes Sampson & Drews, 1941 : 166–167. Type-species : *Mexicaleyrodes contigua*, by monotypy.

Mexicaleyrodes contigua Sampson & Drews
Mexicaleyrodes contigua Sampson & Drews, 1941 : 168. Syntypes on an undetermined shrub, MEXICO : Chivela, Oaxaca, iv.1926 (California UCD).

DISTRIBUTION. Mexico (Sampson & Drews, 1941 : 168).
HOST PLANTS.
Host indet. (Sampson & Drews, 1941 : 168).

MIXALEYRODES Takahashi
Mixaleyrodes Takahashi, 1936c : 150. Type-species : *Mixaleyrodes polystichi*, by monotypy.

Mixaleyrodes polypodicola Takahashi
Mixaleyrodes polypodicola Takahashi, 1963 : 56–57. Three syntypes on *Polystichopsis aristata*, JAPAN : near Mt Iwawaki, Osaka Prefecture, 29.v.1960 (*R. Takahashi*) (Hikosan BL).

DISTRIBUTION. Japan (Takahashi, 1963 : 57).
HOST PLANTS.
Aspidiaceae : *Polystichopsis aristata* (Takahashi, 1963 : 57).

Mixaleyrodes polystichi Takahashi
Mixaleyrodes polystichi Takahashi, 1936c : 150–151. Syntypes on *Polystichum* sp. and other ferns, TAIWAN : Taihoku, 24.x.1935 (*R. Takahashi*).

DISTRIBUTION. Taiwan (Takahashi, 1936c : 151).
HOST PLANTS.
Aspidiaceae : *Polystichum* sp. (Takahashi, 1936c : 151).
Pteridaceae : Sensu lato (Takahashi, 1936c : 151).

MOUNDIELLA David
Moundiella David, 1974a : 43. Type-species : *Trialeurodes megapapillae*, by monotypy.

Moundiella megapapillae (Singh)
Trialeurodes megapapillae Singh, 1932 : 86. Syntypes on *Butea* sp., BURMA : Syriam, x.1949 (*K. Singh*) (Calcutta ZSI).
Moundiella megapapillae (Singh) David, 1974a : 43–45.

DISTRIBUTION. Burma (Singh, 1932 : 86).
HOST PLANTS.
Leguminosae : *Butea* sp. (Singh, 1932 : 86).

NEALEYRODES Hempel

Nealeyrodes Hempel, 1923 : 1179. Type-species : *Nealeyrodes bonariensis*, by monotypy.

Nealeyrodes bonariensis Hempel

Nealeyrodes bonariensis Hempel, 1923 : 1179–1181. Syntypes on leaves and stalks of *Eryngium pandanifolium*, ARGENTINA : Buenos Aires, iv.1906 (*Dr C. Spegazzini*) (São Paulo MZU).

DISTRIBUTION. Argentina (Hempel, 1923 : 1181).
HOST PLANTS.
Umbelliferae : *Eryngium pandanifolium* (Hempel, 1923 : 1181).

NEOALEURODES Bondar

Neoaleurodes Bondar, 1923a : 128. Type-species : *Neoaleurodes clandestinus*, by monotypy.

Neoaleurodes clandestinus Bondar

Neoaleurodes clandestinus Bondar, 1923a : 128–130. Syntypes on *Miconia* sp., BRAZIL : Bahia (*G. Bondar*) (São Paulo MZU) (USNM).

DISTRIBUTION. Brazil (Bondar, 1923a : 130) (Dry material in BMNH).
HOST PLANTS.
Melastomataceae : Genus indet. (Dry material in BMNH); *Miconia* sp. (Bondar, 1923a : 130).

NEOALEUROLOBUS Takahashi

Neoaleurolobus Takahashi, 1951c : 5–6. Type-species : *Aleurolobus musae*, by monotypy.

Neoaleurolobus musae (Corbett)

Aleurolobus musae Corbett, 1935b : 820–821. Holotype on *Musa sapientum*, MALAYA : Dusun Tua (Selangor). Described from a single specimen in poor condition.
Neoaleurolobus musae (Corbett) Takahashi, 1951c : 6–7.

DISTRIBUTION. Malaya (Corbett, 1935b : 821).
HOST PLANTS.
Musaceae : *Musa sapientum* (Corbett, 1935b : 821).

NEOALEUROTRACHELUS Takahashi & Mamet

Neoaleurotrachelus Takahashi & Mamet, 1952b : 126. Type-species : *Neoaleurotrachelus aphloiae*, by monotypy.

Neoaleurotrachelus aphloiae Takahashi & Mamet

Neoaleurotrachelus aphloiae Takahashi & Mamet, 1952b : 126–128. Syntypes on *Aphloia theaeformis*, MADAGASCAR : Ambatomanga, v.1949 (*R. Paulian*) (Paris MNHN).

DISTRIBUTION. Madagascar (Takahashi & Mamet, 1952b : 128).
HOST PLANTS.
Flacourtiaceae : *Aphloia theaeformis* (Takahashi & Mamet, 1952b : 128).

NEOMASKELLIA Quaintance & Baker

Neomaskellia Quaintance & Baker, 1913 : 91. Type-species : *Aleurodes comata*, by monotypy.

Neomaskellia andropogonis Corbett

Neomaskellia andropogonis Corbett, 1926 : 278–279. Syntypes on *Andropogon* sp., SRI LANKA : Bandarawalla, v.1906 (*E. E. Green*) (BMNH).

DISTRIBUTION. Sri Lanka (Corbett, 1926 : 279) (BMNH); India (Takahashi, 1952c : 27) (BMNH); Pakistan (BMNH); Malaya (Takahashi, 1952c : 27).
HOST PLANTS.
Gramineae : *Andropogon* sp. (Corbett, 1926 : 279) (BMNH); *Saccharum arundinaceum* (Takahashi, 1952c : 27); *Saccharum bengalensis, Saccharum officinarum* (BMNH); *Saccharum sara* (Singh, 1931 ; 16); *Sorghum vulgare* (BMNH).

Neomaskellia bergii (Signoret)

Aleurodes bergii Signoret, 1868 : 395–397. Syntypes on sugarcane [*Saccharum officinarum*], MAURITIUS ['L'Île Maurice'].

Aleurodes sacchari Maskell, 1890b : 171–173. Syntypes on sugarcane [*Saccharum officinarum*], and 'rarely also on stems of grass', FIJI (*R. L. Holmes*) (Auckland DSIR). [Synonymized by Quaintance & Baker, 1914 : 104.]

Neomaskellia bergii (Signoret) Quaintance & Baker, 1914 : 104.

DISTRIBUTION. Palaearctic Region : Japan (Takahashi, 1956 : 13).

Ethiopian Region : Mauritania, Senegal (Cohic, 1969 : 134); Gambia, Sierra Leone, Niger, Nigeria, Cameroun, São Tomé, Principe (Cohic, 1969 : 134) (BMNH); Congo (Brazzaville), Zaire, Central African Republic (Cohic, 1969 : 134); Sudan, Uganda, Tanzania, South Africa (Cohic, 1969 : 134) (BMNH); Malawi (Cohic, 1969 : 134).

Oriental Region : India, Sri Lanka (Takahashi, 1956 : 13) (BMNH); Bangladesh, Thailand (BMNH); Taiwan, Marianas Islands (Takahashi, 1956 : 13).

Austro-Oriental Region : Malaya, Java (Takahashi, 1956 : 13) (BMNH); Borneo (BMNH); Philippines (Takahashi, 1956 : 13); New Guinea, Solomon Islands (BMNH).

Australasian Region : Australia (Queensland) (BMNH).

Pacific Region : Caroline Islands (Takahashi, 1956 : 13); New Caledonia (Cohic, 1959b : 242); New Zealand (Mimeur, 1944b : 89); Fiji (Maskell, 1890b : 172); Samoa (Takahashi, 1956 : 13); Tahiti (Dumbleton, 1961b : 771).

HOST PLANTS.
Gramineae : *Andropogon* [*Hyparrhenia*] sp. (Cohic, 1969 : 135); ? *Bambusa* sp., *Cenchrus cilaris* (BMNH); *Panicum maximum* (Cohic, 1969 : 134; *Paspalum conjugatum* (Takahashi, 1956 : 13); *Pennisetum arvensis* (Dozier, 1934 : 187); *Pennisetum purpureum* (Mound, 1965c : 150) (BMNH); *Saccharum officinarum* (Signoret, 1868 : 395) (BMNH); *Setaria chevalieri* (Cohic, 1968a : 49); *Setaria sulcata* (BMNH); *Sorghum caudatum* (BMNH); *Sorghum* sp. (Corbett, 1926 : 278) (BMNH); *Sorghum vulgare, Setaria italica* (David & Subramaniam, 1976 : 203).

NATURAL ENEMIES.
Coleoptera
  Coccinellidae : *Coccinella repanda* Thunberg (Kirkaldy, 1907 : 48).
    : *Scymnus* sp. (Thompson, 1964 : 105. India).
Hymenoptera
  Chalcidoidea
    Aphelinidae : *Eretmocerus delhiensis* Mani (Hayat, 1972 : 99).
      : *Prospaltella tristis* (Zehntner) (Fulmek, 1943 : 5, 56. Australia, Java, Philippines, Singapore).

Neomaskellia comata (Maskell)

Aleurodes comata Maskell, 1895 : 426–427. Syntypes on Gramineae, FIJI (*R. L. Holmes*) (Auckland DSIR) (USNM).

Neomaskellia comata (Maskell) Quaintance & Baker, 1913 : 91–92.

DISTRIBUTION. Fiji (Maskell, 1895 : 426).
HOST PLANTS.
Gramineae : Genus indet. (Maskell, 1895 : 426).

Neomaskellia eucalypti Dumbleton

Neomaskellia eucalypti Dumbleton, 1956b : 175. Holotype and paratypes on *Eucalyptus* sp., AUSTRALIA : N.S.W., Sydney, Botanic Gardens, 1897 (*W. W. Froggatt*) (Auckland DSIR).

DISTRIBUTION. Australia (New South Wales) (Dumbleton, 1956b : 175); Australia (Victoria, Western Australia) (BMNH).
HOST PLANTS.
Myrtaceae : *Eucalyptus* sp. (Dumbleton, 1956b : 175) (BMNH); *Eucalyptus ficifolia* (BMNH).

NEOPEALIUS Takahashi
Neopealius Takahashi, 1954b : 50–51. Type-species : *Neopealius rubi*, by monotypy.

Neopealius nilgiriensis David & Subramaniam
Neopealius nilgiriensis David & Subramanian, 1976 : 204. Holotype and twelve paratypes on *Azalea indica*, INDIA : Ootacamund (The Nilgiris), 7000 ft, 3.vii.1969 (*B. V. David*) (Calcutta ZSI). (Four paratypes in BMNH.)

DISTRIBUTION. India (David & Subramaniam, 1976 : 204) (BMNH).
HOST PLANTS.
Ericaceae : *Rhododendron [Azalea] indica* (David & Subramaniam, 1976 : 204) (BMNH).

Neopealius rubi Takahashi
Neopealius rubi, Takahashi, 1954b : 51–52. Syntypes on *Rubus microphyllus, Rubus palmatus, Lindera obtusiloba, Benzoin umbellatum, Lespedeza buergeri*, JAPAN : Mt Takao near Tokyo, 30.vii.1949 (*R. Takahashi*); Mt Mitake near Tokyo, 21.viii.1949 (*R. Takahashi*) (Hikosan BL).

DISTRIBUTION. Japan (Takahashi, 1954b : 52); U.S.S.R. (Danzig, 1966 : 382) [207]).
HOST PLANTS.
Labiatae : *Nepeta [Lophanthus] rugosus, Phlomis* sp. (Danzig, 1966 : 382 [207]).
Lauraceae : *Lindera obtusiloba, Lindera [Benzoin] umbellatum* (Takahashi, 1954b : 52).
Leguminosae : *Lespedeza buergeri* (Takahashi, 1954b : 52).
Rosaceae : *Rubus microphyllus, Rubus palmatus* (Takahashi, 1954b : 52).

ODONTALEYRODES Takahashi
Odontaleyrodes Takahashi, 1954b : 49–50. Type-species : *Aleyrodes akebiae*, by original designation.

Odontaleyrodes akebiae (Kuwana)
Aleyrodes akebiae Kuwana, 1911 : 622–623. Syntypes on *Akebia quinata*, JAPAN : Mito city, viii.1907 (*C. Fukaya*) (USNM).
Pealius akebiae (Kuwana) Takahashi, 1953 : 332.
Odontaleyrodes akebiae (Kuwana) Takahashi, 1954b : 49.

DISTRIBUTION. Japan (Kuwana, 1911 : 623) (BMNH).
HOST PLANTS.
Lardizabalaceae : *Akebia lobata* (Takahashi, 1955d : 10) (BMNH); *Akebia quinata* (Kuwana, 1911 : 623).

Odontaleyrodes damnacanthi (Takahashi)
Pealius damnacanthi Takahashi, 1935b : 61–62. Syntypes on *Damnacanthus indicus* var. *formosanus* and *Eurya acuminata*, TAIWAN : Piyanan-Ambu, Ekiju near Piyanan, Yappitsu (Suo-Gun, Taihoku Prefecture), 13.viii.1934 (*R. Takahashi*) (Taiwan ARI).
Odontaleyrodes damnacanthi (Takahashi) Takahashi, 1955d : 12.

DISTRIBUTION. Taiwan (Takahashi, 1935b : 62).
HOST PLANTS.
Rubiaceae : *Damnacanthus indicus* var. *formosanus* (Takahashi, 1935b : 62).
Theaceae : *Eurya acuminata* (Takahashi, 1935b : 62).

Odontaleyrodes euryae Takahashi
Odontaleyrodes euryae Takahashi, 1955d : 12. Syntypes on *Eurya japonica*, JAPAN : Ōme near Tokyo, 7.viii.1949 (*R. Takahashi*) (Hikosan BL). (Six mounted syntypes and dry material with syntype data in BMNH.)

DISTRIBUTION. Japan (Takahashi, 1955d : 12) (BMNH).
HOST PLANTS.
Theaceae : *Eurya japonica* (Takahashi, 1955d : 12) (BMNH).

Odontaleyrodes indicus David

Odontaleyrodes indicus David, 1972 : 309–310. Holotype and paratypes on an unidentified shrub, INDIA : Mysore State, Saklaspur, 1000 m, 12.viii.1971 (*B. V. David*). (Thirteen paratypes in BMNH.)

DISTRIBUTION. India (David, 1972 : 310) (BMNH).
HOST PLANTS.
Host indet. (David, 1972 : 310).

Odontaleyrodes kongosana Takahashi

Odontaleyrodes kongosana Takahashi, 1955d : 11. Syntypes on *Lindera* sp., JAPAN : Mt Kongo, Osaka-fu, 27.vi.1954 (*R. Takahashi*) (Hikosan BL).

A manuscript list of type-material in the Hikosan BL collection gives *Litsea* sp. (Lauraceae) as the type-host.

DISTRIBUTION. Japan (Takahashi, 1955d : 11).
HOST PLANTS.
Lauraceae   : *Lindera* sp. (Takahashi, 1955d : 11).

Odontaleyrodes mitakensis Takahashi

Odontaleyrodes mitakensis Takahashi, 1955d : 12–13. Syntypes on *Pertya ovata*, JAPAN : Mt Mitake near Tokyo, 21.viii.1949 (*R. Takahashi*) (Hikosan BL).

DISTRIBUTION. Japan (Takahashi, 1955d : 13):
HOST PLANTS.
Compositae   : *Pertya ovata* (Takahashi, 1955d : 13).

Odontaleyrodes nilgiriensis David

Odontaleyrodes nilgiriensis David, 1972 : 310–312. Holotype and twelve paratypes on an unidentified 'twiner' INDIA : Tamil Nadu, Ootacamund (The Nilgiris) 2300 m, Botanic Gardens, 3.viii.1969 (*B. V. David*). (Five paratypes in BMNH.)

DISTRIBUTION. India (David, 1972 : 312) (BMNH).
HOST PLANTS.
Host indet. (David, 1972 : 312).

Odontaleyrodes rhododendri (Takahashi)

Pealius rhododendri Takahashi, 1935c : 279–280. Syntypes on *Rhododendron* sp., imported from JAPAN : Osaka into TAIWAN : Keelung, iii.1935 (Taiwan ARI).
Odontaleyrodes rhododendri (Takahashi) Takahashi, 1954b : 50.

DISTRIBUTION. Japan (Takahashi, 1935c : 280) (BMNH); U.S.A. (Florida) (BMNH).
HOST PLANTS.
Ericaceae   : *Rhododendron* sp. (Takahashi, 1935c : 280) (BMNH).

ORCHAMOPLATUS Russell

Aleuroplatus (*Orchamus*) Quaintance & Baker, 1917 : 400. Type-species : *Aleuroplatus* (*Orchamus*) *mammaeferus*, by monotypy.
Orchamus Quaintance & Baker; as full genus, Dumbleton, 1956a : 131–132. [Homonym of *Orchamus* Stål, 1876 : 30 (Orthoptera).]
Orchamoplatus Russell, 1958 : 390–391. [Replacement name for *Orchamus* Quaintance & Baker.]

Orchamoplatus caledonicus (Dumbleton)

[*Aleuroplatus* (*Orchanus*) [sic] *samoanus* Laing; Williams, 1944 : 100. Misidentification in part.]
Orchamus caledonicus Dumbleton, 1956a : 133–134. Holotype and paratypes on orange [*Citrus* sp.], NEW CALEDONIA : Noumea, Anse Vata, 24.v.1955 (*L. J. Dumbleton*) (USNM). (One paratype in BMNH.)
Orchamoplatus caledonicus (Dumbleton) Russell, 1958 : 400–402.

DISTRIBUTION. New Caledonia (Dumbleton, 1956a : 134) (BMNH).
HOST PLANTS.
Moraceae   : *Malaisia tortuosa* (Cohic, 1959b : 242).
Rutaceae   : *Citrus aurantium, Citrus medica, Citrus medica* var. *limon, Citrus reticulata* (Cohic, 1959b : 242); *Citrus* sp. (Dumbleton, 1956a : 134) (BMNH).
Ulmaceae   : *Celtis* sp. (Cohic, 1959b : 242).

Orchamoplatus calophylli Russell

Orchamoplatus calophylli Russell, 1958 : 402–403. Holotype and paratypes on *Calophyllum* sp., TONGA : Vava'u Island, Neiafu, ii.1956 (*N. L. H. Krauss*) (USNM).

DISTRIBUTION. Tonga (Russell, 1958 : 403).
HOST PLANTS.
Guttiferae : *Calophyllum* sp. (Russell, 1958 : 403).

Orchamoplatus citri (Takahashi)

Aleuroplatus citri Takahashi, 1940c : 381–382. Syntypes on lemon [*Citrus* sp.], AUSTRALIA : N.S.W., Sydney, Raymond Terrace, 25.v.1932 and i.1940 (*N. S. Noble*) (Taiwan ARI).
Orchamoplatus citri (Takahashi) Russell, 1958 : 397–398.

DISTRIBUTION. Australia (New South Wales) (Takahashi, 1940e : 382); Australia (Queensland, South Australia) (BMNH).
HOST PLANTS.
Rutaceae : *Citrus* sp. (Takahashi, 1940e : 382) (BMNH).

Orchamoplatus dentatus (Dumbleton)

Orchamus dentatus Dumbleton, 1956a : 134–136. Holotype and paratypes on a Myrtaceous plant, ?*Mooria artensis*, NEW CALEDONIA : Carenage, 8.iv.1955 (*L. J. Dumbleton*) (Noumea ORSTOM) (USNM). (One paratype in BMNH.)
Orchamoplatus dentatus (Dumbleton) Russell, 1958 : 403–405.

DISTRIBUTION. New Caledonia (Dumbleton, 1956a : 136) (BMNH).
HOST PLANTS.
Loranthaceae : *Amyema scandens* (Cohic, 1959b : 242).
Myrtaceae : ?*Mooria artensis* (Dumbleton, 1956a : 136) (BMNH).

Orchamoplatus dumbletoni (Cohic) **comb. n.**

Orchamus dumbletoni Cohic, 1959c : 130–135. Holotype and paratypes on *Homalium arboreum*, NEW CALEDONIA : Noumea, Anse Vata, 19.vi.1958; paratypes on *Celtis* sp., Noumea, Anse Vata, 19.vi.1958 (Noumea ORSTOM).

The name *Orchamus* had been replaced by that of *Orchamoplatus* in the year before *dumbletoni* was described.

DISTRIBUTION. New Caledonia (Cohic, 1959c : 130).
HOST PLANTS.
Flacourtiaceae : *Homalium arboreum* (Cohic, 1959c : 130).
Ulmaceae : *Celtis* sp. (Cohic, 1959c : 130).

Orchamoplatus incognitus (Dumbleton)

Orchamus incognitus Dumbleton, 1956a : 136–138. Holotype and paratypes on an unidentified host, NEW CALEDONIA (*F. Cohic*) (Noumea ORSTOM).
Orchamoplatus incognitus (Dumbleton) Russell, 1958 : 399–400.

DISTRIBUTION. New Caledonia (Dumbleton, 1956a : 138).
HOST PLANTS.
Host indet. (Dumbleton, 1956a : 138).

Orchamoplatus mammaeferus (Quaintance & Baker)

Aleuroplatus (Orchamus) mammaeferus Quaintance & Baker, 1917 : 400–401. Syntypes on *Codiaeum variegatum*, JAVA : Buitenzorg, Botanical Gardens, i.1911 (*R. S. Woglum*) (USNM).
Aleuroplatus (Orchamus) samoanus Laing, 1927 : 43–45. Syntypes on croton [*Codiaeum variegatum*], SAMOA : Upolu Island, Apia, iv.1925 (*P. A. Buxton* and *G. H. Hopkins*) (BMNH). [Synonymized by Russell, 1958 : 393.]
Orchamoplatus mammaeferus (Quaintance & Baker) Russell, 1958 : 393–397.

DISTRIBUTION. Palaearctic Region : Japan (Russell, 1958 : 396).
Austro-Oriental Region : Java (Quaintance & Baker, 1917 : 401); Malaya, Singapore (Russell, 1958 : 396).
Australasian Region : Australia (Russell, 1958 : 396).

Pacific Region : New Zealand, Fiji (Russell, 1958 : 396) (BMNH); Samoa (Laing, 1927 : 44) (BMNH); Cook Islands (Russell, 1958 : 396); Tahiti (Russell, 1958 : 396) (BMNH); Marquesas Islands (Dozier, 1929 : 1003).
HOST PLANTS.
Euphorbiaceae   : *Codiaeum variegatum* (Quaintance & Baker, 1917 : 400) (BMNH).
Myrtaceae   : *Pimenta officinalis* (BMNH)
Rutaceae   : *Citrus aurantifolia* (BMNH); *Citrus medica* (Dozier, 1928 : 1003); *Citrus paradisi, Citrus sinensis* (BMNH).

Orchamoplatus montanus (Dumbleton)

Orchamus montanus Dumbleton, 1956a : 138. Holotype and paratypes on an undetermined Cunoniaceous plant, NEW CALEDONIA : Montagne des Sources, 7.xii.1954 (Nouméa ORSTOM) (USNM). (One mounted pupal case, labelled paratype by L. J. Dumbleton, from Plaine des Lacs, dated 8.iv.1955, in BMNH.)
Orchamoplatus montanus (Dumbleton) Russell, 1958 : 398–399.

DISTRIBUTION. New Caledonia (Dumbleton, 1956a : 138) (BMNH).
HOST PLANTS.
Araliaceae   : *Myrita* sp. (Cohic, 1959b : 242).
Cunoniaceae   : Genus indet. (Dumbleton, 1956a : 138).
Epacridaceae   : *Leucopogon dammarifolius* (Cohic, 1959b : 242).

Orchamoplatus noumeae Russell

[*Aleuroplatus* (*Orchanus*) [sic] *samoanus* Laing; Williams, 1944 : 100. Misidentification in part.]
Orchamoplatus noumeae Russell, 1958 : 405-406. Holotype and paratypes on *Citrus* sp., NEW CALEDONIA : Nouméa, 31.x.1940 (*F. X. Williams*) (USNM).

DISTRIBUTION. New Caledonia (Russell, 1958 : 406).
HOST PLANTS.
Rutaceae   : *Citrus* sp. (Russell, 1958 : 406).

Orchamoplatus perdentatus Dumbleton

Orchamoplatus perdentatus Dumbleton, 1961a : 133–134. Holotype on an unidentified host, NEW CALEDONIA (*F. Cohic*) (Nouméa ORSTOM). Described from a single specimen.

DISTRIBUTION. New Caledonia (Dumbleton, 1961a : 133).
HOST PLANTS.
Host indet. (Dumbleton, 1961a : 133).

Orchamoplatus plumensis (Dumbleton)

Orchamus plumensis Dumbleton, 1956a : 138–139. Holotype and paratypes on an unidentified host, NEW CALEDONIA : Plum (*L. J. Dumbleton*) (Nouméa ORSTOM) (USNM). (One paratype in BMNH.)
Orchamoplatus plumensis (Dumbleton) Russell, 1958 : 408–409.

DISTRIBUTION. New Caledonia (Dumbleton, 1956a : 139) (BMNH).
HOST PLANTS.
Host indet. (Dumbleton, 1956a : 139) (BMNH).

Orchamoplatus porosus (Dumbleton)

Orchamus porosus Dumbleton, 1956a : 140. Holotype and paratypes on a Myrtaceous plant, ?*Mooria artensis*, NEW CALEDONIA : Carenage, 8.iv.1955 (*L. J. Dumbleton*) (Nouméa ORSTOM) (USNM). (One paratype in BMNH.)
Orchamoplatus porosus (Dumbleton) Russell, 1958 : 406–408.

DISTRIBUTION. New Caledonia (Dumbleton, 1956a : 140) (BMNH).
HOST PLANTS.
Myrtaceae   : ?*Mooria artensis* (Dumbleton, 1956a : 140) (BMNH).

Orchamoplatus sudaniensis Gameel

Orchamoplatus sudaniensis Gameel, 1968 : 151–153. Holotype and eleven paratypes on *Cassia fistula*, SUDAN : Khartoum, Nile Junction Gardens, 5.xi.1961 (*O. I. Gameel*); numerous paratypes on *Cassia occidentalis*, Khartoum, Nile Junction Gardens, 14.xi.1961 (*O. I. Gameel*) (Sudan GRF).

DISTRIBUTION. Sudan (Gameel, 1968 : 152).
HOST PLANTS.
Leguminosae   :   *Cassia fistula, Cassia occidentalis* (Gameel, 1968 : 152).

ORSTOMALEYRODES Cohic

Orstomaleyrodes Cohic, 1966a : 52. Type-species : *Aleuroplatus fimbriae*, by monotypy.

Orstomaleyrodes fimbriae (Mound)

Aleuroplatus fimbriae Mound, 1965c : 134. Holotype on *Cassia siamea*, NIGERIA : Ibadan, Moor Plantation ii.1961 (*L. A. Mound*); paratypes on *Cassia siamea*, Ibadan, Moor Plantation, i.–vi. 1961 (*E. A. James* and *L. A. Mound*); one paratype, a third instar nymph, on *Tecoma stans*, GHANA : Tafo, 1.v.1957 (*V. F. Eastop*) (BMNH) (USNM).
Orstomaleyrodes fimbriae (Mound) Cohic, 1966a : 52–54.

DISTRIBUTION. Angola, Chad, Ivory Coast, Cameroun (Cohic, 1969 : 135); Congo (Brazzaville) (Cohic, 1969 : 135) (BMNH); Ghana, Nigeria (Mound, 1965c : 134) (BMNH).
HOST PLANTS.
Bignoniaceae   :   *Tecoma stans* (Mound, 1965c : 134) (BMNH).
Combretaceae   :   *Combretum bracteatum* (BMNH).
Flacourtiaceae   :   *Caloncoba welwitschii* (Cohic, 1966a : 52) (BMNH).
Leguminosae   :   *Baphia nitida* (Cohic, 1969 : 135); *Cassia siamea* (Mound, 1965c : 134) (BMNH); *Newtonia glandulifera* (Cohic, 1968a : 50).
Sapindaceae   :   *Paullinia pinnata* (Cohic, 1968a : 50).
Ulmaceae   :   *Celtis milbraedii* (Cohic, 1969 : 135).

PARABEMISIA Takahashi

Parabemisia Takahashi, 1952a : 21–22. Type-species : *Parabemisia maculata*, by original designation.

Parabemisia aceris (Takahashi)

Bemisia aceri [sic—improper latinization] Takahashi, 1931a : 204–205. Syntypes on *Acer* sp., TAIWAN : Koro, Taihoku Prefecture, 4.ix.1929 (*R. Takahashi*) (Taiwan ARI).
Parabemisia aceris (Takahashi) Takahashi, 1952a : 23–24.

DISTRIBUTION. Taiwan (Takahashi, 1931a : 205); Japan (Takahashi, 1952a : 24).
HOST PLANTS.
Aceraceae   :   *Acer palmatum, Acer shirasawanum* (attacking both upper and lower surfaces of leaves) (Takahashi, 1952a : 24); *Acer* sp. (Takahashi, 1931a : 205).

Parabemisia maculata Takahashi

Parabemisia maculata Takahashi, 1952a : 22–23. Six syntypes on *Acer* sp., JAPAN : Karuizawa, x.1950 (*A. Takahashi*) (Hikosan BL).

DISTRIBUTION. Japan (Takahashi, 1952a : 23).
HOST PLANTS.
Aceraceae   :   *Acer* sp. (Takahashi, 1952a : 23).

Parabemisia myricae (Kuwana)

Bemisia myricae Kuwana, 1927 : 249–251. Syntypes on both sides of leaves of *Myrica rubra, Morus alba, Citrus* spp. and other plants, JAPAN : Kochi, Wakayama and Aichi Ken. (Taiwan ARI) (USNM).
Parabemisia myricae (Kuwana) Takahashi, 1952a : 24.

DISTRIBUTION. Japan (Kuwana, 1927 : 250); Taiwan, Malaya (Takahashi, 1952a : 24).
HOST PLANTS.
Ebenaceae   :   *Diospyros kaki* (Kuwana, 1928 : 64).
Elaeocarpaceae :   *Elaeocarpus serratus* (Takahashi, 1933 : 3).

Ericaceae	: *Rhododendron* sp. (Takahashi, 1952a : 24).
Fagaceae	: *Quercus serrata* (Kuwana, 1928 : 64).
Lauraceae	: *Machilus* sp. (Takahashi, 1932 : 33).
Moraceae	: *Ficus carica* (Kuwana, 1928 : 64); *Morus alba* (Kuwana, 1927 : 250).
Myricaceae	: *Myrica rubra* (Kuwana, 1927 : 250).
Myrsinaceae	: *Maesa japonica* (Takahashi, 1932 : 33).
Myrtaceae	: *Psidium guajava* (Takahashi, 1932 : 33).
Rosaceae	: *Prunus mume, Prunus triflora* (Kuwana, 1928 : 64); *Prunus persica* (Takahashi, 1952a : 24).
Rubiaceae	: *Gardenia florida* (Corbett, 1935b : 786).
Rutaceae	: *Citrus* spp. (Kuwana, 1927 : 250).
Salicaceae	: *Salix babylonica* (Kuwana, 1928 : 64); *Salix gracilistyla* (Takahashi, 1952a : 24).
Theaceae	: *Thea sinensis* (Takahashi, 1952a : 24).

NATURAL ENEMIES.
  Hymenoptera
    Chalcidoidea
      Aphelinidae : *Prospaltella bemisiae* Ishii (Ishii, 1938 : 30. Japan).

Parabemisia reticulata Dumbleton

Parabemisia reticulata Dumbleton, 1961a : 134–135. Holotype and paratypes on unidentified host, NEW CALEDONIA : Montagne des Sources, 17.xii.1954 (*L. J. Dumbleton*) (Noumea ORSTOM). (One paratype on Cunoniaceae in BMNH.)

DISTRIBUTION. New Caledonia (Dumbleton, 1961a : 135) (BMNH).
HOST PLANTS.
  Cunoniaceae : Genus indet. (BMNH).

PARALEUROLOBUS Sampson & Drews

Paraleurolobus Sampson & Drews, 1941 : 168–169. Type-species : *Paraleurolobus imbricatus*, by monotypy.

Paraleurolobus imbricatus Sampson & Drews

Paraleurolobus imbricatus Sampson & Drews, 1941 : 169. Syntypes on an undetermined tree. MEXICO : Chivela, Oaxaca, iv.1926 (California UCD) (USNM).

DISTRIBUTION. Mexico (Sampson & Drews, 1941 : 169).
HOST PLANTS.
  Host indet. (Sampson & Drews, 1941 : 169).

PAULIANALEYRODES Cohic

Paulianaleyrodes Cohic, 1966b : 64. Type-species : *Paulianaleyrodes splendens*, by original designation.

Paulianaleyrodes pauliani Cohic

Paulianaleyrodes pauliani Cohic, 1966b : 69–72. Holotype on an unidentified host, ANGOLA : Portugalia, iv.1964 (*R. Paulian*). Described from a single specimen.

DISTRIBUTION. Angola (Cohic, 1966b : 69); Congo (Brazzaville) (Cohic, 1968a : 50).
HOST PLANTS.
  Original host indet.: (Cohic, 1966b : 67).
  Annonaceae : *Uvaria scabrida* (Cohic, 1968a : 50).

Paulianaleyrodes splendens Cohic

Paulianaleyrodes splendens Cohic, 1966b : 64–67. Twenty syntypes on *Dichapetalum brazzae*, CONGO (Brazzaville) : Brazzaville, Centre OR.S.T.O.M., 10.xii.1964. (One syntype labelled paratype by F. Cohic, in BMNH.)

DISTRIBUTION. Congo (Brazzaville) (Cohic, 1966b : 64) (BMNH).
HOST PLANTS.
  Dichapetalaceae : *Dichapetalum brazzae* (Cohic, 1966b : 64) (BMNH).

Paulianaleyrodes tetracerae Cohic

Paulianaleyrodes tetracerae Cohic, 1966b : 67–69. Syntypes on *Tetracera alnifolia*, CONGO (Brazzaville) : Brazzaville, 8.i.1964; on *Cogniauxia podolaena*, Brazzaville, 7.ii.1964. (One syntype on *Tetracera alnifolia*, labelled paratype by F. Cohic, in BMNH.)
Paulianaleyrodes tetracerae var. *harunganae* Cohic, 1968b : 124. Syntypes on *Harungana madagascariensis*, CONGO (Brazzaville) : Brazzaville, Forêt de la Tsiama, 11.xii.1966.

DISTRIBUTION. Congo (Brazzaville) (Cohic, 1966b : 67) (BMNH).
HOST PLANTS.
Annonaceae : *Uvaria scabrida* (Cohic, 1968a : 50).
Cucurbitaceae : *Cogniauxia podolaena* (Cohic, 1966b : 67).
Dilleniaceae : *Tetracera alnifolia* (Cohic, 1966b : 67) (BMNH).
Guttiferae : *Harungana madagascariensis* (Cohic, 1968b : 124).

PEALIUS Quaintance & Baker

Pealius Quaintance & Baker, 1914 : 99. Type-species : *Aleyrodes maskelli*, by original designation.
Corbettella Sampson, 1943 : 207. Type-species : *Bemisia artocarpi*, by monotypy. **Syn. n.**

Pealius amamianus Takahashi

Pealius amamianus Takahashi, 1963 : 55–56. Two syntypes on *Quercus* sp., JAPAN : Koshuku near Naze, Amami-Oshima, 7.iv.1960 (*R. Takahashi*) (Hikosan BL).

DISTRIBUTION. Japan (Takahashi, 1963 : 55).
HOST PLANTS.
Fagaceae : *Quercus* sp. (Takahashi, 1963 : 55).

Pealius artocarpi (Corbett) **comb. n.**

Bemisia artocarpi Corbett, 1935b : 784–785. Syntypes on *Artocarpus* sp., MALAYA : Pudu, Kuala Lumpur (Selangor).
Corbettella artocarpi (Corbett) Sampson, 1943 : 207.

The original illustration of *artocarpi* shows it to be related to the Oriental species of *Apobemisia*, *Odontaleyrodes* and *Pealius*. As the type-material is unavailable for study, having almost certainly been lost, and in the absence of further material, the species is here placed in the genus *Pealius*.

DISTRIBUTION. Malaya (Corbett, 1935b : 785).
HOST PLANTS.
Moraceae : *Artocarpus* sp. (Corbett, 1935b : 785).

Pealius azaleae (Baker & Moles)

Aleyrodes azaleae Baker & Moles, 1920 : 81–83. Syntypes on *Azalea* sp., BELGIUM : Ghent, 1910, 1914, 1916; on *Azalea* sp., BELGIUM : Lokeren, 1915; on *Azalea* sp., BELGIUM : Melle, 1916; on *Azalea* sp., NETHERLANDS : Boskoop, 1910, 1920; on *Azalea* sp., JAPAN : Shiznoke, 1919 (USNM).
Pealius azaleae (Baker & Moles) Takahashi, 1954b : 50.

DISTRIBUTION. Belgium, Netherlands, Japan (Baker & Moles, 1920 : 81); England, Scotland (BMNH); U.S.S.R. (Danzig, 1964b : 488 [615]); Australia (Victoria) (BMNH); New Zealand (Dumbleton, 1964 : 572).
HOST PLANTS.
Ericaceae : *Rhododendron mucronatum* (Mound, 1966 : 418) (BMNH); *Rhododendron pulchrum* (Takahashi, 1955d : 14); *Rhododendron simsii* (Mound, 1966 : 418); *Rhododendron* [*Azalea*] spp. (Baker & Moles, 1920 : 81) (BMNH).
NATURAL ENEMIES.
Hymenoptera
Chalcidoidea
Aphelinidae : *Encarsia gautieri* (Mercet) (Nikolskaja & Jasnosh, 1968 : 35. U.S.S.R.).

Pealius bangkokensis Takahashi

Pealius bangkokensis Takahashi, 1942c : 213-214. Syntypes on an unidentified host, THAILAND : Bangkok, 28.iii.1940 (*R. Takahashi*).

DISTRIBUTION. Thailand (Takahashi, 1942c : 214).
HOST PLANTS.
Host indet. (Takahashi, 1942c : 214).

Pealius bengalensis (Peal)

Aleurodes bengalensis Peal, 1903b : 71-74. Syntypes assumed to be from INDIA, although no data of the material were given in the original description.
Pealius bengalensis (Peal) Quaintance & Baker, 1914 : 99.

DISTRIBUTION. India (Peal, 1903b : 70); Thailand (Takahashi, 1942c : 210).
HOST PLANTS.
Moraceae : *Ficus* sp. (Takahashi, 1942c : 210).

Pealius cambodiensis Takahashi

Pealius cambodiensis Takahashi, 1942c : 208-210. Holotype on an unidentified host, CAMBODIA : Ankor, 23.iv.1940 (*R. Takahashi*). Described from a single specimen.

DISTRIBUTION. Cambodia (Takahashi, 1942c : 210).
HOST PLANTS.
Host indet. (Takahashi, 1942c : 210).

Pealius chinensis Takahashi

Pealius chinensis Takahashi, 1941c : 388-389. Three syntypes on an unidentified tree, HONG KONG, 8.iii.1940 (*R. Takahashi*).

DISTRIBUTION. Hong Kong (Takahashi, 1941c : 389).
HOST PLANTS.
Host indet. (Takahashi, 1941c : 389).

Pealius ezeigwi Mound

Pealius ezeigwi Mound, 1965c : 151-153. Holotype on an undetermined plant, NIGERIA : Ibadan, Bora Farm, Moor Plantation, vii.1960 (*M. O. Ezeigwe*). Two paratypes on *Maesobotrya barteri*, Ibadan Moor Plantation, v.1956 (*E. A. James*); two paratypes on *Alchornea cordifolia*, Ibadan, Moor Plantation, vi.1956 (*E. A. James*) (BMNH) (USNM).

DISTRIBUTION. Ivory Coast (Cohic, 1969 : 135); Nigeria (Mound, 1965c : 153) (BMNH).
HOST PLANTS.
Euphorbiaceae : *Alchornea cordifolia, Maesobotrya barteri* (Mound, 1965c : 153) (BMNH).
Sapindaceae : *Lecaniodiscus cupanioides* (Cohic, 1969 : 135).
Sapotaceae : *Malacantha heudelotiana* (Cohic, 1969 : 135).
Sterculiaceae : *Cola nitida* (BMNH).

Pealius fici Mound

Pealius fici Mound, 1965c : 150-151. Holotype and four paratypes on *Ficus asperifolia*, NIGERIA : Ibadan Moor Plantation, 13.vii.1960 (*M. O. Ezeigwe*); twenty-eight paratypes on *Ficus* sp., Ibadan, 16.v.1956 (*V. F. Eastop*); four paratypes on *Ficus asperifolia*, NIGERIA : Agege near Lagos, 10.viii.1960 (*M. O. Ezeigwe*); fourteen paratypes on *Ficus asperifolia*, NIGERIA : Samaru near Zaria, 26.x.1960 (*M. O. Ezeigwe*) (BMNH) (USNM).

DISTRIBUTION. Congo (Brazzaville), Ivory Coast, Zaire (Cohic, 1969 : 138); Nigeria (Mound, 1965c : 151) (BMNH)
HOST PLANTS.
Moraceae : *Antiaris africana* (Cohic, 1969 : 140); *Ficus asperifolia, Ficus* sp. (Mound, 1965c : 151) (BMNH); *Ficus capensis* (Cohic, 1969 : 138).

Pealius indicus David & Subramaniam

Pealius indicus David & Subramaniam, 1976 : 206–207. Holotype and fourteen paratypes on *Ficus bengalensis*, INDIA : Coimbatore, 10.iv.1967 (*B. V. David*). (Four paratypes in BMNH.)

DISTRIBUTION. India (David & Subramaniam, 1976 : 206) (BMNH).
HOST PLANTS.
Moraceae   : *Ficus bengalensis* (David & Subramaniam, 1976 : 206) (BMNH).

Pealius kalawi Singh

Pealius kalawi Singh, 1933 : 344. Syntypes on *Laurus* sp., BURMA : Kalaw, xii.1929 (*K. Singh*) (Calcutta ZSI).

DISTRIBUTION. Burma (Singh, 1933 : 344).
HOST PLANTS.
Lauraceae   : *Laurus* sp. (Singh, 1933 : 344).

Pealius kankoensis (Takahashi)

Trialeurodes kankoensis Takahashi, 1933 : 15–16. Syntypes on *Quercus glauca*, TAIWAN : Kanko near Shinten, Shinten ix. and x.1932 (*R. Takahashi*) (Taiwan ARI).
Pealius kankoensis (Takahashi) Takahashi, 1935b : 63.

DISTRIBUTION. Taiwan (Takahashi, 1933 : 15).
HOST PLANTS.
Fagaceae   : *Quercus glauca* (Takahashi, 1933 : 15).

Pealius kelloggi (Bemis)

Aleyrodes kelloggi Bemis, 1904 : 499–500. Syntypes on *Prunus ilicifolia* and *Quercus agrifolia*, U.S.A. : CALIFORNIA, Santa Clara County and on the slopes of the Sierra Morena Range (USNM).
Pealius kelloggi (Bemis) Quaintance & Baker, 1914 : 99.

DISTRIBUTION. U.S.A. (California) (Bemis, 1904 : 500) (BMNH).
HOST PLANTS.
Fagaceae   : *Quercus agrifolia* (Bemis, 1904 : 500).
Rosaceae   : *Prunus ilicifolia* (Bemis, 1904 : 500) (BMNH); *Prunus lyoni* [Catalina cherry] (Penny, 1922 : 23) (BMNH).
NATURAL ENEMIES.
Coleoptera
Coccinellidae : *Delphastus catalinae* Horn (Schilder & Schilder, 1928 : 248. U.S.A.).

Pealius liquidambari (Takahashi) comb. n.

Aleyrodes liquidambari Takahashi, 1932 : 37–38. Syntypes on *Liquidambar formosana*, TAIWAN : Taihoku, 10.v.1931 (*R. Takahashi*) (Taiwan ARI).

This species has been transferred to the genus *Pealius* from a study of the original description.

DISTRIBUTION. Taiwan (Takahashi, 1932 : 38).
HOST PLANTS.
Hamamelidaceae   : *Liquidambar formosana* (Takahashi, 1932 : 38).

Pealius longispinus Takahashi

Pealius longispinus Takahashi, 1932 : 41–42. Syntypes on *Ficus beecheyana*, TAIWAN : Sozan, 21.vi.1931 (*R. Takahashi*) (Taiwan ARI).
Pealius longispinus Takahashi; Mound, 1965c : 151.

DISTRIBUTION. Taiwan (Takahashi, 1932 : 42).
HOST PLANTS.
Moraceae   : *Ficus beecheyana* (Takahashi, 1932 : 42).

Pealius machili Takahashi

Pealius machili Takahashi, 1935b : 62–63. Three syntypes on *Machilus* sp., TAIWAN : Botan (Koshun-Gun, Takao Prefecture), 25.v.1934 (*R. Takahashi*) (Taiwan ARI).

DISTRIBUTION. Taiwan (Takahashi, 1935b : 63).
HOST PLANTS.
Lauraceae   : *Machilus* sp. (Takahashi, 1935b : 63).

Pealius maculatus Takahashi

Pealius maculatus Takahashi, 1942c : 211–213. Syntypes on an unidentified host, CAMBODIA : Ankor, 23.iv.1940 (*R. Takahashi*) (Taiwan ARI).

DISTRIBUTION. Cambodia (Takahashi, 1942c : 213).
HOST PLANTS.
Host indet. (Takahashi, 1942c : 213).

Pealius maskelli (Bemis)

Aleyrodes maskelli Bemis, 1904 : 524–525. Syntypes on *Quercus densiflora*, U.S.A. : CALIFORNIA, La Honda, 13.iv.1901; on *Quercus densiflora*, CALIFORNIA : King's Mountain, 16.v.1902 (USNM).
Pealius maskelli (Bemis) Quaintance & Baker, 1914 : 99.

DISTRIBUTION. U.S.A. (California) (Bemis, 1904 : 525); Mexico (Sampson & Drews, 1941 : 169).
HOST PLANTS.
Fagaceae : *Quercus densiflora* (Bemis, 1904 : 525).

Pealius misrae Singh

Pealius misrae Singh, 1931 : 44–45. Syntypes on *Psidium* sp., INDIA : Pusa (Bihar).

DISTRIBUTION. India (Singh, 1931 : 44).
HOST PLANTS.
Myrtaceae : *Psidium* sp. (Singh, 1931 : 44).

Pealius mori (Takahashi) **comb. n.**

Trialeurodes mori Takahashi, 1932 : 38–39. Syntypes on *Morus alba* and *Salix* sp., TAIWAN : Taihoku, Kappanzan (*R. Takahashi*) (Taiwan ARI).

This species is transferred to *Pealius* after a comparison of specimens on *Morus* from Taiwan with the original description and illustrations. Both the shape of the lingula and the sculpture of the caudal furrow are typical of *Pealius*, although the rows of submarginal papillae are rather unusual.

DISTRIBUTION. Taiwan (Takahashi, 1932 : 39) (BMNH); Thailand (BMNH).
HOST PLANTS.
Moraceae : *Morus alba* (Takahashi, 1932 : 39); *Morus australis* (BMNH).
Salicaceae : *Salix* sp. (Takahashi, 1932 : 39).

Pealius polygoni Takahashi

Pealius polygoni Takahashi, 1934b : 59–60. Syntypes on *Polygonum* sp., TAIWAN : Taihoku, 5.xii.1932 (*R. Takahashi*) (Taiwan ARI).

DISTRIBUTION. Taiwan (Takahashi, 1934b : 60); Japan (Takahashi, 1957 : 20).
HOST PLANTS.
Polygonaceae : *Polygonum* sp. (Takahashi, 1934b : 60); *Polygonum thunbergii* (Takahashi, 1957 : 20).

Pealius psychotriae Takahashi

Pealius psychotriae Takahashi, 1935b : 59–60. Syntypes on *Psychotria serpens*, TAIWAN : Taihoku, Sozan, 20.iv.1934 (*R. Takahashi*) (Taiwan ARI).

DISTRIBUTION. Taiwan (Takahashi, 1935b : 60).
HOST PLANTS.
Rubiaceae : *Psychotria serpens* (Takahashi, 1935b : 60).

Pealius quercus (Signoret)

Aleurodes quercus Signoret, 1868 : 384–385. Syntypes on *Quercus pedunculata*, FRANCE.
Pealius quercus (Signoret) Trehan, 1939 : 266.
[*Aleyrodes avellanae* (Signoret); Trehan, 1940 : 597. Misidentification according to Zahradnik, 1956 : 44.]
Aleurochiton quercus (Signoret) Visnya, 1941b : 8. [?In error.]

DISTRIBUTION. Austria (BMNH); Czechoslovakia, Denmark, Germany, Hungary, Poland (Zahradnik, 1963a : 11); England, Scotland, Ireland (BMNH); France (Signoret, 1868 : 385); Spain (Danzig, 1962 : 18); Sweden (Ossiannilsson, 1955 : 195); U.S.S.R. (Danzig, 1964b : 488 [615]).
HOST PLANTS.
Betulaceae : *Carpinus betulus* (Zahradnik, 1963a : 11); *Carpinus* sp., *Corylus avellana, Ostrya virginiana* (Mound, 1966 : 419) (BMNH); *Corylus heterophylla* (BMNH).
Fagaceae : *Castanea sativa* (Zahradnik, 1963a : 11); *Fagus silvatica* (Zahradnik, 1963a : 11); *Fagus* sp. (Mound, 1966 : 419); *Quercus hartwissiana* (Danzig, 1964a : 642 [329]); *Quercus ilex* (Gomez-Menor, 1945a : 286); *Quercus pedunculata* (Signoret, 1868 : 385); *Quercus sessiliflora* (Visnya 1941b : 9); *Quercus* spp. (Mound, 1966 : 419) (BMNH).
NATURAL ENEMIES.
Hymenoptera
  Chalcidoidea
    Aphelinidae : *Eretmocerus corni* Haldeman (Trehan, 1940 : 611).

Pealius rubi Takahashi

Pealius rubi Takahashi, 1936b : 219–221. Syntypes on *Rubus* sp., TAIWAN : Taihoku, 4.vi.1935 (*R. Takahashi*) (Taiwan ARI).

DISTRIBUTION. Taiwan (Takahashi, 1936b : 221); Japan (Takahashi, 1955d : 15) (BMNH).
HOST PLANTS.
Amaranthaceae : *Achyranthes bidentata* var. *japonica* (Takahashi, 1955d : 15).
Anacardiaceae : *Rhus* sp. (Takahashi, 1955d : 15).
Leguminosae : *Pueraria hirsuta* (Takahashi, 1955d : 15).
Magnoliaceae : *Magnolia kobus* (Takahashi, 1955d : 15).
Moraceae : *Ficus elastica* (Takahashi, 1955d : 15).
Phrymaceae : *Phryma leptostachya* (Takahashi, 1955d : 15).
Polygonaceae : *Polygonum* sp. (Takahashi, 1955d : 15).
Rosaceae : *Rubus* sp. (Takahashi, 1936b : 221) (BMNH); *Rubus thunbergii* (Takahashi, 1955d : 15).
Verbenaceae : *Callicarpa japonica, Clerodendron trichotomum* (Takahashi, 1955d : 15).

Pealius schimae Takahashi

Pealius schimae Takahashi, 1950 : 88. Two syntypes on *Schima robustum*, BORNEO : Mt Kinabaru, 10,000 ft, 24.iii.1929 (*H. M. Pendlebury*) (BMNH).

DISTRIBUTION. Borneo (Takahashi, 1950 : 88) (BMNH); India (David & Subramaniam, 1976 : 208) (BMNH).
HOST PLANTS.
Convolvulaceae : *Ipomoea* sp. (David & Subramaniam, 1976 : 208).
Moraceae : *Artocarpus heterophyllus* (BMNH).
Theaceae : *Schima robustum* (Takahashi, 1950 : 88) (BMNH).

Pealius setosus Danzig

Pealius setosus Danzig, 1964a : 642 [329]. Holotype and paratypes on *Rubus caesius*, U.S.S.R. : Batumi, Zelenyy Mys, 22.viii.1960 (*E. M. Danzig*) (Leningrad ZI) (Eleven paratypes on *Rubus caesius*, U.S.S.R. : Batumi Botanical Gardens, 7.ix.1960 (*E. M. Danzig*) in BMNH.)

DISTRIBUTION. U.S.S.R. (Danzig, 1964a : 642 [329]) (BMNH).
HOST PLANTS.
Rosaceae : *Rubus caesius* (Danzig, 1964a : 642 [329]) (BMNH).

Owing to an error in the translation, Danzig, 1964a : 329 records juniper [*Juniperus* sp.] not dewberry [*Rubus caesius*] as the only known host plant of this species.

NATURAL ENEMIES.
Hymenoptera
  Chalcidoidea
    Aphelinidae : *Encarsia lutea* (Masi) (Danzig, 1964a : 642 [329]. (U.S.S.R.).
               : *Encarsia tricolor* Förster (Danzig, 1964a : 642 [329]. U.S.S.R.).

Pealius sutepensis Takahashi

Pealius sutepensis Takahashi, 1942c : 214–216. Syntypes on a tree of the Lauraceae, THAILAND : Mt Sutep, iv.1940 (*R. Takahashi*) (Taiwan ARI).

DISTRIBUTION. Thailand (Takahashi, 1942c : 216).
HOST PLANTS.
Lauraceae : Genus indet. (Takahashi, 1942c : 216).

Pealius tuberculatus Takahashi

Pealius tuberculatus Takahashi, 1942c : 210–211. Syntypes on *Celtis* sp., THAILAND : Chiengsen, at the northern frontier, 17.iv.1940 (*R. Takahashi*) (Taiwan ARI).

DISTRIBUTION. Thailand (Takahashi, 1942c : 211).
HOST PLANTS.
Ulmaceae : *Celtis* sp. (Takahashi, 1942c : 211).

PENTALEYRODES Takahashi

Pentaleyrodes Takahashi, 1937c : 310. Type-species : *Aleyrodes cinnamomi*, by monotypy.

Pentaleyrodes cinnamomi (Takahashi)

Aleyrodes cinnamomi Takahashi, 1932 : 36–37. Syntypes on *Cinnamomum japonicum, Machilus* sp. and *Phoebe formosana*, TAIWAN : Urai, 6.ix.1931 (*R. Takahashi*) (Taiwan ARI).
Pentaleyrodes cinnamomi (Takahashi) Takahashi, 1937c : 310.
Pentaleyrodes cinnamomi var. *raishana* Takahashi, 1937c : 310–311. Syntypes on *Cinnamomum randaiense*, TAIWAN : Raisha, Choshu-gun, Takao Prefecture, vii.1936 (*R. Takahashi*) (Taiwan ARI).

DISTRIBUTION. Taiwan (Takahashi, 1932 : 37).
HOST PLANTS.
Lauraceae : *Cinnamomum japonicum* (Takahashi, 1932 : 37); *Cinnamomum randaiense* (Takahashi, 1937c : 311); *Cryptocarya chinensis* (Takahashi, 1933 : 3); *Machilus* sp., *Phoebe formosana* (Takahashi, 1932 : 37).

Pentaleyrodes hongkongensis Takahashi

Pentaleyrodes hongkongensis Takahashi, 1941c : 389–390. Two syntypes on a plant of the Lauraceae, HONG KONG, 8.iii.1940 (*R. Takahashi*).

DISTRIBUTION. Hong Kong (Takahashi, 1941c : 390).
HOST PLANTS.
Lauraceae : Genus indet. (Takahashi, 1941c : 390).

Pentaleyrodes yasumatsui Takahashi

Pentaleyrodes yasumatsui Takahashi, 1939a : 76–77. Ten syntypes on *Litsea glauca*, JAPAN : Hikosan, Fukuoka Prefecture, 8.xi.1938 (*K. Yasumatsu*) (Taiwan ARI).

DISTRIBUTION. Japan (Takahashi, 1939a : 77) (BMNH).
HOST PLANTS.
Lauraceae : *Lindera* sp. (BMNH); *Litsea glauca* (Takahashi, 1939a : 77).

PLATALEYRODES Takahashi & Mamet

Plataleyrodes Takahashi & Mamet, 1952b : 119. Type-species : *Plataleyrodes anthocleistae*, by monotypy.

Plataleyrodes anthocleistae Takahashi & Mamet

Plataleyrodes anthocleistae Takahashi & Mamet, 1952b : 120–122. Syntypes on *Anthocleista* sp., MADAGASCAR : Périnet, 800 m, 26.v.1950 (*A. Robinson*) (Paris MNHN) (USNM).

DISTRIBUTION. Madagascar (Takahashi & Mamet, 1952b : 122).
HOST PLANTS.
Loganiaceae : *Anthocleista* sp. (Takahashi & Mamet, 1952b : 122).

POGONALEYRODES Takahashi

Pogonaleyrodes Takahashi, 1955a : 400–401. Type-species : *Pogonaleyrodes fastuosa*, by monotypy.

Pogonaleyrodes fastuosa Takahashi

Pogonaleyrodes fastuosa Takahashi, 1955a : 403–404. Syntypes on unidentified host, MADAGASCAR : Ankaratra, Manjakatompo, 2000 m, 24.v.1950 (*R. Mamet*) (Paris MNHN) (Hikosan BL) (USNM).

DISTRIBUTION. Madagascar (Takahashi, 1955a : 404).
HOST PLANTS.
Host indet. (Takahashi, 1955a : 404).

Pogonaleyrodes zimmermanni (Newstead)

Aleurodes zimmermanni Newstead, 1911 : 173. Syntypes on Acanthaceae, TANZANIA : Amani, ix.1902 (*Prof. A. Zimmermann*). (Two syntypes in BMNH.)
Pogonaleyrodes zimmermanni (Newstead) Mound, 1965c : 154.

DISTRIBUTION. Congo (Brazzaville), Ivory Coast (Cohic, 1969 : 142); Nigeria (Cohic, 1969 : 142) (BMNH); Tanzania (Newstead, 1911 : 173) (BMNH).

The record from Australia in Cohic (1969 : 142) is probably the result of an error made during the mounting of specimens at the BMNH.

HOST PLANTS.
Acanthaceae   : Genus indet. (Newstead, 1911 : 173) (BMNH).
Rubiaceae   : *Coffea arabica* (Cohic, 1968b : 124) (BMNH); *Cremaspora triflora* (Cohic, 1969 : 142); *Gardenia jovis-tonantis* (Cohic, 1968b : 124); *Rutidea syringoides* (Cohic, 1969 : 143).

PSEUDALEUROLOBUS Hempel

Pseudaleurolobus Hempel, 1923 : 1190. Type-species : *Pseudaleurolobus jaboticabae*, by monotypy.

Pseudaleurolobus dorsimarcata (Singh)

Dialeurodes dorsimarcata Singh, 1932 : 82. Syntypes on an unidentified host, BURMA : Kalaw, 5000 ft, xii.1929 (*K. Singh*) (Calcutta ZSI).
Pseudaleurolobus dorsimarcata (Singh) Takahashi, 1934b : 47.

DISTRIBUTION. Burma (Singh, 1932 : 82).
HOST PLANTS.
Host indet. (Singh, 1932 : 82).

Pseudaleurolobus jaboticabae Hempel

Pseudaleurolobus jaboticabae Hempel, 1923 : 1190–1191. Syntypes on *Eugenia jaboticabae*, BRAZIL : São Paulo, 15.x.1919 (*A. Hempel*) (São Paulo MZU).

DISTRIBUTION. Brazil (Hempel, 1923 : 1191).
HOST PLANTS.
Myrtaceae   : *Eugenia jaboticabae* (Hempel, 1923 : 1191).

PSEUDALEYRODES Hempel

Pseudaleyrodes Hempel, 1923 : 1176. Type-species : *Pseudaleyrodes depressus*, by monotypy.

Pseudaleyrodes depressus Hempel

Pseudaleyrodes depressus Hempel, 1923 : 1176–1177. Syntypes on *Maytenus aquifolium*, BRAZIL : Ypiranga, Botanical Gardens of the Museum, ix.1919 (*H. Luederwaldt*) (São Paulo MZU).

DISTRIBUTION. Brazil (Hempel, 1923 : 1177).
HOST PLANTS.
Celastraceae   : *Maytenus aquifolium* (Hempel, 1923 : 1177).

RAMSESSEUS Zahradnik

Ramsesseus Zahradnik, 1970 : 47–48. Type-species : *Ramsesseus follioti*, by monotypy.

Ramsesseus follioti Zahradnik

Ramsesseus follioti Zahradnik, 1970 : 48–49. Holotype and paratypes on *Acacia* sp., EGYPT : Ramsesseum, 10.i.1963; paratypes from El Kharga oasis, 16.i.1963; paratypes on *Acacia nilotica*, Hibis oasis, 18.i.1963 (USNM). (One paratype from Ramsesseum in BMNH.)

DISTRIBUTION. Egypt (Zahradnik, 1970 : 49) (BMNH).
HOST PLANTS.
Leguminosae : *Acacia nilotica* (Zahradnik, 1970 : 49); *Acacia* sp. (Zahradnik, 1970 : 49) (BMNH).

RHACHISPHORA Quaintance & Baker

Dialeurodes (*Rhachisphora*) Quaintance & Baker, 1917 : 430–431. Type-species : *Dialeurodes* (*Rhachisphora*) *trilobitoides*, by original designation.
Rhachisphora Quaintance & Baker; as full genus, Takahashi, 1952c : 22. [By inference.]

Although *Rhachisphora* is treated here as a full genus, some of the species included, such as *capitatis* Corbett and *fici* Takahashi, do not appear to be congeneric with *trilobitoides*. They are however retained pending revisionary studies.

The new combinations in this genus are inferred from the use of the name *Rhachisphora* as a full genus for the original description of the species *malayensis* (Takahashi, 1952c : 22–23). Takahashi in a previous paper (1933 : 6), indicated that the sub-genus, *Rhachisphora*, merited elevation to generic rank.

Rhachisphora capitatis (Corbett) comb. n.

Dialeurodes (*Rhachisphora*) *capitatis* Corbett, 1926 : 270. Syntypes on an unidentified host, SRI LANKA : Nuwara Eliya, iii.1911 (*E. E. Green*) (BMNH).

DISTRIBUTION. Sri Lanka (Corbett, 1926 : 270) (BMNH).
HOST PLANTS.
Host indet. (Corbett, 1926 : 270) (BMNH).

Rhachisphora fici (Takahashi) comb. n.

Dialeurodes (*Rachisphora*) [sic] *fici* Takahashi, 1932 : 19–20. Syntypes on *Ficus vasculosa*, *Celtis sinensis* and *Fagara ailanthoides*, TAIWAN : Taihoku, Sankyaku near Taihoku (*R. Takahashi*) (USNM).

DISTRIBUTION. Taiwan (Takahashi, 1932 : 20) (BMNH).
HOST PLANTS.
Moraceae : *Ficus vasculosa* (Takahashi, 1932 : 20); *Ficus swinhoei* (Takahashi, 1935b : 40).
Myrsinaceae : *Ardisia* [*Bladhia*] sp. (Takahashi, 1933 : 2).
Rhamnaceae : *Rhamnus formosana* (Takahashi, 1933 : 4).
Rutaceae : *Zanthoxylum* [*Fagara*] *ailanthoides* (Takahashi, 1932 : 20).
Theaceae : *Adinandra* sp. (Takahashi, 1934b : 68).
Ulmaceae : *Celtis sinensis* (Takahashi, 1932 : 20) (BMNH).

Rhachisphora fijiensis (Kotinsky) comb. n.

Aleyrodes fijiensis Kotinsky, 1907 : 100–101. Syntypes on pods and leaves of a Leguminous plant, FIJI : Rewa, 1905 (*F. Muir*) (USNM). (Dry material with syntype data in BMNH.)
Dialeurodes fijiensis (Kotinsky) Quaintance & Baker, 1914 : 97.
Dialeurodes (*Rachisphora*) [sic] *fijiensis* (Kotinsky); Quaintance & Baker, 1917 : 431–432.

DISTRIBUTION. Fiji (Kotinsky, 1907 : 101). (Dry material in BMNH.)
HOST PLANTS.
Leguminosae : Genus indet. (Kotinsky, 1907 : 101). (Dry material in BMNH.)

Rhachisphora koshunensis (Takahashi) comb. n.

Dialeurodes (*Rachisphora*) [sic] *koshunensis* Takahashi, 1933 : 6–7. Syntypes on *Cinnamomum zeylanicum*, *Cinnamomum reticulatum* and *Machilus* sp., TAIWAN : Kuraru, Garambi and Kagi, v.1932 (*R. Takahashi*) (Taiwan ARI).

DISTRIBUTION. Taiwan (Takahashi, 1933 : 7).
HOST PLANTS.
Lauraceae : *Cinnamomum reticulatum*, *Cinnamomum zeylanicum*, *Machilus* sp. (Takahashi, 1933 : 7).

Rhachisphora kuraruensis (Takahashi) comb. n.

Dialeurodes (Rachisphora) [sic] *kuraruensis* Takahashi, 1933 : 5–6. Syntypes on *Machilus* sp., TAIWAN : Kuraru near Koshun, 26.v.1932 (*R. Takahashi*) (Taiwan ARI).

DISTRIBUTION. Taiwan (Takahashi, 1933 : 6).
HOST PLANTS.
Lauraceae   :   *Machilus* sp. (Takahashi, 1933 : 6).

Rhachisphora machili (Takahashi) comb. n.

Dialeurodes (Rachisphora) [sic] *machili* Takahashi, 1932 : 16–18. Syntypes on *Machilus* sp., TAIWAN : Shinten, Urai, 9.viii.1931 (*R. Takahashi*) (Taiwan ARI).

DISTRIBUTION. Taiwan (Takahashi, 1932 : 18).
HOST PLANTS.
Lauraceae   :   *Machilus* sp. (Takahashi, 1932 : 18).

Rhachisphora maesae (Takahashi) comb. n.

Dialeurodes (Rachisphora) [sic] *maesae* Takahashi, 1932 : 18–19. Holotype on *Maesa japonica*, TAIWAN : Urai, 6.ix.1931 (*R. Takahashi*) (Taiwan ARI). Described from a single specimen.

DISTRIBUTION. Taiwan (Takahashi, 1932 : 19).
HOST PLANTS.
Myrsinaceae   :   *Maesa japonica* (Takahashi, 1932 : 19).

Rhachisphora malayensis Takahashi

Rachisphora [sic] *malayensis* Takahashi, 1952c : 22–23. Holotype on undetermined shrub, MALAYA : Kuala Lumpur, viii.1945 (*R. Takahashi*). Described from a single specimen.

DISTRIBUTION. Malaya (Takahashi, 1952c : 23).
HOST PLANTS.
Host indet. (Takahashi, 1952c : 23).

Rhachisphora reticulata (Takahashi) comb. n.

Dialeurodes (Rachisphora) [sic] *reticulata* Takahashi, 1933 : 7–8. Syntypes on *Machilus* sp., TAIWAN : Kanko near Shinten, 5.ix.1932 (*R. Takahashi*).

DISTRIBUTION. Taiwan (Takahashi, 1933 : 8).
HOST PLANTS.
Lauraceae   :   *Machilus* sp. (Takahashi, 1933 : 8).

Rhachisphora rutherfordi (Quaintance & Baker) comb. n.

Dialeurodes (Rachisphora) [sic] *rutherfordi* Quaintance & Baker, 1917 : 432–433. Syntypes on *Loranthus* sp., SRI LANKA : Peradeniya, vi.1913 (*A. Rutherford*) (USNM).

DISTRIBUTION. Sri Lanka (Quaintance & Baker, 1917 : 432).
HOST PLANTS.
Loranthaceae   :   *Loranthus* sp. (Quaintance & Baker, 1917 : 432).

Rhachisphora selangorensis (Corbett) comb. n.

Dialeurodes selangorensis Corbett, 1933 : 122–123. Syntypes on *Cinnamomum camphora*, MALAYA : Kuala Lumpur, Garden Hills, 16.v.1927 (*G. H. Corbett*). (One syntype labelled paratype in BMNH.)
Dialeurodes tridentifera Corbett, 1933 : 123. Holotype on *Cinnamomum camphora*, MALAYA : Kuala Lumpur, 16.v.1927 (*G. H. Corbett*) (BMNH). **Syn. n.**

The unique holotype of *tridentifera* is a third instar nymph which has partially moulted to the fourth instar. The specimen was collected with the syntypes of *selangorensis*, which is a typical *Rhachisphora*.

DISTRIBUTION. Malaya (Corbett, 1933 : 123) (BMNH).
HOST PLANTS.
Lauraceae   :   *Cinnamomum camphora* (Corbett, 1933 : 123) (BMNH).

Rhachisphora setulosa (Corbett) comb. n.
Dialeurodes (*Rhachisphora*) *setulosa* Corbett, 1926 : 270–271. Syntypes on an unidentified plant, SRI LANKA : Haberane, viii.1909 (*E. E. Green*). (Three syntypes in BMNH.)

DISTRIBUTION. Sri Lanka (Corbett, 1926 : 271) (BMNH).
HOST PLANTS.
Host indet. (Corbett, 1926 : 271) (BMNH).

Rhachisphora styraci (Takahashi) comb. n.
Dialeurodes (*Rhachisphora*) *styraci* Takahashi, 1934c : 223–224. Syntypes on a branch of *Styrax* sp., JAPAN : Morioka, Shiraishi near Sendai, 9.xi.1931 and 9.i.1932 (*Prof. K. Monzen*) (Taiwan ARI).

DISTRIBUTION. Japan (Takahashi, 1934c : 224) (BMNH).
HOST PLANTS.
Styracaceae   :   *Styrax* sp. (Takahashi, 1934c : 224) (BMNH).

Rhachisphora trilobitoides (Quaintance & Baker)
Dialeurodes (*Rachisphora*) [sic] *trilobitoides* Quaintance & Baker, 1917 : 433–434. Syntypes on *Harpullia* sp., SRI LANKA : Peradeniya, viii.1913 (*A. Rutherford*) (USNM).
Rhachisphora trilobitoides (Quaintance & Baker) Takahashi, 1952c : 22. [By inference.]

DISTRIBUTION. Sri Lanka (Quaintance & Baker, 1917 : 433) (BMNH); India (Singh, 1931 : 28).
HOST PLANTS.
Boraginaceae   :   *Cordia myxa* (Singh, 1931 : 28).
Melastomataceae   :   *Memecylon* sp. (Corbett, 1926 : 269) (BMNH).
Myrtaceae   :   *Eugenia jambos* (Singh, 1931 : 28); *Eugenia operculata* (Quaintance & Baker, 1917 : 433).
Rubiaceae   :   *Randia* [*Xeromphis*] *malabarica* (David & Subramaniam, 1976 : 211).
Sapindaceae   :   *Harpullia* sp. (Quaintance & Baker, 1917 : 433).
Sapotaceae   :   *Achras sapota, Mimusops hexandra* (Rao, 1958 : 332).

ROSANOVIA Danzig
Rosanovia Danzig, 1969 : 875 [555–556]. Type-species : *Rosanovia hulthemiae*, by monotypy.

Rosanovia hulthemiae Danzig
Rosanovia hulthemiae Danzig, 1969 : 875–876 [556]. Holotype on *Hulthemia berberifolia*, U.S.S.R. : South Kazakhstan, Saryagach, 10.x.1958 (*N. Rozanov*). Paratypes on *Hulthemia berberifolia*, Kzyl-Orda, 8.vii.1968 (*G. Matesova*); on *Hulthemia berberifolia*, Iliysk, 24.ix.1968 (*E. M. Danzig*) (Leningrad ZI).

DISTRIBUTION. U.S.S.R. (Danzig, 1969 : 876 [556]).
HOST PLANTS.
Rosaceae   :   *Hulthemia berberifolia* (Danzig, 1969 : 876 [556]).

RUSOSTIGMA Quaintance & Baker
Dialeurodes (*Rusostigma*) Quaintance & Baker, 1917 : 420. Type-species : *Dialeurodes* (*Rusostigma*) *radiirugosa*, by original designation.
Rusostigma Quaintance & Baker; elevated to generic rank by Takahashi, 1963 : 49. [By inference.]

Rusostigma eugeniae (Maskell) comb. n.
Aleurodes eugeniae Maskell, 1895 : 430–431. Syntypes on *Eugenia jambolana*, INDIA : Poona (*Dr Alcock*) (USNM).
Aleyrodes (*Dialeurodes*) *eugeniae* Maskell; Cockerell, 1902a : 283.
Dialeurodes eugeniae (Maskell) Quaintance & Baker, 1914 : 97.
Dialeurodes (*Rusostigma*) *eugeniae* (Maskell); Quaintance & Baker, 1917 : 421.
Rusostigma eugeniae (Maskell) Takahashi, 1963 : 49. [By inference.]

DISTRIBUTION. India (Maskell, 1895 : 431); Java, Sumatra (Fulmek, 1943 : 30).
HOST PLANTS.
Myrtaceae   :   *Eugenia jambolana* (Maskell, 1895 : 431).

NATURAL ENEMIES.
　Coleoptera
　　Coccinellidae　:　*Coccinella* sp. (Rao, 1958 : 332).
　　　　　　　　　　:　*Menochilus sexmaculata* (Fabricius) (Rao, 1958 : 332).
　　　　　　　　　　:　*Scymnus* sp. (Rao, 1958 : 332).
　Hymenoptera
　　Chalcidoidea
　　　Aphelinidae　:　*Prospaltella strenua* Silvestri (Fulmek, 1943 : 30. Java, Sumatra).

Rusostigma radiirugosa (Quaintance & Baker)

Dialeurodes (*Rusostigma*) *radiirugosa* Quaintance & Baker, 1917 : 421–423. Syntypes on mango [*Mangifera indica*], INDONESIA : Belitung [Billiton] Isle, 5.ii.1911 (*R. S. Woglum*); on a 'woody shrub', JAVA : Gerolt, 7.xii.1901 (*C. L. Marlatt*) (USNM) (Taiwan ARI). (Two mounted pupal cases and dry material labelled Q 6727A, determined by Quaintance in BMNH.)
Rusostigma radiirugosa (Quaintance & Baker) Takahahshi, 1963 : 49. [By inference.]

DISTRIBUTION. South China, Cambodia (Takahashi, 1942h : 329) : Hong Kong, Thailand, Malaya (Takahashi, 1952c : 22); Java, Belitung Island (Quaintance & Baker, 1917 : 421).
HOST PLANTS.
　Anacardiaceae　　:　*Mangifera indica* (Quaintance & Baker, 1917 : 421).

Rusostigma tokyonis (Kuwana)

Aleyrodes tokyonis Kuwana, 1911 : 622. Syntypes on *Ilex integra*, JAPAN : Tokyo, ix.1909 (*Baron N. Takachiho*) (USNM). (Five mounted pupal cases labelled Q6569—Japan, determined by Quaintance in BMNH.)
Dialeurodes tokyonis (Kuwana) Quaintance & Baker, 1914 : 98.
Dialeurodes (*Rusostigma*) *tokyonis* (Kuwana); Quaintance & Baker, 1917 : 423.
Rusostigma tokyonis (Kuwana) Takahashi, 1963 : 49.

DISTRIBUTION. Japan (Kuwana, 1911 : 622) (BMNH).
HOST PLANTS.
　Aquifoliaceae　　:　*Ilex integra* (Kuwana, 1911 : 622).
　Theaceae　　　　:　*Eurya* [*Sakakia*] *ochnacea* (Takahashi, 1958 : 68); *Eurya* [*Sakakia*]
　　　　　　　　　　　sp. (BMNH).

Rusostigma tristylii (Takahashi)

Dialeurodes tristylii Takahashi, 1935b : 48–50. Syntypes on *Tristylium ochnaceum*, attacking the upper sides of the leaves, TAIWAN : Hokuto near Taihoku, x.1929 (*R. Takahashi*); one syntype on *Tristylium ochnaceum*, TAIWAN : Yappitsu (Suo-Gun, Taihoku Prefecture), 17.viii.1934 (*R. Takahashi*) (Taiwan ARI).
Dialeurodes (*Rusostigma*) *tristylii* var. *uichancoi* Takahashi, 1936b : 218–219. Syntypes on undetermined tree imported from PHILIPPINES : Manilla into TAIWAN : Takao, 6.vi.1932 (Taiwan ARI).
Rusostigma tristylii (Takahashi) Takahashi, 1963 : 49.

DISTRIBUTION. Japan (Takahashi, 1958 : 68) (BMNH); Philippines (Takahashi, 1936b : 218); Taiwan (Takahashi, 1935b : 50).
HOST PLANTS.
　Theaceae　　　　:　*Eurya* [*Sakakia*] sp. (BMNH); *Cleyera* [*Tristylium*] *ochnaceum*
　　　　　　　　　　　(Takahashi, 1935b : 50).

RUSSELLALEYRODES David

Russellaleyrodes David, 1973 : 557–558. Type-species : *Dialeurodes cumiugum*, by monotypy.

Russellaleyrodes cumiugum (Singh)

Dialeurodes cumiugum Singh, 1932 : 85. Syntypes on an undetermined herb, BURMA : Kalaw, xii.1929 (*K. Singh*) (Calcutta ZSI).
Dialeuropora cumiugum (Singh) Russell, 1959 : 185.
Russellaleyrodes cumiugum (Singh) David, 1943 : 557.

DISTRIBUTION. Burma (Singh, 1932 : 85).
HOST PLANTS.
　Host indet. (Singh, 1932 : 85).

SETALEYRODES Takahashi

Setaleyrodes Takahashi, 1931c : 221–222. Type-species : *Setaleyrodes mirabilis*, by monotypy.

Setaleyrodes mirabilis Takahashi

Setaleyrodes mirabilis Takahashi, 1931c : 222–223. Syntypes on *Ficus* sp., TAIWAN : Shikikun near Taihezan, 22.v.1931 (*R. Takahashi*) (Taiwan ARI).

DISTRIBUTION. Taiwan (Takahashi, 1931c : 223); Japan (Takahashi, 1951b : 24).
HOST PLANTS.
Menispermaceae : *Stephania japonica* (Takahashi, 1940a : 31).
Moraceae : *Ficus foveolata* (Takahashi, 1951b : 24); *Ficus* sp. (Takahashi, 1931c : 222).

Setaleyrodes quercicola Takahashi

Setaleyrodes quercicola Takahashi, 1934b : 65–66. Four damaged syntypes on *Quercus variabilis*, TAIWAN : Kurasu, Kahodai (Tosci-Gun), 6-7.vi.1933 (*R. Takahashi*) (Taiwan ARI).

DISTRIBUTION. Taiwan (Takahashi, 1934b : 66).
HOST PLANTS.
Fagaceae : *Quercus variabilis* (Takahashi, 1934b : 66).

Setaleyrodes takahashia Singh

Setaleyrodes takahashia Singh, 1933 : 344–345. Syntypes on *Streblus asper*, BURMA : Kalaw, xii.1929 (*K. Singh*) (Calcutta ZSI).

DISTRIBUTION. Burma (Singh, 1933 : 345).
HOST PLANTS.
Moraceae : *Streblus asper* (Singh, 1933 : 345).

SIMPLALEURODES Goux

Simplaleurodes Goux, 1945 : 186. Type-species : *Simplaleurodes hemisphaerica*, by monotypy.

Simplaleurodes hemisphaerica Goux

Simplaleurodes hemisphaerica Goux, 1945 : 186–197. Holotype and paratypes on *Phillyrea media*, FRANCE : Marseille; paratypes on *Phillyrea angustifolia*, Bouches-du-Rhône, Chateau-Neuf-les-Martigues, v.1933; on *Phillyrea angustifolia* and *Phillyrea media*, Bouches-du-Rhône, Aubagne; on *Phillyrea angustifolia*, Var, Porquerolles, 19.v.1937; on *Phillyrea angustifolia*, Var, Carqueiranne, 13.v.1937; on *Phillyrea angustifolia*, Var, Le Trayas, 15.iv.1936; La Sainte-Baume; on *Phillyrea angustifolia*, Alpes-Maritimes, Vallauris, 15.iv.1936.

DISTRIBUTION. France (Goux, 1945 : 196).
HOST PLANTS.
Oleaceae : *Phillyrea angustifolia, Phillyrea media* (Goux, 1945 : 196).

SINGHIELLA Sampson

Singhiella Sampson, 1943 : 211. Type-species : *Trialeurodes bicolor*, by monotypy.

Singhiella bicolor (Singh)

Trialeurodes bicolor Singh, 1931 : 50–52. Syntypes on *Eugenia jambos*, INDIA : Pusa (Bihar), Muzaffarpur, Saharanpur, Miani (Punjab).
Singhiella bicolor (Singh) Sampson, 1943 : 211.

DISTRIBUTION. India (Singh, 1931 : 50) (BMNH); Pakistan (BMNH).
HOST PLANTS.
Myrtaceae : *Eugenia jambolana* (BMNH); *Eugenia jambos* (Singh, 1931 : 50).

Singhiella crenulata Qureshi & Qayyum

Singhiella crenulata Qureshi & Qayyum, 1969 : 178–179. Holotype on *Rosa indica*, PAKISTAN : Lyallpur.

DISTRIBUTION. India (BMNH); Pakistan (Qureshi & Qayyum, 1969 : 177).
HOST PLANTS.
Rosaceae : *Rosa indica* (Qureshi & Qayyum, 1969 : 179).

In the original description of this species no paratypes were recorded. The illustration, which is assumed to be that of the holotype, shows the specimen to have triangular legs indicating that it is a third instar larva and not a pupal case as stated.

SINGHIUS Takahashi **stat. n.**

Dialeurodes (*Singhius*) Takahashi, 1932 : 14. Type-species : *Aleyrodes hibisci*, by monotypy.

Singhius is accepted here as a full genus on account of the relatively large vasiform orifice, broadly open to the caudal furrow.

Singhius hibisci (Kotinsky) **comb. n.**

Aleyrodes hibisci Kotinsky, 1907 : 96–97. Syntypes on *Paritium tiliaceum* and *Hibiscus rosa-sinensis*, HAWAIIAN ISLANDS : Honolulu and Hilo (*J. Kotinsky* and *B. M. Newell*) (Honolulu DA). (Six syntypes from Hilo on *Hibiscus rosa-sinensis* in BMNH.)
Pealius hibisci (Kotinsky) Quaintance & Baker, 1914 : 99.
Dialeurodes fletcheri Singh, 1931 : 39. Syntypes on *Breynia rhamnoides*, INDIA : Pusa (Bihar). [Synonymized by Takahashi, 1932 : 14.]
Dialeurodes (*Singhius*) *hibisci* (Kotinsky) Takahashi, 1932 : 14.

DISTRIBUTION. India, Thailand, Cambodia, Malaya (Takahashi, 1942g : 307); Taiwan (Takahashi, 1942g : 307) (BMNH); New Caledonia (Cohic, 1959b : 242); Hawaiian Islands (Kotinsky, 1907 : 97) (BMNH).
HOST PLANTS.
Annonaceae : *Fissistigma oldhami* (BMNH).
Convolvulaceae : *Ipomoea batatas* (Corbett, 1935b : 773).
Euphorbiaceae : *Baccaurea motleyana* (Corbett, 1935b : 773); *Breynia rhamnoides* (Singh, 1931 : 39); *Bridelia monoica* (Takahashi, 1935b : 39); *Glochidion hongkongense*, *Sapium sebiferum* (Takahashi, 1932 : 14); *Macaranga tanarius* (Takahashi, 1932 : 14) (BMNH).
Lauraceae : *Cinnamomum camphora*, *Machilus* sp. (Takahashi, 1932 : 14).
Malvaceae : *Hibiscus rosa-sinensis* (Kotinsky, 1907 : 97) (BMNH); *Hibiscus* [*Paritium*] *tiliaceum* (Kotinsky, 1907 : 97).
Moraceae : *Ficus elastica* (Corbett, 1935b : 773).
Oleaceae : *Forsythia suspensa* (BMNH); *Jasminum* sp. (Takahashi, 1932 : 14).
Salicaceae : *Salix* sp. (Takahashi, 1932 : 14).
Solanaceae : *Physalis peruviana* (BMNH).
Ulmaceae : *Celtis sinensis* (Takahashi, 1932 : 14).
Vitaceae : *Vitis vinifera* (BMNH).
NATURAL ENEMIES.
Coleoptera
    Coccinellidae : *Coccinella repanda* Thunberg (Kirkaldy, 1907 : 81. Hawaii).
Hymenoptera
    Chalcidoidea
        Aphelinidae : *Encarsia* sp. (Fulmek, 1943 : 57. Hawaii).
                    : *Eretmocerus corni* Haldeman (Fulmek, 1943 : 57. Hawaii).
                    : *Prospaltella transversa* Timberlake (Thompson, 1950 : 81. Hawaii).

SIPHONINUS Silvestri

Siphoninus Silvestri, 1915 : 245–247. Type-species : *Siphoninus finitimus*, here regarded as a synonym of *Siphoninus phillyreae*, by original designation.

Siphoninus blanzyi Cohic

Siphoninus blanzyi Cohic, 1968b : 127–130. Nine syntypes on *Bertiera* sp., CONGO (Brazzaville) : Brazzaville, Centre O.R.S.T.O.M., 28.i.1967.

DISTRIBUTION. Congo (Brazzaville) (Cohic, 1968b : 127).
HOST PLANTS.
Rubiaceae : *Bertiera* sp. (Cohic, 1968b : 127).

Siphoninus gruveli Cohic

Siphoninus gruveli Cohic, 1968a : 50–53. Syntypes on *Combretum glutinosum*, CHAD : south of Temki, between Temki and Melfi, 2.iii.1966.

DISTRIBUTION. Chad (Cohic, 1968a : 50).
HOST PLANTS.
Combretaceae : *Combretum glutinosum* (Cohic, 1968a : 50).

Siphoninus immaculatus (Heeger)

Aleurodes immaculata Heeger, 1856 : 33–36. Syntypes on *Hedera helix*, ? GERMANY.
Asterochiton immaculatus (Heeger) Quaintance & Baker, 1914 : 105.
Trialeurodes immaculatus (Heeger) Quaintance & Baker, 1915a : xi.
Siphoninus heegeri Haupt, 1935 : 259. [Synonymized by Zahradnik, 1963a : 9.]
Siphoninus immaculata (Heeger) Trehan, 1940 : 601.

The name *heegeri* was proposed as a nomen novum for *immaculata* Heeger on the erroneous assumption that the nomen nudum *immaculata* Stephens (1829 : 367) was available.

DISTRIBUTION. Austria, Germany, Czechoslovakia (Zahradnik, 1963a : 9); England (Douglas, 1884 : 215) (BMNH); Italy, Hungary (Kirkaldy, 1907 : 58); Sweden (Ossiannilsson, 1955 : 197); U.S.S.R. (Danzig, 1964b : 487 [614]).
HOST PLANTS.
Araliaceae : *Hedera helix* (Mound, 1966 : 420) (BMNH).
NATURAL ENEMIES.
 Coleoptera
  Coccinellidae : *Clitostethus arcuatus* (Rossi) (Kirkaldy, 1907 : 58).
 Diptera
  Drosophilidae : *Acletoxenus formosus* Loew (BMNH : England, received from Prof. G. Varley).
 Hymenoptera
  Chalcidoidea
   Aphelinidae : *Encarsia inaron* (Walker) (BMNH : England, det. de V. Graham).
             : *Encarsia partenopea* Masi (Trehan, 1940 : 611).
 Lepidoptera
  Tortricidae : *Clepsis consimilana* (Hübner) (BMNH : England, recorded in a letter received from Prof. G. Varley).

Siphoninus phillyreae (Haliday)

Aleyrodes phillyreae Haliday, 1835 : 119–120. Syntypes on *Phillyrea latifolia*, IRELAND : Dublin (*A. H. Haliday*).
Aleurodes phylliceae Bouché, 1851 : 110. Syntypes on *Phyllicea* [sic] *media* [= *Phillyrea latifolia*], SOUTHERN EUROPE. [Synonymized by Frauenfeld, 1867 : 796.]
Aleyrodes dubia Heeger, 1859 : 223–226. Syntypes on *Fraxinus* sp., ? GERMANY. [Synonymized by Frauenfeld, 1867 : 796.]
Asterochiton dubius (Heeger) Quaintance & Baker, 1914 : 105.
Asterochiton phillyreae (Haliday) Quaintance & Baker, 1914 : 105.
Trialeurodes dubius (Heeger) Quaintance & Baker, 1915a : xi.
Trialeurodes phillyreae (Haliday) Quaintance & Baker, 1915a : xi.
Siphoninus phillyreae (Haliday) Silvestri, 1915 : 247.
Siphoninus finitimus Silvestri, 1915 : 247–249. Syntypes on *Olea chrysophylla*, ERITREA : Nefasit. **Syn. n.**
Trialeurodes inaequalis Gautier, 1923 : 339–345. Syntypes on pear [*Pyrus* sp.], FRANCE : Lyon, Jardin Botanique du Parc de la Tête d'Or and Monplaisir (*C. Gautier*); on pear and ash [*Fraxinus* sp.], FRANCE : Châtillon d'Azergues, 20 km from Lyon (*C. Gautier*). **Syn. n.**
Siphoninus granati Priesner & Hosny, 1932 : 1–7. Syntypes on pomegranate [*Punica granatum*], EGYPT : Meadi near Cairo, 16.viii.1931 (*H. Priesner*) **Syn. n.**
Siphoninus dubiosa Haupt, 1935 : 259. [Synonymized by Zahradnik, 1963a : 9.]
Siphoninus phillyreae inaequalis (Gautier) Goux, 1949 : 11.
Siphoninus phillyreae multitubulatus Goux, 1949 : 11. Syntypes on *Olea europea*, CORSICA : Ajaccio (Ariadne), vi.1936 (*L. Goux*) **Syn. n.**

Siphoninus phillyreae is interpreted here as a single widespread species occurring on several relatively hard-leaved shrubs and small trees. The number and placement of dorsal 'siphons' is related in part to the overall size of the pupal case and is highly variable. (See Goux, 1949.)

The name *dubiosa* was proposed as a nomen novum for *dubia* Heeger on the erroneous assumption that the nomen nudum *dubia* Stephens was available.

DISTRIBUTION. Palaearctic Region : Ireland (Haliday, 1835 : 119); England (Mound, 1966 : 419) (BMNH); Spain (Gomez-Menor, 1943 : 207); France (Gautier, 1923 : 339) (BMNH); Austria, Germany, Czechoslovakia, Hungary, Rumania (Zahradnik, 1963a : 9); Poland (Szelegiewicz, 1972 : 27); U.S.S.R. (Danzig, 1964b : 487 [614]); Yugoslavia (Zahradnik, 1963b : 232); Italy (Gomez-Menor, 1953 : 47) (BMNH); Corsica (Goux, 1949 : 11); Cyprus, Syria (BMNH).; Iran (Kiriukhin, 1947 : 9); Saudi Arabia (BMNH); Egypt (Priesner & Hosny, 1932 : 6) (BMNH); Libya (BMNH); Morocco (Mimeur, 1944a : 89).
Ethiopian Region : Cameroun (BMNH); Ethiopia (Eritrea) (Silvestri, 1915 : 249); Sudan (BMNH).
Oriental Region : India (Singh, 1931 : 12) (BMNH); Pakistan (BMNH).
HOST PLANTS.
Leguminosae : *Afzelia* sp. (BMNH).
Oleaceae : *Fraxinus excelsior* (Zahradnik, 1963b : 231) (BMNH); *Fraxinus ornus* (Visnya, 1941b : 11); *Fraxinus syriaca* (Kiriukhin, 1947 : 9); *Olea chrysophylla* (Silvestri, 1915 : 249); *Olea europea* (Goux, 1949 : 11); *Phillyrea latifolia* (Haliday, 1835 : 119) (BMNH); *Phillyrea media* (Zahradnik, 1963b : 231) (BMNH).
Punicaceae : *Punica granatum* (Priesner & Hosny, 1932 : 5) (BMNH).
Rhamnaceae : *Rhamnus alaternus* (Douglas, 1878 : 232); *Zizyphus spina-christi* (BMNH).
Rosaceae : *Crataegus mollis* (BMNH); *Crataegus monogyna* (Zahradnik, 1963b : 231); *Crataegus oxyacantha* (Mound, 1966 : 420) (BMNH); *Cydonia oblonga* (Habib & Farag, 1970 : 13); *Mespilus* sp. (Douglas, 1878 : 232) (BMNH); *Prunus persica* (Singh, 1931 : 12); *Pyrus communis* (Mound, 1966 : 420) (BMNH); *Pyrus malus* (Priesner & Hosny, 1934b : 9); *Pyrus sativa* (Visnya, 1941b : 11).

Visnya (1941b : 12) records *Hedera helix* as a host of *Siphoninus phillyreae* (Haliday), but the present authors assume that this resulted from a misidentification of *Siphoninus immaculatus* (Heeger).

NATURAL ENEMIES.
Coleoptera
Coccinellidae : *Clitostethus arcuatus* (Rossi) (Thompson, 1964 : 129. Italy) (Thompson, 1964 : 133. France).
: *Menochilus* sp. (Rao, 1958 : 334. India).
: *Scymnus pallidivestis* Mulsant (Priesner & Hosny, 1940 : 70. Egypt).
Diptera
Drosophilidae : *Acletoxenus formosus* Loew (Thompson, 1964 : 133. France) (Thompson, 1950 : 105. Italy).
Hymenoptera
Chalcidoidea
Aphelinidae : *Coccophagus eleaphilus* Silvestri (Thompson, 1950 : 105. Eritrea).
: *Encarsia gautieri* (Mercet) (Gomez-Menor, 1945b : 197. Spain) (Nikolskaja & Jasnosh, 1968 : 35. U.S.S.R.).
: *Encarsia inaron* (Walker) (Graham, 1976 : 143).
: *Encarsia partenopea* Masi (Thompson, 1950 : 105. Italy) (Fulmek, 1943 : 77. Egypt).
: *Encarsia siphonini* Silvestri (Thompson, 1950 : 105. Eritrea).
: *Prospaltella* sp. (Thompson, 1950 : 105. Italy) (Thompson, 1950 : 110. France).

TAIWANALEYRODES Takahashi

Taiwanaleyrodes Takahashi, 1932 : 28. Type-species : *Taiwanaleyrodes meliosmae*, by monotypy.

Taiwanaleyrodes baccaureae Corbett

Taiwanaleyrodes baccaureae Corbett, 1935b : 838–839. Syntypes on *Baccaurea motleyana*, MALAYA : Pudu (Selangor).

DISTRIBUTION. Malaya (Corbett, 1935b : 839).
HOST PLANTS.
Euphorbiaceae : *Baccaurea motleyana* (Corbett, 1935b : 839).

Taiwanaleyrodes carpini Takahashi

Taiwanaleyrodes carpini Takahashi, 1939a : 78–80. Syntypes on *Carpinus* sp., TAIWAN : Taiheizan (Mururoafu), 20.ix.1938 (*R. Takahashi*) (Taiwan ARI).

Taiwanaleyrodes carpini var. *yushuniae* Takahashi, 1939a : 80. Syntypes on *Yushunia randaiensis*, TAIWAN : Taiheizan (Mururoafu), 20.ix.1938 (*R. Takahashi*) (Taiwan ARI).

DISTRIBUTION. Taiwan (Takahashi, 1939a : 79).
HOST PLANTS.
Betulaceae : *Carpinus* sp. (Takahashi, 1939a : 79).
Lauraceae : *Sassafras* [*Yushunia*] *randaiensis* (Takahashi, 1939a : 80).

Taiwanaleyrodes fici Corbett

Taiwanaleyrodes fici Corbett, 1935b : 837–838. Syntypes on *Ficus* sp. and *Euphorbia pulcherrima*, MALAYA : Kuala Lumpur.

DISTRIBUTION. Malaya (Corbett, 1935b : 838).
HOST PLANTS.
Euphorbiaceae : *Euphorbia pulcherrima* (Corbett, 1935b : 838).
Moraceae : *Ficus* sp. (Corbett, 1935b : 838).

Taiwanaleyrodes hexcantha Singh

Taiwanaleyrodes hexcantha Singh, 1940 : 453–454. Holotype and paratypes on *Bauhinia* sp., INDIA : Nagpur, Chanda, xii.1937 (*K. Singh*) (Calcutta ZSI).

DISTRIBUTION. India (Singh, 1940 : 453).
HOST PLANTS.
Leguminosae : *Bauhinia* sp. (Singh, 1940 : 453).
Moraceae : *Ficus* sp. (Rao, 1958 : 335).

Taiwanaleyrodes indica (Singh)

Aleurothrixus indicus Singh, 1931 : 84–85. Syntypes on *Ficus carica* and *Michelia champaca*, INDIA : Pusa (Bihar), Saharanpur and Miani (Punjab).
Taiwanaleyrodes indica (Singh) Takahashi, 1935b : 55.

DISTRIBUTION. India (Singh, 1931 : 84) (BMNH); Hong Kong, Taiwan (Takahashi, 1941b : 355); Malaya (Takahashi, 1941b : 355) (BMNH).
HOST PLANTS.
Dilleniaceae : *Dillenia indica* (Corbett, 1935b : 837).
Lauraceae : *Machilus* sp. (Takahashi, 1935b : 40).
Magnoliaceae : *Michelia champaca* (Singh, 1931 : 84).
Moraceae : *Ficus carica* (Singh, 1931 : 84) (BMNH).

Taiwanaleyrodes macarangae Corbett

Taiwanaleyrodes macarangae Corbett, 1935b : 840–841. Syntypes on *Macaranga megalophylla*, MALAYA : Sepang (Selangor).

DISTRIBUTION. Malaya (Corbett, 1935b : 840).

HOST PLANTS.
Euphorbiaceae : *Macaranga megalophylla* (Corbett, 1935b : 840).

Taiwanaleyrodes meliosmae Takahashi

Taiwanaleyrodes meliosmae Takahashi, 1932 : 28–29. Syntypes on *Meliosma rhoifolia*, *Daphniphyllum glaucescens* and *Machilus* sp., TAIWAN : Sozan, Shinten and Urai, 21.vi.1931 (*R. Takahashi*) (Taiwan ARI).

DISTRIBUTION. Taiwan (Takahashi, 1932 : 29); Japan (Takahashi, 1951b : 24) (BMNH).
HOST PLANTS.
Aceraceae : *Acer kawakamii* (Takahashi, 1935b : 39).
Daphniphyllaceae : *Daphniphyllum glaucescens* (Takahashi, 1932 : 28); *Daphniphyllum* sp. (BMNH).
Lauraceae : *Machilus* sp. (Takahashi, 1932 : 28).
Sabiaceae : *Meliosma rhoifolia* (Takahashi, 1932 : 28).

Taiwanaleyrodes montanus Takahashi

Taiwanaleyrodes montanus Takahashi, 1939a : 80–81. Syntypes on a plant of the Lauraceae, TAIWAN : Taiheizan, 14.x.1937 (*R. Takahashi*).

DISTRIBUTION. Taiwan (Takahashi, 1939a : 80).
HOST PLANTS.
Lauraceae : Genus indet. Takahashi, 1939a : 80).

Taiwanaleyrodes nitidus (Singh) **comb. n.**

Dialeurodes nitidus Singh, 1932 : 84. Syntypes on an unidentified host, BURMA : Rangoon, Horticultural Gardens, xii.1929 (*K. Singh*) (Calcutta ZSI).

DISTRIBUTION. Burma (Singh, 1932 : 84); Thailand (BMNH).
HOST PLANTS.
Original host indet.: (Singh, 1932 : 84).
Magnoliaceae : *Michelia champaca* (BMNH).

This species is here transferred to *Taiwanaleyrodes* from a comparison of the original description with four pupal cases from Thailand.

TETRALEURODES Cockerell

Aleyrodes (*Tetraleurodes*) Cockerell, 1902a : 283. Type-species : *Aleyrodes perileuca*, by original designation.
Tetraleurodes Cockerell; elevated to generic rank by Quaintance & Baker, 1914 : 107–108.

Tetraleurodes spp. indet.

HOST PLANTS.
Annonaceae : *Annona muricata* (BMNH : Trinidad).
Apocynaceae : *Landolphia capensis* (BMNH : South Africa).
Ericaceae : *Arbutus* sp. (BMNH : Israel).
Flacourtiaceae : *Casearia guianensis* (BMNH : Jamaica).
Loganiaceae : *Strychnos pungens* (BMNH : South Africa).
Musaceae : *Musa sapientum* (BMNH : Nigeria).
Myrtaceae : *Eucalyptus alba* (BMNH : Papua); *Eucalyptus* sp. (BMNH : Australia); *Melaleuca* sp. (BMNH : Australia); *Psidium guajava* (BMNH : Nigeria).
Palmae : *Cocos nucifera* (BMNH : Jamaica).
Rutaceae : *Clausena anisata* (BMNH : Kenya).
Tiliaceae : *Grewia similis* (BMNH : Kenya).
NATURAL ENEMIES.
Hymenoptera
Chalcidoidea
Aphelinidae : *Eretmocerus pallidus* Dozier (Fulmek, 1943 : 79. Haiti).
Eulophidae : *Euderomphale quercicola* Dozier (Fulmek, 1943 : 79. U.S.A.).

Tetraleurodes abnormis (Quaintance)

Aleyrodes abnormis Quaintance, 1900 : 17–18. Syntypes on *Quercus aquatica, Quercus virens, Quercus catesbaei, Ilex opaca, Magnolia glauca* and *Persea carolinensis*, U.S.A. : FLORIDA , various unspecified localities (*A. L. Quaintance*) (USNM).
Tetraleurodes abnormis (Quaintance) Quaintance & Baker, 1914 : 108.

DISTRIBUTION. U.S.A. (Florida) (Quaintance, 1900 : 18).
HOST PLANTS.
Aquifoliaceae : *Ilex opaca* (Quaintance, 1900 : 18).
Fagaceae : *Quercus aquatica, Quercus catesbaei, Quercus virens* (Quaintance, 1900 : 18).
Lauraceae : *Persea carolinensis* (Quaintance, 1900 : 18).
Magnoliaceae : *Magnolia glauca* (Quaintance, 1900 : 18).

Tetraleurodes acaciae (Quaintance)

Aleurodes acaciae Quaintance, 1900 : 19–20. In view of the discrepancy between the type number and the type-locality, the full original data are quoted here. 'Received by the Division of Entomology at Washington from Dr. Vasey, of the Department of Agriculture, specimens on leaves of *Acacia* (mesquite) from Chilhua, Mexico, January 27, 1886; from W. E. Collins, Ontario, Cal., on *Acacia*, October 6, 1889; again on *Acacia* from Los Angeles, Cal., and on *Bensera microphylla*, Carmen Isle, off Lower California. This same species, it is stated in Mr. Pergande's notes, was found on leaves of mesquite from Bastophilus, Mexico; Div. Ent. No. 3863. No. 5876 is doubtless this same species, from Fullerton, Cal., July 30, 1893, on an undetermined plant. Type 3863, from Chilhua, Mexico. Described from numerous pupa-cases.' (USNM).
Tetraleurodes acaciae (Quaintance) Quaintance & Baker, 1914 : 108.

DISTRIBUTION. Mexico (Quaintance, 1900 : 20); U.S.A. (California) (Quaintance, 1900 : 20) (BMNH); Jamaica (BMNH).

HOST PLANTS.
Burseraceae : *Bursera microphylla* (Quaintance, 1900 : 20).
Leguminosae : *Acacia* sp. (Quaintance, 1900 : 20); *Brya ebenus*, *Centrosema virginianum*, *Erythrina christogalli*, *Piscidia piscipula* (BMNH).
Rhamnaceae : *Rhamnus californica* (Bemis, 1904 : 530).

Tetraleurodes adabicola Takahashi

Tetraleurodes adabicola Takahashi, 1955a : 414–415. Syntypes on *Ficus sakalavorum*, MADAGASCAR : road to Majunga, 432 km (*R. Paulian*) (Paris MNHN) (Hikosan BL).

DISTRIBUTION. Madagascar (Takahashi, 1955a : 415).
HOST PLANTS.
Moraceae : *Ficus sakalavorum* (Takahashi, 1955a : 414).

Tetraleurodes asparagi (Lewis)

Aleurodes asparagi Lewis, 1893 : 1–3. [See also Lewis, 1895 : 88–93.] Syntypes on *Asparagus* sp., NATAL : Byrne (*R. T. Lewis*) (Auckland DSIR) (BMNH).
Tetraleurodes asparagi (Lewis) Quaintance & Baker, 1914 : 108.

DISTRIBUTION. South Africa (Lewis, 1893 : 1–3) (Lewis, 1895 : 88–93) (BMNH).
HOST PLANTS.
Liliaceae : *Asparagus* sp. (Lewis, 1893 : 1–3) (Lewis, 1895 : 88–93) (BMNH).

Tetraleurodes bararakae Takahashi

Tetraleurodes bararakae Takahashi, 1955a : 415–416. Holotype on 'Bararaka', MADAGASCAR : Périnet, 27.v.1950 (*R. Mamet* and *A. Robinson*) (Paris MNHN). Described from a single specimen.

DISTRIBUTION. Madagascar (Takahashi, 1955a : 416).
HOST PLANTS.
'Bararaka' (Takahashi, 1955a : 416).

Tetraleurodes bidentatus Sampson & Drews

Tetraleurodes bidentatus Sampson & Drews, 1941 : 172–174. Syntypes on an undetermined tree, MEXICO : Chivela, Oaxaca, iv.1926 (California UCD) (USNM).

DISTRIBUTION. Mexico (Sampson & Drews, 1941 : 174).
HOST PLANTS.
Host indet. (Sampson & Drews, 1941 : 174).

Tetraleurodes corni (Haldeman)

Aleurodes corni Haldeman, 1850 : 109. Syntypes on *Cornus sericea*, U.S.A. : PENNSYLVANIA.
Tetraleurodes corni (Haldeman) Quaintance & Baker, 1914 : 108.

DISTRIBUTION. U.S.A. (Pennsylvania) (Haldeman, 1850 : 109).
HOST PLANTS.
Cornaceae : *Cornus amomum* (Bemis, 1904 : 496); *Cornus sericea* (Haldeman, 1850 : 109).

NATURAL ENEMIES.
  Hymenoptera
    Chalcidoidea
      Aphelinidae   : *Eretmocerus corni* Haldeman (Fulmek, 1943 : 79. U.S.A.).
    Proctotrupoidea
      Platygasteridae : *Amitus aleurodinis* Haldeman (Fulmek, 1943 : 79. U.S.A.).

Tetraleurodes croceata (Maskell)

Aleurodes croceata Maskell, 1895 : 428. Lectotype on *Styphelia elliptica*, AUSTRALIA : N.S.W., Botany near Sydney (*W. W. Froggatt*) (? Auckland DSIR) designated by Dumbleton, 1956b : 177–178.
Aleurotrachelus croceatus (Maskell) Quaintance & Baker, 1914 : 103.
Tetraleurodes croceata (Maskell) Dumbleton, 1956b : 177.

DISTRIBUTION. Australia (New South Wales) (Dumbleton, 1956b : 178).
HOST PLANTS.
  Epacridaceae   : *Monotoca* [*Styphelia*] *elliptica* (Dumbleton, 1956b : 177).

Tetraleurodes dorseyi (Kirkaldy)

Aleyrodes quaintancei Bemis, 1904 : 520–521 nec Peal, 1903b : 78–81. Syntypes on *Rhamnus crocea*, U.S.A. : CALIFORNIA, Stevens Creek, x.1901. (USNM).
Aleyrodes dorseyi Kirkaldy, 1907 : 52. [Replacement name for *quaintancei* Bemis, 1904.]
Tetraleurodes dorseyi (Kirkaldy) Quaintance & Baker, 1914 : 108.

DISTRIBUTION. U.S.A. (California) (Bemis, 1904 : 521).
HOST PLANTS.
  Rhamnaceae   : *Rhamnus crocea* (Bemis, 1904 : 521).

Tetraleurodes elaeocarpi Takahashi

Tetraleurodes elaecarpi [sic] Takahashi, 1950 : 87–88. Syntypes on *Elaecarpus* [sic] *reticulatus*, AUSTRALIA : N.S.W., Sydney (BMNH).

The original spelling of the specific epithet is corrected here in accordance with the *International Code of Zoological Nomenclature*, Article 32a (ii), as it is considered to be a lapsus calami.

DISTRIBUTION. Australia (New South Wales) (Takahashi, 1950 : 88) (BMNH).
HOST PLANTS.
  Elaeocarpaceae   : *Elaeocarpus reticulatus* (Takahashi, 1950 : 88) (BMNH).

Tetraleurodes errans (Bemis)

Aleyrodes errans Bemis, 1904 : 500–502. Syntypes on *Umbellularia californica*, U.S.A. : CALIFORNIA, Leland Stanford Junior University campus, various places in the Santa Clara Valley, on the lower slopes of the Santa Cruz Mountains and along the San Ramon Creek at the base of Mount Diablo, Contra Costa County; on *Umbellularia californica*, Redwood Creek, Napa County, 6.vi.1901 (*G. Coleman*); on *Arbutus menziesii*, King Mountain; on *Ceanothus* sp., Usal, Mendocino County, 6.vii.1901 (USNM).
Tetraleurodes errans (Bemis) Quaintance & Baker, 1914 : 108.

DISTRIBUTION. U.S.A. (California) (Bemis, 1904 : 502).
HOST PLANTS.
  Ericaceae   : *Arbutus menziesii* (Bemis, 1904 : 502).
  Hippocastanaceae : *Aesculus californica* (Penny, 1922 : 32).
  Lauraceae   : *Umbellularia californica* (Bemis, 1904 : 502).
  Rhamnaceae   : *Ceanothus* sp. (Bemis, 1904 : 502).

Tetraleurodes fici Quaintance & Baker

Tetraleurodes fici Quaintance & Baker, in J. M. Baker, 1937 : 616–617. Syntypes from MEXICO : Veracruz (USNM). No other data are known although the original description states that 'It is similar to Cuban and Florida material on *Ficus*'.

DISTRIBUTION. Cuba, Mexico, U.S.A. (Florida) (J. M. Baker, 1937 : 616).
HOST PLANTS.
  Original host indet.: (J. M. Baker, 1937 : 616).
  Moraceae   : *Ficus* sp. (J. M. Baker, 1937 : 616).

Tetraleurodes ghesquierei Dozier

Tetraleurodes ghesquierei Dozier, 1934 : 186–187. Two syntypes on *Periploca nigrescens*, ZAIRE : Barumbu Plantation, viii.1925 (*J. Ghesquière*). (One syntype in BMNH.)

DISTRIBUTION. Angola, Congo (Brazzaville), Ivory Coast (Cohic, 1969 : 143); Nigeria (Mound, 1965c : 155) (BMNH); Zaire (Dozier, 1934 : 187) (BMNH).

HOST PLANTS.
Asclepiadaceae : *Periploca nigrescens* (Dozier, 1934 : 186–187) (BMNH).
Malpighiaceae : *Acridocarpus alternifolius* (Cohic, 1969 : 143).
Pandaceae : *Microdesmis puberula* (Ardaillon & Cohic, 1970 : 271).

Tetraleurodes graminis Takahashi

Tetraleurodes graminis Takahashi, 1934b : 67. Syntypes on a plant of the Gramineae, ? *Imperata* sp., TAIWAN : Shinten near Taihoku, 5.ii.1933 (*R. Takahashi*) (Taiwan ARI).

DISTRIBUTION. Taiwan (Takahashi, 1934b : 67).
HOST PLANTS.
Gramineae : ? *Imperata* sp. (Takahashi, 1934b : 67).

Tetraleurodes hederae Goux

Tetraleurodes hederae Goux, 1939 : 77–80. Holotype on *Hedera helix*, FRANCE : Marseille, 1933 (*L. Goux*). Paratypes on *Hedera helix*, FRANCE : vicinity of Marseille (*L. Goux*); vicinity of Mans (Sarthe) (*L. Goux*); Bouc-Bel-Air (Bouches-du-Rhône) (*L. Goux*); Antibes, iv.1936 (*L. Goux*); Trayas (Var), iv.1936 (*L. Goux*); and vicinity of Bastia, vii.1936 (*L. Goux*).

DISTRIBUTION. France (Goux, 1939 : 79); U.S.S.R. (Danzig, 1964a : 634 [325]) (BMNH).
HOST PLANTS.
Araliaceae : *Hedera helix* (Goux, 1939 : 79); *Hedera taurica* (BMNH).

Tetraleurodes herberti (Penny)

Tetraleurodes herberti Penny, 1922 : 32–34. Syntypes on black locust [*Robinia pseudoacacia*], U.S.A. : CALIFORNIA, Alameda County, Pleasanton, x.1918 (*F. W. Herbert*) (USNM) (California AS).

DISTRIBUTION. U.S.A. (California) (Penny, 1922 : 33).
HOST PLANTS.
Leguminosae : *Robinia pseudoacacia* (Penny, 1922 : 33).

Tetraleurodes hirsuta Takahashi

Tetraleurodes hirsuta Takahashi, 1955a : 419. Syntypes on an unidentified host, MADAGASCAR : Tananarive, Andoharano, 14.ii.1949 (*A. Robinson*) (Paris MNHN) (Hikosan BL).

DISTRIBUTION. Madagascar (Takahashi, 1955a : 419).
HOST PLANTS.
Host indet. (Takahashi, 1955a : 419).

Tetraleurodes litseae Dumbleton

Tetraleurodes litzeae [sic] Dumbleton, 1956b : 178–180. Holotype and unmounted paratype material on *Litzea* [sic] *dealbata*, AUSTRALIA : N.S.W., Richmond (Auckland DSIR).

The original spelling of the specific epithet is corrected here in accordance with the *International Code of Zoological Nomenclature*, Article 32a (ii), as it is considered to be a lapsus calami.

DISTRIBUTION. Australia (New South Wales) (Dumbleton, 1956b : 180).
HOST PLANTS.
Lauraceae : *Litsea dealbata* (Dumbleton, 1956b : 180).

Tetraleurodes madagascariensis Takahashi

Tetraleurodes madagascariensis Takahashi, 1951a : 384–385. Two incomplete syntypes on *Chaetacme madagascariensis*, MADAGASCAR : Mt Tsaratanana, 1700 m. (*Dr R. Paulian*) (Paris MNHN) (Hikosan BL).

DISTRIBUTION. Madagascar (Takahashi, 1951a : 385).
HOST PLANTS.
Ulmaceae : *Chaetacme madagascariensis* (Takahashi, 1951a : 385).

Tetraleurodes malayensis nomen novum

Tetraleurodes fici Takahashi, 1955b : 232 nec *Tetraleurodes fici* Quaintance & Baker, in J. M. Baker, 1937 : 616–617. Syntypes on *Ficus* sp., MALAYA : Kepong, Selangor, 9.i.1944 (*R. Takahashi*) (BMNH).

DISTRIBUTION. Malaya (Takahashi, 1955b : 232) (BMNH).
HOST PLANTS.
Moraceae : *Ficus* sp. (Takahashi, 1955b : 232) (BMNH).

Tetraleurodes mameti Takahashi

Tetraleurodes mameti Takahashi, 1938d : 262–263. Syntypes on an undetermined indigenous tree, MAURITIUS : Mt Le Pouce, 2650 ft, 5.xii.1937 (*R. Mamet*) (Taiwan ARI) (?Paris MNHN).

DISTRIBUTION. Mauritius (Takahashi, 1938d : 263).
HOST PLANTS.
Host indet. (Takahashi, 1938d : 263).

Tetraleurodes marginata (Newstead)

Aleurodes marginata Newstead, 1911 : 172–173. Syntypes on a forest tree, TANZANIA : Sigithal near Amani, 4.viii.1902 (*Prof. A. Zimmermann*) (Berlin HU). (Three syntypes in BMNH.)
Tetraleurodes marginata (Newstead) Quaintance & Baker, 1914 : 108.

DISTRIBUTION. Tanzania (Newstead, 1911 : 172) (BMNH).
HOST PLANTS.
Host indet. (Newstead, 1911 : 72) (BMNH).

Tetraleurodes marshalli Bondar

Tetraleurodes marshalli Bondar, 1928b : 35–37. Syntypes on *Andropogon cicornis*, BRAZIL : S. Ignez, Bahia State (*G. Bondar*) (São Paulo MZU).

DISTRIBUTION. Brazil (Bondar, 1928b : 37).
HOST PLANTS.
Gramineae : *Andropogon cicornis* (Bondar, 1928b : 37).

Tetraleurodes melanops (Cockerell)

[*Aleyrodes* (*Tetraleurodes*) *melanops* Cockerell, 1902a : 283. Nomen nudum.]
Aleyrodes melanops Cockerell, 1903b : 665. Syntypes solitary on the upper sides of leaves of *Quercus* sp., U.S.A. : CALIFORNIA, Alpine Tavern, Mt Lowe, viii.1901 (*T. D. A. Cockerell*) (USNM).
Tetraleurodes melanops (Cockerell) Quaintance & Baker, 1914 : 108.

DISTRIBUTION. U.S.A. (California) (Cockerell, 1903b : 665).
HOST PLANTS.
Fagaceae : *Quercus* sp. (Cockerell, 1903b : 665).

Tetraleurodes mirabilis Takahashi

Tetraleurodes mirabilis Takahashi, 1961 : 335–336. Syntypes on *Impatiens* sp., MADAGASCAR : Maroantsetra, date and collector not recorded (Paris MNHN) (Hikosan BL).

DISTRIBUTION. Madagascar (Takahashi, 1961 : 336).
HOST PLANTS.
Balsaminaceae : *Impatiens* sp. (Takahashi, 1961 : 336).

Tetraleurodes mori (Quaintance)

Aleurodes mori Quaintance, 1899a : 1–4. Syntypes on mulberry [*Morus* sp.], U.S.A. : FLORIDA, Tampa; on *Telea* [sic] *americana, Callicarpa americana, Liquidambar straciflua, Ilex opaca, Persea carolina*, U.S.A. : FLORIDA, Lake City; on a creeper, JAMAICA, Kingston (USNM).
Aleyrodes mori arizonensis Cockerell, 1900 : 366–367. Syntypes on orange trees [*Citrus* sp.], U.S.A. : ARIZONA, Mesa, 17.x.1899 (*T. D. A. Cockerell*); on *Morus rubra*, U.S.A. : OHIO, Columbus, grounds of State University (*Prof. E. E. Bogue*) (USNM).
Aleyrodes (*Tetraleurodes*) *mori* Quaintance; Cockerell, 1902b : 206.
Aleyrodes mori var. *maculata* Morrill, 1903b : 81–82. Syntypes on *Cornus florida, Cornus sanguineus*, ash [*Fraxinus* sp.], birch [*Betula* sp.], and mulberry [*Morus* sp.], U.S.A. : MASSACHUSETTS, Amherst.
Tetraleurodes mori (Quaintance) Quaintance & Baker, 1914 : 108.
Tetraleurodes mori arizonensis (Cockerell) Quaintance & Baker, 1914 : 108.
Tetraleurodes mori maculata (Morrill) Quaintance & Baker, 1914 : 108.

DISTRIBUTION. U.S.A. (Arizona, Ohio) (Cockerell, 1900 : 366); U.S.A. (California, Virginia, Washington DC) (BMNH); U.S.A. (Connecticut) (Britton, 1907 : 337); U.S.A. (Florida) (Quaintance, 1899a : 4); U.S.A. (Massachusetts) (Morrill, 1903b : 82); Mexico (Sampson & Drews, 1941 : 174); Cuba (Back, 1912 : 148); Jamaica (Quaintance, 1899a : 4).

HOST PLANTS.

Aceraceae	: *Acer negundo* (Britton, 1923 : 338); *Acer pseudoplatanus* (Quaintance & Baker, 1916 : 470); *Acer* sp. (Quaintance & Baker, 1916 : 470) (BMNH).
Aquifoliaceae	: *Ilex opaca* (Quaintance, 1899a : 4).
Betulaceae	: *Betula* sp. (Morrill, 1903b : 82); *Carpinus* sp., *Corylus* sp. (Britton, 1923 : 338).
Bignoniaceae	: *Catalpa* sp. (Britton, 1923 : 338).
Cornaceae	: *Cornus florida, Cornus sanguineus* (Morrill, 1903b : 82); *Cornus* sp. (BMNH).
Ebenaceae	: *Diospyros* sp. (Quaintance & Baker, 1916 : 470).
Ericaceae	: *Kalmia latifolia* (Britton, 1923 : 338).
Hamamelidaceae	: *Liquidambar styraciflua* (Quaintance, 1899a : 4).
Lauraceae	: *Persea carolina* (Quaintance, 1899a : 4).
Magnoliaceae	: *Magnolia* sp. (BMNH).
Moraceae	: *Morus rubra* (Cockerell, 1900 : 366); *Morus* sp. (Quaintance 1899a : 4).
Oleaceae	: *Forsythia* sp. (BMNH); *Fraxinus* sp. (Morrill, 1903b : 82).
Papaveraceae	: *Argemone mexicana* (Sampson & Drews, 1941 : 174).
Rutaceae	: *Citrus sinensis* (BMNH); *Citrus* spp. (Sampson, 1944 : 442).
Tiliaceae	: *Tilia americana* (Quaintance, 1899a : 4); *Tilia* sp. (Britton, 1923 : 338).
Ulmaceae	: *Celtis* sp. (Quaintance & Baker, 1916 : 470).
Verbenaceae	: *Callicarpa americana* (Quaintance, 1899a : 4).

Tetraleurodes moundi Cohic

Tetraleurodes moundi Cohic, 1968b : 131–134. Syntypes on *Millettia* sp., ANGOLA : Portugalia, iv.1964 (*R. Paulian*); on *Acridocarpus longifolius*, CONGO (Brazzaville) : Brazzaville, Centre O.R.S.T.O.M., 6.i.1967; on *Agelaea dewevrei, Barteria fistulosa*, Brazzaville, Centre O.R.S.T.O.M., 5.xii.1966; on *Caloncoba dusenii*, Brazzaville, Centre O.R.S.T.O.M., 25.xii.1966; on *Caloncoba welwitschii*, Brazzaville, Centre O.R.S.T.O.M., 20.i.1967; on *Gardenia jovis-tonantis*, Brazzaville, Centre O.R.S.T.O.M., 16.i.1967; on *Hymenocardia acida*, Brazzaville, Centre O.R.S.T.O.M., 8 and 25.xii.1966; on *Ochna gilletiana*, Brazzaville, Centre O.R.S.T.O.M., 9.xii.1966; on *Psidium guajava*, Brazzaville, Centre O.R.S.T.O.M., 22.xi.1965; on *Strychnos pungens*, Brazzaville, Centre O.R.S.T.O.M., 9.i.1967; on *Strychnos variabilis*, Brazzaville, Centre O.R.S.T.O.M., 25.xii.1966; on *Strychnos spinosa*, Brazzaville, Centre O.R.S.T.O.M., 15.iii.1967. (One syntype on *Ochna* in BMNH.)

DISTRIBUTION. Angola (Cohic, 1968b : 131); Congo (Brazzaville) (Cohic, 1968b : 131) (BMNH); Ivory Coast (Cohic, 1969 : 143).

HOST PLANTS.

Connaraceae	: *Agelaea dewevrei* (Cohic, 1968b : 131).
Dilleniaceae	: *Tetracera alnifolia* (Cohic, 1969 : 143).
Euphorbiaceae	: *Hymenocardia acida* (Cohic, 1968b : 131).
Flacourtiaceae	: *Caloncoba dusenii, Caloncoba welwitschii* (Cohic, 1968b : 131).
Leguminosae	: *Millettia* sp. (Cohic, 1968b : 131).
Loganiaceae	: *Strychnos pungens, Strychnos spinosa, Strychnos variabilis* (Cohic, 1968b : 131).
Malpighiaceae	: *Acridocarpus dewevrei* (Cohic, 1968b : 131).
Meliaceae	: *Entandrophragma utile, Trichilia prieureana* (Cohic, 1969 : 143).
Myrtaceae	: *Psidium guajava* (Cohic, 1968b : 131).
Ochnaceae	: *Ochna gilletiana* (Cohic, 1968b : 131) (BMNH).
Passifloraceae	: *Barteria fistulosa* (Cohic, 1968b : 131).
Rubiaceae	: *Gardenia jovis-tonantis* (Cohic, 1968b : 131).
Ulmaceae	: *Celtis milbraedii* (Cohic, 1969 : 143).

Tetraleurodes niger (Maskell)

Aleurodes niger Maskell, 1895 : 437–438. Lectotype on *Acacia pycnantha*, AUSTRALIA : VICTORIA, Melbourne (*French*) (Auckland DSIR) designated by Dumbleton, 1956b : 180.
Aleyrodes nigra [sic] Maskell; Cockerell, 1902a : 281.
Aleurolobus niger (Maskell) Quaintance & Baker, 1914 : 109.
Tetraleurodes niger (Maskell) Dumbleton, 1956b : 180.

DISTRIBUTION. Australia (South Australia) (BMNH); Australia (Victoria) (Maskell, 1895 : 438) (BMNH).
HOST PLANTS.
Leguminosae : *Acacia pycnantha* (Maskell, 1895 : 438); *Acacia melanoxylon, Acacia wilhelmiana* (BMNH).

Tetraleurodes nudus Sampson & Drews

Tetraleurodes nudus Sampson & Drews, 1941 : 174, 176. Syntypes on *Ficus involuta*, MEXICO : San Blas, State of Nayarit, xi.1925 (California UCD).

DISTRIBUTION. Mexico (Sampson & Drews, 1941 : 176).
HOST PLANTS.
Moraceae : *Ficus involuta* (Sampson & Drews, 1941 : 176).

Tetraleurodes oplismeni Takahashi

Tetraleurodes oplismeni Takahashi, 1934b : 66–67. Syntypes on *Oplismenus* sp., TAIWAN : Shinten, Urai and Hori (Taiwan ARI).

DISTRIBUTION. Taiwan (Takahashi, 1934b : 67).
HOST PLANTS.
Gramineae : *Oplismenus* sp. (Takahashi, 1934b : 67).

Tetraleurodes palmae Gameel

Tetraleurodes palmae Gameel, 1968 : 153–155. Holotype and eight paratypes on *Elaeis guineensis*, SUDAN : Meridi, 15.xi.1961 (*O. I. Gameel*); numerous paratypes on *Elaeis guineensis*, Yambio, 18.xi.1961 (*O. I. Gameel*) (Sudan GRF).

DISTRIBUTION. Sudan (Gameel, 1968 : 155).
HOST PLANTS.
Palmae : *Elaeis guineensis* (Gameel, 1968 : 155).

Tetraleurodes papilliferus Sampson & Drews

Tetraleurodes papilliferus Sampson & Drews, 1941 : 176. Syntypes on an undetermined tree, PANAMA : Boquete, vii.1938 (California UCD).

DISTRIBUTION. Panama (Sampson & Drews, 1941 : 176).
HOST PLANTS.
Host indet. (Sampson & Drews, 1941 : 176).

Tetraleurodes pauliani Takahashi

Tetraleurodes Pauliani Takahashi, 1955a : 420–422. Syntypes on ? *Feijoa sellowiana*, MADAGASCAR : Tananarive-Tsimbazaza, 28.x.1947 (Paris MNHN) (Hikosan BL) (USNM).

DISTRIBUTION. Madagascar (Takahashi, 1955a : 422).
HOST PLANTS.
Myrtaceae : ? *Feijoa sellowiana* (Takahashi, 1955a : 422).

Tetraleurodes perileuca (Cockerell)

Aleyrodes (*Tetraleurodes*) *perileuca* Cockerell, 1902a : 283. [Full description in Cockerell, 1903b : 664–665.] Syntypes on upper sides of leaves of live oak [*Quercus* sp.], U.S.A. : TEXAS, Cuero, 2.vi.1898 (*C. H. T. Townsend*); on upper sides of leaves of live oak, U.S.A. : CALIFORNIA, San Diego County, La Jolla, viii.1901 (*T. D. A. Cockerell*) (USNM).
Tetraleurodes perileuca (Cockerell) Quaintance & Baker, 1914 : 108.

DISTRIBUTION. U.S.A. (California, Texas) (Cockerell, 1903b : 665).
HOST PLANTS.
Fagaceae : *Quercus* sp. (Cockerell, 1903b : 665).

Professor Cockerell in a letter to Kirkaldy said he considered that *Tetraleurodes stanfordi* (Bemis) 'is probably the same as *perileuca* (Cockerell)' (Kirkaldy, 1907 : 71).

Tetraleurodes pluto Dumbleton

Tetraleurodes pluto Dumbleton, 1956b : 180–181. Holotype and paratypes on a number of yellow flowering plants, AUSTRALIA : WESTERN AUSTRALIA, Lea, 1896 (Auckland DSIR).

DISTRIBUTION. Australia (Western Australia) (Dumbleton, 1956b : 181).
HOST PLANTS.
Host indet. (Dumbleton, 1956b : 181).

Tetraleurodes pringlei Quaintance & Baker

Tetraleurodes pringlei Quaintance & Baker, in J. M. Baker, 1937 : 617–618. Syntypes on *Caulthus* [sic] *hispites*, MEXICO : Oaxaca (*G. C. G. Pringle*) (USNM).

DISTRIBUTION. Mexico (J. M. Baker, 1937 : 618).
HOST PLANTS.
Cruciferae : *Caulanthus hispites* (J. M. Baker, 1937 : 618).

Tetraleurodes pusana Takahashi

Tetraleurodes pusana Takahashi, 1950 : 86–87. Syntypes on an undetermined grass, INDIA : Pusa, 15.ii.1938 (*C. K. Samuel*); on an undetermined grass, MALAYA : Gombak, 17.iv.1944 (*R. Takahashi*) (BMNH).

DISTRIBUTION. India, Malaya (Takahashi, 1950 : 87) (BMNH).
HOST PLANTS.
Gramineae : Genus indet. (Takahashi, 1950 : 87) (BMNH).

Tetraleurodes quadratus Sampson & Drews

Tetraleurodes quadratus Sampson & Drews, 1941 : 176–177. Syntypes on *Byrsonima crassifolia*, MEXICO : Tepic, State of Nayarit, xi.1925 (California UCD).

DISTRIBUTION. Mexico (Sampson & Drews, 1941 : 176).
HOST PLANTS.
Malpighiaceae : *Byrsonima crassifolia* (Sampson & Drews, 1941 : 176).

Tetraleurodes rugosus Corbett

Tetraleurodes rugosus Corbett, 1926 : 281. Syntypes on grass, SRI LANKA : Dambula, 30.viii. 1910. (*E. E. Green*) (Six syntypes and dry material with syntype data in BMNH.); on grass, SRI LANKA; Maha Illupalawa, North Coast Province, ix.1905 (*E. E. Green*). (One syntype in BMNH.)

DISTRIBUTION. Sri Lanka (Corbett, 1926 : 281) (BMNH).
HOST PLANTS.
Gramineae : Genus indet. (Corbett, 1926 : 281) (BMNH).

Tetraleurodes russellae Cohic

Tetraleurodes russelli Cohic, 1968b : 134–138. Syntypes on *Allophyllus africanus*, CONGO (Brazzaville) : Brazzaville, Centre O.R.S.T.O.M., 21.i.1967; on *Barteria fistulosa*, Brazzaville, Centre O.R.S.T.O.M., 5.xii.1967; on *Clerodendron* sp., Brazzaville, Centre O.R.S.T.O.M., 7.v.1966; on *Colletoecema dewevrei*, Brazzaville, Centre O.R.S.T.O.M., 9 and 12.xii.1966; on *Combretum* sp., Brazzaville, Centre O.R.S.T.O.M., 31.i.1967; on *Gaertnera paniculata*, Brazzaville, Centre O.R.S.T.O.M., 21.i.1967; on *Gardenia jovis-tonantis*, Brazzaville, Centre O.R.S.T.O.M., 16.i.1967; on *Hymenocardia acida*, Brazzaville, Centre O.R.S.T.O.M., 29.i.1964, 8.xii.1966 and 20.xii.1966; on *Lagerstroemia indica*, Brazzaville, Centre O.R.S.T.O.M., 8.ii.1964; on *Manotes pruinosa*, Brazzaville, Centre O.R.S.T.O.M., 28.i.1967; on *Markhamia sessilis*, Brazzaville, Centre O.R.S.T.O.M., 3.ii.1967; on *Ochna gilletiana*, Brazzaville, Centre O.R.S.T.O.M., 9 and 24.xii.1966; on *Pauridiantha hirtella*, Brazzaville, Centre O.R.S.T.O.M., 25.i.1967; on *Smilax kraussiana*, Brazzaville, Centre O.R.S.T.O.M., 16.i.1967; on *Strychnos variabilis*, Brazzaville, Centre O.R.S.T.O.M., 25.xii.1966 and 27.ii.1967; on *Tetracera alnifolia*, Brazzaville, Centre O.R.S.T.O.M., 7.i.1967; on *Triclisia gilletii*, Brazzaville, Centre O.R.S.T.O.M., 8.iii.1967.

Cohic (1969 : 144) amended the spelling in accordance with the *Code of Zoological Nomenclature*, Recommendation 31A.

DISTRIBUTION. Congo (Brazzaville) (Cohic, 1968b : 134); Ivory Coast (Cohic, 1969 : 144).
HOST PLANTS.
Annonaceae	: *Uvaria scabrida* (Cohic, 1969 : 144).
Bignoniaceae	: *Markhamia sessilis* (Cohic, 1968b : 134).
Combretaceae	: *Combretum* sp. (Cohic, 1968b : 134).
Connaraceae	: *Manotes pruinosa* (Cohic, 1968b : 134).
Dilleniaceae	: *Tetracera alnifolia* (Cohic, 1968b : 134).
Euphorbiaceae	: *Hymenocardia acida* (Cohic, 1968b : 134).
Leguminosae	: *Cassia javanica, Peltophorum pterocarpum* (Cohic, 1969 : 144).
Loganiaceae	: *Strychnos variabilis* (Cohic, 1968b : 134).
Lythraceae	: *Lagerstroemia indica* (Cohic, 1968b : 134).
Menispermaceae	: *Triclisia gilletii* (Cohic, 1968b : 134).
Ochnaceae	: *Ochna gilletiana* (Cohic, 1968b : 134).
Passifloraceae	: *Barteria fistulosa* (Cohic, 1968b : 134).
Rubiaceae	: *Colletoecema dewevrei, Gaertnera paniculata, Gardenia jovis-tonantis, Pauridiantha hirtella* (Cohic, 1968b : 134).
Sapindaceae	: *Allophylus africanus* (Cohic, 1968b : 134).
Smilacaceae	: *Smilax kraussiana* (Cohic, 1968b : 134).
Sterculiaceae	: *Triplochiton scleroxylon* (Cohic, 1969 : 144).
Ulmaceae	: *Celtis milbraedii* (Cohic, 1969 : 144).
Verbenaceae	: *Clerodendron* sp. (Cohic, 1968b : 134).

Tetraleurodes semibarbata Takahashi

Tetraleurodes semibarbata Takahashi, 1955a : 422–424. Holotype on an unidentified host, MADAGASCAR : Ankaratra, Manjakatompo, 2000 m, 24.v.1950 (*R. Mamet*) (Paris MNHN).

DISTRIBUTION. Madagascar (Takahashi, 1955a : 423).
HOST PLANTS.
Host indet. (Takahashi, 1955a : 423).

Tetraleurodes semilunaris Corbett

Tetraleurodes semilunaris Corbett, 1926 : 282. Syntypes on citronella grass [*Cymbopogon* sp.], SRI LANKA : Colombo, xi.1903 (*E. E. Green*). (Numerous syntypes and dry material with syntype data in BMNH.)

DISTRIBUTION. Sri Lanka (Corbett, 1926 : 282) (BMNH); China (Takahashi, 1955b : 233).
HOST PLANTS.
Gramineae : *Cymbopogon* sp. (Corbett, 1926 : 282) (BMNH).

Tetraleurodes splendens (Bemis)

Aleyrodes splendens Bemis, 1904 : 489–491. Syntypes on *Rhamnus californica*, U.S.A. : CALIFORNIA, on campus of Leland Stanford Junior University, iv. and v.1902 (*F. E. Bemis*); on 'an unnamed manzanita', Yosemite Valley, vii.1902 (*F. E. Bemis*) (USNM).
Tetraleurodes splendens (Bemis) Quaintance & Baker, 1914 : 108.

DISTRIBUTION. U.S.A. (California) (Bemis, 1904 : 491).
HOST PLANTS.
Ericaceae : *Arctostaphylos* sp. (Penny, 1922 : 34).
Rhamnaceae : *Rhamnus californica* (Bemis, 1904 : 491).

Tetraleurodes stanfordi (Bemis)

Aleyrodes stanfordi Bemis, 1904 : 508–510. Syntypes on *Quercus agrifolia* and/or *Quercus densiflora*, U.S.A. : CALIFORNIA, near the head of Big River, Mendocino County, 6.vi.1901 (*G. H. Coleman*); on *Quercus agrifolia* and/or *Quercus densiflora*, Santa Clara Valley and on the slopes of Black mountain and King's mountain, at various times during 1901 and 1902 (*F. E. Bemis*) (USNM).
Tetraleurodes stanfordi (Bemis) Quaintance & Baker, 1914 : 108.

DISTRIBUTION. U.S.A. (California) (Bemis, 1904 : 510) (BMNH).
HOST PLANTS.
Fagaceae : *Quercus agrifolia, Quercus densiflora* (Bemis, 1904 : 510); *Quercus* sp. (BMNH).
Rhamnaceae : *Rhamnus* sp. (Penny, 1922 : 34).

Cockerell considered this species was probably a synonym of *Tetraleurodes perileuca* (Cockerell) (Kirkaldy, 1907 : 71).

Tetraleurodes stellata (Maskell)

Aleurodes stellata Maskell, 1895 : 442. Syntypes on Lignum vitae [*Guaiacum officinale*], JAMAICA (*T. D. A. Cockerell*).
Tetraleurodes stellata (Maskell) Quaintance & Baker, 1914 : 108.

DISTRIBUTION. Jamaica (Maskell, 1895 : 442).
HOST PLANTS.
Zygophyllaceae   :   *Guaiacum officinale* (Maskell, 1895 : 442).

Tetraleurodes stypheliae (Maskell)

Aleurodes stypheliae Maskell, 1895 : 442–443. Lectotype on *Styphelia* (*Monotoca*) *richei*, AUSTRALIA : VICTORIA, Melbourne (*C. French*) (Auckland DSIR) designated by Dumbleton, 1956b : 183. (Numerous mounted pupal cases and dry material with same data as lectotype in BMNH.)
Tetraleurodes stypheliae (Maskell) Quaintance & Baker, 1914 : 108.

DISTRIBUTION. Australia (New South Wales) (Maskell, 1895 : 443); Australia (Victoria) (Maskell, 1895 : 443) (BMNH).
HOST PLANTS.
Epacridaceae   :   *Leucopogon* [*Styphelia*] *richei* (Maskell, 1895 : 443) (BMNH).

Tetraleurodes submarginata Dumbleton

Tetraleurodes submarginata Dumbleton, 1961a : 135–136. Holotype and paratypes on ? *Eugenia* sp., NEW CALEDONIA : Dothio (*F. Cohic*) (Noumea ORSTOM). (One paratype in BMNH.)

DISTRIBUTION. New Caledonia (Dumbleton, 1961a : 136) (BMNH).
HOST PLANTS.
Myrtaceae   :   ? *Eugenia* sp. (Dumbleton, 1961a : 136).

Tetraleurodes subrotunda Takahashi

Tetraleurodes subrotunda Takahashi, 1937a : 43–44. Syntypes on an undetermined tree, MAURITIUS : Kanaka, x.1934 (*R. Mamet*) (Eberswalde IP) (Taiwan ARI).

DISTRIBUTION. Mauritius (Takahashi, 1937a : 44).
HOST PLANTS.
Host indet. (Takahashi, 1937a : 44).

Tetraleurodes truncatus Sampson & Drews

Tetraleurodes truncatus Sampson & Drews, 1941 : 178. Syntypes on guava [*Psidium guajava*], MEXICO : State of Jalisco and State of Nayarit, xi.1925 (California UCD).

DISTRIBUTION. Mexico (Sampson & Drews, 1941 : 178).
HOST PLANTS.
Myrtaceae   :   *Psidium guajava* (Sampson & Drews, 1941 : 178).

Tetraleurodes ursorum (Cockerell)

Aleyrodes ursorum Cockerell, 1910a : 171–172. Syntypes on *Arctostaphylos uva-ursi*, U.S.A. : COLORADO, near the top of Flagstaff Mountain, Boulder, 20.iii.1910 (*T.D. A. Cockerell*) (USNM).
Tetraleurodes ursorum (Cockerell) Quaintance & Baker, 1914 : 108.

DISTRIBUTION. U.S.A (Colorado) (Cockerell, 1910a : 171); Mexico (Sampson & Drews, 1941 : 178); Puerto Rico (Dozier, 1936 : 146).
HOST PLANTS.
Ericaceae   :   *Arctostaphylos uva-ursi* (Cockerell, 1910a : 171).
Polygonaceae   :   *Coccoloba* sp. (Dozier, 1936 : 146).
Rosaceae   :   *Rosa* sp. (J. M. Baker, 1937 : 616).

TETRALICIA Harrison

Tetralicia Harrison, 1917a : 60. Type-species : *Tetralicia ericae*, by monotypy.

Tetralicia spp. indet.

HOST PLANTS.
Combretaceae   :   *Combretum* sp. (BMNH : Nigeria).
Euphorbiaceae   :   *Lepidoturus laxiflorus* (BMNH : Nigeria).
Ulmaceae   :   *Chaetachme aristata* (BMNH : South Africa).

Tetralicia erianthi Danzig

Tetralicia erianthi Danzig, 1969 : 878 [557–558]. Holotype and paratypes on *Erianthus purpurascens*, U.S.S.R. : Turkmenia, Ashkabad, 22.ix.1958 (*I. Rozanov*); paratypes on *Erianthus purpurascens*, Amudar'ye floodplain, 90 km north of Chardzhou, 3.vi.1965 (*E. M. Danzig*) (Leningrad ZI).

DISTRIBUTION. U.S.S.R. (Danzig, 1969 : 878 [558]).
HOST PLANTS.
Gramineae : *Erianthus purpurascens* (Danzig, 1969 : 878 [558]).

Tetralicia ericae Harrison

Tetralicia ericae Harrison, 1917a : 61–62. Syntypes on *Erica tetralix*, ENGLAND : Durham, Waldridge Fell. (Types presumed lost; however, material from type host and locality in BMNH.)

DISTRIBUTION. Austria, Czechoslovakia (Zahradnik, 1963a : 13); England (Mound, 1966 : 422) (BMNH); Scotland, Wales (BMNH); Sweden (Ossiannilsson, 1952 : 80); Netherlands (Bink-Moenen, 1976 : 17).
HOST PLANTS.
Ericaceae : *Erica carnea* (Zahradnik, 1963a : 13); *Erica* spp. (Mound, 1966 : 422); *Erica tetralix* (Harrison, 1917a : 62) (BMNH).

Tetralicia rotunda J. M. Baker

Tetralecia [sic] *rotunda* J. M. Baker, 1937 : 619. Syntypes from ? Veracruz [MEXICO] (USNM). The original description states that 'exact data regarding the material is not now available'.

DISTRIBUTION. ? Mexico (J. M. Baker, 1937 : 619).
HOST PLANTS.
Host indet. (J. M. Baker, 1937 : 619).

This species is probably related to those in *Aleuropleurocelus* Drews & Sampson.

TRIALEURODES Cockerell

Aleyrodes (*Trialeurodes*) Cockerell, 1902a : 283. Type-species : *Aleurodes pergandei*, by original designation.
[*Aleyrodes* (*Asterochiton*) Maskell; Kirkaldy, 1907 : 43–44. Misidentification using *lecanioides*, now regarded as a synonym of *vaporariorum*, as the type-species of the sub-genus.]
[*Asterochiton* Maskell; Quaintance & Baker, 1914 : 104–105. Misidentification using *vaporariorum* as the type-species.]
Trialeurodes Cockerell; Quaintance & Baker, 1915a : xi.
Gymnaleurodes Sampson & Drews, 1940 : 29. Type-species : *Gymnaleurodes bellissima*, by monotypy. [Synonymized by Sampson, 1943 : 209.]
Aleurodes (*Ogivaleurodes*) Goux, 1948–1949 : 31. Type-species : *Aleurodes lauri*, by monotypy. **Syn. n.**
Ogivaleurodes Goux; Goux, 1951 : 12.

Trialeurodes spp. indet.

NATURAL ENEMIES.
Hymenoptera
Chalcidoidea
Aphelinidae : *Prospaltella strenua* Silvestri (Fulmek, 1943 : 16. Java, Malaya).

Trialeurodes abutiloneus (Haldeman)

Aleyrodes bifasciata Stephens, 1829 : 367. Nomen nudum. [Synonymized by Kirkaldy, 1907 : 75.]
Aleurodes abutilonea Haldeman, 1850 : 108–109. Syntypes on *Sida* (*Abutilon*) *abutilon*, U.S.A. : PENNSYLVANIA.
Aleurodes erigerontis Maskell, 1895 : 429–430. Syntypes on *Erigeron* sp., MEXICO (*T. D. A. Cockerell*) (Auckland DSIR). [Synonymized by Russell, 1948 : 71.]
Aleurodes rolfsii Quaintance, 1899b : 90–92. Syntypes on cultivated geranium [? *Pelargonium* sp.], U.S.A. : south FLORIDA, sent to *Prof. P. H. Rolfs* (USNM). [Synonymized by Russell, 1948 : 71.]
Aleurodes fitchi Quaintance, 1900 : 24–26. Syntypes including adults on cotton [*Gossypium* sp.], U.S.A. : MISSISSIPPI, Harrisville, 14.ix.1895 (*S. B. Mullen*) (USNM). [Synonymized by Quaintance, 1907 : 92.]
Aleyrodes (*Trialeurodes*) *erigerontis* Maskell; Cockerell, 1902a : 283.
Aleyrodes (*Trialeurodes*) *fitchi* Quaintance; Cockerell, 1902a : 283.
Aleyrodes ambrosiae Cockerell, 1910b : 370–371. Syntypes on *Ambrosia artemisiaefolia*, U.S.A. : COLORADO. Boulder, 13.viii.1910 (*T. D. A. Cockerell*) (USNM). [Synonymized by Russell, 1948 : 71.]

Asterochiton abutiloneus (Haldeman) Quaintance & Baker, 1914 : 105.
Asterochiton ambrosiae (Cockerell) Quaintance & Baker, 1914 : 105.
Asterochiton erigerontis (Maskell) Quaintance & Baker, 1914 : 105.
Asterochiton rolfsii (Quaintance) Quaintance & Baker, 1914 : 105.
Trialeurodes abutiloneus (Haldeman) Quaintance & Baker, 1915a : xi.
Trialeurodes ambrosiae (Cockerell) Quaintance & Baker, 1915a : xi.
Trialeurodes erigerontis (Maskell) Quaintance & Baker, 1915a : xi.
Trialeurodes rolfsii (Quaintance) Quaintance & Baker, 1915a : xi.

DISTRIBUTION. U.S.A. (Alabama, Mississippi, Texas, Washington) (Quaintance, 1900 : 25); U.S.A. (California, Virginia) (BMNH); U.S.A. (Colorado) (Cockerell, 1910b : 370–371); U.S.A. (Florida) (Quaintance, 1907 : 94); U.S.A. (New York, Michigan, Wisconsin) (Russell, 1963 : 150); U.S.A. (Pennsylvania) (Quaintance, 1900 : 19); Mexico (Russell, 1963 : 150) (BMNH); Cuba, Puerto Rico, Trinidad (Russell, 1963 : 150); Jamaica (BMNH).

HOST PLANTS.

Acanthaceae	: *Ruellia villosa* (Russell, 1963 : 150).
Asclepiadaceae	: *Asclepias syriaca, Gonolobus [Ampelamus] albidus* (Russell, 1963 : 149).
Balsaminaceae	: *Impatiens capensis* (Russell, 1963 : 150).
Boraginaceae	: *Heliotropium curassavicum* (Russell, 1963 : 150).
Compositae	: *Ambrosia [Franseria] ambrosioides* (Russell, 1963 : 149); *Ambrosia artemisiaefolia* (Cockerell, 1910b : 370); *Ambrosia psilostachya, Ambrosia trifida, Aster novae-angliae, Bidens* sp., *Eclipta alba, Erechtites hieracifolia* (Russell, 1963 : 149); *Erigeron* sp. (Maskell, 1895 : 430); *Erigeron annuus, Eupatorium hyssopifolium* (Russell, 1963 : 149); *Helianthus* sp., *Heterotheca grandiflora, Iva ciliata, Lactuca canadensis, Lactuca serriola, Pluchea sericea, Solidago altissima, Solidago californica, Sonchus asper, Sonchus oleraceus, Taraxacum* sp., *Vernonia missurica, Xanthium canadense, Xanthium strumarium* (Russell, 1963 : 150).
Convolvulaceae	: *Dichondra repens* var. *carolinensis* (Russell, 1963 : 149); *Ipomoea angulata, Ipomoea batatas, Ipomoea hederacea, Ipomoea lacunosa, Ipomoea purpurea* (Russell, 1963 : 150).
Cruciferae	: *Brassica* sp. (Russell, 1963 : 149).
Cucurbitaceae	: *Citrullus vulgaris, Cucumis sativus* (Russell, 1963 : 149).
Euphorbiaceae	: *Acalypha virginica, Euphorbia corollata, Euphorbia dentata, Euphorbia glyptosperma, Euphorbia hirta, Euphorbia pilulifera, Euphorbia supina, Ricinus communis* (Russell, 1963 : 149–150).
Geraniaceae	: *Geranium* sp. (Russell, 1963 : 149); ? *Pelargonium* sp. (Quaintance, 1899b : 92).
Hamamelidaceae	: *Liquidambar styraciflua* (Russell, 1963 : 150).
Labiatae	: *Ajuga* sp. (Russell, 1963 : 149); *Nepeta cataria, Scutellaria leonardii, Stachys albens, Trichostema lanceolatum* (Russell, 1963 : 150).
Leguminosae	: *Acacia melanoxylon, Aeschynomene virginica, Albizia chinensis, Cassia nodosa, Desmodium paniculatum, Glycine max, Medicago sativa, Mimosa* sp., *Phaseolus* spp., *Prosopis chilensis, Pueraria* sp., *Schrankia* sp., *Sesbania [Agati] grandiflora, Trifolium pratense, Wisteria* sp. (Russell, 1963 : 149–150).
Lythraceae	: *Lawsonia inermis* (Russell, 1963 : 150).
Malvaceae	: *Abutilon theophrasti, Althaea* sp. (Russell, 1963 : 150); *Gossypium* sp. (Quaintance, 1900 : 25) (BMNH); *Hibiscus moscheutos, Hibiscus mutabilis, Hibiscus rosa-sinensis, Hibiscus syriacus, Hibiscus trionum, Malva neglecta, Malvastrum coromandelianum, Pseudabutilon* sp. (Russell, 1963 : 150); *Sida abutilon* (Haldeman, 1850 : 109); *Sida* sp., *Sida spinosa, Sphaeralcea* sp. (Russell, 1963 : 150).
Moraceae	: *Morus* sp. (Russell, 1963 : 150).
Myrtaceae	: *Eucalyptus* sp., *Melaleuca hypericifolia* (Russell, 1963 : 149–150).
Onagraceae	: *Fuchsia* sp. (Russell, 1963 : 149).

Oxalidaceae	:	*Oxalis* sp. (Russell, 1963 : 150).
Polygonaceae	:	*Polygonum aviculare, Polygonum coccineum, Polygonum hydropiperoides, Polygonum pennsylvanicum* (Russell, 1963 : 150).
Portulacaceae	:	*Portulaca* sp. (Russell, 1963 : 150).
Punicaceae	:	*Punica granatum* (Russell, 1963 : 150).
Ranunculaceae	:	*Aquilegia canadensis* (Russell, 1963 : 149).
Rhamnaceae	:	*Ceanothus* sp. (Russell, 1963 : 149).
Rosaceae	:	*Pyrus communis, Rosa* sp., *Rubus* sp. (Russell, 1963 : 150).
Rutaceae	:	*Citrus* sp., *Ruta graveolens* (Russell, 1963 : 149–150).
Sapindaceae	:	*Serjania* sp. (Russell, 1963 : 150).
Scrophulariaceae	:	*Hebe lewisii* (Russell, 1963 : 150).
Solanaceae	:	*Datura stramonium* (Russell, 1963 : 149) (BMNH); *Lycopersicum esculentum* (Russell, 1963 : 150); *Nicotiana glauca* (BMNH); *Nicotiana trigonophylla, Physalis* sp., *Solanum arboreum, Solanum carolinense, Solanum melongena, Solanum nigrum, Solanum tuberosum* (Russell, 1963 : 150).
Ulmaceae	:	*Ulmus* sp. (Russell, 1963 : 150).
Urticaceae	:	*Laportea canadensis* (Russell, 1963 : 150).
Verbenaceae	:	*Duranta triacantha, Lantana montevidensis, Verbena* sp., *Vitex mollis* (Russell, 1963 : 149–150).
Violaceae	:	*Viola tricolor* (Russell, 1963 : 150).

NATURAL ENEMIES.
Hymenoptera
  Chalcidoidea
    Aphelinidae   : *Encarsia pergandiella* Howard (Thompson, 1950 : 110. U.S.A.).
                   : *Encarsia quaintancei* Howard (Dysart, 1966 : 28. U.S.A.).
                   : *Eretmocerus haldemani* Howard (Dysart, 1966 : 28. U.S.A.).
  Proctotrupoidea
    Platygasteridae: *Amitus aleurodinis* Haldeman (Dysart, 1966 : 28).

Thysanoptera
  Thripidae   : *Sericothrips trifasciatus* (Ashmead) (Kirkaldy, 1907 : 54).

Trialeurodes asplenii (Maskell)

Aleurodes asplenii Maskell, 1890b : 173–174. Lectotype on *Asplenium lucidum*, NEW ZEALAND (Auckland DSIR) designated by Dumbleton, 1957 : 145. Paralectotype (USNM).
Asterochiton asplenii (Maskell) Quaintance & Baker, 1914 : 105.
Trialeurodes asplenii (Maskell) Quaintance & Baker, 1915a : xi.

DISTRIBUTION. New Zealand (Maskell, 1890b : 174) (BMNH).
HOST PLANTS.
  Aspleniaceae   : *Asplenium lucidum* (Maskell, 1890b : 170); *Asplenium* sp. (BMNH).

Trialeurodes bambusae Takahashi

Trialeurodes bambusae Takahashi, 1943 : 29–30. Syntypes on bamboo [? *Bambusa* sp.], THAILAND : Bangkok, 26.iii.1940 (*R. Takahashi*) (Taiwan ARI).

DISTRIBUTION. Thailand (Takahashi, 1943 : 30).
HOST PLANTS.
  Gramineae   : ? *Bambusa* sp. (Takahashi, 1943 : 30).

Trialeurodes bauhiniae Corbett

Trialeurodes bauhiniae Corbett, 1935b : 816–817. Syntypes on *Bauhinia bidentata*, MALAYA : Johol (Negri Sembilan).

DISTRIBUTION. Malaya (Corbett, 1935b : 817).
HOST PLANTS.
  Leguminosae   : *Bauhinia bidentata* (Corbett, 1935b : 817).

Trialeurodes bellissima (Sampson & Drews)

Gymnaleurodes bellissima Sampson & Drews, 1940 : 29–30. Holotype and paratypes on *Quercus* sp., U.S.A. : CALIFORNIA, along the highway about one-half mile from the Orange County line in Carbon Canyon, San Bernardino County, 10.i.1939 (*E. A. Drews*) (USNM).
Trialeurodes bellissima (Sampson & Drews) Sampson, 1943 : 209.

DISTRIBUTION. U.S.A. (California) (Sampson & Drews, 1940 : 30).
HOST PLANTS.
Fagaceae   : *Quercus* sp. (Sampson & Drews, 1940 : 30); *Quercus agrifolia* (Russell, 1948 : 25).

Trialeurodes bemisae Russell

[*Aleyrodes tentaculatus* Bemis, 1904 : 494–496. Misidentification in part.]
Trialeurodes bemisae Russell, 1948 : 38–39. Holotype on *Quercus agrifolia*, U.S.A. : CALIFORNIA, Stanford University, 30.i.1902 (*F. E. Bemis*); paratypes on *Arbutus menziesii*, Berkeley, 1.iii.1917 (*D. D. Penny*); on *Ceanothus thyrsiflorus*, Los Angeles, 12.xi.1943 (*R. H. Smith*); on *Photinia arbutifolia*, Berkeley, 19.iv.1911 (*P. J. Timberlake*) (USNM).

DISTRIBUTION. U.S.A. (California) (Russell, 1948 : 39).
HOST PLANTS.
Ericaceae   : *Arbutus menziesii* (Russell, 1948 : 39).
Fagaceae   : *Quercus agrifolia* (Russell, 1948 : 39).
Rhamnaceae   : *Ceanothus thyrsiflorus* (Russell, 1948 : 39).
Rosaceae   : *Photinia arbutifolia* (Russell, 1948 : 39).

The holotype of *bemisae* was originally part of the syntype series of *tentaculatus* (Bemis).

Trialeurodes celti Takahashi

Trialeurodes celti Takahashi, 1943 : 28–29. Syntypes on *Celtis* sp., THAILAND : Chiengsen, 17.iv.1940 (*R. Takahashi*) (Taiwan ARI).

DISTRIBUTION. Thailand (Takahashi, 1943 : 29).
HOST PLANTS.
Ulmaceae   : *Celtis* sp. (Takahashi, 1943 : 29).

Trialeurodes chinensis Takahashi

Trialeurodes chinensis Takahashi, 1955b : 231–232. Holotype on *Solanum* sp., CHINA : Canton, 5.i.1950 (*Dr J. L. Gressitt*) (Hikosan BL). Described from a single specimen.

DISTRIBUTION. China (Takahashi, 1955b : 232).
HOST PLANTS.
Solanaceae   : *Solanum* sp. (Takahashi, 1955b : 232).

Trialeurodes coccolobae Russell

Trialeurodes coccolobae Russell, 1948 : 23–24. Holotype and paratype on *Coccoloba floribunda* (USNH), MEXICO : near Manzanillo, State of Colima, 2.xii.1925 (*R. S. Ferris*) (USNM).

DISTRIBUTION. Mexico (Russell, 1948 : 24).
HOST PLANTS.
Polygonaceae   : *Coccoloba floribunda* (Russell, 1948 : 24).

Trialeurodes colcordae Russell

Trialeurodes colcordae Russell, 1948 : 75–76. Holotype and paratype on unknown host, U.S.A. : southern CALIFORNIA, iii.1908 (USNM).

DISTRIBUTION. U.S.A. (California) (Russell, 1948 : 76).
HOST PLANTS.
Host indet. (Russell, 1948 : 76).

Trialeurodes corollis (Penny)

Asterochiton corollis Penny, 1922 : 26–28. Syntypes on *Arctostaphylos manzanita*, U.S.A. : California, San Diego County, Pine Hills, v.1917 (*D. D. Penny*) (California AS).
Trialeurodes corollis (Penny) Russell, 1948 : 36.

DISTRIBUTION. U.S.A. (California) (Penny, 1922 : 28) (BMNH).
HOST PLANTS.
Ericaceae : *Arctostaphylos manzanita* (Penny, 1922 : 28); *Arctostaphylos* sp. (BMNH).

Trialeurodes diminutis (Penny)

Asterochiton diminutis Penny, 1922 : 28–30. Syntypes on *Chamaebatia foliolosa*, U.S.A. : CALIFORNIA, Placerville, v.1918 (*D. D. Penny*) (USNM) (California AS).
Trialeurodes diminutis (Penny) Russell, 1948 : 54–55.

DISTRIBUTION. U.S.A. (California) (Penny, 1922 : 30).
HOST PLANTS.
Rosaceae : *Chamaebatia foliolosa* (Penny, 1922 : 30).

Trialeurodes drewsi Sampson

[*Aleyrodes glacialis* Bemis, 1904 : 518–519. Misidentification in part.]
Trialeurodes drewsi Sampson, 1945 : 62. Holotype on *Quercus* sp., U.S.A. : CALIFORNIA, Mt Tamalpais, Marin County, 16.iii.1941 (*W. W. Sampson*) (California UCD).

DISTRIBUTION. U.S.A. (California) (Sampson, 1945 : 62) (BMNH).
HOST PLANTS.
Fagaceae : *Lithocarpus densiflorus, Quercus agrifolia, Quercus dumosa, Quercus tomentella, Quercus* sp. (Russell, 1948 : 53); *Quercus ilex* (BMNH).

Trialeurodes dubiensis (Bondar)

Asterochiton dubiensis Bondar, 1923a : 179–180. Holotype on goyabeira [*Psidium guajava*], BRAZIL : Bahia (*G. Bondar*) (USNM). Described from a single specimen.
Trialeurodes dubiensis (Bondar) Bondar, 1928b : 32.

DISTRIBUTION. Brazil (Bondar, 1923a : 180).
HOST PLANTS.
Myrtaceae : *Psidium guajava* (Bondar, 1923a : 180).

Trialeurodes elaphoglossi Takahashi

Trialeurodes elaphroglossi [sic] Takahashi, 1960a : 139–141. Syntypes on *Elaphroglossum* [sic] sp., RÉUNION ISLAND : Plaine des Caffres, 1500–1600 m, vi.1957 (*J. Bosser*) (Hikosan BL) (Paris MNHN). (Eleven syntypes and dry material with syntype data in BMNH.)

The original spelling of the specific epithet is corrected here in accordance with the *International Code of Zoological Nomenclature*, Article 32a (ii), as it is considered to be a lapsus calami.

DISTRIBUTION. Réunion Island (Takahashi, 1960a : 141) (BMNH).
HOST PLANTS.
Lomariopsidaceae : *Elaphoglossum* sp. (Takahashi, 1960a : 139) (BMNH).

Trialeurodes elatostemae Takahashi

Trialeurodes elatostemae Takahashi, 1932 : 39–40. Syntypes on *Elatostema* sp., TAIWAN : Urai, 6.ix.1931 (Taiwan ARI).

DISTRIBUTION. Taiwan (Takahashi, 1932 : 40).
HOST PLANTS.
Urticaceae : *Elatostema* sp. (Takahashi, 1932 : 40).

Trialeurodes ericae Bink-Moenen

Trialeurodes ericae Bink-Moenen, 1976 : 17–19. Holotype and paratypes on *Erica tetralix*, NETHERLANDS : Leersum, reserve Leersumse Veld, 6.vi.1975 (*R. M. Bink-Moenen*) (Instituut voor Taxonomische Zoölogie, Amsterdam) (BMNH).

DISTRIBUTION. Netherlands (Bink-Moenen, 1976 : 17) (BMNH).
HOST PLANTS.
Ericaceae : *Erica tetralix* (Bink-Moenen, 1976 : 19) (BMNH).

Trialeurodes eriodictyonis Russell

Trialeurodes eriodictyonis Russell, 1948 : 76–77. Holotype and paratypes on *Eriodictyon crassifolium*, U.S.A. : CALIFORNIA, San Diego County, Del Mar, 26.vii.1912 (*P. H. Timberlake*); on *Eriodictyon crassifolium*, Mount Wilson and an unstated locality, no other data known; on *Eriodictyon crassifolium*, San Jacinto Mountains, 14.vii.1912 (*Bridwell* and *Timberlake*); on *Eriodictyon crassifolium*, an unstated locality, 28.iv.1913; on *Eriodictyon crassifolium*, San Diego County, 7.iv.1920 (*H. S. Smith*) (USNM).

DISTRIBUTION. U.S.A. (California) (Russell, 1948 : 77).
HOST PLANTS.
Hydrophyllaceae : *Eriodictyon crassifolium* (Russell, 1948 : 77).

Trialeurodes euphorbiae Russell

Trialeurodes euphorbiae Russell, 1948 : 77–78. Holotype and paratypes on *Euphorbia albomarginata*, U.S.A. : CALIFORNIA, San Bernardino, x.1903 (*A. B. Parish*); paratypes on *Euphorbia albomarginata*, Riverside, 5.ii.1908 (*C. F. Wheeler*) (USNM).

DISTRIBUTION. U.S.A. (California) (Russell, 1948 : 78).
HOST PLANTS.
Euphorbiaceae : *Euphorbia albomarginata* (Russell, 1948 : 78).

Trialeurodes fernaldi (Morrill)

Aleyrodes fernaldi Morrill, 1903b : 83–85. Syntype data on *Spiraea* sp. and strawberry [*Fragaria* sp.], U.S.A. : MASSACHUSETTS : Amherst.
Trialeurodes fernaldi (Morrill) Russell, 1948 : 63–64.

DISTRIBUTION. U.S.A. (Massachusetts) (Morrill, 1903b : 84–85); U.S.A. (Connecticut) (Russell, 1948 : 64).
HOST PLANTS.
Rosaceae : *Fragaria* sp., *Spiraea* sp. (Morrill, 1903b : 84–85); *Spiraea vanhouttei* (Russell, 1948 : 64).
Rubiaceae : *Cephalanthus occidentalis* (Russell, 1948 : 64).
NATURAL ENEMIES.
Hymenoptera
  Chalcidoidea
    Aphelinidae : *Encarsia luteola* Howard (Fulmek, 1943 : 6. U.S.A.).
  Proctotrupoidea
    Platygasteridae : *Amitus aleurodinis* Haldeman (Thompson, 1950 : 4. U.S.A.).

Trialeurodes floridensis (Quaintance)

Aleurodes floridensis Quaintance, 1900 : 26–27. Syntypes on *Psidium guajava*, U.S.A. : FLORIDA, Lakeland and Punta Gorda, viii.1898 (*A. L. Quaintance*); on guava [*Psidium guajava*], FLORIDA, Crescent City, 8.i.1896 (*H. G. Hubbard*); on guava, FLORIDA, Eustis, 25.i.1896 (*H. J. Webber*); on alligator pear [*Persea americana*], FLORIDA, Arcadia (*J. H. Comstock*) (USNM). (? Type material in dry collection, BMNH.)
Asterochiton floridensis (Quaintance) Quaintance & Baker, 1914 : 105.
Trialeurodes floridensis (Quaintance) Quaintance & Baker, 1915a : xi.

DISTRIBUTION. U.S.A. (Florida) (Quaintance, 1900 : 27); U.S.A. (Texas) (Quaintance, 1907 : 90); U.S.A. (Arizona), Mexico, Panama, Cuba, Bahamas, Puerto Rico (Russell, 1963 : 151); Venezuela (BMNH).
HOST PLANTS.
Anacardiaceae : *Mangifera* sp. (Russell, 1948 : 20).
Annonaceae : *Annona diversifolia, Annona squamosa* (Russell, 1948 : 20).
Bignoniaceae : *Crescentia* sp. (Russell, 1963 : 150).
Bombacaceae : *Bombax malabaricum* (Russell, 1948 : 20); *Bombax* [*Gossampinus*] *heptaphylla* (Russell, 1963 : 151).
Chrysobalanaceae : *Licania* [*Geobalanus*] sp. (Russell, 1948 : 20).
Convolvulaceae : *Ipomoea* sp. (Russell, 1948 : 20).
Dilleniaceae : *Tetracera scandens* (Russell, 1963 : 151); *Tetracera volubilis* (Russell, 1948 : 20).

Lauraceae	: *Cinnamomum camphora* (Russell, 1963 : 150); *Persea americana* (Quaintance, 1900 : 27).
Leguminosae	: *Acacia nigrescens* (Russell, 1963 : 150); *Acacia pallens*, *Albizia moluccana* (Russell, 1948 : 20); *Bauhinia* sp., *Calliandra californica* (Russell, 1963 : 150); *Calliandra* sp. (BMNH); *Cassia nodosa* (Russell, 1948 : 20); *Piscidia communis* (Russell, 1963 : 151).
Lythraceae	: *Lagerstroemia speciosa* (Russell, 1948 : 20).
Malpighiaceae	: *Malpighia glabra* (Russell, 1948 : 20).
Meliaceae	: *Melia azedarach* (Russell, 1948 : 20).
Myrtaceae	: *Eucalyptus botryoides* (Russell, 1948 : 20); *Psidium guajava* (Quaintance, 1900 : 27); *Tristania conferta* (Russell, 1948 : 20).
Polygonaceae	: *Coccoloba uvifera* (Russell, 1948 : 20).
Rhamnaceae	: *Colubrina reclinata* (Russell, 1963 : 150).
Rubiaceae	: *Casasia calophylla* (Russell, 1963 : 15); *Chomelia spinosa*, *Randia calophylla* (Russell, 1948 : 20).
Rutaceae	: *Citrus* sp., *Clausena lansium* (Russell, 1948 : 20); *Zanthoxylum clava-herculis* (Russell, 1963 : 151).
Sapotaceae	: *Achras zapota* (Russell, 1963 : 150); *Mimusops emarginata* (Russell, 1948 : 20).
Verbenaceae	: *Petrea volubilis* (Russell, 1948 : 20).
Zygophyllaceae	: *Guaiacum guatamalense* (Russell, 1948 : 20).

NATURAL ENEMIES.
Coleoptera
  Coccinellidae : *Delphastus pallidus* (Leconte) (Thompson, 1964 : 133. U.S.A.).
Hymenoptera
  Chalcidoidea
    Aphelinidae : *Encarsia meritoria* Gahan (Fulmek, 1943 : 79. U.S.A.).
                : *Prospaltella* sp. (Fulmek, 1943 : 79. U.S.A.).

Trialeurodes glacialis (Bemis)

Aleyrodes glacialis Bemis, 1904 : 518–519. [Russell (1948 : 51) concluded that *glacialis* was based on four species, the three other than itself being *drewsi*, *vaporariorum* and *vittata*. The 'cotype' data for *glacialis* were given as host plant '*Ceanothus* sp.', locality U.S.A. : CALIFORNIA, 'Pacific Congress Springs and Stanford University Campus', however these data do not agree precisely with the original data in Bemis (1904 : 519).]
Asterochiton glacialis (Bemis) Quaintance & Baker, 1914 : 105. In part.
Trialeurodes glacialis (Bemis) Quaintance & Baker, 1915a : xi. In part.

DISTRIBUTION. U.S.A. (California) (Bemis, 1904 : 519) (BMNH).
HOST PLANTS.
Caprifoliaceae	: *Lonicera interrupta* (BMNH).
Labiatae	: *Salvia mellifera* (BMNH).
Rhamnaceae	: *Ceanothus* sp. (Russell, 1948 : 52).

Trialeurodes heucherae Russell

Trialeurodes heucherae Russell, 1948 : 68–69. Holotype and paratypes on *Heuchera americana*, U.S.A. : DISTRICT OF COLUMBIA, Rock Creek Park, 10.iv.1941 (*J. E. Walker*); other paratypes from same host and locality taken on 4.xi.1923 (USNM).

DISTRIBUTION. U.S.A. (District of Columbia) (Russell, 1948 : 69).
HOST PLANTS.
  Saxifragaceae : *Heuchera americana* (Russell, 1948 : 69).

Trialeurodes hutchingsi (Bemis)

Aleyrodes hutchingsi Bemis, 1904 : 532–534. Syntypes on *Arctostaphylos* sp., U.S.A. : CALIFORNIA, Yosemite Valley, vii.1902 (*F. E. Bemis*) (USNM).
Asterochiton hutchingsi (Bemis) Quaintance & Baker, 1914 : 105.
Trialeurodes hutchingsi (Bemis) Quaintance & Baker, 1915a : xi.

DISTRIBUTION. U.S.A. (California) (Bemis, 1904 : 534).
HOST PLANTS.
Ericaceae : *Arctostaphylos* sp. (Bemis, 1904 : 534); *Arctostaphylos patula* (on both dorsal and ventral surfaces of leaf) (Russell, 1948 : 34).

Trialeurodes intermedia Russell

[*Trialeurodes vitrinellus* (Cockerell); Quaintance & Baker, 1916 : 470. Misidentification in part.]
Trialeurodes intermedia Russell, 1948 : 20–21. Holotype and paratypes on *Rhamnus crocea*, U.S.A. : CALIFORNIA, Mount Lowe, 8.ix.1912 (*P. H. Timberlake*); paratypes on *Quercus agrifolia*, CALIFORNIA, Sierra Madre, xii.1907 (*R. S. Woglum*); on *Quercus* sp., southern CALIFORNIA, xii.1908 (*R. S. Woglum*); on *Rhamnus crocea*, CALIFORNIA, Mount Wilson, no other data; on *Rhamnus crocea*, CALIFORNIA, San Jacinto Mountains, 27.vii.1912 (*J. C. Bridwell*); on *Rhamnus crocea*, CALIFORNIA, near Irvine station, Orange County, 27.ix.1945 (*R. K. Bishop*); on *Rhamnus* sp., southern CALIFORNIA, xii.1907 (*R. S. Woglum*); on *Rhamnus* sp., CALIFORNIA, no other data; on *Rhamnus ovata*, CALIFORNIA, Mount Wilson, no other data; on *Rhus* sp., CALIFORNIA, Jacumba, 11.vii.1916 (*E. A. McGregor*) (USNM).

DISTRIBUTION. U.S.A. (California, Texas) (Russell, 1948 : 21).
HOST PLANTS.
Anacardiaceae : *Rhus ovata*, *Rhus* sp. (Russell, 1948 : 21).
Fagaceae : *Quercus agrifolia*, *Quercus* sp. (Russell, 1948 : 21).
Rhamnaceae : *Rhamnus crocea*, *Rhamnus* sp. (Russell, 1948 : 21).
Rutaceae : *Amyris texana* (Russell, 1948 : 21).

The specimens from southern California on oak referred to as *vitrinellus* by Quaintance & Baker (1916 : 470) belong to *intermedia* (Russell, 1948 : 20).

Trialeurodes lauri (Signoret)

Aleurodes lauri Signoret, 1882 : CLVIII. Syntypes on *Laurus nobilis*, GREECE : Athens (*Gennadius*).
Aleuroparadoxus lauri (Signoret) Silvestri, 1934 : 399. [In error, according to Russell (1947 : 6).]
Trialeurodes klemmi Takahashi, 1940c : 148–149. Syntypes on both surfaces of leaves of *Laurus nobilis*, YUGOSLAVIA : Rab, 22.ix.1938 (*Dr M. Klemm*) (Eberswalde IP) (Taiwan ARI). [Synonymized by Russell, 1947 : 7.]
Trialeurodes lauri (Signoret) Russell, 1947 : 6.
Aleyrodes (*Ogivaleurodes*) *lauri* Signoret; Goux, 1948–1949 : 31–33.
Ogivaleurodes lauri (Signoret) Goux, 1951 : 12.
Trialeurodes lauri (Signoret); Zahradnik, 1963b : 232.

DISTRIBUTION. France (Zahradnik, 1963b : 232); Greece (Signoret, 1882 : CLVIII); Yugoslavia (Takahashi, 1940c : 149); Israel (BMNH); U.S.S.R. (Zahradnik, 1963b : 232) (BMNH).
HOST PLANTS.
Ericaceae : *Arbutus* sp. (BMNH).
Lauraceae : *Laurus nobilis* (Takahashi, 1940c : 149) (BMNH).

Trialeurodes longispina Takahashi

Trialeurodes longispina Takahashi, 1943 : 30–31. Syntypes on an undetermined host, THAILAND: Mt Sutep near Chiengmai, 11.v.1940 (*R. Takahashi*).

DISTRIBUTION. Thailand (Takahashi, 1943 : 31).
HOST PLANTS.
Host indet. (Takahashi, 1943 : 31).

Trialeurodes madroni (Bemis)

Aleyrodes madroni Bemis, 1904 : 507–508. Syntypes on *Arbutus menziesii*, U.S.A. : CALIFORNIA, on the slopes of King's Mountain, vi.1901 (*F. E. Bemis*) (USNM).
Asterochiton madroni (Bemis) Quaintance & Baker, 1914 : 105.
Trialeurodes madroni (Bemis) Quaintance & Baker, 1915a : xi.
Trialeurodes californiensis Sampson, 1945 : 61–62. Syntypes on *Quercus* sp., U.S.A. : CALIFORNIA, Guerneville, 15.iii.1939 (*Dr M. A. Cazier*); on *Quercus* sp., CALIFORNIA, Antioch, 8.iv.1940 (*E. A. Drews* and *W. W. Sampson*) (California UCD). [Synonymized by Russell, 1948 : 35.]

DISTRIBUTION. U.S.A. (California) (Bemis, 1904 : 508).
HOST PLANTS.
Ericaceae : *Arbutus menziesii* (Bemis, 1904 : 508).
Fagaceae : *Quercus* sp. (Sampson, 1945 : 61).

Trialeurodes magnoliae Russell

Trialeurodes magnoliae Russell, 1948 : 69–70. Holotype and paratypes on *Magnolia virginiana*, U.S.A. : FLORIDA, Lake City, 7.xi.1897 (*A. L. Quaintance*); other paratypes from same host and locality taken on 15.iii.1898 (USNM).

DISTRIBUTION. U.S.A. (Florida) (Russell, 1948 : 70).
HOST PLANTS.
Magnoliaceae   :   *Magnolia virginiana* (Russell, 1948 : 70).

Trialeurodes mameti Takahashi

Trialeurodes Mameti Takahashi, 1951a : 370–372. Two syntypes on 'Mankolody', MADAGASCAR : Besanatrihely, Haut Sambirano, x.1949 (*Dr R. Paulian*) (Hikosan BL) (Paris MNHN).

DISTRIBUTION. Madagascar (Takahashi, 1951a : 371).
HOST PLANTS.
'Mankolody' (Takahashi, 1951a : 371).

Trialeurodes manihoti (Bondar)

Asterochiton manihoti Bondar, 1923a : 177–179. Syntypes on mandioca [*Manihot* sp.], BRAZIL : Bahia (*G. Bondar*) (São Paulo MZU).
Trialeurodes manihoti (Bondar) Bondar, 1928b : 32.

DISTRIBUTION. Brazil (Bondar, 1923a : 179).
HOST PLANTS.
Euphorbiaceae   :   *Manihot* sp. (Bondar, 1928b : 32).

Trialeurodes meggitti Singh

Trialeurodes meggitti Singh, 1933 : 345–346. Syntypes on *Ficus* sp., BURMA : Kalaw, xii.1929 (*K. Singh*) (Calcutta ZSI).

DISTRIBUTION. Burma (Singh, 1933 : 345).
HOST PLANTS.
Moraceae   :   *Ficus* sp. (Singh, 1933 : 345).

Trialeurodes merlini (Bemis)

Aleyrodes merlini Bemis, 1904 : 512–514. Syntypes on *Arbutus menziesii*, U.S.A. : CALIFORNIA, King's Mountain, v.,vi. and vii.1901 (*F. E. Bemis*) (USNM).
Asterochiton merlini (Bemis) Quaintance & Baker, 1914 : 105.
Trialeurodes merlini (Bemis) Quaintance & Baker, 1915a : xi.

DISTRIBUTION. Canada (British Columbia) (Russell, 1948 : 42) (BMNH); U.S.A. (California) (Bemis, 1904 : 514) (BMNH); U.S.A. (Washington) (Russell, 1948 : 42).
HOST PLANTS.
Ericaceae   :   *Arbutus menziesii* (Bemis, 1904 : 514); *Arctostaphylos glauca*, *Arctostaphylos patula*, *Arctostaphylos pringlei* (Russell, 1948 : 42); *Arctostaphylos manzanita*, *Arctostaphylos* sp. (Russell, 1948 : 42) (BMNH).

Trialeurodes mirissimus Sampson & Drews

Trialeurodes mirissimus Sampson & Drews, 1941 : 179. Syntypes on 'sapote' [? *Casimiroa edulis*], MEXICO : Hacienda de Barron, near Mazatlan, State of Sinaloa, viii.1925 (California UCD).

DISTRIBUTION. Mexico (Sampson & Drews, 1941 : 179); Jamaica, St Kitts, Trinidad (BMNH).
HOST PLANTS.
Flacourtiaceae   :   *Casearia hirsuta* (BMNH).
Rutaceae   :   ? *Casimiroa edulis* (Sampson & Drews, 1941 : 179); *Citrus* sp. (BMNH).
Verbenaceae   :   *Petrea arborea* (BMNH).

Trialeurodes multipori Russell

Trialeurodes multipori Russell, 1948 : 25–26. Holotype and paratypes on *Quercus oblongifolia*, U.S.A. : ARIZONA, at the base of the Santa Catalina Mountains, 4.iv.1881 (*C. G. Pringle*); paratypes on *Quercus oblongifolia* (USNH), Nogales, 12.ii.1935 (*L. H. Weld*) (USNM).

DISTRIBUTION. U.S.A. (Arizona) (Russell, 1948 : 26).
HOST PLANTS.
Fagaceae   : *Quercus oblongifolia* (Russell, 1948 : 26).

Trialeurodes notata Russell

Trialeurodes notata Russell, 1948 : 55–56. Holotype and paratypes on *Helianthus* sp., U.S.A. : DISTRICT OF COLUMBIA, Takoma Park, 10.ix.1941 (*L. M. Russell*); paratypes on *Ambrosia trifida*, U.S.A. : KANSAS, Lawrence, 6.x.1943 (*R. H. Beamer*); on *Helianthus tuberosus*, U.S.A. : MISSOURI, Cross Keys, 18.x.1932 (*R. B. Swain*); on an unidentified host, MISSOURI, 24.x.1897; on *Eupatorium purpureum*, U.S.A. : PENNSYLVANIA, North East, 31.vii.1916 (*R. A. Cushman*); on *Lactuca* sp., U.S.A. : VIRGINIA, Falls Church, 13.viii.1942 (*F. Andre*); on *Ambrosia trifida*, DISTRICT OF COLUMBIA, Washington, 27.viii.1941 (*L. M. Russell*); on *Ambrosia trifida*, U.S.A. : MARYLAND, Silver Spring, 22.x.1941 (*L. M. Russell*); on *Eupatorium purpureum*, MARYLAND, Silver Spring, 22.x.1941 (*L. M. Russell*); on *Eupatorium purpureum*, MARYLAND, Takoma Park, 22.x.1941 (*L. M. Russell*); on *Mentha canadensis*, MARYLAND, Silver Spring, 5.x.1941 (*L. M. Russell*); on *Physalis heterophylla*, U.S.A. : NEW YORK, Crown Point, 13.vii.1942 (*L. M. Russell*); on *Rudbeckia hirta*, NEW YORK, Crown Point, 8.vii.1941 (*L. M. Russell*); on *Solanum carolinense*, NEW YORK, Crown Point, 13.vii.1942 (*L. M. Russell*) (USNM).

DISTRIBUTION. U.S.A. (District of Columbia, Kansas, Maryland, Missouri, New York, Pennsylvania, Virginia) (Russell, 1948 : 56); U.S.A. (Illinois) (Russell, 1963 : 151).
HOST PLANTS.

Asclepiadaceae   : *Asclepias syriaca* (Russell, 1963 : 151).
Compositae   : *Ambrosia trifida, Eupatorium purpureum, Helianthus* sp., *Helianthus tuberosus, Lactuca* sp., *Rudbeckia hirta* (Russell, 1948 : 56); *Solidago altissima, Vernonia missurica* (Russell, 1963 : 151).
Convolvulaceae : *Ipomoea pandurata* (Russell, 1963 : 151).
Labiatae   : *Mentha arvensis* var. *villosa* (Russell, 1963 : 151); *Mentha canadensis* (Russell, 1948 : 56).
Solanaceae   : *Physalis heterophylla, Solanum carolinense* (Russell, 1948 : 56).

Trialeurodes oblongifoliae Russell

Trialeurodes oblongifoliae Russell, 1948 : 26–27. Holotype and paratypes on *Quercus oblongifolia*, MEXICO : Nogales, State of Sonora, 3.v.1897 (*A. Koebele*); paratypes on *Quercus oblongifolia*, U.S.A. : ARIZONA, base of Santa Catalina Mountains, 4.iv.1881 (*C. G. Pringle*); on *Quercus oblongifolia*, ARIZONA, Stone Cabine Canyon, Santa Rita Mountains, 5.v.1927 (*I. Tidestrom*) (USNM).

DISTRIBUTION. U.S.A. (Arizona), Mexico (Russell, 1948 : 27).
HOST PLANTS.
Fagaceae   : *Quercus oblongifolia* (Russell, 1948 : 27).

Trialeurodes packardi (Morrill)

Aleyrodes packardi Morrill, 1903a : 25–35. Syntypes including adults on strawberry plants [*Fragaria* sp.], U.S.A. : MASSACHUSETTS, Amherst (*Dr A. S. Packard*).
Aleyrodes coryli Britton, 1907 : 337–339. Syntypes on *Corylus americana*, U.S.A. : CONNECTICUT, Windsor, Poquonock, vii.1903 (*W. E. Britton*); on *Corylus americana*, CONNECTICUT, Windsor, Poquonock, 18.vii. and 12.viii.1904 (*B. H. Walden*); on *Corylus americana*, CONNECTICUT, Westville, 5.viii.1904 (*W. E. Britton*); on *Corylus americana*, CONNECTICUT, New Haven, 14.viii.1906 (*W. E. Britton*); on *Corylus americana*, CONNECTICUT, Woodbridge, 25.viii.1906 (*W. E. Britton*); on *Corylus americana* and *Corylus rostrata*, CONNECTICUT, Scotland, 1.viii.1904 (*B. H. Walden*); on *Rubus nigrobaccus*, CONNECTICUT, Poquonock, 12.viii.1904 (USNM). [Erroneously synonymized with *vaporariorum* by Baker & Moles (1923 : 645); synonymized with *packardi* by Russell, 1948 : 59.]
Aleyrodes waldeni Britton, 1907 : 339–340. Syntypes on *Juglans nigra*, U.S.A. : CONNECTICUT, New Haven, Agricultural Experimental Station, 22.vii.1904 (*B. H. Walden*); on *Juglans cinerea*, CONNECTICUT, Mt Carmel, 24.ix.1904 (*W. E. Britton*); on *Juglans cinerea*, CONNECTICUT, New Canaan, 15.ix.1905 (*W. E. Britton*); on *Juglans cinerea*, CONNECTICUT, New Haven, Surry, 6.ix.1902 (*W. E. Britton*) (USNM) [Erroneously synonymized with *vaporariorum* by Baker & Moles (1923 : 645); synonymized with *packardi* by Russell, 1948 : 60.]

Aleyrodes morrilli Britton, 1907 : 340–341. Syntypes on *Impatiens fulva*, U.S.A. : CONNECTICUT, New Haven, West River meadows, 17.ix.1905 (*W. E. Britton*); on *Impatiens fulva*, CONNECTICUT, Windsor, Poquonock, 12.ix.1904 (*W. E. Britton*); on *Impatiens fulva*, CONNECTICUT, New Canaan, 5.x.1904 (*W. E. Britton*); on *Impatiens fulva*, CONNECTICUT, Woodbridge, 28.vii.1905 (*W. E. Britton*); on *Impatiens fulva*, U.S.A. : NEW YORK, Tarrytown Sunnyside, 5.viii.1904 (*W. E. Britton*) (USNM). [Synonymized by Russell, 1948 : 60.]
Asterochiton packardi (Morrill) Quaintance & Baker, 1914 : 105.
Asterochiton coryli (Britton) Quaintance & Baker, 1914 : 105.
Asterochiton waldeni (Britton) Quaintance & Baker, 1914 : 105.
Asterochiton morrilli (Britton) Quaintance & Baker, 1914 : 105.
Trialeurodes packardi (Morrill) Quaintance & Baker, 1915a : xi.
Trialeurodes coryli (Britton) Quaintance & Baker, 1915a : xi.
Trialeurodes waldeni (Britton) Quaintance & Baker, 1915a : xi.
Trialeurodes morrilli (Britton) Quaintance & Baker, 1915a : xi.

DISTRIBUTION. Canada (Ontario, Quebec), U.S.A. (Arizona, Indiana, Montana, Utah, Wisconsin) (Russell, 1963 : 151); U.S.A. (California, Colorado, Delaware, District of Columbia, Florida, Georgia, Iowa, Kansas, Maine, Maryland, Michigan, Minnesota, Missouri, Nevada, New Jersey, North Carolina, Ohio, Oregon, Pennsylvania, Rhode Island, Texas, Washington), Hawaii (Russell, 1948 : 62); U.S.A. (Connecticut) (Britton, 1907 : 338); U.S.A. (Massachusetts) (Morrill, 1903a : 35); U.S.A. (New York) (Britton, 1907 : 341); U.S.A. (Virginia) (BMNH).

HOST PLANTS.
Anacardiaceae : *Rhus aromatica* (Russell, 1963 : 151).
Balsaminaceae : *Impatiens biflora* [= *fulva*] (Britton, 1907 : 341) (BMNH); *Impatiens capensis*, *Impatiens pallida* (Russell, 1963 : 151).
Betulaceae : *Betula* sp., *Carpinus* sp., *Corylus avellana* (Russell, 1963 : 151); *Corylus americana*, *Corylus rostrata* (Britton, 1907 : 338); *Ostrya* sp. (Russell, 1963 : 151).
Bignoniaceae : *Bignonia radicans*, *Catalpa speciosa* (Russell, 1963 : 151).
Caprifoliaceae : *Lonicera* sp., *Symphoricarpos* sp., *Viburnum acerifolium*, *Viburnum dilatatum* (Russell, 1963 : 151).
Compositae : *Ambrosia trifida*, *Aster lateriflorus*, *Aster novae-angliae*, *Eupatorium rugosum*, *Helianthus tuberosus*; *Solidago* spp. (Russell, 1963 : 151).
Ebenaceae : *Diospyros virginiana* (Russell, 1963 : 151).
Ericaceae : *Arctostaphylos uva-ursi*, *Rhododendron flavum*, *Vaccinium myrtilloides* (Russell, 1963 : 151); *Rhododendron* [*Azalea*] *ponticum* (Russell, 1948 : 62).
Guttiferae : *Hypericum* sp. (Russell, 1963 : 151).
Hydrangeaceae : *Philadelphus* sp. (Russell, 1963 : 151).
Juglandaceae : *Juglans cinerea*, *Juglans nigra* (Britton, 1907 : 340).
Labiatae : *Collinsonia canadensis*, *Mentha arvensis*, *Mentha citrata* (Russell, 1963 : 151); *Mentha canadensis* (Russell, 1948 : 62); *Prunella vulgaris* (Russell, 1963 : 151).
Leguminosae : *Amphicarpaea bracteata*, *Cercis canadensis*, *Desmodium paniculatum* (Russell, 1963 : 151).
Malvaceae : *Hibiscus moscheutos* (Russell, 1963 : 151).
Moraceae : *Maclura pomifera* (Russell, 1963 : 151).
Oleaceae : *Chionanthus virginicus*, *Fraxinus velutina* (Russell, 1963 : 151).
Rhamnaceae : *Ceanothus americanus* (Russell, 1963 : 151).
Rosaceae : *Crataegus mollis* (Russell, 1963 : 151); *Fragaria* sp. (Morrill, 1903a : 35); *Fragaria virginiana*, *Prunus persica*, *Pyrus malus*, *Rosa wichuraiana*, *Rubus allegheniensis* (Russell, 1963 : 151); *Rubus nigrobaccus* (Britton, 1907 : 338); *Rubus odoratus*, *Rubus procerus*, *Spiraea bumalda*, *Spiraea vanhouttei* (Russell, 1963 : 151).
Rutaceae : *Zanthoxylum clava-herculis* (Russell, 1963 : 151).
Saururaceae : *Saururus* sp. (Russell, 1963 : 151).
Saxifragaceae : *Deutzia* sp. (Russell, 1963 : 151).
Tiliaceae : *Tilia americana* (Russell, 1963 : 151).

Ulmaceae	: *Celtis* sp. (Russell, 1963 : 151); *Ulmus scabra* var. *pendula* (Kirkaldy, 1907 : 64).
Umbelliferae	: *Cryptotaenia canadensis* (Russell, 1963 : 151).
Verbenaceae	: *Callicarpa americana, Verbena urticifolia* (Russell, 1963 : 151).
Violaceae	: *Viola* sp. (Russell, 1963 : 151).

NATURAL ENEMIES.
Coleoptera
  Coccinellidae : *Delphastus pusillus* Leconte (Britton, 1907 : 338).
Hymenoptera
  Chalcidoidea
    Aphelinidae : *Encarsia luteola* Howard (Britton, 1907 : 339).
    : *Eretmocerus corni* Haldeman (Thompson, 1950 : 110. U.S.A.).

Trialeurodes palaquifolia Corbett

Trialeurodes palaquifolia Corbett, 1935b : 815–816. Holotype on *Palaquium gutta*, MALAYA : Batu Gajah (Perak). Described from a single specimen.

DISTRIBUTION. Malaya (Corbett, 1935b : 816).
HOST PLANTS.
  Sapotaceae   : *Palaquium gutta* (Corbett, 1935b : 816).

Trialeurodes perakensis Corbett

Trialeurodes perakensis Corbett, 1935b : 814–815. Holotype on *Palaquium gutta*, MALAYA : Batu Gajah (Perak). Described from a single specimen.

DISTRIBUTION. Malaya (Corbett, 1935b : 815).
HOST PLANTS.
  Sapotaceae   : *Palaquium gutta* (Corbett, 1935b : 815).

Trialeurodes pergandei (Quaintance)

Aleurodes pergandei Quaintance, 1900 : 31–32. Syntypes on *Bignonia radicans*, U.S.A. : DISTRICT OF COLUMBIA, Washington, in the grounds of the Department of Agriculture, 3.ix.1881 (*T. Pergande*); on *Crataegus* sp., DISTRICT OF COLUMBIA, Washington, 22.ix.1882; on *Hydrangea* sp., U.S.A. : VIRGINIA, 27.ix.1897; on plum [*Prunus (Prunophora)* sp.], U.S.A. : GEORGIA, Pomona, 20.v.1899 (*A. L. Quaintance*); on *Crataegus* sp., GEORGIA, Flint River, Spalding County, viii.1899 (*A. L. Quaintance*) (USNM).
Aleyrodes (Trialeurodes) pergandei Quaintance; Cockerell, 1902a : 283.
Asterochiton pergandei (Quaintance) Quaintance & Baker, 1914 : 105.
Trialeurodes pergandei (Quaintance) Quaintance & Baker, 1915a : xi.

DISTRIBUTION. U.S.A. (District of Columbia, Georgia, Virginia) (Quaintance, 1900 : 32); U.S.A. (Florida, Illinois, Maryland, South Carolina, Tennessee) (Russell, 1948 : 59).
HOST PLANTS.

Bignoniaceae	: *Bignonia radicans* (Quaintance, 1900 : 32); *Tecoma* sp. (Kirkaldy, 1907 : 64).
Caprifoliaceae	: *Viburnum dentatum* (Russell, 1948 : 59); *Viburnum opulus* (Kirkaldy, 1907 : 64).
Hydrangeaceae	: *Hydrangea* sp. (Quaintance, 1900 : 32).
Oleaceae	: *Chionanthus virginica, Fraxinus* sp. (Russell, 1948 : 59).
Rosaceae	: *Crataegus* sp. (Quaintance, 1900 : 32); *Crataegus mollis, Crataegus oxyacantha* (Kirkaldy, 1907 : 64); *Crataegus stipulosa* (Russell, 1948 : 59); *Prunus nana* (Kirkaldy, 1907 : 64); *Prunus persica, Prunus (Cerasus)* sp. (Russell, 1948 : 59); *Prunus (Prunophora)* sp. (Quaintance, 1900 : 32); *Pyracantha angustifolia* (Russell, 1948 : 59); *Pyrus coronaria* (Kirkaldy, 1907 : 64); *Rosa wichuraiana, Rubus* sp. (Russell, 1948 : 59); *Rubus villosus* (Kirkaldy, 1907 : 64).
Rutaceae	: *Zanthoxylum americanum* (Kirkaldy, 1907 : 64).
Smilacaceae	: *Smilax* sp. (Russell, 1948 : 59).

Trialeurodes rara Singh

Trialeurodes rara Singh, 1931 : 47–49. Syntypes on *Breynia* sp., INDIA : Saharanpur, Government Botanic Garden.
Trialeurodes desmodii Corbett, 1935c : 243–245. Syntypes on *Desmodium lasiocarpum*, SIERRA LEONE : Njala, 13.xii.1932 (*E. Hargreaves*). (Two syntypes in BMNH.) **Syn. n.**
Trialeurodes lubia El Khidir & Khalifa, 1962 : 47–51. Holotype on *Dolichos lablab*, SUDAN : glasshouse in Faculty of Agriculture, University of Khartoum, 10.viii.1959. Paratypes presumed to be on *Dolichos lablab* from SUDAN : Shambat, University Farm, 22.viii.1959; SUDAN : Wad Medani, Research Farm, 8.x.1959; SUDAN : Barakat, 12.x.1959 (One paratype in BMNH.) [Synonymized by Mound, 1965c : 157.]

DISTRIBUTION. India (Singh, 1931 : 47); Thailand (BMNH); Annobon Island (Cohic, 1969 : 144) (BMNH); Cameroun, Central African Republic, Chad, Congo (Brazzaville), Ivory Coast (Cohic, 1969 : 144–145); Nigeria (Cohic, 1969 : 144) (BMNH); Sierra Leone (Corbett, 1935c : 245) (BMNH); Sudan (El Khidir & Khalifa, 1962 : 48) (BMNH); Uganda, Iraq (BMNH).

HOST PLANTS.
Annonaceae : *Annona glabra* (David & Subramaniam, 1976 : 215).
Aristolochiaceae : *Aristolochia bracteata* (David & Subramaniam, 1976 : 215).
Begoniaceae : *Begonia* sp. (Cohic, 1968b : 138).
Capparaceae : *Boscia senegalensis* (Cohic, 1969 : 144).
Euphorbiaceae : *Breynia* sp. (Singh, 1931 : 47); *Euphorbia heterophylla* (Mound, 1965c : 157) (BMNH); *Euphorbia hirta, Manihot utilissima, Phyllanthus acidus, Phyllanthus amarus, Ricinus communis* (BMNH).
Leguminosae : *Calopogonium* sp. (BMNH); *Canavalia rosea* (Cohic, 1968b : 138); *Dalbergia sissoo* (Cohic, 1969 : 144); *Desmodium lasiocarpum* (Corbett, 1935c : 245) (BMNH); *Dolichos lablab* (El Khidir & Khalifa, 1962 : 48) (BMNH); *Peltophorum pterocarpum* (Cohic, 1968b : 138); *Bauhinia* sp. (David & Subramaniam, 1976 : 215).
Malvaceae : *Gossypium hirsutum* (David & Subramaniam, 1976 : 215) (BMNH).
Menispermaceae : *Cissampelos owariensis* (Cohic, 1969 : 145).
Moringaceae : *Moringa oleifera* (David & Subramaniam, 1976 : 215).
Myrtaceae : *Psidium guajava* (Cohic, 1968b : 138).
Pedaliaceae : *Sesamum* sp. (BMNH).
Piperaceae : *Piper umbellatum* (Cohic, 1968b : 138).
Rhamnaceae : *Zizyphus mauritiana* (Cohic, 1969 : 144).
Rosaceae : *Rosa* sp. (BMNH).
Rubiaceae : *Gardenia erubescens, Gardenia ternifolia* (Cohic, 1969 : 145); *Gardenia jovis-tonantis, Morelia senegalensis* (Cohic, 1968b : 138).
Rutaceae : *Murraya koenigi* (Rao, 1958 : 334).
Tiliaceae : *Corchorus* sp. (Mound, 1965c : 157) (BMNH).

This species cannot be distinguished satisfactorily from *desmodii* Corbett and it is possible that *ricini* Misra is a smooth-leaved form of the same species.

Trialeurodes ricini (Misra)

Aleyrodes ricini Misra, 1924 : 131–135. Syntypes on *Ricinus communis*, INDIA : Pusa, Nagpur and Coimbatore (USNM).
Trialeurodes ricini (Misra) Singh, 1931 : 46–47.

DISTRIBUTION. Palaearctic Region : Israel, Saudi Arabia, Iraq (BMNH); Iran (Kiriukhin, 1947 : 8).
Ethiopian Region : Nigeria (Mound, 1965c : 158) (BMNH); Sudan (BMNH).
Oriental Region : India (Misra, 1924 : 131).
Austro-Oriental Region : Malaya (Takahashi, 1952c : 23).
HOST PLANTS.
Annonaceae : *Annona glabra* (David & Subramaniam, 1976 : 215).
Convolvulaceae : *Ipomoea batata* (Mound, 1965c : 158).
Ericaceae : *Arbutus* sp. (BMNH).

Euphorbiaceae	: *Breynia rhamnoides* (Singh, 1931 : 46); *Euphorbia* sp., *Phyllanthus* sp. (Rao, 1958 : 333); *Ricinus communis* (Misra, 1924 : 131) (BMNH).
Malvaceae	: *Gossypium hirsutum* (David & Subramaniam, 1976 : 215).
Rosaceae	: *Rosa* sp. (Rao, 1958 : 333).
Rutaceae	: *Murraya koenigi* (Rao, 1958 : 333).
Sapotaceae	: *Achras sapota* (Singh, 1931 : 46).

NATURAL ENEMIES.
Coleoptera
  Coccinellidae : *Jauravia soror* Weise (Thompson, 1964 : 53. India).
Hymenoptera
  Chalcidoidea
    Aphelinidae : *Aphytis proclia* (Walker) (Fulmek, 1943 : 6. India).
                 : *Prospaltella lahorensis* Howard (Fulmek, 1943 : 6. India).
                 : *Prospaltella* sp. (Fulmek, 1943 : 6. India).
Neuroptera
  Chrysopidae : *Chrysopa* sp. (Thompson, 1964 : 53. India).

The possible relationship of this species to *rara* Singh and *desmodii* Corbett is discussed under *Trialeurodes rara*.

Trialeurodes ruborum (Cockerell)

Aleurodes ruborum Cockerell, 1897b : 96–97. Syntypes on 'a cultivated *Rubus*', U.S.A. : FLORIDA, Lake City, sent by *A. L. Quaintance* (USNM).
Aleyrodes (*Trialeurodes*) *ruborum* Cockerell; Cockerell, 1902a : 283.
Asterochiton ruborum (Cockerell) Quaintance & Baker, 1914 : 105.
Trialeurodes ruborum (Cockerell) Quaintance & Baker, 1915a : xi.

DISTRIBUTION. U.S.A. (California, Colorado) (BMNH); U.S.A. (District of Columbia, Florida, Virginia) (Russell, 1948 : 65) (BMNH); U.S.A. (Louisiana, Maryland) (Russell, 1948 : 65).

HOST PLANTS.
  Rosaceae : *Fragaria* sp., *Rubus glaucus* (Russell, 1948 : 65); *Rubus cuneifolius* (Quaintance, 1907 : 94); *Rubus* sp., (Cockerell, 1897b : 97); *Rubus trivialis* (Quaintance, 1907 : 94) (BMNH).

Trialeurodes shawundus Baker & Moles

Trialeurodes shawundus Baker & Moles, 1923 : 644. Syntypes on unknown host, CHILE, no other data (USNM).

DISTRIBUTION. Chile (Baker & Moles, 1923 : 644).
HOST PLANTS.
  Host indet. (Baker & Moles, 1923 : 644).

Trialeurodes similis Russell

Trialeurodes similis Russell, 1948 : 31. Holotype and paratypes on ? *Galactia* sp., U.S.A. : FLORIDA, Sanibel Island, summer 1909 (*E. A. Back*); other paratypes on an unknown host, FLORIDA, Miami, 27.xii.1897 (*A. L. Quaintance*) (USNM).

DISTRIBUTION. U.S.A. (Florida) (Russell, 1948 : 31).
HOST PLANTS.
  Leguminosae : ? *Galactia* sp. (Russell, 1948 : 31).

Trialeurodes tabaci Bondar

Trialeurodes tabaci Bondar, 1928b : 32–34. Syntypes on 'fumo' [*Nicotiana* sp.], BRAZIL : Instituto Agronomico, Campinas, São Paulo State (*G. Bondar*) (São Paulo MZU) (USNM).

DISTRIBUTION. Brazil (Bondar, 1928b : 32).
HOST PLANTS.
  Solanaceae : *Nicotiana* sp. (Bondar, 1928b : 32).

Trialeurodes tentaculatus (Bemis)

Aleyrodes tentaculatus Bemis, 1904 : 494–496. In part. Syntypes on *Quercus agrifolia*, U.S.A. : CALIFORNIA, Stanford University (USNM).
Asterochiton tentaculatus (Bemis) Quaintance & Baker, 1914 : 105. In part.
Trialeurodes tentaculatus (Bemis) Quaintance & Baker, 1915a : xi. In part.

DISTRIBUTION. U.S.A. (California) (Russell, 1948 : 40).
HOST PLANTS.
Fagaceae : *Quercus agrifolia* (Russell, 1948 : 40).

Bemis described *tentaculatus* from six host plants, *Quercus densiflora, Quercus agrifolia, Clematis ligusticifolia, Opulaster capitatus, Lonicera involucrata* and *Rhus diversiloba*. Russell recognized two species in the material from *Quercus agrifolia*, one she described as *Trialeurodes bemisiae*, and the other she redescribed as *tentaculatus* without designating a lectotype. The fate of the material on the other host plants is unknown.

Trialeurodes tephrosiae Russell

Trialeurodes tephrosiae Russell, 1948 : 32–33. Holotype and paratypes on *Tephrosia arcuata*, MEXICO : vicinity of Acaponeta, State of Nayarit, 9.iv.1910 (*J. N. Rose, P. C. Standley* and *P. G. Russell*); paratypes on *Tephrosia arcuata*, MEXICO : Acaponeta, ii.1895 (*F. H. Lamb*); on *Tephrosia arcuata*, MEXICO : between Las Palmas and Ixtapa, 31.iii.1897 (*E. W. Nelson*); on *Tephrosia arcuata*, MEXICO : Maria Madre Island, 3.v.1897 (*T. S. Maltby*); on *Tephrosia heydeana*, COSTA RICA : Guanacaste, ii.1912 (*Oton Jiminez L.*); on *Tephrosia heydeana*, EL SALVADOR : near San Vicente, 2–11.iii.1922 (*P. C. Standley*); on *Tephrosia heydeana*, EL SALVADOR : between San Martin and Laguna de Ilopango, 1.iv.1922 (*P. C. Standley*); on *Tephrosia heydeana*, PANAMA : between Hato del Jobo and Cerro Vaca, Province of Chiriqui, 25–28.xii.1911 (*H. Pittier*); on *Tephrosia* sp., MEXICO : 'Lodiego', 24.x.1878 (*J. Monell*) (USNM).

DISTRIBUTION. Mexico, El Salvador, Costa Rica, Panama (Russell, 1948 : 33).
HOST PLANTS.
Leguminosae : *Tephrosia arcuata, Tephrosia heydeana, Tephrosia langlassei* (Russell, 1948 : 33).

Trialeurodes thaiensis Takahashi

Trialeurodes thaiensis Takahashi, 1943 : 31–32. Syntypes on a legume, THAILAND : Bangkok Noi, 27.iii.1940 (*R. Takahashi*).

DISTRIBUTION. Thailand (Takahashi, 1943 : 32).
HOST PLANTS.
Leguminosae : Genus indet. (Takahashi, 1943 : 32).

Trialeurodes unadutus Baker & Moles

Trialeurodes unadutus Baker & Moles, 1923 : 643–644. Syntypes on *Drimys winteri*, CHILE : Province Malleco, ii.1913 (*Prof. C. E. Porter*) (USNM).

DISTRIBUTION. Chile (Baker & Moles, 1923 : 643).
HOST PLANTS.
Winteraceae : *Drimys winteri* (Baker & Moles, 1923 : 643).

Trialeurodes vaporariorum (Westwood)

Aleyrodes vaporariorum Westwood, 1856 : 852. Syntypes on *Gonolobus* sp., *Tecoma velutina, Bignonia* spp., *Aphelandra* spp., *Solanum* spp. and other similar soft-leaved plants, ENGLAND : Kew Gardens and the gardens of the Horticultural Society at Chiswick. According to Westwood this species 'is supposed to have been imported with living plants or in the packings of Orchidaceae from Mexico'. (Adults and pupal cases from the Westwood collection in the Hope Department, Oxford and the BMNH.)
Asterochiton lecanioides Maskell, 1879 : 215-216. In part. [Coccidae; Maskell, 1880 : 301, in Aleyrodidae] Syntypes on *Pittosporum eugenioides* and *Polypodium billardieri*, NEW ZEALAND : Christchurch (Auckland DSIR). [Synonymized by Quaintance & Baker, 1914 : 105.]
Aleurodes papillifer Maskell, 1890b : 173. Syntypes on *Pittosporum eugenioides, Geniostoma ligustrifolium* and other trees, NEW ZEALAND (Auckland DSIR). [Synonymized with *Asterochiton lecanioides* by Cockerell, 1902a : 281; synonymized directly with *Trialeurodes vaporariorum* by Quaintance & Baker, 1914 : 105.]

Aleurodes nicotianae Maskell, 1895 : 436–437. Syntypes on *Nicotiana tabacum*, MEXICO : Guanajuato (*T. D. A. Cockerell*) (? USNM). [Synonymized by Quaintance & Baker, 1914 : 105.]
[*Aleyrodes glacialis* Bemis, 1904 : 518–519. Misidentification in part.]
Aleyrodes sonchi Kotinsky, 1907 : 97–98. Syntypes on *Sonchus oleraceus*, HAWAII : Honolulu (*O. H. Swezey* and *J. Kotinsky*); on *Sonchus oleraceus*, HAWAII : Kauai, Kailua (*J. Kotinsky*) (USNM). [Synonymized by Baker & Moles, 1923 : 645.]
Asterochiton sonchi (Kotinsky) Quaintance & Baker, 1914 : 105.
Asterochiton vaporariorum (Westwood) Quaintance & Baker, 1914 : 105.
Trialeurodes sonchi (Kotinsky) Quaintance & Baker, 1915a : xi.
Trialeurodes vaporariorum (Westwood) Quaintance & Baker, 1915a : xi.
Trialeurodes mossopi Corbett, 1935a : 9–10. Syntypes on haricot beans [*Phaseolus vulgaris*], RHODESIA : Salisbury, 11.v.1932 (*M. C. Mossop*) (One syntype in BMNH). [Synonymized by Russell, 1948 : 43.]
Trialeurodes natalensis Corbett, 1936 : 18–19. Syntypes on *Nicotiana tabacum*, SOUTH AFRICA, vii.1923 (*Chief Entomologist, Pretoria*) (Two syntypes in BMNH). [Synonymized by Russell, 1948 : 44.]
Trialeurodes sesbaniae Corbett, 1936 : 19. Syntypes on *Sesbania tripeti*, AUSTRALIA : Canberra A.C.T., 8.viii.1934 (*Dr A. L. Tonnoir*) (Two syntypes in BMNH). [Synonymized by Russell, 1948 : 44.]

Maskell (*1890b : 176*) states that '*Asterochiton lecanioides* appears to have been made up of both *Aleurodes papillifer* and *Asterochiton simplex*'.

DISTRIBUTION. Palaearctic Region : England (Westwood, 1856 : 852) (BMNH); Scotland (Russell, 1963 : 153) (BMNH); Channel Islands (BMNH); Denmark, France, Germany, Italy, Norway, Spain, Switzerland (Russell, 1963 : 153); Sweden, (Ossiannilsson, 1955 : 197); Austria, Belgium, Czechoslovakia, Hungary, Poland, Rumania (Zahradnik, 1963a : 9); Yugoslavia (Zahradnik, 1963b : 232); U.S.S.R. (Nikolskaja & Jasnosh, 1968 : 35); Iran (Russell, 1963 : 153); Canary Islands (Gomez-Menor, 1954 : 363) (BMNH); Madeira (Russell, 1963 : 153); Morocco (Cohic, 1969 : 145).
Ethiopian Region : Central African Republic (Cohic, 1966b : 72); Ethiopia (Russell, 1963 : 153) (BMNH); Kenya (Cohic, 1969 : 145) (BMNH); Rhodesia (Corbett, 1935a : 10) (BMNH); South Africa (Transvaal) (Corbett, 1936 : 19) (BMNH).
Oriental Region : Sri Lanka (Russell, 1963 : 153); India (David & Subramaniam, 1976 : 216).
Austro-Oriental Region : Malaya, New Guinea (BMNH).
Australasian Region : Australia (Canberra ACT) (Corbett, 1936 : 19).
Pacific Region : Hawaii (Kotinsky, 1907 : 98); New Zealand (Maskell, 1890b : 173).
Nearctic Region : Bermuda (Russell, 1963 : 153) (BMNH); Canada (British Columbia, Ontario), U.S.A. (Alabama, Alaska, Arizona, California, Colorado, Connecticut, District of Columbia, Florida, Georgia, Idaho, Illinois, Indiana, Iowa, Maine, Maryland, Massachusetts, Michigan, Mississippi, Missouri, Nebraska, New Jersey, New Mexico, New York, Ohio, Oregon, Pennsylvania, Rhode Island, Texas, Utah, Washington, West Virginia, Wisconsin (Russell, 1963 : 153); U.S.A. (Virginia) (Russell, 1963 : 153) (BMNH).
Neotropical Region : Puerto Rico (Russell, 1963 : 153); Barbados (BMNH); Mexico (Maskell, 1895 : 437); Guatemala, Honduras, El Salvador (Russell, 1963 : 153); Colombia (Russell, 1963 : 153) (BMNH); Argentina, Brazil, Chile, Ecuador, Guyana, Peru (Russell, 1963 : 153).

HOST PLANTS.
Acanthaceae	: *Acanthus eminens* (Russell, 1963 : 151); *Aphelandra* spp. (Westwood, 1856 : 852); *Sanchezia* sp. (Russell, 1963 : 153).
Aceraceae	: *Acer* sp. (Russell, 1963 : 151); *Acer campestris* (BMNH).
Alismataceae	: *Alisma plantago* (Visnya, 1941b : 15).
Anacardiaceae	: *Rhus diversiloba* (Penny, 1922 : 31); *Rhus virens* (Russell, 1963 : 153); *Schinus molle* (Britton, 1902 : 6).
Apocynaceae	: *Nerium oleander* (Russell, 1963 : 152) (BMNH).
Aquifoliaceae	: *Ilex intricata* (Russell, 1963 : 152).
Araceae	: *Caladium* sp., *Colocasia esculenta* (Russell, 1963 : 152); *Zantedeschia* [*Richardia*] *aethiopica* (Kirkaldy, 1907 : 73); *Spathicarpa sagittifolia* (Russell, 1963 : 153).
Araliaceae	: *Aralia cordata, Oplopanax elatus* (Russell, 1963 : 152).
Asclepiadaceae	: *Gonolobus* sp. (Westwood, 1856 : 852).
Balsaminaceae	: *Impatiens* sp. (BMNH); *Impatiens sultani* (Visnya, 1941b : 15).
Begoniaceae	: *Begonia* sp. (Penny, 1922 : 31).

Berberidaceae	: *Berberis vulgaris* (Kirkaldy, 1907 : 73).
Bignoniaceae	: *Bignonia* spp. (Westwood, 1856 : 852); *Catalpa* sp. (Russell, 1963 : 152); *Tecoma radicans* (Britton, 1902 : 6); *Tecoma velutina* (Westwood, 1856 : 852).
Boraginaceae	: *Heliotropium* sp. (Kirkaldy, 1907 : 73); *Tournefortia hirsutissima* (Russell, 1963 : 153).
Campanulaceae	: *Campanula* sp., *Platycodon* sp. (Kirkaldy, 1907 : 73); *Lobelia* sp. (Russell, 1963 : 152).
Caprifoliaceae	: *Lonicera interrupta, Lonicera japonica* var. *halliana, Lonicera ruprechtiana* (Russell, 1963 : 152); *Sambucus* sp. (Gomez-Menor, 1954 : 363); *Symphoricarpos albus* (Russell, 1963 : 153); *Symphoricarpos racemosus* (Russell, 1948 : 49).
Caryophyllaceae	: *Stellaria media* (Gomez-Menor, 1943 : 196).
Compositae	: *Ageratum* spp. (Russell, 1963 : 151); *Ageratum mexicana* (Kirkaldy, 1907 : 73); *Artemisia vulgaris* (BMNH in culture); *Aster* sp., *Bidens pilosa, Callistephus chinensis* (Russell, 1963 : 152); *Callistephus* [*Callistemma*] *hortensis* (Kirkaldy, 1907 : 73); *Chrysanthemum* sp., *Conyza aegyptiaca* (Russell, 1963 : 152); *Coreopsis lanceolata* (Britton, 1902 : 6); *Dahlia* sp. (Russell, 1963 : 152) (BMNH); *Emilia* sp., *Encelia exaristata, Erigeron canadensis, Erigeron neomexicanus* (Russell, 1963 : 152); *Erigeron philadelphicum* (Britton, 1902 : 6); *Erigeron scaposus, Erigeron scaposus* var. *latifolius, Eupatorium adenophorum, Eupatorium glandulosum* (Russell, 1963 : 152); *Eupatorium ruparium* (Penny, 1922 : 31); *Galinsoga parviflora* (BMNH); *Helianthus* sp. (Russell, 1963 : 152); *Helianthus californicus* (Penny, 1922 : 31); *Inula* sp. (Gomez-Menor, 1953 : 43); *Lactuca muralis* (Gomez-Menor, 1943 : 196); *Lactuca sativa* (Penny, 1922 : 31); *Lactuca serriola* (Russell, 1963 : 152); *Lapsana* sp. (Dobreanu & Manolache, 1969 : 95); *Mutisia decurrens, Parthenium* sp. (Russell, 1963 : 152); *Rudbeckia laciniata, Solidago canadensis* (Britton, 1902 : 6); *Sonchus arvensis* (BMNH); *Sonchus oleraceus* (Kotinsky, 1907 : 98) (BMNH); *Stevia rebaudiana, Tagetes minuta, Taraxacum* sp., *Tithonia tubaeformis, Verbesina virginica, Xanthium* sp., *Zinnia* sp. (Russell, 1963 : 153).
Convolvulaceae	: *Ipomoea batatas* (Russell, 1963 : 152); *Ipomoea purpurea* (Kirkaldy, 1907 : 73).
Cruciferae	: *Brassica oleracea* var. *capitata, Nasturtium officinale* (Russell, 1963 : 152); *Nasturtium* sp. (BMNH).
Cucurbitaceae	: *Citrullus vulgaris, Cucumis melo, Cucumis sativus* (Penny, 1922 : 31); *Cucurbita foetidissima, Cucurbita pepo* var. *ovifera* (Russell, 1963 : 152); *Cucurbita maxima* (Kirkaldy, 1907 : 73); *Cucurbita* sp. (BMNH); *Sicyos angulata* (Russell, 1963 : 153).
Ebenaceae	: *Diospyros* sp. (Russell, 1963 : 152).
Ericaceae	: *Arbutus menziesii, Arbutus unedo* (Russell, 1963 : 152); *Arctostaphylos media* (Russell, 1948 : 48); *Arctostaphylos tomentosa, Gaultheria procumbens, Gaultheria shallon, Rhododendron arboreum, Rhododendron californicum, Rhododendron macrophyllum, Rhododendron schlippenbachii, Rhododendron* [*Azalea*] sp. (Russell, 1963 : 152); *Vaccinium ovatum* (Russell, 1963 : 153).
Eucryphiaceae	: *Eucryphia cordifolia* (Russell, 1963 : 152).
Euphorbiaceae	: *Euphorbia dictyosperma, Euphorbia heterophylla, Euphorbia hypericifolia* (Russell, 1963 : 152); *Euphorbia peplus* (Gomez-Menor, 1943 : 196); *Euphorbia pulcherrima* (Zahradnik, 1963b : 232); *Euphorbia* sp. (BMNH); *Ricinus communis, Sapium sebiferum* (Russell, 1963 : 153).
Fagaceae	: *Nothofagus* sp., *Quercus kelloggi* (Penny, 1922 : 31).
Flacourtiaceae	: *Azara lanceolata, Berberidopsis* sp. (Russell, 1963 : 152).
Garryaceae	: *Garrya* sp. (Russell, 1963 : 152).

Geraniaceae	: *Geranium* spp. (Russell, 1963 : 152); *Pelargonium grandiflora* (Visnya, 1941b : 15); *Pelargonium* spp. (Russell, 1963 : 152) (BMNH).
Gesneriaceae	: *Achimenes* sp., *Chrysothemis pulchella* (Russell, 1963 : 152).
Grossulariaceae	: *Ribes cynobasti, Ribes grossularia* (Gomez-Menor, 1953 : 43); *Ribes sanguineum* (Russell, 1963 : 153).
Guttiferae	: *Hypericum* sp. (Russell, 1963 : 152).
Haloragaceae	: *Myriophyllum proserpinacoides* (Britton, 1902 : 6).
Hamamelidaceae	: *Loropetalum chinense* (Russell, 1963 : 152).
Hydrangeaceae	: *Philadelphus* sp. (Russell, 1963 : 152).
Iridaceae	: *Gladiolus* sp. (Russell, 1963 : 152).
Juglandaceae	: *Carya pecan* (Russell, 1963 : 152); *Juglans cinerea* (Kirkaldy, 1907 : 73).
Labiatae	: *Coleus* sp. (Russell, 1963 : 152); *Lavendula dentata* (Britton, 1902 : 6); *Marrubium* sp., *Mentha citrata* (Russell, 1963 : 152); *Mentha crispa* (Visnya, 1941b : 15); *Mentha piperita* (Russell, 1963 : 152); *Monarda* sp. (Britton, 1902 : 6); *Prostanthera rotundifolia* (Russell, 1963 : 152); *Salvia sativus* (Douglas, 1887 : 166); *Salvia splendens* (Penny, 1922 : 31); *Satureja aethiops* (Gomez-Menor, 1953 : 43).
Lauraceae	: *Lindera [Benzoin] oderiferum* (Kirkaldy, 1907 : 73); *Persea americana* (Russell, 1963 : 152); *Persea gratissima* (Penny, 1922 : 31); *Sassafras albidum* (Russell, 1963 : 152).
Leguminosae	: *Lathyrus latifolius* (Gomez-Menor, 1953 : 43); *Medicago sativa* (Russell, 1963 : 152); *Phaseolus vulgaris* (Corbett, 1935a : 10) (BMNH); *Sesbania tripeti* (Corbett, 1936 : 19) (BMNH); *Tephrosia vogeli* (Gomez-Menor, 1954 : 363); *Trifolium pratense* (Russell, 1963 : 153); *Vicia faba* (Kirkaldy, 1907 : 73).
Liliaceae	: *Lilium superbum* (Britton, 1902 : 6).
Loganiaceae	: *Geniostoma ligustrifolium* (Maskell, 1890b : 173).
Lythraceae	: *Cuphea* sp. (Britton, 1902 : 6).
Magnoliaceae	: *Magnolia sprengeri, Michelia champaca* (Russell, 1963 : 152).
Malvaceae	: *Abutilon molle, Abutilon theophrasti* (Russell, 1963 : 151); *Althaea rosea* (Russell, 1963 : 151) (BMNH); *Gossypium* sp. (Russell, 1963 : 152) (BMNH); *Hibiscus* sp. (BMNH); *Hibiscus moscheutos* (Britton, 1902 : 6); *Hibiscus mutabilis, Hibiscus rosa-sinensis, Hibiscus syriacus* (Russell, 1963 : 152); *Kitaibelia vitifolia, Lavatera arborea, Lavatera cachemiriana* (Gomez-Menor, 1953 : 43); *Malachra* sp., *Malva neglecta* (Russell, 1963 : 152); *Malva umbellata* (Gomez-Menor, 1953 : 43); *Malvastrum coromandelianum* (Russell, 1963 : 152); *Malvastrum vitifolium* (Gomez-Menor, 1953 : 43); *Sphaeralcea* sp. (Russell, 1963 : 153).
Melianthaceae	: *Melianthus major* (Gomez-Menor, 1953 : 43).
Myrtaceae	: *Eucalyptus algeriensis, Eucalyptus trabutii, Eugenia aquea, Myrtus communis, Psidium guajava* (Russell, 1963 : 152).
Oleaceae	: *Fraxinus* sp., *Jasminum polyanthum, Jasminum stephanense, Olea europea* (Russell, 1963 : 152).
Onagraceae	: *Epilobium* sp. (BMNH); *Fuchsia coccinea* (Gomez-Menor, 1954 : 363); *Fuchsia* spp. (Russell, 1963 : 152) (BMNH); *Oenothera rubrinervis, Oenothera tetrastera* (Gomez-Menor, 1953 : 43).
Oxalidaceae	: *Oxalis* sp. (Russell, 1963 : 152).
Papaveraceae	: *Chelidonium majus* (Gomez-Menor, 1953 : 43).
Passifloraceae	: *Passiflora* sp. (Gomez-Menor, 1954 : 363).
Pedaliaceae	: *Martynia fragrans* (Russell, 1963 : 152).
Phytolaccaceae	: *Phytolacca decandra* (Britton, 1902 : 6).
Pittosporaceae	: *Pittosporum eugenioides* (Maskell, 1879 : 215).
Platanaceae	: *Platanus occidentalis* (Russell, 1963 : 152).
Plumbaginaceae	: *Ceratostigma willmottianum* (Russell, 1963 : 151).
Polemoniaceae	: *Phlox* sp. (Britton, 1902 : 6).

Polygalaceae	:	*Polygala* sp. (Russell, 1963 : 152).
Polygonaceae	:	*Polygonum aviculare* (BMNH).
Primulaceae	:	*Primula obconica* (Russell, 1963 : 152) (BMNH); *Primula vulgaris* (Penny, 1922 : 31).
Proteaceae	:	*Grevillea robusta* (Britton, 1902 : 6).
Ranunculaceae	:	*Aquilegia* sp. (Russell, 1963 : 151); *Clematis ligusticifolia* (Russell, 1963 : 152).
Rhamnaceae	:	*Ceanothus thyrsiflorus, Ceanothus veitchianus, Ceanothus velutinus* (Russell, 1963 : 151); *Hovenia dulcis* (Gomez-Menor, 1953 : 43); *Maesopsis eminii* (BMNH); *Rhamnus californica, Rhamnus crocea, Rhamnus purshiana* (Russell, 1963 : 152).
Rosaceae	:	*Cotoneaster frigida* (Russell, 1963 : 152); *Fragaria* sp. (BMNH); *Fragaria nilgerrensis, Heteromeles arbutifolia, Physocarpus capitatus, Prunus (Prunophora)* sp., *Prunus persica* (Russell, 1963 : 152); *Prunus triflora* (Kirkaldy, 1907 : 73); *Rhodotypos kerrioides* (Britton, 1902 : 6); *Rosa banksiae, Rubus graveolens* (Russell, 1963 : 153); *Spiraea vanhouttei* (Russell, 1963 : 152).
Rubiaceae	:	*Bouvardia* sp., *Gardenia* sp. (Russell, 1963 : 152).
Rutaceae	:	*Citrus* spp. (Russell, 1963 : 152) (BMNH); *Ruta graveolens* (Russell, 1963 : 152).
Salicaceae	:	*Salix* sp. (Russell, 1963 : 152).
Sapindaceae	:	*Dodonaea viscosa* (Russell, 1963 : 152).
Sapotaceae	:	*Argania sideroxylon* (Russell, 1963 : 152).
Scrophulariaceae	:	*Antirrhinum* sp. (Kirkaldy, 1907 : 73); *Digitalis* sp. (Russell, 1963 : 152); *Maurandya scandens* (Britton, 1897 : 194); *Paulownia tomentosa* (Russell, 1963 : 152); *Veronica colorata* (BMNH).
Smilacaceae	:	*Smilax* sp. (Britton, 1902 : 6).
Solanaceae	:	*Atropa belladonna* (Gomez-Menor, 1954 : 363); *Brunfelsia hopeana, Brunfelsia mutabilis* (Russell, 1963 : 152); *Capsicum frutescens* [= *annuum*] (Gomez-Menor, 1953 : 43); *Capsicum* sp., *Cestrum parqui* (Russell, 1963 : 152); *Datura arborea, Cyphomandra betacea* (Gomez-Menor, 1953 : 43); *Datura sanguinata* (Penny, 1922 : 31); *Datura stramonium* (Russell, 1963 : 152); *Datura* sp., *Lycopersicum* sp. (BMNH); *Lycopersicum esculentum, Nicotiana glauca* (Russell, 1963 : 152); *Nicotiana tabacum* (Maskell, 1895 : 437) (BMNH); *Solanum dulcisara* (Gomez-Menor, 1953 : 43); *Solanum carolinense, Solanum melongena, Solanum pseudo-capsicum, Solanum tuberosum* (Russell, 1963 : 152); *Solanum* spp. (Westwood, 1856 : 852) (BMNH).
Sterculiaceae	:	*Dombeya [Assonia] wallichii* (Russell, 1963 : 152); *Waltheria americana* (Russell, 1963 : 153).
Thymelaeaceae	:	*Daphne aurantiaca, Daphne cneorum* (Russell, 1963 : 152).
Tropaeolaceae	:	*Tropaeolum majus* (Gomez-Menor, 1954 : 364); *Tropaeolum* sp. (BMNH).
Ulmaceae	:	*Celtis occidentalis* (Russell, 1963 : 152).
Urticaceae	:	*Urtica dioica* (Harrison, 1959 : 106).
Verbenaceae	:	*Avicennia nitida, Lantana camara* (Russell, 1963 : 152); *Lantana hybrida* (Zahradnik, 1963b : 232); *Verbena* sp. (Russell, 1963 : 153).
Violaceae	:	*Viola* sp. (Russell, 1963 : 153).
Vitaceae	:	*Vitis* sp. (Penny, 1922 : 31).
Zamiaceae	:	*Dioon spinulosum* (Russell, 1963 : 152).

The only record of an aleyrodid species from a gymnosperm is that of *vaporariorum* from *Dioon* (Zamiaceae).

Polypodium billardieri was given as one of the original host plants of *lecanioides*, but this plant is not referred to by Maskell in 1890 or 1896 and so it cannot be listed as a host of either *simplex* or *vaporariorum*. It may be relevant that in 1890 Maskell described another species of whitefly from a fern in New Zealand. This species, *asplenii*, was subsequently transferred to the genus *Trialeurodes*.

NATURAL ENEMIES.
Diptera
  Cecidomyidae : Genus indet. (Barnes, 1930 : 327. England).
Hymenoptera
  Chalcidoidea
    Aphelinidae : *Encarsia formosa* Gahan (Fulmek, 1943 : 80. Belgium) (Thompson, 1950 : 111. Germany, U.K., Canada, U.S.A., Australia, New Zealand, Tasmania) (Nikolskaja & Jasnosh, 1968 : 35. U.S.S.R.).
: *Encarsia luteola* Howard (Fulmek, 1943 : 80. Chile).
: *Encarsia partenopea* Masi (Fulmek, 1943 : 80. U.K.).
: *Encarsia pergandiella* Howard (Fulmek, 1943 : 80. U.K., U.S.A., Hawaii).
: *Encarsia* sp. (Thompson, 1950 : 111. Hawaii, Netherlands).
: *Eretmocerus corni* Haldeman (Fulmek, 1943 : 80. Chile).
: *Eretmocerus haldemani* Howard (Fulmek, 1943 : 80. U.S.A.).
: *Prospaltella citrella* ssp. *porteri* Mercet (Fulmek, 1943 : 80. Chile).
: *Prospaltella transversa* Timberlake (Fulmek, 1943 : 80. Hawaii).
: *Prospaltella* sp. (Thompson, 1950 : 110. Rhodesia).
    Encyrtidae : *Aphidencyrtus aphidivorus* (Mayr) (Fulmek, 1943 : 80. U.S.A.).
Neuroptera
  Chrysopidae : *Chrysopa rufilabris* Burmeister (Thompson, 1964 : 134. Canada).

Trialeurodes varia Quaintance & Baker

Trialeurodes varia Quaintance & Baker, in J. M. Baker, 1937 : 620–621. Syntypes on undetermined host [subsequently identified as belonging to the Rosaceae, probably *Rosa* sp., in Russell, 1948 : 50], MEXICO : Puebla (no other data) (USNM).

DISTRIBUTION. Mexico (J. M. Baker, 1937 : 620).
HOST PLANTS.
  Hydrangeaceae : *Philadelphus* sp. (Sampson & Drews, 1941 : 179).
  Rosaceae : ? *Rosa* sp. (Russell, 1948 : 50).
  Solanaceae : *Datura* sp. (Russell, 1948 : 50).

Trialeurodes variabilis (Quaintance)

Aleurodes variabilis Quaintance, 1900 : 39–41. Syntypes on *Carica papaya*, U.S.A. : FLORIDA, Miami (no other data) (USNM).
Aleyrodes (*Trialeurodes*) *variabilis* Quaintance; Cockerell, 1902a : 283.
Asterochiton variabilis (Quaintance) Quaintance & Baker, 1914 : 105.
Trialeurodes variabilis (Quaintance) Quaintance & Baker, 1915a : xi.
Trialeurodes caricae Corbett, 1935c : 245–246. Syntypes on papaw [*Carica papaya*], TRINIDAD (*A. M. Gwynn*). [Synonymized by Russell, 1948 : 29.]
Aleurodicus (*Metaleurodicus*) *variabilis* (Quaintance) Dozier, 1936 : 145. [In error.]

DISTRIBUTION. U.S.A. (Florida) (Quaintance, 1900 : 41); Mexico, Guatemala, Honduras, Costa Rica, Cuba (Russell, 1948 : 30); Jamaica (BMNH); Puerto Rico, St Croix (Russell, 1948 : 30); Trinidad (Corbett, 1935c : 245).
HOST PLANTS.
  Aceraceae : *Acer mexicanum* (Russell, 1948 : 30).
  Caricaceae : *Carica papaya* (Quaintance, 1900 : 41) (BMNH).
  Euphorbiaceae : *Manihot glaziovii* (Russell, 1948 : 30).
  Polygonaceae : *Coccoloba floribunda* (Russell, 1948 : 30).
  Rubiaceae : *Gardenia* sp. (Russell, 1948 : 30).
  Rutaceae : *Citrus paradisi, Citrus reticulata* (Russell, 1948 : 30).
NATURAL ENEMIES.
Coleoptera
  Coccinellidae : *Leis conformis* (Boisduval) (Thompson, 1964 : 134. U.S.A.).

Trialeurodes vitrinellus (Cockerell)

Aleyrodes (Trialeurodes) vitrinellus Cockerell, 1903 : 241. [See also 1909 : 215.] Syntypes on orange leaves [*Citrus* sp.], MEXICO : Tezcuco, the garden of Nezahualcoyotl (USNM).
Asterochiton vitrinellus (Cockerell) Quaintance & Baker, 1914 : 105.
Trialeurodes vitrinellus (Cockerell) Quaintance & Baker, 1915a : xi.

DISTRIBUTION. Mexico (Cockerell, 1903 : 241) (BMNH).
HOST PLANTS.
Rutaceae : *Citrus* sp. (Cockerell, 1903 : 241) (BMNH).

The specimens on oak from California referred to as *vitrinellus* by Quaintance & Baker (1916 : 470) belong to *Trialeurodes intermedia* Russell.

Trialeurodes vittata (Quaintance)

Aleurodes vittata Quaintance, 1900 : 42. Syntypes on chaparral [the xerophytic scrub on the hills of California], U.S.A. : CALIFORNIA, Ontario, vii.1894 (*W. E. Collins*); Claremont, 14.viii.1894 (*A. J. Cook*); Pomona, 30.viii.1894 (*S. A. Pease*) (USNM).
Aleyrodes (Trialeurodes) vittata Quaintance; Cockerell, 1902a : 283.
[*Aleyrodes glacialis* Bemis, 1904 : 518–519. Misidentification in part.]
Aleyrodes wellmanae Bemis, 1904 : 525–526. Syntypes on *Rhamnus californica*, U.S.A. : CALIFORNIA, Leland Stanford Junior University campus, iv. and v.1902 (*F. E. Bemis*); on *Rhamnus californica*, CALIFORNIA, Stevens Creek, 12.xi.1961 (*F. E. Bemis*) (USNM). [Synonymized by Russell, 1948 : 65.]
Asterochiton vittata (Quaintance) Quaintance & Baker, 1914 : 105.
Asterochiton wellmanae (Bemis) Quaintance & Baker, 1914 : 105.
Trialeurodes vittata (Quaintance) Quaintance & Baker, 1915a : xi.
Trialeurodes wellmanae (Bemis) Quaintance & Baker, 1915a : xi.

DISTRIBUTION. U.S.A. (California) (Quaintance, 1900 : 42) (BMNH).
HOST PLANTS.
Original host indet.: (Quaintance, 1900 : 42).
Rhamnaceae : *Rhamnus californica* (Bemis, 1904 : 526); *Rhamnus* sp. (Russell, 1948 : 68).
Rosaceae : *Crataegus coccinea* (Russell, 1948 : 68).
Vitaceae : *Vitis vinifera* (Russell, 1948 : 68); *Vitis* sp. (Russell, 1948 : 68) (BMNH).

TRICHOALEYRODES Takahashi & Mamet

Trichoaleyrodes Takahashi & Mamet, 1952b : 122. Type-species : *Trichoaleyrodes carinata*, by monotypy.

Trichoaleyrodes carinata Takahashi & Mamet

Trichoaleyrodes carinata Takahashi & Mamet, 1952b : 123–125. Syntypes on 'Hazon-domoina', MADAGASCAR : Périnet, 800 m., 26.v.1950 (*A. Robinson*) (Paris MNHN) (Hikosan BL).

DISTRIBUTION. Madagascar (Takahashi & Mamet, 1952b : 125).
HOST PLANTS.
Host indet. 'Hazon-domoina' (Takahashi & Mamet, 1952b : 125).

TUBERALEYRODES Takahashi

Tuberaleyrodes Takahashi, 1932 : 29. Type-species : *Tuberaleyrodes machili*, by monotypy.

Tuberaleyrodes bobuae Takahashi

Tuberaleyrodes bobuae Takahashi, 1934b : 58–59. Syntypes on *Bobua glauca*, TAIWAN : Suisha, 11.vi.1933 (*R. Takahashi*) (Taiwan ARI).

DISTRIBUTION. Taiwan (Takahashi, 1934b : 59).
HOST PLANTS.
Symplocaceae : *Symplocos* [*Bobua*] *glauca* (Takahashi, 1934b : 59).

Tuberaleyrodes machili Takahashi

Tuberaleyrodes machili Takahashi, 1932 : 29–30. Syntypes on *Machilus* sp., TAIWAN : Taihezan and Urai, 21.v.1931 (*R. Takahashi*) (Taiwan ARI).
Tuberaleyrodes machili var. *actinodaphnis* Takahashi, 1935b : 56–57. Syntypes on *Actinodaphne* sp. and

Cinnamomum sp., TAIWAN : Botan (Koshun-Gun, Takao Prefecture) and Ishiyama (Kizan-Gun, Takao Prefecture), 25.v.1934 (*R. Takahashi*) (Taiwan ARI).

DISTRIBUTION. Japan (Takahashi, 1958 : 65); Taiwan (Takahashi, 1932 : 30).
HOST PLANTS.
Lauraceae : *Actinodaphne* sp., *Cinnamomum* sp. (Takahashi, 1935b : 57); *Cinnamomum zeylanicum* (Takahashi, 1933 : 12); *Lindera oldhami* (Takahashi, 1935b : 40); *Machilus* sp. (Takahashi, 1932 : 30); *Neolitsea* [*Tetradenia*] sp. (Takahashi, 1935b : 41).

Tuberaleyrodes neolitseae Young

Tuberaleyrodes neolitseae Young, 1944 : 130–131. Syntypes on *Neolitsea aurata* var. *glauca*, CHINA : Pehpei, Szechwan Province, 14.i.1942 (*B. Young*).

DISTRIBUTION. China (Young, 1944 : 131).
HOST PLANTS.
Lauraceae : *Neolitsea aurata* var. *glauca* (Young, 1944 : 131).

Tuberaleyrodes rambutana Takahashi

Tuberaleyrodes rambutana Takahashi, 1955b : 229–230. Holotype on *Nephelium lappaceum* ['Rambutan'], MALAYA : Kuala Lumpur (Selangor), 10.viii.1945 (*R. Takahashi*). Described from a single specimen.

DISTRIBUTION. Malaya (Takahashi, 1955b : 229).
HOST PLANTS.
Sapindaceae : *Nephelium lappaceum* (Takahashi, 1955b : 229).

VENEZALEURODES Russell

Venezaleurodes Russell, 1967 : 235–237. Type-species : *Venezaleurodes pisoniae*, by monotypy.

Venezaleurodes pisoniae Russell

Venezaleurodes pisoniae Russell, 1967 : 237–241. Holotype on *Pisonia macranthocarpa*, VENEZUELA : Ipare, near Altagracia de Orituco, State of Guarico, xi.1966 (*F. A. Lee*); numerous paratypes on *Pisonia macranthocarpa*, Altagracia de Orituco, 1.iii.1961 (*F. A. Lee*); numerous paratypes on *Pisonia macranthocarpa*, Guatapo, Ipare and Lezama, near Altagracia de Orituco, xi.1966 (*F. A. Lee*) (USNM). (Three paratypes in BMNH.)

DISTRIBUTION. Venezuela (Russell, 1967 : 240) (BMNH).
HOST PLANTS.
Nyctaginaceae : *Pisonia macranthocarpa* (Russell, 1967 : 240) (BMNH).

VIENNOTALEYRODES Cohic

Viennotaleyrodes Cohic, 1968a : 54. Type-species : *Viennotaleyrodes bourgini*, by original designation.

Viennotaleyrodes bergerardi (Cohic)

Brazzaleyrodes bergerardi Cohic, 1966b : 32–35. Eleven syntypes on *Platysepalum vanderystii*, CONGO (Brazzaville) : Brazzaville, Centre O.R.S.T.O.M., 5.iii.1965. (One syntype, labelled paratype by F. Cohic, in BMNH.)
Viennotaleyrodes bergerardi (Cohic) Cohic, 1968a : 57.

DISTRIBUTION. Congo (Brazzaville) (Cohic, 1966b : 34) (BMNH).
HOST PLANTS.
Leguminosae : *Platysepalum vanderystii* (Cohic, 1966b : 32) (BMNH).

Viennotaleyrodes bourgini Cohic

Viennotaleyrodes bourgini Cohic 1968a : 54–57. Holotype on *Dalbergia sissoo*, CHAD : Bongor, 7.iii.1966. Described from a single specimen.

DISTRIBUTION. Chad (Cohic, 1968a : 54).
HOST PLANTS.
Leguminosae : *Dalbergia sissoo* (Cohic, 1968a : 54).

Viennotaleyrodes lafonti Cohic

Viennotaleyrodes lafonti Cohic, 1968a : 57–60. Eighteen syntypes on *Newtonia glandulifera*, CONGO (Brazzaville) : River Djoumouna, Yaka Yaka, vicinity of Stanley Pool, 24.xi.1965.

DISTRIBUTION. Congo (Brazzaville) (Cohic, 1968a : 57).
HOST PLANTS.
Leguminosae : *Newtonia glandulifera* (Cohic, 1968a : 57).

Viennotaleyrodes platysepali (Cohic)

Brazzaleyrodes platysepali Cohic, 1966b : 30–32. Nineteen syntypes on *Platysepalum vanderystii*, CONGO (Brazzaville) : Brazzaville, 5.iii.1965. (One syntype, labelled paratype by F. Cohic, in BMNH.)
Viennotaleyrodes platysepali (Cohic) Cohic, 1968a : 57.

DISTRIBUTION. Congo (Brazzaville) (Cohic, 1966b : 30) (BMNH).
HOST PLANTS.
Leguminosae : *Dalbergia kisantuensis* (Cohic, 1968b : 142); *Platysepalum vanderystii* (Cohic, 1966b : 30) (BMNH).

XENALEYRODES Takahashi

Xenaleyrodes Takahashi, 1936f : 113. Type-species : *Xenaleyrodes artocarpi*, by monotypy.

Xenaleyrodes artocarpi Takahashi

Xenaleyrodes artocarpi Takahashi, 1936f : 113–114. Syntypes on *Artocarpus communis*, PALAU ISLANDS : Koror Island, Koror, 17.ii.1936 (*Prof. T. Esaki*) (Taiwan ARI).

DISTRIBUTION. Caroline Islands (Palau Islands) (Takahashi, 1936f : 114).
HOST PLANTS.
Lecythidaceae : *Barringtonia racemosa* (Takahashi, 1956 : 12).
Moraceae : *Artocarpus communis* (Takahashi, 1936f : 114).

XENOBEMISIA Takahashi

Xenobemisia Takahashi, 1951a : 372. Type-species : *Xenobemisia coleae*, by monotypy.

Xenobemisia coleae Takahashi

Xenobemisia coleae Takahashi, 1951a : 372–373. Five syntypes on *Colea telfairii*, MADAGASCAR : Ankazobe, 2.xi.1949 (*Dr R. Paulian*) (Paris MNHN) (Hikosan BL).

DISTRIBUTION. Madagascar (Takahashi, 1951a : 373).
HOST PLANTS.
Bignoniaceae : *Colea telfairii* (Takahashi, 1951a : 373).

ZAPHANERA Corbett

Zaphanera Corbett, 1926 : 282. Type-species : *Zaphanera cyanotis*, by monotypy.

Zaphanera cyanotis Corbett

Zaphanera cyanotis Corbett, 1926 : 282–283. Syntypes on *Cyanotis* sp., SRI LANKA : Maskeliya, v.1911 (*J. Pole*) (Three syntypes and dry material with syntype data in BMNH); on *Cyanotis* sp., SRI LANKA : Pundaluoya (*E. E. Green*) (USNM). (Seven syntypes in BMNH.)

DISTRIBUTION. Sri Lanka (Corbett, 1926 : 283) (BMNH); Pakistan (BMNH).
HOST PLANTS.
Acanthaceae : *Dicliptera roxburghii* (BMNH).
Commelinaceae : *Cyanotis* sp. (Corbett, 1926 : 283) (BMNH).

Zaphanera publicus (Singh)

Aleuroputeus publicus Singh, 1938 : 190–192. Syntypes on *Tephrosia purpurea*, INDIA : Nagpur (Calcutta ZSI).
Zaphanera publicus (Singh) David, 1974b : 115.

DISTRIBUTION. India (Singh, 1938 : 190).
HOST PLANTS.
Commelinaceae : *Commelina* sp. (David & Subramaniam, 1976 : 219) (BMNH).
Leguminosae : *Phaseolus aureus* (BMNH); *Tephrosia purpurea* (Singh, 1938 : 190).

ALEURODICINAE

Aleurodicinae Quaintance & Baker, 1913 : 25. Type-genus : *Aleurodicus* Douglas in Morgan, by original designation.

ALEURODICUS Douglas

Aleurodicus Douglas in Morgan, 1892 : 32. Type-species : *Aleurodicus anonae*, here regarded as a synonym of *Aleurodicus cocois*, by subsequent designation by Quaintance & Baker, 1908 : 8.

Aleurodicus spp. indet.

HOST PLANTS.
Myrtaceae : *Psidium* sp. (BMNH : Trinidad).
Rutaceae : *Citrus* sp. (BMNH : Colombia).
NATURAL ENEMIES.
Hymenoptera
Chalcidoidea
Aphelinidae : *Prospaltella aleurodici* Girault (Thompson, 1950 : 5. Trinidad).
: *Prospaltella ciliata* Gahan (Fulmek, 1943 : 7. Puerto Rico).
Eulophidae : *Euderomphale vittata* Dozier (Thompson, 1950 : 5. Puerto Rico).

Aleurodicus antidesmae Corbett

Aleurodicus antidesmae Corbett, 1926 : 267–268. Holotype on *Antidesma bunius*, SRI LANKA : Pundaluoya (*E. E. Green*). Described from a single specimen.

DISTRIBUTION. Sri Lanka (Corbett, 1926 : 268).
HOST PLANTS.
Euphorbiaceae : *Antidesma bunius* (Corbett, 1926 : 268).

Aleurodicus antillensis Dozier

Aleurodicus antillensis Dozier, 1936 : 144–145. Syntypes on coconut palm [*Cocos nucifera*] and *Calophyllum antillanum*, PUERTO RICO : Santurce, 21.xii.1924; three syntypes on *Erythrina glauca*, Rio Piedras, 22.xii.1924 (*H. L. Dozier*).

DISTRIBUTION. Puerto Rico (Dozier, 1936 : 144).
HOST PLANTS.
Guttiferae : *Calophyllum antillanum* (Dozier, 1936 : 144).
Leguminosae : *Erythrina glauca* (Dozier, 1936 : 145).
Palmae : *Cocos nucifera* (Dozier, 1936 : 144).
NATURAL ENEMIES.
Hymenoptera
Chalcidoidea
Eulophidae : *Euderomphale vittata* Dozier (Fulmek, 1943 : 7. Puerto Rico).

Aleurodicus aranjoi Sampson & Drews

Aleurodicus aranjoi Sampson & Drews, 1941 : 145–147. Syntypes on *Aristolochia* sp., MEXICO : Manzanillo, State of Colima, xii.1925 (California UCD).

DISTRIBUTION. Mexico (Sampson & Drews, 1941 : 145).
HOST PLANTS.
Aristolochiaceae : *Aristolochia* sp. (Sampson & Drews, 1941 : 145).

Aleurodicus bondari Costa Lima

Aleurodicus Bondari Costa Lima, 1928 : 131–132. Syntypes from BRAZIL, no other data given.

DISTRIBUTION. Brazil (Costa Lima, 1936 : 144).
HOST PLANTS.
Original host indet.: (Costa Lima, 1928 : 131–132).
Rutaceae : *Citrus* sp. (Costa Lima, 1936 : 144).

Aleurodicus capiangae Bondar

Aleurodicus capiangae Bondar, 1923a : 71–73. Syntypes on capianga [*Vismia brasiliensis*], BRAZIL : Bahia (*G. Bondar*) (São Paulo MZU) (USNM).

DISTRIBUTION. Brazil (Bondar, 1923a : 72) (BMNH); Anguilla, Trinidad, Surinam (BMNH).
HOST PLANTS.
Guttiferae	: *Vismia brasiliensis* (Bondar, 1923a : 72).
Leguminosae	: *Inga* sp. (BMNH).
Musaceae	: *Musa sapientum* (BMNH).
Verbenaceae	: *Citharexylum* sp. (BMNH).

Aleurodicus cinnamomi Takahashi

Aleurodicus cinnamomi Takahashi, 1951c : 1–2. Syntypes on *Cinnamomum* sp., *Machilus* sp. and another plant of the Lauraceae, MALAYA : Singapore, 21.xii.1942 (Three syntypes on unstated host in BMNH); Kuala Lumpur, 1.i.1942; Cameron Highlands, 1.x.1944. (Numerous syntypes on *Machilus* sp. in BMNH.)

DISTRIBUTION. Malaya (Takahashi, 1951c : 1) (BMNH).
HOST PLANTS.
Lauraceae : *Cinnamomum* sp. (Takahashi, 1951c : 1); *Machilus* sp. (Takahashi, 1951c : 1) (BMNH).

Aleurodicus coccolobae Quaintance & Baker

Aleurodicus coccolobae Quaintance & Baker, 1913 : 46–47. Syntypes on seagrape, *Coccoloba uvifera*, MEXICO : Yucatan, Progreso, 24.vi.1904 (*S. Henshaw*) (USNM).

DISTRIBUTION. Mexico (Quaintance & Baker, 1913 : 46); Honduras, Panama (Russell, 1965 : 54); Brazil (Costa Lima, 1936 : 144).
HOST PLANTS.
Anacardiaceae	: *Schinus terebinthefolius* (Russell, 1965 : 54).
Begoniaceae	: *Begonia* sp. (Costa Lima, 1968 : 106).
Palmae	: *Cocos nucifera* (Russell, 1965 : 54).
Polygonaceae	: *Coccoloba uvifera* (Quaintance & Baker, 1913 : 46).

Aleurodicus cocois (Curtis)

Aleyrodes cocois Curtis, 1846 : 284–285. Syntypes on coconut [*Cocos nucifera*], BARBADOS (*Sir Robert Schomburgk*) (BMNH).
Aleurodicus anonae Morgan, 1892 : 32. LECTOTYPE on *Annona muricata*, GUYANA : ? Demerara, 1891 (*S. J. McIntire*) ex Douglas Coll. (BMNH) here designated. **Syn. n.**
Aleurodicus cocois (Curtis) Morgan, 1892 : 32.
Aleurodicus iridescens Cockerell, 1898b : 225. Syntypes on 'Jicaco' [*Chrysobalanus icaco*, according to J. M. Baker, 1937 : 607], MEXICO : Tabasco, ocean beach between El Faro and San Pedro, 12.vi.1897 (*Prof. C. H. T. Townsend*) (USNM). [Synonymized by Quaintance & Baker, 1913 : 47.]

DISTRIBUTION. Anguilla, Grenada, Jamaica, Monserrat, St Vincent (BMNH); Barbados (Curtis, 1846 : 284) (BMNH); Trinidad (Quaintance, 1907 : 93) (BMNH); Mexico (Cockerell, 1898b : 225); Honduras (Kirkaldy, 1907 : 41); Venezuela (Bondar, 1923a : 63); Guyana (Morgan, 1892 : 32) (BMNH); Brazil (Quaintance, 1907 : 92) (BMNH).
HOST PLANTS.
Anacardiaceae	: *Anacardium occidentale* (Costa Lima, 1968 : 106) (BMNH).
Annonaceae	: *Annona muricata* (Morgan, 1892 : 29) (BMNH); *Annona reticulata*, *Annona squamosa* (Quaintance, 1907 : 97).
Chrysobalanaceae	: *Chrysobalanus icaco* (J. M. Baker, 1937 : 607); *Licania* [*Moquilea*] *tomentosa* (Costa Lima, 1928 : 133).
Euphorbiaceae	: *Hevea brasiliensis* (Costa Lima, 1968 : 106).
Lauraceae	: *Persea* sp. (Costa Lima, 1968 : 106) (BMNH).
Leguminosae	: *Brya ebenus* (BMNH).
Moraceae	: *Ficus* sp. (Kirkaldy, 1907 : 40).
Musaceae	: *Musa* sp. (Kirkaldy, 1907 : 41).
Myrtaceae	: *Psidium guajava* (Baker & Moles, 1923 : 620).

Palmae	: *Cocos nucifera* (Curtis, 1846 : 284) (BMNH); *Washingtonia robusta* (Dozier, 1936 : 144).
Piperaceae	: *Piper* sp. (BMNH).
Polygonaceae	: *Coccoloba uvifera* (Quaintance & Baker, 1913 : 54).
Rubiaceae	: *Richardia pacifica* (Morgan, 1892 : 29).
Sterculiaceae	: *Theobroma cacao* (Costa Lima, 1968 : 106).

NATURAL ENEMIES.
Coleoptera
   Coccinellidae : *Cryptognatha nodiceps* Marshall (Thompson, 1964 : 53. Guyana).
                : *Exoplectra* sp. (Schilder & Schilder, 1928 : 247. West Indies).

According to the unpublished diary of J. W. Douglas in the BMNH, the original specimens of *anonae* were received from S. J. McIntire of Demerara and sent to Morgan for identification. The entry in this diary is dated the 15th of August, 1891, under the serial number 1236 and specimens, mounted dry on card bearing this number, have been preserved in the BMNH collection. These specimens have now been mounted on slides and comprise two pupal cases and several fragmented adults of both sexes.

The better preserved of the two pupal cases is selected here as the lectotype of *anonae*, however it is evident that both specimens are the same as *cocois*. It is equally evident that the adults are too large to have emerged from these pupal cases. This is also apparent from Morgan (1892), in which the length of the 'larva' and forewing are given as 1.25 mm and 3.00 mm, respectively. The adults in the type series of *anonae* have immaculate forewings, 3.00–3.50 mm in length, the pronotum being brown. However the adults of *cocois* have a dark marking on the forewing near the costa and are 2.00–2.25 mm in length, moreover the pronotum is without pigmentation.

From these differences and from the shape of the lingula with its broad rounded apex, it seems likely that the adults described by Morgan as *anonae* represent a species of *Lecanoideus*. Nevertheless as a pupal case has been selected as the lectotype, this does not affect the synonymy of *anonae* with *cocois*.

Aleurodicus destructor Mackie

Aleyrodicus [sic] *destructor* Mackie, 1912 : 142–143. Syntypes on coconut palm [*Cocos nucifera*], PHILIPPINES : vicinity of Guijulngan (USNM).
Aleurodes albofloccosa Froggatt, 1918 : 436. Syntypes on an undetermined host, AUSTRALIA : N.S.W., Dungay, Tweed River (*H. Brooks*). [Synonymized by Dumbleton, 1956b : 160.]

DISTRIBUTION. Philippines (Mackie, 1912 : 142); Malaya (Corbett, 1935b : 731) (BMNH); Brunei, Sarawak, Celebes, New Guinea, New Britain, Solomon Islands (BMNH); Australia (New South Wales) (Froggatt, 1918 : 436) (BMNH); Australia (Victoria) (Froggatt, 1918 : 436).

HOST PLANTS.
Annonaceae	: *Annona squamosa* (Corbett, 1935b : 731) (BMNH).
Leguminosae	: *Acacia* sp. (BMNH).
Moraceae	: *Ficus microcarpa* (BMNH).
Palmae	: *Cocos nucifera* (Mackie, 1912 : 142) (BMNH).
Piperaceae	: *Piper nigrum* (BMNH).
Proteaceae	: *Banksia* sp. (Froggatt, 1918 : 436).

NATURAL ENEMIES.
Coleoptera
   Coccinellidae : *Scymnus* sp. (Costa Lima, 1968 : 106).
Diptera
   Syrphidae : *Bacca* sp. (Costa Lima, 1968 : 106).
Hymenoptera
   Chalcidoidea
      Aphelinidae : *Coccophagus* sp. (Sorauer, 1956 : 337).
Neuroptera
   Chrysopidae : *Chrysopa* sp. (Costa Lima, 1968 : 106).

Aleurodicus dispersus Russell

Aleurodicus dispersus Russell, 1965 : 49–54. Holotype and paratypes on *Cocos nucifera*, U.S.A. : FLORIDA, Key West, 12.vi.1964 (*H. V. Weems*); paratypes on *Acalypha hispida*, FLORIDA, Key West, 16.x.1963 (*H. V. Weems*); on *Acalypha* sp., DOMINICA, i.1959 (*F. D. Bennett*); on *Achras sapota*, FLORIDA, Key West, 20.vi.1957 (*C. F. Dowling Jr.* and *R. W. Swanson*) and 2.x.1958 (*J. E. Barbaree* and *G. C. Butler*); on *Achras* sp., FLORIDA, Key West, 20.vii.1961 (*C. F. Dowling Jr.*); on *Annona squamosa*, FLORIDA, Key West, 10.vii.1958 (*C. F. Dowling Jr* and *R. W. Swanson*); on *Barringtonia speciosa*, FLORIDA, Key West, 15.x.1963 (*H. V. Weems*); on *Barringtonia speciosa*, FLORIDA, Stock Island, 6.vi.1964 (*H. V. Weems*); on *Bauhinia* sp., COSTA RICA, 27.xii.1956 (*B. B. Sugarman*); on *Bauhinia* sp., FLORIDA, Key West, 1.ii.1961 (*C. A. Bennett*); on *Beaumontia grandiflora*, FLORIDA, Key West, 10.vii.1958 (*C. F. Dowling Jr.* and *R. W. Swanson*); on *Begonia* sp., FLORIDA, Key West, 20.vi.1961 (*C. F. Dowling Jr.* and *J. H. Knowles*); on *Bursera simaruba*, FLORIDA, Key West, 2.iii.1961 (*C. A. Bennett*), 8.viii.1962 and 8.xi.1962 (*J. H. Knowles*); on *Calophyllum inophyllum*, FLORIDA, Stock Island, 3.iv.1963 and 15.x.1963 (*H. V. Weems*); on *Capsicum* sp., DOMINICA, i.1959 (*F. D. Bennett*); on *Cassia bahamensis*, FLORIDA, Key West, 1.v.1963 (*H. V. Weems*); on *Cassia fistula*, FLORIDA, Key West, 1.v.1963 (*H. V. Weems*); on *Cassia siamea*, PANAMA : Balboa, 23.i.1924 (*J. Zetek* and *I. Molino*); on *Cassia* sp., PANAMA : Panama City, 17.iii.1921 (*J. Zetek* and *I. Molino*); on *Cestrum diurnum*, FLORIDA, Key West, iv.1963 (*H. V. Weems*); on *Chrysalidocarpus lutescens*, FLORIDA, Key West, 20.vi.1961 (*C. F. Dowling Jr.* and *J. H. Knowles*); on *Citrus aurantifolia*, FLORIDA, Key West, 5.ii.1961 (*C. A. Bennett*) and 16.v.1963 (*J. N. Todd*); on *Citrus* sp., COSTA RICA, 30.vi.1936 (*C. H. Ballou*); on *Citrus* sp., FLORIDA, Key West, 20.vi.1961 and 20.vii.1961 (*J. H. Knowles*); on *Coccoloba floridana*, FLORIDA, Stock Island, 22.vi.1961 (*C. F. Dowling Jr.* and *J. H. Knowles*); on *Coccoloba uvifera*, BARBADOS, 1958–1959 (*F. D. Bennett*); on *Coccoloba uvifera*, FLORIDA, Boca Chica, 22.vi.1961 (*C. F. Dowling Jr.* and *J. H. Knowles*) and 1.v.1963 (*P. E. Frierson*); on *Coccoloba uvifera*, FLORIDA, Key West, 17.x.1963 (*H. V. Weems*); on *Cocos nucifera*, CUBA : Havana, Vedado, 20.ii.1944 (*S. C. Bruner*); on *Cocos nucifera*, DOMINICA, i.1959 (*F. D. Bennett*); on *Cocos nucifera*, FLORIDA, Key West, 20.vi.1961 (*J. H. Knowles*), 3.v.1962 (*C. F. Dowling Jr.*) and 8.xi.1962 (*J. H. Knowles*); on *Cocos nucifera*, FLORIDA, Marathon, 16 and 28.v.1963 (*J. N. Todd*); on *Cocos* sp., FLORIDA, Key West, 13.vi.1960 (*C. A. Bennett*) and 20.vi.1961 (*C. F. Dowling Jr.* and *J. H. Knowles*); on *Coffea* sp., ECUADOR : Jipijapa, 28.vii.1954 (*H. R. Yust*); on *Coleus* sp., CUBA, 4.i.1960 (*C. A. Bennett*); on *Conocarpus erectus*, FLORIDA, Key West, 1.ii.1961 (*C. A. Bennett*); on *Conocarpus erectus*, FLORIDA, Stock Island, 20.vi.1961 (*C. F. Dowling*); on *Dizygotheca elegantissima*, FLORIDA, Key West, 20.vii.1961 (*C. F. Dowling*); on *Eugenia buxifolia*, FLORIDA, Stock Island, 20.vii.1961 (*C. F. Dowling*); on *Ficus religiosa*, CUBA, v.1944 (*S. C. Bruner*); on *Ficus religiosa*, CUBA : Vibora, Havana, 10.vi.1944 (*S. C. Bruner*); on *Ficus religiosa*, CUBA, 15.vii.1949 (*A. S. Mason*); on *Ficus* sp., PANAMA : Balboa, 8.vi.1921 (*J. Zetek* and *I. Molino*); on *Ficus* sp., FLORIDA, Key West, 16. v. 1963 (*J. N. Todd*); on *Hura crepitans*, FLORIDA, Key West, 20.vi.1961 (*J. H. Knowles*); on *Inga laurina*, BARBADOS, Turners Hill, 21.iv.1953 (*L. F. Martorell*); *Inga* sp., PANAMA : Balboa, 8.iv.1921 (*J. Zetek* and *I. Molino*); on *Mangifera indica*, FLORIDA, Key West, 8.xi.1962 (*J. H. Knowles*); on *Melaleuca leucadendra*, FLORIDA, Key West, 27.iii.1957 (*C. F. Dowling* and *R. W. Swanson*); on *Monstera deliciosa*, FLORIDA, Key West, 12.v.1959 (*J. H. Knowles* and *R. W. Swanson*); on *Musa nana*, FLORIDA, Key West, 20.vi.1961 (*C. F. Dowling* and *J. H. Knowles*); on *Musa paradisiaca*, PANAMA : El Retiro, Rio Abajo, northeast of Panama City, 11.ii.1921 (*J. Zetek* and *I. Molino*); on *Musa sapientum*, PANAMA : Panama Canal Zone, v.1924 (*J. Zetek*); on *Musa sapientum*, HAITI : Leogane, 14.ix.1957 (*L. F. Martorell*); on *Musa sapientum*, DOMINICA, i.1959 (*F.D. Bennett*); on *Musa sumatrans*, FLORIDA, Key West, 16.ix.1959 (*C. F. Dowling* and *J. H. Knowles*); on *Musa* sp., FLORIDA, Key West, 8.xi.1962 (*J. H. Knowles*), 17.v.1963 (*J. N. Todd*) and 16.x.1963 (*H. V. Weems*); on *Orchidaceae*, PANAMA, 29.x.1963 (*F. J. Formichella*); on *Persea americana*, PANAMA : Frijoles, 19.ii.1921 (*J. Zetek* and *I. Molino*); on *Persea americana*, DOMINICA, i.1959 (*F. D. Bennett*); on *Peristeria* sp., PERU, 16.iv.1963 (*E. B. Lee*); on *Plumeria* sp., FLORIDA, Key West, 20.vii.1961 (*C. F. Dowling*); on *Prunus* sp., FLORIDA, Stock Island, 20.vi.1961 (*C. F. Dowling*); on *Psidium guajava*, MARTINIQUE, 24.vii.1905 (*A. Busck*); on *Psidium guajava*, COSTA RICA : Orosi, x.1953 (*N. L. H. Krauss*); on *Psidium guajava*, FLORIDA, Key West, 20.vi.1957 (*C. F. Dowling* and *R. W. Swanson*); on *Psidium* sp., COSTA RICA : San José, Museum Garden, 3.iv.1914 (*Ad. Tonduz*); on *Psidium* sp., FLORIDA, Stock Island, 22.vi.1961 (*C. F. Dowling* and *J. H. Knowles*); on *Sanchezia nobilis*, FLORIDA, Key West, 20.vii.1957 (*C. F. Dowling* and *R. W. Swanson*); on *Schinus terebinthefolius*, CANARY ISLANDS : Grand Canary, Las Palmas, 28.iv.1962 (*N. L. H. Krauss*); on *Solandra* sp., CUBA, v.1944 (*S. C. Bruner*); on *Solandra* sp., FLORIDA, Key West, 20.vii.1961 (*C. F. Dowling*); on *Spathyphyllum* sp., FLORIDA, Key West, 27.iii.1957 (*C. F. Dowling*); on *Spathyphyllum* sp., CUBA, 27.iv.1959 (*J. Hidalgo*); on *Terminalia catappa*, PANAMA : Monte Lirio, 8.iii.1922 (*J. Zetek* and *I. Molino*); on undetermined hosts, COSTA RICA, 3.iv.1914 (*Ad. Tonduz*); BRAZIL : Bahia, viii.1923 (*G. Bondar*); PANAMA : Summit, 27.xi.1946 (*N. L. H. Krauss*); CUBA, ix.1948 (*A. S. Mills*); BARBADOS, Turners Hill, 21.iv.1953 (*L. F. Martorell*) (USNM).

DISTRIBUTION. U.S.A. (Florida), Cuba, Haiti, Dominica, Martinique, Barbados, Costa Rica, Panama, Ecuador, Peru, Brazil, Canary Islands (Russell, 1965 : 52–53).

HOST PLANTS.
Acanthaceae	:	*Sanchezia nobilis* (Russell, 1965 : 53).
Anacardiaceae	:	*Mangifera indica, Schinus terebinthefolius* (Russell, 1965 : 53).
Annonaceae	:	*Annona squamosa* (Russell, 1965 : 52).
Apocynaceae	:	*Beaumontia grandiflora, Plumeria* sp. (Russell, 1965 : 52–53).
Araceae	:	*Monstera deliciosa, Spathyphyllum* sp. (Russell, 1965 : 53).
Araliaceae	:	*Dizygotheca elegantissima* (Russell, 1965 : 52).
Begoniaceae	:	*Begonia* sp. (Russell, 1965 : 52).
Burseraceae	:	*Bursera simaruba* (Russell, 1965 : 52).
Combretaceae	:	*Conocarpus erectus, Terminalia catappa* (Russell, 1965 : 52–53).
Euphorbiaceae	:	*Acalypha hispida, Hura crepitans* (Russell, 1965 : 52).
Guttiferae	:	*Calophyllum inophyllum* (Russell, 1965 : 52).
Labiatae	:	*Coleus* sp. (Russell, 1965 : 52).
Lauraceae	:	*Persea americana* (Russell, 1965 : 53).
Lecythidaceae	:	*Barringtonia speciosa* (Russell, 1965 : 52).
Leguminosae	:	*Bauhinia* sp., *Cassia bahamensis, Cassia fistula, Cassia siamea, Inga laurina* (Russell, 1965 : 52–53).
Moraceae	:	*Ficus religiosa* (Russell, 1965 : 52).
Musaceae	:	*Musa nana, Musa paradisiaca, Musa sapientum, Musa sumatrans* (Russell, 1965 : 53).
Myrtaceae	:	*Eugenia buxifolia, Melaleuca leucadendron, Psidium guajava* (Russell, 1965 : 52–53).
Orchidaceae	:	*Peristeria* sp. (Russell, 1965 : 53).
Palmae	:	*Chrysalidocarpus lutescens, Cocos nucifera* (Russell, 1965 : 52).
Polygonaceae	:	*Coccoloba floridana, Coccoloba uvifera* (Russell, 1965 : 52).
Rosaceae	:	*Prunus* sp. (Russell, 1965 : 53).
Rubiaceae	:	*Coffea* sp. (Russell, 1965 : 52).
Rutaceae	:	*Citrus aurantifolia* (Russell, 1965 : 52).
Sapotaceae	:	*Achras sapota* (Russell, 1965 : 52).
Solanaceae	:	*Capsicum* sp., *Cestrum diurnum, Solandra* sp. (Russell, 1965 : 52–53).

Aleurodicus dugesii Cockerell

Aleurodicus Dugesii Cockerell, 1896a : 302. Syntypes on *Hibiscus rosa-sinensis*, MEXICO : Guanajuato (*Dr A. Dugès*) (USNM). (Two mounted pupal cases and dry material from type locality in BMNH.)

DISTRIBUTION. Mexico (Cockerell, 1896a : 302) (BMNH).
HOST PLANTS.
Annonaceae	:	*Annona* sp. (Sampson & Drews, 1941 : 147).
Begoniaceae	:	*Begonia* sp. (Sampson & Drews, 1941 : 147).
Chrysobalanaceae	:	*Chrysobalanus icaco* (Sampson, 1944 : 443).
Malvaceae	:	*Hibiscus rosa-sinensis* (Cockerell, 1896a : 302).
Moraceae	:	*Morus* sp. (Sampson, 1944 : 443).

Aleurodicus essigi Sampson & Drews

Aleurodicus essigi Sampson & Drews, 1941 : 147–148. Syntypes on an undetermined shrub, MEXICO : on cliffs at Acapulco, State of Guerrero, iii.1926 (California UCD).

DISTRIBUTION. Mexico (Sampson & Drews, 1941 : 147).
HOST PLANTS.
Host indet. (Sampson & Drews, 1941 : 147).

Aleurodicus flavus Hempel

Aleurodicus flavus Hempel, 1922 : 4–5. Syntypes on coconut [*Cocos nucifera*], BRAZIL : Bahia (*G. Bondar*) (São Paulo MZU) (USNM).

DISTRIBUTION. Brazil (Hempel, 1922 : 5).
HOST PLANTS.
Begoniaceae	:	*Begonia* sp. (Costa Lima, 1928 : 132).
Palmae	:	*Cocos nucifera* (Hempel, 1922 : 5).
Tiliaceae	:	*Triumfetta semitriloba* (Costa Lima, 1968 : 106).

NATURAL ENEMIES.
Hymenoptera
Chalcidoidea
Eulophidae : *Euderomphale* sp. (Costa Lima, 1968 : 106).

Aleurodicus fucatus Bondar
Aleurodicus fucatus Bondar, 1923a : 74–75. Syntypes on cacaueiro [*Theobroma cacao*], ingazeira [*Inga* sp.] and embauba [*Cecropia palmata*], BRAZIL : Belmonte, Bahia State (*G. Bondar*) (São Paulo MZU) (USNM).

DISTRIBUTION. Brazil (Bondar, 1923a : 74).
HOST PLANTS.
Leguminosae : *Inga* sp. (Bondar, 1923a : 74).
Sterculiaceae : *Theobroma cacao* (Bondar, 1923a : 74).
Urticaceae : *Cecropia palmata* (Bondar, 1923a : 74).

Aleurodicus griseus Dozier
Aleurodicus griseus Dozier, 1936 : 143–144. Syntypes on *Eugenia buxifolia*, PUERTO RICO : along roadside near Punta Cangrejos, 19.vii.1925 (*H. L. Dozier*).

DISTRIBUTION. Puerto Rico (Dozier, 1936 : 143).
HOST PLANTS.
Myrtaceae : *Eugenia buxifolia* (Dozier, 1936 : 143).

Aleurodicus guppyii Quaintance & Baker
Aleurodicus guppyii Quaintance & Baker, 1913 : 59–60. Syntypes on *Rheedia latiflora*, TRINIDAD : Port of Spain, 25.v.1911 (*Dr F. W. Urich*) (USNM).

DISTRIBUTION. Trinidad (Quaintance & Baker, 1913 : 59).
HOST PLANTS.
Guttiferae : *Rheedia latiflora* (Quaintance & Baker, 1913 : 59).

Aleurodicus holmesii (Maskell)
Aleurodes holmesii Maskell, 1895 : 435. Syntypes on *Psidium* sp., FIJI (*R. L. Holmes*) (Auckland DSIR).
Aleurodicus holmesii (Maskell) Cockerell, 1903b : 664.

DISTRIBUTION. Fiji (Maskell, 1895 : 435) (BMNH); Sri Lanka (Corbett, 1926 : 267) (BMNH); Thailand, Java (BMNH).
HOST PLANTS.
Myrtaceae : *Psidium* sp. (Maskell, 1895 : 435); *Psidium guajava* (Quaintance, 1907 : 92).

Aleurodicus jamaicensis Cockerell
Aleurodicus jamaicensis Cockerell, 1902a : 280. Syntypes on an undetermined host, JAMAICA : Kingston, 1893 (*T. D. A. Cockerell*) (USNM).

DISTRIBUTION. Jamaica (Cockerell, 1902a : 280) (BMNH).
HOST PLANTS.
Compositae : *Mikania cordifolia* (BMNH).
Palmae : *Cocos nucifera* (BMNH).

Aleurodicus juleikae Bondar
Aleurodicus juleikae Bondar, 1923a : 78–80. Syntypes on *Phrygilanthus* sp., BRAZIL : Bahia (*G. Bondar*) (São Paulo MZU) (USNM). (Four mounted pupal cases and dry material on Loranthaceae from the type-locality, presented by G. Bondar in 1923, in BMNH.)

DISTRIBUTION. Brazil (Bondar, 1923a : 79) (BMNH).
HOST PLANTS.
Loranthaceae : *Phoradendron platycaulon* (Costa Lima, 1968 : 107); *Phrygilanthus* sp. (Bondar, 1923a : 80); Genus indet. (BMNH).
Tiliaceae : *Triumfetta semitriloba* (Costa Lima, 1968 : 107).

NATURAL ENEMIES.
   Hymenoptera
      Chalcidoidea
         Aphelinidae   :   *Encarsia* sp. aff. *gallardoi* (Costa Lima, 1968 : 107).

Aleurodicus machili Takahashi

Aleurodicus machili Takahashi, 1931a : 208–209. Syntypes on *Machilus* sp., TAIWAN : Taihoku, x.1930 (*R. Takahashi*) (Taiwan ARI).
Aleurodicus formosanus Takahashi, 1932 : 7–8. Syntypes on *Machilus* sp., TAIWAN : Taihezan, 21.v.1931 (*R. Takahashi*) (Taiwan ARI). **Syn. n.**

The original description of *formosanus* clearly refers to third instar larvae which are here assumed to be those of *machili*, as both *formosanus* and *machili* were taken on *Machilus* sp. by Takahashi, at Taihezan, Taiwan.

DISTRIBUTION. Taiwan (Takahashi, 1931a : 209); Hong Kong (Takahashi, 1941b : 351).
HOST PLANTS.
   Lauraceae   :   *Actinodaphne pedicellata* (Takahashi, 1932 : 7); *Cinnamomum* sp. (Takahashi, 1933 : 3); *Machilus* sp. (Takahashi, 1931a : 209).

Aleurodicus magnificus Costa Lima

Aleurodicus magnificus Costa Lima, 1928 : 129–131. Syntypes on orange [*Citrus* sp.], BRAZIL : S. Lourenço, Sul de Minas, 1921.

DISTRIBUTION. Brazil (Costa Lima, 1928 : 131).
HOST PLANTS.
   Rutaceae   :   *Citrus* sp. (Costa Lima, 1928 : 131).

Aleurodicus malayensis Takahashi

Aleurodicus malayensis Takahashi, 1951c : 2–3. Syntypes on an undetermined tree, MALAYA : Kuala Lumpur, 10.iii.1943 (*R. Takahashi*). (Eight syntypes in BMNH.)

DISTRIBUTION. Malaya (Takahashi, 1951c : 3) (BMNH).
HOST PLANTS.
   Host indet. (Takahashi, 1951c : 3).

Aleurodicus maritimus Hempel

Aleurodicus maritimus Hempel, 1923 : 1160–1161. Syntypes on *Psidium* sp., BRAZIL : São Sebastião, State of São Paulo (*Count A. A. Barbiellini*) (São Paulo MZU).
Aleurodicus linguosus Bondar, 1923a : 76–78. Syntypes on *Moquilea tomentosa*, BRAZIL : Bahia (*G. Bondar*) (São Paulo MZU). [Synonymized by Costa Lima, 1928 : 133.]

DISTRIBUTION. Brazil (Hempel, 1923 : 1161); Mexico (Sampson & Drews, 1941 : 149); Trinidad (BMNH).
HOST PLANTS.
   Chrysobalanaceae :   *Licania* [*Moquilea*] *tomentosa* (Bondar, 1923a : 77).
   Guttiferae   :   *Vismia brasiliensis* (Bondar, 1923a : 78).
   Leguminosae   :   *Cajanus indicus* (Costa Lima, 1928 : 133).
   Myrtaceae   :   *Psidium guajava* (Sampson & Drews, 1941 : 149).

Aleurodicus marmoratus Hempel

Aleurodicus marmoratus Hempel, 1923 : 1161–1163. Syntypes on *Baccharis genistelloides*, BRAZIL : Caconde, Itatiba e Ypiranga, State of São Paulo (*A. Hempel*) (São Paulo MZU).

DISTRIBUTION. Brazil (Hempel, 1923 : 1163).
HOST PLANTS.
   Compositae   :   *Baccharis genistelloides* (Hempel, 1923 : 1163).

Aleurodicus neglectus Quaintance & Baker

Aleurodicus neglectus Quaintance & Baker, 1913 : 63–65. Syntypes on guava [*Psidium guajava*], BRAZIL : Para, 1882 (*A. Koebele*); on *Ficus bengalensis* and *Annona squamosa*, GUYANA : Demerara, 1892 (*R. Newstead*); on *Annona reticulata*, TRINIDAD : Port of Spain, 28.ix.1896 (*H. Caracciola*); on coconut [*Cocos nucifera*], TRINIDAD : 7.vi.1907 (*O. W. Barrett*); on *Annona squamosa*, TRINIDAD : Port of Spain, 11.iii.1911 (*Dr. F. W. Urich*) (USNM).
Aleurodicus flumineus Hempel, 1918 : 211–214. Syntypes on *Moquilea tomentosa*, BRAZIL : Pinheiros, State of Rio de Janeiro. [Synonymized by Bondar, 1923a : 61.]

DISTRIBUTION. Brazil, Guyana, Trinidad (Quaintance & Baker, 1913 : 64) (BMNH); Barbados (BMNH).
HOST PLANTS.

Annonaceae	: *Annona reticulata* (Quaintance & Baker, 1913 : 64); *Annona squamosa* (Quaintance & Baker, 1913 : 64) (BMNH).
Chrysobalanaceae	: *Licania* [*Moquilea*] *tomentosa* (Hempel, 1918 : 214) (BMNH).
Moraceae	: *Ficus bengalensis* (Quaintance & Baker, 1913 : 63).
Myrtaceae	: *Psidium guajava* (Quaintance & Baker, 1913 : 63).
Palmae	: *Cocos nucifera* (Quaintance & Baker, 1913 : 64) (BMNH).
Sterculiaceae	: *Theobroma cacao* (Costa Lima, 1968 : 107).
Urticaceae	: *Cecropia concolor* (Costa Lima, 1968 : 107).

Aleurodicus ornatus Cockerell

Aleurodicus ornatus Cockerell, 1893 : 105–106. Syntypes on *Capsicum* sp., JAMAICA : Kingston, 1893 (*T. D. A. Cockerell*) (USNM).

DISTRIBUTION. Jamaica (Cockerell, 1893 : 105) (BMNH).
HOST PLANTS.

Palmae	: *Cocos nucifera* (BMNH).
Solanaceae	: *Capsicum* sp. (Cockerell, 1893 : 105).

Aleurodicus poriferus Sampson & Drews

Aleurodicus poriferus Sampson & Drews, 1941 : 149. Syntypes on *Bumelia laetivirens*, MEXICO : Hacienda de Barron, near Mazatlán, State of Sinaloa, viii.1925 (California UCD).

DISTRIBUTION. Mexico (Sampson & Drews, 1941 : 149).
HOST PLANTS.

Sapotaceae	: *Bumelia laetivirens* (Sampson & Drews, 1941 : 149).

Aleurodicus pulvinatus (Maskell)

Aleurodes pulvinata Maskell, 1895 : 439–441. Syntypes on *Jatropha* sp., TRINIDAD (*F. W. Urich*) (Auckland DSIR) (USNM).
Aleurodicus pulvinata (Maskell) Cockerell, 1898b : 275.
Aleurodicus pulvinatus (Maskell); Cockerell, 1902a : 280.
Aleurodicus bifasciatus Bondar, 1922a : 85. Syntypes on goiabeira [*Psidium guajava*] and oitiseiro [*Licania tomentosa*], BRAZIL : [?Bahia]. [Synonymized by Bondar, 1923a : 66.]

DISTRIBUTION. Brazil (Bondar, 1922a : 85); Guyana (Baker & Moles, 1923 : 622); Trinidad (Maskell, 1895 : 440) (BMNH).
HOST PLANTS.

Araceae	: *Montrichardia aculeata* (Baker & Moles, 1923 : 622).
Chrysobalanaceae	: *Licania tomentosa* (Bondar, 1922a : 85).
Euphorbiaceae	: *Jatropha* sp. (Maskell, 1895 : 440).
Guttiferae	: *Vismia* sp. (BMNH); *Vismia brasiliensis* (Costa Lima, 1968 : 107).
Lauraceae	: *Persea* sp. (BMNH).
Musaceae	: *Musa* sp. (Costa Lima, 1936 : 145).
Myrtaceae	: *Psidium guajava* (Bondar, 1922a : 85) (BMNH).
Palmae	: *Cocos nucifera* (Costa Lima, 1936 : 145).
Sterculiaceae	: *Theobroma* sp. (Costa Lima, 1936 : 145).

Aleurodicus trinidadensis Quaintance & Baker

Aleurodicus trinidadensis Quaintance & Baker, 1913 : 69. Syntypes on coconut [*Cocos nucifera*], TRINIDAD, 27.iii.1912 (*Dr F. W. Urich*) (USNM).

DISTRIBUTION. Trinidad (Quaintance & Baker, 1913 : 69) (BMNH).
HOST PLANTS.
Compositae : *Eupatorium odoratum* (BMNH).
Musaceae : *Musa sapientum* (BMNH).
Palmae : *Cocos nucifera* (Quaintance & Baker, 1913 : 69).

ALEURONUDUS Hempel

Aleuronudus Hempel, 1922 : 5. Type-species : *Aleuronudus induratus* Hempel, by monotypy. [Synonymized with *Pentaleurodicus* Bondar by Bondar, 1923a : 87; generic name revived by Costa Lima, 1928 : 137.]
Pseudaleurodicus Hempel, 1922 : 9. Type-species : *Pseudaleurodicus bahiensis* Hempel, by monotypy. [Synonymized with *Pentaleurodicus* Bondar by Bondar, 1923a : 87; generic name revived by Costa Lima, 1928 : 137; synonymized with *Aleuronudus* by Costa Lima, 1936 : 146.]
Pentaleurodicus Bondar, 1923a : 85–87. Type-species : *Aleuronudus induratus* Hempel, by original designation. [Costa Lima, 1928 : 137 transferred the type-species *induratus* back into *Aleuronudus*, reviving that generic name, and placed *bahiensis*, the only other species of the genus *Pentaleurodicus*, back into *Pseudaleurodicus*. The latter genus has subsequently been synonymized with *Aleuronudus*.]

Aleuronudus acapulcensis (Sampson & Drews) **comb. n.**

Pseudaleurodicus acapulcensis Sampson & Drews, 1941 : 155–156. Syntypes on a 'woody vine', MEXICO : Acapulco, State of Guerrero, iii.1926 (California UCD or USNM).

This species was described after *Pseudaleurodicus* had been synonymized with *Aleuronudus*.

DISTRIBUTION. Mexico (Sampson & Drews, 1941 : 155).
HOST PLANTS.
Host indet. (Sampson & Drews, 1941 : 155).

Aleuronudus bahiensis (Hempel)

Pseudaleurodicus bahiensis Hempel, 1922 : 9–10. Syntypes on *Cocos nucifera*, BRAZIL : Bahia (*G. Bondar*) (São Paulo MZU) (USNM).
Pentaleurodicus bahiensis (Hempel) Bondar, 1923a : 91.
Pseudaleurodicus bahiensis Hempel; Costa Lima, 1928 : 137.
Aleuronudus bahiensis (Hempel) Costa Lima, 1936 : 146.

DISTRIBUTION. Brazil (Hempel, 1922 : 10).
HOST PLANTS.
Musaceae : *Musa sapientum* (Bondar, 1923a : 93).
Moraceae : *Artocarpus heterophyllus* (Bondar, 1923a : 93).
Palmae : *Cocos nucifera* (Hempel, 1922 : 10).

Aleuronudus induratus Hempel

Aleuronudus induratus Hempel, 1922 : 5–6. Syntypes on coconut [*Cocos nucifera*], BRAZIL : Bahia (*G. Bondar*) (São Paulo MZU) (USNM).
Pentaleurodicus induratus (Hempel) Bondar, 1923a : 91.
Aleuronudus induratus Hempel; Costa Lima, 1928 : 137.

DISTRIBUTION. Brazil (Hempel, 1922 : 6).
HOST PLANTS.
Palmae : *Cocos nucifera* (Hempel, 1922 : 6).

BAKERIUS Bondar

Bakerius Bondar, 1923a : 35. Type-species : *Bakerius phrygilanthi*, by original designation.

Bakerius attenuatus Bondar

Bakerius attenuatus Bondar, 1923a : 38–40. Syntypes on *Chomelia oligantha*, BRAZIL : Bahia (*G. Bondar*) (São Paulo MZU) (USNM).

DISTRIBUTION. Brazil (Bondar, 1923a : 40).
HOST PLANTS.
Rubiaceae : *Chomelia oligantha* (Bondar, 1923a : 40).

Bakerius calmoni Bondar

Bakerius calmoni Bondar, 1928b : 9–12. Syntypes on a plant of the Loranthaceae parasitic on coffee trees, BRAZIL : Miguel Calmon (São Paulo MZU).

DISTRIBUTION. Brazil (Bondar, 1928b : 12).
HOST PLANTS.
Loranthaceae   :   Genus indet. (Bondar, 1928b : 12).

Bakerius conspurcatus (Enderlein)

Aleurodicus conspurcatus Enderlein, 1909a : 282–284. 3 ♂ and 10 ♀ adult syntypes on an undetermined host, BRAZIL : Santa Catharina (*Lüderwalt*).
Bakerius conspurcatus (Enderlein) Bondar, 1923a : 40.

DISTRIBUTION. Brazil (Enderlein, 1909a : 284).
HOST PLANTS.
Host indet. (Enderlein, 1909a : 284).

Bakerius glandulosus Hempel

Bakerius glandulosus Hempel, 1938 : 313–314. Syntypes on *Mikania amara*, BRAZIL : São Paulo.

DISTRIBUTION. Brazil (Hempel, 1938 : 314).
HOST PLANTS.
Compositae   :   *Mikania amara* (Hempel, 1938 : 314).

Bakerius phrygilanthi Bondar

Bakerius phrygilanthi Bondar, 1923a : 35–38. Syntypes on *Phrygilanthus* sp., BRAZIL : Bahia (*G. Bondar*) (São Paulo MZU) (USNM).

DISTRIBUTION. Brazil (Bondar, 1923a : 38).
HOST PLANTS.
Loranthaceae   :   *Loranthus acutifolius* (Costa Lima, 1968 : 108); *Phrygilanthus* sp. (Bondar, 1923a : 38).
Rubiaceae   :   *Spermacoce verticillata* (Biezanko & Freitas, 1939 : 6).

Bakerius sanguineus Bondar

Bakerius sanguineus Bondar, 1928b : 7–9. Syntypes on *Borreria verticillata*, BRAZIL : Bahia (*G. Bondar*) (USNM).

DISTRIBUTION. Brazil (Bondar, 1928b : 9).
HOST PLANTS.
Rubiaceae   :   *Borreria verticillata* (Bondar, 1928b : 9).

Bakerius sublatus Bondar

Bakerius sublatus Bondar, 1928b : 5–7. Syntypes on an unidentified host, BRAZIL : Bocca de Campo, Castro Alves, Bahia State (*G. Bondar*) (São Paulo MZU) (USNM).

DISTRIBUTION. Brazil (Bondar, 1928b : 7).
HOST PLANTS.
Host indet. (Bondar, 1928b : 5).

BONDARIA Sampson & Drews

Bondaria Sampson & Drews, 1941 : 149. Type-species : *Bondaria radifera*, by monotypy.

Bondaria radifera Sampson & Drews

Bondaria radifera Sampson & Drews, 1941 : 149, 151. Syntypes on an undetermined vine, MEXICO : east of Acapulco, State of Guerrero, iii.1926 (California UCD).

DISTRIBUTION. Mexico (Sampson & Drews, 1941 : 151).
HOST PLANTS.
Host indet. (Sampson & Drews, 1941 : 151).

CERALEURODICUS Hempel

Ceraleurodicus Hempel, 1922 : 6. Type-species : *Ceraleurodicus splendidus*, by monotypy.
Radialeurodicus Bondar, 1922a : 74. Type-species : *Radialeurodicus cinereus*, by subsequent designation. [Synonymized by Costa Lima, 1928 : 137.]
Parudamoselis Visnya, 1941a : 4–5. Type-species : *Parudamoselis kesselyaki*, by monotypy. **Syn. n.**.

In 1922, Bondar described two species, *assymmetricus* and *cinereus*, in the genus *Radialeurodicus*. He subsequently designated the latter of the two as the type-species, in 1923. The genus *Ceraleurodicus* was described by Hempel in March 1922 and is here accepted as being the earlier name, in the absence of conclusive evidence. The species listed here in this genus have one pair of compound pores on the cephalothorax and one pair posterior to the vasiform orifice. Moreover most of the species have the remaining abdominal compound pores situated almost halfway between the body margin and the midline. *C. hempeli* is described as having a single pair of reduced pores on the third abdominal segment.

Parudamoselis is here placed as a synonym of *Ceraleurodicus* from a study of its original description. The forewing of the male of *kesselyaki* has the vein R_1 directed forwards almost at right angles to the costa, in contrast to the female in which R_1 occupies a normal position. The only reason given by Visnya for erecting a new genus was this sexual dimorphism, however the forewing of *C. octifer* has a venation corresponding to that of the male of *kesselyaki* and there is a definite similarity between the pupal cases of *P. kesselyaki* and *C. varus*.

Ceraleurodicus spp. indet.

HOST PLANTS.
Rutaceae : *Citrus* sp. (BMNH : Trinidad).

Ceraleurodicus altissimus (Quaintance) **comb. n.**

Aleurodes altissima Quaintance, 1900 : 20–21. Syntypes on 'Palo de Gusano', MEXICO : San Francisco del Peal, Tabasco, vii.1897 (*C. H. T. Townsend*) (USNM). (Two syntypes and dry material with syntype data in BMNH.)
Aleurodicus altissimus (Quaintance) Cockerell, 1902a : 280.
Aleurodicus (*Metaleurodicus*) *altissimus* (Quaintance) Quaintance & Baker, 1913 : 73.
Metaleurodicus altissimus (Quaintance) Bondar, 1923a : 81.
Radialeurodicus altissimus (Quaintance) J. M. Baker, 1937 : 608.

DISTRIBUTION. Mexico (Quaintance, 1900 : 21) (BMNH).
HOST PLANTS.
Original host indet.: 'Palo de Gusano' (Quaintance, 1900 : 21) (BMNH).
Verbenaceae : ?*Lippia myriocephala* (Sampson, 1944 : 443).

Ceraleurodicus assymmetricus (Bondar)

Radialeurodicus assymmetricus Bondar, 1922a : 74–77. [See also Bondar, 1923a : 24–27.] Syntypes on *Cocos nucifera*, BRAZIL : Bahia (*G. Bondar*) (São Paulo MZU) (USNM).
Ceraleurodicus assymmetricus (Bondar) Costa Lima, 1928 : 137.

DISTRIBUTION. Brazil (Bondar, 1923a : 27); Trinidad (BMNH).
HOST PLANTS.
Palmae : *Cocos nucifera* (Bondar, 1923a : 27) (BMNH).

Ceraleurodicus bakeri (Bondar)

Radialeurodicus bakeri Bondar, 1923a : 21–24. Syntypes on *Cecropia* sp., BRAZIL : Belmonte, Bahia State (*G. Bondar*) (São Paulo MZU) (USNM).
Ceraleurodicus bakeri (Bondar) Costa Lima, 1928 : 137. [By inference.]

DISTRIBUTION. Brazil (Bondar, 1923a : 24) (BMNH).
HOST PLANTS.
Leguminosae : *Inga* sp. (BMNH).
Urticaceae : *Cecropia* sp. (Bondar, 1923a : 24).

Ceraleurodicus hempeli Costa Lima

Ceraleurodicus hempeli Costa Lima, 1928 : 138. Syntypes assumed to be from BRAZIL. No original data given.

DISTRIBUTION. Brazil (Costa Lima, 1936 : 147).
HOST PLANTS.
Lauraceae : *Nectandra* sp. (Costa Lima, 1936 : 147).

Ceraleurodicus ingae (J. M. Baker) stat. n., comb. n.

Radialeurodicus altissimus ingae J. M. Baker, 1937 : 608–609. Syntypes on *Inga* sp., MEXICO : El Vergel, Chiapas, 3.vi.1935 (*A. Dampf*) (USNM).

DISTRIBUTION. Mexico (J. M. Baker, 1937 : 608).
HOST PLANTS.
Leguminosae : *Inga* sp. (J. M. Baker, 1937 : 608).

From a study of the type-material of *altissimus* and *ingae* in the collection of the USNM it has been found that in the former the pores on abdominal segments IV to VIII are equal in size, whereas in the latter the pores on VIII are considerably smaller that those on IV to VII. Therefore *ingae* is here regarded as a separate species.

Ceraleurodicus kesselyaki (Visnya) comb. n.

Parudamoselis Kesselyaki Visnya, 1941a : 5–12. Numerous syntypes on *Cymbidium lowianum, Paphiopedilum insigne, Phragmipedium carichium, Encyclia alata* and *Coelogyne cristata*, HUNGARY : glasshouse in the Botanical Garden, Budapest, x.1939–1940. (*A. Visnya* and various other collectors) (Budapest TM) (Eberswalde IP) (USNM). (One male syntype in BMNH.)

DISTRIBUTION Hungary (glasshouse) (Visnya, 1941a : 11) (BMNH).
HOST PLANTS.
Orchidaceae : *Coelogyne cristata, Cymbidium lowianum, Encyclia alata, Paphiopedilum insigne, Phragmipedium carichium* (Visnya, 1941a : 10); Genus indet. (BMNH).

This species is here placed in *Ceraleurodicus* as a result of similarities observed between its pupil case and that of *C. varus*, and between the wing venation in the male and that of *C. octifer*.

Ceraleurodicus moreirai Costa Lima

Ceraleurodicus Moreirai Costa Lima, 1928 : 139. Holotype and paratypes on *Annona squamosa*, BRAZIL : Rio de Janeiro (*A. F. Magarinos Torres*).
Radialeurodicus melzeri Laing, 1930 : 219–221. Syntypes on a palm, BRAZIL : Santo Amaro, near São Paulo (*J. Melzer*). (Three syntypes and dry material with syntype data in BMNH.) **Syn. n.**

This synonymy is based on a comparison of the type-specimens of *melzeri* with the original descriptions and with the illustrations of *moreirai*.

DISTRIBUTION. Brazil (Costa Lima, 1928 : 139) (BMNH).
HOST PLANTS.
Annonaceae : *Annona squamosa* (Costa Lima, 1928 : 139).
Palmae : Genus indet. (Laing, 1930 : 220) (BMNH).
Sapotaceae : *Achras sapota* (Costa Lima, 1968 : 109).

Ceraleurodicus neivai (Bondar)

Radialeurodicus neivai Bondar, 1928b : 3–5. Syntypes on an unidentified host, BRAZIL : Bôa Nova, Bahia State (São Paulo MZU) (USNM).
Ceraleurodicus neivai (Bondar) Costa Lima, 1928 : 137. [By inference.]

DISTRIBUTION. Brazil (Bondar, 1928b : 5).
HOST PLANTS.
Host indet. (Bondar, 1928b : 5).

Ceraleurodicus octifer (Bondar)

Radialeurodicus octifer Bondar, 1923a : 17–21. Syntypes on *Inga* sp. and *Cecropia* sp., BRAZIL : Bahia (*G. Bondar*) (USNM). (Four mounted pupal cases and dry material from type host and locality, presented by Bondar in 1923, in BMNH.)
Ceraleurodicus octifer (Bondar) Costa Lima, 1928 : 137).

DISTRIBUTION. Brazil (Bondar, 1923a : 21) (BMNH).
HOST PLANTS.
Leguminosae : *Inga* sp. (Bondar, 1923a : 21) (BMNH).
Urticaceae : *Cecropia* sp. (Bondar, 1923a : 21).

Ceraleurodicus splendidus Hempel

Ceraleurodicus splendidus Hempel, 1922 : 7. Syntypes on coconut [*Cocos nucifera*], BRAZIL : Bahia (*G. Bondar*) (São Paulo MZU).
Radialeurodicus cinereus Bondar, 1922a : 78–82. [See also Bondar, 1923a : 14–17.] Syntypes on coconut [*Cocos nucifera*], BRAZIL : Bahia (*G. Bondar*) (São Paulo MZU) (USNM). (Three mounted pupal cases and dry material from type host and locality, presented by Bondar in 1923, in BMNH.) [Synonymized by Costa Lima, 1928 : 137.]

DISTRIBUTION. Brazil (Hempel, 1922 : 7) (BMNH).
HOST PLANTS.
Palmae : *Cocos nucifera* (Hempel, 1922 : 7) (BMNH).

Ceraleurodicus varus (Bondar)

Radialeurodicus varus Bondar, 1928b : 1–3. Syntypes on 'araçàzeiro' [*Psidium araçá*], BRAZIL : Muritiba (*G. Bondar*) (USNM).
Ceraleurodicus varus (Bondar) Costa Lima, 1928 : 137. [By inference.]

DISTRIBUTION. Brazil (Bondar, 1928b : 3).
HOST PLANTS.
Musaceae : *Musa* sp. (Costa Lima, 1968 : 109).
Myrtaceae : *Psidium araçá* (Bondar, 1928b : 3).

DIALEURODICUS Cockerell

Aleurodicus (*Dialeurodicus*) Cockerell, 1902a : 280. Type-species : *Aleurodicus cockerelli*, by original designation.
Dialeurodicus Cockerell; elevated to generic rank by Quaintance & Baker, 1913 : 26.

Dialeurodicus spp. indet.

Host indet. (BMNH : Brazil).

Dialeurodicus cockerellii (Quaintance)

Aleurodicus cockcerellii Quaintance, 1900 : 45–46. Syntypes on leaves of a Myrtaceous plant, BRAZIL : Campinas, São Paulo State, 30.iii.1898 and 14.vi.1898 (*Dr F. Noak*); syntypes sent by Dr Noak via Prof. T. D. A. Cockerell to Prof. Quaintance, data unknown (USNM).
Aleurodicus (*Dialeurodicus*) *cockerellii* Quaintance; Cockerell, 1902a : 280.
Dialeurodicus cockerellii (Quaintance) Quaintance & Baker, 1913 : 26.

DISTRIBUTION. Brazil (Quaintance, 1900 : 46).
HOST PLANTS.
Myrtaceae : Genus indet. (Quaintance, 1900 : 46); *Psidium cattleianum* (Hempel, 1901 : 388).

Dialeurodicus coelhi Bondar

Dialeurodicus coelhi Bondar, 1928b : 12–14. Syntypes on a Myrtaceous tree, BRAZIL : Santa Ignez, Bahia State (*G. Bondar*) (São Paulo MZU) (USNM).
Bakerius coelhoi [sic] (Bondar) Costa Lima, 1936 : 146. [In error.]

When Costa Lima listed *coelhi* under the genus *Bakerius*, he failed to include the name of the original author, inferring it had been described in that genus and not, as is the case, in *Dialeurodicus*. Having studied the original description of this species, the present authors see no justification for altering the original combination, and assume that the reference to *coelhi* in Costa Lima, 1936 is erroneous.

DISTRIBUTION. Brazil (Bondar, 1928b : 14).
HOST PLANTS.
Myrtaceae : Genus indet. (Bondar, 1928b : 14).

Dialeurodicus cornutus Bondar

Dialeurodicus cornutus Bondar, 1923a : 51–52. Syntypes on *Miconia* sp., BRAZIL : Bahia (*G. Bondar*) (São Paulo MZU) (USNM). (Four mounted pupal cases and dry material on Melastomataceae from type locality, presented by G. Bondar in 1923, in BMNH.)

DISTRIBUTION. Brazil (Bondar, 1923a : 52) (BMNH).
HOST PLANTS.
Melastomataceae : *Miconia* sp. (Bondar, 1923a : 52); Genus indet. (BMNH).

Dialeurodicus frontalis Bondar

Dialeurodicus frontalis Bondar, 1923a : 57–60. Adult syntypes only, on a tree of the Lauraceae, BRAZIL : Belmonte, Bahia State (*G. Bondar*) (USNM).

DISTRIBUTION. Brazil (Bondar, 1923a : 60).
HOST PLANTS.
Lauraceae : Genus indet. (Bondar, 1923a : 60); *Persea americana* (Costa Lima, 1968 : 109).

Dialeurodicus maculatus Bondar

Dialeurodicus maculatus Bondar, 1928b : 14–16. Adult ♀ syntypes only, on *Byrsonima* sp., BRAZIL : Cannavieras, Bahia State (*G. Bondar*).

DISTRIBUTION. Brazil (Bondar, 1928b : 16).
HOST PLANTS.
Malpighiaceae : *Byrsonima* sp. (Bondar, 1928b : 16).

Dialeurodicus niger Bondar

Dialeurodicus niger Bondar, 1923a : 52–56. Syntypes on 'araçàzeiro' [*Psidium araça*] and *Eugenia* sp., BRAZIL : Bahia (*G. Bondar*) (São Paulo MZU) (USNM). (Three mounted pupal cases and dry material on Myrtaceae from type locality, presented by G. Bondar in 1923, in BMNH.)

DISTRIBUTION. Brazil (Bondar, 1923a : 55) (BMNH).
HOST PLANTS.
Myrtaceae : *Eugenia* sp., *Psidium araça* (Bondar, 1923a : 55–56); Genus indet. (BMNH).

Dialeurodicus silvestri (Leonardi)

Aleurodicus silvestri Leonardi, 1910 : 320–322. [Original description translated into English in Quaintance & Baker, 1913 : 29–30.] Syntypes on an undetermined plant, MEXICO : Jalapa.
Dialeurodicus silvestri (Leonardi) Quaintance & Baker, 1913 : 28–30.

DISTRIBUTION. Mexico (Leonardi, 1910 : 322).
HOST PLANTS.
Host indet. (Leonardi, 1910 : 322).

Dialeurodicus similis Bondar

Dialeurodicus similis Bondar, 1923a : 49–51. Syntypes on *Eugenia* sp., BRAZIL : Bahia (*G. Bondar*) (São Paulo MZU) (USNM). (Three mounted pupal cases and dry material on Myrtaceae from the type-locality, presented by G. Bondar in 1923, in BMNH.)

DISTRIBUTION. Brazil (Bondar, 1923a : 51) (BMNH).
HOST PLANTS.
Myrtaceae : *Eugenia* sp. (Bondar, 1923a : 51); Genus indet. (BMNH).

Dialeurodicus tessellatus Quaintance & Baker

Dialeurodicus tessellatus Quaintance & Baker, 1913 : 30–31. Syntypes on *Eugenia mitchelli*, BRAZIL : Ceara, received i.1906 (*F. Richa*) (USNM).

DISTRIBUTION. Brazil (Quaintance & Baker, 1913 : 30).
HOST PLANTS.
Myrtaceae : *Eucalyptus uniflora* (Costa Lima, 1968 : 109); *Eugenia mitchelli* (Quaintance & Baker, 1913 : 30); *Eugenia uniflora* (Baker & Moles, 1923 : 616); *Psidium araça* (Costa Lima, 1968 : 109).

Dialeurodicus tracheiferus Sampson & Drews

Dialeurodicus tracheiferus Sampson & Drews, 1941 : 152–153. Syntypes on *Eugenia* sp., MEXICO : Santa Lucrecia, State of Vera Cruz, iv.1926 (California UCD).

DISTRIBUTION. Mexico (Sampson & Drews, 1941 : 153); TRINIDAD (BMNH).
HOST PLANTS.
Myrtaceae : *Eugenia* sp. (Sampson & Drews, 1941 : 153).

EUDIALEURODICUS Quaintance & Baker

Eudialeurodicus Quaintance & Baker, 1915b : 369. Type-species : *Eudialeurodicus bodkini*, by monotypy.

Eudialeurodicus bodkini Quaintance & Baker

Eudialeurodicus bodkini Quaintance & Baker, 1915b : 369–372. Syntypes on *Erythrina glauca*, GUYANA : Berbice, the Rose Hall Plantation, 2.iii.1915 (*G. E. Bodkin*) (USNM).

DISTRIBUTION. Guyana (Quaintance & Baker, 1915b : 369); Brazil (Costa Lima, 1936 : 149).
HOST PLANTS.
Leguminosae : *Erythrina glauca* (Quaintance & Baker, 1915b : 369); *Inga* sp. (Costa Lima, 1936 : 149).
NATURAL ENEMIES.
Hymenoptera
  Chalcidoidea
    Aphelinidae : *Prospaltella magniclavus* (Girault) (Fulmek, 1943 : 34. Guyana).
    Eulophidae : *Entedononecremnus unicus* Girault (Fulmek, 1943 : 34. Guyana).

HEXALEURODICUS Bondar

Hexaleurodicus Bondar, 1923a : 84. Type-species : *Hexaleurodicus jaciae*, by monotypy.
Hexaleurodicus (*Drewsia*) Sampson, 1943 : 192–193. Type-species : *Hexaleurodicus ferrisi*, by monotypy. **Syn. n.**

Drewsia is not accepted here as a useful subgenus of *Hexaleurodicus*. The two species concerned resemble each other in having a series of pores, 3 µm apart and 3 µm in diameter, around the margin, and although it is stated that they differ in the size of the three anterior abdominal compound pores, the specimens in the BMNH exhibit variation.

Hexaleurodicus spp. indet.

HOST PLANTS.
Rutaceae : *Citrus* sp. (BMNH : Colombia).
Verbenaceae : *Citharexylum* sp. (BMNH : Barbados).

Hexaleurodicus ferrisi Sampson & Drews

Hexaleurodicus ferrisi Sampson & Drews, 1941 : 154–155. Syntypes on an undetermined Leguminous shrub, MEXICO : Chivela, Oaxaca, iv.1926 (California UCD).
Hexaleurodicus (*Drewsia*) *ferrisi* Sampson & Drews; Sampson, 1943 : 193.

DISTRIBUTION. Mexico (Sampson & Drews, 1941 : 155); Trinidad (BMNH).
HOST PLANTS.
Leguminosae : Genus indet. (Sampson & Drews, 1941 : 155).
Passifloraceae : *Passiflora* sp. (BMNH).

Hexaleurodicus jaciae Bondar

Hexaleurodicus jaciae Bondar, 1923a : 84–85. Syntypes on *Chomelia* sp., *Miconia* sp. and 'laranjeiras' [*Citrus* sp.], BRAZIL : Bahia (*G. Bondar*) (São Paulo MZU) (USNM). (Four mounted pupal cases and dry material on Rubiaceae from type locality, presented by G. Bondar in 1923, in BMNH.)

DISTRIBUTION. Brazil (Bondar, 1923a : 85) (BMNH).
HOST PLANTS.
Melastomataceae   : *Miconia* sp. (Bondar, 1923a : 85).
Rubiaceae   : *Chomelia* sp. (Bondar, 1923a : 85); Genus indet. (BMNH).
Rutaceae   : *Citrus* sp. (Bondar, 1923a : 85).

LECANOIDEUS Quaintance & Baker

Aleurodicus (*Lecanoideus*) Quaintance & Baker, 1913 : 70. Type-species : *Aleurodicus* (*Lecanoideus*) *giganteus*, by original designation.
Lecanoideus Quaintance & Baker, elevated to generic rank by Costa Lima, 1928 : 133. [By inference.]

Lecanoideus giganteus (Quaintance & Baker)

Aleurodicus (*Lecanoideus*) *giganteus* Quaintance & Baker, 1913 : 70–71. Syntypes on *Ficus* sp., BRAZIL : Pernambuco, 28.xii.1882 (*A. Koebele*) (USNM).
Lecanoideus giganteus (Quaintance & Baker) Costa Lima, 1928 : 133.

DISTRIBUTION. Brazil (Quaintance & Baker, 1913 : 70); Guyana (Baker & Moles, 1923 : 623) (BMNH); Panama (Thompson, 1964 : 94).
HOST PLANTS.
Annonaceae   : *Annona cherimoya, Annona muricata* (Baker & Moles, 1923 : 623); *Rollinia orthopetala* (Costa Lima, 1928 : 133).
Chrysobalanaceae   : *Licania tomentosa* (Costa Lima, 1968 : 110).
Euphorbiaceae   : *Hevea brasiliensis* (Costa Lima, 1968 : 110).
Lauraceae   : *Laurus nobilis* (Costa Lima, 1968 : 110).
Moraceae   : *Ficus* sp. (Quaintance & Baker, 1913 : 70).
NATURAL ENEMIES.
Diptera
  Cecidomyidae   : *Cleodiplosis aleyrodici* Felt (Thompson, 1964 : 94. Panama).

Lecanoideus mirabilis (Cockerell) **comb. n.**

Aleurodes mirabilis Cockerell, 1898b : 225. Syntypes on 'Laurel', MEXICO : Tabasco, Boca del Usumacinta, 8.vii.1897 (*Prof. C. H. T. Townsend*) (USNM).
Aleurodicus mirabilis (Cockerell) Cockerell, 1899a : 360.
Aleurodicus (*Lecanoideus*) *mirabilis* (Cockerell); Quaintance & Baker, 1913 : 72.

DISTRIBUTION. Mexico (Cockerell, 1898b : 225); Colombia, Trinidad (BMNH).
HOST PLANTS.
Original host indet.: (Cockerell, 1898b : 225).
Annonaceae   : *Annona squamosa, Cananga odorata* (BMNH).

LEONARDIUS Quaintance & Baker

Leonardius Quaintance & Baker, 1913 : 33. Type-species : *Aleurodicus lahillei*, by monotypy.

Leonardius spp. indet.

HOST PLANTS.
Host indet. (BMNH : Paraguay).

Leonardius lahillei (Leonardi)

Aleurodicus lahillei Leonardi, 1910 : 316–320. Syntypes on an undetermined plant, ARGENTINA.
Leonardius lahillei (Leonardi) Quaintance & Baker, 1913 : 33.

DISTRIBUTION. Argentina (Leonardi, 1910 : 320); Brazil (Costa Lima, 1928 : 133); Puerto Rico (Dozier, 1936 : 145).
HOST PLANTS.
Original host indet.: (Leonardi, 1910 : 320).
Loranthaceae   : *Phoradendron* sp. (Dozier, 1936 : 145); *Steirotis* [*Struthanthus*] *flexicaulis* (Hempel, 1923 : 1159).
Rosaceae   : *Prunus* sp. (Dozier, 1936 : 145).

This species is compared to *Leonardius loranthi* by Costa Lima, 1928 : 133–134.

Leonardius loranthi Bondar

Leonardius loranthi Bondar, 1923a : 44–46. Syntypes on 'herva de passarinho' [*Phrygilanthus* sp.], BRAZIL : Belmonte, Bahia (*G. Bondar*) (? São Paulo MZU).

DISTRIBUTION. Brazil (Bondar, 1923a : 46); Venezuela (BMNH).
HOST PLANTS.
Loranthaceae : *Phrygilanthus* sp. (Bondar, 1923a : 46); Genus indet. (BMNH).

This species is compared to *Leonardius lahillei* by Costa Lima, 1928 : 133–134.

METALEURODICUS Quaintance & Baker

Aleurodicus (*Metaleurodicus*) Quaintance & Baker, 1913 : 73. Type-species : *Aleurodicus minima*, by original designation.
Metaleurodicus Quaintance & Baker; elevated to generic rank by Bondar, 1923a : 81.

Metaleurodicus spp. indet.

HOST PLANTS.
Myrtaceae : *Eugenia* sp. (BMNH : Jamaica).
Host indet. : (BMNH : Barbados).

Metaleurodicus cardini (Back)

Aleurodicus cardini Back, 1912 : 148–151. Syntypes on *Psidium guajava radii*, CUBA : Havana and Santiago de las Vegas, xi.1910 (*E. A. Back*) (USNM). (Dry material from type locality, ex. Hargreaves collection, in BMNH.)
Aleurodicus (*Metaleurodicus*) *cardini* Back; Quaintance & Baker, 1913 : 75–77.
Metaleurodicus cardini (Back) Bondar, 1923a : 81.

The name '*Aleurodicus pimentae* Laing' was used in several Annual Reports by the Department of Agriculture in Jamaica from 1924. Gowdey (1927) gives some biological details which were repeated by Sorauer (1956). The species has never been described and *pimentae* remains a nomen nudum. However, material in the BMNH from Jamaica, on *Pimenta officinalis*, labelled by Laing with this manuscript name, is now regarded as *Metaleurodicus cardini* (Back).

DISTRIBUTION. Cuba (Back, 1912 : 150) (BMNH); Bermuda, Jamaica (BMNH).
HOST PLANTS.
Myrtaceae : *Pimenta officinalis* (BMNH); *Psidium guajava radii* (Back, 1912 : 150); *Psidium guajava* (BMNH).
Rutaceae : *Citrus* sp. (Sorauer, 1956 : 337); *Citrus sinensis* (BMNH).
Verbenaceae : *Citharexylum spinosum* (Sorauer, 1956 : 337) (BMNH).
NATURAL ENEMIES.
Coleoptera
    Coccinellidae : *Delphastus diversipes* (Champion) (Thompson, 1964 : 53. Jamaica).
Diptera
    Syrphidae : *Baccha clavata* Fabricius (Thompson, 1964 : 53. Cuba).
              : *Baccha parvicornis* Loew (Thompson, 1964 : 53. Cuba).
Hymenoptera
    Chalcidoidea
        Aphelinidae : *Encarsia* sp. (Fulmek, 1943 : 7. Cuba).
Neuroptera
    Chrysopidae : *Chrysopa thoracica* Walker (Thompson, 1964 : 53. Jamaica).

Metaleurodicus jequiensis Bondar

Metaleurodicus jequiensis Bondar, 1928b : 21–23. Syntypes on an unidentified plant of the Compositae, BRAZIL : Jequié, Bahia (São Paulo MZU) (USNM).

DISTRIBUTION. Brazil (Bondar, 1928b : 23).
HOST PLANTS.
Compositae : Genus indet. (Bondar, 1928b : 23).

Metaleurodicus lacerdae (Signoret)

Aleyrodes lacerdae Signoret, 1883 : LXIII. Syntypes on *Annona sylvatica*, no locality given (*A. de Lacerda*).
Aleurodicus lacerdae (Signoret) Quaintance, 1913 : 78.
Metaleurodicus lacerdae (Signoret) Bondar, 1923a : 13.

Although the type-data of this species does not include a locality, the address of the collector, Antonio de Lacerda, is given in the 1883 list of members of the Entomological Society of France as Bahia, Brazil.

DISTRIBUTION. Brazil (Kirkaldy, 1907 : 59).
HOST PLANTS.
Annonaceae : *Annona sylvatica* (Signoret, 1883 : LXIII).

Metaleurodicus manni (Baker) comb. n.

Aleurodicus (*Metaleurodicus*) *manni* Baker, 1923 : 253–254. Syntypes on orange [*Citrus* sp.], HONDURAS : Ceiba, iii.1920 (*Dr W. M. Mann*) (USNM).

This species was described in the same year that *Metaleurodicus* was raised to a full genus.

DISTRIBUTION. Honduras (Baker, 1923 : 253).
HOST PLANTS.
Rutaceae : *Citrus* sp. (Baker, 1923 : 253).

Metaleurodicus melzeri Bondar

Metaleurodicus melzeri Bondar, 1928b : 19–21. Syntypes on a climbing plant of the Apocynaceae, BRAZIL : Jacarandá, Cannavieiras (São Paulo MZU) (USNM).

DISTRIBUTION. Brazil (Bondar, 1928b : 21).
HOST PLANTS.
Apocynaceae : Genus indet. (Bondar, 1928b : 21).

Metaleurodicus minimus (Quaintance)

Aleurodicus minima Quaintance, 1900 : 47–48. Syntypes on 'Guayaba' [*Psidium guajava*], PUERTO RICO : Bayamon, received 28.i.1889 (*A. Busck*) (USNM). (One mounted syntype in BMNH. Two mounted pupal cases and dry material from type locality, ex Hargreaves collection, in BMNH.)
Aleurodicus (*Metaleurodicus*) *minimus* Quaintance; Quaintance & Baker, 1913 : 77–78.
Metaleurodicus minimus (Quaintance) Bondar, 1923a : 81.

DISTRIBUTION. Puerto Rico (Quaintance, 1900 : 48) (BMNH).
HOST PLANTS.
Myrtaceae : *Psidium guajava* (Quaintance, 1900 : 48) (BMNH).
Solanaceae : *Cestrum diurnum* (Dozier, 1926 : 122).
NATURAL ENEMIES.
Hymenoptera
Chalcidoidea
Aphelinidae : *Encarsia* sp. (Thompson, 1950 : 5. Puerto Rico).

Metaleurodicus phalaenoides (Blanchard)

Aleurodes phalaenoides Blanchard, 1852 : 319–320. [English translation in Quaintance & Baker, 1913 : 80–81.] Syntypes on *Cestrum parqui*, CHILE : Santiago.
Aleurodes phalaroides Lataste; Quaintance, 1900 : 17. Nomen nudum. [Synonymized by Quaintance, 1900 : 17.]
Aleurodicus phalaenoides (Blanchard) Quaintance & Baker, 1913 : 79.
Metaleurodicus phalaenoides (Blanchard) Bondar, 1923a : 13.

DISTRIBUTION. Chile (Blanchard, 1852 : 319); Argentina (Quaintance & Baker, 1913 : 81).
HOST PLANTS.
Solanaceae : *Cestrum parqui* (Blanchard, 1852 : 319).

Metaleurodicus pigeanus (Baker & Moles) **comb. n.**

Aleurodicus (Metaleurodicus) pigeanus Baker & Moles, 1923 : 622–623. Syntypes on *Quillaja saponaria*, CHILE (*Prof. Carlos E. Porter*) (USNM).

This species was described in the same year that *Metaleurodicus* was raised to a full genus.

DISTRIBUTION. Chile (Baker & Moles, 1923 : 622).
HOST PLANTS.
Rosaceae   :   *Quillaja saponaria* (Baker & Moles, 1923 : 622).

Metaleurodicus stelliferus Bondar

Metaleurodicus stelliferus Bondar, 1923a : 82–83. Syntypes on a plant of the Meliaceae, 'carrapateira' [*?Guarea trichiloides*], BRAZIL : Belmonte (*G. Bondar*) (Sao Paulo MZU).

DISTRIBUTION. Brazil (Bondar, 1923a : 82).
HOST PLANTS.
Meliaceae   :   ? *Guarea trichiloides* (Bondar, 1923a : 82).

NEALEURODICUS Hempel

Nealeurodicus Hempel, 1923 : 1170. Type-species : *Nealeurodicus paulistus*, by monotypy.

Nealeurodicus paulistus Hempel

Nealeurodicus paulistus Hempel, 1923 : 1170–1171. Syntypes on leaves of cultivated 'jaboticaba' [*Myrciaria cauliflora*], BRAZIL : São Paulo, 15.x.1919 (*A. Hempel*) (São Paulo MZU).

DISTRIBUTION. Brazil (Hempel, 1923 : 1171).
HOST PLANTS.
Myrtaceae   :   *Myrciaria cauliflora* (Hempel, 1923 : 1171).

NIPALEYRODES Takahashi

Nipaleyrodes Takahashi, 1951c : 3. Type-species : *Nipaleyrodes elongata*, by monotypy.

Nipaleyrodes elongata Takahashi

Nipaleyrodes elongata Takahashi, 1951c : 3–4. Syntypes on 'Nipah palm' [*Nypa* sp.], MALAYA : Kuala Selangor, 18.vi.1943 (*R. Takahashi*); Port Swittenham, 29.xii.1943 (*R. Takahashi*). (Twelve syntypes in BMNH.)

DISTRIBUTION. Malaya (Takahashi, 1951c : 4) (BMNH).
HOST PLANTS.
Palmae   :   *Nypa* sp. (Takahashi, 1951c : 4) (BMNH).

OCTALEURODICUS Hempel

Octaleurodicus Hempel, 1922 : 7–8. Type-species : *Octaleurodicus nitidus*, by monotypy.
Quaintancius Bondar, 1922a : 74. Type-species : *Quaintancius rubrus*, by monotypy. [Synonymized by Costa Lima, 1928 : 137.]

The generic name *Quaintancius* first appeared in 1922 in combination with the specific epithet *rubrus*. This species must therefore be regarded as the type-species of the genus by monotypy contrary to Bondar (1923a : 28) who designated *Dialeurodicus pulcherrimus* as the type-species when he described the genus more fully. Costa Lima (1928 : 137) indicates that *rubrus* is the same species as *nitidus*, the type-species of *Octaleurodicus*. As it has been assumed by the present authors without further evidence that Hempel's paper of March 1922 precedes that published by Bondar in the same year, the genus *Octaleurodicus* is used here for two species, *nitidus* (= *rubrus*) and *pulcherrimus*. Both have a pair of compound pores relatively close together medially on abdominal segments three, four, five and six, but are without compound pores on the cephalothorax and on the abdomen, posterior to the vasiform orifice. *Octaleurodicus* is separated from *Ceraleurodicus* on the basis of these characters contrary to Costa Lima (1928 : 137), who listed *nitidus* in *Ceraleurodicus*.

Octaleurodicus nitidus Hempel **comb. rev.**

Octaleurodicus nitidus Hempel, 1922 : 8–9. Syntypes on coconut [*Cocos nucifera*], BRAZIL : Bahia (*G. Bondar*) (São Paulo MZU).
Quaintancius rubrus Bondar, 1922a : 74. [See also 1923a : 31–35.] Syntypes on coconut [*Cocos nucifera*], BRAZIL : Bahia (*G. Bondar*) (São Paulo MZU) (USNM). (Two mounted pupal cases and dry material from type host and locality, presented by G. Bondar in 1923, in BMNH.) [Synonymized by Costa Lima, 1928 : 137.]
Ceraleurodicus nitidus (Hempel) Costa Lima, 1928 : 137.

DISTRIBUTION. Brazil (Hempel, 1922 : 9) (BMNH).
HOST PLANTS.
Palmae : *Cocos nucifera* (Hempel, 1922 : 9) (BMNH).

Octaleurodicus pulcherrimus (Quaintance & Baker) **comb. n.**

Dialeurodicus pulcherrimus Quaintance & Baker, 1913 : 31–33. Syntypes on coconut [*Cocos nucifera*], TRINIDAD (*Dr F. W. Urich*) (USNM).
Quaintancius pulcherrimus (Quaintance & Baker) Bondar, 1923a : 29.
Ceraleurodicus pulcherrimus (Quaintance & Baker) Costa Lima, 1928 : 137.

DISTRIBUTION. Trinidad (Bondar, 1923a : 13) (BMNH); Guyana (Baker & Moles, 1923 : 617).
HOST PLANTS.
Palmae : *Cocos nucifera* (Quaintance & Baker, 1913 : 33) (BMNH).

PARALEYRODES Quaintance

Paraleyrodes Quaintance, 1909 : 169–170. Type-species : *Aleurodes perseae*, by monotypy.

Paraleyrodes spp. indet.

HOST PLANTS.
Cannaceae   : *Canna* sp. (BMNH : Jamaica).
Myrtaceae   : *Pimenta* sp. (BMNH : Jamaica).
Palmae   : *Cocos nucifera* (BMNH : Jamaica).
Polygonaceae : *Coccoloba uvifera* (BMNH : Jamaica).
Rutaceae   : *Citrus* sp. (BMNH : Ecuador).
Zygophyllaceae : *Guaiacum officinale* (BMNH : Jamaica).

Paraleyrodes bondari Peracchi

Paraleyrodes Bondari Peracchi, 1971 : 146–148. Adult ♂ holotype and adult ♀ allotype on *Citrus* sp., BRAZIL : Rio de Janeiro, Guanabara, 3.iii.1967 (*A. L. Peracchi*). Numerous paratypes [all stages of development] on *Citrus* sp., Rio de Janeiro, Guanabara, 1.xi.1966, 2.i.1967 and 3.iii.1967 (*A. L. Peracchi*).

DISTRIBUTION. Brazil (Peracchi, 1971 : 148).
HOST PLANTS.
Rutaceae : *Citrus* sp. (Peracchi, 1971 : 148).

Paraleyrodes citri Bondar

Paraleyrodes citri Bondar, 1931 : 24. Syntypes on *Citrus aurantium*, BRAZIL : Bahia (*G. Bondar*) (São Paulo MZU) (USNM).

DISTRIBUTION. Brazil (Bondar, 1931 : 24).
HOST PLANTS.
Rutaceae : *Citrus aurantium* (Bondar, 1931 : 24).

Paraleyrodes citricolus Costa Lima

Paraleyrodes citricolus Costa Lima, 1928 : 136. Holotype on *Citrus aurantium*, ? BRAZIL (*A. G. Maciel*). Assumed to have been described from a single specimen.

DISTRIBUTION. ? Brazil (Costa Lima, 1928 : 136).
HOST PLANTS.
Rutaceae : *Citrus aurantium* (Costa Lima, 1928 : 136).

Paraleyrodes crateraformans Bondar

Paraleyrodes crateraformans Bondar, 1922a : 85. [See also Bondar, 1923a : 98–99.] Syntypes on coqueiro [*Cocos nucifera*], cacaoeiro [*Theobroma cacao*], sapotiseiro [*Achras sapota*] and other plants, BRAZIL : Bahia (*G. Bondar*) (São Paulo MZU) (USNM).

DISTRIBUTION. Brazil (Bondar, 1923a : 99).
HOST PLANTS.
Palmae : *Cocos nucifera* (Bondar, 1923a : 99).
Sapotaceae : *Achras sapota* (Bondar, 1923a : 99).
Sterculiaceae : *Theobroma cacao* (Bondar, 1923a : 99).

Paraleyrodes goyabae (Göldi)

Aleurodes goyabae Göldi, 1886 : 248–249. Syntypes on *Psidium goyaba* [*guajava*] and *Laurus persea*, BRAZIL : Rio de Janeiro.
Paraleyrodes goyabae (Göldi) Bondar, 1923a : 93.
Paraleyrodes goyabae (Göldi) Baker & Moles, 1923 : 624–625.

DISTRIBUTION. Brazil (Göldi, 1886 : 249).
HOST PLANTS.
Chrysobalanaceae : *Licania tomentosa* (Bondar, 1923a : 96).
Lauraceae : *Laurus persea* (Göldi, 1886 : 249); *Persea gratissima* (Bemis, 1904 : 505).
Myrtaceae : *Psidium guajava* (Göldi, 1886 : 249).
Sapotaceae : *Achras sapota* (Costa Lima, 1968 : 111).

NATURAL ENEMIES.
Hymenoptera
Chalcidoidea
Aphelinidae : *Encarsia* sp. (Thompson, 1950 : 4. Barbados).

Paraleyrodes naranjae Dozier

Paraleyrodes naranjae Dozier, 1927a : 853–855. Syntypes on sour-orange trees [*Citrus* sp.], PUERTO RICO : Santurce, 21.xii.1924 (*H. L. Dozier*) (USNM). (Four syntypes in BMNH.)

DISTRIBUTION. Puerto Rico (Dozier, 1927a : 854) (BMNH).
HOST PLANTS.
Rutaceae : *Citrus* sp. (Dozier, 1927a : 854) (BMNH).

NATURAL ENEMIES.
Hymenoptera
Chalcidoidea
Aphelinidae : *Encarsia variegata* Howard (Fulmek, 1943 : 56. Puerto Rico).

Paraleyrodes perseae (Quaintance)

Aleurodes perseae Quaintance, 1900 : 32–33. Syntypes on *Persea carolinensis*, U.S.A. : FLORIDA, Fort George, 22.iv.1880 (*Dr R. S. Turner*) (USNM).
Aleurodicus perseae (Quaintance) Cockerell, 1903b : 663.
Paraleyrodes perseae (Quaintance) Quaintance, 1909 : 170.

DISTRIBUTION. U.S.A. (Florida) (Quaintance, 1900 : 33); Mexico (Sampson & Drews, 1941 : 155); Cuba (Back, 1912 : 148).
HOST PLANTS.
Ebenaceae : ? *Diospyros* spp. (Quaintance & Baker, 1916 : 470).
Lauraceae : *Persea americana* (Quaintance & Baker, 1916 : 470); *Persea carolinensis* (Quaintance & Baker, 1900 : 33); *Persea gratissima* (Quaintance & Baker, 1913 : 83).
Rutaceae : *Citrus* sp. (Sampson & Drews, 1941 : 155).

NATURAL ENEMIES.
Hymenoptera
Chalcidoidea
Aphelinidae : *Encarsia variegata* Howard (Fulmek, 1943 : 57. U.S.A.).

Paraleyrodes pulverans Bondar

Paraleyrodes pulverans Bondar, 1923a : 97–98. Syntypes on coconut [*Cocos nucifera*], *Chomelia oligantha* and other plants, BRAZIL : Bahia (*G. Bondar*) (São Paulo MZU) (USNM).

DISTRIBUTION. Brazil (Bondar, 1923a : 98).
HOST PLANTS.
Meliaceae	: *Guarea trichiloides* (Costa Lima, 1928 : 135).
Palmae	: *Cocos nucifera* (Bondar, 1923a : 98).
Rubiaceae	: *Chomelia oligantha* (Bondar, 1923a : 98).

Paraleyrodes singularis Bondar

Paraleyrodes singularis Bondar, 1923a : 97. Syntypes on oitiseiro [*Licania tomentosa*], ingaseira [*Inga* sp.] and laranjeira [*Citrus* sp.], BRAZIL : Bahia (*G. Bondar*) (São Paulo MZU) (USNM).

DISTRIBUTION. Brazil (Bondar, 1923a : 97).
HOST PLANTS.
Chrysobalanaceae	: *Licania tomentosa* (Bondar, 1923a : 97).
Leguminosae	: *Inga* sp. (Bondar, 1923a : 97).
Myrtaceae	: *Myrciaria jaboticaba* (Costa Lima, 1928 : 134).
Rutaceae	: *Citrus* sp. (Bondar, 1923a : 97).

Paraleyrodes urichii Quaintance & Baker

Paraleyrodes urichii Quaintance & Baker, 1913 : 83–84. Syntypes on *Pithecolobium* sp., TRINIDAD : received on 25.v.1911 (*Dr F. W. Urich*) (USNM). (Two mounted pupal cases from TRINIDAD, labelled Q8070, in BMNH.)

DISTRIBUTION. Trinidad (Quaintance & Baker, 1913 : 83) (BMNH); Barbados (BMNH).
HOST PLANTS.
Leguminosae	: *Caesalpinia* sp. (BMNH); *Pithecolobium* sp. (Quaintance & Baker, 1913 : 83).
Myrtaceae	: *Psidium guajava* (BMNH).
Rutaceae	: *Citrus* sp. (BMNH).
Verbenaceae	: *Citharexylum* sp. (BMNH).

SEPTALEURODICUS Sampson

Septaleurodicus Sampson, 1943 : 189–190. Type-species : *Septaleurodicus mexicanus*, by monotypy.

Septaleurodicus mexicanus Sampson

Septaleurodicus mexicanus Sampson, 1943 : 190–191. Adult ♂ holotype and adult paratypes swept from weeds, MEXICO : Chapultepec Park, 12.vi.1924 (*Dr A. Dampf*); adult paratypes swept from *Senecio salignus*, Chapingo, 25.ii.1924 (*Dr A. Dampf*).
[*Septaleurodicus mexicanus* Sampson, 1944 : 439–440. Description identical with that in 1943 paper, having in addition figures on page 439.]

DISTRIBUTION. Mexico (Sampson, 1943 : 191).
HOST PLANTS.
Compositae	: *Senecio salignus* (Sampson, 1943 : 191).

STENALEYRODES Takahashi

Stenaleyrodes Takahashi, 1938c : 269. Type-species : *Stenaleyrodes vinsoni*, by monotypy.

Stenaleyrodes sp. indet.

HOST PLANTS.
Palmae	: *Cocos nucifera* (BMNH : Tanzania).

Stenaleyrodes vinsoni Takahashi

Stenaleyrodes vinsoni Takahashi, 1938c : 269–271. Syntypes on a palm, RÉUNION : St Denis, x.1937 (*J. Vinson*) (Paris MNHN) (Taiwan ARI).
Dialeurodicus elongatus Dumbleton, 1956a : 129–131. Holotype and paratypes on *Cocos nucifera*, NEW CALEDONIA : Anse Vata, Noumea, 20.v.1955 (*L. J. Dumbleton*) (Noumea ORSTOM). (One paratype in BMNH.) **Syn. n.**
Stenaleyrodes elongatus (Dumbleton) Cohic, 1968c : 13.

DISTRIBUTION. Réunion (Takahashi, 1938c : 271); Loyalty Islands (Cohic, 1959b : 242); New Caledonia (Dumbleton, 1956a : 130) (BMNH).

HOST PLANTS.
Palmae : Genus indet. (Takahashi, 1938c : 271); *Chrysalidocarpus lutescens* (Mamet, 1952 : 134); *Cocos nucifera* (Dumbleton, 1956a : 130) (BMNH); *Phoenix dactylifera, Roystonea [Oreodoxa] regia* (Cohic, 1959b : 242).

This synonymy is based on a comparison of the description and illustration of *vinsoni* with paratype of *elongatus* and other material of the same species from New Caledonia. The dorsal setae referred to by Cohic (1968c : 10) are delicate and difficult to see in some specimens. The material in the BMNH from Tanzania listed here as *Stenaleyrodes* sp. indet. represents a distinct species, which, as in the case of *vinsoni*, can only be distinguished from *Dialeurodicus* at present by the elongate shape of its pupal case.

SYNALEURODICUS Solomon

Synaleurodicus Solomon, 1935 : 79. Type-species : *Synaleurodicus hakeae*, by monotypy.

Synaleurodicus hakeae Solomon

Synaleurodicus hakeae Solomon, 1935 : 79–83, 88–89. Syntypes preferring the dorsal surface of leaves of *Hakea prostrata*, AUSTRALIA : WESTERN AUSTRALIA, Cottesloe, district of Perth. (One specimen of each instar, including pupal case and adults, bearing syntype data in BMNH.)

DISTRIBUTION. Australia (Western Australia) (Solomon, 1935 : 82) (BMNH).
HOST PLANTS.
Proteaceae : *Hakea prostrata* (Solomon, 1935 : 82) (BMNH); *Hakea* ? *pritzelii* (BMNH).

UDAMOSELINAE

Udamoselinae Enderlein, 1909b : 231. Type-genus : *Udamoselis* Enderlein, by tautonomy.

This subfamily was erected for two genera, *Udamoselis* and *Aleurodicus*. Solomon (1935 : 78) indicated that the wing venation of *Synaleurodicus* was similar to that described for *Udamoselis*, and concluded that *Udamoselis* 'should be included in the subfamily Aleurodicinae'. In contrast Schlee (1970 : 70) concluded that 'the assumed close kinship relation' between these two forms is unproved. In view of the fact that the structure of the pupal case of *Udamoselis* is unknown, the name is treated here as a nomen dubium in order to remove the subfamily name from synonymy.

UDAMOSELIS Enderlein

Udamoselis Enderlein, 1909b : 230–231. Type-species : *Udamoselis pigmentaria*, by monotypy.

Udamoselis pigmentaria Enderlein

Udamoselis pigmentaria Enderlein, 1909b : 231–233. 1♂, 'presumably South America' (Berlin HU, but apparently lost).

This genus and species are regarded here as nomina dubia because it is unlikely that the original description of the unique adult male will ever be applicable with certainty to any specimens which may be collected in the future.

FOSSIL SPECIES

One species of whitefly has been described from Burmese Amber (10–25 million years old), one species from Baltic Amber (35–40 million years old) and two species from Lebanese Amber (120–140 million years old). These species cannot be placed in the classification of recent Aleyrodidae. *Permaleurodes* Becker-Migdisova is referred to below as a member of the Dictyoptera.

Aleurodicus burmiticus Cockerell, 1919 : 241. 1♀ in Burmese Amber (*R. C. J. Swinhoe*) (BMNH).
Aleurodes aculeatus Menge, 1856 : 18. Adults in amber from Prussia (? lost).

Bernaea neocomica Schlee, 1970 : 18–29. 1♀ in Lebanese Amber (SMNS). This species is the type-species of the monotypic genus *Bernaea* Schlee, 1970 : 18–29.
Heidea cretacica Schlee, 1970 : 9–18. 1♀ in Lebanese Amber (SMNS). This species is the type-species of the monotypic genus *Heidea* Schlee, 1970 : 9–18.
SMNS [Staatlichen Museum für Naturkunde, Stuttgart].

NOMINA NUDA

The following names were published without any description and are therefore not available according to the *International Code of Zoological Nomenclature*.

'*Aleyrodes bifasciata*' Stephens 1829 : 367. Kirkaldy (1907 : 75) states of this name 'said to be *A. abutlonea*' [sic].
'*Aleurodes bragini*' Mokrzecki, 1916 : 23. This species was to have been described at a later date, but no subsequent reference has been found.
'*Aleyrodes immaculata*' Stephens, 1829 : 367.
'*Aleurodes phalaroides* Lataste'; Quaintance (1900 : 17) suggested this might be a synonym of *Metaleurodicus phalaenoides* (Blanchard).
'*Aleurodes phaseoli* Schilling'; Ryberg, 1938 : 22.
'*A(leurodes) pinicola*' Kirkaldy, 1907 : 75.
'*Aleurodidarum*' Harrison, 1920b : 257. An undescribed species from Britain on *Scrophularia nodosa* was referred to under this name.
'*Aleuromigda deghai*'. This name is referred to in the introduction to the genus *Aleurotuberculatus*.
'*Aleurycerus chagientios*' Fulmek, 1943 : 8. This name is referred to in the list of natural enemies under Cecidomyidae.
'*Tetra-aleurododes citriculus* Dozier' Chopra (1928 : 51).

GENERA AND SPECIES EXCLUDED FROM ALEYRODIDAE

The following genera and species have been placed in the Aleyrodidae in error. They are listed here in their original combinations.

Aleurocanthus palmae Ghesquière.

This species was described in Mayné & Ghesquière (1934 : 30) and later synonymized by Risbec (1954 : 507) with the aphid *Cerataphis lataniae* Boisduval. However, records of *lataniae* from Africa apparently apply to *Cerataphis variabilis* Hille Ris Lambers. The original data for *palmae* are as follows : ZAIRE, Kasai and Sankuru, on *Raphia vinifera* and *Elaeis* sp.

Aleyrodes dubia Stephens.

Stephens (1829 : 367) published this name as a nomen nudum but Frauenfeld (1867 : 796) placed it in synonymy with *Coniopteryx tineiformis* Curtis (Neuroptera).

Aleurodes erytreae Del Guercio.

Although regarded as a whitefly by Del Guercio (1918 : 167–169), this species was recognized by Boselli (1930b : 228) as a member of the Psyllidae and transferred to the genus *Spanioza*, but it is now placed in *Trioza* (Capener, 1970 : 200).

Aleyrodes gigantea Stephens.

Stephens (1829 : 367) published this name as a nomen nudum but Frauenfeld (1867 : 796) placed it in synonymy with *Coniopteryx aleurodiformis* Curtis (Neuroptera).

Aleurodes palatina Wunn.

Although described as a whitefly by Wunn (1926 : 28), this species was recognized by Zahradnik (1963a : 13–14) as a member of the Psyllidae belonging to the genus *Trioza*. The syntype data are : GERMANY, Berzabern (Rheinpfalz), on *Quercus sessiliflora*, 22.vii.1918.

Permaleurodes rotundatum Becker-Migdisova.

This is the type-species of the monotypic genus *Permaleurodes* Becker-Migdisova (1959 : 108). It is known to the present authors only through the published figures of the original fossil specimen from the Permian Period (Becker-Migdisova, 1959 : 109 ; 1960 : 39). These figures clearly show thoracic (? wing) lobes which are quite unlike any structures found on an aleyrodid pupal case. Despite the size (4 mm in length) the specimen probably represents an early instar of a small cockroach (Blattidae). The generic name and the family Permaleurodidae should therefore be transferred to the Dictyoptera.

Powellia Maskell.

This genus was described in the Coccidae (Maskell, 1879 : 223) and later transferred to the Aleyrodidae (Maskell, 1880 : 300–301). The type-species by monotypy is *Powellia vitreoradiata* Maskell, which was later placed, in error, as a junior synonym of a new species, *Trioza pellucida* Maskell (Maskell, 1890a : 164). Tuthill (1952 : 97) synonymized *Powellia* with the psyllid genus *Trioza*.

Siphonaleyrodes formosanus Takahashi.

This species, the type-species of the monotypic genus *Siphonaleyrodes* Takahashi (1932 : 48–49), is known to the present authors only from the original description and illustration. Judging from these and the host plant data, *formosanus* is a nymph of the psyllid species *Trioza cinnamomi* (Boselli, 1930a : 201–202). **Syn. nov.** The generic name *Siphonaleyrodes* is therefore a synonym of *Trioza*, and the subfamily name Siphonaleyrodinae is a synonym of Triozinae in the Psyllidae. The syntype data of *formosanus* are : TAIWAN, Garambi, near Koshun, producing shallow swellings on the upper side of leaf of *Cinnamomum reticulatum*, 31.vii.1931 (*K. Koybachi*) (Taiwan ARI).

Summary of nomenclatural changes established in this catalogue

In the following summary junior synonyms are cited first.

(a) New synonymy in genus-group names

Corbettella Sampson, **syn. n.** of *Pealius* Quaintance & Baker
Drewsia Sampson, **syn. n.** of *Hexaleurodicus* Bondar
Japaneyrodes Zahradnik, **syn. n.** of *Aleurotuberculatus* Takahashi
Nealeurochiton Sampson, **syn. n.** of *Aleurochiton* Tullgren
Neobemisia Visnya, **syn. n.** of *Asterobemisia* Trehan
Ogivaleurodes Goux, **syn. n.** of *Trialeurodes* Cockerell
Parudamoselis Visnya, **syn. n.** of *Ceraleurodicus* Hempel
Uraleyrodes Sampson & Drews, **syn. n.** of *Aleurocerus* Bondar

(b) New synonymy in species-group names

Aleurocanthus cameroni Corbett, **syn. n.** of *Aleurocanthus citriperdus* Quaintance & Baker
Aleurodes avellanae Signoret, **syn. n.** of *Asterobemisia carpini* (Koch)
Aleurodes vaccinii Künow, **syn. n.** of *Asterobemisia carpini* (Koch)
Aleurotulus bodkini Quaintance & Baker, **syn. n.** of *Aleurotrachelus trachoides* (Back)
Asterobemisia helyi Dumbleton, **syn. n.** of *Bemisia giffardi* (Kotinsky)
Bemisia citricola Gomez-Menor, **syn. n.** of *Bemisia hancocki* Corbett
Bemisia emiliae Corbett, **syn. n.** of *Bemisia tabaci* (Gennadius)
Bemisia giffardi bispina Young, **syn. n.** of *Bemisia giffardi* (Kotinsky)
Bemisia jasminum David & Subramaniam, **syn. n.** of *Bemisia giffardi* (Kotinsky)
Bemisia lonicerae Takahashi, **syn. n.** of *Bemisia tabaci* (Gennadius)
Dialeurodes dothioensis Dumbleton, **syn. n.** of *Dialeuropora decempuncta* (Quaintance & Baker)
Dialeurodes (*Dialeuropora*) *setigerus* Takahashi, **syn. n.** of *Dialeuropora decempuncta* (Quaintance & Baker)
Dialeurodes tridentifera Corbett, **syn. n.** of *Rhachisphora selangorensis* (Corbett)
Siphoninus finitimus Silvestri, **syn. n.** of *Siphoninus phillyreae* (Haliday)
Siphoninus granati Priesner & Hosny, **syn. n.** of *Siphoninus phillyreae* (Haliday)
Siphoninus phillyreae multitubulatus Goux, **syn. n.** of *Siphoninus phillyreae* (Haliday)
Trialeurodes desmodii Corbett, **syn. n.** of *Trialeurodes rara* Singh
Trialeurodes inaequalis Gautier, **syn. n.** of *Siphoninus phillyreae* (Haliday)
Aleurodicus anonae Morgan, **syn. n.** of *Aleurodicus cocois* (Curtis)
Aleurodicus formosanus Takahashi, **syn. n.** of *Aleurodicus machili* Takahashi
Dialeurodicus elongatus Dumbleton, **syn. n.** of *Stenaleyrodes vinsoni* Takahashi
Radialeurodicus melzeri Laing, **syn. n.** of *Ceraleurodicus moreirai* Costa Lima

(c) New combinations

Acanthaleyrodes spiniferosa (Corbett) **comb. n.**
Aleurocerus ceriferus (Sampson & Drews) **comb. n.**
Aleurolobus wunni (Ryberg) **comb. n.**
Aleuropleurocelus granulata (Sampson & Drews) **comb. n.**
Aleurotuberculatus bifurcata (Corbett) **comb. n.**
Aleurotuberculatus citrifolii (Corbett) **comb. n.**
Aleurotuberculatus filamentosa (Corbett) **comb. n.**
Aleurotuberculatus phyllanthi (Corbett) **comb. n.**
Aleurotuberculatus porosus (Priesner & Hosny) **comb. n.**
Aleurotuberculatus pulcherrimus (Corbett) **comb. n.**
Aleurotuberculatus sandorici (Corbett) **comb. n.**
Aleurotuberculatus similis europaeus (Zahradnik) **comb. n.**
Aleurotuberculatus similis suborientalis (Danzig) **comb. n.**
Asterobemisia atraphaxius (Danzig) **comb. n.**
Asterobemisia obenbergeri (Zahradnik) **comb. n.**
Asterobemisia paveli (Zahradnik) **comb. n.**

Asterobemisia trifolii (Danzig) **comb. n.**
Asterobemisia yanagicola (Takahashi) **comb. n.**
Bemisia moringae (David & Subramaniam) **comb. n.**
Lipaleyrodes breyniae (Singh) **comb. n.**
Orchamoplatus dumbletoni (Cohic) **comb. n.**
Pealius artocarpi (Corbett) **comb. n.**
Pealius liquidambari (Takahashi) **comb. n.**
Pealius mori (Takahashi) **comb. n.**
Rhachisphora capitatis (Corbett) **comb. n.**
Rhachisphora fici (Takahashi) **comb. n.**
Rhachisphora fijiensis (Kotinsky) **comb. n.**
Rhachisphora koshunensis (Takahashi) **comb. n.**
Rhachisphora kuraruensis (Takahashi) **comb. n.**
Rhachisphora machili (Takahashi) **comb. n.**
Rhachisphora maesae (Takahashi) **comb. n.**
Rhachisphora reticulata (Takahashi) **comb. n.**
Rhachisphora rutherfordi (Quaintance & Baker) **comb. n.**
Rhachisphora selangorensis (Corbett) **comb. n.**
Rhachisphora setulosa (Corbett) **comb. n.**
Rhachisphora styraci (Takahashi) **comb. n.**
Rusostigma eugeniae (Maskell) **comb. n.**
Singhius hibisci (Kotinsky) **comb. n.**
Taiwanaleyrodes nitidus (Singh) **comb. n.**
Aleuronudus acapulcensis (Sampson & Drews) **comb. n.**
Ceraleurodicus altissimus (Quaintance) **comb. n.**
Ceraleurodicus ingae (J. M. Baker) **comb. n.**
Ceraleurodicus kesselyaki (Visnya) **comb. n.**
Lecanoideus mirabilis (Cockerell) **comb. n.**
Metaleurodicus manni (Baker) **comb. n.**
Metaleurodicus pigeanus (Baker & Moles) **comb. n.**
Octaleurodicus pulcherrimus (Quaintance & Baker) **comb. n.**

(d) Revived combinations

Aleurochiton forbesii (Ashmead)
Aleurotrachelus fumipennis (Hempel)
Aleurotrachelus jelinekii (Frauenfeld)
Aleurotuberculatus hikosanensis Takahashi
Aleurotuberculatus similis Takahashi
Aleurotuberculatus trachelospermi Takahashi
Octaleurodicus nitidus Hempel

(e) New names for junior homonyms

elemarae Mound & Halsey **nom. n.**, for *Aleuroplatus liquidambaris* Russell, 1944b (preoccupied by *Aleuroplatus liquidambaris* Takahashi, 1941c).

chikungensis Mound & Halsey **nom. n.**, for *Aleurotrachelus parvus* Young, 1944 (preoccupied by *Aleurotrachelus parvus* (Hempel), 1899).

spiraeoides Mound & Halsey **nom. n.**, for *Bemisia spiraeae* Gomez-Menor, 1954 (preoccupied by *Bemisia spiraeae* Young, 1944).

davidi Mound & Halsey **nom. n.**, for *Dialeurodes distinctus* David & Subramaniam, 1976 (preoccupied by *Dialeurodes distincta* Corbett, 1933).

malayensis Mound & Halsey **nom. n.**, for *Tetraleurodes fici* Takahashi, 1955b (preoccupied by *Tetraleurodes fici* Quaintance & Baker, 1937).

Systematic list of natural enemies of Aleyrodidae

(* indicates species of Aleurodicinae)

ACARINA
PHYTOSEIIDAE
Amblyseius aleyrodis El Badry
    Bemisia tabaci
Typhlodromus medanicus El Badry
    Bemisia tabaci
Typhlodromus sudanicus El Badry
    Bemisia tabaci

INSECTA
COLEOPTERA
COCCINELLIDAE
Brumus sp.
    Bemisia tabaci
Brumus suturalis (Fabricius)
    Genus indet.
[Cheilomenes sexmaculata (Fabricius)
    = Menochilus sexmaculata (Fabricius)]
[Chilocorus bivulnerus Mulsant
    = Chilocorus stigma (Say)]
Chilocorus stigma (Say)
    Dialeurodes citri
Clitostethus arcuatus (Rossi)
    Aleyrodes proletella
    Siphoninus immaculatus
    Siphoninus phillyreae
Coccinella sp.
    Rusostigma eugeniae
Coccinella repanda Thunberg
    Neomaskellia bergii
    Singhius hibisci
Cryptognatha sp.
    Aleurocanthus spiniferus
    Aleurocanthus woglumi
Cryptognatha flaviceps (Crotch)
    Aleurocanthus woglumi
    Dialeurodes citri
Cryptognatha nodiceps Marshall
    **Aleurodicus cocois*
Cycloneda sanguinea (Linnaeus)
    Dialeurodes citri
Delphastus sp.
    Aleurocanthus spiniferus
Delphastus catalinae Horn
    Aleurocanthus woglumi
    Dialeurodes citri
    Dialeurodes citrifolii
    Pealius kelloggi
Delphastus diversipes (Champion)
    Aleurocanthus woglumi
    **Metaleurodicus cardini*
Delphastus pallidus (Leconte)
    Trialeurodes floridensis
Delphastus pusillus Leconte
    Trialeurodes packardi
Exoplectra sp.
    **Aleurodicus cocois*
Hyperaspis albicollis Gorham
    Aleurocanthus woglumi
Hyperaspis calderana Gorham
    Aleurocanthus woglumi
Jauravia soror Weise
    Trialeurodes ricini
Leis conformis (Boisduval)
    Trialeurodes variabilis
Menochilus sp.
    Siphoninus phillyreae
Menochilus sexmaculata (Fabricius)
    Genus indet.
    Rusostigma eugeniae
Microweisea castanea Mulsant
    Aleurocanthus woglumi
Scymnillodes aeneus Sicard
    Aleurocanthus woglumi
Scymnillodes cyanescens Sicard
    Aleurocanthus woglumi
Scymnus sp.
    Aleurocanthus sp. indet.
    Neomaskellia bergii
    Rusostigma eugeniae
    **Aleurodicus destructor*
[Scymnus arcuatus Rossi
    = Clitostethus arcuatus (Rossi)]
[Scymnus aspersus Gorham
    = Scymnus gorhami Weise]
Scymnus coloratus Gorham
    Aleurocanthus woglumi
Scymnus gorhami Weise
    Aleurocanthus woglumi
Scymnus horni Gorham
    Aleurocanthus woglumi
[Scymnus ocellatus Sharp
    = Leis conformis (Boisduval)]
Scymnus pallidicollis Mulsant
    Aleurocanthus sp. indet.
Scymnus pallidivestis Mulsant
    Siphoninus phillyreae
Scymnus punctatus Melsheimer
    Dialeurodes citri
Scymnus thoracicus (Fabricius)
    Aleurocanthus woglumi
[Semichnoodes giffardi (Grandi)
    = Serangium giffardi Grandi]
Serangium sp.
    Dialeurodes citri
Serangium cinctum Weise
    Bemisia tabaci
Serangium giffardi Grandi
    Genus indet.

Verania cardoni Weise
Dialeurodes citri
Verania quadrimaculata Weise
Genus indet.

NITIDULIDAE
Cybocephalus sp.
Aleurocanthus woglumi

DIPTERA

CECIDOMYIDAE
Cecidomyidae sp. indet.
Trialeurodes vaporariorum
Cleodiplosis aleyrodici Felt
Aleurycus chagentios. Nomen nudum.
*Lecanoideus giganteus
Lestodiplosis sp.
Aleyrodes sp. indet.

DROSOPHILIDAE
Acletoxenus sp.
Aleurocanthus woglumi
Acletoxenus formosus Loew
Aleurotrachelus jelinekii
Aleyrodes proletella
Siphoninus immaculatus
Siphoninus phillyreae
Acletoxenus indica Malloch
Aleurocanthus woglumi
[Acletoxenus syrphoides Frauenfeld
 = Acletoxenus formosus Loew]
[Gitona ornata of Walker nec Meigen
 = Acletoxenus formosus Loew]

EMPIDAE
Drapetis ghesquierei Collart
Bemisia tabaci

MUSCIDAE
Coenosia solita Walker
Aleyrodes sp. indet.

SYRPHIDAE
Bacca sp.
*Aleurodicus destructor
Bacca clavata Fabricius
*Metaleurodicus cardini
Bacca parvicornis Loew
*Metaleurodicus cardini

HEMIPTERA

REDUVIIDAE
[Harpactor iracundus Poda
 = Rhinocorus iracundus (Poda)]
Rhinocorus iracundus (Poda)
Aleyrodes sp. indet.

HYMENOPTERA

CHALCIDOIDEA

APHELINIDAE
Ablerus connectens Silvestri
Aleurocanthus woglumi
Ablerus macrochaeta Silvestri
Aleurocanthus inceratus
Aleurocanthus spiniferus
Ablerus macrochaeta ssp. inquirendus Silvestri
Aleurocanthus citriperdus
Aleurocanthus woglumi
[Aphelinus fuscipennis Howard
 = Aphytis proclia (Walker)]
[Aphytis diaspidis (Howard)
 = Aphytis proclia (Walker)]
[Aphytis fuscipennis (Howard)
 = Aphytis proclia (Walker)]
Aphytis proclia (Walker)
Dialeurodes citri
Trialeurodes ricini
Azotus delhiensis Lal
Aleurolobus barodensis
Azotus pulcriceps Zehntner
Aleurolobus barodensis
Cales noacki Howard
Aleurocanthus woglumi
Aleurothrixus floccosus
Aleurothrixus porteri
[Cales pallidus Brèthes
 = Cales noacki Howard]
Coccophagus sp.
*Aleurodicus destructor
Coccophagus eleaphilus Silvestri
Siphoninus phillyreae
Coccophagus sophia Girault & Dodd
Genus indet.
[Coccophagus tristis (Zehntner)
 = Prospaltella tristis (Zehntner)]
Dirphys mexicana Howard
Aleyrodes sp. indet.
[Doloresia conjugata (Masi)
 = Encarsia tricolor Förster]
[Doloresia gautieri Mercet
 = Encarsia gautieri (Mercet)]
Encarsia sp.
Aleurolobus hargreavesi
Aleurolobus wunni
Aleyrodes sp. indet.
Aleyrodes lactea
Bemisia tabaci
Singhius hibisci
Trialeurodes vaporariorum
*Metaleurodicus cardini
*Metaleurodicus minimus
*Paraleyrodes goyabae
Encarsia aleurochitonis (Mercet)
Aleurochiton aceris
Encarsia aleyrodis (Mercet)
Aleyrodes proletella

Encarsia angelica Howard
   Aleyrodes sp. indet.
Encarsia basicincta Gahan
   Aleurothrixus floccosus
Encarsia catherinae (Dozier)
   Aleuroplatus sp. indet.
Encarsia coquilletti Howard
   Aleyrodes sp. indet.
Encarsia cubensis Gahan
   Aleurothrixus floccosus
Encarsia elegans Masi
   Aleurolobus niloticus
   Aleurolobus olivinus
Encarsia formosa Gahan
   Dialeurodes chittendeni
   Dialeurodes citri
   Trialeurodes vaporariorum
Encarsia sp. aff. gallardoi
   **Aleurodicus juleikae*
Encarsia gautieri (Mercet)
   Pealius azaleae
   Siphoninus phillyreae
Encarsia haitiensis Dozier
   Aleurothrixus floccosus
Encarsia inaron (Walker)
   Aleyrodes proletella
   Siphoninus immaculatus
   Siphoninus phillyreae
Encarsia lutea (Masi)
   Acaudaleyrodes citri
   Aleurolobus niloticus
   Aleyrodes lonicerae
   Aleyrodes proletella
   Bemisia tabaci
   Pealius setosus
Encarsia luteola Howard
   Aleyrodes sp. indet.
   Trialeurodes fernaldi
   Trialeurodes packardi
   Trialeurodes vaporariorum
Encarsia margaritiventris (Mercet)
   Aleurochiton aceris
Encarsia merceti Silvestri
   Aleurocanthus citriperdus
   Aleurocanthus spiniferus
   Aleurocanthus woglumi
Encarsia merceti var. modesta Silvestri
   Aleurocanthus spiniferus
Encarsia meritoria Gahan
   Trialeurodes floridensis
Encarsia nigricephala Dozier
   Bemisia sp. indet.
Encarsia nipponica Silvestri
   Aleurocanthus spiniferus
Encarsia olivina (Masi)
   Aleurolobus olivinus
Encarsia partenopea Masi
   Genus indet.
   Aleyrodes proletella
   Asterobemisia paveli
   Bemisia tabaci
   Siphoninus immaculatus
   Siphoninus phillyreae
   Trialeurodes vaporariorum
Encarsia pergandiella Howard
   Aleuroplatus coronata
   Aleyrodes sp. indet.
   Trialeurodes abutiloneus
   Trialeurodes vaporariorum
Encarsia persequens Silvestri
   Aleurocybotus setiferus
Encarsia portoricensis Howard
   Aleuroplatus sp. indet.
   Aleurothrixus floccosus
   Aleyrodes sp. indet.
Encarsia quaintancei Howard
   Aleyrodes sp. indet.
   Trialeurodes abutiloneus
Encarsia siphonini Silvestri
   Siphoninus phillyreae
Encarsia townsendi Howard
   Aleyrodes sp. indet.
Encarsia tricolor Förster
   Aleurolobus wunni
   Aleyrodes lonicerae
   Aleyrodes proletella
   Dialeurodes citri
   Pealius setosus
Encarsia variegata Howard
   **Paraleyrodes naranjae*
   **Paraleyrodes perseae*
[Encarsia versicolor Girault
   = Encarsia pergandiella Howard]
Eretmocerus sp.
   Acaudaleyrodes citri
   Aleurolobus niloticus
   Aleuroplatus sp. indet.
   Aleuroplatus periplocae
   Aleyrodes sp. indet.
   Asterobemisia carpini
   Bemisia afer
Eretmocerus aleurolobi Ishii
   Aleurolobus marlatti
Eretmocerus aleyrodesii (Cameron)
   Aleyrodes sp. indet.
Eretmocerus aleyrodiphaga (Risbec)
   Genus indet.
Eretmocerus californicus Howard
   Aleurothrixus floccosus
   Aleyrodes sp. indet.
Eretmocerus clauseni Compere
   Aleyrodes sp. indet.
Eretmocerus corni Haldeman
   Genus indet.
   Aleyrodes sp. indet.
   Bemisia tabaci

Pealius quercus
Singhius hibisci
Tetraleurodes corni
Trialeurodes packardi
Trialeurodes vaporariorum
Eretmocerus delhiensis Mani
   Neomaskellia bergii
Eretmocerus diversiciliatus Silvestri
   Acaudaleyrodes citri
   Bemisia tabaci
Eretmocerus gunturiensis Hayat
   Genus indet.
Eretmocerus haldemani Howard
   Aleurolobus niloticus
   Aleuroplatus coronata
   Aleurothrixus floccosus
   Aleyrodes sp. indet.
   Trialeurodes abutiloneus
   Trialeurodes vaporariorum
Eretmocerus illinoisensis Dozier
   Genus indet.
Eretmocerus indicus Hayat
   Aleurolobus sp. indet.
Eretmocerus longipes Compere
   Aleyrodes sp. indet.
Eretmocerus mashhoodi Hayat
   Genus indet.
Eretmocerus masii Silvestri
   Bemisia tabaci
Eretmocerus mundus Mercet
   Genus indet.
   Aleuroplatus cadabae
   Aleyrodes sp. indet.
   Asterobemisia paveli
   Bemisia ovata
   Bemisia tabaci
Eretmocerus nairobii Gerling
   Aleurocanthus hansfordi
   Aleurocanthus zizyphi
Eretmocerus orientalis Gerling
   Aleurocanthus inceratus
Eretmocerus pallidus Dozier
   Tetraleurodes sp. indet.
Eretmocerus paulistus Hempel
   Aleurothrixus floccosus
Eretmocerus portoricensis Dozier
   Aleurothrixus floccosus
Eretmocerus serius Silvestri
   Aleurocanthus sp. indet.
   Aleurocanthus citriperdus
   Aleurocanthus longispinus
   Aleurocanthus woglumi
   Aleyrodes sp. indet.
[Eretmocerus serius var. orientalis Silvestri
   = Eretmocerus orientalis Gerling]
Eretmocerus silvestri Gerling
   Aleurocanthus spiniferus

[Marlattiella aleyrodesii Cameron
   = Eṛetmocerus aleyrodesii (Cameron)]
Mesidia sp.
   Aleyrodes sp. indet.
Prospaltella sp.
   Genus indet.
   Aleurocanthus sp. indet.
   Aleurocanthus spinosus
   Aleurocanthus woglumi
   Aleurotuberculatus aucubae
   Bemisia tabaci
   Dialeurodes citri
   Filicaleyrodes williamsi
   Siphoninus phillyreae
   Trialeurodes floridensis
   Trialeurodes ricini
   Trialeurodes vaporariorum
[Prospaltella aleurochitonis Mercet
   = Encarsia aleurochitonis (Mercet)]
Prospaltella aleurodici Girault
   *Aleurodicus sp. indet.
Prospaltella armata Silvestri
   Aleurolobus subrotundus
Prospaltella aurantii (Howard)
   Aleuroplatus coronata
Prospaltella bella Gahan
   Aleurothrixus floccosus
Prospaltella bemisiae Ishii
   Parabemisia myricae
Prospaltella brasiliensis Hempel
   Aleurothrixus sp. indet.
   Aleurothrixus floccosus
Prospaltella brunnea Howard
   Aleyrodes sp. indet.
Prospaltella ciliata Gahan
   *Aleurodicus sp. indet.
Prospaltella citrella Howard
   Aleuroplatus coronata
Prospaltella citrella ssp. porteri Mercet
   Aleurothrixus porteri
   Trialeurodes vaporariorum
Prospaltella citri Ishii
   Dialeurodes citri
Prospaltella citrofila Silvestri
   Dialeurodes citri
Prospaltella clypealis Silvestri
   Aleurocanthus sp. indet.
   Aleurocanthus inceratus
   Aleurocanthus spinosus
[Prospaltella conjugata Masi
   = Encarsia tricolor Förster]
Prospaltella divergens Silvestri
   Aleurocanthus sp. indet.
   Aleurocanthus citriperdus
   Aleurocanthus longispinus
   Aleurocanthus spiniferus
   Aleurocanthus woglumi

Prospaltella ishii Silvestri
   Aleurocanthus spiniferus
   Aleurocanthus woglumi
Prospaltella lahorensis Howard
   Dialeurodes citri
   Trialeurodes ricini
[Prospaltella lutea Masi
   = Encarsia lutea (Masi)]
Prospaltella magniclavus (Girault)
   Aleurochiton sp. indet.
   **Eudialeurodicus bodkini*
[Prospaltella olivina Masi
   = Encarsia olivina (Masi)]
Prospaltella opulenta Silvestri
   Aleurocanthus inceratus
Prospaltella opulenta ssp. inquirenda Silvestri
   Aleurocanthus inceratus
Prospaltella peltata (Cockerell)
   Aleyrodes pruinosus
Prospaltella perstrenua Silvestri
   Dialeurodes citrifolii
Prospaltella quercicola Howard
   Aleuroplatus gelatinosus
Prospaltella smithi Silvestri
   Aleurocanthus citriperdus
   Aleurocanthus spiniferus
   Aleurocanthus woglumi
Prospaltella strenua Silvestri
   Aleuroplatus sp. indet.
   Bemisia giffardi
   Dialeurodes citrifolii
   Rusostigma eugeniae
   Trialeurodes sp. indet.
Prospaltella sublutea Silvestri
   Bemisia sp. indet.
Prospaltella transversa Timberlake
   Singhius hibisci
   Trialeurodes vaporariorum
Prospaltella tristis (Zehntner)
   Genus indet.
   Aleyrodes sp. indet.
   Neomaskellia bergii
Pteroptrix australis Brèthes
   Aleyrodes sp. indet.
[Pteroptrix chelidonii Koll. Nomen nudum.
   = Euderomphale chelidonii Erdös (Eulophidae)]

ELASMIDAE
Euryischia aleurodis Dodd
   Aleyrodes sp. indet.

ENCYRTIDAE
Aphidencyrtus aphidivorus (Mayr)
   Trialeurodes vaporariorum
Clausenia sp.
   Genus indet.

Plagiomerus cyaneus (Ashmead)
   Aleurothrixus floccosus
Pseudhomalopoda prima Girault
   Aleurocanthus woglumi

EULOPHIDAE
[Aleurodiphagus clavicornis Thompson. Misidentification. = Euderomphale sp.]
Entedononecremnus unicus Girault
   Aleurochiton sp. indet.
   **Eudialeurodicus bodkini*
Euderomphale sp.
   Aleyrodes lonicerae
   Asterobemisia carpini
   **Aleurodicus flavus*
Euderomphale aleurothrixi Dozier
   Aleurothrixus floccosus
Euderomphale cerris (Enderlein)
   Aleyrodes proletella
Euderomphale chelidonii Erdös
   Aleyrodes proletella
Euderomphale flavimedia (Howard)
   Aleyrodes sp. indet.
   Aleyrodes aureocincta
Euderomphale quercicola Dozier
   Tetraleurodes sp. indet.
Euderomphale vittata Dozier
   *Aleurodicus sp. indet.
   **Aleurodicus antillensis*
[Pteroptrix flavimedia Howard
   = Euderomphale flavimedia (Howard)]

EUPELMIDAE
[Eupelmella vesicularis Retzius
   = Macroneura vesicularis (Retzius)]
Eupelmus urozonus Dalman
   Aleyrodes proletella
Macroneura vesicularis (Retzius)
   Aleyrodes proletella

MYMARIDAE
[Alaptus aleurodis Forbes
   = Amitus aleurodinis Haldeman (Platygasteridae)]
Alaptus minimus Walker
   Aleyrodes proletella
Camptoptera pulla Girault
   Aleyrodes sp. indet.
Gonatocerus cubensis Dozier
   Aleurocanthus woglumi
[Ricinusa aleyrodiphaga Risbec
   = Eretmocerus aleyrodiphaga (Risbec) (Aphelinidae)]

SIGNIPHORIDAE
Signiphora aleyrodis Ashmead
   Aleyrodes sp. indet.
Signiphora caridei Brèthes
   Aleurothrixus sp. indet.

Signiphora coquilletti Ashmead
   Aleyrodes sp. indet.
Signiphora flava Girault
   Aleurothrixus floccosus
Signiphora flavopalliata Ashmead
   Aleyrodes sp. indet.
Signiphora townsendi Ashmead
   Aleurothrixus floccosus
   Aleyrodes sp. indet.
Signiphora xanthographa Blanchard
   Aleurothrixus floccosus
Thysanus ater Haliday
   Genus indet.
   Aleyrodes sp. indet.

TRICHOGRAMMATIDAE
[Chaetosticha pretiosa Riley
   = Trichogramma minutum Riley]
Trichogramma minutum Riley
   Aleyrodes sp. indet.

PROCTOTRUPOIDEA
PLATYGASTERIDAE
Amitus sp.
   Aleurocanthus spiniferus
Amitus aleurodinis Haldeman
   Aleurochiton aceris
   Aleurochiton forbesii
   Aleuroplatus plumosus
   Aleyrodes sp. indet.
   Tetraleurodes corni
   Trialeurodes abutiloneus
   Trialeurodes fernaldi
[Amitus blanchardi De Santis
   = Amitus spinifer (Brèthes)]
Amitus hesperidum Silvestri
   Aleurocanthus citriperdus
   Aleurocanthus spiniferus
Amitus hesperidum var. variipes Silvestri
   Aleurocanthus citriperdus
   Aleurocanthus spiniferus
Amitus longicornis (Förster)
   Aleyrodes sp. indet.
Amitus minervae Silvestri
   Aleurochiton aceris
   Aleurolobus olivinus
[Amitus orientalis (author unknown)
   Nomen nudum.
   = Amitus hesperidum Silvestri]
Amitus spinifer (Brèthes)
   Aleurothrixus floccosus
Isostasius sp.
   Asterobemisia carpini

CERAPHRONIDAE
[Allomicrops bemisiae Ghesquière
   = Aphanogmus fumipennis Thomson]
Aphanogmus fumipennis Thomson
   Bemisia tabaci

LEPIDOPTERA

NOCTUIDAE
Coccidiphaga scitula (Rambur)
   Dialeurolonga africana
[Eublemma scitula (Rambur)
   = Coccidiphaga scitula (Rambur)]

PYRALIDIDAE
Cryptoblabes gnidiella (Millière)
   Aleurocanthus woglumi

TORTRICIDAE
Clepsis consimilana (Hübner)
   Siphoninus immaculata

NEUROPTERA

CHRYSOPIDAE
Chrysopa sp.
   Aleurocanthus woglumi
   Bemisia tabaci
   Trialeurodes ricini
   *Aleurodicus destructor
Chrysopa flava (Scopoli)
   Bemisia tabaci
Chrysopa rufilabris Burmeister
   Trialeurodes vaporariorum
Chrysopa scelestes Banks
   Bemisia tabaci
Chrysopa thoracica Walker
   *Metaleurodicus cardini

THYSANOPTERA

PHLAEOTHRIPIDAE
Aleurodothrips fasciapennis (Franklin)
   Dialeurodes citri
Haplothrips merrilli Watson
   Aleurothrixus floccosus

THRIPIDAE
Sericothrips trifasciatus (Ashmead)
   Aleyrodes gossypii
   Trialeurodes abutiloneus

Systematic list of host plants of Aleyrodidae

(* indicates species of Aleurodicinae)

PTERIDOPHYTA

ASPIDIACEAE

ASPIDIUM
[= *TECTARIA*]

DRYOPTERIS
  Aleurotulus nephrolepidis
  Filicaleyrodes williamsi
  Metabemisia filicis

NEPHRODIUM
[See also THELYPTERIDACEAE]
  Aleurotulus nephrolepidis
  Filicaleyrodes williamsi

POLYSTICHOPSIS
  Mixaleyrodes polypodicola

POLYSTICHUM
  Aleurotulus nephrolepidis
  Filicaleyrodes williamsi
  Mixaleyrodes polystichi

STENOSEMIA
  Aleurotulus nephrolepidis
  Filicaleyrodes williamsi

TECTARIA
  Aleurotulus nephrolepidis

ASPLENIACEAE

ASPLENIUM
  Aleurotulus nephrolepidis
  Aleyrodes filicium
  Trialeurodes asplenii

ATHYRIACEAE

DIPLAZIUM
  Aleurotulus nephrolepidis
  Filicaleyrodes williamsi

BLECHNACEAE

BLECHNUM
  Aleurotulus nephrolepidis
  Filicaleyrodes williamsi

DAVALLIACEAE

DAVALLIA
  Metabemisia filicis

LOMARIOPSIDACEAE

ELAPHOGLOSSUM
  Trialeurodes elaphoglossi

OLEANDRACEAE

NEPHROLEPIS
  Aleuropteridis eastopi
  Aleurotulus nephrolepidis
  Metabemisia filicis

OLEANDRA
  Aleuropteridis filicicola
  Aleurotulus nephrolepidis
  Filicaleyrodes williamsi

PTERIDACEAE

GENUS INDET.
  Aleuropteridis hargreavesi
  Dialeurodes townsendi
  Filicaleyrodes bosseri
  Mixaleyrodes polystichi

ACROSTICHUM
  Aleurotulus nephrolepidis

PTERIS
  Aleuropteridis filicicola
  Aleuropteridis jamesi
  Aleurotulus nephrolepidis
  Filicaleyrodes sp. indet.
  Metabemisia filicis

SCHIZAEACEAE

ANEMIA
  Aleurotulus nephrolepidis
  Filicaleyrodes williamsi

THELYPTERIDACEAE

CYCLOSORUS
  Aleuropteridis filicicola
  Aleurotulus nephrolepidis
  Metabemisia filicis

NEPHRODIUM
[See also ASPIDIACEAE]
  Aleurotulus nephrolepidis
  Filicaleyrodes williamsi

SPERMATOPHYTA

GYMNOSPERMAE

ZAMIACEAE

DIOON
  Trialeurodes vaporariorum

ANGIOSPERMAE
LILIATAE
[= Monocotyledonae]

ALISMATACEAE

ALISMA
  Trialeurodes vaporariorum

ARACEAE

CALADIUM
  Trialeurodes vaporariorum

CERCESTIS
  Aleuroplatus culcasiae

COLOCASIA
  Aleurolobus marlatti
  Bemisia leakii
  Bemisia tabaci
  Dialeuropora decempuncta
  Trialeurodes vaporariorum

CULCASIA
  Aleuroplatus culcasiae
  Aleuroplatus silvaticus

CYRTOSPERMA
  Dialeurodes elbaensis
  Dialeuropora cogniauxiae

MONSTERA
  *Aleurodicus dispersus

MONTRICHARDIA
  *Aleurodicus pulvinatus

SPATHICARPA
  Trialeurodes vaporariorum

SPATHYPHYLLUM
  *Aleurodicus dispersus

XANTHOSOMA
  Aleuroglandulus malangae

ZANTEDESCHIA
  Trialeurodes vaporariorum

CANNACEAE

CANNA
  Dialeurodes sp. indet.
  *Paraleyrodes sp. indet.

COMMELINACEAE

COMMELINA
  Bemisia tabaci
  Zaphanera publicus

CYANOTIS
  Zaphanera cyanotis

COSTACEAE

COSTUS
  Aleuroplatus andropogoni

CYPERACEAE

CYPERUS
  Aleurocybotus occiduus

DIOSCOREACEAE

DIOSCOREA
  Aleurotrachelus trachoides
  Dialeurodes dioscoreae

GRAMINEAE

GENUS INDET.
  Aleurocybotus graminicolus
  Aleurolobus gruveli
  Aleurotrachelus sp. indet.
  Aleurotrachelus fumipennis
  Bemisia formosana
  Corbettia graminis
  Dialeurolonga vendranae
  Neomaskellia comata
  Tetraleurodes pusana
  Tetraleurodes rugosus

ANDROPOGON
  Aleurolobus hargreavesi
  Aleurolobus paulianae
  Aleuroplatus andropogoni
  Aleurotrachelus fumipennis
  Neomaskellia andropogonis
  Neomaskellia bergii
  Tetraleurodes marshalli

BAMBUSA
  Aleurocanthus bambusae
  Aleurocanthus chiengmaiensis
  Aleurocanthus longispinus
  Aleurocanthus lumpurensis
  Aleurocanthus niger
  Aleurocanthus nigricans
  Aleurocanthus obovalis
  Aleurocanthus seshadrii
  Aleurotrachelus multipapillus
  Aleurotulus arundinacea
  Bemisia bambusae
  Dialeurolonga bambusae
  Dialeurolonga bambusicola
  Heteraleyrodes bambusae
  Heteraleyrodes bambusicola
  Laingiella bambusae
  Neomaskellia bergii
  Trialeurodes bambusae

BECKEROPSIS
  Aleurolobus paulianae

CENCHRUS
   Neomaskellia bergii

CHLORIS
   Aleurocybotus indicus
   Aleurocybotus occiduus

COIX
   Bemisia tabaci

CYMBOPOGON
   Aleurolobus monodi
   Tetraleurodes semilunaris

CYNODON
   Aleurocybotus occiduus
   Bemisia tabaci

DACTYLOCTENIUM
   Aleurocybotus indicus

DANTHONIA
   Trialeurodes abutiloneus

ECHINOCHLOA
   Aleurocybotus occiduus

ERIANTHUS
   Aleurolobus barodensis
   Tetralicia erianthi

HYPARRHENIA
   [= *ANDROPOGON*]

IMPERATA
   Aleurocybotus occiduus
   Tetraleurodes graminis

MISCANTHUS
   Aleurolobus barodensis

OPLISMENUS
   Aleurolobus oplismeni
   Bemisia tabaci
   Tetraleurodes oplismeni

ORYZA
   Bemisia tabaci

PANICUM
   Aleyrodes sp. indet.
   Neomaskellia bergii

PASPALUM
   Aleurocybotus occiduus
   Neomaskellia bergii

PENNISETUM
   Neomaskellia bergii

SACCHARUM
   Aleurolobus barodensis
   Aleurolobus hargreavesi
   Aleyrodes lactea
   Bemisia tabaci

   Neomaskellia andropogonis
   Neomaskellia bergii

SETARIA
   Aleurocybotus occiduus
   Neomaskellia bergii

SORGHASTRUM
   Aleurolobus paulianae

SORGHUM
   Aleurocybotus occiduus
   Neomaskellia andropogonis
   Neomaskellia bergii

ZEA
   Aleurocybotus occiduus
   Trialeurodes abutiloneus

HELICONIACEAE

HELICONIA
   Aleuroplatus sculpturatus

IRIDACEAE

GLADIOLUS
   Trialeurodes vaporariorum

IRIS
   Aleyrodes spiraeoides

LILIACEAE

ASPARAGUS
   Bemisia hancocki
   Tetraleurodes asparagi

CORDYLINE
   Bemisia cordylinidis

GLORIOSA
   Aleurothrixus floccosus

LILIUM
   Trialeurodes vaporariorum

SANSEVIERIA
   Aleurotrachelus nivetae

MARANTACEAE

TACHYPHRYNIUM
   Marginaleyrodes angolensis

MUSACEAE

MUSA
   Aleurocanthus woglumi
   Aleurocerus sp. indet.
   Aleurotrachelus granosus
   Bemisia tabaci
   Dialeurodes doveri
   Dialeurodes musae
   Dialeuropora perseae

Neoaleurolobus musae
Tetraleurodes sp. indet.
*Aleurodicus capiangae
*Aleurodicus cocois
*Aleurodicus dispersus
*Aleurodicus pulvinatus
*Aleurodicus trinidadensis
*Aleuronudus bahiensis
*Ceraleurodicus varus

ORCHIDACEAE

GENUS INDET.
Aleurotrachelus orchidicola
Trialeurodes vaporariorum
*Ceraleurodicus kesselyaki

COELOGYNE
*Ceraleurodicus kesselyaki

CYMBIDIUM
*Ceraleurodicus kesselyaki

ENCYCLIA
*Ceraleurodicus kesselyaki

PAPHIOPEDILUM
*Ceraleurodicus kesselyaki

PERISTERIA
*Aleurodicus dispersus

PHRAGMIPEDIUM
*Ceraleurodicus kesselyaki

POLYSTACHIA
Aleuroplatus plumosus

PALMAE

GENUS INDET.
Aleurotrachelus serratus
Anomaleyrodes palmae
*Ceraleurodicus moreirai
*Stenaleyrodes vinsoni

ACANTHOPHOENIX
Acutaleyrodes palmae

ARECA
Aleurocanthus nubilans

CHAMAEDOREA
Aleuroglandulus magnus
Aleuroglandulus subtilis

CHRYSALIDOCARPUS
*Aleurodicus dispersus
*Stenaleyrodes vinsoni

COCOS
Aleurocanthus cocois
Aleurocanthus dissimilis
Aleurocanthus gateri

Aleurocanthus palauensis
Aleurocanthus yusopei
Aleurocerus sp. indet.
Aleuroplatus andropogoni
Aleuroplatus cococolus
Aleurotrachelus sp. indet.
Aleurotrachelus atratus
Aleurotrachelus stellatus
Dialeurodes simmondsi
Tetraleurodes sp. indet.
*Aleurodicus antillensis
*Aleurodicus coccolobae
*Aleurodicus cocois
*Aleurodicus destructor
*Aleurodicus dispersus
*Aleurodicus flavus
*Aleurodicus jamaicensis
*Aleurodicus neglectus
*Aleurodicus ornatus
*Aleurodicus pulvinatus
*Aleurodicus trinidadensis
*Aleuronudus bahiensis
*Aleuronudus induratus
*Ceraleurodicus assymmetricus
*Ceraleurodicus splendidus
*Octaleurodicus nitidus
*Octaleurodicus pulcherrimus
*Paraleyrodes crateraformans
*Paraleyrodes pulverans
*Stenaleyrodes sp. indet.
*Stenaleyrodes vinsoni

ELAEIS
Aleurocanthus gateri
Aleurocanthus woglumi
Aleuroplatus andropogoni
Dialeuropora papillata
Tetraleurodes palmae

NYPA
*Nipaleyrodes elongata

OREODOXA
[= ROYSTONEA]

PHOENIX
Aleurocanthus bambusae
Aleurocanthus splendens
*Stenaleyrodes vinsoni

ROYSTONEA
*Stenaleyrodes vinsoni

SABAL
Dialeurodes citri

SYNECHANTHUS
Aleuroglandulus magnus
Aleuroglandulus subtilis

WASHINGTONIA
*Aleurodicus cocois

PANDANACEAE
PANDANUS
  Aleurocybotus setiferus
  Aleurotrachelus pandani

SMILACACEAE
SMILAX
  Aleurolobus niloticus
  Aleuroplatus sp. indet.
  Aleuroplatus bossi
  Aleurothrixus smilaceti
  Aleurotuberculatus burmanicus
  Bemisia hancocki
  Bemisia ovata
  Dialeurodes citri
  Dialeurodes elbaensis
  Dialeurodes hongkongensis
  Dialeuropora cogniauxiae
  Tetraleurodes russellae
  Trialeurodes pergandei
  Trialeurodes vaporariorum

ZINGIBERACEAE
AFRAMOMUM
  Aleurocanthus platysepali
  Dialeuropora cogniauxiae
  Dialeuropora portugaliae

CURCUMA
  Dialeurodes curcumae

ELETTARIA
  Aleurotuberculatus cardamomi
  Dialeurodes cardamomi

ZINGIBER
  Aleurotrachelus anonae

MAGNOLIATAE
  [= Dicotyledonae]

ACANTHACEAE

GENUS INDET.
  Pogonaleyrodes zimmermanni

ACANTHUS
  Aleurolobus acanthi
  Trialeurodes vaporariorum

ADHATODA
  Bemisia tabaci

APHELANDRA
  Trialeurodes vaporariorum

ASYSTASIA
  Bemisia tabaci

CROSSANDRA
  Lipaleyrodes crossandrae

DICLIPTERA
  Aleyrodes sp. indet.
  Zaphanera cyanotis

JUSTICIA
  Aleuroplatus sp. indet.

RUELLIA
  Bemisia tabaci
  Trialeurodes abutiloneus

SANCHEZIA
  Trialeurodes vaporariorum
  *Aleurodicus dispersus

ACERACEAE

ACER
  Aleurochiton acerinus
  Aleurochiton aceris
  Aleurochiton forbesii
  Aleurochiton orientalis
  Aleurochiton pseudoplatani
  Aleurotuberculatus magnoliae
  Asterobemisia carpini
  Bemisia tabaci
  Parabemisia aceris
  Parabemisia maculata
  Taiwanaleyrodes meliosmae
  Tetraleurodes mori
  Trialeurodes vaporariorum
  Trialeurodes variabilis

ACTINIDIACEAE

ACTINIDIA
  Aleurotuberculatus magnoliae

AMARANTHACEAE

ACHYRANTHES
  Bemisia tabaci
  Lipaleyrodes crossandrae
  Pealius rubi

AMARANTHUS
  Bemisia tabaci

CELOSIA
  Bemisia tabaci

DIGERA
  Bemisia tabaci

ANACARDIACEAE

ANACARDIUM
  Aleurocanthus woglumi

Aleurotrachelus theobromae
Aleurotuberculatus nigeriae
Aleurothrixus floccosus
**Aleurodicus cocois*

COTINUS
Asterobemisia carpini
Bemisia silvatica

DUVAUA
[= SCHINUS]

GLUTA
Dialeurodes glutae
Dialeurodes rengas
Dialeurodes rhodamniae
Dialeuropora bipunctata

LANNEA
Bemisia tabaci

LITHRAEA
Aleuroparadoxus punctatus
Aleurothrixus porteri

MANGIFERA
Aleurocanthus mangiferae
Aleurocanthus woglumi
Aleurothrixus floccosus
Dialeuropora mangiferae
Rusostigma radiirugosa
Trialeurodes floridensis
**Aleurodicus dispersus*

RHUS
Acaudaleyrodes citri
Pealius rubi
Trialeurodes intermedia
Trialeurodes packardi
Trialeurodes vaporariorum

SCHINUS
Aleuroparadoxus punctatus
Aleurothrixus porteri
Trialeurodes vaporariorum
**Aleurodicus coccolobae*
**Aleurodicus dispersus*

SPONDIAS
Aleurothrixus floccosus

TRICHOSCYPHA
Dialeurodes elbaensis

ANNONACEAE

ANNONA [= *ANONA*]
Aleurocanthus sp. indet.
Aleurocanthus rugosa
Aleurocanthus spiniferus
Aleurocanthus spinosus
Aleurocanthus woglumi
Aleuroplatus andropogoni

Aleurothrixus floccosus
Aleurotrachelus anonae
Bemisia tabaci
Dialeurodes sp. indet.
Dialeuropora decempuncta
Tetraleurodes sp. indet.
Trialeurodes floridensis
Trialeurodes rara
Trialeurodes ricini
**Aleurodicus cocois*
**Aleurodicus destructor*
**Aleurodicus dugesii*
**Aleurodicus dispersus*
**Aleurodicus neglectus*
**Ceraleurodicus moreirai*
**Lecanoideus giganteus*
**Lecanoideus mirabilis*
**Metaleurodicus lacerdae*

ASIMINA
Aleuroplatus elemarae

CANANGA
Aleurocanthus canangae
Aleurotuberculatus canangae
**Lecanoideus mirabilis*

FISSISTIGMA
Aleurotrachelus fissistigmae
Bemisia tabaci
Dialeuropora decempuncta
Singhius hibisci

HEXALOBUS
Aleurocanthus recurvispinus

MONODORA
Aleuroplatus culcasiae
Dialeurodes elbaensis

POLYALTHIA
Aleurocanthus rugosa
Aleuroplatus alcocki
Dialeuropora decempuncta

ROLLINIA
**Lecanoideus giganteus*

UVARIA
Africaleurodes uvariae
Aleurocanthus imperialis
Aleurocanthus recurvispinus
Aleurocanthus uvariae
Aleuroplatus triclisiae
Dialeurodes delamarei
Dialeurolonga strychnosicola
Dialeuropora cogniauxiae
Dialeuropora papillata
Paulianaleyrodes pauliani
Paulianaleyrodes tetracerae
Tetraleurodes russellae

APOCYNACEAE

GENUS INDET.
*Metaleurodicus melzeri

ALLEMANDA
Dialeurodes citri
Dialeurodes kirkaldyi

ALYXIA
Dialeurodes reticulosa

BEAUMONTIA
Dialeurodes kirkaldyi
*Aleurodicus dispersus

CARPODINUS
Dialeuropora cogniauxiae

LANDOLPHIA
Tetraleurodes sp. indet.

NERIUM
Aleurolobus niloticus
Dialeurodes citri
Trialeurodes vaporariorum

PLEIOCARPA
Africaleurodes souliei
Aleurotrachelus souliei

PLUMERIA
Aleurocanthus woglumi
Aleurothrixus floccosus
Dialeurodes kirkaldyi
Dialeurolonga elliptica

RAUWOLFIA
Aleuroplatus hiezi
Aleuroplatus periplocae

SABA
Aleuroplatus vuattouxi

TABERNAEMONTANA
Aleurocanthus woglumi
Aleuroplatus hiezi
Aleurotrachelus souliei
Dialeurodes kirkaldyi

TRACHELOSPERMUM
Aleurotuberculatus trachelospermi
Dialeurodes kirkaldyi

TRACHOMITUM
Bemisia sugonjaevi

AQUIFOLIACEAE

ILEX
Aleuroparadoxus ilicicola
Aleuroplatus berbericolus
Aleuroplatus ilicis
Aleuroplatus plumosus
Aleuroplatus semiplumosus
Aleuroplatus vaccinii
Aleurotuberculatus aucubae
Aleurotuberculatus euryae
Aleurotuberculatus gordoniae
Aleurotuberculatus hikosanensis
Aleurotuberculatus similis
Aleurotuberculatus trachelospermi
Dialeurodes formosensis
Rusostigma tokyonis
Tetraleurodes sp. indet.
Tetraleurodes mori
Trialeurodes vaporariorum

ARALIACEAE

AGALMA
[= SCHEFFLERA]

ARALIA
Aleurotrachelus ishigakiensis
Dialeurodes citri
Trialeurodes vaporariorum

DIZYGOTHECA
*Aleurodicus dispersus

GILIBERTIA
Aleurotrachelus ishigakiensis

HEDERA
Aleurolobus hederae
Aleurolobus niloticus
Aleurotrachelus ishigakiensis
Aleurotuberculatus aucubae
Bemisia ovata
Dialeurodes citri
Siphoninus immaculatus
Tetraleurodes hederae

HEPTAPLEURUM
[= SCHEFFLERA]

MYRITA
Orchamoplatus montanus

OPLOPANAX
Trialeurodes vaporariorum

PANAX
Dialeurodes panacis

SCHEFFLERA
Aleurotuberculatus gordoniae
Dialeurodes agalmae
Dialeurodes citri
Dialeurodes formosensis

ARISTOLOCHIACEAE

ARISTOLOCHIA
Bemisia tabaci

Trialeurodes rara
*Aleurodicus aranjoi

ASCLEPIADACEAE

AMPELAMUS
 [= *GONOLOBUS*]

ASARUM
 Aleurolobus wunni
 Aleyrodes asari
 Aleyrodes asarumis

ASCLEPIAS
 Aleyrodes spiraeoides
 Trialeurodes abutiloneus
 Trialeurodes notata

CYNANCHUM
 Bemisia hancocki

GONOLOBUS
 Trialeurodes abutiloneus
 Trialeurodes vaporariorum

HOYA
 Aleuroplatus hoyae

LEPTADENIA
 Acaudaleyrodes citri
 Aleurocanthus leptadeniae
 Aleurolobus niloticus
 Aleuroplatus bossi
 Aleuroplatus cadabae
 Bemisia tabaci

OMPHALOGONUS
 [= *PARQUETINA*]

PARQUETINA
 Aleurothrixus floccosus
 Corbettia millettiacola

PERGULARIA
 Bemisia tabaci

PERIPLOCA
 Aleuroplatus periplocae
 Bemisia tabaci
 Tetraleurodes ghesquierei

BALSAMINACEAE

IMPATIENS
 Aleyrodes lonicerae
 Aleyrodes proletella
 Tetraleurodes mirabilis
 Trialeurodes abutiloneus
 Trialeurodes packardi
 Trialeurodes vaporariorum

BEGONIACEAE

BEGONIA
 Aleurocanthus woglumi
 Trialeurodes rara
 Trialeurodes vaporariorum
 *Aleurodicus coccolobae
 *Aleurodicus dugesii
 *Aleurodicus dispersus
 *Aleurodicus flavus

BERBERIDACEAE

BERBERIS
 Aleuroplatus berbericolus
 Aleuroplatus ovatus
 Aleurotrachelus espunae
 Bemisia berbericola
 Bemisia shinanoensis
 Trialeurodes vaporariorum

BONGARDIA
 Aleyrodes proletella

BETULACEAE

ALNUS
 Aleuroplatus pectiniferus
 Aleurotuberculatus magnoliae
 Bemisia alni

BETULA
 Asterobemisia carpini
 Tetraleurodes mori
 Trialeurodes packardi

CARPINUS
 Asterobemisia carpini
 Asterobemisia lata
 Bemisia silvatica
 Pealius quercus
 Taiwanaleyrodes carpini
 Tetraleurodes mori
 Trialeurodes packardi

CORYLUS
 Asterobemisia carpini
 Bemisia iole
 Pealius quercus
 Tetraleurodes mori
 Trialeurodes packardi

OSTRYA
 Pealius quercus
 Trialeurodes packardi

BIGNONIACEAE

BIGNONIA
 Aleuroplatus bignoniae
 Trialeurodes packardi
 Trialeurodes pergandei
 Trialeurodes vaporariorum

CATALPA
   Tetraleurodes mori
   Trialeurodes packardi
   Trialeurodes vaporariorum

COLEA
   Xenobemisia coleae

CRESCENTIA
   Aleurocanthus woglumi
   Trialeurodes floridensis

MARKHAMIA
   Africaleurodes capgrasi
   Africaleurodes pauliani
   Aleuroplatus triclisiae
   Aleurotuberculatus caloncobae
   Bemisia hancocki
   Dialeuropora cogniauxiae
   Jeannelaleyrodes bertilloni
   Tetraleurodes russellae

PHYLLARTHRON
   Dialeurolonga phyllarthronis

SPATHODEA
   Bemisia tabaci

STEREOSPERMUM
   Aleurolobus niloticus
   Aleurotuberculatus caloncobae
   Aleurotuberculatus stereospermi
   Jeannelaleyrodes graberi

TABEBUIA
   Aleurotrachelus trachoides

TECOMA
   Aleurotuberculatus nigeriae
   Dialeurodes citri
   Orstomaleyrodes fimbriae
   Trialeurodes pergandei
   Trialeurodes vaporariorum

BIXACEAE

COCHLOSPERMUM
   Bemisia tabaci

BOMBACACEAE

BOMBACOPSIS
   Bemisia tabaci

BOMBAX
   Aleurolobus niloticus
   Aleurolobus philippinensis
   Aleurolobus simula
   Aleurotuberculatus parvus
   Trialeurodes floridensis

CEIBA
   Bemisia tabaci

DURIO
   Dialeurodes sp. indet.

GOSSAMPINUS
   [= BOMBAX]

MAXWELLIA
   Gomenella reflexa

SALMALIA
   [= BOMBAX]

BORAGINACEAE

CORDIA
   Aleurocanthus woglumi
   Aleurotuberculatus sp. indet.
   Aleurotuberculatus takahashii
   Asterochiton cordiae
   Bemisia antennata
   Bemisia giffardi
   Dialeurodes sp. indet.
   Dialeuropora decempuncta
   Rhachisphora trilobitoides

EHRETIA
   Aleurolobus niloticus
   Dialeurodes citri

HELIOTROPIUM
   Trialeurodes abutiloneus
   Trialeurodes vaporariorum

TOURNEFORTIA
   Trialeurodes vaporariorum

BURSERACEAE

BURSERA
   Tetraleurodes acaciae
   *Aleurodicus dispersus

COMMIPHORA
   Dialeurolonga sp. indet.

BUXACEAE

BUXUS
   Aleurotuberculatus hikosanensis

CAMPANULACEAE

CAMPANULA
   Aleyrodes campanulae
   Aleyrodes lonicerae
   Aleyrodes takahashii
   Trialeurodes vaporariorum

CODONOPSIS
   Aleyrodes lonicerae
   Aleyrodes proletella

LOBELIA
   Trialeurodes vaporariorum

OSTROWSKIA
   Aleyrodes proletella

PHYTEUMA
   Aleyrodes lonicerae

PLATYCODON
   Trialeurodes vaporariorum

CANELLACEAE

WARBURGIA
   Aleuroplatus bossi

CANNABACEAE

CANNABIS
   Bemisia tabaci

HUMULUS
   Asterobemisia carpini

CAPPARACEAE

BOSCIA
   Aleurocanthus leptadeniae
   Aleurolobus mauritanicus
   Aleurolobus niloticus
   Bemisia tabaci
   Trialeurodes rara

CADABA
   Aleuroplatus cadabae
   Bemisia tabaci

CAPPARIS
   Aleurocanthus woglumi
   Aleurolobus niloticus
   Bemisia tabaci

CLEOME
   Bemisia tabaci

CRATEVA
   Bemisia hancocki

FORCHHAMMERIA
   Aleuroplatus dentatus

GYNANDROPSIS
   [= *CLEOME*]

MAERUA
   Aleuroplatus bossi

RITCHIEA
   Aleurolobus mauritanicus

CAPRIFOLIACEAE

LONICERA
   Aleurolobus wunni
   Aleuropleurocelus nigrans
   Aleurotuberculatus aucubae
   Aleyrodes lonicerae
   Aleyrodes spiraeoides
   Asterobemisia carpini
   Bemisia eoa
   Bemisia mesasiatica
   Bemisia tabaci
   Dialeurodes citri
   Trialeurodes glacialis
   Trialeurodes packardi
   Trialeurodes vaporariorum

SAMBUCUS
   Acaudaleyrodes citri
   Aleurotuberculatus psidii
   Trialeurodes vaporariorum

SYMPHORICARPOS
   Aleurolobus wunni
   Aleuropleurocelus nigrans
   Aleyrodes diasemus
   Aleyrodes lonicerae
   Trialeurodes packardi
   Trialeurodes vaporariorum

VIBURNUM
   Aleuroplatus plumosus
   Aleuroplatus setiger
   Aleurotrachelus jelinekii
   Dialeurodes bladhiae
   Dialeurodes citri
   Dialeurodes formosensis
   Dialeuropora viburni
   Trialeurodes packardi
   Trialeurodes pergandei

CARICACEAE

CARICA
   Aleurocanthus woglumi
   Trialeurodes variabilis

CARYOPHYLLACEAE

STELLARIA
   Trialeurodes vaporariorum

CELASTRACEAE

CASSINE
   Dialeurodes sp. indet.

CELASTRUS
   Dialeurodes cerifera

ELAEODENDRON
   Dialeurodes davidi
   Dialeurolonga sp. indet.

GYMNOSPORIA
   Aleurocanthus woglumi
   Dialeurodes sp. indet.

KURRIMIA
　Aleurocanthus woglumi

MAYTENUS
　Aleurotrachelus parvus
　Pseudaleyrodes depressus

CHENOPODIACEAE

ATRIPLEX
　Aleyrodes atriplex

CHENOPODIUM
　Bemisia tabaci

CHRYSOBALANACEAE

CHRYSOBALANUS
　Africaleurodes balachowskyi
　Aleurocanthus mayumbensis
　Bemisia tabaci
　Dialeurodes elbaensis
　Dialeurolonga strychnosicola
　Dialeuropora cogniauxiae
　*Aleurodicus cocois
　*Aleurodicus dugesii

GEOBALANUS
　[= LICANIA]

LICANIA
　Aleurocerus luxuriosus
　Aleurothrixus floccosus
　Trialeurodes floridensis
　*Aleurodicus cocois
　*Aleurodicus maritimus
　*Aleurodicus neglectus
　*Aleurodicus pulvinatus
　*Lecanoideus giganteus
　*Paraleyrodes goyabae
　*Paraleyrodes singularis

MOQUILEA
　[= LICANIA]

CISTACEAE

CISTUS
　Bemisia tabaci

CLETHRACEAE

CLETHRA
　Aleurotuberculatus magnoliae

COMBRETACEAE

GENUS INDET.
　Bemisaleyrodes balachowskyi

COMBRETUM
　Acaudaleyrodes citri
　Africaleurodes coffeacola
　Africaleurodes lamottei
　Aleurocanthus sp. indet.
　Aleurocanthus aberrans
　Aleurocanthus alternans
　Aleurocanthus descarpentriesi
　Aleurocanthus regis
　Aleurocanthus trispina
　Aleurolobus pauliani
　Aleuroplatus sp. indet.
　Aleurotuberculatus sp. indet.
　Aleurotuberculatus nigeriae
　Bemisia hancocki
　Orstomaleyrodes fimbriae
　Siphoninus gruveli
　Tetraleurodes russellae
　Tetralicia sp. indet.

CONOCARPUS
　*Aleurodicus dispersus

QUISQUALIS
　Acaudaleyrodes sp. indet.
　Aleurotuberculatus jasmini
　Bemisia hancocki
　Bemisia porteri

TERMINALIA
　Aleuroplatus pectenserratus
　Dialeurodes kirkaldyi
　*Aleurodicus dispersus

COMPOSITAE

GENUS INDET.
　Aleurotrachelus rubromaculatus
　*Metaleurodicus jequiensis

ACANTHOCEPHALUS
　Aleyrodes proletella

AGERATUM
　Bemisia tabaci
　Trialeurodes vaporariorum

AMBROSIA
　Trialeurodes abutiloneus
　Trialeurodes notata
　Trialeurodes packardi

ARTEMISIA
　Bemisiella artemisiae
　Trialeurodes vaporariorum

ASPILIA
　Bemisia tabaci
　Lipaleyrodes sp. indet.

ASTER
　Bemisia tabaci
　Trialeurodes abutiloneus
　Trialeurodes packardi
　Trialeurodes vaporariorum

BACCHARIS
    Aleuroplatus cockerelli
    Aleurothrixus aepim
    Aleurothrixus floccosus
    Aleurotrachelus fenestellae
    Aleyrodes latus
    **Aleurodicus marmoratus*

BIDENS
    Aleurotrachelus trachoides
    Dialeurodes vulgaris
    Trialeurodes abutiloneus
    Trialeurodes vaporariorum

CALENDULA
    Bemisia tabaci

CALLISTEMMA
    [= *CALLISTEPHUS*]

CALLISTEPHUS
    Trialeurodes vaporariorum

CARTHAMUS
    Bemisia tabaci

CENTAUREA
    Bemisia tabaci

CEPHALORRHYNCHUS
    Aleyrodes proletella

CHRYSANTHEMUM
    Bemisia tabaci
    Bemisiella artemisiae
    Trialeurodes vaporariorum

CICERBITA
    Aleyrodes lonicerae

CICHORIUM
    Aleyrodes proletella

CONYZA
    Bemisia tabaci
    Trialeurodes vaporariorum

COREOPSIS
    Bemisia tabaci
    Trialeurodes vaporariorum

COSMOS
    Bemisia tabaci

DAHLIA
    Trialeurodes vaporariorum

ECLIPTA
    Bemisia tabaci
    Trialeurodes abutiloneus

EMILIA
    Bemisia tabaci
    Trialeurodes vaporariorum

ENCELIA
    Trialeurodes vaporariorum

ERECHTITES
    Trialeurodes abutiloneus

ERIGERON
    Trialeurodes abutiloneus
    Trialeurodes vaporariorum

EUPATORIUM
    Bemisia tabaci
    Trialeurodes abutiloneus
    Trialeurodes notata
    Trialeurodes packardi
    Trialeurodes vaporariorum
    **Aleurodicus trinidadensis*

FRANSERIA
    [= *AMBROSIA*]

GALINSOGA
    Trialeurodes vaporariorum

HAPLOPHYLLUM
    [= *MUTISIA*]

HELIANTHUS
    Bemisia tabaci
    Trialeurodes abutiloneus
    Trialeurodes notata
    Trialeurodes packardi
    Trialeurodes vaporariorum

HETEROTHECA
    Trialeurodes abutiloneus

INULA
    Aleyrodes proletella
    Bemisia tabaci
    Trialeurodes vaporariorum

IVA
    Trialeurodes abutiloneus

LACTUCA
    Aleyrodes proletella
    Trialeurodes abutiloneus
    Trialeurodes notata
    Trialeurodes vaporariorum

LAPSANA
    Aleyrodes proletella
    Trialeurodes vaporariorum

MIKANIA
    Aleurothrixus aepim
    Aleurotrachelus trachoides
    **Aleurodicus jamaicensis*
    **Bakerius glandulosus*

MUTISIA
    Aleyrodes proletella
    Trialeurodes vaporariorum

PARTHENIUM
Trialeurodes vaporariorum
PERTYA
Aleurolobus japonicus
Bemisia shinanoensis
Odontaleyrodes mitakensis
PLUCHEA
Aleuropleurocelus coachellensis
Trialeurodes abutiloneus
PRENANTHES
Aleyrodes prenanthis
Aleyrodes proletella
PSEUDELEPHANTOPUS
Bemisia tabaci
PSIADIA
Bemisia psiadiae
Dialeurolonga pauliani
RUDBECKIA
Trialeurodes notata
Trialeurodes vaporariorum
SENECIO
*Septaleurodicus mexicanus
SERRATULA
Bemisia tabaci
SOLIDAGO
Trialeurodes abutiloneus
Trialeurodes notata
Trialeurodes packardi
Trialeurodes vaporariorum
SONCHUS
Aleyrodes prenanthis
Aleyrodes proletella
Aleyrodes shizuokensis
Aleyrodes sorini
Aleyrodes spiraeoides
Bemisia tabaci
Trialeurodes abutiloneus
Trialeurodes vaporariorum
STEPTORHAMPHUS
Aleyrodes proletella
STEVIA
Trialeurodes vaporariorum
TAGETES
Trialeurodes vaporariorum
TARAXACUM
Aleyrodes proletella
Trialeurodes abutiloneus
Trialeurodes vaporariorum
TITHONIA
Trialeurodes vaporariorum

VERBESINA
Trialeurodes vaporariorum
VERNONIA
Bemisia tabaci
Trialeurodes abutiloneus
Trialeurodes notata
XANTHIUM
Bemisia tabaci
Trialeurodes abutiloneus
Trialeurodes vaporariorum
ZINNIA
Bemisia tabaci
Trialeurodes vaporariorum

CONNARACEAE

AGELAEA
Aleurolobus fouabii
Aleuroplatus andropogoni
Aleuroplatus culcasiae
Aleurotrachelus brazzavillense
Tetraleurodes moundi
BYRSOCARPUS
Dialeuropora cogniauxiae
CASTANOLA
[= AGELAEA]
CNESTIS
Aleurocanthus alternans
Aleuroplatus triclisiae
MANOTES
Aleuroplatus triclisiae
Dialeurodes elbaensis
Dialeuropora cogniauxiae
Tetraleurodes russellae

CONVOLVULACEAE

CONVOLVULUS
Aleyrodes spiraeoides
Bemisia tabaci
Trialeurodes ricini
DICHONDRA
Trialeurodes abutiloneus
ERYCIBE
Aleurocanthus spiniferus
IPOMOEA
Aleurocanthus davidi
Aleurothrixus aepim
Aleurotrachelus trachoides
Bemisia tabaci
Pealius schimae
Singhius hibisci
Trialeurodes abutiloneus
Trialeurodes floridensis

Trialeurodes notata
Trialeurodes ricini
Trialeurodes vaporariorum
NEUROPELTIS
Africaleurodes souliei

CORNACEAE
AUCUBA
Aleurotuberculatus aucubae

CORNUS
Aleurotrachelus ishigakiensis
Aleurotuberculatus magnoliae
Tetraleurodes corni
Tetraleurodes mori

CRUCIFERAE
BRASSICA
Aleyrodes proletella
Bemisia tabaci
Trialeurodes abutiloneus
Trialeurodes vaporariorum

CARDAMINE
Aleyrodes lonicerae

CAULANTHUS
Tetraleurodes pringlei

CHEIRANTHUS
Aleyrodes proletella

ERUCA
Bemisia tabaci

LEPIDIUM
Aleyrodes proletella

NASTURTIUM
Trialeurodes vaporariorum

RHAPHANUS
Bemisia tabaci

ZILLA
Bemisia tabaci

CUCURBITACEAE
CITRULLUS
Bemisia tabaci
Trialeurodes abutiloneus
Trialeurodes vaporariorum

COCCINIA
Bemisia tabaci

COGNIAUXIA
Africaleurodes martini
Dialeuropora cogniauxiae
Paulianaleyrodes tetracerae

CUCUMIS
Bemisia tabaci
Trialeurodes abutiloneus
Trialeurodes vaporariorum

CUCURBITA
Aleyrodes sp. indet.
Bemisia tabaci
Trialeurodes vaporariorum

LAGENARIA
Bemisia tabaci

LUFFA
Bemisia tabaci

MOMORDICA
Bemisia tabaci

SICYOS
Trialeurodes vaporariorum

TRICHOSANTHES
Bemisia tabaci

CUNONIACEAE
GENUS INDET.
Orchamoplatus montanus
Parabemisia reticulata

CERATOPETALUM
Aleurotrachelus sp. indet.

WEINMANNIA
Aleuroplatus weinmanniae
Dialeurolonga maculata

DAPHNIPHYLLACEAE
DAPHNIPHYLLUM
Aleurolobus marlatti
Aleurotrachelus ishigakiensis
Dialeurodes daphniphylli
Dialeurodes monticola
Dialeurodes multipora
Taiwanaleyrodes meliosmae

DICHAPETALACEAE
DICHAPETALUM
Africaleurodes adami
Dialeurolonga strychnosicola
Marginaleyrodes tetracerae
Paulianaleyrodes splendens

DILLENIACEAE
DAVILLA
Aleurocerus tumidosus
Aleuroparadoxus trinidadensis
Aleuroparadoxus truncatus

DILLENIA
    Aleuroplatus joholensis
    Taiwanaleyrodes indica

HIBBERTIA
    Aleurocanthus multispinosus

TETRACERA
    Africaleurodes capgrasi
    Africaleurodes tetracerae
    Aleurocanthus mayumbensis
    Aleurocanthus recurvispinus
    Aleuroplatus hiezi
    Aleuroplatus triclisiae
    Combesaleyrodes tauffliebi
    Dialeurodes elbaensis
    Dialeurolonga strychnosicola
    Dialeuropora cogniauxiae
    Jeannelaleyrodes bertilloni
    Marginaleyrodes tetracerae
    Paulianaleyrodes tetracerae
    Tetraleurodes moundi
    Tetraleurodes russellae
    Trialeurodes floridensis

DIPTEROCARPACEAE

DIPTEROCARPUS
    Aleurocanthus sp. indet.
    Dialeurodes dipterocarpi
    Dialeuropora decempuncta

SHOREA
    Dialeurodes shoreae

EBENACEAE

GENUS INDET.
    Aleuroparadoxus gardeniae

DIOSPYROS
    Acanthaleyrodes spiniferosa
    Africaleurodes pauliani
    Aleurocanthus spiniferus
    Aleuroclava complex
    Aleurolobus niloticus
    Aleurothrixus floccosus
    Aleurotrachelus selangorensis
    Aleurotrachelus turpiniae
    Aleurotuberculatus nigeriae
    Dialeurodes citri
    Parabemisia myricae
    Tetraleurodes mori
    Trialeurodes packardi
    Trialeurodes vaporariorum
    *Paraleyrodes perseae

ELAEAGNACEAE

ELAEAGNUS
    Dialeurodes elaeagni

ELAEOCARPACEAE

ELAEOCARPUS
    Parabemisia myricae
    Tetraleurodes elaeocarpi

SLOANEA
    Aleurocanthus spiniferus

EPACRIDACEAE

LEUCOPOGON
    Aleurocanthus nudus
    Aleurotrachelus limbatus
    Leucopogonella apectenata
    Leucopogonella pallida
    Leucopogonella simila
    Leucopogonella sinuata
    Orchamoplatus montanus
    Tetraleurodes stypheliae

MONOTOCA
    Aleuroclava ellipticae
    Aleurotrachelus limbatus
    Bemisia decipiens
    Tetraleurodes croceata

STYPHELIA
    [See *MONOTOCA* and *LEUCOPOGON*]

ERICACEAE

AGAURIA
    Aleuroplatus agauriae
    Dialeurolonga agauriae

ARBUTUS
    Aleuroparadoxus arctostaphyli
    Aleuroplatus coronata
    Aleuropleurocelus nigrans
    Aleurotrachelus jelinekii
    Bemisia tabaci
    Tetraleurodes sp. indet.
    Tetraleurodes errans
    Trialeurodes bemisae
    Trialeurodes corollis
    Trialeurodes lauri
    Trialeurodes madroni
    Trialeurodes merlini
    Trialeurodes ricini
    Trialeurodes vaporariorum

ARCTOSTAPHYLOS
    Aleuroparadoxus arctostaphyli
    Aleuropleurocelus acaudatus
    Aleuropleurocelus laingi
    Aleuropleurocelus nigrans
    Tetraleurodes splendens
    Tetraleurodes ursorum
    Trialeurodes corollis
    Trialeurodes hutchingsi

Trialeurodes merlini
Trialeurodes packardi
Trialeurodes vaporariorum

AZALEA
[= *RHODODENDRON*]

CALLUNA
Calluneyrodes callunae

EPIGAEA
Aleuroplatus epigaeae

ERICA
Tetralicia ericae
Trialeurodes ericae

GAULTHERIA
Aleuroplatus epigaeae
Aleuroplatus panamensis
Aleuroplatus plumosus
Aleuroplatus vaccinii
Trialeurodes vaporariorum

GAYLUSSACIA
Aleuroplatus vaccinii

KALMIA
Aleuroplatus ilicis
Aleuroplatus myricae
Aleuroplatus plumosus
Aleuroplatus semiplumosus
Aleuroplatus vaccinii
Tetraleurodes mori

LEUCOTHOE
Aleurotuberculatus similis

PIERIS
Aleurotuberculatus euryae
Aleurotuberculatus magnoliae
Aleurotuberculatus similis
Dialeurodes formosensis

RHODODENDRON
Aleurolobus rhododendri
Aleuroplatus myricae
Aleuroplatus semiplumosus
Aleurotuberculatus magnoliae
Aleurotuberculatus rhododendri
Aleurotuberculatus similis
Bemisia ovata
Bemisia shinanoensis
Bemisia silvatica
Dialeurodes chittendeni
Neopealius nilgiriensis
Odontaleyrodes rhododendri
Parabemisia myricae
Pealius azaleae
Trialeurodes packardi
Trialeurodes vaporariorum

VACCINIUM
Aleuroplatus elemarae
Aleuroplatus epigaeae
Aleuroplatus myricae
Aleuroplatus plumosus
Aleuroplatus vaccinii
Aleurotuberculatus similis
Aleurotuberculatus similis subsp. *europaeus*
Aleurotuberculatus similis subsp. *suborientalis*
Asterobemisia carpini
Trialeurodes packardi
Trialeurodes vaporariorum

ERYTHROXYLACEAE

ERYTHROXYLON
Dialerolonga erythroxylonis

EUCRYPHIACEAE

EUCRYPHIA
Trialeurodes vaporariorum

EUPHORBIACEAE

ACALYPHA
Bemisia tabaci
Trialeurodes abutiloneus
**Aleurodicus dispersus*

ALCHORNEA
Aleurocanthus aberrans
Aleurocanthus alternans
Aleurocanthus descarpentriesi
Aleuroplatus sp. indet.
Bemisia sp. indet.
Bemisaleyrodes grjebinei
Dialeurolonga sp. indet.
Dialeurolonga lamtoensis
Pealius ezeigwi

ANTIDESMA
Aleurothrixus antidesmae
Dialeuropora cogniauxiae
Jeannelaleyrodes bertilloni
**Aleurodicus antidesmae*

BACCAUREA
Aleuroputeus baccaureae
Aleurotuberculatus filamentosa
Singhius hibisci
Taiwanaleyrodes baccaureae

BISCHOFIA
Aleuroplatus pectiniferus
Aleurotrachelus caerulescens
Aleurotuberculatus jasmini
Dialeurodes sp. indet.
Dialeurodes citri

BREYNIA
   Lipaleyrodes breyniae
   Singhius hibisci
   Trialeurodes rara
   Trialeurodes ricini

BRIDELIA
   Aleurocanthus sp. indet.
   Aleurocanthus alternans
   Aleuroplatus sp. indet.
   Aleurotuberculatus psidii
   Bemisia sp. indet.
   Bemisia hancocki
   Bemisia tabaci
   Bemisaleyrodes grjebinei
   Dialeuropora brideliae
   Dialeuropora cogniauxiae
   Dialeuropora ndiria
   Singhius hibisci

CODIAEUM
   Orchamoplatus mammaeferus

COLLIGUAJA
   Aleuroparadoxus punctatus
   Bemisia berbericola

CROTON
   Aleurocanthus woglumi

DRYPETES
   Africaleurodes souliei
   Aleurocanthus sp. indet.
   Dialeurolonga paucipapillata

ENDOSPERMUM
   Dialeurodes endospermi

ERYTHROCOCCA
   Aleurotrachelus sp. indet.

EUPHORBIA
   Acaudaleyrodes rachiphora
   Aleuroplatus sp. indet.
   Aleyrodes euphorbiae
   Aleyrodes lonicerae
   Aleyrodes proletella
   Aleyrodes pruinosus
   Aleyrodes singularis
   Aleyrodes zygia
   Asterobemisia paveli
   Bemisia poinsettiae
   Bemisia tabaci
   Dialeuropora decempuncta
   Lipaleyrodes euphorbiae
   Taiwanaleyrodes fici
   Trialeurodes abutiloneus
   Trialeurodes euphorbiae
   Trialeurodes rara
   Trialeurodes ricini
   Trialeurodes vaporariorum

FLUEGGEA
   Aleurolobus onitshae

GLOCHIDION
   Dialeurodes citri
   Singhius hibisci

HEVEA
   **Aleurodicus cocois*
   **Lecanoideus giganteus*

HOMONOIA
   Dialeurodes laos

HURA
   **Aleurodicus dispersus*

HYMENOCARDIA
   Africaleurodes capgrasi
   Aleurocanthus alternans
   Aleurocanthus mvoutiensis
   Aleurolobus ravisei
   Aleuroplatus andropogoni
   Aleurotuberculatus caloncobae
   Dialeurolonga sarcocephali
   Dialeuropora cogniauxiae
   Dialeuropora portugaliae
   Tetraleurodes moundi
   Tetraleurodes russellae

JATROPHA
   Bemisia tabaci
   **Aleurodicus pulvinatus*

LEPIDOTURUS
   Aleurocanthus sp. indet.
   Aleuroplatus sp. indet.
   Aleurotrachelus sp. indet.
   Tetralicia sp. indet.

MACARANGA
   Aleurocanthus sp. indet.
   Aleurotuberculatus macarangae
   Bemisia tabaci
   Singhius hibisci
   Taiwanaleyrodes macarangae

MAESOBOTRYA
   Africaleurodes coffeacola
   Aleuroplatus sp. indet.
   Pealius ezeigwi

MALLOTUS
   Acanthaleyrodes callicarpae
   Aleurolobus niloticus
   Aleurolobus taonabae
   Aleurotuberculatus magnoliae
   Aleurotuberculatus malloti

MANIHOT
   Aleurothrixus aepim
   Bemisia hancocki

Bemisia tabaci
Bemisia tuberculata
Trialeurodes manihoti
Trialeurodes rara
Trialeurodes variabilis

MANNIOPHYTON
Aleuroplatus triclisiae

MERCURIALIS
Aleyrodes elevatus
Aleyrodes lonicerae

OSTODES
Aleuroplatus incisus

PHYLLANTHUS
Aleurocanthus zizyphi
Aleurolobus niloticus
Aleurotuberculatus filamentosa
Aleurotuberculatus phyllanthi
Aleyrodes shizuokensis
Bemisia tabaci
Dialeurodes sp. indet.
Dialeurodes dissimilis
Lipaleyrodes sp. indet.
Lipaleyrodes phyllanthi
Trialeurodes rara
Trialeurodes ricini

POINSETTIA
[= EUPHORBIA]

PROTOMEGABARIA
Aleurocanthus mayumbensis

RICINUS
Aleyrodes sp. indet.
Bemisia tabaci
Dialeurodes citri
Trialeurodes abutiloneus
Trialeurodes rara
Trialeurodes ricini
Trialeurodes vaporariorum

SAPIUM
Aleurocanthus alternans
Aleurocanthus spiniferus
Aleurotrachelus ishigakiensis
Dialeurodes elbaensis
Dialeuropora cogniauxiae
Dialeuropora papillata
Singhius hibisci
Trialeurodes vaporariorum

SECURINEGA
Bemisia hancocki

TREWIA
Bemisia tabaci

FAGACEAE
GENUS INDET.
Aleurotuberculatus multipori

CASTANEA
Asterobemisia carpini
Pealius quercus

CASTANOPSIS
Aleurolobus shiiae

FAGUS
Asterochiton bagnalli
Pealius quercus

LITHOCARPUS
Aleurocanthus mangiferae
Aleurotuberculatus lithocarpi
Dialeurodes bladhiae
Dialeurodes citri
Dialeurodes lithocarpi
Dialeurodes rarasana
Trialeurodes drewsi

NOTHOFAGUS
Asterochiton cerata
Asterochiton fagi
Trialeurodes vaporariorum

QUERCUS
Aleuroplatus sp. indet.
Aleuroplatus coronata
Aleuroplatus gelatinosus
Aleuroplatus plumosus
Aleuroplatus quercusaquaticae
Aleuropleurocelus nigrans
Aleurotrachelus sp. indet.
Aleurotrachelus espunae
Aleyrodes proletella
Asterobemisia carpini
Asterobemisia lata
Asterobemisia takahashii
Bemisia silvatica
Bemisia tabaci
Dialeurodes citri
Hesperaleyrodes michoacanensis
Parabemisia myricae
Pealius amamianus
Pealius kankoensis
Pealius kelloggi
Pealius maskelli
Pealius quercus
Setaleyrodes quercicola
Tetraleurodes abnormis
Tetraleurodes melanops
Tetraleurodes perileuca
Tetraleurodes stanfordi
Trialeurodes bellissima
Trialeurodes bemisae
Trialeurodes drewsi

Trialeurodes intermedia
Trialeurodes madroni
Trialeurodes multipori
Trialeurodes oblongifoliae
Trialeurodes tentaculatus
Trialeurodes vaporariorum

SHIIA
[= *CASTANOPSIS*]

FLACOURTIACEAE

GENUS INDET.
Aleuroglandulus emmae

APHLOIA
Dialeurolonga aphloiae
Dialeurolonga simplex
Neoaleurotrachelus aphloiae

AZARA
Aleuroparadoxus punctatus
Trialeurodes vaporariorum

BERBERIDOPSIS
Trialeurodes vaporariorum

CALONCOBA
Aleurocanthus alternans
Aleuroplatus andropogoni
Aleuroplatus triclisiae
Aleurotuberculatus caloncobae
Bemisaleyrodes grjebinei
Dialeuropora portugaliae
Orstomaleyrodes fimbriae
Tetraleurodes moundi

CASEARIA
Tetraleurodes sp. indet.
Trialeurodes mirissimus

HOMALIUM
Dialeurodes dumbeaensis
Orchamoplatus dumbletoni

MYROXYLON
Aleurocanthus spiniferus
Aleurotuberculatus aucubae

ONCOBA
Aleurocanthus aberrans
Aleurotuberculatus nigeriae

RAWSONIA
Aleuroplatus sp. indet.
Bemisia hancocki
Bemisia tabaci
Dialeurolonga sp. indet.

SCOLOPIA
Aleurocanthus spinosus
Aleurocanthus woglumi
Aleurolobus scolopiae

Aleurolobus setigerus
Aleurotrachelus caerulescens

SCOTTELLIA
Africaleurodes loganiaceae

GARRYACEAE

GARRYA
Trialeurodes vaporariorum

GERANIACEAE

GERANIUM
Trialeurodes abutiloneus
Trialeurodes vaporariorum

PELARGONIUM
Bemisia tabaci
Trialeurodes abutiloneus
Trialeurodes vaporariorum

GESNERIACEAE

ACHIMENES
Trialeurodes vaporariorum

CHRYSOTHEMIS
Trialeurodes vaporariorum

DIDYMOCARPUS
Dialeurodes didymocarpi

GLOBULARIACEAE

GLOBULARIA
Aleurotrachelus globulariae

GROSSULARIACEAE

ITEA
Aleurolobus iteae
Heterobemisia alba

RIBES
Aleyrodes diasemus
Aleyrodes lonicerae
Aleyrodes philadelphi
Asterobemisia carpini
Bemisia tabaci
Trialeurodes vaporariorum

GUTTIFERAE

CALOPHYLLUM
Aleurocanthus calophylli
Orchamoplatus calophylli
*Aleurodicus antillensis
*Aleurodicus dispersus

GARCINIA
Aleuroplatus incisus

HARUNGANA
Aleurocanthus alternans
Dialeurodes elbaensis
Paulianaleyrodes tetracerae

HYPERICUM
Aleyrodes hyperici
Aleyrodes lonicerae
Aleyrodes spiraeoides
Trialeurodes packardi
Trialeurodes vaporariorum

MESUA
Aleuroplatus sp. indet.
Aleurotrachelus mesuae

PENTADESMA
Aleuroplatus andropogoni

PSOROSPERMUM
Bemisia tabaci

RHEEDIA
*Aleurodicus guppyii

VISMIA
*Aleurodicus capiangae
*Aleurodicus maritimus
*Aleurodicus pulvinatus

HALORAGACEAE

MYRIOPHYLLUM
Trialeurodes vaporariorum

HAMAMELIDACEAE

CORYLOPSIS
Aleurotuberculatus magnoliae

DISTYLIUM
Acanthobemisia distylii
Dialeurodes citri
Metabemisia distylii

LIQUIDAMBAR
Aleurocanthus spiniferus
Aleuroplatus elemarae
Aleuroplatus liquidambaris
Pealius liquidambari
Tetraleurodes mori
Trialeurodes abutiloneus

LOROPETALUM
Trialeurodes vaporariorum

HIPPOCASTANACEAE

AESCULUS
Aleurotuberculatus magnoliae
Aleyrodes spiraeoides
Tetraleurodes errans

HIPPOCRATEACEAE

HIPPOCRATEA
Aleurotuberculatus kusheriki
Dialeurolonga sp. indet.

SALACIA
Aleurocanthus woglumi
Aleuroplatus hiezi
Dialeurodes nigeriae
Dialeurolonga africana

HYDRANGEACEAE

HYDRANGEA
Aleurotuberculatus magnoliae
Trialeurodes pergandei

PHILADELPHUS
Aleyrodes philadelphi
Trialeurodes packardi
Trialeurodes vaporariorum
Trialeurodes varia

HYDROPHYLLACEAE

ERIODICTYON
Aleuropleurocelus nigrans
Aleuropleurocelus ornatus
Aleurotithius timberlakei
Trialeurodes eriodictyonis

ICACINACEAE

ICACINA
Africaleurodes loganiaceae
Dialeuropora portugaliae
Marginaleyrodes angolensis

JUGLANDACEAE

CARYA
Trialeurodes vaporariorum

JUGLANS
Aleurotuberculatus aucubae
Trialeurodes packardi
Trialeurodes vaporariorum

LABIATAE

AJUGA
Trialeurodes abutiloneus

ANISOMELES
[= EPIMEREDI]

COLEUS
Trialeurodes vaporariorum
*Aleurodicus dispersus

COLLINSONIA
Trialeurodes packardi

ELSHOLTZIA
    Aleyrodes lonicerae
    Bemisia tabaci
EPIMEREDI
    Bemisia tabaci
GLECHOMA
    Aleyrodes lonicerae
LAMIUM
    Bemisia tabaci
LAVENDULA
    Trialeurodes vaporariorum
LYCOPUS
    Aleyrodes lonicerae
LOPHANTHUS
    [= NEPETA]
MARRUBIUM
    Trialeurodes vaporariorum
MENTHA
    Aleyrodes lonicerae
    Bemisia tabaci
    Trialeurodes notata
    Trialeurodes packardi
    Trialeurodes vaporariorum
MONARDA
    Trialeurodes vaporariorum
NEPETA
    Aleyrodes lonicerae
    Bemisia tabaci
    Neopealius rubi
    Trialeurodes abutiloneus
OCIMUM
    Bemisia tabaci
ORIGANUM
    Aleyrodes lonicerae
    Bemisia tabaci
PHLOMIS
    Aleurolobus wunni
    Neopealius rubi
PROSTANTHERA
    Trialeurodes vaporariorum
PRUNELLA
    Trialeurodes packardi
SALVIA
    Aleuroparadoxus iridescens
    Aleuropleurocelus laingi
    Aleuropleurocelus nigrans
    Aleyrodes lonicerae
    Trialeurodes glacialis
    Trialeurodes vaporariorum

SATUREJA
    Trialeurodes vaporariorum
SCUTELLARIA
    Trialeurodes abutiloneus
STACHYS
    Trialeurodes abutiloneus
TEUCRIUM
    Aleyrodes lonicerae
THYMUS
    Asterobemisia obenbergeri
TRICHOSTEMA
    Trialeurodes abutiloneus

LARDIZABALACEAE

AKEBIA
    Aleurocanthus spiniferus
    Odontaleyrodes akebiae
HOLBOELLIA
    Dialeuropora holboelliae
STAUNTONIA
    Dialeuropora brideliae

LAURACEAE

GENUS INDET.
    Aleurothrixus proximans
    Aleurotrachelus gratiosus
    Aleurotuberculatus nachiensis
    Aleurotuberculatus suishanus
    Dialeurodes siemriepensis
    Dialeuropora hassensanensis
    Pealius sutepensis
    Pealius hongkongensis
    Taiwanaleyrodes montanus
    *Dialeurodicus frontalis
ACTINODAPHNE
    Aleurocanthus cinnamomi
    Dialeurodes subrotunda
    Tuberaleyrodes machili
    *Aleurodicus machili
BENZOIN
    [= LINDERA]
CINNAMOMUM
    Aleurocanthus cinnamomi
    Aleurotuberculatus burmanicus
    Aleurotuberculatus gordoniae
    Aleurotuberculatus guyavae
    Aleurotuberculatus hikosanensis
    Aleurotuberculatus latus
    Aleurotuberculatus murrayae
    Aleurotuberculatus psidii
    Dialeurodes sp. indet.

    Dialeurodes chitinosa
    Dialeurodes cinnamomicola
    Dialeurodes cinnamomi
    Dialeurodes crescentata
    Dialeurodes octoplicata
    Dialeurodes tuberculosa
    Dialeuropora decempuncta
    Pentaleyrodes cinnamomi
    Rhachisphora koshunensis
    Rhachisphora selangorensis
    Singhius hibisci
    Trialeurodes floridensis
    Tuberaleyrodes machili
    **Aleurodicus cinnamomi*
    **Aleurodicus machili*

CRYPTOCARYA
    Dialeurodes cinnamomi
    Pentaleyrodes cinnamomi

LAURUS
    Aleurocanthus woglumi
    Aleuroplatus epigaeae
    Aleuroplatus ilicis
    Aleuroplatus semiplumosus
    Aleuroplatus vaccinii
    Aleurothrixus proximans
    Aleurotrachelus gratiosus
    Bemisia hancocki
    Bemisia ovata
    Pealius kalawi
    Trialeurodes lauri
    **Lecanoideus giganteus*
    **Paraleyrodes goyabae*

LINDERA
    Aleurotrachelus ishigakiensis
    Aleurotrachelus tuberculatus
    Aleurotuberculatus magnoliae
    Bemisia shinanoensis
    Neopealius rubi
    Odontaleyrodes kongosana
    Pentaleyrodes yasumatsui
    Trialeurodes vaporariorum
    Tuberaleyrodes machili

LITSEA
    Aleurotuberculatus aucubae
    Aleurotuberculatus euryae
    Odontaleyrodes kongosana
    Pentaleyrodes yasumatsui
    Tetraleurodes litseae

MACHILUS
    Aleurocanthus cinnamomi
    Aleurocanthus cocois
    Aleurotrachelus machili
    Aleurotuberculatus gordoniae
    Dialeurodes citri

    Dialeurodes machilicola
    Dialeurodes shintenensis
    Dialeurodes subrotunda
    Dialeuropora brideliae
    Dialeuropora decempuncta
    Parabemisia myricae
    Pealius machili
    Pentaleyrodes cinnamomi
    Rhachisphora kuraruensis
    Rhachisphora machili
    Rhachisphora reticulata
    Singhius hibisci
    Taiwanaleyrodes indica
    Taiwanaleyrodes meliosmae
    Tuberaleyrodes machili
    **Aleurodicus cinnamomi*
    **Aleurodicus machili*

NECTANDRA
    Aleuroplatus vinsonioides
    Aleurotrachelus sp. indet.
    **Ceraleurodicus hempeli*

NEOLITSEA
    Aleurotuberculatus latus
    Aleurotuberculatus neolitseae
    Tuberaleyrodes machili
    Tuberaleyrodes neolitseae

PARABENZOIN
    [= LINDERA]

PERSEA
    Aleurocanthus sp. indet.
    Aleuroplatus plumosus
    Aleuroplatus semiplumosus
    Aleuroputeus perseae
    Aleurothrixus porteri
    Aleurothrixus proximans
    Aleyrodes insignis
    Bemisia tabaci
    Dialeuropora cogniauxiae
    Dialeuropora decempuncta
    Dialeuropora perseae
    Tetraleurodes abnormis
    Tetraleurodes mori
    Trialeurodes floridensis
    Trialeurodes vaporariorum
    **Aleurodicus cocois*
    **Aleurodicus dispersus*
    **Aleurodicus pulvinatus*
    **Dialeurodicus frontalis*
    **Paraleyrodes goyabae*
    **Paraleyrodes perseae*

PHOEBE
    Pentaleyrodes cinnamomi

RAVENSARA
    Dialeurolonga ravensarae

SASSAFRAS
  Aleuroplatus semiplumosus
  Aleyrodes taiheisanus
  Taiwanaleyrodes carpini
  Trialeurodes vaporariorum

TETRADENIA
  [= *NEOLITSEA*]

UMBELLULARIA
  Aleuropleurocelus nigrans
  Bemisia tabaci
  Tetraleurodes errans

YUSHUNIA
  [= *SASSAFRAS*]

LECYTHIDACEAE

BARRINGTONIA
  Xenaleyrodes artocarpi
  *Aleurodicus dispersus

NAPOLEONA
  Aleurotrachelus souliei
  Dialeuropora cogniauxiae

LEGUMINOSAE

GENUS INDET.
  Aleuromarginatus kallarensis
  Aleyrodes leguminicola
  Bemisia lampangensis
  Corbettia pauliani
  Rhachisphora fijiensis
  Trialeurodes thaiensis
  *Hexaleurodicus ferrisi

ABRUS
  Acaudaleyrodes rachipora

ACACIA
  Acaudaleyrodes citri
  Aleurocanthus hirsutus
  Aleurocanthus T-signatus
  Aleuromarginatus millettiae
  Aleurotrachelus limbatus
  Bemisia hancocki
  Bemisia silvatica
  Bemisia tabaci
  Dialeurodes sp. indet.
  Ramsesseus follioti
  Tetraleurodes acaciae
  Tetraleurodes niger
  Trialeurodes abutiloneus
  Trialeurodes floridensis
  *Aleurodicus destructor

ADINOBOTRYS
  Aleurocanthus woglumi
  Aleurotrachelus mesuae

  Aleurotrachelus rotundus
  Dialeurodes adinobotris
  Dialeurodes striata
  Dialeuropora jendera

AESCHYNOMENE
  Trialeurodes abutiloneus

AFZELIA
  Siphoninus phillyreae

AGATI
  [= *SESBANIA*]

ALBIZIA
  Brazzaleyrodes eriococciformis
  Trialeurodes abutiloneus
  Trialeurodes floridensis

ALHAGI
  Acaudaleyrodes citri

AMPHICARPAEA
  Trialeurodes packardi

ARACHIS
  Bemisia hancocki
  Bemisia tabaci

BAPHIA
  Aleuroplatus akeassii
  Corbettia baphiae
  Orstomaleyrodes fimbriae

BAUHINIA
  Acaudaleyrodes africana
  Acaudaleyrodes citri
  Acaudaleyrodes rachipora
  Aleuromarginatus bauhiniae
  Aleurotuberculatus bauhiniae
  Bemisia tabaci
  Corbettia bauhiniae
  Taiwanaleyrodes hexcantha
  Trialeurodes bauhiniae
  Trialeurodes floridensis
  Trialeurodes rara
  *Aleurodicus dispersus

BOWDICHIA
  Bemisia sp. indet.

BRACHYSTEGIA
  Aleurolonga cassiae

BRYA
  Tetraleurodes acaciae
  *Aleurodicus cocois

BURKEA
  Aleurolonga cassiae

BUTEA
  Bemisia tabaci
  Moundiella megapapillae

CAESALPINIA
    Bemisia tabaci
    *Paraleyrodes urichii
CAJANUS
    Bemisia tabaci
    *Aleurodicus maritimus
CALLIANDRA
    Trialeurodes floridensis
CALOPOGONIUM
    Bemisia tabaci
    Trialeurodes rara
CANAVALIA
    Bemisia tabaci
    Trialeurodes rara
CASSIA
    Acaudaleyrodes citri
    Acaudaleyrodes rachipora
    Aleurocanthus aberrans
    Aleurolonga cassiae
    Aleuromarginatus tephrosiae
    Aleuroplatus andropogoni
    Aleurotuberculatus burmanicus
    Bemisia hancocki
    Bemisia tabaci
    Brazzaleyrodes eriococciformis
    Corbettia baphiae
    Corbettia indentata
    Corbettia millettiacola
    Dialeuropora cogniauxiae
    Dialeuropora decempuncta
    Dialeuropora papillata
    Orchamoplatus sudaniensis
    Orstomaleyrodes fimbriae
    Tetraleurodes russellae
    Trialeurodes abutiloneus
    Trialeurodes floridensis
    *Aleurodicus dispersus
CATHORMION
    Aleuromarginatus millettiae
CENTROSEMA
    Aleurotrachelus erythrinae
    Aleurotrachelus tuberculatus
    Bemisia tabaci
    Dialeuropora centrosemae
    Tetraleurodes acaciae
CERCIS
    Aleurolobus solitarius
    Aleurolobus taonabae
    Trialeurodes packardi
CICER
    Bemisia tabaci

CLITORIA
    Bemisia tabaci
CROTALARIA
    Bemisia tabaci
CYAMOPSIS
    Bemisia tabaci
    Dialeuropora perseae
DALBERGIA
    Acaudaleyrodes citri
    Acaudaleyrodes rachipora
    Aleurocanthus platysepali
    Aleurolobus niloticus
    Aleuromarginatus dalbergiae
    Aleurotrachelus tuberculatus
    Bemisia hancocki
    Bemisia leakii
    Bemisia tabaci
    Corbettia indentata
    Dialeuropora decempuncta
    Dialeuropora platysepali
    Trialeurodes rara
    Viennotaleyrodes bourgini
    Viennotaleyrodes platysepali
DELONIX
    Acaudaleyrodes rachipora
DERRIS
    Aleurotrachelus erythrinae
DESMODIUM
    Acaudaleyrodes africana
    Aleurotuberculatus magnoliae
    Bemisia puerariae
    Bemisia shinanoensis
    Bemisia tabaci
    Corbettia millettiacola
    Trialeurodes abutiloneus
    Trialeurodes packardi
    Trialeurodes rara
DIALIUM
    Dialeuropora papillata
DOLICHOS
    Acaudaleyrodes citri
    Bemisia tabaci
    Trialeurodes rara
ERIOSEMA
    Luederwaldtiana eriosemae
ERVUM
    [= VICIA]
ERYTHRINA
    Aleurotrachelus erythrinae
    Aleurotuberculatus erythrinae
    Aleurotuberculatus pulcherrimus

Bemisia hancocki
Bemisia leakii
Bemisia tabaci
Dialeurodes erythrinae
Dialeurodes vulgaris
Tetraleurodes acaciae
*Aleurodicus antillensis
*Eudialeurodicus bodkini

GALACTIA
Aleuroglandulus emmae
Trialeurodes similis

GLYCINE
Bemisia tabaci
Trialeurodes abutiloneus

HARDWICKIA
Acaudaleyrodes sp. indet.

INDIGOFERA
Bemisia leakii
Bemisia tabaci

INGA
Acaudaleyrodes sp. indet.
Acaudaleyrodes rachipora
Aleurotrachelus sp. indet.
Aleurotrachelus ingafolii
*Aleurodicus capiangae
*Aleurodicus fucatus
*Aleurodicus dispersus
*Ceraleurodicus bakeri
*Ceraleurodicus ingae
*Ceraleurodicus octifer
*Eudialeurodicus bodkini
*Paraleyrodes singularis

LATHYRUS
Bemisia tabaci
Trialeurodes vaporariorum

LEPTODERRIS
Dialeurolonga strychnosicola

LESPEDEZA
Aleurotuberculatus magnoliae
Bemisiella lespedezae
Neopealius rubi

LONCHOCARPUS
Aleurocanthus sp. indet.
Aleuroplatus sp. indet.
Bemisia hancocki
Corbettia millettiacola
Dialeuropora papillata

LOTUS
Bemisia tabaci

MEDICAGO
Bemisia tabaci
Trialeurodes abutiloneus
Trialeurodes vaporariorum

MELILOTUS
Bemisia tabaci

MILLETTIA
Aleurocanthus alternans
Aleurocanthus platysepali
Aleuromarginatus millettiae
Aleuroplatus triclisiae
Aleurotuberculatus caloncobae
Aleyrodes millettiae
Bemisia tabaci
Corbettia baphiae
Corbettia grandis
Corbettia indentata
Corbettia millettiacola
Tetraleurodes moundi

MIMOSA
Trialeurodes abutiloneus

MUCUNA
Bemisia hancocki
Bemisia tabaci
Corbettia millettiacola

NEWTONIA
Aleuromarginatus millettiae
Brazzaleyrodes eriococciformis
Orstomaleyrodes fimbriae
Viennotaleyrodes lafonti

PACHYRRHIZUS
Aleurotrachelus taiwanus

PARKINSONIA
Bemisia hancocki
Bemisia tabaci

PELTOPHORUM
Brazzaleyrodes eriococciformis
Tetraleurodes russellae
Trialeurodes rara

PENTACLETHRA
Brazzaleyrodes eriococciformis
Dialeurolonga strychnosicola

PHASEOLUS
Bemisia tabaci
Trialeurodes abutiloneus
Trialeurodes vaporariorum
Zaphanera publicus

PILIOSTIGMA
Acaudaleyrodes africana
Bemisia hancocki
Bemisia tabaci

  Corbettia bauhiniae
  Corbettia lamottei
PISCIDIA
  Tetraleurodes acaciae
  Trialeurodes floridensis
PISUM
  Bemisia tabaci
PITHECOLOBIUM
  Bemisia antennata
  *Paraleyrodes urichii
PLATYSEPALUM
  Bemisia tabaci
  Corbettia indentata
  Dialeuropora platysepali
  Viennotaleyrodes bergerardi
  Viennotaleyrodes platysepali
PONGAMIA
  Aleuroclava complex
  Aleuromarginatus kallarensis
  Bemisia hancocki
  Bemisia pongamiae
PROSOPIS
  Acaudaleyrodes citri
  Acaudaleyrodes rachipora
  Trialeurodes abutiloneus
PSORALEA
  Bemisia confusa
  Bemisia tabaci
PTEROCARPUS
  Aleuromarginatus dalbergiae
  Bemisia tabaci
PTEROLOBIUM
  Aleuromarginatus kallarensis
  Dialeuropora pterolobiae
PUERARIA
  Aleuroplatus malayanus
  Aleurotrachelus ishigakiensis
  Bemisia puerariae
  Bemisia shinanoensis
  Bemisia tabaci
  Dialeuropora decempuncta
  Pealius rubi
  Trialeurodes abutiloneus
RHYNCHOSIA
  Bemisia tabaci
ROBINIA
  Tetraleurodes herberti
SCHOTIA
  Africaleurodes sp. indet.
  Dialeurodes sp. indet.

SCHRANKIA
  Trialeurodes abutiloneus
SESBANIA
  Trialeurodes abutiloneus
  Trialeurodes vaporariorum
SWARTZIA
  Corbettia millettiacola
TAMARINDUS
  Acaudaleyrodes citri
  Acaudaleyrodes rachipora
  Aleyrodes sp. indet.
  Bemisia hancocki
  Corbettia tamarindi
TEPHROSIA
  Acaudaleyrodes sp. indet.
  Acaudaleyrodes citri
  Aleuromarginatus indica
  Aleuromarginatus tephrosiae
  Bemisia hancocki
  Bemisia tabaci
  Corbettia indentata
  Trialeurodes tephrosiae
  Trialeurodes vaporariorum
  Zaphanera publicus
TRIFOLIUM
  Asterobemisia trifolii
  Bemisia tabaci
  Trialeurodes abutiloneus
  Trialeurodes vaporariorum
VICIA
  Aleyrodes proletella
  Bemisia tabaci
  Trialeurodes vaporariorum
VIGNA
  Bemisia hancocki
  Bemisia tabaci
WISTERIA
  Trialeurodes abutiloneus

LINACEAE

LINUM
  Bemisia tabaci

OCHTHOCOSMUS
  Aleuroplatus andropogoni
  Dialeurolonga strychnosicola
  Dialeuropora papillata
  Marginaleyrodes tetracerae

REINWARDTIA
  Bemisia tabaci

LOGANIACEAE

GENUS INDET.
 Africaleurodes loganiaceae
 Bemisia tabaci

ANTHOCLEISTA
 Aleuroplatus robinsoni
 Dialeurolonga emarginata
 Dialeuropora cogniauxiae
 Plataleyrodes anthocleistae

FAGRAEA
 Dialeurodes kirkaldyi

GELSEMIUM
 Aleuroplatus vaccinii

GENIOSTOMA
 Trialeurodes vaporariorum

NUXIA
 Aleurotuberculatus caloncobae

STRYCHNOS
 Africaleurodes pauliani
 Aleurocanthus alternans
 Aleurocanthus caloncobae
 Aleurocanthus mayumbensis
 Aleurocanthus pauliani
 Aleurocanthus strychnosicola
 Aleurotuberculatus nigeriae
 Dialeurodes sp. indet.
 Dialeurolonga strychnosicola
 Dialeuropora cogniauxiae
 Dialeuropora portugaliae
 Jeannelaleyrodes bertilloni
 Marginaleyrodes tetracerae
 Tetraleurodes sp. indet.
 Tetraleurodes moundi
 Tetraleurodes russellae

LORANTHACEAE

GENUS INDET.
 Aleurothrixus similis
 Dialeurodes maculata
 Dialeurodes navarroi
 Dialeurodes radiilinealis
 *Aleurodicus juleikae
 *Bakerius calmoni
 *Leonardius loranthi

AMYEMA
 Orchamoplatus dentatus

LORANTHUS
 Aleurocanthus woglumi
 Aleurolobus flavus
 Aleuroplatus andropogoni
 Aleuroplatus villiersi
 Aleurotrachelus hazomiavonae
 Bemisaleyrodes grjebinei
 Dialeurodes loranthi
 Dialeurodes radiilinealis
 Rhachisphora rutherfordi
 *Bakerius phrygilanthi

PHORADENDRON
 Aleurothrixus floccosus
 *Aleurodicus juleikae
 *Leonardius lahillei

PHRYGILANTHUS
 *Aleurodicus juleikae
 *Bakerius phrygilanthi
 *Leonardius loranthi

STEIROTIS
 Dialeurodes struthanthi
 *Leonardius lahillei

STRUTHANTHUS
 [= *STEIROTIS*]

LYTHRACEAE

CUPHEA
 Trialeurodes vaporariorum

LAGERSTROEMIA
 Aleurocanthus woglumi
 Aleurotrachelus caerulescens
 Aleurotuberculatus lagerstroemiae
 Dialeurodes citri
 Dialeurodes kirkaldyi
 Tetraleurodes russellae
 Trialeurodes floridensis

LAWSONIA
 Acaudaleyrodes citri
 Aleurolobus niloticus
 Bemisia afer
 Bemisia tabaci
 Dialeurolonga sp. indet.
 Jeannelaleyrodes graberi
 Trialeurodes abutiloneus

MAGNOLIACEAE

MAGNOLIA
 Aleuroplatus elemarae
 Aleuroplatus magnoliae
 Aleuroplatus plumosus
 Aleurotuberculatus magnoliae
 Dialeurodes citri
 Dialeurodes formosensis
 Pealius rubi
 Tetraleurodes abnormis
 Tetraleurodes mori
 Trialeurodes magnoliae
 Trialeurodes vaporariorum

MICHELIA
  Aleurocanthus inceratus
  Aleurocanthus rugosa
  Aleurotrachelus micheliae
  Aleurotuberculatus euryae
  Dialeurodes citri
  Dialeurodes formosensis
  Dialeurodes psidii
  Dialeurodes rhodamniae
  Taiwanaleyrodes indica
  Taiwanaleyrodes nitidus
  Trialeurodes vaporariorum

MALPIGHIACEAE

ACRIDOCARPUS
  Tetraleurodes ghesquierei
  Tetraleurodes moundi

BYRSONIMA
  Tetraleurodes quadratus
  *Dialeurodicus maculatus

HIPTAGE
  Aleurolobus citri
  Dialeurodes citri
  Dialeurodes kirkaldyi

MALPIGHIA
  Aleurocanthus woglumi
  Crenidorsum malpighiae
  Trialeurodes floridensis

STIGMAPHYLLON
  Crenidorsum stigmaphylli

MALVACEAE

GENUS INDET.
  Aleyrodes prenanthis

ABELMOSCHUS
  Bemisia tabaci

ABUTILON
  Bemisia tabaci
  Trialeurodes abutiloneus
  Trialeurodes vaporariorum

ALTHAEA
  Bemisia tabaci
  Trialeurodes abutiloneus
  Trialeurodes vaporariorum

GOSSYPIUM
  Aleyrodes gossypii
  Bemisia hancocki
  Bemisia tabaci
  Trialeurodes abutiloneus
  Trialeurodes rara
  Trialeurodes ricini
  Trialeurodes vaporariorum

HIBISCUS
  Aleurocanthus hibisci
  Aleurocanthus woglumi
  Aleuroplatus sp. indet.
  Bemisia tabaci
  Dialeurodes serdangensis
  Singhius hibisci
  Trialeurodes abutiloneus
  Trialeurodes packardi
  Trialeurodes vaporariorum
  *Aleurodicus dugesii

KITAIBELIA
  Trialeurodes vaporariorum

LAVATERA
  Trialeurodes vaporariorum

MALACHRA
  Trialeurodes vaporariorum

MALVA
  Aleyrodes spiraeoides
  Bemisia tabaci
  Dialeurodes kirkaldyi
  Trialeurodes abutiloneus
  Trialeurodes vaporariorum

MALVASTRUM
  Trialeurodes abutiloneus
  Trialeurodes vaporariorum

MALVAVISCUS
  Bemisia tabaci

PARITIUM
  [= HIBISCUS]

PSEUDABUTILON
  Trialeurodes abutiloneus

SIDA
  Aleurothrixus floccosus
  Bemisia tabaci
  Trialeurodes abutiloneus

SPHAERALCEA
  Trialeurodes abutiloneus
  Trialeurodes vaporariorum

URENA
  Aleuroplatus pectiniferus
  Bemisia hancocki
  Bemisia tabaci

MELASTOMATACEAE

GENUS INDET.
  Neoaleurodes clandestinus
  *Dialeurodicus cornutus

CALVOA
  Bemisaleyrodes grjebinei

MELASTOMA
   Aleurotuberculatus murrayae

MEMECYLON
   Aleurocanthus sp. indet.
   Dialeurodes radiipuncta
   Rhachisphora trilobitoides

MICONIA
   Aleurothrixus miconiae
   Aleurotrachelus trachoides
   Aleurotulus mundururu
   Neoaleurodes clandestinus
   *Dialeurodicus cornutus
   *Hexaleurodicus jaciae

MELIACEAE

AZADIRACHTA
   Dialeurodes sp. indet.
   Dialeurodes armatus

ENTANDROPHRAGMA
   Aleurocanthus mayumbensis
   Bemisaleyrodes grjebinei
   Dialeurolonga sarcocephali
   Jeannelaleyrodes bertilloni
   Tetraleurodes moundi

GUAREA
   Aleurothrixus aguiari
   Aleurothrixus guareae
   *Metaleurodicus stelliferus
   *Paraleyrodes pulverans

LANSIUM
   Dialeuropora decempuncta
   Dialeuropora langsat

MELIA
   Dialeurodes citri
   Trialeurodes floridensis

SANDORICUM
   Aleurotuberculatus sandorici
   Dialeurodes sandorici

TRICHILIA
   Africaleurodes capgrasi
   Aleurocanthus mayumbensis
   Aleurocanthus trispina
   Aleurocanthus woglumi
   Aleuroplatus bossi
   Aleuroplatus triclisiae
   Dialeuropora portugaliae
   Jeannelaleyrodes bertilloni
   Marginaleyrodes tetracerae
   Tetraleurodes moundi

MELIANTHACEAE

MELIANTHUS
   Trialeurodes vaporariorum

MENISPERMACEAE

CISSAMPELOS
   Trialeurodes rara

STEPHANIA
   Bemisia tabaci
   Setaleyrodes mirabilis

TRICLISIA
   Aleuroplatus triclisiae
   Dialeurolonga strychnosicola
   Jeannelaleyrodes bertilloni
   Juglasaleyrodes orstomensis
   Tetraleurodes russellae

MONIMIACEAE

TAMBOURISSA
   Dialeurolonga tambourissae

MORACEAE

ANTIARIS
   Aleurocanthus recurvispinus
   Dialeurolonga lamtoensis
   Pealius fici

ARTOCARPUS
   Aleurotrachelus caerulescens
   Aleurotuberculatus artocarpi
   Aleurotuberculatus neolitseae
   Aleurotuberculatus nephelii
   Dialeurodes psidii
   Dialeuropora decempuncta
   Pealius artocarpi
   Pealius schimae
   Xenaleyrodes artocarpi
   *Aleuronudus bahiensis

BOSQUEIOPSIS
   Aleurotuberculatus caloncobae

CONOCEPHALUS
   Aleurotuberculatus nephelii
   Aleurotuberculatus tentactuliformis
   Dialeurodes conocephali
   Dialeurodes psidii
   Dialeuropora perseae

CUDRANIA
   Dialeurodes vanieriae

FICUS
   Acaudaleyrodes citri
   Aleurocanthus sp. indet.
   Aleurocanthus marudamalaiensis
   Aleurocanthus recurvispinus
   Aleurocanthus simplex
   Aleuroclava complex
   Aleurolobus marlatti
   Aleurolobus niloticus

Aleuroplatus alcocki
Aleuroplatus daitoensis
Aleuroplatus denticulatus
Aleuroplatus fici
Aleuroplatus ficifolii
Aleuroplatus ficusgibbosae
Aleuroplatus ficusrugosae
Aleuroplatus oculiminutus
Aleuroplatus pectiniferus
Aleuroplatus quaintancei
Aleuroplatus spinus
Aleurotrachelus ishigakiensis
Aleurotrachelus minutus
Aleurotrachelus tuberculatus
Aleurotuberculatus aucubae
Aleurotuberculatus caloncobae
Aleurotuberculatus ficicola
Aleurotuberculatus gordoniae
Aleurotuberculatus kusheriki
Aleurotuberculatus nigeriae
Aleurotulus maculata
Aleyrodes elevatus
Apobemisia kuwanai
Bemisia afer
Bemisia antennata
Bemisia hancocki
Bemisia religiosa
Bemisia tabaci
Bemisaleyrodes pauliani
Dialeurodes sp. indet.
Dialeurodes adinandrae
Dialeurodes ara
Dialeurodes citri
Dialeurodes citrifolii
Dialeurodes egregissima
Dialeurodes elbaensis
Dialeurodes ficicola
Dialeurodes ficifolii
Dialeurodes gemurohensis
Dialeurodes glomerata
Dialeurodes greenwoodi
Dialeurodes heterocera
Dialeurodes maculipennis
Dialeurodes maxima
Dialeurodes michoacanensis
Dialeurodes nigeriae
Dialeurodes rhodamniae
Dialeurodes sembilanensis
Dialeurolonga sp. indet.
Dialeurolonga fici
Dialeuropora decempuncta
Malayaleyrodes lumpurensis
Parabemisia myricae
Pealius bengalensis
Pealius fici
Pealius indicus
Pealius longispinus

Pealius rubi
Rhachisphora fici
Setaleyrodes mirabilis
Singhius hibisci
Taiwanaleyrodes fici
Taiwanaleyrodes indica
Tetraleurodes adabicola
Tetraleurodes fici
Tetraleurodes malayensis
Tetraleurodes nudus
Trialeurodes meggitti
*Aleurodicus cocois
*Aleurodicus destructor
*Aleurodicus dispersus
*Aleurodicus neglectus
*Lecanoideus giganteus

MACLURA
Dialeurodes citri
Trialeurodes packardi

MALAISIA
Orchamplatus caledonicus

MORUS
Aleurocanthus woglumi
Aleurolobus marlatti
Aleurolobus niloticus
Aleuroplatus ficusgibbosae
Aleuroplatus pectiniferus
Aleurotrachelus anonae
Aleurotrachelus ishigakiensis
Aleurotuberculatus sp. indet.
Aleurotuberculatus aucubae
Aleurotuberculatus ficicola
Aleurotuberculatus psidii
Asterobemisia carpini
Asterobemisia dentata
Bemisia berbericola
Bemisia hancocki
Bemisia ovata
Bemisia shinanoensis
Bemisia tabaci
Dialeuropora decempuncta
Parabemisia myricae
Pealius mori
Tetraleurodes mori
Trialeurodes abutiloneus
*Aleurodicus dugesii

NEOSLOETIOPSIS
Africaleurodes fulakariensis
Dialeuropora congoensis

STREBLUS
Aleurocanthus loyolae
Dialeuropora decempuncta
Setaleyrodes takahashia

VANIERIA
[= CUDRANIA]

MORINGACEAE

MORINGA
Asterobemisia moringae
Bemisia tabaci
Trialeurodes rara

MYRICACEAE

MYRICA
Aleuroplatus myricae
Aleuroplatus plumosus
Aleurotrachelus caerulescens
Parabemisia myricae

MYRSINACEAE

ARDISIA
Aleurolobus philippinensis
Aleurotuberculatus jasmini
Aleurotuberculatus suishanus
Dialeurodes ardisiae
Dialeurodes bladhiae
Dialeurodes citri
Rhachisphora fici

BLADHIA
[= ARDISIA]

MAESA
Aleurotrachelus maesae
Aleurotuberculatus jasmini
Aleurotuberculatus psidii
Aleurotuberculatus uraianus
Asialeyrodes maesae
Dialeurodes formosensis
Parabemisia myricae
Rhachisphora maesae

WALLENIA
Aleurocanthus woglumi

MYRTACEAE

GENUS INDET.
Aleurocerus luxuriosus
Aleurothrixus myrtacei
Dialeurodes tricolor
*Dialeurodicus cockerellii
*Dialeurodicus coelhi
*Dialeurodicus niger
*Dialeurodicus similis

CALLISTEMON
Aleurocanthus banksiae
Aleuroplatus sp. indet.

DECASPERMUM
Aleuroplatus pectiniferus
Aleurotuberculatus gordoniae

EUCALYPTUS
Aleurocanthus sp. indet.
Aleuroclava eucalypti
Aleurotrachelus sp. indet.
Bemisia hancocki
Neomaskellia eucalypti
Tetraleurodes sp. indet.
Trialeurodes abutiloneus
Trialeurodes floridensis
Trialeurodes vaporariorum
*Dialeurodicus tessellatus

EUGENIA
Aleurocanthus cocois
Aleurocanthus eugeniae
Aleurocanthus pendleburyi
Aleurocanthus rugosa
Aleurocanthus woglumi
Aleuroplatus sp. indet.
Aleuroplatus cococolus
Aleuroplatus crustatus
Aleuroplatus lateralis
Aleuroplatus pectiniferus
Aleuroplatus subrotundus
Aleurothrixus guareae
Aleurotrachelus myrtifolii
Aleurotuberculatus eugeniae
Aleurotuberculatus psidii
Bemisia grossa
Bemisia tabaci
Dialeurodes sp. indet.
Dialeurodes bladhiae
Dialeurodes cephalidistinctus
Dialeurodes citri
Dialeurodes heterocera
Dialeurodes indicus
Dialeurodes kepongensis
Dialeurodes natickis
Dialeurodes oweni
Dialeurodes pilahensis
Dialeurodes rangooni
Dialeurodes rhodamniae
Dialeurodes rotunda
Dialeurodes sepangensis
Dialeurodes vulgaris
Dialeurolonga eugeniae
Dialeuropora portugaliae
Pseudaleurolobus jaboticabae
Rhachisphora trilobitoides
Rusostigma eugeniae
Singhiella bicolor
Tetraleurodes submarginata
Trialeurodes vaporariorum
*Aleurodicus griseus
*Aleurodicus dispersus
*Dialeurodicus niger
*Dialeurodicus similis
*Dialeurodicus tessellatus

*Dialeurodicus tracheiferus
*Metaleurodicus sp. indet.

FEIJOA
Tetraleurodes pauliani

LEPTOSPERMUM
Aleurocanthus sp. indet.
Aleurotrachelus sp. indet.

MELALEUCA
Aleyrodes spiraeoides
Tetraleurodes sp. indet.
Trialeurodes abutiloneus
*Aleurodicus dispersus

MOORIA
Orchamoplatus dentatus
Orchamoplatus porosus

MYRCIARIA
Aleurothrixus porteri
*Nealeurodicus paulistus
*Paraleyrodes singularis

MYRTUS
Aleurothrixus porteri
Aleurotrachelus jelinekii
Dialeurodes citri
Trialeurodes vaporariorum

PIMENTA
Orchamoplatus mammaeferus
*Metaleurodicus cardini
*Paraleyrodes sp. indet.

PSIDIUM
Acaudaleyrodes citri
Aleurocanthus rugosa
Aleurocanthus ziziphi
Aleurolobus setigerus
Aleuroplatus sp. indet.
Aleuroplatus variegatus
Aleurothrixus floccosus
Aleurothrixus myrtacei
Aleurotrachelus rosarius
Aleurotrachelus myrtifolii
Aleurotuberculatus canangae
Aleurotuberculatus cherasensis
Aleurotuberculatus guyavae
Aleurotuberculatus nigeriae
Aleurotuberculatus psidii
Bemisia hancocki
Bemisia tabaci
Dialeurodes platicus
Dialeurodes psidii
Dialeuropora cogniauxiae
Parabemisia myricae
Pealius misrae
Tetraleurodes sp. indet.
Tetraleurodes moundi

Tetraleurodes truncatus
Trialeurodes dubiensis
Trialeurodes floridensis
Trialeurodes rara
Trialeurodes vaporariorum
*Aleurodicus sp. indet.
*Aleurodicus cocois
*Aleurodicus holmesii
*Aleurodicus dispersus
*Aleurodicus maritimus
*Aleurodicus neglectus
*Aleurodicus pulvinatus
*Ceraleurodicus varus
*Dialeurodicus cockerellii
*Dialeurodicus niger
*Dialeurodicus tessellatus
*Metaleurodicus cardini
*Metaleurodicus minimus
*Paraleyrodes goyabae
*Paraleyrodes urichii

RHODAMNIA
Dialeurodes rhodamniae

RHODOMYRTUS
Aleurolobus setigerus

SYZYGIUM
Dialeurodes indicus
Dialeuropora cogniauxiae
Marginaleyrodes tetracerae

TRISTANIA
Trialeurodes floridensis

NYCTAGINACEAE

BOERHAAVIA
Bemisia tabaci

BOUGAINVILLEA
Aleurothrixus floccosus

PISONIA
Venezaleurodes pisoniae

NYSSACEAE

NYSSA
Aleuroplatus semiplumosus
Aleuroplatus vaccinii

OCHNACEAE

OCHNA
Africaleurodes ochnaceae
Aleurocanthus strychnosicola
Dialeuropora cogniauxiae
Jeannelaleyrodes bertilloni
Marginaleyrodes tetracerae
Tetraleurodes moundi
Tetraleurodes russellae

RHABDOPHYLLUM
   Dialeuropora cogniauxiae
   Marginaleyrodes angolensis

OLACACEAE

HEISTERIA
   Aleuroplatus monnioti

OLEACEAE

CHIONANTHUS
   Trialeurodes packardi
   Trialeurodes pergandei

FORSYTHIA
   Singhius hibisci
   Tetraleurodes mori

FRAXINUS
   Aleurotuberculatus magnoliae
   Aleyrodes fraxini
   Bemisia caudasculptura
   Dialeurodes citri
   Dialeurodes formosensis
   Siphoninus phillyreae
   Tetraleurodes mori
   Trialeurodes packardi
   Trialeurodes pergandei
   Trialeurodes vaporariorum

JASMINUM
   Aleurolobus bidentatus
   Aleurotrachelus coimbatorensis
   Aleurotuberculatus jasmini
   Bemisia giffardi
   Bemisia tabaci
   Dialeurodes sp. indet.
   Dialeurodes citri
   Dialeurodes kirkaldyi
   Dialeurodes vulgaris
   Singhius hibisci
   Trialeurodes vaporariorum

LIGUSTRUM
   Aleurotuberculatus aucubae
   Dialeurodes citri

OLEA
   Aleurolobus niloticus
   Aleurolobus olivinus
   Aleuroplatus insularis
   Bemisia tabaci
   Siphoninus phillyreae
   Trialeurodes vaporariorum

OSMANTHUS
   Aleurolobus osmanthi
   Aleurotuberculatus jasmini
   Dialeurodes citri

PHILLYREA
   Aleurolobus olivinus
   Simplaleurodes hemisphaerica
   Siphoninus phillyreae

SYRINGA
   Dialeurodes citri
   Dialeurodes kirkaldyi

ONAGRACEAE

CHAMAENERION
   Aleyrodes lonicerae

EPILOBIUM
   Trialeurodes vaporariorum

FUCHSIA
   Aleyrodes spiraeoides
   Trialeurodes abutiloneus
   Trialeurodes vaporariorum

OENOTHERA
   Trialeurodes vaporariorum

OXALIDACEAE

OXALIS
   Aleyrodes lonicerae
   Aleyrodes shizuokensis
   Bemisia tabaci
   Trialeurodes abutiloneus
   Trialeurodes vaporariorum

PANDACEAE

MICRODESMIS
   Africaleurodes loganiaceae
   Africaleurodes souliei
   Tetraleurodes ghesquierei

PAPAVERACEAE

ARGEMONE
   Tetraleurodes mori

CHELIDONIUM
   Aleyrodes borchsenii
   Aleyrodes lonicerae
   Aleyrodes proletella
   Trialeurodes vaporariorum

CORYDALIS
   Aleyrodes lonicerae

PASSIFLORACEAE

BARTERIA
   Aleuroplatus sp. indet.
   Bemisia tabaci
   Dialeuropora cogniauxiae
   Tetraleurodes moundi
   Tetraleurodes russellae

PASSIFLORA
  Aleurocanthus woglumi
  Aleuroplatus oculireniformis
  Trialeurodes vaporariorum
  *Hexaleurodicus ferrisi

PEDALIACEAE

MARTYNIA
  Trialeurodes vaporariorum

SESAMUM
  Bemisia tabaci
  Trialeurodes rara

PHRYMACEAE

PHRYMA
  Pealius rubi

PHYTOLACCACEAE

PHYTOLACCA
  Trialeurodes vaporariorum

PIPERACEAE

PIPER
  Aleurocanthus sp. indet.
  Aleurocanthus nubilans
  Aleurocanthus piperis
  Aleurocanthus rugosa
  Aleurocanthus spinosus
  Aleurocanthus valparaiensis
  Aleurotuberculatus piperis
  Aleurotuberculatus uraianus
  Dialeurodes pallida
  Dialeurodes piperis
  Trialeurodes rara
  *Aleurodicus cocois
  *Aleurodicus destructor

PITTOSPORACEAE

PITTOSPORUM
  Aleurolobus taonabae
  Aleurotrachelus ishigakiensis
  Aleurotuberculatus aucubae
  Aleurotuberculatus hikosanensis
  Asterochiton pittospori
  Asterochiton simplex
  Trialeurodes vaporariorum

PLANTAGINACEAE

PLANTAGO
  Aleyrodes spiraeoides

PLATANACEAE

PLATANUS
  Trialeurodes vaporariorum

PLUMBAGINACEAE

CERATOSTIGMA
  Trialeurodes vaporariorum

PLUMBAGO
  Aleurocanthus voeltzkowi

POLEMONIACEAE

PHLOX
  Trialeurodes vaporariorum

POLYGALACEAE

CARPOLOBIA
  Dialeurodes bancoensis

POLYGALA
  Aleuroplatus bossi
  Trialeurodes vaporariorum

POLYGONACEAE

ANTIGONON
  Aleurocanthus woglumi

ATRAPHAXIS
  Asterobemisia atraphaxius

COCCOLOBA
  Aleuroglandulus striatus
  Aleurothrixus floccosus
  Aleurotrachelus sp. indet.
  Bellitudo campae
  Bellitudo cubae
  Bellitudo hispaniolae
  Bellitudo jamaicae
  Crenidorsum armatae
  Crenidorsum commune
  Crenidorsum debordae
  Crenidorsum diaphanum
  Crenidorsum differens
  Crenidorsum leve
  Crenidorsum magnisetae
  Crenidorsum marginale
  Crenidorsum ornatum
  Crenidorsum tuberculatum
  Tetraleurodes ursorum
  Trialeurodes coccolobae
  Trialeurodes floridensis
  Trialeurodes variabilis
  *Aleurodicus coccolobae
  *Aleurodicus cocois
  *Aleurodicus dispersus
  *Paraleyrodes sp. indet.

POLYGONUM
  Pealius polygoni
  Pealius rubi
  Trialeurodes abutiloneus
  Trialeurodes vaporariorum

TRIPLARIS
  Aleurothrixus floccosus

PORTULACACEAE

PORTULACA
  Trialeurodes abutiloneus

PRIMULACEAE

PRIMULA
  Trialeurodes vaporariorum

PROTEACEAE

BANKSIA
  Aleurocanthus banksiae
  Aleurotrachelus dryandrae
  *Aleurodicus destructor

DRYANDRA
  Aleurotrachelus dryandrae
  Dialeurodes dryandrae

GREVILLEA
  Aleurotrachelus dryandrae
  Trialeurodes vaporariorum

HAKEA
  Aleurotrachelus dryandrae
  *Synaleurodicus hakeae

HELICIA
  Aleurotuberculatus murrayae
  Dialeurodes citri

PUNICACEAE

PUNICA
  Acaudaleyrodes citri
  Africaleurodes sp. indet.
  Aleurocanthus woglumi
  Bemisia tabaci
  Dialeurodes citri
  Siphoninus phillyreae
  Trialeurodes abutiloneus

PYROLACEAE

CHIMAPHILA
  Aleuroplatus vaccinii

PYROLA
  Aleuroplatus vaccinii
  Aleyrodes pyrolae

RANUNCULACEAE

ACTAEA
  Aleyrodes asarumis

AQUILEGIA
  Aleyrodes aureocincta

  Aleyrodes lonicerae
  Aleyrodes proletella
  Trialeurodes abutiloneus
  Trialeurodes vaporariorum

CIMICIFUGA
  Aleurolobus wunni
  Aleyrodes lonicerae

CLEMATIS
  Aleurolobus japonicus
  Aleurolobus wunni
  Aleuropleurocelus nigrans
  Aleyrodes rosae
  Asterobemisia carpini
  Bemisia ovata
  Bemisia tabaci
  Trialeurodes vaporariorum

THALICTRUM
  Aleyrodes lonicerae
  Aleyrodes proletella

RHAMNACEAE

GENUS INDET.
  Dialeurolonga rhamni

CEANOTHUS
  Aleuropleurocelus ceanothi
  Aleuropleurocelus nigrans
  Aleurothrixus interrogationis
  Aleyrodes pruinosus
  Aleyrodes spiraeoides
  Bemisia berbericola
  Tetraleurodes errans
  Trialeurodes abutiloneus
  Trialeurodes bemisae
  Trialeurodes glacialis
  Trialeurodes packardi
  Trialeurodes vaporariorum

COLUBRINA
  Trialeurodes floridensis

FRAGULA
  Bemisia silvatica

HOVENIA
  Trialeurodes vaporariorum

MAESOPSIS
  Trialeurodes vaporariorum

RHAMNUS
  Aleuroparadoxus iridescens
  Aleuroplatus coronata
  Aleuroplatus gelatinosus
  Aleuropleurocelus nigrans
  Aleuropleurocelus oblanceolatus
  Aleyrodes rhamnicola
  Bemisia tabaci

Rhachisphora fici
Siphoninus phillyreae
Tetraleurodes acaciae
Tetraleurodes dorseyi
Tetraleurodes splendens
Tetraleurodes stanfordi
Trialeurodes intermedia
Trialeurodes vaporariorum
Trialeurodes vittata

ZIZIPHUS
  Acaudaleyrodes citri
  Africaleurodes coffeacola
  Aleurocanthus ziziphi
  Aleurolobus niloticus
  Aleurotuberculatus sp. indet.
  Aleurotuberculatus porosus
  Bemisia hancocki
  Bemisia tabaci
  Jeannelaleyrodes graberi
  Siphoninus phillyreae
  Trialeurodes rara

ROSACEAE
AMELANCHIER
  Aleurotuberculatus magnoliae

ARMENIACA
  Bemisia mesasiatica

CERASUS
  Dialeurodes citri

CHAMAEBATIA
  Trialeurodes diminutis

COTONEASTER
  Trialeurodes vaporariorum

CRATAEGUS
  Aleyrodes crataegi
  Asterobemisia carpini
  Bemisia silvatica
  Dialeurolobus pulcher
  Siphoninus phillyreae
  Trialeurodes packardi
  Trialeurodes pergandei
  Trialeurodes vittata

CYDONIA
  Aleyrodes crataegi
  Siphoninus phillyreae

ERIOBOTRYA
  Aleurocanthus spiniferus

EXOCHORDA
  Bemisia mesasiatica

FILLIPENDULA
  Aleyrodes lonicerae

FRAGARIA
  Aleyrodes lonicerae
  Trialeurodes fernaldi
  Trialeurodes packardi
  Trialeurodes ruborum
  Trialeurodes vaporariorum

GEUM
  Aleyrodes lonicerae

HETEROMELES
  Aleuroplatus coronata
  Aleuropleurocelus nigrans
  Aleyrodes pruinosus
  Bemisia tabaci
  Trialeurodes vaporariorum

HULTHEMIA
  Rosanovia hulthemiae

KERRIA
  Aleurotuberculatus aucubae

LAUROCERASUS
  Dialeurodes citri

MALUS
  Asterobemisia lata

MESPILUS
  Siphoninus phillyreae

NEILLIA
  Aleurotuberculatus aucubae

OPULASTER
  Aleyrodes spiraeoides

OSMARONIA
  Aleyrodes osmaroniae

PARINARIUM
  Aleurocanthus esakii

PHOTINIA
  Aleuroparadoxus iridescens
  Bemisia berbericola
  Trialeurodes bemisae

PHYSOCARPUS
  Trialeurodes vaporariorum

POURTHIAEA
  Aleurotuberculatus gordoniae
  Aleurotuberculatus magnoliae

PRUNUS
  Aleuropleurocelus nigrans
  Aleurotuberculatus aucubae
  Aleurotuberculatus magnoliae
  Aleurotuberculatus psidii
  Bemisia mesasiatica
  Dialeurodes citri
  Dialeuropora decempuncta
  Parabemisia myricae

Pealius kelloggi
Siphoninus phillyreae
Trialeurodes packardi
Trialeurodes pergandei
Trialeurodes vaporariorum
**Aleurodicus dispersus*
**Leonardius lahillei*

PYRACANTHA
Aleurocanthus woglumi
Aleuroplatus elemarae
Aleurotrachelus pyracanthae
Aleurotuberculatus pyracanthae
Dialeurodes citri
Dialeurolobus pulcher
Trialeurodes pergandei

PYRUS
Aleurocanthus spiniferus
Bemisia tabaci
Dialeurodes citri
Siphoninus phillyreae
Trialeurodes abutiloneus
Trialeurodes packardi
Trialeurodes pergandei

QUILLAJA
Aleuroparadoxus punctatus
**Metaleurodicus pigeanus*

RHAPHIOLEPIS
Aleurotuberculatus aucubae

RHODOTYPOS
Trialeurodes vaporariorum

ROSA
Aleurocanthus spiniferus
Aleurolobus niloticus
Aleurotrachelus caerulescens
Aleyrodes rosae
Asterobemisia carpini
Bemisia rosae
Bemisia shinanoensis
Bemisia spiraeoides
Bemisia tabaci
Bulgarialeurodes cotesii
Dialeuropora decempuncta
Singhiella crenulata
Tetraleurodes ursorum
Trialeurodes abutiloneus
Trialeurodes packardi
Trialeurodes pergandei
Trialeurodes rara
Trialeurodes ricini
Trialeurodes vaporariorum
Trialeurodes varia

RUBUS
Acanthaleyrodes callicarpae
Aleurolobus japonicus

Aleurotrachelus alpinus
Aleurotrachelus rubi
Aleurotuberculatus magnoliae
Aleyrodes sp. indet.
Aleyrodes lonicerae
Aleyrodes rosae
Asterobemisia carpini
Bemisia shinanoensis
Dialeurodes citri
Dialeuropora decempuncta
Neopealius rubi
Pealius rubi
Pealius setosus
Trialeurodes abutiloneus
Trialeurodes packardi
Trialeurodes pergandei
Trialeurodes ruborum
Trialeurodes vaporariorum

SORBARIA
Bemisia eoa

SPIRAEA
Aleurolobus wunni
Aleyrodes lonicerae
Asterobemisia carpini
Bemisia mesasiatica
Bemisia spiraeae
Bemisia spiraeoides
Trialeurodes fernaldi
Trialeurodes packardi
Trialeurodes vaporariorum

SPIRAEANTHUS
Axacalia spiraeanthi

RUBIACEAE

GENUS INDET.
Asterochiton auricolor
**Hexaleurodicus jaciae*

BERTIERA
Siphoninus blanzyi

BORRERIA
**Bakerius sanguineus*

BOUVARDIA
Trialeurodes vaporariorum

CANTHIUM
[= PLECTRONIA]

CASASIA
Trialeurodes floridensis

CEPHALANTHUS
Dialeurodes citri
Trialeurodes fernaldi

CHOMELIA
Africaleurodes coffeacola
Aleuroglandulus subtilis
Aleuroparadoxus chomeliae
Aleuroplatus integellus
Aleurotrachelus stellatus
Trialeurodes floridensis
**Bakerius attenuatus*
**Hexaleurodicus jaciae*
**Paraleyrodes pulverans*

COFFEA
Africaleurodes coffeacola
Africaleurodes vrijdaghii
Aleurocanthus woglumi
Aleuroplatus sp. indet.
Aleurothrixus aepim
Aleurothrixus floccosus
Aleyrodes albescens
Dialeurodes citri
Dialeurodes kirkaldyi
Dialeurodes vulgaris
Dialeurolonga sp. indet.
Dialeurolonga hoyti
Dialeurolonga sarcocephali
Pogonaleyrodes zimmermanni
**Aleurodicus dispersus*

COLLETOECEMA
Aleurolobus fouabii
Aleurotrachelus brazzavillense
Combesaleyrodes bouqueti
Jeannelaleyrodes bertilloni
Tetraleurodes russellae

COPROSMA
Asterochiton simplex

CRATERISPERMUM
Africaleurodes loganiaceae

CREMASPORA
Pogonaleyrodes zimmermanni

CROSSOPTERYX
Aleurotuberculatus caloncobae
Bemisaleyrodes grjebinei

DAMNACANTHUS
Odontaleyrodes damnacanthi

GAERTNERA
Aleuroplatus hiezi
Dialeuropora cogniauxiae
Tetraleurodes russellae

GARDENIA
Africaleurodes lamottei
Aleurocanthus aberrans
Aleurocanthus alternans
Aleurocanthus spinosus
Aleuroglandulus emmae
Aleurolobus luci
Aleurolobus philippinensis
Aleuroparadoxus gardeniae
Aleuroparadoxus rhodae
Aleurotrachelus caerulescens
Aleurotuberculatus caloncobae
Aleurotuberculatus jasmini
Aleurotuberculatus minutus
Bemisia hancocki
Dialeurodes citri
Dialeurodes citrifolii
Dialeurodes gardeniae
Dialeurodes kirkaldyi
Jeannelaleyrodes graberi
Parabemisia myricae
Pogonaleyrodes zimmermanni
Tetraleurodes moundi
Tetraleurodes russellae
Trialeurodes rara
Trialeurodes vaporariorum
Trialeurodes variabilis

IXORA
Aleurocanthus woglumi
Aleurotrachelus longispinus
Aleurotuberculatus minutus
Dialeurodes dissimilis
Dialeurodes ixorae
Dialeurolonga elongata
Marginaleyrodes ixorae

MORELIA
Aleurotuberculatus nigeriae
Dialeurodes elbaensis
Trialeurodes rara

MORINDA
Africaleurodes martini
Aleurocanthus sp. indet.
Aleurocanthus recurvispinus
Aleurocanthus woglumi
Aleuroplatus sp. indet.
Aleurotrachelus souliei
Aleurotrachelus trachoides
Aleurotuberculatus filamentosa
Bemisia tabaci
Dialeurodes elbaensis
Dialeurodes kirkaldyi
Dialeurolonga sarcocephali
Indoaleyrodes pustulatus

PAEDEIRA
Aleurotuberculatus aucubae

PAURIDIANTHA
Aleurocanthus imperialis
Aleuroplatus triclisiae
Tetraleurodes russellae

PAVETTA
Dialeurodes dissimilis

PLECTRONIA
  Africaleurodes coffeacola
  Aleurocanthus alternans
  Aleurotrachelus plectroniae
PSYCHOTRIA
  Aleurotrachelus sp. indet.
  Dialeurodes psychotriae
  Dialeurolonga sarcocephali
  Jeannelaleyrodes bertilloni
  Pealius psychotriae
RANDIA
  Aleuroplatus vaccinii
  Rhachisphora trilobitoides
  Trialeurodes floridensis
RICHARDIA
  *Aleurodicus cocois
RUTIDEA
  Pogonaleyrodes zimmermanni
SARCOCEPHALUS
  Aleurotuberculatus caloncobae
  Dialeurolonga sarcocephali
  Dialeuropora cogniauxiae
SPERMACOCE
  *Bakerius phrygilanthi
TARENNA
  [= CHOMELIA]
THYSANOSPERMUM
  Aleurotuberculatus thysanospermi
UROPHYLLUM
  Combesaleyrodes tauffliebi
  Dialeuropora cogniauxiae
VANGUERIA
  Aleuroplatus sp. indet.
  Aleurotrachelus sp. indet.
  Bemisia hancocki
  Dialeurolonga sp. indet.
XEROMPHIS
  [= RANDIA]

RUTACEAE

AEGLE
  Aleuroclava complex
AMYRIS
  Trialeurodes intermedia
CASIMIROA
  Trialeurodes mirissimus
CHALCAS
  [= MURRAYA]
CHOISYA
  Dialeurodes citri

CITRUS
  Acaudaleyrodes citri
  Aleurocanthus sp. indet.
  Aleurocanthus cheni
  Aleurocanthus citriperdus
  Aleurocanthus delottoi
  Aleurocanthus husaini
  Aleurocanthus inceratus
  Aleurocanthus spiniferus
  Aleurocanthus spinosus
  Aleurocanthus woglumi
  Aleurocybotus setiferus
  Aleurolobus marlatti
  Aleurolobus niloticus
  Aleurolobus setigerus
  Aleurolobus subrotundus
  Aleurolobus szechwanensis
  Aleuroplatus translucidus
  Aleurothrixus aepim
  Aleurothrixus floccosus
  Aleurothrixus porteri
  Aleurotrachelus sp. indet.
  Aleurotuberculatus aucubae
  Aleurotuberculatus citrifolii
  Aleurotuberculatus jasmini
  Bemisia afer
  Bemisia giffardi
  Bemisia hancocki
  Bemisia ovata
  Bemisia tabaci
  Dialeurodes sp. indet.
  Dialeurodes citri
  Dialeurodes citricola
  Dialeurodes citrifolii
  Dialeurodes kirkaldyi
  Dialeurolonga sp. indet.
  Dialeurolonga elongata
  Orchamoplatus caledonicus
  Orchamoplatus citri
  Orchamoplatus mammaeferus
  Orchamoplatus noumeae
  Parabemisia myricae
  Tetraleurodes mori
  Trialeurodes abutiloneus
  Trialeurodes floridensis
  Trialeurodes mirissimus
  Trialeurodes vaporariorum
  Trialeurodes variabilis
  Trialeurodes vitrinellus
  *Aleurodicus sp. indet.
  *Aleurodicus bondari
  *Aleurodicus dispersus
  *Aleurodicus magnificus
  *Ceraleurodicus sp. indet.
  *Hexaleurodicus sp. indet.
  *Hexaleurodicus jaciae
  *Metaleurodicus cardini

Metaleurodicus manni
*Paraleyrodes sp. indet.
*Paraleyrodes bondari
*Paraleyrodes citricolus
*Paraleyrodes naranjae
*Paraleyrodes perseae
*Paraleyrodes citri
*Paraleyrodes singularis
*Paraleyrodes urichii

CLAUSENA
    Africaleurodes sp. indet.
    Aleurocanthus woglumi
    Aleurolobus subrotundus
    Aleurotuberculatus kusheriki
    Bemisia hancocki
    Dialeurolonga sp. indet.
    Tetraleurodes sp. indet.
    Trialeurodes floridensis

EVODIA
    Aleuroplatus evodiae
    Aleuroplatus pectiniferus
    Dialeurodes evodiae

FAGARA
    [= ZANTHOXYLUM]

MURRAYA
    Aleurocanthus woglumi
    Aleurolobus confusus
    Aleurolobus marlatti
    Aleurolobus niloticus
    Aleurolobus subrotundus
    Aleurotuberculatus citrifolii
    Aleurotuberculatus jasmini
    Aleurotuberculatus kuwanai
    Aleurotuberculatus murrayae
    Dialeurolonga elongata
    Dialeuropora murrayae
    Trialeurodes rara
    Trialeurodes ricini

PHELLODENDRON
    Aleurotuberculatus aucubae
    Dialeurodes formosensis

RUTA
    Bemisia tabaci
    Trialeurodes abutiloneus
    Trialeurodes vaporariorum

WENDLANDIA
    Dialeurodes citri

ZANTHOXYLUM
    Aleurocanthus spiniferus
    Aleuroplatus andropogoni
    Aleurotuberculatus aucubae
    Dialeurodes citri
    Rhachisphora fici

    Trialeurodes floridensis
    Trialeurodes packardi
    Trialeurodes pergandei

SABIACEAE

MELIOSMA
    Aleurocanthus spiniferus
    Dialeurodes citri
    Taiwanaleyrodes meliosmae

SALICACEAE

SALIX
    Aleurocanthus spiniferus
    Aleurolobus philippinensis
    Aleuroplatus pectiniferus
    Aleurotrachelus caerulescens
    Aleurotuberculatus psidii
    Aleyrodes amnicola
    Aleyrodes capreae
    Asterobemisia carpini
    Asterobemisia yanagicola
    Bemisia salicaria
    Dialeuropora decempuncta
    Parabemisia myricae
    Pealius mori
    Singhius hibisci
    Trialeurodes vaporariorum

SALVADORACEAE

SALVADORA
    Aleurolobus niloticus

SAPINDACEAE

ALLOPHYLUS
    Africaleurodes coffeacola
    Bemisaleyrodes grjebinei
    Tetraleurodes russellae

CUPANIA
    Aleurocanthus woglumi

DODONAEA
    Acaudaleyrodes citri
    Aleurolobus niloticus
    Trialeurodes vaporariorum

EUPHORIA
    Aleurotrachelus euphorifoliae
    Aleurotuberculatus euphoriae
    Aleurotuberculatus psidii
    Asialeyrodes euphoriae

HARPULLIA
    Aleurolobus setigerus
    Rhachisphora trilobitoides

LECANIODISCUS
    Pealius ezeigwi

LITCHI
  Aleurotuberculatus psidii
  Dialeurolonga elongata

MELICOCCA
  Aleurocanthus woglumi

NEPHELIUM
  Aleurotrachelus lumpurensis
  Aleurotuberculatus bifurcata
  Aleurotuberculatus nephelii
  Dialeurodes gemurohensis
  Tuberaleyrodes rambutana

PAULLINIA
  Aleurocanthus aberrans
  Aleurocanthus hansfordi
  Aleurocanthus trispina
  Aleurotuberculatus nigeriae
  Bemisaleyrodes grjebinei
  Orstomaleyrodes fimbriae

PLACODISCUS
  Bemisaleyrodes grjebinei

SERJANIA
  Trialeurodes abutiloneus

SAPOTACEAE

GENUS INDET.
  Aleuroplatus graphicus

ACHRAS
  Aleurocanthus woglumi
  Aleuroparadoxus sapotae
  Aleurothrixus guareae
  Aleurothrixus guimaraesi
  Aleurothrixus lucumai
  Aleurothrixus porteri
  Lipaleyrodes sp. indet.
  Rhachisphora trilobitoides
  Trialeurodes floridensis
  Trialeurodes ricini
  *Aleurodicus dispersus
  *Ceraleurodicus moreirai
  *Paraleyrodes crateraformans
  *Paraleyrodes goyabae

AFROSERSALISIA
  Dialeuropora portugaliae

ARGANIA
  Trialeurodes vaporariorum

BASSIA
  Aleurocanthus woglumi
  Aleuroclava complex
  Aleurolobus moundi
    Dialeurodes sp. indet.
  Dialeurodes bassiae

BUMELIA
  *Aleurodicus poriferus

CHRYSOPHYLLUM
  Aleurocanthus woglumi

LABOURDONNAISIA
  Aleurotrachelus filamentosus

LUCUMA
  Aleurocanthus woglumi
  Aleurothrixus aguiari
  Aleurothrixus floccosus
  Aleurothrixus lucumai

MALACANTHA
  Aleurotuberculatus nigeriae
  Pealius ezeigwi

MIMUSOPS
  Dialeurodes ixorae
  Rhachisphora trilobitoides
  Trialeurodes floridensis

PALAQUIUM
  Trialeurodes palaquifolia
  Trialeurodes perakensis

SAPOTA
  [= *ACHRAS*]

SIDEROXYLON
  Aleurocanthus hansfordi

SAURURACEAE

ANEMOPSIS
  Aleyrodes spiraeoides
  Trialeurodes packardi

SAURURUS
  Trialeurodes packardi

SAXIFRAGACEAE

BERGENIA
  Aleyrodes philadelphi
  Asterobemisia carpini

DEUTZIA
  Trialeurodes packardi

HEUCHERA
  Trialeurodes heucherae

SCROPHULARIACEAE

ANTIRRHINUM
  Trialeurodes vaporariorum

CAPRARIA
  Bemisia tabaci

DIGITALIS
  Trialeurodes vaporariorum

HEBE
: *Trialeurodes abutiloneus*

LINARIA
: *Aleyrodes proletella*

LINDERNIA
: *Lipaleyrodes hargreavesi*

MAURANDYA
: *Trialeurodes vaporariorum*

MELAMPYRUM
: *Aleyrodes lonicerae*

PAULOWNIA
: *Trialeurodes vaporariorum*

SCOPARIA
: *Bemisia tabaci*

SCROPHULARIA
: [*Aleurodidarum* Nomen nudum]

VERONICA
: *Aleyrodes lonicerae*
: *Bemisia tabaci*
: *Trialeurodes vaporariorum*

SIMAROUBACEAE

AILANTHUS
: *Dialeurodes citri*

HARRISONIA
: *Aleurotuberculatus nigeriae*

SOLANACEAE

GENUS INDET.
: *Aleurothrixus porteri*
: *Aleurothrixus solani*

ATROPA
: *Trialeurodes vaporariorum*

BRUNFELSIA
: *Trialeurodes vaporariorum*

CAPSICUM
: *Aleurotrachelus trachoides*
: *Bemisia tabaci*
: *Trialeurodes vaporariorum*
: **Aleurodicus dispersus*
: **Aleurodicus ornatus*

CESTRUM
: *Aleurocanthus woglumi*
: *Aleurothrixus porteri*
: *Aleyrodes tinaeoides*
: *Bemisia tabaci*
: *Trialeurodes vaporariorum*
: **Aleurodicus dispersus*
: **Metaleurodicus minimus*
: **Metaleurodicus phalaenoides*

DATURA
: *Aleurotrachelus trachoides*
: *Bemisia tabaci*
: *Trialeurodes abutiloneus*
: *Trialeurodes vaporariorum*
: *Trialeurodes varia*

LYCOPERSICUM
: *Bemisia tabaci*
: *Trialeurodes abutiloneus*
: *Trialeurodes vaporariorum*

NICANDRA
: *Bemisia tabaci*

NICOTIANA
: *Aleurotrachelus trachoides*
: *Aleyrodes spiraeoides*
: *Bemisia tabaci*
: *Trialeurodes abutiloneus*
: *Trialeurodes tabaci*
: *Trialeurodes vaporariorum*

PETUNIA
: *Bemisia tabaci*

PHYSALIS
: *Bemisia tabaci*
: *Singhius hibisci*
: *Trialeurodes notata*

SOLANDRA
: **Aleurodicus dispersus*

SOLANUM
: *Aleurothrixus floccosus*
: *Aleurotrachelus distinctus*
: *Aleurotrachelus elatostemae*
: *Aleurotrachelus trachoides*
: *Aleyrodes spiraeoides*
: *Bemisia tabaci*
: *Trialeurodes abutiloneus*
: *Trialeurodes chinensis*
: *Trialeurodes notata*
: *Trialeurodes vaporariorum*

WITHANIA
: *Bemisia tabaci*

STAPHYLEACEAE

TURPINIA
: *Aleurotrachelus turpiniae*
: *Dialeurodes citri*

STERCULIACEAE

ASSONIA
: [= *DOMBEYA*]

COLA
: *Africaleurodes coffeacola*
: *Africaleurodes loganiaceae*

Africaleurodes ochnaceae
Africaleurodes souliei
Aleurocanthus sp. indet.
Aleuroplatus culcasiae
Aleurotrachelus sp. indet.
Dialeurolonga sp. indet.
Dialeurolonga emarginata
Dialeuropora papillata
Pealius ezeigwi

DOMBEYA
Trialeurodes vaporariorum

GLOSSOSTEMON
Bemisia tabaci

GUAZUMA
Aleurocanthus woglumi
Bemisia tabaci

STERCULIA
Aleurotuberculatus caloncobae
Dialeurodes rhodamniae

THEOBROMA
Aleuroplatus sp. indet.
Aleurotrachelus cacaorum
Aleurotrachelus granosus
Aleurotrachelus theobromae
Bemisia tabaci
Dialeurolonga sp. indet.
Dialeuropora papillata
**Aleurodicus cocois*
**Aleurodicus fucatus*
**Aleurodicus pulvinatus*
**Aleurodicus neglectus*
**Paraleyrodes crateraformans*

TRIPLOCHITON
Tetraleurodes russellae

WALTHERIA
Trialeurodes vaporariorum

STYRACACEAE

STYRAX
Acanthaleyrodes styraci
Aleurolobus styraci
Dialeurodes formosensis
Rhachisphora styraci

SYMPLOCACEAE

BOBUA
[= SYMPLOCOS]

SYMPLOCOS
Aleurotuberculatus gordoniae
Dialeurodes formosensis
Dialeurodes rarasana
Tuberaleyrodes bobuae

THEACEAE

ADINANDRA
Dialeurodes adinandrae
Rhachisphora fici

CAMELLIA
Aleurotrachelus camelliae
Dialeurodes bladhiae
Dialeurodes citri

CLEYERA
Dialeurodes kirishimensis
Dialeurodes sakaki
Rusostigma tristylii

EURYA
Aleurotrachelus ishigakiensis
Aleurotuberculatus aucubae
Aleurotuberculatus euryae
Aleurotuberculatus gordoniae
Aleurotuberculatus hikosanensis
Aleurotuberculatus similis
Dialeurodes bladhiae
Dialeurodes euryae
Odontaleyrodes damnacanthi
Odontaleyrodes euryae
Rusostigma tokyonis
Rusostigma tristylii

GORDONIA
Aleurocanthus gordoniae
Aleuroplatus pectiniferus
Aleurotuberculatus gordoniae

SAKAKIA
[= EURYA]

SCHIMA
Pealius schimae

TAONABO
Aleurolobus taonabae

THEA
Aleurotrachelus camelliae
Parabemisia myricae

TRISTILIUM
[= CLEYERA]

THYMELAEACEAE

DAPHNE
Bemisia tabaci
Trialeurodes vaporariorum

TILIACEAE

CORCHORUS
Bemisia tabaci
Trialeurodes rara

GREWIA
   Acaudaleyrodes citri
   Africaleurodes sp. indet.
   Aleurocanthus sp. indet.
   Aleuroplatus sp. indet.
   Aleurotrachelus grewiae
   Bemisia hancocki
   Dialeurolonga sp. indet.
   Tetraleurodes sp. indet.

TILIA
   Asterobemisia carpini
   Asterobemisia lata
   Tetraleurodes mori
   Trialeurodes packardi

TRIUMFETTA
   Aleurothrixus bondari
   **Aleurodicus juleikae*
   **Aleurodicus flavus*

TROCHODENDRACEAE

TROCHODENDRON
   Aleuroclava trochodendri
   Aleurotuberculatus euryae

TROPAEOLACEAE

TROPAEOLUM
   Trialeurodes vaporariorum

ULMACEAE

APHANANTHE
   Aleurolobus marlatti
   Aleurotuberculatus aucubae
   Bemisia shinanoensis

CELTIS
   Aleurotrachelus caerulescens
   Aleurotuberculatus caloncobae
   Aleurotuberculatus nephelii
   Aleurotuberculatus nigeriae
   Apobemisia celti
   Dialeurodes celti
   Orchamoplatus caledonicus
   Orchamoplatus dumbletoni
   Orstomaleyrodes fimbriae
   Pealius tuberculatus
   Rhachisphora fici
   Singhius hibisci
   Tetraleurodes mori
   Tetraleurodes moundi
   Tetraleurodes russellae
   Trialeurodes celti
   Trialeurodes packardi
   Trialeurodes vaporariorum

CHAETACHME
   Aleurocanthus delottoi

   Aleurocanthus mackenziei
   Bemisia hancocki
   Bemisaleyrodes pauliani
   Tetraleurodes madagascariensis
   Tetralicia sp. indet.

TREMA
   Bemisia tabaci

ULMUS
   Aleyrodes essigi
   Aleyrodiella lamellifera
   Asterobemisia carpini
   Asterochiton sp. indet.
   Bemisia iole
   Trialeurodes abutiloneus
   Trialeurodes packardi

UMBELLIFERAE

AEGOPODIUM
   Aleyrodes lonicerae

ANTHRISCUS
   Aleyrodes lonicerae

CORIANDRUM
   Bemisia tabaci

CRYPTOTAENIA
   Trialeurodes packardi

ERYNGIUM
   Nealeyrodes bonariensis

HERACLEUM
   Aleurotrachelus ishigakiensis

LASER
   Aleyrodes proletella

PETROSELIUM
   Aleyrodes proletella

URTICACEAE

GENUS INDET.
   Aleurotrachelus urticicola

BOEHMERIA
   Bemisia tabaci
   Dialeurodes formosensis

CECROPIA
   Aleurotrachelus cecropiae
   Aleurotrachelus socialis
   **Aleurodicus fucatus*
   **Aleurodicus neglectus*
   **Ceraleurodicus bakeri*
   **Ceraleurodicus octifer*

DEBREGEASIA
   Aleurotrachelus debregeasiae

ELATOSTEMA
   Aleurotrachelus elatostemae
   Aleurotuberculatus elatostemae
   Trialeurodes elatostemae

LAPORTEA
   Trialeurodes abutiloneus

OREOCNIDE
   Aleurotrachelus elatostemae
   Aleurotuberculatus multipori

PILEA
   Aleuroplatus pileae

URTICA
   Aleyrodes borchsenii
   Aleyrodes lonicerae
   Dialeuropora urticata
   Trialeurodes vaporariorum

VERBENACEAE

AVICENNIA
   Trialeurodes vaporariorum

CALLICARPA
   Acanthaleyrodes callicarpae
   Aleurolobus japonicus
   Bemisia shinanoensis
   Bemisia tabaci
   Pealius rubi
   Tetraleurodes mori
   Trialeurodes packardi

CITHAREXYLUM
   Aleurotrachelus trachoides
   **Aleurodicus capiangae*
   *Hexaleurodicus sp. indet.
   **Metaleurodicus cardini*
   **Paraleyrodes urichii*

CLERODENDRON
   Aleurocanthus alternans
   Aleurocanthus descarpentriesi
   Aleurolobus juillieni
   Aleuroplatus triclisiae
   Aleurotuberculatus uraianus
   Bemisia tabaci
   Pealius rubi
   Tetraleurodes russellae

DURANTA
   Aleurolobus niloticus
   Bemisia tabaci
   Trialeurodes abutiloneus

HOLMSKIOLDIA
   Bemisia tabaci

LANTANA
   Bemisia tabaci

   Trialeurodes abutiloneus
   Trialeurodes vaporariorum

LIPPIA
   Aleurothrixus porteri
   Bemisia tabaci
   **Ceraleurodicus altissimus*

NYCTANTHES
   Bemisia tabaci

PERONEMA
   Dialeuropora decempuncta

PETREA
   Aleurotrachelus sp. indet.
   Trialeurodes floridensis
   Trialeurodes mirissimus

PREMNA
   Aleuroplatus plumosus
   Dialeurodes kirkaldyi

TECTONA
   Aleurotrachelus sp. indet.

VERBENA
   Trialeurodes abutiloneus
   Trialeurodes packardi
   Trialeurodes vaporariorum

VITEX
   Aleurotrachelus vitis
   Aleurotuberculatus nigeriae
   Aleurotuberculatus yambiae
   Aleyrodes millettiae
   Bemisia hancocki
   Bemisia tabaci
   Dialeurodes dicksoni
   Dialeurodes vitis
   Trialeurodes abutiloneus

VIOLACEAE

MELICYTUS
   Asterochiton aureus

VIOLA
   Aleyrodes japonica
   Aleyrodes lonicerae
   Trialeurodes abutiloneus
   Trialeurodes packardi
   Trialeurodes vaporariorum

VITACEAE

AMPELOPSIS
   Dialeurodes citri

TETRASTIGMA
   Dialeurodes tetrastigmae

VITIS
   Acanthaleyrodes callicarpae
   Aleurocanthus spiniferus
   Aleurolobus taonabae
   Aleurolobus vitis
   Bemisia ovata
   Dialeurodes dioscoreae
   Singhius hibisci
   Trialeurodes vaporariorum
   Trialeurodes vittata

WINTERACEAE

DRIMYS
   Aleyrodes fodiens
   Aleyrodes winterae
   Trialeurodes unadutus

WINTERA
   [= *DRIMYS*]

ZYGOPHYLLACEAE

BALANITES
   Acaudaleyrodes citri
   Aleurocanthus leptadeniae
   Aleurolobus delamarei
   Aleurolobus niloticus

GUAIACUM
   Aleurocanthus woglumi
   Aleurothrixus floccosus
   Tetraleurodes stellata
   Trialeurodes floridensis
   *Paraleyrodes sp. indet.

TRIBULUS
   Bemisia tabaci

Index to genera of Angiosperms in systematic list of host plants

[+ indicates Liliatae (Monocotyledonae)]
(synonyms in italics)

Abelmoschus — Malvaceae
Abrus — Leguminosae
Abutilon — Malvaceae
Acacia — Leguminosae
Acalypha — Euphorbiaceae
Acanthocephalus — Compositae
Acanthophoenix — Palmae
Acanthus — Acanthaceae
Acer — Aceraceae
Achimenes — Gesneriaceae
Achras — Sapotaceae
Achyranthes — Amaranthaceae
Acridocarpus — Malpighiaceae
Actaea — Ranunculaceae
Actinidia — Actinidiaceae
Actinodaphne — Lauraceae
Adhatoda — Acanthaceae
Adinandra — Theaceae
Adinobotrys — Leguminosae
Aegle — Rutaceae
Aegopodium — Umbelliferae
Aeschynomene — Leguminosae
Aesculus — Hippocastanaceae
Aframomum — Zingiberaceae
Afrosersalisia — Sapotaceae
Afzelia — Leguminosae
Agalma (Araliaceae)
Agati (Leguminosae)
Agauria — Ericaceae
Agelaea — Connaraceae
Ageratum — Compositae
Ailanthus — Simaroubaceae
Ajuga — Labiatae
Akebia — Lardizabalaceae
Albizia — Leguminosae
Alchornea — Euphorbiaceae
Alhagi — Leguminosae
Alisma — Alismataceae
Allemanda — Apocynaceae
Allophylus — Sapindaceae
Alnus — Betulaceae
Althaea — Malvaceae
Alyxia — Apocynaceae
Amaranthus — Amaranthaceae
Ambrosia — Compositae
Amelanchier — Rosaceae
Ampelamus (Asclepiadaceae)
Ampelopsis — Vitaceae
Amphicarpaea — Leguminosae
Amyema — Loranthaceae
Amyris — Rutaceae
Anacardium — Anacardiaceae
Andropogon — Gramineae
Anemopsis — Saururaceae
Anisomeles (Labiatae)
Annona — Annonaceae
Anthocleista — Loganiaceae
Anthriscus — Umbelliferae

Antiaris — Moraceae
Antidesma — Euphorbiaceae
Antigonon — Polygonaceae
Antirrhinum — Scrophulariaceae
Aphananthe — Ulmaceae
Aphelandra — Acanthaceae
Aphloia — Flacourtiaceae
Aquilegia — Ranunculaceae
Arachis — Leguminosae
Aralia — Araliaceae
Arbutus — Ericaceae
Arctostaphylos — Ericaceae
Ardisia — Myrsinaceae
Areca — Palmae
Argania — Sapotaceae
Argemone — Papaveraceae
Aristolochia — Aristolochiaceae
Armeniaca — Rosaceae
Artemisia — Compositae
Artocarpus — Moraceae
Asarum — Asclepiadaceae
Asclepias — Asclepiadaceae
Asimina — Annonaceae
Asparagus — Liliaceae
Aspilia — Compositae
Assonia (Sterculiaceae)
Aster — Compositae
Asystasia — Acanthaceae
Atraphaxis — Polygonaceae
Atriplex — Chenopodiaceae
Atropa — Solanaceae
Aucuba — Cornaceae
Avicennia — Verbenaceae
Azadirachta — Meliaceae
Azalea (Ericaceae)
Azara — Flacourtiaceae

Baccaurea — Euphorbiaceae
Baccharis — Compositae
Balanites — Zygophyllaceae
Bambusa — Gramineae
Banksia — Proteaceae
Baphia — Leguminosae
Barringtonia — Lecythidaceae
Barteria — Passifloraceae
Bassia — Sapotaceae
Bauhinia — Leguminosae
Beaumontia — Apocynaceae
Beckeropsis — Gramineae
Begonia — Begoniaceae
Benzoin (Lauraceae)
Berberidopsis — Flacourtiaceae
Berberis — Berberidaceae
Bergenia — Saxifragaceae
Bertiera — Rubiaceae
Betula — Betulaceae
Bidens — Compositae
Bignonia — Bignoniaceae

Bischofia — Euphorbiaceae
Bladhia (Myrsinaceae)
Bobua (Symplocaceae)
Boehmeria — Urticaceae
Boerhaavia — Nyctaginaceae
Bombacopsis — Bombacaceae
Bombax — Bombacaceae
Bongardia — Berberidaceae
Borreria — Rubiaceae
Boscia — Capparaceae
Bosqueiopsis — Moraceae
Bougainvillea — Nyctaginaceae
Bouvardia — Rubiaceae
Bowdichia — Leguminosae
Brachystegia — Leguminosae
Brassica — Cruciferae
Breynia — Euphorbiaceae
Bridelia — Euphorbiaceae
Brunfelsia — Solanaceae
Brya — Leguminosae
Bumelia — Sapotaceae
Burkea — Leguminosae
Bursera — Burseraceae
Butea — Leguminosae
Buxus — Buxaceae
Byrsocarpus — Connaraceae
Byrsonima — Malpighiaceae

Cadaba — Capparaceae
Caesalpinia — Leguminosae
Cajanus — Leguminosae
Caladium — Araceae
Calendula — Compositae
Calliandra — Leguminosae
Callicarpa — Verbenaceae
Callistemma (Compositae)
Callistemon — Myrtaceae
Callistephus — Compositae
Calluna — Ericaceae
Caloncoba — Flacourtiaceae
Calophyllum — Guttiferae
Calopogonium — Leguminosae
Calvoa — Melastomataceae
Camellia — Theaceae
Campanula — Campanulaceae
Cananga — Annonaceae
Canavalia — Leguminosae
Canna — Cannaceae
Cannabis — Cannabaceae
Canthium (Rubiaceae)
Capparis — Capparaceae
Capraria — Scrophulariaceae
Capsicum — Solanaceae
Cardamine — Cruciferae
Carica — Caricaceae
Carpinus — Betulaceae
Carpodinus — Apocynaceae
Carpolobia — Polygalaceae
Carthamus — Compositae
Carya — Juglandaceae
Casasia — Rubiaceae
Casearia — Flacourtiaceae
Casimiroa — Rutaceae
Cassia — Leguminosae
Cassine — Celastraceae

Castanea — Fagaceae
Castanola (Connaraceae)
Castanopsis — Fagaceae
Catalpa — Bignoniaceae
Cathormion — Leguminosae
Caulanthus — Cruciferae
Ceanothus — Rhamnaceae
Cecropia — Urticaceae
Ceiba — Bombacaceae
Celastrus — Celastraceae
Celosia — Amaranthaceae
Celtis — Ulmaceae
Cenchrus — Gramineae
Centaurea — Compositae
Centrosema — Leguminosae
Cephalanthus — Rubiaceae
Cephalorrhynchus — Compositae
Cerasus — Rosaceae
Ceratopetalum — Cunoniaceae
Ceratostigma — Plumbaginaceae
Cercestis — Araceae
Cercis — Leguminosae
Cestrum — Solanaceae
Chaetachme — Ulmaceae
Chalcas (Rutaceae)
Chamaebatia — Rosaceae
Chamaedorea — Palmae
Chamaenerion — Onagraceae
Cheiranthus — Cruciferae
Chelidonium — Papaveraceae
Chenopodium — Chenopodiaceae
Chimaphila — Pyrolaceae
Chionanthus — Oleaceae
Chloris — Gramineae
Choisya — Rutaceae
Chomelia — Rubiaceae
Chrysalidocarpus — Palmae
Chrysanthemum — Compositae
Chrysobalanus — Chrysobalanaceae
Chrysophyllum — Sapotaceae
Chrysothemis — Gesneriaceae
Cicer — Leguminosae
Cicerbita — Compositae
Cichorium — Compositae
Cimicifuga — Ranunculaceae
Cinnamomum — Lauraceae
Cissampelos — Menispermaceae
Cistus — Cistaceae
Citharexylum — Verbenaceae
Citrullus — Cucurbitaceae
Citrus — Rutaceae
Clausena — Rutaceae
Clematis — Ranunculaceae
Cleome — Capparaceae
Clerodendron — Verbenaceae
Clethra — Clethraceae
Cleyera — Theaceae
Clitoria — Leguminosae
Cnestis — Connaraceae
Coccinia — Cucurbitaceae
Coccoloba — Polygonaceae
Cochlospermum — Bixaceae
Cocos — Palmae
Codiaeum — Euphorbiaceae

Codonopsis — Campanulaceae
Coelogyne — Orchidaceae
Coffea — Rubiaceae
Cogniauxia — Cucurbitaceae
Coix — Gramineae
Cola — Sterculiaceae
Colea — Bignoniaceae
Coleus — Labiatae
Colletoecema — Rubiaceae
Colliguaja — Euphorbiaceae
Collinsonia — Labiatae
Colocasia — Araceae
Colubrina — Rhamnaceae
Combretum — Combretaceae
Commelina — Commelinaceae
Commiphora — Burseraceae
Conocarpus — Combretaceae
Conocephalus — Moraceae
Convolvulus — Convolvulaceae
Conyza — Compositae
Coprosma — Rubiaceae
Corchorus — Tiliaceae
Cordia — Boraginaceae
Cordyline — Liliaceae
Coreopsis — Compositae
Coriandrum — Umbelliferae
Cornus — Cornaceae
Corydalis — Papaveraceae
Corylopsis — Hamamelidaceae
Corylus — Betulaceae
Cosmos — Compositae
Costus — Costaceae
Cotinus — Anacardiaceae
Cotoneaster — Rosaceae
Crataegus — Rosaceae
Craterispermum — Rubiaceae
Crateva — Capparaceae
Cremaspora — Rubiaceae
Crescentia — Bignoniaceae
Crossandra — Acanthaceae
Crossopteryx — Rubiaceae
Crotalaria — Leguminosae
Croton — Euphorbiaceae
Cryptocarya — Lauraceae
Cryptotaenia — Umbelliferae
Cucumis — Cucurbitaceae
Cucurbita — Cucurbitaceae
Cudrania — Moraceae
Culcasia — Araceae
Cupania — Sapindaceae
Cuphea — Lythraceae
Curcuma — Zingiberaceae
Cyamopsis — Leguminosae
Cyanotis — Commelinaceae
Cydonia — Rosaceae
Cymbidium — Orchidaceae
Cymbopogon — Gramineae
Cynanchum — Asclepiadaceae
Cynodon — Gramineae
Cyperus — Cyperaceae
Cyrtosperma — Araceae

Dactyloctenium — Gramineae
Dahlia — Compositae
Dalbergia — Leguminosae
Damnacanthus — Rubiaceae
Danthonia — Gramineae

Daphne — Thymelaeaceae
Daphniphyllum — Daphniphyllaceae
Datura — Solanaceae
Davilla — Dilleniaceae
Debregeasia — Urticaceae
Decaspermum — Myrtaceae
Delonix — Leguminosae
Derris — Leguminosae
Desmodium — Leguminosae
Deutzia — Saxifragaceae
Dialium — Leguminosae
Dichapetalum — Dichapetalaceae
Dichondra — Convolvulaceae
Dicliptera — Acanthaceae
Didymocarpus — Gesneriaceae
Digera — Amaranthaceae
Digitalis — Scrophulariaceae
Dillenia — Dilleniaceae
Dioscorea — Dioscoreaceae
Diospyros — Ebenaceae
Dipterocarpus — Dipterocarpaceae
Distylium — Hamamelidaceae
Dizygotheca — Araliaceae
Dodonaea — Sapindaceae
Dolichos — Leguminosae
Dombeya — Sterculiaceae
Drimys — Winteraceae
Dryandra — Proteaceae
Drypetes — Euphorbiaceae
Duranta — Verbenaceae
Durio — Bombacaceae
Duvaua (Anacardiaceae)

Echinochloa — Gramineae
Eclipta — Compositae
Ehretia — Boraginaceae
Elaeagnus — Elaeagnaceae
Elaeis — Palmae
Elaeocarpus — Elaeocarpaceae
Elaeodendron — Celastraceae
Elatostema — Urticaceae
Elettaria — Zingiberaceae
Elsholtzia — Labiatae
Emilia — Compositae
Encelia — Compositae
Encyclia — Orchidaceae
Endospermum — Euphorbiaceae
Entandrophragma — Meliaceae
Epigaea — Ericaceae
Epilobium — Onagraceae
Epimeredi — Labiatae
Erechtites — Compositae
Erianthus — Gramineae
Erica — Ericaceae
Erigeron — Compositae
Eriobotrya — Rosaceae
Eriodictyon — Hydrophyllaceae
Eriosema — Leguminosae
Eruca — Compositae
Ervum (Leguminosae)
Erycibe — Convolvulaceae
Eryngium — Umbelliferae
Erythrina — Leguminosae
Erythrococca — Euphorbiaceae
Erythroxylon — Erythroxylaceae
Eucalyptus — Myrtaceae
Eucryphia — Eucryphiaceae

Eugenia — Myrtaceae
Eupatorium — Compositae
Euphorbia — Euphorbiaceae
Euphoria — Sapindaceae
Eurya — Theaceae
Evodia — Rutaceae
Exochorda — Rosaceae

Fagara (Rutaceae)
Fagraea — Loganiaceae
Fagus — Fagaceae
Feijoa — Myrtaceae
Ficus — Moraceae
Filipendula — Rosaceae
Fissistigma — Annonaceae
Flueggea — Euphorbiaceae
Forchhammeria — Capparaceae
Forsythia — Oleaceae
Fragaria — Rosaceae
Fragula — Rhamnaceae
Franseria (Compositae)
Fraxinus — Oleaceae
Fuchsia — Onagraceae

Gaertnera — Rubiaceae
Galactia — Leguminosae
Galinsoga — Compositae
Garcinia — Guttiferae
Gardenia — Rubiaceae
Garrya — Garryaceae
Gaultheria — Ericaceae
Gaylussacia — Ericaceae
Gelsemium — Loganiaceae
Geniostoma — Loganiaceae
Geobalanus (Chrysobalanaceae)
Geranium — Geraniaceae
Geum — Rosaceae
Gilibertia — Araliaceae
Gladiolus — Iridaceae
Glechoma — Labiatae
Globularia — Globulariaceae
Glochidion — Euphorbiaceae
Gloriosa — Liliaceae
Glossostemon — Sterculiaceae
Gluta — Anacardiaceae
Glycine — Leguminosae
Gonolobus — Asclepiadaceae
Gordonia — Theaceae
Gossampinus (Bombacaceae)
Gossypium — Malvaceae
Grevillea — Proteaceae
Grewia — Tiliaceae
Guaiacum — Zygophyllaceae
Guarea — Meliaceae
Guazuma — Sterculiaceae
Gymnosporia — Celastraceae
Gynandropsis (Capparaceae)

Hakea — Proteaceae
Haplophyllum (Compositae)
Hardwickia — Leguminosae
Harpullia — Sapindaceae
Harrisonia — Simaroubaceae
Harungana — Guttiferae

Hebe — Scrophulariaceae
Hedera — Araliaceae
Heisteria — Olacaceae
Helianthus — Compositae
Helicia — Proteaceae
Heliconia — Heliconiaceae
Heliotropium — Boraginaceae
Heptapleurum (Araliaceae)
Heracleum — Umbelliferae
Heteromeles — Rosaceae
Heterotheca — Compositae
Heuchera — Saxifragaceae
Hevea — Euphorbiaceae
Hexalobus — Annonaccae
Hibbertia — Dilleniaceae
Hibiscus — Malvaceae
Hippocratea — Hippocrateaceae
Hiptage — Malpighiaceae
Holboellia — Lardizabalaceae
Holmskioldia — Verbenaceae
Homalium — Flacourtiaceae
Homonoia — Euphorbiaceae
Hovenia — Rhamnaceae
Hoya — Asclepiadaceae
Hulthemia — Rosaceae
Humulus — Cannabaceae
Hura — Euphorbiaceae
Hydrangea — Hydrangeaceae
Hymenocardia — Euphorbiaceae
Hyparrhenia (Gramineae)
Hypericum — Guttiferae

Icacina — Icacinaceae
Ilex — Aquifoliaceae
Impatiens — Balsaminaceae
Imperata — Gramineae
Indigofera — Leguminosae
Inga — Leguminosae
Inula — Compositae
Ipomoea — Convolvulaceae
Iris — Iridaceae
Itea — Grossulariaceae
Iva — Compositae
Ixora — Rubiaceae

Jasminum — Oleaceae
Jatropha — Euphorbiaceae
Juglans — Juglandaceae
Justicia — Acanthaceae

Kalmia — Ericaceae
Kerria — Rosaceae
Kitaibelia — Malvaceae
Kurrimia — Celastraceae

Labourdonnaisia — Sapotaceae
Lactuca — Compositae
Lagenaria — Cucurbitaceae
Lagerstroemia — Lythraceae
Lamium — Labiatae
Landolphia — Apocynaceae
Lannea — Anacardiaceae
Lansium — Meliaceae
Lantana — Verbenaceae

Laportea — Urticaceae
Lapsana — Compositae
Laser — Umbelliferae
Lathyrus — Leguminosae
Laurocerasus — Rosaceae
Laurus — Lauraceae
Lavatera — Malvaceae
Lavendula — Labiatae
Lawsonia — Lythraceae
Lecaniodiscus — Sapindaceae
Lepidium — Cruciferae
Lepidoturus — Euphorbiaceae
Leptadenia — Asclepiadaceae
Leptoderris — Leguminosae
Leptospermum — Myrtaceae
Lespedeza — Leguminosae
Leucopogon — Epacridaceae
Leucothoe — Ericaceae
Licania — Chrysobalanaceae
Ligustrum — Oleaceae
Lilium — Liliaceae
Linaria — Scrophulariaceae
Lindera — Lauraceae
Lindernia — Scrophulariaceae
Linum — Linaceae
Lippia — Verbenaceae
Liquidambar — Hamamelidaceae
Litchi — Sapindaceae
Lithocarpus — Fagaceae
Lithraea — Anacardiaceae
Litsea — Lauraceae
Lobelia — Campanulaceae
Lonchocarpus — Leguminosae
Lonicera — Caprifoliaceae
Lophanthus (Labiatae)
Loranthus — Loranthaceae
Loropetalum — Hamamelidaceae
Lotus — Leguminosae
Lucuma — Sapotaceae
Luffa — Cucurbitaceae
Lycopersicum — Solanaceae
Lycopus — Labiatae

Macaranga — Euphorbiaceae
Machilus — Lauraceae
Maclura — Moraceae
Maerua — Capparaceae
Maesa — Myrsinaceae
Maesobotrya — Euphorbiaceae
Maesopsis — Rhamnaceae
Magnolia — Magnoliaceae
Malacantha — Sapotaceae
Malachra — Malvaceae
Malaisia — Moraceae
Mallotus — Euphorbiaceae
Malpighia — Malpighiaceae
Malus — Rosaceae
Malva — Malvaceae
Malvastrum — Malvaceae
Malvaviscus — Malvaceae
Mangifera — Anacardiaceae
Manihot — Euphorbiaceae
Manniophyton — Euphorbiaceae
Manotes — Connaraceae

Markhamia — Bignoniaceae
Marrubium — Labiatae
Martynia — Pedaliaceae
Maurandya — Scrophulariaceae
Maxwellia — Bombacaceae
Maytenus — Celastraceae
Medicago — Leguminosaa
Melaleuca — Myrtaceae
Melampyrum — Scrophulariaceae
Melastoma — Melastomataceae
Melia — Meliaceae
Melianthus — Melianthaceae
Melicocca — Sapindaceae
Melicytus — Violaceae
Melilotus — Leguminosae
Meliosma — Sabiaceae
Memecylon — Melastomataceae
Mentha — Labiatae
Mercurialis — Euphorbiaceae
Mespilus — Rosaceae
Mesua — Guttiferae
Michelia — Magnoliaceae
Miconia — Melastomataceae
Microdesmis — Pandaceae
Mikania — Compositae
Millettia — Leguminosae
Mimosa — Leguminosae
Mimusops — Sapotaceae
Miscanthus — Gramineae
Momordica — Cucurbitaceae
Monarda — Labiatae
Monodora — Annonaceae
Monotoca — Epacridaceae
Monstera — Araceae
Montrichardia — Araceae
Mooria — Myrtaceae
Moquilea (Chrysobalanaceae)
Morelia — Rubiaceae
Morinda — Rubiaceae
Moringa — Moringaceae
Morus — Moraceae
Mucuna — Leguminosae
Murraya — Rutaceae
Musa — Musaceae
Mutisia — Compositae
Myrciaria — Myrtaceae
Myrica — Myricaceae
Myriophyllum — Haloragaceae
Myrita — Araliaceae
Myroxylon — Flacourtiaceae
Myrtus — Myrtaceae

Napoleona — Lecythidaceae
Nasturtium — Cruciferae
Nectandra — Lauraceae
Neillia — Rosaceae
Neolitsea — Lauraceae
Neosloetiopsis — Moraceae
Nepeta — Labiatae
Nephelium — Sapindaceae
Nerium — Apocynaceae
Neuropeltis — Convolvulaceae
Newtonia — Leguminosae
Nicandra — Solanaceae

Nicotiana — Solanaceae
Nothofagus — Fagaceae
Nuxia — Loganiaceae
Nyctanthes — Verbenaceae
Nypa — Palmae
Nyssa — Nyssaceae

Ochna — Ochnaceae
Ochthocosmus — Linaceae
Ocimum — Labiatae
Oenothera — Onagraceae
Olea — Oleaceae
Omphalogonus (Asclepiadaceae)
Oncoba — Flacourtiaceae
Oplismenus — Gramineae
Oplopanax — Araliaceae
Opulaster — Rosaceae
Oreocnide — Urticaceae
Oreodoxa (Palmae)
Origanum — Labiatae
Oryza — Gramineae
Osmanthus — Oleaceae
Osmaronia — Rosaceae
Ostodes — Euphorbiaceae
Ostrowskia — Campanulaceae
Ostrya — Betulaceae
Oxalis — Oxalidaceae

Pachyrrhizus — Leguminosae
Paedeira — Rubiaceae
Palaquium — Sapotaceae
Panax — Araliaceae
Pandanus — Pandanaceae
Panicum — Gramineae
Paphiopedilum — Orchidaceae
Parabenzoin (Lauraceae)
Parinarium — Rosaceae
Paritium (Malvaceae)
Parkinsonia — Leguminosae
Parquetina — Asclepiadaceae
Parthenium — Compositae
Paspalum — Gramineae
Passiflora — Passifloraceae
Paullinia — Sapindaceae
Paulownia — Scrophulariaceae
Pauridiantha — Rubiaceae
Pavetta — Rubiaceae
Pelargonium — Geraniaceae
Peltophorum — Leguminosae
Pennisetum — Gramineae
Pentaclethra — Leguminosae
Pentadesma — Guttiferae
Pergularia — Asclepiadaceae
Periploca — Asclepiadaceae
Peristeria — Orchidaceae
Peronema — Verbenaceae
Persea — Lauraceae
Pertya — Compositae
Petrea — Verbenaceae
Petroselium — Umbelliferae
Petunia — Solanaceae
Phaseolus — Leguminosae
Phellodendron — Rutaceae
Philadelphus — Hydrangeaceae
Phillyrea — Oleaceae

Phlomis — Labiatae
Phlox — Polemoniaceae
Phoebe — Lauraceae
Phoenix — Palmae
Phoradendron — Loranthaceae
Photinia — Rosaceae
Phragmipedium — Orchidaceae
Phrygilanthus — Loranthaceae
Phryma — Phrymaceae
Phyllanthus — Euphorbiaceae
Phyllarthron — Bignoniaceae
Physalis — Solanaceae
Physocarpus — Rosaceae
Phyteuma — Campanulaceae
Phytolacca — Phytolaccaceae
Pieris — Ericaceae
Pilea — Urticaceae
Piliostigma — Leguminosae
Pimenta — Myrtaceae
Piper — Piperaceae
Piscidia — Leguminosae
Pisonia — Nyctaginaceae
Pisum — Leguminosae
Pithecolobium — Leguminosae
Pittosporum — Pittosporaceae
Placodiscus — Sapindaceae
Plantago — Plantaginaceae
Platanus — Platanaceae
Platycodon — Campanulaceae
Platysepalum — Leguminosae
Plectronia — Rubiaceae
Pleiocarpa — Apocynaceae
Pluchea — Compositae
Plumbago — Plumbaginaceae
Plumeria — Apocynaceae
Poinsettia (Euphorbiaceae)
Polyalthia — Annonaceae
Polygala — Polygalaceae
Polygonum — Polygonaceae
Polystachya — Orchidaceae
Pongamia — Leguminosae
Portulaca — Portulacaceae
Pourthiaea — Rosaceae
Premna — Verbenaceae
Prenanthes — Compositae
Primula — Primulaceae
Prosopis — Leguminosae
Prostanthera — Labiatae
Protomegabaria — Euphorbiaceae
Prunella — Labiatae
Prunus — Rosaceae
Pseudabutilon — Malvaceae
Pseudelephantopus — Compositae
Psiadia — Compositae
Psidium — Myrtaceae
Psoralea — Leguminosae
Psorospermum — Guttiferae
Psychotria — Rubiaceae
Pterocarpus — Leguminosae
Pterolobium — Leguminosae
Pueraria — Leguminosae
Punica — Punicaceae
Pyracantha — Rosaceae
Pyrola — Pyrolaceae

Pyrus — Rosaceae
Quercus — Fagaceae
Quillaja — Rosaceae
Quisqualis — Combretaceae

Randia — Rubiaceae
Rauwolfia — Apocynaceae
Ravensara — Lauraceae
Rawsonia — Flacourtiaceae
Reinwardtia — Linaceae
Rhabdophyllum — Ochnaceae
Rhamnus — Rhamnaceae
Rhaphanus — Cruciferae
Rhaphiolepis — Rosaceae
Rheedia — Guttiferae
Rhodamnia — Myrtaceae
Rhododendron — Ericaceae
Rhodomyrtus — Myrtaceae
Rhodotypos — Rosaceae
Rhus — Anacardiaceae
Rhynchosia — Leguminosae
Ribes — Grossulariaceae
Richardia — Rubiaceae
Ricinus — Euphorbiaceae
Ritchiea — Capparaceae
Robinia — Leguminosae
Rollinia — Annonaceae
Rosa — Rosaceae
Roystonea — Palmae
Rubus — Rosaceae
Rudbeckia — Compositae
Ruellia — Acanthaceae
Ruta — Rutaceae
Rutidea — Rubiaceae

Saba — Apocynaceae
Sabal — Palmae
Saccharum — Gramineae
Sakakia (Theaceae)
Salacia — Hippocrateaceae
Salix — Salicaceae
Salmalia (Bombacaceae)
Salvadora — Salvadoraceae
Salvia — Labiatae
Sambucus — Caprifoliaceae
Sanchezia — Acanthaceae
Sandoricum — Meliaceae
Sansevieria — Liliaceae
Sapium — Euphorbiaceae
Sapota — Sapotaceae
Sarcocephalus — Rubiaceae
Sassafras — Lauraceae
Satureja — Labiatae
Saururus — Saururaceae
Schefflera — Araliaceae
Schima — Theaceae
Schinus — Anacardiaceae
Schotia — Leguminosae
Schrankia — Leguminosae
Scolopia — Flacourtiaceae
Scoparia — Scrophulariaceae
Scottellia — Flacourtiaceae
Scrophularia — Scrophulariaceae
Scutellaria — Labiatae

Securinega — Euphorbiaceae
Senecio — Compositae
Serjania — Sapindaceae
Serratula — Compositae
Sesamum — Pedaliaceae
Sesbania — Leguminosae
Setaria — Gramineae
Shiia (Fagaceae)
Shorea — Dipterocarpaceae
Sicyos — Cucurbitaceae
Sida — Malvaceae
Sideroxylon — Sapotaceae
Sloanea — Elaeocarpaceae
Smilax — Smilacaceae
Solandra — Solanaceae
Solanum — Solanaceae
Solidago — Compositae
Sonchus — Compositae
Sorbaria — Rosaceae
Sorghastrum — Gramineae
Sorghum — Gramineae
Spathicarpa — Araceae
Spathodea — Bignoniaceae
Spathyphyllum — Araceae
Spermacoce — Rubiaceae
Sphaeralcea — Malvaceae
Spiraea — Rosaceae
Spiraeanthus — Rosaceae
Spondias — Anacardiaceae
Stachys — Labiatae
Stauntonia — Lardizabalaceae
Steirotis — Loranthaceae
Stellaria — Caryophyllaceae
Stephania — Menispermaceae
Steptorhamphus — Compositae
Sterculia — Sterculiaceae
Stereospermum — Bignoniaceae
Stevia — Compositae
Stigmaphyllon — Malpighiaceae
Streblus — Moraceae
Struthanthus (Loranthaceae)
Strychnos — Loganiaceae
Styphelia — Epacridaceae
Styrax — Styracaceae
Swartzia — Leguminosae
Symphoricarpos — Caprifoliaceae
Symplocos — Symplocaceae
Synechanthus — Palmae
Syringa — Oleaceae
Syzygium — Myrtaceae

Tabebuia — Bignoniaceae
Tabernaemontana — Apocynaceae
Tachyphrynium — Marantaceae
Tagetes — Compositae
Tamarindus — Leguminosae
Tambourissa — Monimiaceae
Taonabo — Theaceae
Taraxacum — Compositae
Tarenna (Rubiaceae)
Tecoma — Bignoniaceae
Tectona — Verbenaceae
Tephrosia — Leguminosae
Terminalia — Combretaceae

Tetracera — Dilleniaceae
Tetradenia (Lauraceae)
Tetrastigma — Vitaceae
Teucrium — Labiatae
Thalictrum — Ranunculaceae
Thea — Theaceae
Theobroma — Sterculiaceae
Thymus — Labiatae
Thysanospermum — Rubiaceae
Tilia — Tiliaceae
Tithonia — Compositae
Tournefortia — Boraginaceae
Trachelospermum — Apocynaceae
Trachomitum — Apocynaceae
Trema — Ulmaceae
Trewia — Euphorbiaceae
Tribulus — Zygophyllaceae
Trichilia — Meliaceae
Trichosanthes — Cucurbitaceae
Trichoscypha — Anacardiaceae
Trichostema — Labiatae
Triclisia — Menispermaceae
Trifolium — Leguminosae
Triplaris — Polygonaceae
Triplochiton — Sterculiaceae
Tristania — Myrtaceae
Tristilium (Theaceae)
Triumfetta — Tiliaceae
Trochodendron — Trochodendraceae
Tropaeolum — Tropaeolaceae
Turpinia — Staphyleaceae

Ulmus — Ulmaceae
Umbellularia — Lauraceae
Urena — Malvaceae
Urophyllum — Rubiaceae
Urtica — Urticaceae
Uvaria — Annonaceae

Vaccinium — Ericaceae
Vangueria — Rubiaceae
Vanieria (Moraceae)
Verbena — Verbenaceae
Verbesina — Compositae
Vernonia — Compositae
Veronica — Scrophulariaceae
Viburnum — Caprifoliaceae
Vicia — Leguminosae
Vigna — Leguminosae
Viola — Violaceae
Vismia — Guttiferae
Vitex — Verbenaceae
Vitis — Vitaceae

Wallenia — Myrsinaceae
Waltheria — Sterculiaceae
Warburgia — Canellaceae
Washingtonia — Palmae
Weinmannia — Cunoniaceae
Wendlandia — Rutaceae
Wintera (Winteraceae)
Wisteria — Leguminosae
Withania — Solanaceae

Xanthium — Compositae
Xanthosoma — Araceae
Xeromphis (Rubiaceae)

Yushunia (Lauraceae)

Zantedeschia — Araceae
Zanthoxylum — Rutaceae
Zea — Gramineae
Zilla — Cruciferae
Zingiber — Zingiberaceae
Zinnia — Compositae
Ziziphus — Rhamnaceae

References

Alton & Burmeister 1849. See Baerensprung, F. V. 1849.
Anon. 1971. La 'Mosca Blanca' de los citricos. [Ministry of Agriculture] Servicio de defensa contra plagas e inspeccion fitopatologica. 16 pp. Madrid.
—— 1974. Orange spiny whitefly, *Aleurocanthus spiniferus* (Quaintance). *Co-op. econ. Insect Rep.* **24** (30) : 585.
Ardaillon, J. B. & Cohic, F. 1970. Notes sur quelques aleurodes de la forêt du Banco (Côté d'Ivoire). *Annls Univ. Abidjan* (E) **3** : 269–283.
Ashby, S. F. 1915. Notes on diseases of cultivated crops observed in 1913–1914. *Bull. Dep. Agric. Jamaica* **2** : 299–327.
Ashmead, W. H. 1885. The orange *Aleurodes* (*Aleurodes citri* n. sp.). *Florida Dispatch* **2** (42) : 704.
—— 1891. Some of the bred parasitic Hymenoptera in the national collection. *Insect Life, Wash.* **4** : 125.
—— 1893. Monograph of the North American Proctotrypidae. *Amitus* Haldeman. *Bull. U.S. natn. Mus.* **45** : 292–294.
—— 1894. Notes on cotton insects found in Mississippi. *Insect Life, Wash.* **7** : 27.
—— 1895. Notes on cotton insects found in Mississippi. *Insect Life, Wash.* **7** : 323.
—— 1900. On the genera of the Chalcid-flies belonging to the subfamily Encyrtinae. *Proc. U.S. natn. Mus.* **22** : 411–412.
Azab, A. K., Megahed, M. M. & El-Mirsawi, H. D. 1970. On the range of host-plants of *Bemisia tabaci* (Gennadius). [Homoptera : Aleyrodidae]. *Bull. Soc. ent. Egypte* **54** : 319–326.
Back, E. A. 1909. A new enemy of the Florida orange. *J. econ. Ent.* **2** : 448–449.
—— 1910. The woolly whitefly : a new enemy of the Florida orange (*Aleyrodes howardi* Quaintance). *Bull. Bur. Ent. U.S. Dep. Agric.* **64** : 65–71.
—— 1912. Notes on Cuban whiteflies with descriptions of two species. *Can. Ent.* **44** : 145–153.
Baerensprung, F. V. 1849. Beobachtungen über einige einheimische Arten aus der Familie der Coccinen. Pp. 165–176. *In* Alton & Burmeister. *Ztg Zool. Zoot. Palaeoz. Leipzig* **1848–49** : 212 pp.
Bährmann, R. 1973a. Anatomisch-morphologische und histologische Untersuchungen an den Saisonformen von *Aleurochiton complanatus* (Baerensprung) (Homoptera, Aleyrodina) unter besonderer Berücksichtigung der Dormanzentwicklung. *Zool. Jb.* **100** : 107–169.
—— 1973b. Öko-faunistische Untersuchungen an Mottenschildlausen (Homoptera, Aleyrodina) in der Umgebung von Jena/Thüringen. *Wiss. Z. Friedrich Schiller-Univ. Jena* **22** : 507–517.
Baker, A. C. 1922. Feeding punctures of insects. *J. econ. Ent.* **15** : 312.
—— 1923. An undescribed orange pest from Honduras. *J. agric. Res.* **25** : 253–254.
Baker, A. C. & Moles, M. L. 1920. A new species of Aleyrodidae found on *Azalea* (Hom.). *Proc. ent. Soc. Wash.* **22** : 81–83.
—— —— 1923. The Aleyrodidae of South America with descriptions of four new Chilean species. *Revta chil. Hist. nat.* **25** : 609–648.
Baker, J. M. 1937. Notes on some Mexican Aleyrodidae. *An. Inst. Biol. Univ. Méx.* **8** : 599–629.
Barnes, H. F. 1930. Gall midges (Cecidomyidae) as enemies of the Tingidae, Psyllidae, Aleyrodidae and Coccidae. *Bull. ent. Res.* **21** : 319–329.
Becker-Migdisova, E. E. 1959. Nekotorye novye predstaviteli gruppy Sternorinkh iz Permi i Mezozoya SSSR. *Mater. Osnov. Palaeont.* **1959** : 104–116.
—— 1960. Palaeozoic Homoptera in the USSR and problems of phylogeny of the order. *Paleont. Zh.* **1960** (3) : 28–42.
Bemis, F. E. 1904. The aleyrodids or mealy-winged flies of California with reference to other American species. *Proc. U.S. natn. Mus.* **27** : 471–537.
Berger, E. W. 1909. Whitefly studies in 1908. *Bull. Fla agric. Exp. Stn* **97** : 43–71.
—— 1910. Whitefly control. *Bull. Fla agric. Exp. Stn* **103** : 5–28.
Biezanko, C. M. & Freitas, R. G. 1939. Catalogo dos insetos encontrados em Pelotas e seus arredores. Fasciculo II Homopteros *Bolm Esc. Agron. Vet. 'Eliseu Maciel'* **26** : 6.
Bink-Moenen, R. M. 1976. A new whitefly of *Erica tetralix* : *Trialeurodes ericae* sp. n. (Homoptera, Aleyrodidae). *Ent. Ber., Amst.* **36** : 17–19.
Blanchard, Emile 1840. Septième famille — Cocciniens; Gallinsectes, Latr. *Histoire Naturelle des Insectes* **3** : 210–215. Paris.
Blanchard, E. 1852. Fauna Chilena — Aleurodidas. Pp. 318–320. *In* Gay, C. *Historia fisica y politica de Chile.* Zoologica **7** : 471 pp. Paris.
Blanchard, Everard E. 1918. Una nueva especie de '*Aleurothrixus*' (Homoptera, Aleyrodidae). *Physis B. Aires* **4** : 344–347.
—— 1936. Apuntes sobre calcidoideos argentinos, nuevos y conocidos. *Revta Soc. ent. argent.* **8** : 7–32.
Bondar, G. 1922a. *Insectos damninhos e molestias do coqueiro — no Brasil.* 113 pp. Bahia.
—— 1922b. O *Aleyrodes brassicae* Walker. Praga das hortas na Bahia. *Chacaras e Quintaes* **26** : 293–294.
—— 1923a. *Aleyrodideos do Brasil.* 183 pp. Bahia.
—— 1923b. Uma nova praga do cafeeiro. *Correio Agricola* **1** : 263–266.

—— 1924. Aleyrodideos do Brasil ou piolhos 'farinheiros' das plantas. *Chacaras e Quintaes* **29** : 353–357.
—— 1925. Combatendo a praga dos cafeeiros. *Bolm Lab. Path. veg. Est. Bahia* **2** : 43–44.
—— 1928a. Molestias nos cafezaes da Bahia. *Correio Agricola* **6** : 82–85.
—— 1928b. Aleyrodideos do Brasil (2ª contribuiçao). *Bolm. Lab. Path. veg. Est. Bahia* **5** : 1–37.
—— 1929a. Uma provaçao da lavoura cafeeira na Bahia. *Correio Agricola* **6** : 252–256.
—— 1929b. Insectos damninhos e molestias da laranjeira na Brasil. *Bolm Lab. Path. veg. Est. Bahia* **7** : 79 pp.
—— 1931. Uma nova praga das laranjeiras. *O Campo.* **2** (5) : 24.
Börner, C. 1956. Aleyrodina. Pp. 331–359. *In* Sorauer, P. *Handbuch der Pflanzenkrankheiten* **5** (2) : 399 pp. Berlin & Hamburg.
Boselli, F. B. 1930a. Psyllidi di Formosa raccolti dal Dr. R. Takahashi. *Boll. Lab. Zool. gen. agr. R. Scuola Agric. Portici* **24** : 175–210.
—— 1930b. Descrizione di una triozina galligena su agrumi in Eritrea. *Boll. Lab. Zool. gen. agr. R. Scuola Agric. Portici* **24** : 228–232.
Bouché, J. Fr. 1851. Beschreibung zwei neuer Arten der Gattung *Aleurodes. Stettin. ent. Ztg* **12** : 108–110.
Britton, W. E. 1896. Ulteriori note sopra gli insetti dannosi. L'aleyrodes delle serre. *Riv. Patol. veg., Padova* **5** : 256–257.
—— 1897. The plant house *Aleyrodes. Gdn Forest* **10** : 194.
—— 1902. The whitefly or plant-house *Aleyrodes. Conn. agric. Exp. Stn Bull.* **140** : 3–17.
—— 1903. Second report of the State Entomologist of Connecticut for the year 1902. The whitefly or plant house *Aleyrodes, Aleyrodes vaporariorum* Westw.? *Rep. Conn. St. Ent.* **1903** : 148–163 [published previously in 1902].
—— 1905. Some new or little known Aleyrodidae from Connecticut — I. *Ent. News* **16** : 65–67.
—— 1906. Some new or little known Aleyrodidae from Connecticut — II. *Ent. News* **17** : 127–130.
—— 1907. Some new or little known Aleyrodidae from Connecticut — III. *Ent. News* **18** : 337–342.
—— 1923. Family Aleyrodidae. *Bull. Conn. St. geol. nat. Hist. Surv.* **34** : 335–345.
Buckton, G. B. 1900. Description of a new species of *Aleurodes* destructive to betel. *Indian Mus. Notes* **5** : 36.
Burmeister, H. 1839. *Handbuch der Entomologie.* **2** : 1050 pp. Berlin.
Burton, J. 1916. On a species of *Aleurodes. J. Queckett microsc. Club* (2) **13** : 7–14.
Butani, D. K. 1970. Bibliography of Aleyrodidae II. *Beitr. Ent.* **20** : 317–335.
Capco, S. R. 1959. A list of plant pests of the Philippines with special reference to field crops, fruit trees and vegetables. *Philipp. J. Agric.* **22** : 1–80.
Capener, A. L. 1970. Southern African Psyllidae (Homoptera) — 1 : A check list of species recorded from South Africa with notes on the Pettey collection. *J. ent. Soc. sth. Afr.* **33** : 195–200.
Chopra, R. L. 1928. Experiments in entomology and sericulture. Annual report of the entomologist to government, Punjab, Lyallpur, for the year 1926–27. Part II. *Rep. Dep. Agric. Punjab* (2) **1** : 43–69.
Cockerell, T. D. A. 1893. A third species of *Aleurodicus. Entomologist's mon. Mag.* **29** : 105–106.
—— 1896a. A Mexican *Aleurodicus. Can. Ent.* **28** : 302.
—— 1896b. New species of insects taken on a trip from the Mesilla Valley to the Sacramento Mts., New Mexico. Aleurodidae. *Jl N.Y. ent. Soc.* **4** : 207.
—— 1897a. A new *Aleurodes* found on *Aquilegia. Jl N.Y. ent. Soc.* **5** : 42.
—— 1897b. A new *Aleurodes* on *Rubus* from Florida. *Jl N.Y. ent. Soc.* **5** : 96–97.
—— 1898a. A new *Aleurodes* on oak. *Can. Ent.* **30** : 264.
—— 1898b. Three new Aleurodidae from Mexico. *Psyche, Camb.* **8** : 225–226.
—— 1899a. *Aleurodicus mirabilis. Psyche, Camb.* **8** : 360.
—— 1899b. Aleurodidae. *Biologia cent.-am. Rhynochota* **2** (2) : 1.
—— 1900. Economic entomology in Arizona. The marked mealy-wing. *Sci. Gossip* **6** : 366–367.
—— 1902a. The classification of the Aleyrodidae. *Proc. Acad. nat. Sci. Philad.* **54** : 279–283.
—— 1902b. A synopsis of the Aleyrodidae of Mexico. *Mems Revta Soc. cient. 'Antonio Alzate'* **18** : 203–208.
—— 1903a. *Aleyrodes* (*Trialeurodes*) *vitrinellus* Ckll. *Ent. News* **14** : 241.
—— 1903b. The whitefly (*Aleyrodes citri*) and its allies. Pp. 662–666. *In* Gossard, H. A. Whitefly. (*Aleyrodes citri*). *Bull. Fla agric. Exp. Stn* **67** : 599–666.
—— 1909. Description of a Mexican *Aleyrodes. Ent. News* **20** : 215.
—— 1910a. A new *Aleyrodes* on bearberry. *Can. Ent.* **42** : 171–172.
—— 1910b. A new *Aleyrodes* on *Ambrosia. Can. Ent.* **42** : 370–371.
—— 1911. An *Aleyrodes* on *Euphorbia* and its parasite. *Ent. News* **22** : 462–464.
—— 1919. Insects in Burmese amber. *Entomologist* **52** : 241.
Cohic, F. 1959a. *Dialeurodicus elongatus* Dumbleton. Aleurode parasite du cocotier en Nouvelle-Calédonie. *Agron. trop., Nogent.* **14** : 232–238.
—— 1959b. Aleyrodidae actuellement connus de Nouvelle-Calédonie et dépendances. *Agron. trop., Nogent.* **14** : 242–243.
—— 1959c. Contribution à l'étude des aleurodes de Nouvelle-Calédonie [Hom.] *Orchamus dumbletoni* n.

sp. *Bull. Soc. ent. Fr.* **64** : 130–136.
—— 1966a. Contribution à l'étude des aleurodes africains (1ᵉ Note). *Cah. Off. Rech. Sci. Tech. Outre-Mer* (Biologie) **1** : 3–59.
—— 1966b. Contribution à l'étude des aleurodes africains (2ᵉ Note). *Cah. Off. Rech. Sci. Tech. Outre-Mer* (Biologie) **2** : 13–72.
—— 1968a. Contribution à l'étude des aleurodes africains (3ᵉ Note). *Cah. Off. Rech. Sci. Tech. Outre-Mer* (Biologie) **6** : 3–61.
—— 1968b. Contribution à l'étude des aleurodes africains (4ᵉ Note). *Cah. Off. Rech. Sci. Tech. Outre-Mer* (Biologie) **6** : 63–143.
—— 1968c. A propos de *Dialeurodicus elongatus* Dumbl. et de *Stenaleyrodes vinsoni* Tak. Aleurodes parasites des palmiers. *Annls Univ. Abidjan* (E) **1** : 9–17.
—— 1969. Contribution à l'étude des aleurodes africains (5ᵉ Note). *Annls Univ. Abidjan* (E) **2** : 1–156.
Corbett, G. H. 1926. Contribution towards our knowledge of the Aleyrodidae of Ceylon. *Bull. ent. Res.* **16** : 267–284.
—— 1927. Three new aleyrodids on coconuts in Malaya. *Malay. agric. J.* **15** : 24–25.
—— 1933. Aleurodidae of Malaya. *Stylops* **2** : 121–129.
—— 1935a. Three new aleurodids (Hem.). *Stylops* **4** : 8–10.
—— 1935b. Malayan Aleurodidae. *J. fed. Malay St. Mus.* **17** : 722–852.
—— 1935c. On new Aleurodidae (Hem.). *Ann. Mag. nat. Hist.* (10) **16** : 240–252.
—— 1936. New Aleurodidae (Hem.). *Proc. R. ent. Soc. Lond.* (B) **5** : 18–22.
—— 1939. A new species of Aleurodidae from India. *Indian J. Ent.* **1** : 69–70.
Costa Lima, A. Da 1928. Contribuição as estudio dos aleurodideos da subfamilia Aleurodicinae. *Supplto Mems Inst. Oswaldo Cruz* **4** : 128–140.
—— 1936. Terceiro catálogo dos insectos que vivem nas plantas do Brasil. 460 pp. Rio de Janeiro.
—— 1942a. Superfamilia Aleyrodoidea (Aleyrodina). *Insetos do Brasil* **3** : 176–187. Rio de Janeiro.
—— 1942b. Bibliografia. *Insetos do Brasil* **3** : 188–191. Rio de Janeiro.
—— 1942c. Sôbre aleirodideos do gênero '*Aleurothrixus*' (Homoptera). *Revta bras. Biol.* **2** : 419–426.
—— 1968. *Quarto catálogo dos insetos que vivem nas plantas do Brasil seus parasitos e predadores.* **2** (1) : 622 pp. Rio de Janeiro.
Cronquist, A. 1968. *The evolution and classification of flowering plants.* 396 pp. London.
Curtis, J. 1846a. Entomology : *Aleyrodes cocois* (the cocoa-nut *Aleyrodes*). *Gdnrs' Chron.* **1846** : 284–285.
—— 1846b. Entomology : *Aleyrodes proletella* of Linnaeus. *Gdnrs' Chron.* **1846** : 836.
Danzig, E. M. 1962. [The whiteflies (Homoptera, Aleyrodoidea) of the Leningrad environments]. [In Russian]. *Trudŷ zool. Inst. Leningr.* **31** : 13–21.
—— 1964a. The whiteflies (Homoptera, Aleyrodoidea) of the Caucasus. [In Russian]. *Ent. Obozr.* **43** : 633–646. [English translation in *Ent. Rev., Wash.* **43** (3) : 325–330].
—— 1964b. *In* Bei-Bienko, G.Y. *Keys to the insects of the European USSR.* Order Homoptera. Suborder Aleyrodinea. **1** : 482–489 [In Russian. English translation in 1967 by Israel Program for Scientific Translations Ltd., Jerusalem. Aleyrodinea pp. 608–616].
—— 1966. The whiteflies (Homoptera, Aleyrodoidea) of the Southern Primor'ye (Soviet Far East). [In Russian]. *Ent. Obozr.* **45** : 364–386. [English translation in *Ent. Rev., Wash.* **45** (2) : 197–209].
—— 1969. On the fauna of the whiteflies (Homoptera, Aleyrodoidea) of Soviet Central Asia and Kazakhstan. [In Russian]. *Ent. Obozr.* **48** : 868–880 [English translation in *Ent. Rev., Wash.* **48** (4) : 552–559].
—— 1974. On the nomenclature of the whitefly *Aleyrodes lonicerae* Walker (Homoptera, Aleyrodoidea) Russian]. *Ent. Obozr.* **45** : 364–386. [English translation in *Ent. Rev., Wash.* **45** (2) : 197–209 c.
David, B. V. 1972. Two new species of *Odontaleyrodes* Takahashi (Homoptera : Aleyrodidae) from India. *Oriental Ins.* **6** : 309–312.
—— 1973. Description of a new genus *Russellaleyrodes* (Homoptera : Aleyrodidae) for *Dialeuropora cumiugum* (Singh, 1932) from Burma. *Madras agric. J.* **60** : 557–558.
—— 1974a. Description of a new genus, *Moundiella*, for *Trialeurodes megapapillae* Singh, 1932 (Homoptera : Aleyrodidae). *Oriental Ins.* **8** : 43–45.
——1974b. A new host for the aleyrodid, *Zaphanera publicus* (Singh). *Sci & Cult.* **40** : 115.
—— 1976. A new species of the genus *Aleuromarginatus* Corbett (Aleyrodidae, Hemiptera) from India. *Entomon* **1** : 85–86.
—— **& Subramaniam, T. R.** 1976. Studies on some Indian Aleyrodidae. *Rec. zool. Surv. India* **70** : 133–233.
Del Guercio, G. 1918. Il cecidio delle foglie del limone ed il suo cecidozoo in Eritrea. *Note ed osservazione di entomologia agraria.* 282 pp. Istituto Agricolo Coloniale Italiano, Firenze.
Dietz, H. F. & Zetek, J. 1920. The black fly of citrus and other subtropical plants. *Bull. U.S. Dep. Agric.* **885** : 1–55.
Dobreanu, E. & Manolache, C. 1969. *Homoptera Aleyrodoidea, Subfamilia Aleyrodinae. Fauna Repub. pop. rom. Insecta* **8** (5) : 152 pp. Bucuresti.
Douglas, J. W. 1878. Note on the genus *Aleurodes*. *Entomologist's mon. Mag.* **14** : 230–232.

—— 1880a. The genus *Aleurodes*. *Entomologist's mon. Mag.* **16** : 43–44.
—— 1880b. Two new European Homoptera (Translation into English from original by Künow 1880) *Entomologist's mon. Mag.* **17** : 89–90.
—— 1884. *Aleurodes immaculata* Heeger. *Entomologist's mon. Mag.* **20** : 215.
—— 1887. Note on *Aleurodes vaporariorum* Westw. *Entomologist's mon. Mag.* **23** : 165–166.
—— 1888. Description of new species of *Aleurodes*. *Aleurodes ribium. Entomologist's mon. Mag.* **24** : 265–267.
—— 1889. *Aleurodes ribium* Doug., ? = *A. vaccinii*, Künow. *Entomologist's mon. Mag.* **25** : 256–257.
—— 1891a. On a Brazilian species of *Aleurodes* found in England. *Aleurodes filicium. Entomologist's mon. Mag.* **27** : 44.
—— 1891b. A new species of *Aleurodes*? *Entomologist's mon. Mag.* **27** : 200.
—— 1891c. A new species of *Aleurodes*. *Aleurodes rubicola. Entomologist's mon. Mag.* **27** : 322.
—— 1892. Footnote to p. 32. *In* Morgan, A. C. F. A new genus and species of Aleurodidae. *Entomologist's mon. Mag.* **28** : 29–33.
—— 1894a. *Aleurodes proletella. Entomologist's mon. Mag.* **30** : 40.
—— 1894b. A new species of *Aleurodes*. *Aleurodes spiraeae. Entomologist's mon. Mag.* **30** : 73–74.
—— 1894c. *Aleurodes rubicola*, Doug. *Entomologist's mon. Mag.* **30** : 87.
—— 1894d. On two species of *Aleurodes* from Dorset. *Entomologist's mon. Mag.* **30** : 154–155.
—— 1895a. *Aleurodes proletella* Linn. and *A. brassicae* Walk. : a comparison. *Entomologist's mon. Mag.* **31** : 68–69.
—— 1895b. *Aleurodes brassicae* Walker. *Entomologist's mon. Mag.* **31** : 97.
—— 1895c. On *Aleurodes carpini* Koch. *Entomologist's mon. Mag.* **31** : 117–118.
—— 1896. On *Aleurodes lonicerae* Walker. *Entomologist's mon. Mag.* **32** : 31–33.
Dozier, H. L. 1926. Annual report of the Division of Entomology. *Rep. P. Rico insul. agric. Exp. Stn* **1924–25** : 115–124.
—— 1927. An undescribed whitefly attacking *Citrus* in Porto Rico. *J. agric. Res.* **34** : 853–855.
—— 1928. Two new aleyrodid (*Citrus*) pests from India and the South Pacific. *J. agric. Res.* **36** : 1001–1005.
—— 1932a. Introduction of *Eretmocerus serius* Silv. into Haiti. *J. econ. Ent.* **25** : 414.
—— 1932b. The identity of certain whitefly parasites of the genus *Eretmocerus* Hald., with descriptions of new species (Hymenoptera : Aphelininae). *Proc. ent. Soc. Wash.* **34** : 112–118.
—— 1932c. Two undescribed chalcid parasites of the woolly whitefly *Aleurothrixus floccosus* (Maskell) from Haiti. *Proc. ent. Soc. Wash.* **34** : 118–122.
—— 1933. Miscellaneous notes and descriptions of chalcidoid parasites (Hymenoptera). *Proc. ent. Soc. Wash.* **35** : 85–100.
—— 1934. Descriptions of new genera and species of African Aleyrodidae. *Ann. Mag. nat. Hist.* (10) **14** : 184–192.
—— 1936. Aleyrodidae. Pp. 143–146. *In* Wolcott, G. N. Insectae Borinquenses. A revised annotated check-list of the insects of Puerto Rico. *J. Agric. Univ. P. Rico* **20** : 1–600.
Drews, E. A. & Sampson, W. W. 1940. A list of the genera and subgenera of the Aleyrodidae. *Bull. Brooklyn ent. Soc.* **35** : 90–99.
—— —— 1956. *Tetralicia* and a new related genus *Aleuropleurocelus* (Homoptera : Aleyrodidae). *Ann. ent. Soc. Am.* **49** : 280–283.
—— —— 1958. California aleyrodids of the genus *Aleuropleurocelus*. *Ann. ent. Soc. Am.* **51** : 120–125.
Dumbleton, L. J. 1953. A note on *Aleuroplatus* (*Orchamus*) *samoanus* Laing (Hemiptera-Homoptera : Aleyrodidae). *Proc. Hawaii. ent. Soc.* **15** : 21–22.
—— 1956a. New Aleyrodidae (Hemiptera : Homoptera) from New Caledonia. *Proc. R. ent. Soc. Lond.* (B) **25** : 129–141.
—— 1956b. The Australian Aleyrodidae (Hemiptera — Homoptera). *Proc. Linn. Soc. N.S.W.* **81** : 159–183.
—— 1957. The New Zealand Aleyrodidae (Hemiptera : Homoptera). *Pacif. Sci.* **11** : 141–160.
—— 1961a. The Aleyrodidae (Hemiptera — Homoptera) of New Caledonia. *Pacif. Sci.* **15** : 114–136.
—— 1961b. Aleyrodidae (Hemiptera : Homoptera) from the South Pacific. *N.Z. Jl Sci.* **4** : 770–774.
—— 1964. New records of Hemiptera — Homoptera and a key to the leaf-hoppers (Cicadellidae — Typhlocybinae) in New Zealand. *N.Z. Jl Sci.* **7** : 571–578.
Dysart, R. J. 1966. Natural enemies of the banded-wing whitefly, *Trialeurodes abutilonea* (Hemiptera : Aleyrodidae). *Ann. ent. Soc. Am.* **59** : 28–33.
Eastop, V. F. 1972. Deductions from the present day host plants of aphids and related insects. *Symposia R. ent. Soc. Lond.* No. 6 : 157–178.
El Badry, E. 1967. Three new species of phytoseiid mites preying on the cotton whitefly, *Bemisia tabaci* in the Sudan. (Acarina : Phytoseiidae). *Entomologist* **100** : 106–111.
El Khidir, E. 1965. Bionomics of the cotton whitefly, (*Bemisia tabaci* Genn.) in the Sudan and the effects of irrigation on population density of whiteflies. *Sudan Agric. J.* **1** : 8–22.
—— & **Khalifa, A.** 1962. A new aleyrodid from the Sudan. *Proc. R. ent. Soc. Lond.* (B) **31** : 47–51.

Enderlein, G. 1909a. *Aleurodicus conspurcatus*, eine neue Aleurodide aus Süd-Brasilien. *Stettin. ent. Ztg.* **70** : 282–284.
—— 1909b. *Udamoselis*, eine neue Aleurodiden-Gattung. *Zool. Anz.* **34** : 230–233.
Essig, E. O. The original description of *Dialeurodes citri* (Ashmead). *J. econ. Ent.* **25** : 1207–1208.
Ferrière, Ch. 1965. *Hymenoptera Aphelinidae d'Europe et du Bassin Méditerranéen. Faune de l'Europe et du Bassin Méditerranéen.* 206 pp. Paris.
Fitch, A. 1857. Third report on the noxious, beneficial and other insects of the state of New York. *Trans. N.Y. St. agric. Soc.* **16** : 332.
Forbes, S. A. 1884. *Rep. Ill. St. Ent.* **13** : 98 (footnote), 205.
—— 1885. *Aleurodes aceris* n. s. Order Hemiptera. Family Aleurodidae. *Rep. Ill. St. Ent.* **14** : 110.
Fowler, V. W. 1954. Notes on some pests observed in the course of advisory work at Wisley during 1953. *Jl R. hort. Soc.* **79** : 405–408.
Frappa, Cl. 1938a. Description de *Bemisia manihotis*, n. sp. (Hem. Hom. Aleyrodidae) nuisible au manioc à Madagascar. *Bull. Soc. ent. Fr.* **43** : 30–32.
—— 1938b. Les insectes nuisibles au manioc sur pied et aux tubercules de manioc en magasin à Madagascar. I. Insectes nuisibles au manioc sur pied. *Revue Bot. appl. Agric. trop.* **18** : 18–29.
—— 1939. Note sur une nouvelle espèce d'aleurode nuisible aux plantations de tabac de la Tsiribihina. *Bull. écon. trimest. Madagascar* **16** : 254–259.
Frauenfeld, G. R. 1866. Zoologische Miscellen IX. *Verh. zool.-bot. Ges. Wien* **16** : 555.
—— 1867. Zoologische Miscellen XIII. *Verh. zool.-bot. Ges. Wien* **17** : 793–799.
—— 1868. Zoologische Miscellen XIV. *Verh. zool.-bot. Ges. Wien* **18** : 147–166.
Froggatt, W. W. 1903. Insectarium notes and insects found about the Hawkesbury College. *Agric. Gaz. N.S.W.* **14** : 1019–1027.
—— 1911a. Pests and diseases of the coconut palm. The coconut mealy-wing (*Aleurodicus cocois* Curtis). *Sci. Bull. Dep. Agric. N.S.W.* **2** : 30–31.
—— 1911b. A new pest of salt-bush whitefly, (*Aleurodes atriplex* n. sp.). *Agric. Gaz, N.S.W.* **22** : 757–758.
—— 1918. Notes on 'Snow flies', with the description of a new species (*Aleurodes albofloccosa*). *Agric. Gaz. N.S.W.* **29** : 434–436.
Fulmek, L. 1943. Wirtsindex der Aleyrodiden- und Cocciden-Parasiten. *Ent. Beih. Berl.-Dahlem* **10** : 100 pp.
Gaedike, H. 1971. Katalog der in den Sammlungen des ehemaligen Deutschen Entomologischen Institutes aufbewahrten Typen — VI. *Beitr. Ent.* **21** : 315–340.
Gameel, O. I. 1968. Three new species of Aleyrodidae from the Sudan (Hemiptera — Homoptera). *Proc. R. ent. Soc. Lond.* (B) **37** : 149–155.
—— 1969. Studies on whitefly parasites *Encarsia lutea* Masi and *Eretmocerus mundus* Mercet. Hymenoptera Aphelinidae. *Revue Zool. Bot. afr.* **79** : 65–77.
—— 1971. New Aleyrodidae (Hemiptera — Homoptera). *Revue Zool. Bot. afr.* **84** : 169–174.
Gautier, C. 1923. Un aleurode parasite du poirier et du trêne *Trialeurodes inaequalis* n. sp. (Hém. Aleurodidae). *Annls Soc. ent. Fr.* **91** : 337–350.
Gay, C. 1852. *Historia fisica y politica de Chile.* Zoologica **7** : 471 pp. Paris.
Gennadius, P. 1889. [Disease of tobacco plantations in the Trikonia. The aleurodid of tobacco]. [In Greek]. *Ellenike Georgia* **5** : 1–3.
Geoffroy, E. L. 1762. *Histoire abrégée des insectes qui se trouvent aux environs de Paris.* **I** : 523 pp. Paris.
—— 1795. *In* Fourcroy, A. L. *Entomologia Parisiensis.* 544 pp. Paris.
Gerling, D. 1970a. Comments on *Eretmocerus serius* Silvestri (Hymenoptera, Aphelinidae) with a description of two new species. *Boll. Lab. Ent. agr. Filippo Silvestri* **27** : 79–88.
—— 1970b. Two African species of *Eretmocerus* Haldeman (Hymenoptera : Aphelinidae). *J. ent. Soc. sth. Afr.* **33** : 325–329.
Ghesquière, J. 1935. Un Calliceratidae (Hym. Proct.) nouveau du Congo Belge. *Annls Soc. r. zool. Belg.* **65** : 59–62.
Gibbs, A. J. 1973. See Mound, L. A. 1973.
Gillette, C. P. & Baker, C. F. 1895. A preliminary list of the Hemiptera of Colorado. *Bull. Colo. St. Univ. agric. Exp. Stn. Technical Series No. 1.* **31** : 1–137.
Göldi, E. A. 1886. Beiträge zur Kenntnis der kleinen und kleinsten Gliederthierwelt Brasiliens. II Neue brasilianische Aleurodes-Arten. *Mitt. schweiz. ent. Ges.* **7** : 241–250.
Gomez-Menor, J. 1943. Contribución al conocimiento de los aleyródidos de España (Hem. Homoptera). I[a] nota. *Eos. Madr.* **19** : 173–209.
—— 1945a. Contribución al conocimiento de los aleyródidos de España (Hem. Homoptera). Variabilidad en las especies espanolos y descripción de dos nuevas. 2[a] nota. *Eos. Madr.* **20** : 277–308.
—— 1945b. Aleirodidos de interes agricola. *Boln Patol. veg. Ent. agric.* **13** : 161–198.
—— 1953. Algunos insectos como pequeños enemigos : los aleurodidos. *Revta Univ. Madr.* **2** : 27–55.
—— 1954. Aleurodidos de España, islas Canarias y Africa occidental. *Eos. Madr.* **30** : 363–377.
—— 1958. Entomologia forestal. Homopteros Sternorrhyncha que atacan a la encina. Familia Aleyrodidae. *Graellsia* **16** : 125–139.

—— 1968. Estudio de la faunula de Homopteros Sternorrhyncha de la Provincia de Toledo. 92 pp. Universidad de Madrid.
Gossard, H. A. 1903. See Cockerell, T. D. A. 1903b.
Goux, L. 1939. Contribution à l'étude des aleurodes (Hem. Aleyrodidae) de la France. I. Description d'un sous-genre et de deux espèces nouveaux. *Bull. Soc. linn. Provence* **12** (1938) : 77–82.
—— 1940. Contribution à l'étude des aleurodes (Hem. Aleyrodidae) de la France. II. Description de deux espèces nouvelles de Marseille. *Bull. Soc. ent. Fr.* **45** : 45–48.
—— 1942. Contribution à l'étude des aleurodes (Hem. Aleyrodidae) de la France. III. Description d'un *Aleurolobus* et d'un *Aleurotrachelus* nouveaux. *Bull. Mus. Hist. nat. Marseille* **2** : 141–148.
—— 1945. Contribution à l'étude des aleurodes (Hem. Aleyrodoidea) de la France. IV. Étude morphologique et biologique d'une espèce nouvelle constituant un genre nouveau. *Bull. Mus. Hist. nat. Marseille* **5** : 186–197.
—— 1948–49. Contribution à l'étude des aleurodes (Hem. Aleyrodoidea) de la France. V. L'aleurode du laurier sauce (*Laurus nobilis* L.). *Ann. Soc. Sc. Nat. Toulon* **2** : 30–34.
—— 1949. Contribution à l'étude des aleurodes (Hem. Aleyrodoidea) de la France. VI. Le genre *Siphoninus* Silvestri. *Bull. mens. Soc. linn. Lyon* N. S. **18** : 7–12.
Graham, M. V. R. de V. 1976. The British species of *Aphelinus* with notes and descriptions of other European Aphelinidae (Hymenoptera). *Syst. Ent.* **1** : 123–146.
Habib, A. & Farag, F. A. 1970. Studies on nine common aleurodids of Egypt. *Bull. Soc. ent. Egypte* **54** : 1–41.
Haldeman, S. S. 1850. On four new species of Hemiptera of the genera *Ploiaria, Chermes* and *Aleurodes*, and two new Hymenoptera, parasitic in the last named genus. *Am. J. Sci.* (2) **9** : 108–111.
Haliday, A. H. 1835. Aleyrodes phillyreae. *Ent. Mag.* **2** : 119–120.
Harrison, J. W. H. 1916. Coccidae and Aleyrodidae in Northumberland, Durham and North-east Yorkshire. *Entomologist* **49** : 172–174.
—— 1917a. A new species and genus of Aleurodidae from Durham. *Vasculum* **3** : 60–62.
—— 1917b. New and rare Homoptera in the northern counties. *Entomologist* **50** : 169–171.
—— 1920a. Notes and records. Aleyrodidae. *Vasculum* **6** : 59.
—— 1920b. New and rare British Aleurodidae. *Entomologist* **53** : 255–257.
—— 1931. Some observations on Aleurodidae. *Entomologist's Rec. J. Var.* **43** : 84–86.
—— 1959. The snowy fly, *Trialeurodes vaporariorum* Westwood, outdoors in south Northumberland. *Entomologist* **92** : 106.
Haupt, H. 1934. Neues über die Homoptera — Aleurodina. *Dt. ent. Z.* **1934** : 127–141.
—— 1935. Schmetterlings — od. Mottenläuse, Aleurodina. In : *Die Tierwelt Mitteleuropas* **4** : 253–260.
Hayat, M. 1972. The species of *Eretmocerus* Haldeman, 1850 [Hymenoptera : Aphelinidae] from India. *Entomophaga* **17** : 99–106.
Heeger, E. 1856. Beiträge zur Naturgeschichte der Insecten. Naturgeschichte der *Aleurodes immaculata* Steph. *Sber. Akad. Wiss. Wien* **18** : 33–36.
—— 1859. Beiträge zur Naturgeschichte der Insecten. Naturgeschichte der *Aleyrodes dubia* Stephens. *Sber. Akad. Wiss. Wien* **34** : 223–226.
Hempel, A. 1899. Descriptions of three new species of Aleurodidae from Brazil. *Psyche, Camb.* **8** : 394–395.
—— 1901. A preliminary report on some new Brazilian Hemiptera. *Ann. Mag. nat. Hist.* (7) **8** : 383–391.
—— 1904. Notas sobre dois inimigos da laranjeira. Familia Aleurodidae. *Bolm Agric., S. Paulo* **5** : 10–21.
—— 1918. Descripção de uma nova especie de Aleurodidae. *Revta Mus. paul.* **10** : 211–214.
—— 1922. Algumas especies novas de Hemipteros da familia Aleyrodidae. *Notas prelim. Mus. paul.* **2** (1) : 3–10.
—— 1923. Hemipteros novos ou pouco conhecidos da familia Aleyrodidae. *Revta Mus. paul.* **13** : 1121–1157. [English translation **13** : 1158–1191].
—— 1938. Uma nova especie de Aleyrodidae (Homoptera). *Archos Inst. Biol. S. Paulo* **9** : 313–314.
Husain, M. A. & Khan, A.W. 1945. The citrus Aleyrodidae (Homoptera) in Punjab and their control. *Mem. ent. Soc. India* **1** : 1–41.
Ihering, H. 1897. Os piolhos vegetaes (Phytophthires) do Brazil. *Revta Mus. paul.* **2** : 385–420.
Ishii, T. 1938. Descriptions of six new species belonging to the Aphelinae from Japan. *Kontyû* **12** : 27–32.
Karsh, F. 1888. Kritik von Westhoffs Arbeit. *Ent. Nachr.* **14** : 31.
Kiriukhin, G. 1947. Quelques Aleurododea de l'Iran. *Entomologie Phytopath. appl.* **5** : 8–10. [In Persian, **5** : 22–28, French summary].
Kirkaldy, G. W. 1907. A catalogue of the Hemipterous family Aleyrodidae. *Bull. Bd Commnrs Agric. For. Hawaii Div. Ent.* **2** : 1–92.
—— 1908. A bibliographical note on the Hemipterous family Aleyrodidae. *Proc. Hawaii. ent. Soc.* **1** : 185–186.
Koch, C. L. 1857. *Die Pflanzenläuse Aphiden.* 330 pp. Nürnberg.
Korobitsin, V. G. 1967. New and little known species of aleyrodids (Homoptera, Aleyrodoidea) from Crimea. [In Russian]. *Ent. Obozr.* **46** : 857–859. [English translation in *Ent. Rev., Wash.* **46** : 510–512].

Kotinsky, J. 1907. Aleyrodidae of Hawaii and Fifi with descriptions of new species. *Bull. Bd Commnrs Agric. For. Hawaii Div. Ent.* **2** : 93–102.
Krishnamurthy, K. V., Raman, A. & David, B. V. 1973. Foliar pit-galls of *Morinda tinctoria* Roxb. *Cecidologia Ind.* **8** : 75–77.
Künow, G. 1880. Zweineue Schildläuse. *Ent. Nachr.* **6** : 46–47.
Kuwana, I. 1911. The whiteflies of Japan. *Pomona Coll. J. Ent.* **3** : 620–627.
—— 1922. *Bemisia shinanoensis* n. sp. A new whitefly from Japan. *Jl Plant Protection* **9** : [Japanese pagination 461–464?] [In Japanese, description in English].
—— 1927. On the genus *Bemisia* (Family Aleyrodidae) found in Japan, with description of a new species. *Annotnes zool. jap.* **11** : 245–253.
—— 1928. Aleyrodidae or white flies attacking citrus plants in Japan. *Sci. Bull. Min. Agric. Forest. Dept.* **1** : 41–78.
—— 1933. *In* Takahashi, R. Aleyrodidae of Formosa, Part II. *Rep. Dep. Agric. Govt res. Inst. Formosa* **60** : 17.
—— **& Muramatsu, K.** 1931. [New scale insects and whitefly found upon plants entering Japanese ports]. *Zool. Mag. Tokyo* **43** : 647–660. [In Japanese **43** : 647–656, English summary **43** : 657–660].
Laing, F. 1921. Note on *Aleyrodes proletella* L. *Entomologist's mon. Mag.* **57** : 275–276.
—— 1922. Aleyrodidae : correction of generic nomenclature. *Entomologist's mon. Mag.* **58** : 255.
—— 1927. Coccidae, Aphidae and Aleyrodidae. *Insects Samoa* **1** (2) : 35–45.
—— 1928. Description of a new white fly pest of Rhododendrons. *Entomologist's mon. Mag.* **64** : 228–230.
—— 1930. Description of a new species of Aleyrodidae (Rhynch.). *Stettin. ent. Ztg* **91** : 219–221.
Latreille, P. A. 1795. *Magazin encycl.* **4** : 304–310.
—— 1801–2. *Histoire naturelle des crustacés et des insectes.* **3** : 468 pp. Paris.
Leonardi, G. 1910. Due nuove specie di *Aleurodicus* Douglas. *Boll. Lab. Zool. gen. agr. R. Scuola Agric. Portici* **4** : 316–322.
Lewis, R. T. 1893. On a new species of *Aleurodes*. *Rep. Ealing microsc. nat. Hist. Soc.* **1893** : 1–3.
—— 1895. On a new species of *Aleurodes*. *J. Queckett microsc. Club.* Ser. 2. **6** : 88–93.
Lindinger, L. 1932. Randbemerkungen. *Ent. Rdsch.* **1932** : 222–223.
Linnaeus, C. 1758. *Systema Naturae* 824 pp. Uppsala.
Löw, F. 1867. Zool. Notizen. Zweite Serie. *Verh. zool.-bot. Ges. Wien* **17** : 745–752.
Mackie, D. B. 1912. A new coconut pest. *Philipp. agric. Rev.* **5** : 142–143.
Maki, M. 1915. [Studies concerning the more important insect pests of the street trees and ornamental plants]. [In Japanese]. *Spec. Rep. Formosa Forest Exp. Stn.* **1** : 30–31.
Mamet, R. 1952. A note on *Stenaleyrodes vinsoni* Takahashi (Hemiptera : Aleyrodidae). *Proc. R. ent. Soc. Lond.* (B) **21** : 134.
Martyn, E. B. 1968. Plant Virus Names. An annotated list of names and synonyms of plant viruses and diseases. *Phytopath. Pap.* No. 9 : 204 pp.
Maskell, W. M. 1879. On some Coccidae in New Zealand. *Trans. Proc. N.Z. Inst.* **11** (1878) : 187–228.
—— 1880. Further notes on New Zealand Coccidae. *Trans. Proc. N.Z. Inst.* **12** (1879) : 291–301.
—— 1890a. On some species of Psyllidae in New Zealand. *Trans. Proc. N.Z. Inst.* **22** (1889) : 157–170.
—— 1890b. On some Aleurodidae from New Zealand and Fiji. *Trans. Proc. N.Z. Inst.* **22** (1889) : 170–176.
—— 1894. Miscellaneous Notes. From the entomological section. *Indian Mus. Notes* **3** (5) : 53.
—— 1895. Contributions towards a monograph of the Aleurodidae, a family of Hemiptera—Homoptera. *Trans. Proc. N.Z. Inst.* **28** : 411–449.
—— 1896. *Aleurodes eugeniae*, a new species of bug. *Indian Mus. Notes* **4** : 52–53.
—— 1899. Descriptions of three species of Indian Aleurodidae. *Indian Mus. Notes* **4** : 143–145.
Mayné, R. & Ghesquière, J. 1934. Hémiptères nuisibles aux végétaux du Congo belge. Famille des Aleurodides. *Annls Gembloux* **40** : 29–31.
Menge, J. A. 1856. Lebenszeichen vorweltlicher, im Bernstein eingeschlossener Thiere. *In* : *Programm, Schüler der Petrischule.* 42 pp. Danzig.
Mimeur, J. M. 1944a. Aleyrodidae du Maroc (Ire note). *Bull. Soc. Sci. nat. Maroc* **24** : 87–89.
—— 1944b. *Neomaskellia bergii* Signoret (Hemiptera, Aleyrodidae). *Bull. Soc. Sci. nat. Maroc* **24** : 89.
Mineo, G. & Viggiani, G. 1975. Sulla presenza di *Bemisia citricola* Gomez-Menor (Homoptera — Aleyrodidae) in Italia. *Boll. Lab. Ent. agr. Filippo Silvestri* **32** : 3–7.
Misra, C. S. 1920. Some Indian economic Aleurodidae. *Rep. Proc. ent. Meet. Pusa* **2** (1919) : 418–433.
—— 1924. The citrus whitefly, *Dialeurodes citri* in India and its parasite, together with the life history of *Aleurodes ricini*, n. sp. *Rep. Proc. ent. Meet. Pusa* **1923** : 129–135.
—— **& Singh, Karam Lamba** 1929. The cotton whitefly (*Bemisia gossypiperda* n. sp.). *Bull. agric. Res. Inst. Pusa* **196** : 1–7.
Modeer, A. 1778. Om Fastflyet Coccus. *Goteborgs K. Vetensk.-o. vitterh Samh. Handl.* **1** : 11–50.
Mokrzecki, S. A. 1916. *A short review of the work of the Salir Pomological Station at Simferpol for 1913–1915.* 40 pp. Simferpol.
Morgan, A. C. F. 1892. A new genus and species of Aleurodidae. *Entomologist's mon. Mag.* **28** : 29–33.

Morgan, H. A. 1893. *Aleyrodes citrifolii.* Pp. 70–74. *In* Stubbs, W. C. & Morgan, H. A. The orange and other citrus fruits from seed to market, with insects beneficial and injurious with remedies for the latter. *Spec. Bull. La St. Exp. Stn.*

Morrill, A. W. 1903a. Life history and description of the strawberry *Aleyrodes, A. packardi* n. sp. *Can. Ent.* **35** : 25–35.

—— 1903b. Notes on some *Aleyrodes* from Massachusetts, with description of new species. *Psyche, Camb.* **10** : 80–85.

—— & **Back, E. A.** 1911. Whiteflies injurious to citrus in Florida. *Bull. U.S. Bur. Ent.* **92** : 109 pp.

—— —— 1912. Natural control of whiteflies in Florida. *Bull. U.S. Bur. Ent.* **102** : 78 pp.

Mound, L. A. 1961a. Notes on the biology of *Aleurodicus capiangae* Bondar (Homoptera : Aleyrodoidea). *Ann. Mag. nat. Hist.* (13) **4** : 345–348.

—— 1961b. A new genus and four new species of whitefly from ferns (Homoptera, Aleyrodidae). *Revue Zool. Bot. afr.* **64** : 127–132.

—— 1962a. *Aleurotrachelus jelinekii* (Frauen.) (Homoptera, Aleyrodidae) in southern England. *Entomologist's mon. Mag.* **97** : 196–197.

—— 1962b. Studies in the olfaction and colour sensitivity of *Bemisia tabaci* (Genn.) (Homoptera, Aleyrodidae). *Entomologia exp. appl.* **5** : 99–104.

—— 1963. Host-correlated variation in *Bemisia tabaci* (Gennadius) (Homoptera : Aleyrodidae). *Proc. R. ent. Soc. Lond.* (A) **38** : 171–180.

—— 1965a. Effect of leaf hair on cotton whitefly populations in the Sudan Gezira. *Emp. Cott. Grow. Rev.* **42** : 33–40.

—— 1965b. Effect of whitefly (*Bemisia tabaci*) on cotton in the Sudan Gezira. *Emp. Cott. Grow. Rev.* **42** : 290–294.

—— 1965c. An introduction to the Aleyrodidae of Western Africa (Homoptera). *Bull. Br. Mus. nat. Hist.* **17** (3) : 113–160.

—— 1966. A revision of the British Aleyrodidae (Hemiptera : Homoptera). *Bull. Br. Mus. nat. Hist.* **17** (9) : 397–428.

—— 1967. A new species of whitefly (Homoptera : Aleyrodidae) from ferns in British glasshouses. *Proc. R. ent. Soc. Lond.* (B) **36** : 30–32.

—— 1973. Chapter 13. Thrips and whitefly. Pp. 229–242. *In* Gibbs, A. J. *Viruses and invertebrates.* 673 pp. Amsterdam & London.

Müller, H. J. 1956. Aleyrodina. *In* Sorauer, P. *Handbuch der Pflanzenkrankheiten* **5** (3) : 331–350. Berlin & Hamburg.

—— 1962a. Über der Saisondimorphen Entwicklungszyklus und die Aufhebung der Diapause bei *Aleurochiton complanatus* (Baerensprung) (Homoptera, Aleyrodidae). [In German, English summary]. *Entomologia exp. appl.* **5** : 124–138.

—— 1962b. Zur biologie und morphologie der Saisonformen von *Aleurochiton complanatus* (Baerensprung 1849) (Homoptera, Aleyrodidae). [In German, English summary]. *Z. Morph. Okol. Tiere* **51** : 345–374.

—— 1962c. Über die Induktion der Diapause und der Ausbildung der Saisonformen bei *Aleurochiton complanatus* (Baerensprung) (Homoptera, Aleyrodidae). [In German, English summary]. *Z. Morph. Okol. Tiere* **51** : 575–610.

Nasir, M. Magsud. 1947. Biology of *Chrysopa scelestes* Banks. *Indian J. Ent.* **9** : 177–192.

Newstead, R. 1894. Scale insects in Madras. *Indian Mus. Notes* **3** (5) : 21–32.

—— 1908. On the gum-lac insect of Madagascar, and other coccids affecting the citrus and tobacco in that island. *Q. Jl Inst. comml Res. Trop.* **3** (6) : 3–13.

—— 1909. Coccidae and Aleurodidae of Madagascar and Comoro Islands. Pp. 349–356. *In* Voeltzkow, A. *Wiss. Ergebn. Reise Ostaf.* **2** : 644 pp.

—— 1911. On a collection of Coccidae and Aleurodidae, chiefly African, in the collection of the Berlin Zoological Museum. *Mitt. zool. Mus. Berl.* **5** : 153–174.

—— 1921. A new southern Nigerian *Aleurodes* (Aleurodidae). *Trans. ent. Soc. Lond.* **54** : 528–529.

Nikolskaja, M. N. & Jasnosh, V. A. 1968. On the aphelinid fauna of the Caucasus. *Trudy vses. ent. Obshch.* **52** : 3–42.

Orian, A. 1972. The Psylloidea of Mauritius with a description of *Trioza eastopi* sp. nov. *Fauna Mauritius. Insecta* **1** (1) : 1–4.

Ossiannilsson, F. 1944. A new whitefly from Sweden, *Aleurolobus puripennis* n. sp. (Hom. Aleurodidae). *K. fysiogr. Sällsk. Lund Förh.* **14** : 186–196.

—— 1947. *Bemisia callunae* n. sp. A new Swedish whitefly (Hom. Aleurodidae). *Ent. Tidskr.* **68** : 1–3.

—— 1952. *Tetralicia ericae* Hesl. Harr. — en för Sverige ny mjöllus (Hem. Hom.). *Opusc. ent.* **17** : 80.

—— 1955. Till kännedom om de svenska mjöllössen (Hem. Hom. Aleyrodina). *Opusc. ent.* **20** : 192–199.

—— 1966. A new name in the Aleyrodidae (Hem.). *Opusc. ent.* **31** : 155.

Peal, H. W. 1903a. The function of the vasiform orifice of the Aleurodidae. *J. Asiat. Soc. Beng.* **72** : 6–7.

—— 1903b. Contribution towards a monograph of the oriental Aleurodidae. *J. Asiat. Soc. Beng.* **72** : 61–98.

Penny, D. D. 1922. A catalog of the California Aleyrodidae and the descriptions of four new species. *J. Ent. Zool.* **14** : 21–35.

Peracchi, A. L. 1971. Dois aleirodideos pragas de *Citrus* no Brasil (Homoptera, Aleyrodidae). *Archos Mus. nac. Rio de J.* **54** : 145–151.

Priesner, H. & Hosny, M. 1932. Contributions to a knowledge of the white flies (Aleurodidae) of Egypt (I). *Bull. Minist. Agric. Egypt tech. scient. Serv.* **121** : 1–8.

—— —— 1934a. Contributions to a knowledge of the white flies (Aleurodidae) of Egypt (II). *Bull. Minist. Agric. Egypt tech. scient. Serv.* **139** : 1–21.

—— —— 1934b. Contributions to a knowledge of the white flies (Aleurodidae) of Egypt (III). *Bull. Minist. Agric. Egypt tech. scient. Serv.* **145** : 1–11.

—— —— 1937. A new *Trialeurodes* on *Zizyphus* (Hemiptera : Aleurodidae). *Bull. Soc. ent. Egypte* **21** : 45–46.

—— —— 1940. Notes on parasites and predators of Coccidae and Aleurodidae in Egypt. *Bull. Soc. ent. Egypte* **24** : 58.

Quaintance, A. L. 1899a. New or little known Aleurodidae I. *Can. Ent.* **31** : 1–4.

—— 1899b. New or little known Aleurodidae II. *Can. Ent.* **31** : 89–93.

—— 1900. Contribution towards a monograph of the American Aleurodidae. *Tech. Ser. Bur. Ent. U.S.* **8** : 9–64.

—— 1903. New oriental Aleurodidae. *Can. Ent.* **35** : 61–64.

—— 1907. The more important Aleurodidae infesting economic plants with description of new species infesting the orange. *Tech. Ser. Bur. Ent. U.S.* **12** : 89–94.

—— 1908. Homoptera, Family Aleyrodidae. *Genera Insect.* **87** : 1–11.

—— 1909. A new genus of Aleyrodidae, with remarks on *Aleyrodes nubifera* Berger and *Aleyrodes citri* Riley & Howard. *Tech. Ser. Bur. Ent. U.S.* **12** : 169–174.

—— & Baker, A. C. 1913. Classification of the Aleyrodidae Part I. *Tech. Ser. Bur. Ent. U.S.* **27** : 93 pp.

—— —— 1914. Classification of the Aleyrodidae Part II. *Tech. Ser. Bur. Ent. U.S.* **27** : 95–109.

—— —— 1915a. Classification of the Aleyrodidae — Contents and Index. *Tech. Ser. Bur. Ent. U.S.* **27** : 111–114.

—— —— 1915b. A new genus and species of Aleyrodidae from British Guiana. *Ann. ent. Soc. Am.* **8** : 369–371.

—— —— 1916. Aleurodidae or whiteflies attacking the orange with descriptions of three new species of economic importance. *J. agric. Res.* **6** : 459–472.

—— —— 1917. A contribution to our knowledge of the whiteflies of the sub-family Aleurodinae (Aleyrodidae). *Proc. U.S. natn. Mus.* **51** : 335–445.

—— —— 1937. *In* Baker, J. M. Notes on some Mexican Aleyrodidae. *An. Inst. Biol. Univ. Méx.* **8** : 599–629.

Qureshi, J. I. & Qayyam, H. A. 1969. Redescription of the genus *Singhiella*, and description of a new species, *Singhiella crenulata* (Homoptera, Aleyrodidae) from Lyallpur. *Pakist. J. Zool.* **1** (2) : 177–179.

Rao, A. S. 1958. Notes on Indian Aleurodidae (Whiteflies), with special reference to Hyderabad. *Proc. 10th Int. Cong. Ent.* **1** : 331–336.

Riley, C. V. & Howard, L. O. 1892. The orange-leaf *Aleyrodes. Insect Life, Wash.* **4** : 274.

—— 1893. The orange *Aleyrodes*. (*Aleyrodes citri* n. sp.). *Insect Life, Wash.* **5** : 219–226.

Risbec, J. 1951. Les Chalcidoides d'A.O.F. *Mém. Inst. fr. Afr. Noire* **13** : 7–409.

—— 1954. *In* Bouriquet, G. *Le vanillier et la vanille dans le monde*. 748 pp. Paris.

Rosen, D. 1966. Notes on the parasites of *Acaudaleyrodes citri* (Priesner & Hosny) (Hemiptera : Aleyrodidae) in Israel. *Ent. Ber., Amst.* **26** : 55–59.

Ruebsaamen, EW. H. 1905. Beiträge zur kenntnis aussereuropäischer zoocecidien. II. Beitrag : Gallen aus Brasilien und Peru. *Marcellia* **4** : 115–138.

Russell, L. M. 1943. A new genus and four new species of whiteflies from the West Indies (Homoptera, Aleyrodidae). *Proc. ent. Soc. Wash.* **45** : 131–141.

—— 1944a. A taxonomic study of the genus *Aleuroglandulus* Bondar (Homoptera : Aleyrodidae). *Proc. ent. Soc. Wash.* **46** : 1–9.

—— 1944b. Descriptions of nine species of *Aleuroplatus* from eastern North America (Homoptera : Aleyrodidae). *J. Wash. Acad. Sci.* **34** : 333–341.

—— 1945. A new genus and twelve new species of Neotropical whiteflies (Homoptera : Aleyrodidae). *J. Wash. Acad. Sci.* **35** : 55–65.

—— 1947. A classification of the whiteflies of the new tribe Trialeurodini (Homoptera : Aleyrodidae). *Revta Ent., Rio de J.* **18** : 1–44.

—— 1948. The North American species of whiteflies of the genus *Trialeurodes*. *Misc. Publs U.S. Dep. Agric.* **635** : 1–85.

—— 1957. Synonyms of *Bemisia tabaci* (Gennadius) (Homoptera, Aleyrodidae). *Bull. Brooklyn ent. Soc.* **52** : 122–123.

—— 1958. *Orchamoplatus*. An Australasian genus (Homoptera : Aleyrodidae). *Proc. Hawaii. ent. Soc.*

—— 1959. New name combinations in a list of the species of *Dialeuropora* Quaintance & Baker (Homoptera, Aleyrodidae). *Proc. ent. Soc. Wash.* **61** : 185-186.
—— 1960a. A whitefly living on roses (Homoptera : Aleyrodidae). *Proc. R. ent. Soc. Lond.* (B) **29** : 29-32.
—— 1960b. A taxonomic study of the genus *Corbettia* Dozier (Homoptera, Aleyrodidae). *Revue Zool. Bot. afr.* **62** : 120-137.
—— 1962a. The citrus blackfly. *Pl. Prot. Bull. F.A.O.* **10** : 36-38.
—— 1962b. New name combinations and notes on some African and Asian species of Aleyrodidae (Homoptera). *Bull. Brooklyn ent. Soc.* **57** : 63-65.
—— 1963. Hosts and distribution of five species of *Trialeurodes* (Homoptera : Aleyrodidae). *Ann. ent. Soc. Am.* **56** : 149-153.
—— 1964a. *Dialeurodes kirkaldyi* (Kotinsky), a whitefly new to the United States (Homoptera : Aleyrodidae). *Fla Ent.* **47** : 1-4.
—— 1964b. A new species of *Aleurocybotus* (Homoptera : Aleyrodidae). *Proc. ent. Soc. Wash.* **66** : 101 102.
—— 1965. A new species of *Aleurodicus* Douglas and two close relatives (Homoptera : Aleyrodidae). *Fla Ent.* **48** : 47-55.
—— 1967. *Venezaleurodes pisoniae*, a new genus and species of whitefly from Venezuela (Homoptera : Aleyrodidae). *Fla Ent.* **50** : 235-241.
Ryberg, O. 1938. Bidrag till kännedomen om de nordiska mjöllössen, Aleurodidae (Hem. Hom.) jämte provisorisk katalog över de europeiska arternas värdväxter. *K. fysiogr. Sällsk. Lund. Förh.* **8** : 10-25.
Saalas, U. 1942a. Eine neue Mottenlaus, *Aleurodes campanulae* n. sp. (Hem. Aleurodidae) an *Campanula*. *Suomen hyönt. Aikak.* **8** : 127-134.
—— 1942b. Pikkutietoja Notulae. *Aleurodes proletella* L. (Hem. Aleurodidae) jauhiainen tavattu Suomessa. *Suomen hyönt. Aikak.* **8** : 181-182.
—— 1942c. Alppiruusujauhiaisen (*Dialeurodes chittendeni* Laing) (Hem. Aleurodidae) esiintyminen Suomessa. *Suomen hyönt. Aikak.* **8** : 182-183.
Sampson W. W. 1943. A generic synopsis of the Hemipterous Superfamily Aleyrodoidea. *Entomologica am.* **23** : 173-223.
—— 1944. Additions to the Aleyrodidae of Mexico (Hem. Hom.). *An. Esc. nac. Cienc. biol. Méx.* **3** : 437-444.
—— 1945. Five new species of Aleyrodidae from California (Homoptera). *Pan-Pacif. Ent.* **21** : 58-62.
—— 1947. Additions and corrections to 'a generic synopsis of the Aleyrodoidea'. *Bull. Brooklyn ent. Soc.* **42** : 45-50.
—— & **Drews, E. A.** 1940. *Gymnaleurodes*, a new genus of Aleyrodidae from California (Homoptera). *Pan-Pacif. Ent.* **16** : 29-30.
—— —— 1941. Fauna Mexicana IV. A review of the Aleyrodidae of Mexico (Insecta, Homoptera). *An. Esc. nac. Cienc. biol. Méx.* **2** : 143-189.
—— —— 1956. Keys to the genera of the Aleyrodidae and notes on certain genera. (Homoptera : Aleyrodinae). *Ann. Mag. nat. Hist.* (12) **9** : 689-697.
Sasaki, C. 1908. *Aleurodes kuchinasii*. [In Japanese]. *Trans. ent. Soc. Japan* **2** (3) : 55-56.
Schilder, F. A. & Schilder, M. 1928. Die Nahrung der Coccinelliden und ihre beziehung zur Verwandtschaft der Arten. *Arb. biol. BundAnst. Land-u. Forstw.* **16** : 213-282.
Schlee, D. 1970. Verwandtschaftsforschung an fossilen und rezenten Aleyrodina (Insecta, Hemiptera). *Stuttg. Beitr. Naturk.* **213** : 1-72.
Schrank, F. von P. 1801. *Fauna Boica* **2** (1) : 274 pp. Ingolstadt.
Schumacher, F. 1918. Mottenläuse. Verzeichnis der Aleyrodiden Europas. *Dt. ent. Z.* **1918** : 404-406.
Shimer, H. 1867. Description of a new species of *Aleyrodes*. *Trans. Am. ent. Soc.* **1** : 281.
Shiraki, T. 1913. [Researches concerning insect pests in Formosa]. *Spec. Rep. Formosa agric. Exp. Stn.* [In Japanese]. **8** : 104-110.
Signoret, V. 1868. Essai monographique sur les aleurodes. *Annls Soc. ent. Fr.* (4) **8** : 369-402.
—— 1882. Séance du 14 décembre 1881. 4° Note. *Annls Soc. ent. Fr.* (6) **1** : CLVIII.
—— 1883. Séance du 23 mai 1883. 1° Note. *Annls Soc. ent. Fr.* (6) **3** : LXIII.
Silvestri, F. 1911. Di una nuova specie di *Aleurodes* vivente sull' olivo. *Boll. Lab. Zool. gen. agr. R. Scuola Agric. Portici* **5** : 214-225.
—— 1915. Contributo alla conoscenza degli insetti dell' olivo dell' Eritrea e dell' Africa meridionale. Fam. Aleyrodidae. *Boll. Lab. Zool. gen. agr. R. Scuola Agric. Portici* **9** : 245-249.
—— 1926. Descrizione di tre specie di *Prospaltella* e di una di *Encarsia* (Hym. Chalcididae) parassite di *Aleurocanthus* (Aleyrodidae). *Eos, Madr.* **2** : 179-189.
—— 1927. Contribuzione alla conoscenza degli Aleurodidae (Insecta : Hemiptera) viventi su *Citrus* in Estremo Oriente e dei loro parassiti. *Boll. Lab. Zool. gen. agr. R. Scuola Agric. Portici* **21** : 1-60.
—— 1934. Compendio di entomologia applicata. **1** (1) : 448 pp. Portici.
Singh, K. 1931. A contribution towards our knowledge of the Aleyrodidae (Whiteflies) of India. *Mem. Dep. Agric. India* **12** : 1-98.

—— 1932. On some new Rhynchota of the family Aleyrodidae from Burma. *Rec. Indian Mus.* **34** : 81–88.
—— 1933. On four new Rhynchota of the family Aleurodidae from Burma. *Rec. Indian Mus.* **35** : 343–346.
—— 1938. Notes on Aleurodidae (Rhynchota) from India I. *Rec. Indian Mus.* **40** : 189–192.
—— 1940. Notes on Aleurodidae (Rhynchota) from India II. *Rec. Indian Mus.* **42** : 453–456.
—— 1945. Notes on Aleurodidae from India III. *Indian J. Ent.* **6** : 75–78.
Solomon, M. E. 1935. On a new genus and two new species of Western Australian Aleyrodidae. *J. Proc. R. Soc. West. Aust.* **21** : 75–91.
Sorauer, P. 1956. *Handbuch der Pflanzenkrankheiten* **5** (2) : 399 pp. Berlin & Hamburg.
Stål, C. 1876. Observations Orthoptérologiques 2. Les genres des Acridiodées de la faune Europeénne. *Bih. K. svenska VetenskAkad. Handl.* **4** (5) : 1–58.
Stephens, J. F. 1829. *A Systematic Catalogue of British Insects.* Part II. 369 pp. London.
Stubbs, W. C. & Morgan, H. A. 1893. See Morgan, H. A. 1893.
Szelegiewicz, H. 1972. Notatki faunistyczne o mączlikach (Homoptera, Aleyrododea) Polski. *Fragm. faun.* **18** : 25–30.
Takahashi, R. 1931a. Some white-flies of Formosa (Part I). *Trans. nat. Hist. Soc. Formosa* **21** : 203–209.
—— 1931b. Some white-flies of Formosa (Part II). *Trans. nat. Hist. Soc. Formosa* **21** : 261–265.
—— 1931c. Some Formosan whiteflies. *J. Soc. trop. Agric., Taiwan* **3** : 218–224.
—— 1932. Aleyrodidae of Formosa, Part I. *Rep. Dep. Agric. Govt res. Inst. Formosa* **59** : 1–57.
—— 1933. Aleyrodidae of Formosa, Part II. *Rep. Dep. Agric. Govt res. Inst. Formosa* **60** : 1–24.
—— 1934a. A new whitefly from China (Aleyrodidae, Homoptera). *Lingnan Sci. J.* **13** : 137–141.
—— 1934b. Aleyrodidae of Formosa, Part III. *Rep. Dep. Agric. Govt res. Inst. Formosa* **63** : 39–71.
—— 1934c. Notes on the Aleyrodidae of Japan (Homoptera) I. *Kontyû* **8** : 223–224.
—— 1935a. Notes on the Aleyrodidae of Japan (Homoptera) II. *Kontyû* **9** : 25–27.
—— 1935b. Aleyrodidae of Formosa, Part IV. *Rep. Dep. Agric. Govt res. Inst. Formosa* **66** : 39–65.
—— 1935c. Notes on the Aleyrodidae of Japan (Homoptera) III. (With Formosan species). *Kontyû* **9** : 279–283.
—— 1936a. An interesting whitefly from Africa. (Hemiptera : Aleyrodidae). *Arb. morph. taxon. Ent. Berl.* **3** : 52–53.
—— 1936b. New whiteflies from the Philippines and Formosa (Aleyrodidae, Hemiptera). *Philipp. J. Sci.* **59** : 217–221.
—— 1936c. Notes on the Aleyrodidae of Japan (Homoptera) IV. *Kontyû* **10** : 150–151.
—— 1936d. A new *Aleuroplatus* from Africa (Hemiptera : Aleyrodidae). *Arb. morph. taxon. Ent. Berl.* **3** : 87–88.
—— 1936e. Three species of Aleyrodidae from China (Homoptera). *Lingnan Sci. J.* **15** : 453–455.
—— 1936f. Some Aleyrodidae, Aphididae, Coccidae (Homoptera), and Thysanoptera from Micronesia. *Tenthredo* **1** : 109–120.
—— 1937a. Two new species of Aleyrodidae from Mauritius. *Arb. morph. taxon. Ent. Berl.* **4** : 43–45.
—— 1937b. Three new species of *Dialeurodes* from China (Homoptera : Aleyrodidae). *Lingnan Sci. J.* **16** : 21–25.
—— 1937c. Notes on the Aleyrodidae of Japan (Homoptera) V. *Kontyû* **11** : 310–311.
—— 1937d. A new species of Aleyrodidae from New Zealand (Hemiptera). *Trans. nat. Hist. Soc. Formosa* **27** : 251–253.
—— 1938a. A few Aleyrodidae from Mauritius and China (Hemiptera). *Trans. nat. Hist. Soc. Formosa* **28** : 27–29.
—— 1938b. Notes on the Aleyrodidae of Japan (Homoptera) VI. *Kontyû* **12** : 70–74.
—— 1938c. A new genus and species of Aleyrodidae from the Island of Reunion (Homoptera). *Trans. nat. Hist. Soc. Formosa* **28** : 269–271.
—— 1938d. Three new species of Aleyrodidae from Mauritius (Homoptera). *Annotnes zool. jap.* **17** : 260–263.
—— 1939a. Notes on the Aleyrodidae of Japan (Homoptera) VII. *Kontyû* **13** : 76–81.
—— 1939b. Some Aleyrodidae, Aphididae and Coccidae from Micronesia (Homoptera). *Tenthredo* **2** : 234–272.
—— 1939c. Some Aleyrodidae from Mauritius (Homoptera). *Insecta matsum.* **14** : 1–5.
—— 1940a. Notes on the Aleyrodidae of Japan (Homoptera) VIII. *Kontyû* **14** : 26–32.
—— 1940b. Some foreign Aleyrodidae (Hemiptera) I. *Trans. nat. Hist. Soc. Formosa* **30** : 43–47.
—— 1940c. A new species of Aleyrodidae from Jugoslavia. *Arb. morph. taxon. Ent. Berl.* **7** : 148–149.
—— 1940d. Insects of the Sternorrhyncha (Hemiptera) of Daito Jima, the Loochoo Islands. *Trans. nat. Hist. Soc. Formosa* **30** : 327–332.
—— 1940e. Some foreign Aleyrodidae (Hemiptera) II. *Trans. nat. Hist. Soc. Formosa* **30** : 381–382.
—— 1941a. Some species of Aleyrodidae, Aphididae and Coccidae from Micronesia (Homoptera). *Tenthredo* **3** : 208–220.
—— 1941b. Some foreign Aleyrodidae (Hemiptera) III. Species from Hongkong and Mauritius. *Trans. nat. Hist. Soc. Formosa* **31** : 351–357.
—— 1941c. Some foreign Aleyrodidae (Hemiptera) IV. Species from Hongkong. *Trans. nat. Hist. Soc.*

Formosa **31** : 388-393.
—— 1942a. Some species of Aleyrodidae, Aphididae and Coccidae in Micronesia (Homoptera). *Tenthredo* **3** : 349-358.
—— 1942b. Some foreign Aleyrodidae (Homoptera) V. Species from Thailand and Indo-China. *Trans. nat. Hist. Soc. Formosa* **32** : 168-175.
—— 1942c. Some foreign Aleyrodidae (Hemiptera) VI. Species from Thailand and French Indo-China. *Trans. nat. Hist. Soc. Formosa* **32** : 204-216.
—— 1942d. Two new genera and species of Aleyrodidae from Thailand and French Indo-China (Homoptera). *Annotnes zool. jap.* **21** : 102-105.
—— 1942e. Some foreign Aleyrodidae (Homoptera) VII. Species from Thailand and French Indo-China. *Trans. nat. Hist. Soc. Formosa* **32** : 272-279.
—— 1942f. *Aleurocanthus* of Thailand and French Indo-China. (Aleyrodidae, Homoptera). *Kontyû* **16** : 57-61.
—— 1942g. Some foreign Aleyrodidae (Homoptera) VIII. Species from Thailand and French Indo-China. *Trans. nat. Hist. Soc. Formosa* **32** : 300-311.
—— 1942h. Some foreign Aleyrodidae (Homoptera) IX. Species from Thailand and French Indo-China. *Trans. nat. Hist. Soc. Formosa* **32** : 327-335.
—— 1943. *Trialeurodes* of Thailand (Aleyrodidae, Homoptera). *Mushi* **15** : 28-32.
—— 1949. Some Aleyrodidae from the Riouw Islands (Homoptera). *Mushi* **20** : 47-53.
—— 1950. Four new species of Aleyrodidae (Homoptera) from Australia, India and Borneo. *Annotnes zool. jap.* **23** : 85-88.
—— 1951a. Some species of Aleyrodidae (Homoptera) from Madagascar, with a species from Mauritius. *Mém. Inst. scient. Madagascar* (A) **6** : 353-385.
—— 1951b. Some species of Aleyrodidae (Homoptera) from Japan. *Misc. Rep. Res. Inst. nat. Resour. Tokyo* **19-21** : 19-25.
—— 1951c. Descriptions of six interesting species of Aleyrodidae from Malaya (Homoptera). *Kontyû* **19** : 1-8.
—— 1952a. *Aleurotuberculatus* and *Parabemisia* of Japan (Aleyrodidae, Homoptera). *Misc. Rep. Res. Inst. nat. Resour. Tokyo* **25** : 17-24.
Takahashi, R. & Mamet, R. 1952b. Some species of Aleyrodidae from Madagascar (Homoptera) II. *Mém. Inst. scient. Madagascar* (E) **1** : 111-133.
—— 1952c. Some Malayan species of Aleyrodidae (Homoptera). *Mushi* **24** : 21-27.
—— 1954a. *Aleurolobus* of Japan (Aleyrodidae, Homoptera). *Kontyû* **20** (3, 4) : 1-6.
—— 1954b. Key to the tribes and genera of Aleyrodidae of Japan, with descriptions of three new genera and one new species (Homoptera). *Insecta matsum.* **18** : 47-53.
—— 1955a. Some species of Aleyrodidae from Madagascar III (Homoptera). *Mém. Inst. scient. Madagascar* (E) **6** : 375-441.
—— 1955b. Descriptions of some new and little known species of Aleyrodidae from China and Malaya (Homoptera). *Acta ent. sin.* **5** : 221-235.
—— 1955c. *Bemisia* and *Acanthobemisia* of Japan (Aleyrodidae, Homoptera). *Kontyû* **23** (1) : 1-5.
—— 1955d. *Odontaleyrodes* and *Pealius* of Japan (Aleyrodidae, Homoptera). *Mushi* **29** : 9-16.
—— 1956. Insects of Micronesia : Homoptera : Aleyrodidae. *Insects Micronesia* **6** : 1-13.
—— 1957. Some Aleyrodidae from Japan (Homoptera). *Insecta matsum.* **21** : 12-21.
—— 1958. *Aleyrodes, Tuberaleyrodes* and *Dialeurodes* from Japan. *Mushi* **31** : 63-68.
—— 1960a. Three species of Aleyrodidae from Réunion Island (Homoptera). *Naturaliste malgache* **12** : 139-143.
—— 1960b. Some species of Aleyrodidae of Réunion Island (Homoptera). *Naturaliste malgache* **12** : 145-153.
—— 1961. Some species of Aleyrodidae from Madagascar IV (Homoptera). *Mém. Inst. scient. Madagascar* (E) **12** : 323-339.
—— 1962. Two new genera and species of Aleyrodidae from Madagascar (Homoptera). *Proc. R. ent. Soc. Lond.* (B) **31** : 100-102.
—— 1963. Some species of Aleyrodidae from Japan (Homoptera). *Kontyû* **31** : 49-57.
[1963. A list of papers of Ryoichi Takahashi. *Mushi* **37** (17) : 167-190.]
Taylor, J. L. 1970. *A Portuguese — English Dictionary.* 655 pp. Stanford, California.
Thompson, W. R. 1950. A catalogue of the parasites and predators of insect pests. Section I. Parasite host catalogue. Part 3. Parasites of the Hemiptera. 2nd Edition. 149 pp. Ottawa, Ontario.
—— **& Simmonds, F. J.** 1964. A catalogue of the parasites and predators of insect pests. Section 3. Predator host catalogue. 204pp. Farnham Royal, Bucks.
Trehan, K. N. 1938. Two new species of Aleurodidae found on ferns in greenhouses in Britain (Hemiptera). *Proc. R. ent. Soc. Lond.* (B) **7** : 182-189.
—— 1939. Studies on the British Aleurodidae. *Curr. Sci.* **8** : 266.
—— 1940. Studies on the British Whiteflies (Homoptera-Aleyrodidae). *Trans. R. ent. Soc. Lond.* **90** : 575-616.

—— & **Butani, D. K.** 1960. Bibliography of Aleyrodidae. *Beitr. Ent.* **10** : 330–388.
Tucker, R. W. E. 1952. The insects of Barbados — Order Homoptera, Family Aleyrodidae. *J. Agric. Univ. P. Rico* **36** : 337.
Tullgren, A. 1907. Über einige Arten der Familie Aleurodidae. *Ark. Zool.* **3** (26) : 1–18.
Tuthill, L. D. 1952. On the Psyllidae of New Zealand (Homoptera). *Pacif. Sci.* **6** : 83–125.
Vallisneri, A. 1733. *Opere fisico mediche continenti un gran numero di trattati, &c.* **1** : i–lxxxiii, 1–469 pp. Venezia.
Venkataramaiah, G. H. 1971. A note on *Dialeurodes vulgaris* on coffee. *J. coffee Res.* **1** : 13–14.
Visnya, A. 1935. Egy 130 év óta lappangó rovarfaj felfedezéseröl. Wiederaffindung einer seit 130 Jahren verschollenen Insekten-Art (*Aleurodes asari* Schrank). *Folia sabariensis vasi Szle* **2** : 45–52.
—— 1936. További molytetvek köszegröl és vidékeröl. Weitere Mottenläuse aus der Umgebung von Köszeg. *Folia sabariensis vasi Szle* **3** : 116–117.
—— 1940. Vergleschung zwischen *Aleurochiton pseudoplatani* Vis. and *Aleurochiton forbesii* (Ashm.) — (Homoptera, Aleurodina). *Folia ent. hung.* **5** : 133–134.
—— 1941a. A gigantic species of Aleurodidae (Homoptera) from greenhouse-Orchideas. *Folia ent. hung.* **6** : 4–15.
—— 1941b. Vorarbeiten zur Kenntnis der Aleurodiden-Fauna von Ungarn, nebst systematischen Bemerkungen über die Gattungen *Aleurochiton, Pealius* und *Bemisia* (Homoptera). *Fragm. faun. hung.* **4** Suppl. : 1–19.
Voeltzkow, A. 1909. See Newstead, R. 1909.
Walker, F. 1852. *List of the specimens of Homopterous insects in the collection of the British Museum.* **4** : 909–1188. London.
—— 1858. *List of the specimens of Homopterous insects in the collection of the British Museum.* Supplement. 369 pp. London.
Weems, H. V. 1974. Orange spiny whitefly, *Aleurocanthus spiniferus* (Quaintance) [Homoptera : Aleyrodidae]. *Fla Dept. Agr. & Consumer Serv. D.P.I.* Entomology Circular **151** : 1–2.
Westhoff, Fr. 1887. Die Phytophthiren -Gattung *Aleurodes* und ihre in der Umgegend von Münster aufgefundenen Arten. *Jber. westf. Proc. Ver. Wiss. Kunst* **1886** : 55–63.
Westwood, J. O. 1840. *An introduction to the modern classification of insects.* **2** : 587 pp. London.
—— 1856. The new *Aleyrodes* of the greenhouse. *Gdnrs' Chron.* **1856** : 852.
Williams, F. X. 1944. A survey of insect pests of New Caledonia. *Hawaii. Plrs' Rec.* **48** (2) : 93–124.
Willis, J. C. 1955. *A dictionary of the flowering plants and ferns.* Sixth Edition 752 pp. Cambridge.
—— 1966. *A dictionary of the flowering plants and ferns.* Seventh Edition. Revised by Airy Shaw, H. K. 1214 pp. Cambridge.
—— 1973. *A dictionary of the flowering plants and ferns.* Eighth Edition. Revised by Airy Shaw, H. K. 1245 pp. Cambridge.
Woglum, R. S. 1913. Report of a trip to India and the orient in search of the natural enemies of the citrus whitefly. *Bull. U.S. Bur. Ent.* **120** : 58 pp.
Wolcott, G. N. 1936. See Dozier, H. L. 1936.
Wünn, H. 1920. Über die Cocciden des Urwaldes von Bialowies. *Abh. senckenb. naturforsch. Ges.* **37** : 3–21.
—— 1926. In Elsass — Lothringen vorkommende Schildlausarten. *Z. wiss. Insektbiol.* **21** : 22–28.
Young, B. 1942. White flies attacking citrus in Szechwan. *Sinensia, Shanghai* **13** : 95–101.
—— 1944. Aleurodidae from Szechwan, I. *Sinensia, Shanghai* **15** : 129–139.
Zahradnik, J. 1955. O. Některŷch Molicich Z Československa Cas. narod. Mus. **124** : 40–50.
—— 1956. Trois nouvelles espèces des aleyrodides pour la faune tchécoslovaque. *Sb. faun. Praci ent. Odd. nár. Mus. Praze* **1** : 43–45.
—— 1957. Drei für die Österreichische fauna neue Aleyrodiden-Arten. *Sb. faun. Praci ent. Odd. nár. Mus. Praze* **2** : 9–11.
—— 1958. *Bulgarialeurodes rosae* Corbett (Homoptera, Aleyrodinea) u Jugloslaviji. *Zašt. Bilja* **46** : 115–117.
—— 1961a. La redescription d'*Asterobemisia avellanae* [Signoret 1868] (Homoptera, Aleyrodinea). *Sb. ent. Odd. nár. Mus. Praze* **34** : 433–438.
—— 1961b. Nouvelles connaissances faunistiques et taxonomiques sur les aleyrodides de la Tchécoslovaquie (Homoptera, Aleyrodinea). *Sb. faun. Praci ent. Odd. nár. Mus. Praze* **7** : 61–80.
—— 1962a. Données taxonomiques et faunistiques sur *Japaneyrodes* nov. gen. *similis europaeus* n. ssp. (Homoptera, Aleyrodinea). *Sb. faun. Praci ent. Odd. nár. Mus. Praze* **8** : 13–19.
—— 1962b. Über einige Aleyrodiden-Arten aus Berlin und Umgebung (Homoptera, Aleyrodinea). *Sb. faun. Praci ent. Odd. nár. Mus. Praze* **8** : 37–41.
—— 1963a. Aleyrodina. *In : Die Tierwelt Mitteleuropas* **4** (3) : 1–19.
—— 1963b. Notes faunistiques sur les aleurodes en Yougoslavie (Homoptera, Aleyrodinea). *Sb. faun. Praci ent. Odd. nár. Mus. Praze* **9** : 231–235.
—— 1970. *Ramsesseus folliotti* gen. n., sp. n., aleurode nouveau d'Egypte (R.A.U.) (Homoptera, Aleyrodinea). *Acta ent. bohemoslavaca* **67** : 47–49.

Zehntner, L. 1896. De Plantenluizen van het Suikerriet op Java. *Meded. Proefstn SuikRiet W. Java 'Kagok'*. Nieuwe Serie **29** : 935–950.
—— 1897a. Mededeelingen uit en voor de Praktijk. Voorloopige Mededeeling over ees Luizenplaag. *Meded. v. h. Proefstation Oost. Java en Archief Java Suikerindustrie* **5** : 381.
—— 1897b. Overzicht van de Zieken van het Suikerriet op Java. *Meded. Proefstn SuitRiet W. Java 'Kagok'*. Nieuwe Serie **37** : 525–575.
—— 1899. De Plantenluizen van het Suikerriet op Java VIII. *Meded. Proefstn SuitRiet W. Java 'Kagok'* **38** : 445–465.

Index to Genera and Species of Aleyrodidae

Nomina nuda and names removed from the Aleyrodidae are given in square brackets, and synonyms are given in italics. Identical specific epithets and ones whose similarity could cause confusion have, as an addition, the genus in which they are now placed or, in the case of a junior synonym, the genus in which its senior synonym is placed. Where necessary the name of the author has been used to ensure clarity.

aberrans 12
abnormis 195
abutiloneus 205
acaciae 196
Acanthaleyrodes 7
acanthi 32
Acanthobemisia 7
acapulcensis 236
Acaudaleyrodes 7
acaudatus 58
acerinus 28
aceris Baerengsprung 28
aceris Bouché 28
aceris Forbes 28
aceris Geoffroy 28
aceris Modeer, Aleurochiton 28
aceris Parabemisia 177
acerum Kirkaldy 28
achyranthes 119
acteae 93
actinodaphnis, var. machili 225
aculeatus 250
Acutaleyrodes 9
adabicola 196
adami 9
adinandrae 130
adinobotris 130
aepim 62
afer 111
affinis 44
Africaleurodes 9
africana Acaudaleyrodes 7
africana Dialeurolonga 151
agalmae 130
agauriae Aleuroplatus 44
agauriae Dialeurolonga 152
aguiari 62
akeassii 44
akebiae 173
akureensis 152
alba, f. jelinekii 71
alba Heterobemisia 165
albescens 93
albofloccosa 230
alcocki 44
Aleurocanthus 11
Aleurocerus 27
Aleurochiton 27
Aleuroclava 29
Aleurocybotus 30
Aleurodes 31
Aleurodicinae 228
Aleurodicus 228
[Aleurodidarum] 251
Aleuroglandulus 31
Aleurolobus 32

Aleurolonga 40
Aleuromarginatus 40
[*Aleuromigda*] 78, 251
Aleuronudus 236
Aleuroparadoxus 41
Aleuroplatus 43
Aleuropleurocelus 58
Aleuroporosus 60
Aleuropteridis 60
Aleuroputeus 61
Aleurothrixus 61
Aleurotithius 66
Aleurotrachelus 66
Aleurotuberculatus 78
Aleurotulus 91
[Aleurycerus] 251
Aleyrodes 92
Aleyrodiella 103
Aleyrodinae 7
alhagi 8
alni 111
alpinus Aleuroplatus 44
alpinus Aleurotrachelus 67
alternans 12
altissimus 238
amamianus 179
ambilaensis 152
ambrensis 67
ambrosiae 205
amnicola 93
anapatsae 44
andropogoni Aleuroplatus 45
andropogonis Neomaskellia 171
angolensis Aleurocanthus 13
angolensis Marginaleyrodes 168
angulata 130
angustata 152
ankorensis 79
Anomaleyrodes 103
anonae Aleurodicus 229
anonae Aleurotrachelus 67
antennata 111
anthocleistae 184
antidesmae Aleurodicus 228
antidesmae Aleurothrixus 62
antillensis 228
apectenata 166
aphloiae Dialeurolonga 152
aphloiae Neoaleurotrachelus 171
Apobemisia 103
ara 130
aranjoi 228
arctostaphyli 41
ardisiae 130
arizonensis, var. mori 199
armatae Crenidorsum 127

armatus Dialeurodes 130
artemisiae 124
artocarpi Aleurotuberculatus 79
artocarpi Pealius 179
artocarpi Xenaleyrodes 227
arundinacea 91
asari Aleurolobus 39
asari Aleyrodes 93
asarumis 93
Asialeyrodes 103
asparagi 196
asplenii 207
assymmetricus 238
Asterobemisia 104
Asterochiton 107
atraphaxius 104
atratus 67
atriplex 93
attenuatus 236
aucubae 79
aurantii, var. eugeniae 133
aureocincta 94
aureus 108
auricolor 108
avellanae 105
Axacalia 109
azaleae 179

baccaureae Aleuroputeus 61
baccaureae Taiwanaleyrodes 193
bagnalli 108
bahiana 119
bahiensis 236
baja 94
bakeri 238
Bakerius 236
balachowskyi Africaleurodes 9
balachowskyi Bemisaleyrodes 110
bambusae Aleurocanthus 13
bambusae Bemisia 112
bambusae Dialeurolonga 152
bambusae Heteraleyrodes 164
bambusae Laingiella 166
bambusae Trialeurodes 207
bambusicola Dialeurolonga 152
bambusicola Heteraleyrodes 165
bancoensis 131
bangkokana 131
bangkokensis 180
banksiae 13
baphiae 126
bararakae 196
barodensis 32
bassiae 131
bauhiniae Aleuromarginatus 40
bauhiniae Aleurotuberculatus 80
bauhiniae Corbettia 126
bauhiniae Trialeurodes 207
bellissima 208
Bellitudo 109
bemisae 208
Bemisaleyrodes 110
Bemisia 111
Bemisiella 124

bengalensis 180
berbericola Bemisia 112
berbericolus Aleuroplatus 45
bergerardi 226
bergii 172
Bernaea 251
bertilloni 165
bicolor 190
bidentatus Aleurolobus 32
bidentatus Dothioia 163
bidentatus Tetraleurodes 196
[*bifasciata* Aleyrodes] 205, 251
bifasciatus Aleurodicus 235
bifurcata 80
bignoniae 45
bipunctata 158
bispina, subsp. giffardi 113
bladhiae 131
blanzyi 191
bobuae 225
bodkini Aleurotrachelus 77
bodkini Eudialeurodicus 242
bonariensis 171
bondari Aleurodicus 228
bondari Aleurothrixus 62
bondari Paraleyrodes 247
Bondaria 237
borchsenii 94
bosseri 163
bossi 45
bouqueti 125
bourgini 226
[bragini] 251
brassicae Koch, Aleyrodes 99
brassicae Walker, Aleyrodes 99
Brazzaleyrodes 124
brazzavillense 67
brevispina 152
brevispinosus 13
breyniae 167
brideliae 158
Bulgarialeurodes 125
burmanicus 80
burmiticus 250
buscki 131

cacaorum 67
cadabae 45
caerulescens 67
caledonicus 174
californiensis 212
callicarpae 7
callunae 125
Calluneyrodes 125
calmoni 237
caloncobae 80
calophylli Aleurocanthus 13
calophylli Orchamoplatus 175
camamuensis 68
cambodiensis Dialeurodes 131
cambodiensis Dialeurotrachelus 163
cambodiensis Pealius 180
camelliae 68
cameroni 14

campae   109
campanulae Saalas, Aleyrodes   94
campanulae Takahashi, Aleyrodes   102
canangae Aleurocanthus   13
canangae Aleurotuberculatus   80
capgrasi   9
capiangae   229
capitatis   186
capreae   94
cardamomi Aleurotuberculatus   81
cardamomi Dialeurodes   132
cardini   244
caricae   224
carinata   225
carpini Asterobemisia   105
carpini Taiwanaleyrodes   194
cassiae   40
caudasculptura   112
ceanothi   59
cecropiae   68
celti Apobemisia   103
celti Dialeurodes   132
celti Trialeurodes   208
centrosemae   158
cephalidistinctus   132
Ceraleurodicus   238
cerata   108
cerifera Dialeurodes   132
ceriferus Aleurocerus   27
[chagentios]   251
chelidonii Burmeister, Aleyrodes   99
chelidonii Latreille, Aleyrodes   99
cheni   14
cherasensis   81
chiengmaiensis   14
chiengsenana   132
chiengsenensis, var. ficifolii   48
chikungensis   68
chinensis Aleurolobus   39
chinensis Aleuroputeus   61
chinensis Pealius   180
chinensis Trialeurodes   208
chitinosa   132
chittendeni   132
chivelensis   164
chomeliae   42
ciliata   94
cinnamomi Aleurocanthus   14
cinnamomi Aleurodicus   229
cinnamomi Dialeurodes   133
cinnamomi Pentaleyrodes   184
cinnamomicola   133
cinereus   240
citri Acaudaleyrodes   8
citri Aleurolobus   32
citri Ashmead, Dialeurodes   133
citri Riley & Howard, see citri Ashmead
citri Orchamoplatus   175
citri Paraleyrodes   247
citricola Aleurocanthus   22
citricola Bemisia   114
citricola Dialeurodes   135
citricolus Paraleyrodes   247
[citriculus Tetra-aleurododes]   251

citrifolii Aleurotuberculatus   81
citrifolii Dialeurodes   135
[*citrifolii* Foster], see citri Ashmead
citriperdus   14
clandestinus   171
claricephalus   46
clematidis   39
coachellensis   59
coccolobae Aleurodicus   229
coccolobae Trialeurodes   208
cockerelli Aleuroplatus   46
cockerellii Dialeurodicus   240
cococolus   46
cocois Aleurocanthus   15
cocois Aleurodicus   229
coelhi   240
coffeacola   10
cogniauxiae   158
coimbatorensis   68
colcordae   208
coleae   227
comata   172
Combesaleyrodes   125
commune   127
complanatum   28
complex   29
confusa Bemisia   112
confusus Aleurolobus   33
congoensis   159
conocephali   136
conspurcatus   237
contigua   170
Corbettella   179
corbetti Aleurocanthus   15
corbetti Aleurotrachelus   68
corbetti Asialeyrodes   103
Corbettia   126
cordiae   108
cordylinidis   112
corni   196
cornutus   241
corollis   208
coronata   46
coryli   214
costalimai   118
cotesii   125
crataegi   94
crateraformans   248
Crenidorsum   127
crenulata   190
crescentata   136
cretacica   251
croceata   197
crossandrae   167
crustatus   46
cubae   109
culcasiae   47
culiciformis   99
cumiugum   189
curcumae   136
cyanotis   227
cyathispinifera   136

daitoensis   47

dalbergiae 41
damnacanthi 173
daphniphylli 136
davidi Aleurocanthus 15
davidi Dialeurodes 136
debordae 128
debregeasiae 69
decempuncta 159
decipiens 112
[*deghai*] 85, 251
delamarei Aleurolobus 33
delamarei Dialeurodes 136
delottoi 15
dentata Asterobemisia 106
dentatus Aleuroplatus 47
dentatus Orchamoplatus 175
denticulatus 47
depressus 185
descarpentriesi 15
desmodii 217
destructor 230
Dialeurodes 129
Dialeurodicus 240
Dialeurodoides 107
Dialeurolobus 151
Dialeurolonga 151
Dialeuronomada 129
Dialeuroplata 129
Dialeuropora 158
Dialeurotrachelus 163
diaphanum 128
diasemus 95
dicksoni 136
didymocarpi 137
differens 128
diminutis 209
dioscoreae 137
dipterocarpi 137
dispersus 231
dissimilis Aleurocanthus 15
dissimilis Dialeurodes 137
distincta Corbett, Dialeurodes 137
distinctus Aleurotrachelus 69
distinctus David, Dialeurodes 136
distylii Acanthobemisia 7
distylii Metabemisia 169
dorseyi 197
dorsimarcata 185
dothioensis 159
Dothioia 163
douglasi 60
doveri 137
drewsi 209
Drewsia 242
dryandrae Aleurotrachelus 69
dryandrae Dialeurodes 137
dubia Dialeurodes 138
dubia Heeger, Siphoninus 192
[*dubia* Aleyrodes] 251
dubiensis Trialeurodes 209
dubiosa Siphoninus 192
dubius Aleuroplatus 47
dugesii 232
dumbeaensis 138

dumbletoni 175
eastopi 60
egregissima 138
elaeagni 138
elaeocarpi 197
elaphoglossi 209
elatostemae Aleurotrachelus 69
elatostemae Aleurotuberculatus 81
elatostemae Trialeurodes 209
elbaensis 138
elemarae 47
elevatus 95
elliptica Bemisia 113
elliptica Dialeurolonga 153
ellipticae Aleuroclava 29
elongata Dialeurolonga 153
elongata Nipaleyrodes 246
elongatus Stenaleyrodes 249
emarginata 153
emiliae 118
emmae 31
endospermi 138
eoa 113
epigaeae 48
erianthi 205
ericae Tetralicia 205
ericae Trialeurodes 209
erigerontis 205
eriococciformis 124
eriodictyonis 210
eriosemae 168
errans 197
erythrinae Aleurotrachelus 69
erythrinae Aleurotuberculatus 81
erythrinae Dialeurodes 139
erythroxylonis 153
[erytreae] 251
esakii 16
espunae 69
essigi Aleurodicus 232
essigi Aleyrodes 95
eucalypti Aleuroclava 30
eucalypti Neomaskellia 172
Eudialeurodicus 242
eugeniae Aleurocanthus 16
eugeniae Aleurotuberculatus 81
eugeniae Dialeurodes 133
eugeniae Dialeurolonga 153
eugeniae Rusostigma 188
euphorbiae Aleyrodes 95
euphorbiae Lipaleyrodes 167
euphorbiae Trialeurodes 210
euphorbiarum, subsp. pruinosus 100
euphoriae Aleurotuberculatus 81
euphoriae Asialeyrodes 103
euphorifoliae 70
europaeus, subsp. similis 89
euryae Aleurotuberculatus 82
euryae Dialeurodes 139
euryae Odontaleyrodes 173
evodiae Aleuroplatus 48
evodiae Dialeurodes 139
extraniens 91
ezeigwi 180

fagi 109
fanalae 168
fastuosa 185
fenestellae 70
fenestrata 168
fernaldi 210
ferrisi 242
fici Aleuroplatus 48
fici Dialeurolonga 153
fici Pealius 180
fici Rhachisphora 186
fici Taiwanaleyrodes 194
fici Qu. & B., Tetraleurodes 197
fici Takahashi, Tetraleurodes 199
ficicola Aleurotuberculatus 82
ficicola Dialeurodes 139
ficifolii Aleuroplatus 48
ficifolii Dialeurodes 139
ficusgibbosae 48
ficusrugosae 48
fijiensis 186
filamentosa Aleurotuberculatus 82
filamentosus Aleurotrachelus 70
Filicaleyrodes 163
filicicola 60
filicis 169
filicium 95
fimbriae 177
finitimus 192
fissistigmae 70
fitchi 205
flabellus 82
flavomarginatus 27
flavus Aleurodicus 232
flavus Aleurolobus 33
fletcheri 191
floccosus 62
floridensis 210
flumineus 235
fodiens 95
follioti 186
forbesii 28
formosana, var. woglumi 24
formosana Bemisia 113
formosanus Aleurodicus 234
[*formosanus* Siphonaleyrodes] 252
formosensis 139
fouabii 33
fragariae 97
Frauenfeldiella 66
fraxini 96
frontalis 241
fucatus 233
fulakariensis 10
fumipennis 70

gardeniae Aleuroparadoxus 42
gardeniae Dialeurodes 139
gateri 16
gelatinosus 49
gemurohensis 140
ghesquierei 198
giffardi 113
Gigaleurodes 129

[*gigantea* Aleyrodes] 251
giganteus Lecanoideus 243
glacialis 211
glandulosus 237
globulariae 70
glomerata 140
glutae 140
goldingi 119
Gomenella 164
gordoniae Aleurocanthus 16
gordoniae Aleurotuberculatus 82
gossypii 96
gossypiperda 119
goyabae 248
graberi 166
graminicolus 30
graminis Corbettia 126
graminis Dialeurolonga 154
graminis Tetraleurodes 198
granati 192
grandis 126
graneli 62
granosus 70
granulata 59
graphicus 49
gratiosus 71
greeni 33
greenwoodi 140
grewiae 71
griseus 233
grjebinei 110
grossa 114
gruveli Aleurolobus 33
gruveli Siphoninus 191
guareae 64
guimaraesi 64
guppyi 233
guyavae 83
Gymnaleurodes 205

hakeae 250
hancocki 114
hansfordi 16
hargreavesi Aleurolobus 33
hargreavesi Aleuropteridis 61
hargreavesi Lipaleyrodes 167
harunganae, var. tetracerae 179
hassensanensis 160
hazomiavonae 71
hederae Aleurolobus 34
hederae Tetraleurodes 198
hederae, var. citri 133
heegeri 192
Heidea 251
helyi 113
hemisphaerica 190
hempeli 239
Hempelia 164
herberti 198
Hesperaleyrodes 164
Heteraleyrodes 164
Heterobemisia 165
heterocera 140
heucherae 211

333

Hexaleurodicus 242
hexcantha 194
hexpuncta 140
hibisci Aleurocanthus 16
hibisci Bemisia 119
hibisci Singhius 191
hiezi 49
hikosanensis 83
hirsuta Tetraleurodes 198
hirsutus Aleurocanthus 17
hispaniolae 110
holboelliae 160
holmesi 233
hongkongensis Dialeurodes 140
hongkongensis Pentaleyrodes 184
horridus 62
howardi 62
hoyae 49
hoyti 154
hulthemiae 188
husaini 17
hutchingsi 211
hyperici 96

ilicicola 42
ilicis 49
imbricatus 178
[immaculata Aleyrodes] 251
immaculatus Siphoninus 192
imperalis Dialeurodes 141
imperialis Aleurocanthus 17
inaequalis Siphoninus 192
inceratus 17
incisus 50
incognitus 175
inconspicua 118
incurvatus 50
indentata 126
indica Aleuromarginatus 41
indica Taiwanaleyrodes 194
indicus Aleurocybotus 30
indicus Dialeurodes 141
indicus Odontaleyrodes 174
indicus Pealius 181
Indoaleyrodes 165
indochinensis 160
induratus 236
ingae Ceraleurodicus 239
ingafolii 71
insignis 96
insularis 50
integellus 50
intermedia, var. spiniferus 22
intermedia Trialeurodes 212
interrogationis 64
iole 115
iridescens Aleuroparadoxus 42
iridescens Aleurodicus 229
ishigakiensis 71
iteae 34
ixorae Dialeurodes 141
ixorae Marginaleyrodes 169

jaboticabae 185

jaciae 242
jamaicae 110
jamaicensis 233
jamesi 61
Japaneyrodes 78
japonica Aleyrodes 96
japonicus Aleurolobus 34
jasmini Aleurotuberculatus 83
jasminum Bemisia 113
Jeannelaleyrodes 165
jelinekii 71
jendera 160
jequiensis 244
joholensis Aleuroplatus 50
joholensis Aleurotrachelus 72
joholensis Dialeurodes 141
Juglasaleyrodes 166
juillieni 34
juiyunensis 72
juleikae 233

kalawi 181
kallarensis 41
kamardini 141
kankoensis 181
kelloggi 181
kepongensis 141
kesselyaki 239
kewensis 91
kinyana, var. citri 133
kirishimensis 141
kirkaldyi 141
klemmi 212
kongosana 174
koshunensis 186
kuraruensis 187
kusheriki 83
kushinasii 133
kuwanai Aleurotuberculatus 83
kuwanai Apobemisia 103

lacerdae 245
lactea 96
lafonti 227
lagerstroemiae 84
lahillei 243
laingi 59
Laingiella 166
lamellifera 103
lamottei Africaleurodes 10
lamottei Corbettia 126
lampangensis 115
lamtoensis 154
lanceolata 142
langsat 160
laos 142
lata Asterobemisia 106
lata Dialeurolonga 154
lateralis 50
latus Aleuroplatus 50
latus Aleurotuberculatus 84
latus Aleyrodes 96
lauri 212
leakii 115

lecanioides 109, 219
Lecanoideus 243
leguminicola 97
Leonardius 243
leptadeniae 17
lespedezae 124
Leucopogonella 166
leve 128
limbatus 72
linguosus 234
Lipaleyrodes 167
liquidambari Pealius 181
liquidambaris Russell, Aleuroplatus 47
liquidambaris Takahashi, Aleuroplatus 51
lithocarpi Aleurotuberculatus 84
lithocarpi Dialeurodes 142
litseae 198
loganiaceae 10
longicornis 32
longispina Bemisia 119
longispina Trialeurodes 212
longispinus Aleurocanthus 17
longispinus Aleurotrachelus 72
longispinus Aleurotuberculatus 84
longispinus Pealius 181
lonicerae Walker, Aleyrodes 97
lonicerae Koch, Aleyrodes 97
lonicerae Bemisia 119
loranthi Dialeurodes 143
loranthi Leonardius 244
loyolae 18
lubia 217
luci 34
lucumai 64
Luederwaldtiana 168
lumpurensis Aleurocanthus 18
lumpurensis Aleuroporosus 60
lumpurensis Aleurotrachelus 73
lumpurensis Asialeyrodes 104
lumpurensis Dialeurodes 143
lumpurensis Malayaleyrodes 168
luxuriosus 27

macarangae Aleurotuberculatus 84
macarangae Taiwanaleyrodes 194
machili Aleurodicus 234
machili Aleurotrachelus 73
machili Pealius 181
machili Rhachisphora 187
machili Tuberaleyrodes 225
machilicola 143
mackenziei 18
maculata Aleurotulus 91
maculata Dialeurolonga 154
maculata Parabemisia 177
maculata, var. mori 199
maculatus Dialeurodes 143
maculatus Dialeurodicus 241
maculatus Pealius 182
maculipennis 143
madagascariensis Aleurotrachelus 73
madagascariensis Marginaleyrodes 169
madagascariensis Tetraleurodes 198
madroni 212

maesae Aleurotrachelus 73
maesae Asialeyrodes 104
maesae Rhachisphora 187
magnificus 234
magnisetae 128
magnoliae Aleuroplatus 51
magnoliae Aleurotuberculatus 84
magnoliae Trialeurodes 213
magnus 31
malangae 31
Malayaleyrodes 168
malayanus 51
malayensis Aleurodicus 234
malayensis Dialeuropora 161
malayensis Rhachisphora 187
malayensis Tetraleurodes 199
malloti 85
malpighiae 128
mameti Aleuroplatus 51
mameti Dialeurolonga 154
mameti Tetraleurodes 199
mameti Trialeurodes 213
mammaeferus 175
mangiferae Aleurocanthus 18
mangiferae Dialeuropora 161
manihoti Trialeurodes 213
manihotis Bemisia 119
manjakaensis 51
manni 245
Marginaleyrodes 168
marginale 128
marginata 199
maritimus 234
marlatti 34
marmoratus 234
marshalli 199
martini 10
marudamalaiensis 18
maskelli 182
Massilieurodes 43
mauritanicus 35
mauritiensis Aleurotrachelus 73
mauritiensis Dialeurolonga 154
maxima 143
mayumbensis 18
medinae 115
megapapillae 170
meggitti 213
mekonensis 143
melanops 199
melastomae 85
melicyti 108
meliosmae 194
melzeri Ceraleurodicus 239
melzeri Metaleurodicus 245
menthae 97
merlini 213
mesasiatica 115
mesuae 73
Metabemisia 169
Metaleurodicus 244
Metaleyrodes 170
Mexicaleyrodes 170
mexicanus Aleurotithius 66

335

mexicanus Septaleurodicus 249
micheliae 73
michoacanensis Dialeurodes 144
michoacanensis Hesperaleyrodes 164
miconiae 64
millettiacola 126
millettiae Aleuromarginatus 41
millettiae Aleyrodes 98
milloti 155
minima Bemisia 119
minimus Aleurotrachelus 73
minimus Metaleurodicus 245
miniscula 119
minutus Aleurotrachelus 74
minutus Aleurotuberculatus 85
mirabilis Dialeurodes 144
mirabilis Lecanoideus 243
mirabilis Setaleyrodes 190
mirabilis Tetraleurodes 199
mirissimus 213
misrae 182
mitakensis 174
Mixaleyrodes 170
monnioti 51
monodi 35
montanus Orchamoplatus 176
montanus Taiwanaleyrodes 195
monticola 144
moreirai 239
mori Pealius 182
mori Tetraleurodes 199
moringae 116
morrilli 215
mosaicivectura, var. gossypiperda 119
mossopi 220
moundi Aleurolobus 35
moundi Tetraleurodes 200
Moundiella 170
multipapilla Dialeurolonga 155
multipapillus Aleurotrachelus 74
multipora Gomenella 164
multipori Aleuroplatus 51
multipori Aleurotuberculatus 85
multipori Asialeyrodes 104
multipori Dialeurodes 144
multipori Trialeurodes 214
multispinosus 19
multitubulatus, of phillyreae 192
mundururu 91
murrayae Aleurotuberculatus 85
murrayae Dialeuropora 161
musae Dialeurodes 144
musae Neoaleurolobus 171
mvoutiensis 19
myricae Aleuroplatus 52
myricae Parabemisia 177
myrtacei 64
myrtifolii 74
mysorensis 52.

nachiensis 86
naranjae 248
natalensis 220
natickis 144

navarroi 144
ndiria 161
Nealeurochiton 27
Nealeurodicus 246
Nealeyrodes 171
neglectus 235
neivai 239
Neoaleurodes 171
Neoaleurolobus 171
Neoaleurotrachelus 171
Neobemisia 104
neocomica 251
neolitseae Aleurotuberculatus 86
neolitseae Tuberaleyrodes 226
Neomaskellia 171
Neopealius 173
neovatus 52
nephelii 86
nephrolepidis 91
nicotianae 220
niger Aleurocanthus 19
niger Dialeurodicus 241
niger Tetraleurodes 201
nigeriae Aleurotuberculatus 86
nigeriae Dialeurodes 144
nigeriensis Bemisia 119
nigra Dialeurolonga 155
nigrans Aleuropleurocelus 59
nigricans Aleurocanthus 19
nilgiriensis Neopealius 173
nilgiriensis Odontaleyrodes 174
niloticus 35
Nipaleyrodes 246
nitidus Octaleurodicus 247
nitidus Taiwanaleyrodes 195
nivetae 74
notata 214
noumeae 176
nubifera 135
nubilans 19
nudus Aleurocanthus 19
nudus Tetraleurodes 201

obenbergeri 106
oblanceolatus 60
oblongifoliae 214
obvalis 20
occiduus 30
oceanica 170
ochnaceae 11
Octaleurodicus 246
octifer 240
octoplicata 145
oculiminutus 52
oculireniformis 52
Odontaleyrodes 173
Ogivaleurodes 205
olivinus 36
ondinae 65
onitshae 36
oplismeni Aleurolobus 37
oplismeni Tetraleurodes 201
Orchamoplatus 174
Orchamus 174

orchidicola 74
orientalis 29
ornatum Crenidorsum 129
ornatus Aleurodicus 235
ornatus Aleuropleurocelus 60
Orstomaleyrodes 177
orstomensis 166
osmanthi 37
osmaroniae 98
ouchii 145
ovata Bemisia 116
ovatus Aleuroplatus 52
ovatus, subsp. aceris 28
oweni 145

packardi 214
palaquifolia 216
[palatina] 251
palauensis 20
pallida Dialeurodes 145
pallida Leucopogonella 166
palmae Acutaleyrodes 9
[*palmae* Aleurocanthus] 251
palmae Anomaleyrodes 103
palmae Tetraleurodes 201
panacis 145
panamensis 52
pandani 74
papillata 161
papillifer Trialeurodes 219
papilliferus Tetraleurodes 201
papulae 145
Parabemisia 177
paradoxa 155
Paraleurolobus 178
Paraleyrodes 247
Parudamoselis 238
parvus Aleurotrachelus 74
parvus Aleurotuberculatus 87
paucipapillata 155
paulianae Aleurolobus 37
Paulianaleyrodes 178
pauliani Acaudaleyrodes 8
pauliani Africaleurodes 11
pauliani Aleurocanthus 20
pauliani Aleurolobus 37
pauliani Aleuroplatus 52
pauliani Aleurotrachelus 75
pauliani Aleurotrachelus 75
pauliani Bemisaleyrodes 110
pauliani Corbettia 127
pauliani Dialeurodes 145
pauliani Dialeurolonga 155
pauliani Paulianaleyrodes 178
pauliani Tetraleurodes 201
paulistus 246
paveli 107
Pealius 179
pectenserratus 53
pectiniferus 53
pendleburyi 20
Pentaleurodicus 236
Pentaleyrodes 184
perakensis 216

perdentatus 176
pergandei 216
perileuca 201
perinetensis 155
periplocae 53
[Permaleurodes] 252
[Permaleurodidae] 252
perseae Aleuroputeus 61
perseae Dialeuropora 161
perseae Paraleyrodes 248
phalaenoides 245
[*phalaroides*] 245, 251
[phaseoli] 251
philadelphi 98
philippinensis Aleurolobus 37
philippinensis Dialeurodes 145
phillyreae 192
Philodamus 61
phrygilanthi 237
phyllanthi Aleurotuberculatus 87
phyllanthi Lipaleyrodes 167
phyllarthronis 156
phylliceae 192
pigeanus 246
pigmentaria 250
pilahensis 146
pileae 53
[*pimentae*] 244
[pinicola] 251
piperis Aleurocanthus 20
piperis Aleurotuberculatus 87
piperis Dialeurodes 146
pisoniae 226
pittospori 109
Plataleyrodes 184
platicus 146
platysepali Aleurocanthus 20
platysepali Dialeuropora 162
platysepali Viennotaleyrodes 227
plectroniae 75
plumensis 176
plumosus 53
pluto 202
Pogonaleyrodes 184
poinsettiae 116
polygoni 182
polypodicola 170
polystachyae 54
polystichi 170
pongamiae 116
poriferus 235
porosus Aleurotuberculatus 87
porosus Orchamoplatus 176
porteri Aleurothrixus 65
porteri Bemisia 116
portugaliae 162
[*Powellia*] 252
premnae 54
prenanthis 98
primitus 75
pringlei 202
proletella 99
proximans 65
pruinosus 100

Pseudaleurodicus 236
Pseudaleurolobus 185
Pseudaleyrodes 185
pseudocitri 146
pseudoplatani 29
psiadiae 117
psidii Aleurotuberculatus 87
psidii Dialeurodes 146
psychotriae Dialeurodes 146
psychotriae Pealius 182
pterolobiae 162
publicus 227
puerariae 117
pulcher 151
pulcherrimus Aleurotuberculatus 88
pulcherrimus Octaleurodicus 247
pulverans 249
pulvinatus 235
punctata Dialeurodes 146
punctatus Aleuroparadoxus 42
punjabensis 24
puripennis 40
pusana 202
pustulatus 165
pyracanthae Aleurotrachelus 75
pyracanthae Aleurotuberculatus 88
pyrolae 101

quadratus 202
quaintancei Aleuroplatus 54
quaintancei Tetraleurodes 197
Quaintancius 246
quercicola 190
quercus 182
quercusaquaticae 54

Rabdostigma 129
rachipora 9
Radialeurodicus 238
radifera 237
radiilinealis 147
radiipuncta 147
radiirugosa 189
raishana, var. cinnamomi 184
rambutana 226
Ramsesseus 185
rangooni 147
rara 217
rarasana 147
ravensarae 156
ravisei 37
razalyi 147
recurvispinus 20
reflexa 164
regis 21
religiosa 117
rempangensis 147
rengas 147
reticulata Parabemisia 178
reticulata Rhachisphora 187
reticulosa 147
reunionensis 75
Rhachisphora 186
rhamni 156

rhamnicola 101
rhodae 43
rhodamniae 148
rhodesiaensis 119
rhododendri Aleurolobus 37
rhododendri Aleurotuberculatus 88
rhododendri Odontaleyrodes 174
ribium 105
ricini 217
robinsoni Aleuroplatus 55
robinsoni Dialeurolonga 156
rolfsii 205
rosae Aleurocanthus 22
rosae Aleyrodes 101
rosae Bemisia 117
rosae Corbett, Bulgarialeurodes 125
rosae Kiriukhin, Bulgarialeurodes 125
Rosanovia 188
rosarius 75
rotunda Dialeurodes 148
rotunda Dialeurolonga 156
rotunda Tetralicia 205
[rotundatum] 252
rotundus Aleurotrachelus 76
Roucasia 111
rubi Aleurotrachelus 76
rubi Aleyrodes 97
rubi Neopealius 173
rubi Pealius 183
rubicola 105
ruborum 218
rubromaculatus 76
rubrus Octaleurodicus 247
rugosa Aleurocanthus 21
rugosus Tetraleurodes 202
Rusostigma 188
russellae Aleurotuberculatus 88
russellae Tetraleurodes 202
Russellaleyrodes 189
rutherfordi 187

sacchari 172
sakaki 148
salicaria 117
samoanus 175
sandorici Aleurotuberculatus 88
sandorici Dialeurodes 148
sanguineus 237
sapotae 43
sarcocephali 156
schimae 183
scolopiae 38
sculpturatus 55
selangorensis Aleurolobus 38
selangorensis Aleurotrachelus 76
selangorensis Asialeyrodes 104
selangorensis Rhachisphora 187
sembilanensis 148
semibarbata 203
semilunaris 203
semiplumosus 55
sepangensis 148
Septaleurodicus 249
serdangensis Aleuromarginatus 41

serdangensis Dialeurodes 148
serratus Aleurocanthus 21
serratus Aleuroplatus 55
serratus Aleurotrachelus 76
sesbaniae 220
seshadrii 21
Setaleyrodes 190
setiferus Aleurocybotus 30
setiger Aleuroplatus 55
setigerus Aleurolobus 38
setigerus Dialeuropora 159
setosus 183
setulosa 188
shawundus 218
shiiae 38
shinanoensis 117
shintenensis 149
shizuokensis 101
shoreae 149
siamensis Aleurocanthus 21
siamensis Aleurotuberculatus 88
siemriepensis 149
sierrae 60
signata 119
silvarum 162
silvatica Bemisia 118
silvaticus Aleuroplatus 55
silvestri Aleurothrixus 65
silvestri Dialeurodicus 241
[*Siphonaleyrodes*] 252
Siphoninus 191
simila Leucopogonella 166
similis Aleurothrixus 65
similis Aleurotuberculatus 88
similis Dialeurodicus 241
similis Dialeurolonga 157
similis Trialeurodes 218
simmondsi 149
Simplaleurodes 190
simplex Aleurocanthus 21
simplex Aleurotuberculatus 89
simplex Asterochiton 109
simplex Dialeurolonga 157
simula Aleurolobus 38
sinepecten 56
Singhiella 190
Singhius 191
singularis Aleyrodes 101
singularis Paraleyrodes 249
sinuata 167
smilaceti 66
socialis 76
solani 66
solitarius 38
sonchi 220
sorini 101
souliei Africaleurodes 11
souliei Aleurotrachelus 76
spiniferosa Acanthaleyrodes 7
spiniferus Aleurocanthus 21
spinithorax 23
spinosus 23
spinus 56
spiraeae Aleyrodes 97

spiraeae Gomez-Menor, Bemisia 118
spiraeae Young, Bemisia 118
spiraeanthi Axacalia 109
spiraeoides Aleyrodes 102
spiraeoides Bemisia 118
splendens Aleurocanthus 23
splendens Paulianaleyrodes 178
splendens Tetraleurodes 203
splendidus Ceraleurodicus 240
stanfordi 203
stellata Tetraleurodes 204
stellatus Aleurotrachelus 77
stelliferus 246
Stenaleyrodes 249
stereospermi 89
stigmaphylli 129
striata Dialeurodes 149
striatus Aleuroglandulus 31
struthanthi 149
strychnosicola Aleurocanthus 23
strychnosicola Dialeurolonga 157
stypheliae 204
styraci Acanthaleyrodes 7
styraci Aleurolobus 39
styraci Rhachisphora 188
sublatus 237
submarginata 204
suborientalis, subsp. similis 89
subrotunda Dialeurodes 149
subrotunda Dialeurolonga 157
subrotunda Tetraleurodes 204
subrotundus Aleurolobus 39
subrotundus Aleuroplatus 56
subtilis 32
sudaniensis 177
sugonjaevi 118
suishanus 89
sutepensis Dialeurodes 150
sutepensis Pealius 184
Synaleurodicus 250
szechwanensis 39

tabaci Bemisia 118
tabaci Trialeurodes 218
taiheisanus 102
Taiwanaleyrodes 193
taiwanus 77
takahashia Setaleyrodes 190
takahashii Aleurotuberculatus 90
takahashii Aleyrodes 102
takahashii Asterobemisia 107
tamarindi 127
tambourissae 157
tanakai 150
taonabae 39
tauffliebi 125
tenella 157
tentactuliformis 90
tentaculatus 219
tephrosiae Aleuromarginatus 41
tephrosiae Trialeurodes 219
tessellatus 241
tetracerae Africaleurodes 11
tetracerae Marginaleyrodes 169

tetracerae Paulianaleyrodes 179
Tetraleurodes 195
Tetralicia 204
tetrastigmae 150
thaiensis, var. multipori 85
thaiensis Trialeurodes 219
theobromae 77
thysanospermi 90
timberlakei 66
tinaeoides 102
tokyonis 189
townsendi 150
tracheifer Aleurotrachelus 77
tracheiferus Dialeurodicus 242
trachelospermi 90
trachoides 77
translucidus 56
Trialeurodes 205
trialeuroides 158
Trichoaleyrodes 225
triclisiae 56
tricolor 150
tridentifera 187
trifolii 107
trilobitoides 188
trinidadensis Aleurodicus 235
trinidadensis Aleuroparadoxus 43
trispina 23
tristylii 189
trochodendri 30
truncatus Aleuroparadoxus 43
truncatus Tetraleurodes 204
tsibabenae 57
T-signatus 24
tsimananensis 57
tsinjoarivona 169
Tuberaleyrodes 225
tuberculata Bemisia 124
tuberculatum Crenidorsum 129
tuberculatus Aleuroplatus 57
tuberculatus Aleurotrachelus 78
tuberculatus Dialeurodes 133
tuberculatus Pealius 184
tuberculosa 150
tumidosus 27
turpiniae 78

ubonensis 90
Udamoselinae 250
Udamoselis 250
uichancoi, var. tristyii 189
unadutus 219
uraianus 90
Uraleyrodes 27
urichii 249
ursorum 204
urticata 162
urticicola 78

uvariae Africaleurodes 11
uvariae Aleurocanthus 24

vaccinii Aleuroplatus 57
vaccinii Asterobemisia 105
validus 57
valparaiensis 24
vanieriae 150
vaporariorum 219
varia 224
variabilis 224
variegatus 58
varus 240
vayssierei 119
vendranae 158
Venezaleurodes 226
viburni 162
Viennotaleyrodes 226
villiersi 58
vinsoni 249
vinsonioides 58
vitis Aleurolobus 39
vitis Aleurotrachelus 78
vitis Dialeurodes 150
[*vitreoradiata*] 252
vitrinellus 225
vittata 225
voeltzkowi 24
vrijdaghii 11
vuattouxi 58
vulgaris 151

waldeni 214
weinmanniae 58
wellmanae 225
williamsi 163
winterae 102
woglumi 24
wunni 39

Xenaleyrodes 227
Xenobemisia 227
xylostei 97

yambiae 90
yanagicola 107
yasumatsui 184
youngi 99
yushuniae, var. carpini 194
yusopei 26

Zaphanera 227
zeylanicus 40
zimmermanni 185
zizyphi 26
zonatus 78
zygia 102

THE LIBRARY
ST. MARY'S COLLEGE OF MARYLAND
ST. MARY'S CITY, MARYLAND 20686

092395